Naturwissenschaften im Fokus III

Christian Petersen

Naturwissenschaften im Fokus III

Grundlagen der Elektrizität, Strahlung und relativistischen Mechanik, einschließlich stellarer Astronomie und Kosmologie

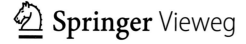

Christian Petersen
Ottobrunn, Deutschland

ISBN 978-3-658-15299-4   ISBN 978-3-658-15300-7 (eBook)
DOI 10.1007/978-3-658-15300-7
Die Deutsche Nationalbibliothek verzeichnet diese Publikation in der Deutschen Nationalbiblio-
grafie; detaillierte bibliografische Daten sind im Internet über http://dnb.d-nb.de abrufbar.

Springer Vieweg

Lektorat: Dipl.-Ing. Ralf Harms

Gedruckt auf säurefreiem und chlorfrei gebleichtem Papier

Springer Vieweg ist Teil von Springer Nature
Die eingetragene Gesellschaft ist Springer Fachmedien Wiesbaden GmbH
Die Anschrift der Gesellschaft ist: Abraham-Lincoln-Strasse 46, 65189 Wiesbaden, Germany

Vorwort zum Gesamtwerk

Die Natur auf Erden ist in ihrer Vielfalt und Schönheit ein großes Wunder, wer wird es leugnen? Erweitert man die Sicht auf den planetarischen, auf den galaktischen und auf den ganzen kosmischen Raum, drängt sich der Begriff eines überwältigenden und gleichzeitig geheimnisvollen Faszinosums auf. Wie konnte das Alles nur werden, wer hat das Werden veranlasst? – Es ist eine große geistige Leistung des Menschen, wie er die Natur im Kleinen und Großen in ihren vielen Einzelheiten inzwischen erforschen konnte. Dabei stößt er zunehmend an Grenzen des Erkennbaren/Erklärbaren. –

Es lohnt sich, in die Naturwissenschaften mit ihren Leitdisziplinen, Physik, Chemie und Biologie, einschließlich ihrer Anwendungsdisziplinen, einzudringen, in der Absicht, die Naturgesetze zu verstehen, die dem Werden und Wandel zugrunde lagen bzw. liegen: Wie ist die Materie aufgebaut, was ist Strahlung, woher bezieht die Sonne ihre Energie, wie ist die Formel $E = m \cdot c^2$ zu verstehen, welche Aussagen erschließen sich aus der Relativitäts- und Quantentheorie, wie funktioniert der genetische Code, wann und wie entwickelte sich der Mensch bis heute als letztes Glied der Homininen? Ist der Mensch, biologisch gesehen, eine mit Geist und Seele ausgestattete Sonderform im Tierreich oder doch mehr? Von göttlicher Einzigartigkeit? Hiermit stößt man die Tür auf, zur Seins- und Gottesfrage.

Für mich war das Motivation genug. Indem ich mich um eine Gesamtschau der Naturwissenschaften mühte, ging es mir um Erkenntnis, um Tiefe. Aber auch über die Dinge, die eher zum Alltag der heutigen Zivilisation gehören, wollte ich besser Bescheid wissen: Was versteht man eigentlich unter Energie, wie funktioniert eine Windkraftanlage, warum kann der Wirkungsgrad eines auf chemischer Verbrennung beruhenden Motors nicht viel mehr als 50 % erreichen, wie entsteht elektrischer Strom, wie lässt er sich speichern, wie sendet das Smart-Phone eine Mail, was ist ein Halbleiter, woraus bestehen Kunststoffe, was passiert beim Klonen, ist Gentechnik wirklich gefährlich? Wodurch entsteht eigentlich die CO_2-Emission, wie viel hat sich davon inzwischen in der Atmosphäre angereichert, wieso verursacht CO_2 den Klimawandel, wie sieht es mit der Verfügbarkeit der noch vorhandenen Ressourcen aus, bei jenen der Energie und jenen der Industrierohstoffe? Wird alles reichen, wenn die Weltbevölkerung von zurzeit 7,5 Milliarden Bewohnern am Ende des Jahrhunderts auf 11 Milliarden angewachsen sein wird? Wird dann noch genügend Wasser und Nahrung zur Verfügung? Viele Fragen, ernste Fragen, Fragen ethischer Dimension.

Kurzum: Es waren zwei dominante Motive, warum ich mich dem Thema Naturwissenschaften gründlicher zugewandt habe, gründlicher als ich darin viele Jahrzehnte zuvor in der Schule unterwiesen worden war:

- Zum einen hoffte ich die in der Natur waltenden Zusammenhänge besser verstehen zu können und wagte den Versuch, von den Quarks und Leptonen über die rätselhafte, alles dominierende Dunkle Materie (von der man nicht weiß, was sie ist), zur Letztbegründung allen Seins vorzustoßen und
- zum anderen wollte ich die stark technologisch geprägten Entwicklungen in der heutigen Zeit sowie den zivilisatorischen Umgang mit ‚meinem' Heimatplaneten und die Folgen daraus besser beurteilen können.

Es liegt auf der Hand: Will man tiefer in die Geheimnisse der Natur, in ihre Gesetze, vordringen, ist es erforderlich, sich in die experimentellen Befunde und hypothetischen Modelle hinein zu denken. So gewinnt man die erforderlichen naturwissenschaftlichen Kenntnisse und Erkenntnisse für ein vertieftes Weltverständnis. Dieses Ziel auf einer vergleichsweise einfachen theoretischen Grundlage zu erreichen, ist durchaus möglich. Mit dem vorliegenden Werk habe ich versucht, dazu den Weg zu ebnen. Man sollte sich darauf einlassen, man sollte es wagen! Wo der Text dem Leser (zunächst) zu schwierig ist, lese er über die Passage hinweg und studiere nur die Folgerungen. Wo es im Text tatsächlich spezieller wird, habe ich eine etwas geringere Schriftgröße gewählt, auch bei diversen Anmerkungen und Beispielen. Vielleicht sind es andererseits gerade diese Teile, die interessierte Schüler und Laien suchen. – Zentral sind die Abbildungen für die Vermittlung des Stoffes, sie wurden von mir überwiegend entworfen und gezeichnet. Sie sollten gemeinsam mit dem Text ‚gelesen' werden, sie tragen keine Unterschrift. – Die am Ende pro Kapitel aufgelistete Literatur verweist auf spezielle Quellen. Sie dient überwiegend dazu, auf weiterführendes Schrifttum hinzuweisen, zunächst meist auf Literatur allgemeinerer populärwissenschaftlicher Art, fortschreitend zu ausgewiesenen Lehr- und Fachbüchern. – Es ist bereichernd und spannend, neben viel Neuem in den Künsten und Geisteswissenschaften, an den Fortschritten auf dem dritten Areal menschlicher Kultur, den Naturwissenschaften, teilhaben zu können, wie sie in den Feuilletons der Zeitungen, in den Artikeln der Wissenszeitschriften und in Sachbüchern regelmäßig publiziert werden. So wird der Blick auf das Ganze erst vollständig.

Das Werk ist in fünf Bände gegliedert, die Zahl der Kapitel in diesen ist unterschiedlich:

Band I: Geschichtliche Entwicklung, Grundbegriffe, Mathematik
    1. Naturwissenschaft – Von der Antike bis ins Anthropozän
    2. Grundbegriffe und Grundfakten
    3. Mathematik – Elementare Einführung
Band II: Grundlagen der Mechanik einschl. solarer Astronomie und Thermodynamik
    1. Mechanik I: Grundlagen
    2. Mechanik II: Anwendungen einschl. Astronomie I
    3. Thermodynamik
Band III: Grundlagen der Elektrizität, Strahlung und relativistischen Mechanik, einschließlich stellarer Astronomie und Kosmologie
    1. Elektrizität und Magnetismus – Elektromagnetische Wellen
    2. Strahlung I: Grundlagen
    3. Strahlung II: Anwendungen, einschl. Astronomie II
    4. Relativistische Mechanik, einschl. Kosmologie
Band IV: Grundlagen der Atomistik, Quantenmechanik und Chemie
    1. Atomistik – Quantenmechanik – Elementarteilchenphysik
    2. Chemie
Band V: Grundlagen der Biologie im Kontext mit Evolution und Religion
    1. Biologie
    2. Religion und Naturwissenschaft

Abschließend sei noch angemerkt: Während sich der Inhalt des Bandes II, der mit Mechanik und Thermodynamik (Wärmelehre) für die Grundlagen der klassischen Technik steht und sich dem interessierten Leser eher erschließt, ist das beim Stoff der Bände III und IV nur noch bedingt der Fall. Das liegt nicht am Leser. Die Invarianz der Lichtgeschwindigkeit etwa und die hiermit verbundenen Folgerungen in der Relativitätstheorie, sind vom menschlichen Verstand nicht verstehbar, etwa die daraus folgende Konsequenz, dass die räumliche Ausdehnung, auch Zeit und Masse, von der relativen Geschwindigkeit zwischen den Bezugssystemen abhängig ist. Ähnlich schwierig ist die Massenanziehung und das hiermit verbundene gravitative Feld zu verstehen. Die Gravitation wird auf eine gekrümmte Raumzeit zurückgeführt. Der Feldbegriff ist insgesamt ein schwieriges Konzept. Dennoch, es muss alles seine Richtigkeit haben: Der Mond hält seinen Abstand zur Erde und stürzt nicht auf sie ab, der drahtlose Anruf nach Australien gelingt, die Daten des GPS-Systems und die Anweisungen des Navigators sind exakt. Analog verhält es sich mit den Konzepten der Quantentheorie. Sie sind ebenfalls prinzipiell nicht verstehbar, etwa die Dualität der Strahlung, gar der Ansatz, dass auch alle Materie aus Teilchen besteht und zugleich als Welle gesehen werden kann. Genau betrachtet, ist sie weder Teilchen noch Welle, sie ist schlicht etwas anderes. Wie man sich die Elektronen im Umfeld des Atomkerns als Ladungsorbitale vorstellen soll, ist wiederum nicht möglich, weil unanschaulich und demgemäß unbegreiflich. Man hat es im Makro- und Mikrokosmos mit Dingen zu tun, die aus der vertrauten Welt heraus fallen, sie sind gänzlich verschieden von den Dingen der gängigen Erfahrung. Im Kleinen werden sie gar unbestimmt, für ihren jeweiligen Zustand lässt sich nur eine Wahrscheinlichkeitsaussage machen. Für alle diese Verhaltensweisen ist unser Denk- und Sprachvermögen nicht konzipiert: In der Evolution haben sich Denken und Sprechen zur Bewältigung der täglichen Aufgaben entwickelt, für das vor Ort Erfahr- und Denkbare. Nur mit den Mitteln einer abgehobenen Kunstsprache, der Mathematik, sind die Konzepte der modernen Physik in Form abstrakter Modelle darstellbar. Unanschaulich bleiben sie dennoch, auch für jene Forscher, die mit ihnen arbeiten, in der Abstraktion werden sie ihnen vertraut. Damit stellt sich die Frage: Wie soll es möglich sein, solche Dinge dennoch verständlich (populärwissenschaftlich) darzustellen? Die Erfahrung zeigt, dass es möglich ist, auch ohne höhere Mathematik. Man muss mit modellmäßigen Annäherungen arbeiten. Dabei gelingt es, eine Ahnung davon zu entwickeln, wie alles im Großen und Kleinen funktioniert, nicht nur qualitativ, auch quantitativ. Man sollte vielleicht gelegentlich versuchen, die eine und andere Ableitung mit Stift und Papier nachzuvollziehen und mit Hilfe eines Taschenrechners das eine und andere Zahlenbeispiel nachzurechnen. – Themen, die noch ungelöst sind, wie etwa der Versuch, Relativitäts- und Quantentheorie in der Theorie der Quantengravitation zu vereinen, bleiben außen vor: Das Graviton wurde bislang nicht entdeckt, eine quantisierte Raum-Zeit ist ein inkonsistenter Ansatz. Nur was durch messende Beobachtung und Experiment verifiziert werden kann, hat Anspruch, als naturwissenschaftlich gesichert angesehen zu werden. – Der Inhalt des Bandes V ist dem Leser leichter zugänglich. Als erstes geht es um das Gebiet der Biologie. Ihre Fortschritte sind faszinierend und in Verbindung mit Genetik und Biomedizin für die Zukunft von großer Bedeutung – Die Evolutionstheorie ist inzwischen zweifelsfrei fundiert. Ihre Aussagen berühren das Selbstverständnis des Menschen, die Frage nach seiner Herkunft und seiner Bestimmung. Das befördert unvermeidlich einen Konflikt mit den Glaubenswirklichkeiten der Religionen. Denken und Glauben sind zwei unterschiedliche Kategorien des menschlichen Geistes. Indem dieser grundsätzliche Unterschied anerkannt wird, sollten sich alle Partner bei der

Suche nach der Wahrheit mit Respekt begegnen. Was ist wahr? Die Frage bleibt letztlich unbeantwortbar. Das ist des Menschen Los. Jedem stehen das Recht und die Freiheit zu, auf die Frage seine eigene Antwort zu finden.

Der Verfasser dankt dem Verlag Springer-Vieweg und allen Mitarbeitern im Lektorat, in der Setzerei, Druckerei und Binderei für ihr Engagement, insbesondere seinem Lektor Herrn Ralf Harms für seine Unterstützung.

Ottobrunn (München), Februar 2017   Christian Petersen

Vorwort zum vorliegenden Band III

Die Naturerscheinungen Elektrizität und Magnetismus waren schon im Altertum bekannt, gleichwohl, die Phänomene blieben lange mysteriös. – Gestützt auf Experimente konnte im 18. und 19. Jhdt. eine Theorie für die elektrischen Ladungs- und Strömungserscheinungen ausgearbeitet werden. Die Entdeckung der elektromagnetischen Induktion war der entscheidende Schritt: Wird ein geschlossener Leiterkreis durch ein Magnetfeld geschoben, bedarf es dazu einer Kraft, es wird Arbeit geleistet. Im Leiterkreis wird elektrischer Strom induziert, es wird mechanische Energie in elektrische Energie umgewandelt. Auf diesem Prinzip beruht die Technik der Elektrogeneratoren und -motoren. Dabei kommen aus Leiterdraht gewickelte Elektromagnete zum Einsatz, auch in der Transformatorentechnik. – Sind in einem geschlossenen Wechselstromkreis ein Kondensator und eine Spule integriert, wird daraus ein elektrischer Schwingkreis. Hiermit gelingt der Bau von Sende- und Empfangsantennen, von denen elektromagnetische Wellen abgestrahlt bzw. eingefangen werden können. Sie bilden die Grundlage der drahtlosen Funktechnik. – Ein vertieftes Verständnis, worum es sich bei Elektrizität und Magnetismus handelt, gelingt in der Atomistik, die Anfang des 20. Jhdt. entwickelt wurde. Dazu zählt auch die Halbleitertechnik. Diese Themen werden im Band IV diskutiert.

Kap. 2 widmet sich der allgegenwärtigen Lichtstrahlung. Handelt es sich um Wellen oder um einen Korpuskelstrom unbekannter Entität? Breitet sich Licht unendlich schnell oder mit endlicher Geschwindigkeit aus? Ist es auf ein Trägermedium, einen Äther, angewiesen? Die Frage nach der Lichtgeschwindigkeit konnte als erstes beantwortet werden. Die Frage nach der genauen Natur des Lichts blieb weiter unklar, eigentlich bis heute, das gilt für die elektromagnetische Strahlung insgesamt, zu der das Licht in seiner dualen Natur gehört. – Anfang des 20. Jhdt. konnte die Energieabstrahlung eines Schwarzen Körpers und das zugehörige temperaturabhängige Strahlungsgesetz beschrieben werden. Eine wahrlich fundamentale Erkenntnis, die Max Planck gelang. Sie wurde zur Grundlage der Quantentheorie. Die Wärmestrahlung der Sonne ließ sich mit dem Gesetz erklären, auch das Strahlungsgeschehen in der irdischen Atmosphäre, einschließlich des Klimas. Das ermöglicht in jüngster Zeit, den Einfluss des anthropogen verursachten CO_2-Ausstoßes auf den Wärmehaushalt zu verstehen, einschließlich der sich abzeichnenden Klimaänderung. Die hiermit verbundenen Folgen haben für den Menschen in diesem Jahrhundert die allergrößte Bedeutung. Wird sich die Menschheit ambitioniert genug auf die Konsequenzen einstellen können?

Aufbauend auf Kap. 2 können in Kap. 3 optische Lichterscheinungen wie Reflektion, Brechung, Streuung und Interferenz erklärt werden und damit die Wirkungsweise optischer Instrumente, auch die Farbentheorie, was einen vertieften Einstig in die Astronomie der Sterne erlaubt: Fragen nach der Helligkeit und Leuchtkraft. Indem die Messwerte auf die bekannten Größen der Sonne, unseres Sterns, bezogen werden, lassen sich Aussagen über die Größe, Masse und Temperatur der vermessenen Sterne machen. Das schließt ihre Entfernungsmessung mit ein. Die Klassifizierung der Sterne erlaubt eine Aussage über ihren ‚Lebenszyklus' und über das ‚Erbrüten' der höheren Elemente in Sternen extremer Größe. – Es gibt eine große Zahl sehr unterschiedlicher Himmelskörper und Galaxien. Letztere sind riesenhafte Ansammlungen von Sternen, die gravitativ untereinander gebunden sind. Dabei tut sich ein Rätsel auf: Die Stabilität rotierender Spiralgalaxien lässt sich nur verstehen, wenn eine Dunkle Materie mit ihrer Anziehungskraft beim Zusammenhalt beteiligt ist. Ihre Masse muss gewaltig sein. Worum es sich dabei handeln könnte, ist noch unbekannt.

In Kap. 4 wird zunächst die auf Albert Einstein zurückgehende Spezielle Relativitätstheorie vorgestellt. Ihre Aussagen beruhen auf der Invarianz der Lichtgeschwindigkeit, ein wiederum unbegreifliches Mysterium. Sie hat zur Folge, dass in sich relativ zueinander bewegenden Systemen die Zeit gedehnt und der Raum gestaucht wird. Das führt auf eine die Newton'sche Mechanik erweiternde relativistische Mechanik und auf die Energie-Masse-Äquivalenz $E_0 = m_0 \cdot c^2$, eine weitere fundamentale Beziehung. – Die Allgemeine Relativitätstheorie, die ebenfalls auf Albert Einstein zurückgeht, lässt sich nicht auf elementarer Basis herleiten, wohl lassen sich einige auf ihr beruhende Effekte darstellen, dazu gehört das Konzept der Schwarzen Löcher als hochverdichtete Himmelskörper. – Das Kosmologische Konzept erlaubt in Verbindung mit dem Hubble-Gesetz die Herleitung der Friedmann-Lemaître-Gleichungen, und damit den Einstieg in die Kosmologie, wobei zur Erklärung der beobachteten beschleunigten Ausdehnung des kosmischen Raumes eine Dunkle Energie postuliert werden muss, deren Natur, wie die Dunkle Materie, im Dunkeln liegt. Das alles sind aktuelle naturwissenschaftliche Grundsatzfragen, die das Werden und Sein von Allem betreffen. Der dem Menschen innewohnende Erkenntnisdrang wird ihn bei der Suche nach Antworten auf die vielen noch ungelösten Fragen weiter antreiben. Gleichwohl, die Hürden werden höher, Grenzen der Erkenntnisfähigkeit werden sichtbar.

Inhaltsverzeichnis

Elektrizität – Magnetismus – Elektromagnetische Wellen

1.1 Einführung – Historische Anmerkungen

Schon im Altertum war bekannt, dass Bernstein (griech. ηλεκτρον, elektron) leichte Partikel, wie Korkstückchen, anzieht, wenn der Stein zuvor mit einem Tuch gerieben worden war. Ähnliches gelang durch Reiben von Glasstäben. Die Erscheinung blieb über Jahrhunderte hinweg ein Mysterium. – Ab Anfang des 18. Jahrhunderts wurden sogenannte Elektrisiermaschinen entwickelt, die erste wohl von F. HAUKSBEE (1666–1713). Ein solcher Apparat bestand aus einer Kugel, einer Walze oder einer Scheibe aus Glas (auch aus Metall), gegen die ein mit Amalgam (Quecksilber, Zinn und Zink) getränktes Lederkissen während der Drehbewegung gedrückt wurde. Die durch Reibung erzeugte elektrische Ladung wurde über einen sogen. Konduktor abgegriffen. Von den Geräten wurden immer größere gebaut, womit immer höhere Ladungen und Entladungsschläge mit absprühenden Funken erzeugt werden konnten. Mit dieser Form Reibungselektrizität gelangen erste Versuche. S. GRAY (1666–1736) konnte zeigen, dass ein feuchter Seidenfaden Elektrizität leiten kann. Zudem erkannte er den Unterschied zwischen leitenden und nichtleitenden Stoffen. Es musste sich bei der Elektrizität um etwas Immaterielles handeln, das offensichtlich fließen kann. – Mit der Erfindung der sogen. ‚Leidener Flasche‘ im Jahre 1745 durch P. v. MUSSCHEN-BROECK (1692–1761) gelang es, Elektrizität zu speichern. Es handelte sich um eine Glasflasche, die Innen und Außen mit Zinnfolie belegt war, es war somit ein Kondensator, wie wir heute wissen. Hiermit konnte in verbesserter Weise experimentiert werden. – Der Vorstellung, es gäbe zwei Arten von Elektrizität, wie von G.C. LICHTENBERG (1748–1799) aufgrund von Versuchen vermutet, widersprach B. FRANKLIN (1706–1790). Er postulierte weitsichtig: Allen Körpern sei Elektrizität eigen, wo mehr, sei ein Überschuss, die Ladung sei positiv (+), wo weniger, herrsche Mangel, die Ladung sei negativ (−). Im Bestreben nach Ausgleich ströme das elektrische Fluidum von + nach −. So ist die positive technische Strom-

© Springer Fachmedien Wiesbaden GmbH 2017
C. Petersen, *Naturwissenschaften im Fokus III*, DOI 10.1007/978-3-658-15300-7_1

richtung bis heute definiert; es handelt sich indessen um einen Irrtum, tatsächlich fließen die negativ geladenen Elektronen von − nach +.

Früh war bekannt, dass das Metall beim Galvanisieren vom positiven zum negativen Pol driftet und dort abgeschieden wird. Das wurde mit der Stromrichtung in Verbindung gebracht; hierauf beruht letztlich der Irrtum.

Mit Hilfe von an feuchten Schnüren verankerten Drachen konnte B. FRANKLIN Blitze einfangen und die Blitze damit als elektrische Entladung zwischen Wolke und Erde identifizieren (das gelang ihm im Jahre 1752). Die Erfindung des Blitzableiters lag nahe, der Fänger wurde von B. FRANKLIN vorgeschlagen und ab 1753 zu einem großen Erfolg.

Im Jahre 1785 konnte C.A. de COULOMB (1736–1806) mit der von ihm konstruierten Drehwaage die Kräfte zwischen elektrischen Ladungen vermessen. Mit diesem Erkenntnisgewinn wurde die Lehre von der Elektrizität zu einer Wissenschaft. – Ein weiterer wichtiger Schritt war die Entdeckung von A. VOLTA (1745–1827), wonach sich bei Kontakt unterschiedlicher Metalle, z. B. von Silber- und Zinkplatten mit zwischengeschaltetem Elektrolyten in Form eines getränkten Papiers oder Leders, ein stationärer Strom erzeugen ließ. Er setzte diese Erkenntnis im Jahre 1800 in einen Apparat um, er trägt den Namen ‚Volta'sche Säule‘, es handelt sich um eine Reihenschaltung galvanischer Elemente. Hiermit konnten hohe Spannungen erreicht werden. Das bedeutete den Beginn der Elektrochemie und damit auch der Akkumulatoren- und Galvano-Technik. Der letztgenannte Name geht auf L. GALVANI (1737–1798) zurück, er hatte mit tierischen Körperteilen, u. a. mit Froschschenkeln, experimentiert und dabei die chemische Erzeugung von Elektrizität entdeckt, ohne sie allerdings als solche zutreffend deuten zu können, er hielt sie für ‚tierische Elektrizität‘. Die zutreffende Deutung gelang A. VOLTA.

Das Wissen um den Magnetismus entwickelte sich ähnlich mühsam wie jenes um die Elektrizität. Dass Magneteisensteine untereinander und auf Eisen anziehende Kräfte ausüben, war schon im Altertum bekannt. Die in Kleinasien in der Nähe der Stadt Magnesia gefundenen Minerale gaben der Erscheinung den Namen. Längliche Steinchen dieser Sorte, die auf einem schwimmenden Brettchen befestigt wurden, richteten sich stets in eine bestimmte Richtung aus, es waren die Vorläufer des Kompass. Kenntnisse dieser Art besaßen wohl schon die Chinesen in früher Zeit. – Es war W. GILBERT (1544–1603), der das Wissen seiner Zeit über den Magnetismus, einschließlich der Erkenntnisse aus eigenen Versuchen, in seiner Schrift ‚De magente … ‘ im Jahre 1600 zusammenfasste. Mittels eines kugelförmigen Magneteisensteins konnte er die Kraftwirkung des Erdmagnetfeldes auf Kompassnadeln verdeutlichen: Der Erdkörper ist ein großer Magnet mit zwei Polen, der von einem magnetischen Kraftfeld umgeben ist. Für die Nautik hatte diese Erkenntnis und mit ihr die Weiterentwicklung des Kompass die allergrößte

Bedeutung. Es war die Zeit, in der die Seefahrer die Kontinente zu erobern begannen. –
    Dass ein in einem metallischen Leiter fließender elektrischer Strom eine Ma-
gnetnadel ablenkt und zwar proportional zur Stromstärke, war im Jahre 1820 eine Zufallsentdeckung durch H.C. OERSTEDT (1777–1851). Dieser Entdeckung
folgend gelangen M. FARADAY (1791–1867) bahnbrechende Versuche. Sie ließen die Einheit von Elektrizität und Magnetismus als ineinander überführbare
Naturerscheinungen erkennen. Mit der von ihm im Jahre 1831 postulierten elektromagnetischen Induktion war das Urprinzip des Generators (eines Erzeugers
von elektrischem Strom) gefunden. Vielleicht noch bedeutender war FARADAYs
Erkenntnis, dass elektrische (wie magnetische) Ladungen ringsum im Raum ein
Kraftfeld aufbauen. Ein solches Feld lässt sich durch Kraftlinien zwischen den
Ladungen veranschaulichen. – Über einen langen Zeitraum, von 1855 bis 1873, beschäftigte sich J.C. MAXWELL (1831–1879) mit dieser Entdeckung. Schließlich
konnte er sie mit seiner elektromagnetischen Feldtheorie begründen. Damit war
die Feldphysik als Grundlage der Elektrodynamik etabliert. Die von J.C. MAX-
WELL postulierten elektromagnetischen Wellen konnte H. HERTZ (1857–1894),
ca. eineinhalb Jahrzehnte später, experimentell erzeugen. Diese Entdeckung bildet
die Basis für die später einsetzende Funktechnik. –
    Neben anderen war es W. v. SIEMENS (1816–1892), der die Telegraphen- und
Kabeltechnik (einschließlich Seekabel) und damit die Nachrichtentechnik indus-
triell einführte. – Der von ihm im Jahre 1867 entwickelte Elektrogenerator nach
dem elektrodynamischen Prinzip bedeutete den Beginn der Starkstromtechnik,
wiederum in großindustriellem Maßstab. Im Jahre 1873 folgte der Bau des ersten Elektromotors als Antriebsmittel, eine Umkehrung des Dynamoprinzips. 1879
wurde die erste Elektrolokomotive vorgestellt, kurz darauf der elektrische Aufzug
und die erste elektrische Straßenbahn. – 1882 gelang die erste Gleichstromübertra-
gung (mittels eines Telegraphenkabels!) durch M. DEPREZ (1843–1918) und O. v.
MILLER (1853–1934) über eine Strecke von ca. 60 km (von Miesbach nach München). Letzterer baute die ersten Anlagen zur elektrischen Energieerzeugung und
Stromübertragung im süddeutschen Raum, später erfolgte die Energieübertragung
als Wechsel- bzw. Drehstrom, weil verlustärmer, nachdem der Dreiphasenwechselstrom von M.O. DOLIWO-DOBROWOLSKI (1862–1919) und der Transformator
im Jahre 1881 von L. GAULARD (1850–1888) und J.D. GIBBS (1834–1912) erfunden und im Jahre 1885 von O.T. BLÁTHY (1860–1939) verbessert worden war. –
    **Mit der Einführung des elektrischen Stroms für die allgemeine Energie-
versorgung und mit der Entdeckung der elektromagnetischen Wellen als Trägermedium der kabellosen Kommunikationstechnik veränderte sich die zivi-
lisatorische Welt in wenigen Jahrzehnten in grundlegender Weise.**

I. NEWTON war noch der Meinung gewesen, den gravitativen Kräften läge eine ‚Fernwirkung' zwischen den Massen zugrunde. So deutete man zunächst auch die elektrischen und magnetischen Kraftwirkungen zwischen den Ladungen bzw. Polen. Indessen, so verhält es sich nicht, das würde eine unendlich hohe Geschwindigkeit zwischen Ursache und Wirkung voraussetzen. Eine unendlich hohe Geschwindigkeit gibt es nicht! Wie bei der Gravitation, geht man heute in der Physik von elektrischen und magnetischen Feldern aus. In diesen Feldern ist die Energie in Form einer elektrischen bzw. magnetischen Feldstärke gespeichert, aufgespannt nach Betrag und Richtung, auch im leeren Raum! Zunächst war man der Überzeugung, Felder könnten sich nur in einem materiellen Medium aufbauen, man nannte dieses Medium **Äther**. Nun, auch dieser Ansatz hielt einer experimentellen Überprüfung nicht stand (Abschn. 4.1.3).

Für jedermann ist verständlich, weil anschaulich: Mit Ziegelsteinen kann man ein Haus bauen (Bautechnik), aus einem Stück Stahl kann man eine Kurbelwelle formen (Maschinenbautechnik). Einen Elektromotor zu bauen, ist nicht so einfach. In der Elektrotechnik sind die Sachverhalte weniger griffig, eher unanschaulich-abstrakt, nur an ihrer Wirkung erkennbar (ein elektrischer Schlag kann tödlich enden!). Entwickelt man die Sachverhalte von den Elektronen her,

- die entweder in einem Medium mit ihren Elementarladungen ein ruhendes elektrisches Feld aufbauen oder
- die mit ihren Elementarladungen in einem Leiter (von einem Energiefälle getrieben) als elektrischer Strom fließen und dabei einen Impuls tragen,

werden die Phänomene verständlicher. Mit diesen Bildern sollen im Folgenden die Sachverhalte dargestellt werden

Die Theorie der Elektrizität (einschließlich Magnetismus) gehört, wie die Klassische Mechanik und Thermodynamik, zu den etablierten Gebieten der Physik. Auch hierfür steht ein umfangreiches Grundlagen- und Spezialschrifttum zur Verfügung [1–7].

1.2 Elektrisches Feld

1.2.1 Elektrische Ladung – Coulomb'sches Gesetz

Wie in Bd. I, Kap. 2 ausgeführt, besitzt jeder Körper eine materielle Menge. Sie ist durch die Anzahl ihrer Atome und damit durch die Anzahl ihrer Elementarteilchen bestimmt. Die materielle Menge wird als (schwere) **Masse** bezeichnet und in kg gemessen (Bd. I, Abschn. 2.3). Im Atomkern liegt die Menge der Protonen und Neutronen, in der zugehörigen Hülle die Menge der Elektronen, demnach gilt für die Masse M eines Atoms:

$$M = N_p \cdot m_p + N_n \cdot m_n + N_e \cdot m_e.$$

N_p, N_n, N_e sind die Anzahlen der Protonen, Neutronen bzw. Elektronen und m_p, m_n, m_e sind deren Einzelmassen (Bd. I, Abschn. 2.8):

$$m_{\text{Proton}} = m_p = 1{,}67268 \cdot 10^{-27}\,\text{kg}$$

$$m_{\text{Neutron}} = m_n = 1{,}67493 \cdot 10^{-27}\,\text{kg}$$

$$m_{\text{Elektron}} = m_e = 9{,}10939 \cdot 10^{-31}\,\text{kg}$$

Die Masse eines Körpers ist eine positiv definite Größe, es gibt keine negative Masse. Massen ziehen sich an. Die Anziehungskräfte, die von M auf m und jene, die von m auf M ausgehen, sind gleichgroß und gegengerichtet. Sie wirken in der Verbindungslinie der Schwerpunkte der beiden Körper. Da es sich um Anziehungskräfte handelt, wurden sie positiv vereinbart. Das Anziehungsgesetz (Gravitationsgesetz) nach I. NEWTON (1642–1727) lautet (Abb. 1.1a):

$$F_m = G\frac{M \cdot m}{r^2}, \quad F \text{ in N (Newton)}$$

G ist die Gravitationskonstante:

$$G = 6{,}674 \cdot 10^{-11}\,\text{m}^3/\text{kg} \cdot \text{s}^2 = 6{,}674 \cdot 10^{-11}\,\text{m}^4/\text{N} \cdot \text{s}^4.$$

Die Anziehungskraft F_m sinkt mit dem Quadrat des gegenseitigen Abstandes der Schwerpunkte. Bei vielen Problemen kann die Masse eines Körpers mit endlicher Ausdehnung als in dessen Schwerpunkt konzentriert gedacht werden, man spricht dann von einer Punktmasse.

So wie ein Körper eine materielle Menge besitzt, besitzt er auch eine elektrische Menge, die als (elektrische) **Ladung** bezeichnet wird. Auch sie steht mit der Ladung der Elementarteilchen (Protonen usw.), aus denen sich der Körper zusammensetzt, in direktem Zusammenhang.

Im Vergleich zur Masse gibt es indessen zwei wesentliche Unterschiede:

- Die Protonen im Kern haben eine positive elektrische Ladung, die Neutronen eine Nullladung und die Elektronen in der Atomhülle eine negative,

Abb. 1.1

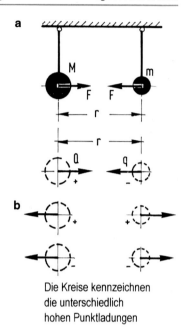

Die Kreise kennzeichnen
die unterschiedlich
hohen Punktladungen

- die Ladung dieser Teilchen ist bei allen Elementen gleichgroß und dem Betrage nach gleich der Elementarladung e:
  - Ladung des Protons: $+e$
  - Ladung des Elektrons: $-e$

  mit $e = 1{,}60218 \cdot 10^{-19}$ C (C = Coulomb).

Die Ladungen in einem Körper sind immer ein Vielfaches der Einzelladung e, man sagt daher: Die Ladungen sind gequantelt. Die **Gesamtladung** beträgt:

$$Q = N_p \cdot (+e) + N_n \cdot (0) + N_e \cdot (-e)$$

Q ist das Formelzeichen für die elektrische Ladung, vielfach wird gleichwertig mit q gerechnet, meist dann, wenn es sich um eine bewegliche (Probe-) Ladung (mit der Einheitsladung 1 C) handelt.

Im Regelfall ist die Anzahl der Protonen und Elektronen in den Atomen der verschiedenen Elemente gleichgroß, dann heben sich deren Ladungen gegenseitig auf. Ein so beschaffener Körper verhält sich (von Außen betrachtet) elektrisch neutral. Bei Elektronenüberschuss ist der Körper negativ geladen, im anderen Falle positiv

Abb. 1.2

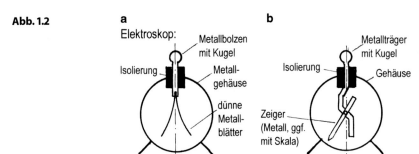

a
Elektroskop:
Metallbolzen mit Kugel
Isolierung
Metallgehäuse
dünne Metallblätter

b
Metallträger mit Kugel
Isolierung
Gehäuse
Zeiger (Metall, ggf. mit Skala)

geladen. Haben zwei Körper eine entgegen gesetzte Ladung $(+/-)$ oder $(-/+)$, ziehen sie sich an, im anderen Falle $(+/+)$ oder $(-/-)$, stoßen sie sich ab, vgl. Abb. 1.1b.

Abb. 1.2 zeigt zwei Formen eines **Elektroskops**: Im linkerseits gezeigten Gerät kann über eine metallene Kugel Ladung aufgenommen werden. Bei Beladung spreizen sich die Metallblättchen im Gehäuse und das umso stärker, je höher ihre Aufladung ist. Im rechterseits gezeigten Gerät dreht sich ein Zeiger, wenn sich der mittige Träger und der Zeiger aufladen. Auch in diesem Falle sind die Ladungen gleichnamig, entweder positiv oder negativ, sie stoßen sich gegenseitig ab.

Das elektrostatische Kraftgesetz, von C.A. de COULOMB (1736–1806) im Jahre 1785 postuliert, lautet im SI (System International, Abb. 1.1b):

$$F_e = \frac{1}{4\pi\varepsilon_0} \cdot \frac{|Q \cdot q|}{r^2}, \quad F \text{ in N (Newton)}$$

In dieser Form gilt das Gesetz im Vakuum. ε_0 ist die sogen. **elektrische Feldkonstante**. Sie wird auch Dielektrizitäts- oder Influenzkonstante genannt und ist (ähnlich wie die Gravitationskonstante) eine Naturkonstante (vgl. Bd. I, Abschn. 2.2). Sie lässt sich nur experimentell bestimmen und beträgt:

$$\varepsilon_0 = 8{,}854 \cdot 10^{-12}\,\text{C}^2\,\text{N}^{-1}\,\text{m}^{-2}$$

Ergänzung
Einheit der elektrischen Kraft:

$$\frac{1}{\text{C}^2 \cdot \text{N}^{-1} \cdot \text{m}^{-2}} \cdot \frac{\text{C} \cdot \text{C}}{\text{m}^2} = \text{N}$$

Liegt zwischen den Ladungen Materie, ist die Konstante höher, d. h., die Kraftwirkung fällt infolge der Abschirmung geringer aus. Im Falle von Luft beträgt der Erhöhungsfaktor für ε_0: 1,0006, die Verringerung der Kraft beträgt: 0,994 und kann i. Allg. vernachlässigt werden. – Das Coulomb'sche Gesetz gilt mit größter Genauigkeit. Es hat große Bedeutung im atomaren Bereich, nur eine geringe im kosmischen Rahmen, hier dominiert das Kraftgesetz der Gravitation. – Die Formel zeigt, dass die elektrostatische Kraft, die von den Ladungsträgern ausgeht, mit dem Quadrat des gegenseitigen Abstandes r sinkt. Wie ausgeführt, ist die Richtung der gegenseitigen Wechselwirkung vom Vorzeichen der Ladungen abhängig (Abb. 1.1b).

C ist die Einheit für die elektrische Ladung, Name: Coulomb. Die Einheit ist im SI wie folgt vereinbart: Zwei positive oder zwei negative Ladungen von je 1 C in einem gegenseitigen Abstand von 1 m stoßen sich im Vakuum mit der Kraft

$$1/4\pi\,\varepsilon_0 = 8{,}988 \cdot 10^9\,\text{N}$$

gegenseitig ab.

Beispiel zur Anwendung des Coulomb'schen Gesetzes

Im Abstand von 0,3 m haben zwei Träger die Ladung $Q = -0{,}040\,\text{C}$ bzw. $q = +0{,}003\,\text{C}$. Welcher Elektronenüberschuss bzw. welcher Elektronenmangel herrscht auf den Trägern? Wie groß ist die elektrische Anziehungskraft? (Ladung eines Elektrons: $e = 1{,}60218 \cdot 10^{-19}$ C, s. o.)

Träger 1: Negative Ladung bedeutet Elektronenüberschuss, die Zahl der überzähligen Elektronen beträgt:

$$0{,}040\,\text{C}/1{,}60218 \cdot 10^{-19}\,\text{C} = 2{,}5 \cdot 10^{17}$$

Träger 2: Positive Ladung bedeutet Elektronenmangel, die Zahl der unterzähligen Elektronen beträgt:

$$0{,}003\,\text{C}/1{,}60218 \cdot 10^{-19}\,\text{C} = 1{,}9 \cdot 10^{16}.$$

Man halte sich die Elektronenanzahlen trotz der geringen Ladungen vor Augen! Die gegenseitige Anziehungskraft berechnet sich zu:

$$F_e = \frac{1}{4\pi \cdot 8{,}854 \cdot 10^{-12}} \cdot \frac{0{,}040 \cdot 0{,}003}{0{,}30^2} = \underline{11{,}98 \cdot 10^6\,\text{N}}$$

Diese Kraft entspricht auf der Erdoberfläche jener Gravitationskraft, die auf einen Körper der Masse

$$M = \frac{F}{g} = \frac{11{,}98 \cdot 10^6\,\text{N}}{9{,}81\,\text{m/s}^2} = \frac{11{,}98 \cdot 10^6\,\text{kg/m/s}}{9{,}81\,\text{m/s}^2} = \underline{1{,}22 \cdot 10^6\,\text{kg}}$$

ausgeübt wird, das wäre z. B. eine Eisenkugel mit einem Durchmesser von 33 m! Aus dieser Abschätzung geht die sehr hohe elektrische Wechselwirkung im Vergleich zur gravitativen hervor. Das wird durch nachfolgende Überlegung nochmals deutlicher: Zwei Kugeln gleicher Masse und gleicher Ladung im gegenseitigen Abstand r mögen eine gleichstarke Gravitations- und Coulombkraft aufeinander ausüben. Gesucht ist jener Elektronenüberschuss auf den Kugeln, der das bewirkt. Die Gleichsetzung der Kräfte ergibt:

$$F_m = F_e \quad \rightarrow \quad G \cdot \frac{M \cdot M}{r^2} = \frac{1}{4\pi\varepsilon_0} \frac{Q \cdot Q}{r^2} \quad \rightarrow \quad \frac{Q}{M} = \sqrt{G \cdot 4\pi\varepsilon_0}$$

Ein Elektronenüberschuss von $(N_e - N_p)$ auf einem Träger bewirkt eine Ladung von $Q = (N_e - N_p) \cdot e$. Wird die Elektronenmasse im Vergleich zur Protonenmasse vernachlässigt, beträgt die Masse eines Trägers $M \approx 2N_p \cdot m_p$ (weil zu jedem Proton ein ladungsfreies Neutron hinzutritt). Werden Q und M in vorstehende Beziehung eingesetzt, ergibt sich nach kurzer Rechnung:

$$\frac{N_e - N_p}{N_p} = \frac{2m_p}{e} \cdot \sqrt{G \cdot 4\pi\varepsilon_0} = 1,8 \cdot 10^{-18} \quad \rightarrow \quad N_e = (1 + 1,8 \cdot 10^{-18}) \cdot N_p$$

Hätte man einen Körper mit $N_p = 10^{18}$ Protonen, ergibt die Rechnung:

$$N_e = 10^{18} + 1,8 \approx 10^{18} + 2$$

Es genügt somit ein Überschuss von zwei Elektronen gegenüber 10^{18} Protonen, um bei den beiden Körpern (gleich welchen Abstandes) eine gleichstarke elektrische und gravitative Kraft zu bewirken, das bedeutet ein Verhältnis von 1 Elektron zu 500.000.000.000.000.000 Protonen. Mit Recht spricht man bei der Gravitation von einer schwachen Wechselwirkung.

1.2.2 Elektrostatische Aufladung und Entladung

Es lassen sich zwei Arten von Materialien unterscheiden, solche, bei denen die Elektronen (weitgehend) fest an den Atomkern gebunden sind und solche, bei denen das nicht der Fall ist. Erstere nennt man Isolatoren, zweite (elektrische) Leiter. In Leitern vermögen sich Elektronen frei zu bewegen. Das ist gleichbedeutend mit dem Transport, mit der Verfrachtung, elektrischer Ladung. Metalle, wie Silber, Kupfer, Eisen sind gute Leiter, Kohle. Glas, Porzellan, Gummi sind Isolatoren.

Werden zwei Körper aus Isoliermaterial, z. B. Glas, Hartgummi, synthetische Stoffe oder Folien, aneinander gerieben, kommt es zu einem Austausch von Elektronen. Der eine Körper lädt sich positiv, der andere negativ auf. Mangels Leitfähigkeit im Inneren sammeln sich die Ladungen auf der Oberfläche, hier bleiben sie ‚haften‘. Das kann z. B. beim Tragen von Wäsche mit synthetischen Anteilen beobachtet werden: Die Körperoberfläche lädt sich beim Tragen der Wäsche im Laufe der Zeit auf; wird die Wäsche abgelegt, hört man ein leichtes Knistern, bei Dunkelheit leuchten kleine Lichtblitze auf. Es findet ein Ladungsausgleich statt. Dieser Effekt kann auch eintreten, wenn man eine Türklinke in ‚geladenem‘ Zustand berührt oder wenn man aus einem PKW steigt.

Abb. 1.3

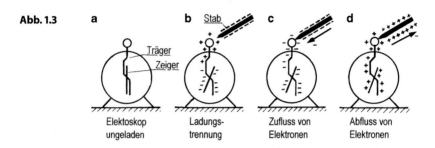

a	b	c	d
Elektoskop ungeladen	Ladungs-trennung	Zufluss von Elektronen	Abfluss von Elektronen

Beispiel

Ein ungeladenes Elektroskop (Abb. 1.3) ist ein solches, in welchem sich + und − Ladung ausgleichen (Abb. 1.3a). Mit einem solchen Gerät werde experimentiert: Ein durch Reibung negativ aufgeladener Stab **nähere** sich der Konduktorkugel des Geräts ohne die Kugel zu berühren, der Zeiger schlägt dennoch aus: Die auf dem Träger und dem Zeiger ruhende Ladung wird getrennt. Der negative Teil auf dem Träger und Zeiger wird von der negativen Ladung des Stabes abgestoßen, die Elektronen entfernen sich nach unten. Dadurch lädt sich der obere, der Kugel benachbarte Teil des Trägers, positiv auf (Abb. 1.3b). Man spricht von elektrostatischer **Induktion**. Nach Entfernen des Stabes, stellt sich der ursprüngliche Zustand wieder ein, der Zeiger kehrt in seine Nulllage zurück. – Wird die Kugel von dem negativ aufgeladenen Stab **berührt**, strömen dessen Elektronen auf den Träger und den Zeiger des Elektroskops. Der Zeiger schlägt aus (Abb. 1.3c). Die Aufladung bleibt in dieser Form auch dann erhalten, wenn die Berührung aufgehoben wird. Schließlich: Wird die Kugel von einem positiv aufgeladenen Stab berührt, strömen die Elektronen aus dem Gerät über den Stab ab. Im Gerät verbleibt auf dem Träger und Zeiger eine positive Aufladung (Abb. 1.3d), auch nach Entfernen des Stabes.

Elektrischer Strom geht mit dem Strom von Elektronen einher, nie mit Protonen. Voraussetzung hierfür ist ein leitfähiges Material, in welchem sich die Elektronen bewegen können.

Ein wichtiges, durch Versuche bestätigtes Gesetz, ist das **Gesetz von der Erhaltung der Ladung**. Es besagt: In einem abgeschlossenen System ist die Nettomenge der Ladungen konstant, gleichgültig welche Prozesse ablaufen. Das entspricht dem Massenerhaltungsgesetz in der Mechanik.

1.2.3 Überlagerung elektrostatischer Kräfte

Betrachtet werde ein punktförmiges Kügelchen mit der positiven Probeladung (Testladung) q. In den Abständen r_1 und r_2 befinden sich die Ladungen Q_1 (negativ) und Q_2 (positiv), vgl. Abb. 1.4a. Um die auf die Probemasse q ausgeübte Kraft auszurechnen, wird die Aufgabe separiert, einmal wird die Kraft F_1 auf q infolge

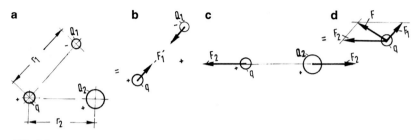

Abb. 1.4

Q_1 berechnet, sie ist auf q in Richtung Q_1 gerichtet. Das andere Mal wird die Kraft F_2 auf q infolge Q_2 bestimmt, sie weist auf q von Q_2 weg (Teilabbildungen b und c).

Die so ermittelten Kräfte F_1 und F_2 auf q sind in Teilabbildung d als Vektoren dargestellt. Die Resultierende ergibt sich vektoriell, entweder rechnerisch oder zeichnerisch. Das ist möglich, weil sich elektrische Kräfte nicht gegenseitig beeinflussen, sie lassen sich ungestört überlagern (wie mechanische).

Dieses Überlagerungsgesetz (Superpositionsgesetz) konnte experimentell unzweifelhaft bewiesen werden, was die praktische Berechnung von elektrostatischen Kräften (und elektrischen Feldern) entscheidend vereinfacht. Zusammenfassung: Die elektrostatischen Kräfte beeinflussen sich gegenseitig nicht, sie können jeweils unabhängig zwischen zwei Ladungen berechnet und anschließend nach den Regeln der Kraftmechanik mit den Kräften, die von anderen Ladungen ausgehen, überlagert werden, das bedeutet:

$$\vec{F} = \vec{F}_1 + \vec{F}_2 + \cdots + \vec{F}_i + \cdots + \vec{F}_n = \sum_{i=1}^{n} \vec{F}_i$$

(n: Anzahl der Ladungen in der Umgebung von q)

Beispiel

Die auf die Einheitsladung $q = 1\,C$ wirkende (resultierende) Kraft infolge der Ladungen Q_1 und Q_2 ist gesucht. Die Lage der Ladungen zueinander geht aus Abb. 1.5 hervor. Für die Einzelkräfte findet man (hier unabhängig von der Konstante $4\pi\varepsilon_0$ als Zahlenwerte berechnet):

$$F_1 = 3/4,0311^2 = 0,1846$$

$$F_2 = -2/3,2016^2 = -0,1951$$

Q_1 ist positiv, die auf den Körper mit der positiven Probeladung $+q$ einwirkende Kraft F_1 ist von Q_1 weggerichtet, die Ladungen stoßen sich ab; Q_2 ist negativ, die auf die Probeladung $+q$ einwirkende Kraft F_2 ist auf Q_2 hin gerichtet, sie ziehen sich an. Die Kräfte F_1

Abb. 1.5

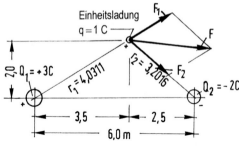

Abb. 1.6

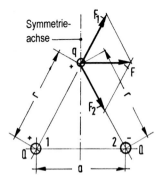

und F_2 werden superponiert (überlagert), das kann zeichnerisch mit Hilfe des Kräfteparallelogramms erfolgen (vgl. Abbildung und Bd. II, Abschn. 2.1.2). Es ergibt sich: $F = 0,315$. Die Richtung dieser Kraft geht aus der Skizze hervor.

Die Anordnung von zwei gleichgroßen Ladungen Q, eine positiv, eine negativ, mit dem gegenseitigen Abstand a, wird als **Dipol** bezeichnet, vgl. Abb. 1.6. Liegt auf der Symmetrieachse der beiden Ladungen eine (Test-) Ladung q, wirken auf diese zwei Kräfte ein, die sich zu einer Resultierenden F vektoriell aufaddieren. Die Einzelkräfte sind dem Betrage nach:

$$F_1 = F_2 = \frac{1}{4\pi\varepsilon_0} \cdot \frac{Q \cdot q}{r^2}$$

Aus der Ähnlichkeit der Dreiecke in Abb. 1.6 liest man ab:

$$\frac{a}{r} = \frac{F}{F_1} \quad \rightarrow \quad F = F_1 \cdot \frac{a}{r} = \frac{1}{4\pi\varepsilon_0} \cdot \frac{Q \cdot a}{r^3} \cdot q$$

Fasst man das Produkt $Q \cdot a$ als sogen. **Dipolmoment** zusammen, $p = Q \cdot a$, folgt:

$$F = \frac{1}{4\pi\varepsilon_0} \cdot \frac{p}{r^3} \cdot q$$

Diese Kraft steht senkrecht zur Symmetrieachse, vgl. Abb. 1.6.

1.2.4 Elektrostatisches Feld: Feldstärke – Feldlinie

Im Raum um eine **punktförmige** elektrische Ladung Q baut sich ein kugelsymmetrisches elektrisches Feld auf. Das Feld kennzeichnet in jedem Punkt x, y, z jene Kraft nach Richtung (und Größe), die von der Ladung Q auf die im Punkt x, y, z befindliche (Test-) Ladung q ausgeübt wird. Dabei ist jene Ladung Q, für welche das Feld gilt, entweder positiv oder negativ. Die Testladung q, die sich an der betrachteten Stelle x, y, z im Raum befindet, wird immer als positiv angesetzt. Die elektrostatische Kraft hat die Richtung der Verbindungslinie $Q \rightarrow q$, also die Richtung entlang des Radiusstrahls von Q nach q (Abb. 1.7). **Die Größe der Kraft ist der felderzeugenden Ladung Q proportional** (Coulomb'sches Gesetz, Abschn. 1.2.1):

$$F = \frac{1}{4\pi\varepsilon_0} \cdot \frac{|Q| \cdot q}{r^2}, \quad \text{genauer: } \vec{F} = \frac{1}{4\pi\varepsilon_0} \cdot \frac{|Q| \cdot q}{r^2} \cdot \vec{e}_r$$

$\vec{e}_r$ ist der Einheitsvektor (dem Betrage nach gleich Eins), der mit dem Radiusvektor $\vec{r}$ von Q nach q zusammenfällt. Wird der Ausdruck für $\vec{F}$ durch q dividiert, erhält man die von der Ladung Q aufgebaute **Feldstärke** im Feldpunkt zu:

$$\vec{E} = \frac{\vec{F}}{q} = \frac{1}{4\pi\varepsilon_0} \cdot \frac{|Q|}{r^2} \cdot \vec{e}_r, \quad E = \left| \vec{E} \right|$$

Um die Ladung Q spannt sich ein elektrisches Feld auf. Im Feldpunkt im Abstand r ist die Stärke des Feldes dem Betrage nach gleich E. Die Feldstärke ist ein Vektor, der im Feldpunkt (mit $q = +1$ C) auf der Geraden $q \rightarrow Q$ liegt, also mit dem

Abb. 1.7

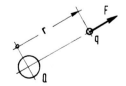

Abb. 1.8   a   b |E|

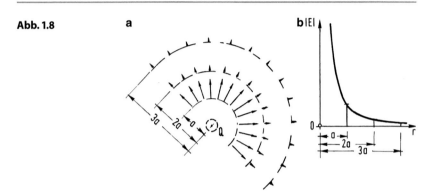

Einheitsvektor $\vec{e}_r$ zusammenfällt. Die Feldstärke ändert sich von Punkt zu Punkt der Richtung und dem Betrage nach. Die Einheit der Feldstärke ist: N/C (Newton durch Coulomb); was gleichwertig mit V/m (Volt durch Meter) ist, wie noch zu zeigen sein wird. An dieser Stelle wird deutlich, dass die Probeladung q eigentlich nur eine Hilfsgröße ohne physikalische Bedeutung ist, sie baut selbst kein elektrisches Feld auf. Dieses wird allein von der Ladung Q erzeugt!

Für jeden Punkt im Raum lässt sich mit vorstehender Formel die Feldstärke berechnen, sie ist auf gleich weit entfernten Kugelflächen um die Punktladung Q dem Betrage nach konstant. Abb. 1.8a zeigt das radial orientierte Feld in drei Abständen von der Punktladung Q (in Teilabbildung b verläuft die Schnittebene durch Q). Da die Kugeloberfläche mit dem Quadrat des Abstandes zunimmt ($O = 4\pi r^2$), muss die Feldstärke der Quellladung Q entsprechend abnehmen und zwar nach allen Richtungen mit dem Quadrat des Abstandes r.

Die Feldstärke ist wie die Kraft in dem betrachteten Punkt ein Vektor. Die Richtungen von $\vec{F}$ und $\vec{E}$ stimmen überein. Die Verbindungslinie dieser Vektoren bei infinitesimalem Fortschreiten von Punkt zu Punkt ergibt die **Feldlinie** (= Kraftlinie). Sie besteht bei einer Punktladung Q aus Radialstrahlen nach allen Richtungen von Q aus. Dort wo die Linien eng liegen, ist die Feldstärke groß, dort wo sie weiter entfernt voneinander liegen, ist die Feldstärke gering.

Handelt es sich um zwei (benachbarte) Ladungen, bauen sie ein gemeinsames Feld auf, das sich aus der Überlagerung der Einzelfelder ergibt. In Abb. 1.9 ist unterstellt, dass Q_1 und Q_2 positiv sind, dann weisen die in der Entfernung r_1 bzw. r_2 auf q einwirkenden Kräfte $\vec{F}_1$ und $\vec{F}_2$ von den Ladungen Q_1 und Q_2 weg, wie in Abb. 1.9b skizziert (denn q ist definitionsgemäß positiv, die Kräfte stoßen sich demnach ab). Dasselbe gilt für die Feldstärken $\vec{E}_1$ und $\vec{E}_2$. Aus diesen beiden Komponenten baut sich die resultierende Feldstärke $\vec{E}$ auf.

Abb. 1.9

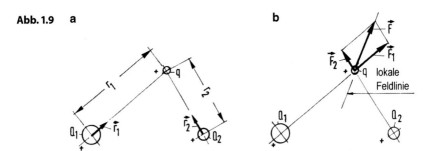

Da das Coulomb'sche Gesetz für jede Punktladung einzeln gilt (jeweils unabhängig von allen weiteren), kann die von den Ladungen Q_1, Q_2, ... und Q_n aufgebaute Feldstärke in jedem Feldpunkt (mit der Einheitsladung $q = 1\,C$) zu

$$\vec{E} = \vec{E}_1 + \vec{E}_2 + \ldots + \vec{E}_n = \frac{1}{4\pi\varepsilon_0} \cdot \left(\frac{Q_1}{r_1^2} \cdot \vec{e}_{r_1} + \frac{Q_2}{r_2^2} \cdot \vec{e}_{r_2} + \ldots + \frac{Q_n}{r_n^2} \cdot \vec{e}_{r_n} \right)$$

bestimmt werden. –

Neben der Punktladung oder einer Gruppe solcher Punktladungen, gibt es endliche Ladungsträger, ein-, zwei- und dreidimensionale. Die Berechnung des von ihnen erzeugten elektrischen Feldes gelingt analytisch-geschlossen oder numerisch, sie kann sich im Einzelfall als schwierig erweisen (und bleibt hier ausgeklammert, die Fachliteratur gibt Auskunft). –

Unterschieden werden dabei homogene und inhomogene Felder, wie in Abb. 1.10 veranschaulicht. Die Feldlinien starten von der Plusladung aus, so ist ihre positive Richtung vereinbart. Ist das Feld homogen, kann es skalar beschrieben werden, im anderen Falle streng genommen nur vektoriell.

homogenes Feld	inhomogenes Feld

Abb. 1.10

Abb. 1.11

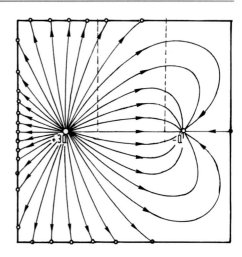

Beispiel

Die Feldlinien von Punktladungen unterschiedlicher Konfiguration lassen sich in einfachen Fällen ohne Rechnung zeichnen, quasi freihändig entwerfen. Das ist selbstredend immer nur eine Näherung. Hierbei macht man sich folgende Fakten zu nutze: Die Ladungsverteilung auf der Oberfläche einer Punktladung ist ringsum kugelsymmetrisch, d. h. die Feldlinien haben auf der Oberfläche den gleichen gegenseitigen Abstand und stehen zudem senkrecht auf dieser. Ihre positiv vereinbarte Richtung verläuft von plus (+) nach minus (−), sie schneiden sich nicht. Betrachtet man als Beispiel zwei Punktladungen, eine zu $+3Q$, die andere zu $-Q$, und vereinbart man, dass 12 Feldlinien in die Ladung $-Q$ einmünden sollen (die Anzahl ist frei wählbar), so müssen $3 \cdot 12 = 36$ Feldlinien von der Ladung $+3Q$ ausgehen, da sie 3-mal so stark ist (Abb. 1.11). Die Linien werden jeweils gleichförmig (in gleichem Abstand) um die Ladungen als kurze Radialstrahlen gezeichnet. Beginnend bei der schwächeren Ladung werden die Linien jeweils einzeln mit jenen der Gegenladung freihändig verbunden. Das sind im Beispiel 12 Linien. Die übrigen Linien der $+3Q$-Ladung verlaufen ‚irgendwie ins Unendliche'. Abb. 1.11 zeigt das Ergebnis. Zählt man die Feldlinien, die die Randkurve des quadratischen Feldes verlassen, beträgt deren Anzahl bei der $+3Q$-Ladung 25, eine Linie dringt ein, sie trifft auf die $-Q$-Ladung. In der Summe verlassen $25 - 1 = 24$ Linien den geschlossenen Bereich. Das entspricht der Differenz $+36 - 12 = 24$ Linien, also der Differenz der Linien aus beiden Ladungen: $(+3 - 1) \cdot 12 = 2 \cdot 12 = 24$.

Wie bei der Bestimmung der Feldlinien genauer vorgegangen werden kann, zeigt Abb. 1.12 für den in Abb. 1.11 dargestellten, zuvor behandelten Fall einer $+3Q$- und einer $-Q$-Ladung: Über den Feldbereich außerhalb der beiden Ladungen wird ein Linienraster gelegt und die Schnittpunkte nacheinander mit der Einheitsladung $q = 1\,\mathrm{C}$ belegt (hier nur im Raster oberhalb der beiden felderzeugenden Ladungen eingezeichnet). Für jede dieser Stellungen wird die auf q einwirkende Kraft vektoriell bestimmt, wie in Abb. 1.9 für zwei Ladungen erläutert. Das ergibt für die einzelnen Rasterpunkte je eine Feldkraft $\vec{F}$ nach Betrag und Richtung und damit deren Feldstärke $\vec{E} = \vec{F}/q$. Für zwei vertikale Rasterlinien

Abb. 1.12

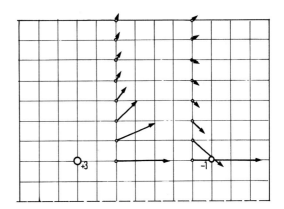

zeigt Abb. 1.12 das Ergebnis. In den gezeigten Pfeilrichtungen wirken die Kräfte auf die dort liegende Einheitsladung q. Der Vergleich mit den Feldlinien in Abb. 1.12 lässt erkennen, wie sie zustande kommen (vergleiche ihre Schnitte mit den beiden gestrichelten vertikalen Linien). Liegt das Rasternetz eng genug, lassen sich auf diese Weise die Feldlinien nach Computer-Programmierung mit geeigneter Grafik-Software zeichnen, auch für mehrere Ladungen. –

Inzwischen existieren Computer-Programme, mit deren Hilfe für beliebige räumliche Ladungsverteilungen die Feldgrößen numerisch berechnet werden können. Sie gehen von dem Differenzen-Verfahren aus oder von dem Verfahren der Finiten Elemente. Solche numerischen Lösungen gelingen prinzipiell für alle linearen Feldprobleme, auch für magnetische Felder, für statische Aufgaben der Platten- und Schalentheorie sowie für Probleme der Wärmeverteilung. Aufgaben dieser Art werden in der theoretischen Physik behandelt.

Zur weiteren Veranschaulichung zeigt Abb. 1.13 die Feldlinien um zwei gleich starke Punktladungen, linkerseits für zwei ungleichnamige Ladungen $(+/-)$, die

Abb. 1.13   **a**   **b**

sich anziehen, rechterseits für zwei gleichnamige Ladungen $(+/+)$ oder $(-/-)$, die sich abstoßen. **Wichtig**: Die Abbildungen zeigen vom gesamten räumlichen Feldlinienverlauf nur jene Linien, die in der Schnittebene durch die beiden Ladungen verlaufen! Auch den Raum vor und hinter der Ebene durchlaufen Feldlinien, sie bilden das räumliche Feld der gegebenen Ladungskonfiguration und erstrecken sich letztlich über alle Grenzen.

1.2.5   Elektrisches Potential – Elektrische Spannung

Im Umfeld der Punktladung Q ist das elektrische Feld kugelsymmetrisch (Abb. 1.14a). Die Kraft auf die Einheitsladung q im Abstand r von Q und die zugehörige Feldstärke betragen (hier skalar angeschrieben):

$$F(r) = \frac{1}{4\pi\varepsilon_0} \cdot \frac{Q \cdot q}{r^2} \quad \rightarrow \quad E(r) = \frac{F(r)}{q} = \frac{1}{4\pi\varepsilon_0} \cdot \frac{Q}{r^2}$$

Geht r gegen unendlich $(r \rightarrow \infty)$, gehen F und E hier gegen Null: Im Unendlichen sind beide Null, hier endet der Einfluss der Ladung Q, das ist einsichtig.

Die Kraft ist eine Funktion von r: $F = F(r)$. Soll die Arbeit bestimmt werden, welche die Kraft auf die Einheitsladung q bei deren radialer Verschiebung von A $(r = a)$ nach B $(r = b)$ verrichtet (,Arbeit = Kraft mal Weg,), muss über die infinitesimalen Arbeitsbeträge $dW = F(r) \cdot dr$ von $r = a$ bis $r = b$ integriert werden (Abb. 1.14a):

$$W_{ab} = \int_a^b dW = \int_a^b F(r)dr = q \int_a^b E(r)dr$$

Abb. 1.14

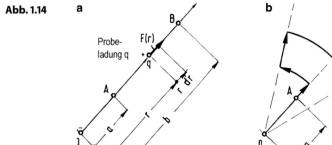
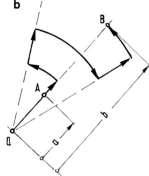

Man kann den Integrationsweg von A nach B beliebig wählen, denn jeder Weg lässt sich aus radialen Strahlen- und Kreisbogenstücken zusammensetzten, wie in Teilabbildung b veranschaulicht. Auf Kreisbogenstücken wird keine Arbeit verrichtet, weil auf dem Kreisbogen der Abstand r gegenüber Q konstant bleibt. Die Arbeit ist somit nur von der radialen Entfernung r des Feldpunktes vom Ort der felderzeugenden Ladung Q abhängig.

Auf die Probeladung q wirkt die elektrische Kraft $F = F(r)$. Der Probeladung q sei im Feldpunkt A die potentielle Energie $E_{\text{pot},a}$ zugeordnet. Bei einer Verschiebung der Ladung q bzw. der Kraft F um den Weg von A nach B ändert sich die Energie um die von der (auf q einwirkenden) Kraft $F(r)$ auf diesem Weg von A nach B verrichteten Arbeit. Als **elektrische Potentialdifferenz** (φ_{ab}, gesprochen phi) ist die Differenz der potentiellen Energien zwischen den zwei Feldpunkten, dividiert durch q, definiert (hier ist es die Energie im Punkt B gegenüber jener im Punkt A, dividiert durch q). **Dieses elektrische Potentialgefälle ist als elektrische Spannung U** zwischen den beiden Feldpunkten **definiert:**

$$U = \varphi_{ab} = \frac{1}{q}(E_{\text{pot},b} - E_{\text{pot},a}) = \frac{W_{ab}}{q} = \int\limits_{a}^{b} E(r)\,dr$$

Wird der obige Ausdruck für die Feldstärke $E(r)$ der felderzeugenden Quellladung Q in diese Gleichung eingesetzt, folgt nach Integration:

$$\varphi_{ab} = \int\limits_{a}^{b} \frac{1}{4\pi\varepsilon_0} \cdot \frac{Q}{r^2}\,dr = \frac{Q}{4\pi\varepsilon_0} \int\limits_{a}^{b} \frac{dr}{r^2} = \frac{Q}{4\pi\varepsilon_0}\left[-\frac{1}{r}\right]_{a}^{b} = \frac{Q}{4\pi\varepsilon_0}\left[\frac{1}{a} - \frac{1}{b}\right],$$

denn es gilt:

$$\int \frac{dr}{r^2} = \int r^{-2}dr = \frac{r^{-1}}{(-1)} = -\frac{1}{r}$$

Die Einheit der Spannung ist das Volt:

$$1\,\text{Volt} = 1\,\text{V} = 1\,\frac{\text{J}}{\text{C}} = 1\,\frac{\text{N\,m}}{\text{C}} \quad \rightarrow \quad \frac{\text{N}}{\text{C}} = \frac{\text{V}}{\text{m}}$$

Wichtiger Hinweis
Mit E wird einerseits die elektrische Feldstärke abgekürzt, andererseits die Energie. Zwecks Unterscheidung werden die verschiedenen Energien immer durch einen Index gekennzeichnet, z. B. E_{elek} oder E_{pot} oder E_{kin}.

Abb. 1.15

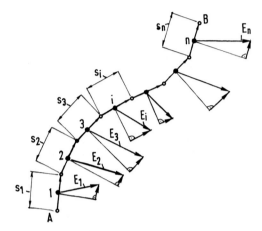

Die vorstehende Herleitung ist auch dann gültig, wenn die elektrische Spannung bzw. die elektrische Potentialdifferenz zwischen zwei Punkten in einem inhomogenen Feld zu bestimmen ist: Gedanklich kann ein beliebiger Integrationsweg in einem solchen Feld in finite Wegintervalle von $i = 1$ bis $i = n$ unterteilt werden, wobei n die Anzahl der Teilstrecken ist, wie in Abb. 1.15 veranschaulicht. Feldstärke und Linienelement müssen jetzt vektoriell geschrieben werden, um die finiten Arbeiten pro Element als Skalarprodukt zu erhalten. Anschließend werden sie von $i = 1$ bis $i = n$ aufsummiert:

$$W_{ab} = \sum_{i=1}^{n} \Delta W_i = q \sum_{i=1}^{n} \vec{E}_i \cdot \Delta \vec{s}_i$$

Durch Grenzübergang vom finiten Wegelement $\Delta \vec{s}_i$ zum infinitesimalen Element $d\vec{s}$, folgt das Linienintegral über das Skalarprodukt von $\vec{E}$ und $d\vec{s}$ entlang des Weges von A nach B zu:

$$W_{ab} = q \int_{a}^{b} \vec{E} \, d\vec{s}$$

Die prinzipielle Übereinstimmung mit obiger Formel für W_{ab} ist evident. –

Die elektrische Spannung ist die Differenz zwischen den potentiellen Energien zweier Feldpunkte (dividiert durch q), das ist jene Energie, sprich Arbeit, die bei der Verschiebung des Trägers der Einheitsladung q zwischen den Feldpunkten verrichtet wird, wobei auf q die resultierende Kraft der das Feld erzeugenden Ladungskonfiguration einwirkt. Hinweis: Obige Formel gilt nur für den einfachsten Fall einer das elektrische Feld aufbauenden Punktladung Q!

Abb. 1.16

Elektrostatisches Feld um Rundleiter

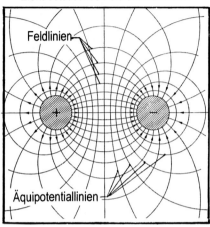

Feldlinien

Äquipotentiallinien

Jene Linien in einem Feld, entlang derer das elektrische Potential φ konstant ist, bezeichnet man als **Äquipotentiallinien**. In den gemeinsamen Schnittpunkten mit den Feldlinien verlaufen sie normal (senkrecht) zu diesen. Richtiger ist es, im räumlichen Feld von Äquipotentialflächen zu sprechen. Zwischen zwei Punkten auf einer solchen Fläche besteht kein Potentialunterschied, es wirkt zwischen ihnen somit auch keine Spannung. – Abb. 1.16 zeigt das elektrische Feld um zwei Rundleiter mit gegenläufiger Stromrichtung in der Blattebene. Das sich entlang der parallel liegenden Leiter erstreckende räumliche Feld ist gleichbleibend, es hat in allen Schnitten dasselbe Aussehen, wie dargestellt.

1.2.6 Elektrischer Fluss Ψ – Gauss'sches Gesetz

Die von Trägern mit positiver Ladung zu Trägern mit negativer Ladung verlaufenden Feldlinien legen es nahe, den Begriff des elektrischen Kraftflusses einzuführen. Man spricht kürzer von elektrischem Fluss, auch vom Fluss des elektrischen Feldes (obwohl eigentlich materiell nichts fließt). Von einer einzelnen punktförmigen Ladung $+Q$ gehen nach allen Richtungen Feldlinien aus. Legt man um diesen punktförmigen Ladungsträger eine kugelförmige Fläche, durchstoßen die Feldlinien die Fläche von innen nach außen gleichförmig: Die Anzahl der Feldlinien, welche die Einheitsfläche (1 m^2) durchstoßen, ist auf einer **Kugelfläche** überall gleichgroß (Abb. 1.17a). –

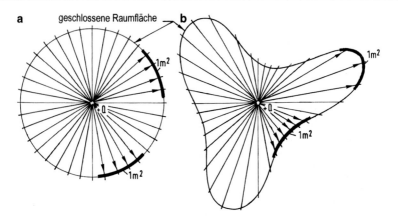

Abb. 1.17

Handelt es sich dagegen um eine **Raumfläche beliebiger Form** (Abb. 1.17b),
ist das nicht der Fall, hier gibt es Bereiche der Flächeneinheit 1, die von wenigen
und solche, die von vielen Feldlinien durchstoßen werden. Bei der im Bild betrachteten Punktladung ist die Durchdringungsdichte in jenen Bereichen höher, die der
Punktladung näher liegen und niedriger, in denen sie weiter weg liegen.

Beispiel
In einem Raumbereich, in welchem sich mehrere Ladungen befinden, verlaufen die Feldlinien immer irgendwie krummlinig. Wird um den Ladungsbereich eine Raumfläche aufgespannt, lässt sich über die Stärke der Einzelladung keine Aussage machen, wohl, ob die
Ladung insgesamt positiv oder negativ ist. Das Beispiel in Abb. 1.11 hatte das bereits verdeutlicht: In der Summe durchstoßen 24 Feldlinien die dortige quadratische Randlinie. Das
beruht auf der Differenz $(3 - 1) \cdot 12 = 2 \cdot 12 = 24$ Linien und damit auf der Differenz der
Ladungen. Wird um jeden Ladungsträger einzeln eine (beliebige) Berandungslinie gelegt,
wird die Randlinie um die $+3Q$-Ladung 36 mal von *innen nach außen* geschnitten und die
$-1Q$-Ladung von $14 - 2 = 12$ Linien von *außen nach innen*. Die jeweils andere Ladung
wirkt sich auf die Anzahl der Schnittpunkte nicht aus (Abb. 1.18).

Der **elektrische Fluss** wird mit Ψ abgekürzt (gesprochen psi). Der Fluss steht
mit der Anzahl der Feldlinien, welche die aufgespannte Raumfläche um den Ladungsbereich durchstoßen, in direktem Zusammenhang: Dort, wo die Feldlinien
die Fläche in engem Abstand durchstoßen, ist der elektrische Fluss ,stark', wo sie
nicht so dicht liegen, ist der Fluss ,schwach'.

Auf einer Raumfläche werde eine infinitesimale Teilfläche dA betrachtet. Es
werde zunächst der Fall untersucht, bei welchem die Feldlinien senkrecht zur Teilfläche orientiert sind, also senkrecht auf die Fläche dA treffen.

Abb. 1.18

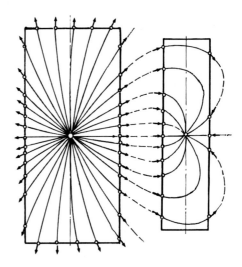

Innerhalb der kleinen Teilfläche dA ändert sich die Feldstärke von $\vec{E}$ auf $\vec{E} + d\vec{E}$. Die Radiusvektoren bis zum Anfang und Ende der Teilfläche sind $\vec{r}$ bzw. $\vec{r} + d\vec{r}$ (Abb. 1.19a).

Der elektrische Fluss verläuft innerhalb der Fläche dA trapezförmig, das ergibt für den Fluss innerhalb der infinitesimalen Teilfläche dA:

$$d\Psi = \frac{1}{2}\left[\vec{E} + (\vec{E} + d\vec{E})\right] \cdot d\vec{A} = \vec{E} \cdot d\vec{A} + \frac{1}{2}d\vec{E} \cdot d\vec{A}$$

Der zweite Term auf der rechten Seite ist gegenüber dem ersten Term eine Größenordnung kleiner. $d\Psi$ kann demnach zu

$$d\Psi = \vec{E} \cdot d\vec{A}$$

angegeben werden. $d\vec{A}$ ist als (Flächen-) Vektor zu deuten. Richtiger wäre es, $d\vec{A} = dA \cdot \vec{n}$ zu schreiben, worin $\vec{n}$ der Normalenvektor auf der Fläche ist, d. h. er steht auf der Fläche senkrecht, wie in Teilabbildung b wiedergegeben. Somit gilt für den infinitesimalen elektrischen Fluss (Teilabbildung b): $d\Psi = \vec{E} \cdot dA \cdot \vec{n}$. Ist der Winkel zwischen der Richtung des elektrischen Feldes und der infinitesimalen Teilfläche dA gleich α, ist der elektrische Fluss geringer, das bedeutet (Teilabbildung c):

$$d\Psi = \vec{E} \cdot dA \cdot \vec{n}$$

Das ist das Skalarprodukt von $\vec{E}$ und $dA \cdot \vec{n}$. Bei ebener (skalarer) Betrachtung ist das Produkt $E \cdot (dA \cdot \cos\alpha)$ bzw. $E \cdot dA \cdot \cos\alpha$. Wie es sein muss, gilt für $\alpha = 90°$:

Abb. 1.19

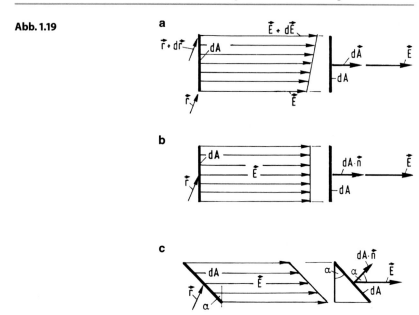

$\cos\alpha = 1$ und für $\alpha = 0$: $\cos\alpha = 0$. Im letztgenannten Falle wird die Fläche dA von keinem Fluss durchsetzt.

Wird über alle infinitesimalen Teilflächen dA, also über die gesamte Raumfläche, integriert, nennt man dieses Integral den **Fluss des elektrischen Feldes** (Abb. 1.20):

$$\Psi = \int_A \vec{E} \cdot dA \cdot \vec{n}$$

Im Falle einer Kugelfläche um eine Punktladung Q (durch den Index K gekennzeichnet) haben $\vec{E}_K$ und $\vec{n}_K$ an jeder Stelle auf der Kugeloberfläche dieselbe radiale Richtung, zudem ist $\vec{E}_K$ hier rundum konstant. Demgemäß gilt in diesem Falle mit $4\pi\, r_K^2$ als Oberfläche der Kugel:

$$\Psi_K = E_K \int_{A_K} dA_K = \frac{1}{4\pi\varepsilon_0} \cdot \frac{Q}{r_K^2} \int_{A_K} dA_K = \frac{1}{4\pi\varepsilon_0} \cdot \frac{Q}{r_K^2} \cdot 4\pi r_K^2 = \frac{Q}{\varepsilon_0}$$

Der so definierte Fluss ist einsichtiger Weise unabhängig vom Radius der Kugelfläche.

Abb. 1.20

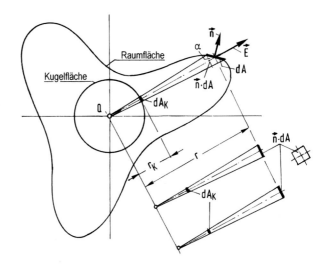

Für das Verhältnis der elektrischen Feldstärken und das Verhältnis der Flächen dA_K (auf der Kugelfläche) und dA (auf der Raumfläche) gilt (Abb. 1.20):

$$\frac{E_K}{E} = \left(\frac{r}{r_K}\right)^2 \quad \text{und} \quad \frac{dA_K}{dA \cdot \cos\alpha} = \left(\frac{r_K}{r}\right)^2$$

r_K ist der radiale Abstand bis zur Fläche dA_K, die auf der Kugelfläche liegt, und r der Abstand bis zur Fläche dA, die auf der Raumfläche liegt. Für $d\Psi_K$ folgt:

$$d\Psi_K = \vec{E}_K dA_K = \left(\frac{r}{r_K}\right)^2 \cdot \vec{E} \cdot \left(\frac{r_K}{r}\right)^2 \cdot dA \cdot \cos\alpha = \vec{E}dA\vec{n} = d\Psi$$

Das über die Raumfläche erstreckte Integral $\int_A d\Psi$ ist somit genau so groß wie das über jede beliebige Kugelfläche erstreckte Integral $\int_{A_K} d\Psi_K$. Das ist einsichtig:

$$\Psi = \int_A d\Psi = \int_A \vec{E}dA\vec{n} = \int_{A_K} d\Psi_K = \Psi_K = \frac{Q}{\varepsilon_0}, \text{Einheit:} \ \frac{N}{C} \cdot m^2 = N \cdot C^{-1} \cdot m^2$$

In Worten: Der von einer Punktladung Q ausgehende elektrische Fluss durch eine beliebige Raumfläche, welche die Punktladung einschließt, ist gleich Q/ε_0. Handelt es sich nicht um eine Punktladung sondern um mehrere Träger unterschiedlicher Einzelladungen Q_i oder um einen endlichen Träger mit kontinuierlicher

Abb. 1.21

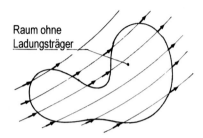

Raum ohne
Ladungsträger

Ladungsbelegung, gilt der vorstehende Satz schlüssiger Weise entsprechend, kann doch jede Ladung als durch eine Summe von Punktladungen aufgebaut angesehen werden, das bedeutet:

$$\Psi = \int_A \vec{E}\, dA\vec{n} = \frac{Q}{\varepsilon_0} = \frac{1}{\varepsilon_0} \sum_{i=1}^{n} Q_i$$

Der gesamte Fluss durch eine geschlossene Raumfläche ist gleich der innerhalb der Raumfläche befindlichen gesamten effektiven Ladung, dividiert durch ε_0. Das ist das **Gauss'sche Gesetz**. Befindet sich innerhalb der Raumfläche keine Ladung, bzw. heben sich die Ladungen hier gegenseitig zu Null auf, gilt $\Psi = 0$. Das macht Abb. 1.21 deutlich: In einem ladungsfreien Raum ist die Summe der ein- und austretenden Feldlinien gleichgroß, in der Summe ist der Fluss durch die Raumfläche dann Null.

1.2.7   Ebenes Feld – Feldenergie – Kondensator – Millikan-Versuch

Eine ebene dünne Platte, jeweils mit der Fläche A auf der Vorder- und Rückseite, trage die positive Gesamtladung Q (Abb. 1.22). Die Flächen auf der Vorder- und Rückseite ergeben zusammen die Fläche $2A$. Auf beide zusammen verteilt sich die Gesamtladung Q.

Die Ausdehnung der dünnen Platte sei im Verhältnis zu ihrer Dicke sehr groß. Die Ladungsbelegung auf den Flächen der Vorder- und Rückseite ist gleichförmig, praktisch konstant, denn gleiche Ladungen stoßen sich gegenseitig ab und gruppieren sich so, dass sie einen gleichgroßen gegenseitigen Abstand haben. Ist die Ladung auf den Flächen konstant verteilt, gilt das auch für das Feld im räumlichen Umfeld (von schmalen Bereichen an den Rändern abgesehen). Das bedeutet, die von den Oberflächen ausgehenden Feldlinien haben einen gleichweiten Ab-

Abb. 1.22

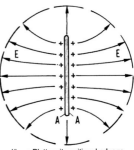

dünne Platte mit positiver Ladungsbelegung auf beiden Seiten

stand voneinander. Die Gesamtladung Q auf der Vorder- und Rückseite der Platte erzeugt das elektrische Feld mit der Feldstärke E. Sie lässt sich mit Hilfe des Gauss'schen Gesetzes bestimmen: Der aus beiden Oberflächen austretende elektrische Fluss beträgt zusammen:

$$\Psi = E \cdot 2A$$

Nach dem Gauss'schen Gesetz gilt:

$$\Psi = \frac{Q}{\varepsilon_0}$$

Nach Gleichsetzung der Ausdrücke folgt die gesuchte Feldstärke zu (Abb. 1.22):

$$E \cdot 2A = \frac{Q}{\varepsilon_0} \quad \rightarrow \quad E = \frac{Q}{2\varepsilon_0 \cdot A}$$

Stehen sich zwei Platten gegenüber, wobei die eine Platte eine positive und die andere eine negative Ladung Q trage, dem Betrage nach seien sie gleichgroß (Abb. 1.23a), so können die von den beiden Platten ausgehenden Feldwirkungen überlagert werden (Abschn. 1.2.4). Aus Abb. 1.23b erkennt man, dass sich die überlagernden Felder der beiden Platten im Außenbereich der Doppelplatte auslöschen, dieser wird feldfrei. Im Innenbereich überlagern sich die Felder der beiden Platten. Das bedeutet, die Feldstärke, die gemäß Abb. 1.22 für eine Platte ermittelt wurde, ist im Innenraum der Doppelplatte zweifach anzusetzen:

$$E = 2 \cdot \frac{Q}{2\varepsilon_0 \cdot A} \quad \rightarrow \quad E = \frac{Q}{\varepsilon_0 \cdot A}$$

A ist die Fläche einer Plattenseite. Die Überlegung gilt nur, wenn der Abstand der Platten im Verhältnis zu ihrer Fläche gering ist und dadurch der Einfluss der Streu-

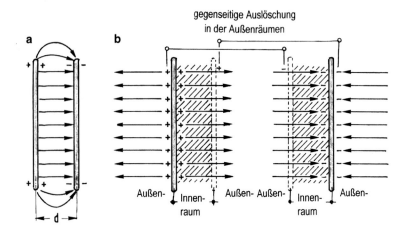

Abb. 1.23

feldbereiche entlang der Ränder der Doppelplatte auf das Innenfeld vernachläs-
sigbar gering bleibt. Die Feldlinien zwischen den Platten verlaufen dann parallel-
geradlinig und in gleichweitem Abstand voneinander, vgl. Abb. 1.24.

Wie aus der vorstehenden Formel hervorgeht, ist **die Feldstärke zwischen den
Platten konstant**, also unabhängig vom gegenseitigen Abstand der Einzelplatten!

Eine Plattenanordnung, wie in Abb. 1.24 dargestellt nennt man einen **Kondensator**, einen Plattenkondensator. Es sind zwei sich gegenüberstehende Platten, die
eine gegengleiche Ladung tragen. Bauteile solcher und ähnlicher Art kommen in
vielen elektrischen und elektronischen Geräten zum Einsatz (z. B. in Blitzlichtge-
räten von Photokameras).

Die Spannung zwischen den Platten lässt sich einfach angeben, da die Feldstärke im Raum zwischen den Platten konstant ist (vgl. hier Abschn. 1.2.5):

$$U = \varphi_{ab} = \int\limits_a^b E(r)dr = E \int\limits_a^b dr = E \cdot d$$

d ist der gegenseitige Abstand der Platten bzw. Ladungen. – Mit dem zuvor hergeleiteten Ausdruck für die Feldstärke (E) im Innenraum

$$E = \frac{Q}{\varepsilon_0 A}$$

Abb. 1.24

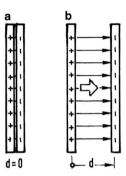

ergibt sich die Spannung im Raum zwischen den Ladungen Q auf den Platten zu:

$$U = \frac{Q}{\varepsilon_0 A} d$$

Aufgelöst nach Q folgt:

$$Q = \varepsilon_0 \frac{A}{d} \cdot U = C_0 \cdot U$$

Mit dem Kürzel

$$C_0 = \varepsilon_0 \frac{A}{d}$$

wird die sogen. **Kapazität des Kondensators** (im Vakuum) benannt. Sie ist proportional zur Kondensatorfläche A und reziprok zu deren gegenseitigem Abstand d: Bei einer Vergrößerung der Plattenfläche steigt die Kapazität, ebenso bei einer Verringerung des Plattenabstandes.

Die Kapazität wird in der Einheit F (Farad) gemessen:

$$1\,F = \frac{1\,C}{1\,V} \text{ (1 Coulomb durch 1 Volt)}$$

Technische Kondensatoren haben i. Allg. eine deutlich unter 1 Farad liegende Kapazität, die Größenordnung liegt eher im Bereich: mF, µF, nF, pF.

Die Kapazität bestimmt, welche Ladungsmenge Q der Kondensator bei Anlegen der Spannung U aufnimmt, vice versa: $U = Q/C_0$.

Abb. 1.25

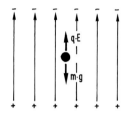

Anmerkung

Befindet sich am Ort P im elektrischen Feld mit der Feldstärke E ein Teilchen, das die Ladung q trägt, wirkt die Kraft $F = q \cdot E$ auf das Teilchen und das in Richtung der Feldlinie durch P. Hat es die Masse m, wird es mit $a = F/m = q \cdot E/m$ beschleunigt.

Anwendung: Millikan-Versuch

In einem ebenen, lotrecht ausgerichteten Feld, das durch die Ladungen Q auf gegengleichen Platten aufgespannt werde, betrage die Feldstärke E. In dem Feld bewegen sich Öltröpfchen auf und ab. Sie wurden in den Raum abgesprüht. Durch die mit der Bewegung der Teilchen einhergehende Reibung an den Luftmolekülen nehmen sie eine gewisse Ladung auf. Größe, Masse und Beladung der Tröpfchen sind einsichtiger Weise unterschiedlich und unbekannt.

Aus der Menge betrachte man nunmehr ein einzelnes Tröpfchen, es trage die Ladung q. Auf die Masse des Tröpfchens wirke die abwärtsgerichtete Schwerkraft und auf die Ladung des Tröpfchens die aufwärts gerichtete elektrische Feldkraft. Das Tröpfchen befinde sich in einem Schwebezustand, dann besteht Gleichgewicht zwischen der auf das Tröpfchen einwirkenden gravitativen und elektrischen Kraft (Abb. 1.25). Aus der Gleichgewichtsgleichung für den Schwebezustand lässt sich die Ladung des Tröpfchens freistellen:

$$m \cdot g = q \cdot E \quad \rightarrow \quad q = \frac{m \cdot g}{E}$$

g ist die Erdbeschleunigung.

Wird die Ladung des Feldes (Q) und damit die Feldstärke, gezielt variiert, lässt sich das ausgewählte Öltröpfchen im Schwebezustand halten. Würde man seine Masse kennen, könnte man seine Ladung q aus vorstehender Formel berechnen. Diese Kenntnis ist indessen nicht vorhanden. Die Auswertung des Versuches muss daher in der Gleichgewichtsgleichung um die Stoke'sche Reibungskraft für den Sinkflug des Tröpfchens in der Luft erweitert werden. Mit dieser Ergänzung gelingt es, den Radius des Öltröpfchens und damit seine Masse zu bestimmen. Hiermit findet man dann aus der entsprechend erweiterten Gleichung die zugehörige Ladung. Solche Versuche machte R.A. MILLIKAN (1868–1953) im Jahre 1910. Dabei zeigte sich, dass sich die gemessene Ladung q stets als ein Vielfaches der Ladung $1{,}6 \cdot 10^{-19}$ C ergab. Diese Ladung interpretierte MILLIKAN als kleinstmögliche Ladung überhaupt, als Elementarladung eines Elektrons bzw. Protons. Im Jahre 1923 wurde ihm für diese fundamentale Entdeckung der Nobelpreis für Physik zuerkannt. Inzwischen wurde die Elementarladung auch auf anderem Wege bestimmt, sie beträgt: $e = 1{,}602 \cdot 10^{-19}$ C. –

Wie gezeigt, ist die elektrische Spannung U im Kondensatorfeld zwischen den Platten gleich der Feldstärke E mal Abstand d: $U = E \cdot d$; demgemäß kann obige Gleichung auch zu

$$q = \frac{m \cdot g}{E} = \frac{m \cdot g}{U} \cdot d$$

angeschrieben werden.

Beispiel: Kondensator

Gesucht ist die Kapazität eines Kondensators mit folgenden Abmessungen: Plattenfläche und -abstand: $A = 6,0\,\text{m}^2$, $d = 0,1\,\text{mm} = 0,1 \cdot 10^{-3}\,\text{m}$:

$$C_0 = \varepsilon_0 \frac{A}{d} = \frac{8,854 \cdot 10^{-12} \cdot 6,0}{0,1 \cdot 10^{-3}} = 531,2 \cdot 10^{-9} = 0,531 \cdot 10^{-6}\,\text{F} = \underline{0,531\,\mu\text{F}}$$

Hinweis zur Einheit:

$$\frac{\text{C}^2 \cdot \text{m}^2}{\text{N}\,\text{m}^2 \cdot \text{m}} = \frac{\text{C}^2}{\text{N} \cdot \text{m}} = \frac{\text{C}}{\text{V}} = \text{F}$$

Die Kapazität von Photo-Blitzkondensatoren liegt zwischen 100 bis 10.000 μF bei Spannungen zwischen 350 bis 550 V, z. B.: $U = 360\,\text{V}$, $C_0 = 1000\,\mu\text{F} = 1 \cdot 10^{-3}\,\text{F}$. Derartige Kapazitäten werden nur mit Hilfe eines Dielektrikums erreicht, vgl. spätere Ausführungen.

Um die zwischen den Platten des Kondensators gespeicherte elektrische Energie herzuleiten, wird von der von der Ladung auf der Innenseite *einer Platte* aufgebauten Feldstärke ausgegangen (s. o.):

$$\frac{Q}{2\varepsilon_0 A}$$

Von der Ladung, die auf der Platte liegt, wird auf die Ladung, die auf der gegenüber liegenden Platte liegt, folgende Kraft ausgeübt:

$$F = \frac{Q}{2} \cdot \left(\frac{Q}{2\varepsilon_0 A} \right) = \frac{1}{4} \cdot \frac{Q^2}{\varepsilon_0 A}$$

(Man beachte: $F = q \cdot E$, hier $q = Q/2$, E ist der zuvor angegebene Ausdruck.)

Die von F (= konstant) bei Festhalten der anderen Platte verrichtete Arbeit bei einer Verschiebung von $s = 0$ bis $s = d$ beträgt (Arbeit ist gleich Kraft mal Weg):

$$W = \frac{1}{4} \cdot \frac{Q^2}{\varepsilon_0 A} \cdot d = E_{\text{elek}}$$

Etwas umgestellt, kann die zwischen den Platten gespeicherte Energie in Abhängigkeit von der Kapazität C_0 wie folgt angeschrieben werden:

$$E_{\text{elek}} = \frac{1}{2} \cdot \frac{Q^2}{\varepsilon_0 A} \cdot d = \frac{1}{2} \cdot \frac{Q^2}{\varepsilon_0 A/d} = \frac{1}{2} \cdot \frac{Q^2}{C_0} = \frac{1}{2} \cdot Q \cdot U = \frac{1}{2} \cdot C_0 \cdot U^2$$

Wird $Q = \varepsilon_0 A \cdot E$ eingesetzt, ergibt sich alternativ für die Energie:

$$E_{\text{elek}} = \frac{1}{2} \cdot \frac{(\varepsilon_0 A \cdot E)^2}{\varepsilon_0 A} \cdot d = \varepsilon_0 \cdot \frac{E^2}{2} A \cdot d = \varepsilon_0 \cdot \frac{E^2}{2} \cdot V$$

$V = A \cdot d$ ist das Feldvolumen zwischen den Platten. Die **Energiedichte** w des elektrischen Feldes im Innenraum des Kondensators beträgt demnach:

$$w = \frac{E_{\text{elek}}}{V} = \varepsilon_0 \cdot \frac{E^2}{2}$$

Es ist bedeutsam, dass dieser Ausdruck auch für die Energiedichte allgemeiner Felder gilt (Maxwell'sche Theorie). Dabei ist $E = E(r)$ die lokale Feldstärke infolge der gegebenen Ladungskonfiguration. Die Gesamtenergie ergibt sich als Volumenintegral über $\varepsilon_0 \cdot E^2/2$.

Ein Kondensator wird aufgeladen, indem ein Gleichstrom mit der Spannung U angelegt wird ($Q = C_0 \cdot U$), wie in Abb. 1.26b dargestellt. Werden die Platten von der Spannungsquelle getrennt, tragen sie eine negative bzw. positive Ladung (Teilabbildungen b, c, d). Auf beiden Platten liegt eine gleichgroße negative bzw. positive Ladung, sie bleibt jeweils gespeichert. Der Kondensator wird dadurch zu einer Spannungsquelle (Batterie), Abb. 1.26d. Wenn der Stromkreis wieder geschlossen wird, fließt der Entladestrom entgegengesetzt zur Richtung des Ladestroms ab (Teilabbildungen e, f).

Anmerkung

Durchläuft ein Elektron mit der Elementarladung $q = e$ ein homogenes ebenes Feld unter dem Einfluss der Spannung $U = 1\,V$, wird am Teilchen die Arbeit

$$W = q \cdot U = e \cdot U = 1{,}60 \cdot 10^{-19} \cdot 1{,}0 = 1{,}60 \cdot 10^{-19}\,\text{J} = \underline{1{,}0\,\text{eV}}$$

verrichtet. In dieser Form ist die elektrische Spannung U im SI vereinbart bzw. definiert. Man bezeichnet den Energiebetrag mit 1 **Elektronenvolt** (eV).

Die Wirkung eines Kondensators kann gesteigert werden, wenn zwischen den Platten ein sogenanntes **Dielektrikum** liegt, wie Abb. 1.27a zeigt. Es handelt sich um Isoliermaterial. Die hierdurch gegenüber dem Vakuum ($\approx$ Luft) gesteigerte Kapazität wird durch den Vervielfacher ε_r gekennzeichnet. Der Wert (als relative Dielektrizitätskonstante und auch als Permittivität bezeichnet) wird durch Messung bestimmt. Der Wert ist druck- und temperaturabhängig. In der Tabelle in Abb. 1.27b sind Werte ausgewiesen.

Abb. 1.26

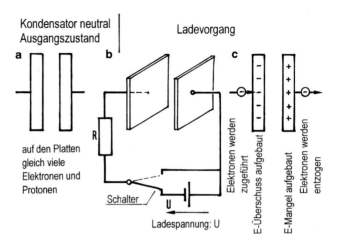

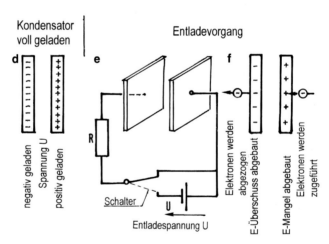

Die Kapazität (C) eines Kondensators und die in ihm gespeicherte Ladung (Q) als Funktion der aufgebauten Spannung (U) berechnen sich mit ε_r zu:

$$C = \varepsilon_r \cdot C_0 = \varepsilon_r \cdot \varepsilon_0 \cdot \frac{A}{d}, \quad \rightarrow \quad Q = C \cdot U$$

Die Wirkung des Dielektrikums kommt dadurch zustande, dass sich in den Randzonen des Materials zur Platte hin hohe Ladungsverdichtungen einstellen. Die

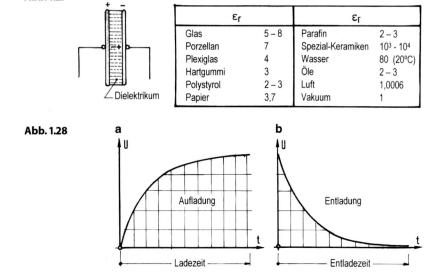

Abb. 1.27

	ε_r		ε_r
Glas	5 – 8	Parafin	2 – 3
Porzellan	7	Spezial-Keramiken	10^3 - 10^4
Plexiglas	4	Wasser	80 (20°C)
Hartgummi	3	Öle	2 – 3
Polystyrol	2 – 3	Luft	1,0006
Papier	3,7	Vakuum	1

Abb. 1.28

Moleküle in dem nur beschränkt leitfähigen Material werden entlang der Feldlinien ausgerichtet, polarisiert, es kommt zum Teil zu einer Ladungstrennung. Die Energiedichte im Feld erfährt eine entsprechende Steigerung:

$$w = \varepsilon_r \cdot \varepsilon_0 \cdot \frac{E^2}{2}$$

Kondensatoren werden in unterschiedlicher technischer Ausführung angeboten, auch solche, deren Kapazität von Hand einstellbar sind, man spricht dann von einem sogen. Trimmer oder Drehkondensator. – Die Bauteile werden möglichst klein, platzsparend und preiswert gestaltet. Vielfach werden anstelle metallener Platten metallene Folien verwendet, die durch Isolierpapier getrennt sind und spiralig aufgerollt werden. – Kondensatoren werden in Reihe oder parallel geschaltet, um bestimmte Wirkungen zu erzielen. – Das Aufladen und Entladen eines Kondensators erfordert eine gewisse Zeit, vgl. Abb. 1.28.

Steigt die Spannung beim Laden eines Kondensators über eine bestimmte Höhe hinaus, wird der Innenraum (ggf. einschließlich Isolator) leitend, die Ladung schlägt durch, der Kondensator wird dabei i. Allg. zerstört. Die materialabhängige Durchschlagfestigkeit beträgt z. B. bei Luft 3000 V/mm, bei Papier 16.000 V/mm.

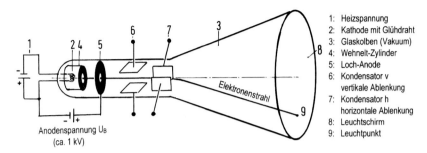

1: Heizspannung
2: Kathode mit Glühdraht
3: Glaskolben (Vakuum)
4: Wehnelt-Zylinder
5: Loch-Anode
6: Kondensator v
   vertikale Ablenkung
7: Kondensator h
   horizontale Ablenkung
8: Leuchtschirm
9: Leuchtpunkt

Anodenspannung U_B
(ca. 1 kV)

Abb. 1.29

Beispiele für von Kondensatoren aufgebaute elektrische Felder

1. In **Elektrostatischen Staubfiltern** ist ein elektrisches Feld aufgebaut, in dem die elektrisch aufgeladenen Staubteilchen polarisiert und dadurch in eine Richtung angezogen bzw. abgestoßen werden. Von der zugehörigen Platte, welche die Staubpartikel aufnimmt, werden sie mittels Öl abgesprüht oder über ein Gitter vor Erreichen der Platte aufgesammelt. Die Spannung im Feld beträgt ca. 10 kV.

2. Bei **Elektrostatischen Farbspritzanlagen** bildet die Spritzdüse den einen, das Werkstück den anderen Pol. Die Farbpartikel werden im Feld elektrisch aufgeladen und vom Werkstück angezogen. Hierdurch gelingt eine gleichförmige und wirtschaftliche Farbbeschichtung. Die Feldspannung liegt zwischen 20 und 100 kV

3. In **LED- und Laser-Druckern** werden Papier und Toner elektrisch aufgeladen, und zwar der Toner durch die Belichtung auf der Bildtrommel dort, wo das Druckbild übertragen werden soll. Auch das Abfiltern der staubigen Schadstoffe, die in solchen Druckern (und Kopierern) entstehen, wird elektrostatisch bewerkstelligt.

4. Die Urform der **Kathodenstrahlröhre** wurde im Jahre 1897 von F.B. BRAUN (1850–1918) vorgeschlagen. Im Jahre 1909 erhielt er den Nobelpreis für Physik, allerdings nicht für die nach ihm benannte Röhre, sondern für seine Beiträge zur Entwicklung der drahtlosen Telegraphie. Die Röhre wurde später umfassend weiter entwickelt und zur Grundlage der Oszillographen- und Fernsehtechnik, letztere durch die Arbeiten von M. DIECKMANN (1888–1960) im Jahre 1906, von K. TAKAYANAGI (1899–1990) im Jahre 1926 und von M. v. ARDENNE (1907–1997) im Jahre 1928/1931. – Abb. 1.29 zeigt das Prinzip eines Oszillographen zum Aufzeichnen von elektrisch gemessenen Vorgängen: In einer evakuierten Glasröhre werden von einer Glühkathode Elektronen abgestrahlt. Sie werden durch die Anodenspannung beschleunigt, gebündelt und durch zwei senkrecht zu einander stehende Kondensatorplattenpaare abgelenkt. Beim Auftreffen auf den Leuchtschirm am Ende der Röhre wird ein fluoreszierender Lichtpunkt sichtbar. Über die an den Ablenkplatten angelegte zeitlich veränderliche Spannung wird die Lage des Lichtpunktes und seine Helligkeit über den sogenannten Wehnelt-Zylinder gesteuert (von A. WEHNELT (1871–1944) im Jahre 1903 entwickelt). Durch die Anodenspannung U_B (vgl. Abb. 1.30) erhalten die vom Glühfaden ausgehenden Elektronen

Abb. 1.30

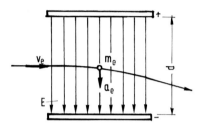

eine bestimmte Geschwindigkeit in Längsrichtung der Röhre. Sie lässt sich mittels des Energieerhaltungssatzes berechnen:

$$E_{\text{elek}} = E_{\text{kin}} \quad \rightarrow \quad e \cdot U_B = \frac{1}{2} m_e \cdot v_e^2$$

m_e ist die Masse und e die Elementarladung des Elektrons. v_e ist seine Geschwindigkeit. Wird nach der Geschwindigkeit aufgelöst, folgt:

$$v_e = \sqrt{2 \cdot \frac{e}{m_e} \cdot U_B}$$

Ausgelöst durch die am Kondensator (Nr. 6 bzw. 7 in Abb. 1.29) angelegte Spannung U wird auf das Elektron mit der Ladung $q = e$ die Kraft

$$F = q \cdot E = q \cdot \frac{U}{d} = e \cdot \frac{U}{d}$$

ausgeübt. Die Kraft bewirkt gemäß $F = m_e \cdot a_e$ eine Beschleunigung a_e der Masse m_e des Elektrons. Aus der Gleichsetzung kann a_e frei gestellt werden:

$$a_e = \frac{e}{m_e} \cdot \frac{U}{d}$$

Die Bewegung des Elektrons mit der Geschwindigkeit v_e in Längsrichtung der Röhre und beschleunigt mit a_e in Querrichtung verläuft anlog der Flugbahn eines geworfenen Körpers im gravitativen Erdfeld, also in Form einer Wurfparabel (Abb. 1.30). Vermöge dieser Steuerung zeichnet das Elektron auf dem Bildschirm einen Leuchtpunkt entsprechend der momentanen Spannung in den beiden Kondensatoren. In Abhängigkeit von der zeitlichen Spannungsabfolge in den Kondensatoren entsteht eine Kurve auf dem Bildschirm.

1.2.8   Sphärisches Feld – Blitzentladung

Eine **metalle Hohlkugel** trage auf ihrer Oberfläche $A = 4\pi a^2$ die Ladung Q. a ist der Radius der Hohlkugel. Wird Q durch A dividiert, erhält man die auf der

Abb. 1.31

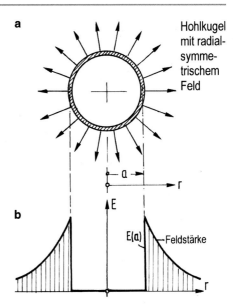

Hohlkugel mit radialsymmetrischem Feld

Oberfläche gleichförmig verteilte Flächenladungsdichte:

$$\sigma = Q/A = Q/4\pi a^2$$

Das elektrische Feld ist einsichtiger Weise kugelsymmetrisch (Abb. 1.31a). – Der durch die Oberfläche hindurch tretende elektrische Fluss beträgt:

$$\Psi = A \cdot E = 4\pi a^2 \cdot E,$$

E ist die Feldstärke auf der Oberfläche: $E = E(a)$. Nach dem Gauss'schen Gesetz gilt:

$$\Psi = \frac{Q}{\varepsilon_0}$$

Aus der Gleichsetzung der Ausdrücke folgt:

$$4\pi a^2 \cdot E(a) = \frac{Q}{\varepsilon_0} \quad \rightarrow \quad E(a) = \frac{Q}{4\pi \varepsilon_0 \cdot a^2}$$

Das bedeutet: Die Feldstärke auf der Oberfläche $E(a)$ ist gleich der Feldstärke einer Punktladung Q im Anstand a von der Quelle, vgl. hier mit Abb. 1.8.

Abb. 1.32

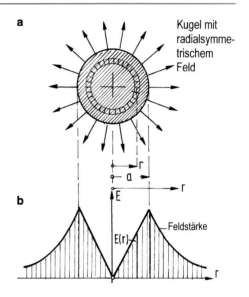

Von der Oberfläche der Hohlkugel verlaufen die Feldlinien radialsymmetrisch nach außen. Von der Innenfläche der Hohlkugel müssten die Feldlinien ebenfalls zentralsymmetrisch auf den Mittelpunkt zulaufen, was sie nicht tun, da es hier keine Gegenladung gibt. Schlussfolgernd muss der Innenraum der Hohlkugel ladungsfrei sein (Abb. 1.31b).

Hohle metallische Kästen werden als **Faraday'scher Käfig** bezeichnet. So ein Käfig vermag den Innenraum gegen ein äußeres elektrisches Feld abzuschirmen. Bereits mit engmaschig vergitterten Wänden gelingt eine wirksame Abschirmung. Eine solche Schutzfunktion gegenüber Blitzeinschlag übernimmt die Karosserie eines Autos, der Wagenkasten eines Eisenbahnwaggons und die metallische Fahrgastzelle eines Flugzeugs. Auch empfindliche elektronische Geräte werden vielfach durch eine solche Einhausung gegen Fremdfelder geschützt.

Im Inneren einer **metallischen Vollkugel** gleichen sich alle Ladungsunterschiede dank der freien Beweglichkeit der Elektronen innerhalb des atomaren Gitters aus. Sofern auf der Oberfläche eine Ladung liegt, verlaufen die Feldlinien von hier aus radialsymmetrisch nach außen, wie oben dargestellt, auf der Oberfläche ist die Ladung gleichförmig verteilt. –

Innerhalb einer **Vollkugel aus nichtleitendem Material** mit dem Radius a baut sich eine auf der Oberfläche vorhandene Ladung mit der Feldstärke $E(a)$ nach innen hin linear ab, homogene Stoffeigenschaften vorausgesetzt (Abb. 1.32b):

$$E(r) = E(a) \cdot \frac{r}{a}, \quad (r \leq a)$$

r ist der radiale Abstand vom Mittelpunkt. Außerhalb fällt die Feldstärke gemäß

$$E(r) = \frac{Q}{4\pi\varepsilon_0 \cdot r^2}, \quad (r > a)$$

ab. –

Ausgehend von Abschn. 1.2.4 kann das Potential auf der Oberfläche und im Außenraum zu

$$\varphi(a) = \frac{Q}{4\pi\varepsilon_0 \cdot a}, \quad \varphi(r) = \frac{Q}{4\pi\varepsilon_0 \cdot r} \quad (r > a)$$

angeschrieben werden. – Die elektrische Spannung auf der Oberfläche der Kugel ist gegenüber dem Unendlichen gleich $\varphi(a)$:

$$U = \frac{Q}{4\pi\varepsilon_0 \cdot a} \quad \text{das führt auf} \quad Q = 4\pi\varepsilon_0 \cdot a \cdot U$$

Setzt man in den obigen Ausdruck für $E(a)$ die Formel für Q ein, folgt für die Feldstärke auf der Kugeloberfläche bzw. die Spannung auf ihr:

$$E(a) = \frac{U}{a} \quad \text{bzw.} \quad U = E(a) \cdot a$$

Anmerkung
Das elektrische Feld auf der Erdoberfläche hat eine Feldstärke ca. 100 N/C, woraus auf eine Ladung im Zentrum der Erde etwa $4,5 \cdot 10^5$ C geschlossen werden kann. Hierzu ist allerdings zu sagen, dass die Erde in ihrem stofflichen Aufbau alles andere als homogen ist.

Sind zwei metallene Kugeln unterschiedlichen Durchmessers miteinander leitend verbunden, gleichen sich die Ladungen auf ihren Oberflächen in der Weise an, dass auf beiden Kugeln die gleichhohe Spannung herrscht, das bedeutet (Abb. 1.33a):

$$U_1 = U_2 \quad \rightarrow \quad E_1 \cdot a_1 = E_2 \cdot a_2 \quad \rightarrow \quad \frac{E_1}{E_2} = \frac{a_2}{a_1} \quad \rightarrow \quad \frac{\sigma_1}{\sigma_2} = \frac{a_2}{a_1}$$

Feldstärke (E) und Flächenladungsdichte (σ) verhalten sich umgekehrt proportional zu den Radien der Kugeln. Je kleiner der Radius bzw. je größer die Krümmung

Abb. 1.33

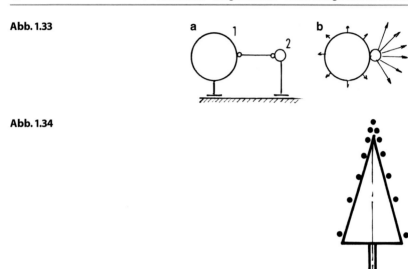

Abb. 1.34

ist, umso höher ist die Ladungsdichte. Weist die große Kugel eine lokale kugelförmige Unebenheit auf, kommt es hier zu einer Ladungsverdichtung (Abb. 1.33b). Das gilt allgemein für alle Körper: Wo Spitzen vorhanden sind, stellt sich eine Ladungskonzentration ein (Abb. 1.34). An solchen Stellen kann es zu einer (Spitzen-) Entladung kommen, wie z. B. auf felsigen Bergspitzen und auf Schiffs-, Funk- und Hochspannungsmasten. Die Entladung ist bei Nacht als bläulich-violettes Flackern erkennbar. Man spricht von einem Elmsfeuer oder von einer Korona-Entladung. In der Funk- und Hochspannungstechnik versucht man die hiermit verbundenen Störungen durch konstruktive Maßnahmen zu unterbinden, indem man alle Teile abrundet und scharfe Ecken und Kanten vermeidet.

Wo hingegen Entladungen lokal abgesprüht oder eingefangen werden sollen (etwa Blitze), bedarf es scharfer Spitzen, die Überlegung führt zum Blitzableiter. – Schutz gegen Blitzschlag unter einem Baum zu suchen, gleich welcher Art, ist falsch, weil gefährlich, günstiger ist es, sich flach in eine Mulde zu legen.

Anwendung

Wie ausgeführt, sind Gewitterblitze elektrische Entladungen, entweder als Wolke/Wolke- oder als Wolke/Erde-Blitz. – Ein Wärmegewitter entwickelt sich, wenn feuchte, durch intensive Sonneneinstrahlung erwärmte Luft aufsteigt, infolge Abkühlung zu Wassertröpfchen kondensiert, unterhalb 0 °C gefriert, als Hagel, Graupel oder Regen niederschlägt und dieser

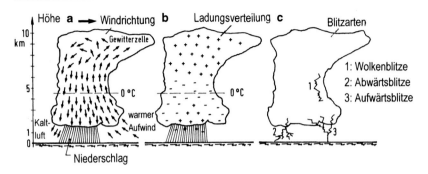

Abb. 1.35

Niederschlag auf die aufsteigende Warmluft trifft. Hierdurch kommt es vermittels unterschiedlicher Prozesse, u. a. durch Reibungsvorgänge, zu einer **Ladungstrennung** auf den Luftmolekülen, mit positiver Ladung im oberen Bereich der Gewitterzelle und negativer Ladung im unteren Bereich (Abb. 1.35a/b). Wenn die Feldstärke bestimmte kritische Werte erreicht, kommt es zu einer Entladung mit Ladungsausgleich, überwiegend als Wolke/Wolke-Blitz. Der Ladungsausgleich gegenüber der Erde vollzieht sich in Form von Abwärtsblitzen mit Verästelungen von oben nach unten oder (seltener) in Form von Aufwärtsblitzen mit Verästelungen von unten nach oben (Abb. 1.35c). Hierbei sind verschiedene Phasen zu unterscheiden: Ein Leitstrahl erzeugt bei seinem Vorwachsen in Richtung Erde ein sich zunehmend verstärkendes und sich verdichtendes elektrisches Feld auf der Erdoberfläche, insbesondere an Hochpunkten mit spitzen Aufbauten. Bei Erreichen der Durchschlagspannung der Luft, kommt es zu einem Absprühen eines Fangstrahls vom Hochpunkt nach oben. Leitstrahl (↓) und Fangstrahl (↑) wachsen aufeinander zu. Der Blitzkanal aus ionisierter Luft ist geschlossen, diesen durchschlägt dann der Hauptblitz, vielfach mit Folgeblitzen. Im Kanal wird die Luft bis auf 10.000 bis 20.000 °C erhitzt, teils noch höher. Die Luft wird zum Plasma, das sich explosionsartig ausdehnt und anschließend nach Abkühlung wieder kollabiert. Hiervon gehen Schockwellen aus, die als Donner wahrgenommen werden. In den Blitzen werden Ladungen von einigen Coulomb mit Stärken bis 100.000 A in Zeitdauern von 50 bis 100 ms bewegt. Trifft der Blitz auf Teile mit großem elektrischem Widerstand, setzt sich die Energie in einen Wärmestoß um. Dieser vermag Mauerwerk zu sprengen und Holz zu splittern. Er kann auch Baumstämme bersten lassen. Bei entflammbaren Stoffen kann ein Brand ausgelöst werden. Werden Lebewesen direkt getroffen (Mensch, Tier) tritt augenblicklich der Tod ein. Naheinschläge können in solchen Fällen durch streuende Blitzstromanteile schwere gesundheitliche Schäden verursachen. – Blitzschutzanlagen sind immer geerdet und werden in der Weise ausgebildet, dass der einschlagende Blitz kontrolliert eingefangen und abgeleitet wird. Um den Blitzstrom abzuführen, wird um die bauliche Anlage, z. B. um einen Turm, ein metallischer Ringleiter im Erdreich verlegt. In diesen münden die verschiedenen Fangleitungen ein [8].

1.3   Elektrischer Strom – Gleichstromkreis

1.3.1   Stromkreis: Elektrische Stromstärke, Spannung, Energie und Leistung

Die chemischen Elemente, aus denen die Stoffe aufgebaut sind, unterscheiden sich im Bau ihrer Atome. Zur Beschreibung eignet sich das Schalenmodell: Im Atomkern sind die Protonen und Neutronen vereinigt, in der Hülle bewegen sich die Elektronen auf Schalen. Die Elektronen sind an den Kern elektrisch gebunden. Abb. 1.36a zeigt drei Beispiele. Die Elektronenbelegung auf den Schalen ist unterschiedlich (Bd. I; Abschn. 2.8). Ist die Belegung der äußersten Schale mit Elektronen geringer als maximal möglich, sind die Elektronen auf dieser vom Kern am weitesten entfernt liegenden Außenschale nur schwach an den Kern gebunden. Man nennt sie **Valenzelektronen**, auch Leitungselektronen. Sie sind typisch für alle **Metalle**. Die äußerste Schale bei Cr, Cu, Ag, Au ist beispielsweise mit **einem** Elektron, die Außenschale bei Mg, Ti, Fe, Co, Ni ist mit **zwei** und jene bei Al mit **drei** Elektronen besetzt, Blei bildet mit **vier** Elektronen eine Ausnahme, vgl. Abb. 1.36a.

Die negativ geladenen Elektronen bewegen sich mit großer Geschwindigkeit regellos innerhalb des metallischen Gitters (Abb. 1.36b), dabei gehen sie mit den positiv geladenen Atomrümpfen auf den Gitterplätzen ständig eine kurzzeitige Bindung ein. Das stellt den festen Verbund des Metallgitters sicher. Diese kurzzeitige Bindung führt zudem dazu, dass das Metall, von außen betrachtet, als elektrisch neutral erscheint.

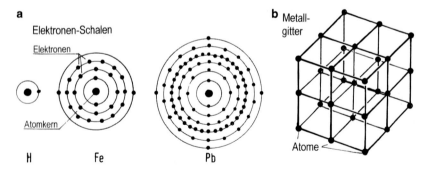

Abb. 1.36

Je geringer die Anzahl der Elektronen auf der äußeren Schale ist, umso höher ist die elektrische Leitfähigkeit des Metalls. Bei Blei liegt sie mit seinen vier Valenzelektronen am niedrigsten. In der Tendenz gilt die Abhängigkeit auch für die unterschiedlichen Metalllegierungen.

Eine Erwärmung des Metalls hat eine Verringerung der Leitfähigkeit zur Folge, eine Abkühlung eine Erhöhung: Bei einer Erwärmung schwingen die Atome auf ihren Gitterplätzen intensiver, der freie Bewegungsraum der Leitungselektronen wird stärker eingeschränkt, bei Erkaltung wird er erweitert. Fällt die Temperatur auf den absoluten Nullpunkt ab, sinkt der elektrische Leitwiderstand bei den meisten Stoffen gegen Null. **Die gerichtete Bewegung elektrischer Ladung bzw. ihrer Träger nennt man elektrischen Strom.** Eine solche Bewegung ist in leitenden Stoffen in allen Aggregatzuständen möglich, auch im Plasma. Im Folgenden wird der elektrische Strom in metallenen Leitern behandelt.

Damit Strom fließt, bedarf es einer Spannungsquelle. Infrage kommen:

- Batterien und Akkumulatoren: Die anliegende Spannung wird durch chemische Prozesse in der Batterie bzw. im Akku aufgebaut.
- Generatoren: Die Stromspannung beruht auf der Umwandlung mechanischer oder thermischer Energie in elektrische.
- Photovoltaik-Anlagen: Die Spannung wird durch Umwandlung solarer Strahlungsenergie in elektrische Energie bewirkt.

Ergänzung

Erwähnt sei auch die Spannungserzeugung durch Wärme in sogen. Thermoelementen. Sie können zur Messung höherer Temperaturen bis ca. 1500 °C verwendet werden. – In Piezoelementen kann eine Spannung durch Druck aufgebaut werden. Das sind Kristalle, bei denen sich im Atomgitter eine elektrische Spannung einstellt, wenn das Gitter unter Druck/Zug verzerrt wird. Solche Elemente kommen in Kraftmessdosen zum Einsatz. – Die Erzeugung von Elektrizität durch Ladungstrennung, wenn z. B. zwei Isoliermaterialien gegeneinander gerieben werden, wurde bereits in Abschn. 1.2.2 behandelt; man spricht bei dieser Erscheinung von Influenz oder elektrostatischer Induktion. – Schließlich: Die Tätigkeit des Herzens und Gehirns in lebenden Tieren und beim Menschen beruht auf elektrischen Spannungen. Das wird äußerlich an der Funktion der Nerven und Muskeln erkennbar, man denke in dem Zusammenhang an die Diagnoseverfahren Elektrokardiogramm (EKG) und Elektroenzephalogramm (EEG) zur Messung der Herz- bzw. Hirnströme. Die elektrische Energie des Lebensprozesses wird aus biochemischen Quellen bezogen.

Nur wenn die anliegende Spannung, also das elektrische Potential, kontinuierlich an der Quelle aufrecht erhalten bleibt, fließt Strom. Die Spannung (gleichwertig mit der dem Stromkreis innewohnenden Energie) treibt den Strom. Es muss also

Abb. 1.37

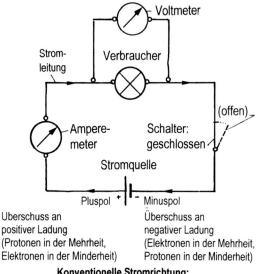

Überschuss an
positiver Ladung
(Protonen in der Mehrheit,
Elektronen in der Minderheit)

Überschuss an
negativer Ladung
(Elektronen in der Mehrheit,
Protonen in der Minderheit)

Konventionelle Stromrichtung:
Strom fließt vom Pluspol zum Minuspol

an der Spannungsquelle ausreichend Arbeit verrichtet und dadurch ausreichend Energie laufend bereit gestellt werden, anderenfalls kommt es zu einem ‚blackout', zu einem Zusammenbruch des Stromkreises.

Abb. 1.37 zeigt das Schaltbild eines **geschlossenen Stromkreises**, bestehend aus der Stromquelle, der Stromleitung, einem Schalter und dem Verbraucher (Beleuchtung, Heizung, Motor). Fallweise sind noch Messgeräte integriert, z. B. ein Stromzähler. – Die **konventionelle (technische) Stromrichtung** ist in der Abbildung angegeben, sie ist positiv, wenn die elektrische Ladung vom Plus- zum Minuspol strömt. (Der Elektronenstrom in Metallen verläuft entgegengesetzt: Physikalische Stromrichtung. Das Festhalten an der konventionellen Definition hat historische Gründe, vgl. Abschn. 1.1.)

Die Stärke des Stromes, also die bewegte Ladungsmenge, ist innerhalb des Stromkreises an jeder Stelle gleichgroß (die Ladung ist eine Erhaltungsgröße!), sie wird mit **Stromstärke I** abgekürzt (Strommenge, Strom) und in A (Ampere) gemessen, benannt nach A.M. AMPÈRE (1775–1836). Die Stromstärke gibt jene Ladungsmenge Q an, die in der Zeiteinheit t durch einen Leiter (beispielsweise durch ein Stromkabel) fließt:

$$I = \frac{Q}{t}, \quad \text{Einheit:} \; \frac{\text{C}}{\text{s}} = \frac{\text{Coulomb}}{\text{Sekunde}} = \text{A} = \text{Ampere}$$

Im SI (Systeme International) ist das Ampere als Grundeinheit der Elektrizität vereinbart.

Anmerkung

Die Ladung eines Elektrons beträgt: $e = 1{,}60216 \cdot 10^{-19}$ C. Der Ladung von 1 C entsprechen somit

$$1\,\text{C} = \frac{e}{1{,}60218 \cdot 10^{-19}} = 6{,}241 \cdot 10^{18}\,e = 6{,}241 \cdot 10^{18} \; \text{Elementarladungen.}$$

Das bedeutet: Bei einem Strom von 1 A strömen $6{,}241 \cdot 10^{18} = 6.241.000.000.000.000.000$ Elementarladungen pro Sekunde durch den Querschnitt des Leiters.

Ist A die Querschnittsfläche des Leiters, berechnet sich die **Stromdichte** S im Leiter zu:

$$S = \frac{I}{A}, \quad \text{Einheit:} \; \frac{\text{A}}{\text{m}^2}$$

Bedingt durch die ‚Reibung des strömenden Elektronengases im Metallgitter‘, richtiger, verursacht durch die Stöße der freien Elektronen mit den auf den Gitterplätzen ruhenden Atomen (Atomrümpfen), kommt es in jeder Leitung zu einer Erwärmung. Das gilt sowohl für die Kabel einer Überlandleitung wie für die Verdrahtung auf einer Computerplatine. Die Wärme entweicht als ‚Verlustenergie‘. – Wo der Leiterquerschnitt gering ist (z. B. in Glühfäden) sind Stromdichte und Stromgeschwindigkeit hoch und dadurch ebenso die Erwärmung (Erhitzung). Abhängig von der Temperatur strahlt der glühende Leiter. Auf diesem Effekt beruht die Beleuchtungs- und Heiztechnik. Bei Beleuchtungskörpern älterer Bauart (wie bei Glühbirnen) liegt der Wirkungsgrad nur bei 5 bis 8 %, somit sehr niedrig, die meiste elektrische Energie geht in solchen Leuchtkörpern als Wärme ‚verloren‘.

Innerhalb des Stromkreises ist die **elektrische Spannung** gleich der an den Polen der Stromquelle anliegenden Klemmspannung. Im Falle der allgemeinen Stromversorgung ist es die am Pluspol anliegende Netzspannung (230 V) gegenüber dem Minuspol. Dieser Pol wird von der Erde (vom Erdleiter) gebildet. Die Spannung ist gleich der Potentialdifferenz zwischen den Polen (Abschn. 1.2.5). Sie steht für das Bestreben, die unterschiedlichen Ladungen an den Polen auszugleichen. Mit anderen Worten: Die elektrische Spannung ist die dem Stromkreis innewohnende Energie (in J), welche die Ladung (in C), also den Strom, antreibt. Sie wird mit U abgekürzt und in V (Volt) gemessen, benannt nach A. VOLTA (1745–1827):

$$U: \quad \text{Einheit: } 1\,\text{V} = \frac{1\,\text{J}}{1\,\text{C}}$$

Der **elektrische Widerstand**, der von den innerhalb des Stromkreises liegenden Verbrauchern aufgebaut wird, bewirkt den Spannungsabfall durch die in den Verbrauchern umgesetzte Energie. Das betrifft auch den Leiter selbst. Als Formelzeichen für den Widerstand wurde R vereinbart. Der Widerstand gehorcht dem Ohm'schen Gesetz, es wurde im Jahre 1826 von G.S. OHM (1789–1854) entdeckt:

$$I = \frac{U}{R}, \quad \text{Einheit: } 1\,\text{A} = \frac{1\,\text{V}}{1\,\Omega} = \frac{1\,\text{Volt}}{1\,\text{Ohm}}$$

In Worten: Die Stärke des Stromes verhält sich proportional zur Spannung. Je höher die Spannung ist, umso höher ist die Stromstärke, sie sinkt bei gleicher Spannung mit dem Widerstand. Das ist einsichtig und für Metalle experimentell gesichert. Gleichwohl, es gibt Stoffe, für die der elektrische Widerstand modifizierten Gesetzen gehorcht! – Nach Umstellung der vorstehenden Formel gilt:

$$R = \frac{U}{I}, \quad \text{Einheit: } 1\,\Omega = \frac{1\,\text{V}}{1\,\text{A}} = \frac{1\,\text{Volt}}{1\,\text{Ampere}}$$

R wird in Ω (Ohm) gemessen. R kennzeichnet jenen Abfall der Spannung in einem ‚Verbraucher‘, der von einem Strom der Stärke I durchflossen wird.

Der Kehrwert von R ist der elektrische Leitwert, Formelzeichen G, gemessen in S (Siemens, benannt nach W. v. SIEMENS (1816–1892)).

Der **elektrische Widerstand eines metallenen Leiters** ist vom Material abhängig: $R = \frac{\rho \cdot l}{A}$

ρ ist der **spezifische Widerstand** des Leitermaterials, l ist die Länge und A der Querschnitt des Leiters. ρ ist temperaturabhängig (s. o.) und wird i. Allg. für Raumtemperatur in der Einheit $\Omega \cdot \text{mm}^2/\text{m}$ angegeben. Die Tabelle in Abb. 1.38 weist für mehrere Metalle deren ρ-Wert aus. Ergänzend sei für einige Legierungen notiert: Messing $\approx 0{,}080$, Konstantan $\approx 0{,}50$, Chromnickel $\approx 1{,}10$.

Der Widerstand elektrischer Geräte wird gemäß obiger Formel berechnet und durch Messung bestätigt. – Der Wert des elektrischen Widerstands ist i. Allg. auf den Geräteschildern angegeben. – Für Schaltungen, z. B. elektronische, stehen Widerstandselemente aller Art kommerziell zur Verfügung.

Abb. 1.38

Material	ρ
Kupfer	0,0167
Aluminium	0,0286
Wolfram	0,0549
Zink	0,0592
Nickel	0,0685
Eisen	0,0971
Zinn	0,1149
Chrom	0,1493
Blei	0,2075
	$\dfrac{\Omega \cdot mm^2}{m}$

Die **Stromstärke** kann mit Hilfe eines Ampere-Meters, welches **innerhalb** des Stromkreises liegt, gemessen werden und der durch den Verbraucher verursachte **Spannungsabfall** mit Hilfe eines **parallel** zum Verbraucher liegenden Volt-Meters, vgl. Abb. 1.37.

Besteht zwischen den Feldenergien in den Feldpunkten A und B die Potentialdifferenz φ_{ab} in Höhe der Einheitsspannung U gleich 1 V (Volt) und wird in dem Feld die positive Einheitsladung ($q = 1\,C$) vom Feldpunkt A zum Feldpunkt B verschoben, bedarf es hierzu einer Arbeit von 1 J (Joule). So ist die Einheit der Spannung 1 V im SI definiert. Sind die Punkte A und B die Pole eines Stromkreises, an denen die Spannung U anliegt, und wird die Ladung Q in dem Leiterfeld verschoben, wird dabei die **elektrische Arbeit**

$$W = Q \cdot U, \quad \text{Einheit: } 1\,C \cdot \frac{1\,J}{1\,C} = 1\,J = 1\,\text{Joule}$$

verrichtet.

Wie ausgeführt, ist die Stromstärke jene Ladungsmenge Q, die in der Zeit t bewegt wird: $I = Q/t$ oder umgekehrt, die Stromstärke I bewegt während der Zeit t die Ladung Q: $Q = I \cdot t$. Von der Feldenergie (also von der Spannung U) wird in der Leitung die Arbeit $W = Q \cdot U = I \cdot U \cdot t$ verrichtet. Seitens der Stromquelle wird dabei kontinuierlich die **elektrische Leistung P** (elektrische Arbeit in der Zeiteinheit) erbracht:

$$P = \frac{W}{t} = \frac{Q \cdot U}{t} = I \cdot U, \quad \text{Einheit: } \frac{1\,C}{1\,s} \cdot \frac{1\,J}{1\,C} = \frac{1\,J}{1\,s} = \frac{\text{Joule}}{\text{Sekunde}} = W = \text{Watt}$$

Den Verbrauch (Leistung mal Zeit) rechnet der Stromversorger mit seinem Kunden ab, z. B. in kWh.

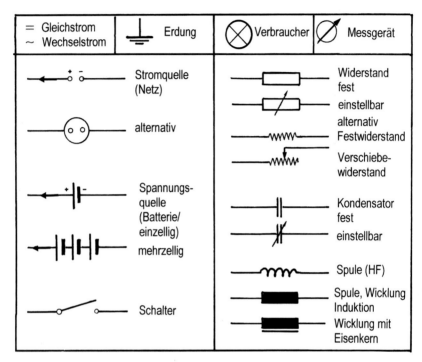

Abb. 1.39

1.3.2 Ergänzungen und Beispiele

1. Ergänzung

Um den Aufbau der unterschiedlichen Schaltkreise in elektrischen Anlagen zu kennzeichnen, bedarf es verständlicher und verbindlicher Zeichen und Symbole. Sie sind in den Regelwerken der Elektrotechnik genormt. Zuständig sind das DIN (Deutsches Institut für Normung) und der VDE (Verband für Elektrotechnik, Elektronik, Informationstechnik) einschließlich der europäischen (CEN) und der internationalen Normenorganisation (ISO). Eine zentrale Norm der Elektrotechnik ist das Regelwerk DIN-VDE 0100-100:2009.

Abb. 1.39 zeigt eine Auswahl gebräuchlicher Symbole für Schaltungen verschiedener Art nach der Norm EN 60617:1996.

2. Ergänzung

Die Freileitungen der Energie-Versorger werden in drei Kategorien eingeteilt:

- Niederspannungsleitungen bis 1 kV (1000 V),
- Mittelspannungsleitungen 10 kV, 20 kV, 30 kV bis 50 kV und
- Hoch- und Höchstspannungsleitungen über 50 kV: 110 kV, 220 kV, 380 kV.

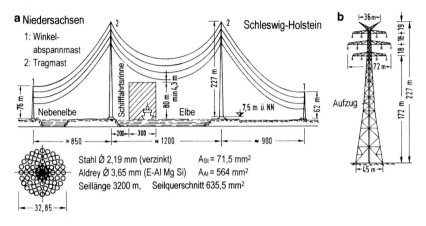

Abb. 1.40

In den Stromleitungen des Zugverkehrs der Bahn fließt Strom bei einer Spannung von 110 kV. –
  Im Betrieb erwärmt sich die unter Strom stehende Leitung. Material und Querschnitt eines Leiters werden so ausgelegt, dass unter Strom die maximal zulässige Dauerbetriebstemperatur (70 bis 80 °C), auch im Sommer, nicht überschritten wird. –
  Die Kabel der Fernleitungen sind mehrdrahtig aufgebaut, bevorzugt als Verbundkabel aus Stahl und Aluminium. Damit lassen sich Kabel hoher Tragfähigkeit erreichen und große Kabelspannweiten von Tragmast zu Tragmast überbrücken. Abb. 1.40 zeigt die im Jahre 1978 fertig gestellte 380-kV Drehstromfreileitung über die Elbe bei Stade.

3. Ergänzung
Die Elektrokabel der Niederspannungsanlagen in Gebäuden (Frequenz 50 Hz) sind i. Allg. dreipolig aufgebaut (Abb. 1.41a). Die Einzelleiter werden auch Phasen genannt.

- **Außenleiter** (L, Farbe: Braun). Über diesen Leiter wird der Strom zugeführt, bei Drehstrom mit drei Einzelphasen, Farben: Schwarz, Braun, Grau).
- **Neutralleiter**, auch Nullleiter (N, Farbe: Blau). Über diesen Leiter fließt der Strom zum Erdleiter.
- **Schutzleiter** (PE, Farbe: Grün/Gelb). Dieser Leiter ist mit dem metallischen Gestell des Gerätes verbunden und geerdet. Er leitet den Strom ab, wenn infolge eines Schadens das Gehäuse unter Strom gerät.

Abb. 1.41a zeigt den Aufbau eines (veralteten) Schutzkontaktsteckers (Schuko-Stecker) mit den Einzeldrähten.
  Die vorstehenden Hinweise gelten inzwischen in den meisten Ländern der EU. In den USA ist das Niederspannungsnetz für 60 Hz und 110 V ausgelegt!

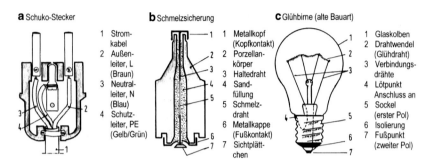

a Schuko-Stecker

1 Stromkabel
2 Außenleiter, L (Braun)
3 Neutralleiter, N (Blau)
4 Schutzleiter, PE (Gelb/Grün)

b Schmelzsicherung

1 Metallkopf (Kopfkontakt)
2 Porzellankörper
3 Haltedraht
4 Sandfüllung
5 Schmelzdraht
6 Metallkappe (Fußkontakt)
7 Sichtplättchen

c Glühbirne (alte Bauart)

1 Glaskolben
2 Drahtwendel (Glühdraht)
3 Verbindungsdrähte
4 Lötpunkt Anschluss an
5 Sockel (erster Pol)
6 Isolierung
7 Fußpunkt (zweiter Pol)

Abb. 1.41

4. Ergänzung

Sind elektrische Leitungen nicht durch sogen. Überstromschutzeinrichtungen gesichert, tritt bei Überlastung, also einer zu hohen Stromabnahme oder bei Kurzschluss, sofort eine starke Kabelerwärmung ein. Sie kann einen Kabelbrand und damit ein Feuer auslösen. Es bedarf daher im Gebäude für die einzelnen Stromkreise angepasster Sicherungen in Abhängigkeit von der maximal möglichen Stromabnahme im jeweiligen Stromkreis, die wiederum von der Stromabnahme der Verbrauchsgeräte abhängig ist. Neben der in Abb. 1.41b als Schnittbild dargestellten Schmelzsicherung (sie ist veraltet!) werden unterschiedliche Leitungsschalter (Sicherungsautomaten) eingesetzt.

5. Ergänzung

Eine Glühbirne (ehemals auch als Glühfadenlampe bezeichnet) besteht aus einem Glaskolben und einem Schraubsockel (Abb. 1.41c). Der Kolben ist mit Edelgas (Argon, Krypton, Xenon) oder Stickstoff gefüllt (kein Sauerstoff!), um ein Verbrennen der metallischen Glühwendel ($\sim$ 0,01 mm $\varnothing$) zu verhindern. Vom Fußpunkt fließt der Strom zum Metallfaden und von dort zurück zur Metallfassung. Der Glühfaden besteht aus Wolfram. Wolfram hat von allen Metallen den höchsten Schmelzpunkt: 3422 °C (3149 K). (Den höchsten Schmelzpunkt aller Elemente hat Kohlenstoff mit 3547 °C.) Länge und Durchmesser des Glühfadens sind so dimensioniert, dass der Faden bei einer Temperatur ca. 2500 bis 2800 K glüht und strahlt. Das liefert ein warmes weiß-gelbliches Licht. Wegen ihres ungünstigen Wirkungsgrades (nur ca. 5 bis 8 %) wird die herkömmliche Glühbirne seit dem Jahre 2012 in der EU für Zwecke der Haushaltsbeleuchtung sukzessive aus dem Verkehr gezogen, ausgenommen sind Birnen für Speziallampen. – In Halogenglühbirnen liegt die Glühtemperatur mit 2800 bis 3100 K höher, dadurch auch der Wirkungsgrad η. Das gelingt durch einen Halogenzusatz aus Jod, der den Glühzustand der Wolframwendel stabilisiert und einen kompakteren Glaskolben (z. B. für Scheinwerfer) ermöglicht. Die Energieausbeute liegt um den Faktor 4 bis 5 höher. – Die Lichtausbeute von Leuchtstofflampen liegt ebenfalls höher. Es sind Röhren mit einer Füllung aus Quecksilberdampf und Argon sowie einer innenseitigen fluoreszierenden Leuchtstoffbeschichtung. Unter hoher Zündtemperatur (4000 K) wird das Gas elektrisch leitfähig, das Plasma leuchtet im Bereich des Ultraviolett-Lichts. Abhängig von der eingestellten Beschichtung leuchten die Röhren in unterschiedlichen Farben, man spricht von Niederdruckgasentladungslampen. – An die Stelle der klassischen Glühbirnen treten inzwischen Energiesparbirnen in Form von Leuchtkörpern auf LED-Basis. Sie gehören zur Halbleitertechnik, vgl. Bd. IV, Abschn. 1.1.6, 10. Ergänzung.

6. Ergänzung

Auf den Typenschildern der elektrischen Geräte ist die für den Verbrauch maßgebliche Watt-Zahl angegeben und außerdem jener Nennspannungsbereich, für den das Gerät ausgelegt ist. – Aus P (Leistung in W, Watt) und U (Spannung in V, Volt) lassen sich Stromstärke (I in A, Ampere) und Widerstand (R in Ω, Ohm) des Gerätes berechnen. Aus der Formel für die elektrische Leistung $P = I \cdot U$ wird I frei gestellt:

$$I = \frac{P}{U} \quad \text{(in A)}$$

Eingesetzt in die Formel des Ohm'schen Gesetzes ergibt sich:

$$I = \frac{U}{R} \quad \rightarrow \quad R = \frac{U}{I} = \frac{U^2}{P} \quad \text{(in } \Omega\text{)}$$

Beispiel
Auf dem Typenschild eines Bügeleisens sei vermerkt: $U = 230\,\text{V}$, $P = 1800\,\text{W}$. Hierfür folgt:

$$I = \frac{P}{U} = \frac{1800}{230} = \underline{7,8\,\text{A}}; \quad R = \frac{U^2}{P} = \frac{230^2}{1800} = \underline{29,4\,\Omega}$$

Wird eine Stunde lang mit $P = 1800\,\text{W} = 1,8\,\text{kW}$ gebügelt, betragen Verbrauch und Kosten (im Falle 0,30 € pro Kilowattstunde, kWh):

Verbrauch: $1,8\,\text{kW} \cdot 1,0\,\text{h} = \underline{1,8\,\text{kW h}}$

Verbrauchskosten: $1,8\,\text{kW h} \cdot 0,3\,\text{€/kW h} = \underline{0,54\,\text{€}}$

Für eine 100-Watt-Glühbirne folgt entsprechend: $I = 0,43\,\text{A}$, $R = 529\,\Omega$. Im Vergleich zum Bügeleisen liegt der Widerstand in einer Glühbirne um den Faktor $529/29,4 = 18$ höher!
   Die Bandbreite der Geräte-Nennleistungen schwankt in relativ engen Grenzen. Da die Leitungen für die Nutzung in Wohnungen i. Allg. für Ströme bis $I = 10\,\text{A}$ ausgelegt bzw. abgesichert sind, ergibt sich die höchste Watt-Zahl für $U = 230\,\text{V}$ zu $P = I \cdot U = 10 \cdot 230 = 2300\,\text{W}$. Tatsächlich liegen die Nennleistungen der Geräte unter diesem Wert, vielfach im Bereich 1000 bis 2000 W. Elektro-Herde und vergleichbare Verbraucher sind mit einem stärkeren Leiterquerschnitt angeschlossen und i. Allg. für Stromstärken bis 16 A abgesichert, das führt auf $P = 3680\,\text{W}$.

7. Ergänzung

Die Widerstände (also die verwendeten Geräte) können auf zweierlei Weise in einem geschlossenen Stromkreis liegen, entweder **parallel** oder **seriell**. Wird mit I die Stromstärke,

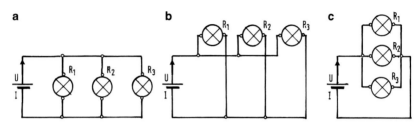

Abb. 1.42

also der von der Stromquelle gespeiste Strom, bezeichnet, mit U die anliegende Spannung und mit R der Gesamtwiderstand im Stromkreis, gilt für die beiden Schaltungsarten:

Für die **Parallel-Schaltung (Nebeneinander-Schaltung)** zeigt Abb. 1.42 drei unterschiedliche Möglichkeiten, die alle dasselbe ausdrücken: An allen Zweigen liegt dieselbe Spannung U an, für den Stromfluss in den Zweigen bedeutet das:

- geringer Widerstand: Es fließt viel Strom = hohe Stromstärke
- hoher Widerstand: Es fließt wenig Strom = geringe Stromstärke

Es lassen sich folgende Gleichungen für den Stromkreis anschreiben, in dem die **Spannung** durchgängig **konstant** ist und wenn n die Anzahl der parallel geschalteten Verbraucher (also Widerstände) ist:

$$U = U_1 = U_2 = \ldots = U_n = \text{konst.}, \quad I = I_1 + I_2 + \ldots + I_n,$$
$$R = R_1 + R_2 + \ldots + R_n$$

Ausgehend vom Ohm'schen Gesetz führt das auf die nachstehende Beziehung:

$$R = \frac{U}{I} \quad \rightarrow \quad \frac{1}{R} = \frac{I}{U} = \frac{I_1 + I_2 + \ldots + I_n}{U} = \frac{I_1}{U} + \frac{I_2}{U} + \ldots + \frac{I_n}{U}$$
$$= \frac{1}{R_1} + \frac{1}{R_2} + \ldots + \frac{1}{R_n}$$

Innerhalb der Stromversorgung eines Gebäudes sind alle Stromquellen (Steckdosen) parallel geschaltet und damit auch die zugehörigen inneren Stromkreise und Geräte. Fällt ein Gerät aus, bleibt die Stromversorgung insgesamt erhalten.

Beispiel

Gemessen werde in einem Stromkreis mit drei parallel liegenden Verbrauchern: $I = 8,0\,\text{A}$. Von zwei Verbrauchern ist der Widerstand bekannt: $R_1 = 60\,\Omega$, $R_2 = 200\,\Omega$.

Wie hoch ist der Ω-Wert von R_3? Von der Formel für $1/R$ ausgehend folgt:

$$R = \frac{U}{I} = \frac{230}{8,0} = 28,75\,\Omega \quad \rightarrow \quad \frac{1}{28,75\,\Omega} = \frac{1}{60\,\Omega} + \frac{1}{200\,\Omega} + \frac{1}{R_3}$$
$$\rightarrow \quad 0,0348 = 0,01667 + 0,00050 + \frac{1\,\Omega}{R_3} \quad \rightarrow \quad R_3 = \underline{76,16\,\Omega}$$

Abb. 1.43

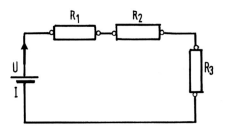

Bei einer **Serien-Schaltung (Hintereinander-Schaltung)** gemäß Abb. 1.43 fließt der Strom im Stromkreis mit derselben Stärke I durch alle Geräte, die **Stromstärke** ist **konstant**. Die an der Stromquelle anliegende Spannung U wird sukzessive an den Widerständen abgebaut. Ist n die Anzahl der Widerstände, gelten die Gleichungen:

$$I = I_1 = I_2 = \ldots = I_n = \text{konst.}, \quad U = U_1 + U_2 + \ldots + U_n,$$
$$R = R_1 + R_2 + \ldots + R_n$$

Gemäß dem Ohm'schen Gesetz gilt für jeden Widerstand einzeln:

$$R_1 = \frac{U_1}{I}, \quad R_2 = \frac{U_2}{I}, \quad \ldots \quad R_n = \frac{U_n}{I}$$

und damit für den Gesamtwiderstand:

$$R = R_1 + R_2 + \ldots + R_n = \frac{U_1}{I} + \frac{U_2}{I} + \ldots + \frac{U_n}{I}$$

Fällt innerhalb eines seriell geschlossenen Stromkreises ein Gerät aus, kommt der Stromkreis insgesamt zum Erliegen.

Beispiel
Gemessen werde in einem Stromkreis: $U = 230\,\text{V}$, $I = 8,0\,\text{A}$. Von den drei Widerständen sind $R_1 = 6,0\,\Omega$ und $R_2 = 2,0\,\Omega$ bekannt. Wie groß ist R_3?

$$R = \frac{U}{I} = \frac{230}{8,0} = 28,75\,\Omega \quad \rightarrow \quad R = R_1 + R_2 + R_3 = 6,0\,\Omega + 2,0\,\Omega + R_3 = 28,75\,\Omega$$
$$\rightarrow \quad R_3 = \underline{20,75\,\Omega}$$

Durch Kombination von Parallel- und Serien-Schaltungen lassen sich weitere aufbauen. Zweckmäßig werden dabei zunächst die Teilschaltkreise behandelt und anschließend der Gesamt-Stromkreis berechnet. – Für komplizierte Fälle wird man von den von G.R. KIRCH-HOFF (1824–1887) angegebenen Regeln ausgehen. – In der Starkstrom- und Schwachstrom-technik werden die Schaltkreise heutzutage computergestützt entworfen und analysiert. Man denke etwa an das Schaltbild eines großräumigen Versorgungsnetzes oder an die Leiterplatte eines modernen Fernsehgerätes. Auch die Stromversorgung eines modernen PKW wird inzwischen von einem recht komplizierten Schaltbild beherrscht. – Auf den genannten Feldern liegen die zentralen Aufgaben des Elektrotechnikers. Bei seiner Arbeit ergänzen sich Rechnung und Messung. Die Messtechnik spielt in der Elektrotechnik eine überragende Rolle, sowohl bei der Fertigung der elektrischen Geräte und Anlagen, wie bei ihrem Betrieb und Unterhalt.

1.4 Magnetismus

1.4.1 Magnetisches Feld – Erdmagnetfeld

Wird über einen Stabmagneten eine Glasplatte gelegt und die Platte mit Eisenfeilspäne betreut, gruppieren sich die Partikel entlang der Kraftlinien des magnetischen Feldes (Abb. 1.44). An den Enden des Stabmagneten häuft sich jeweils viel Späne. Offensichtlich sind hier die magnetischen Kräfte besonders hoch. – Man bezeichnet jenes Ende eines im Schwerpunkt frei aufgehängten Stabmagneten, das sich nach Norden ausrichtet, als Nordpol des Magneten, auch als Pluspol, das andere Ende als Südpol des Magneten oder als Minuspol. Zudem wurde vereinbart:

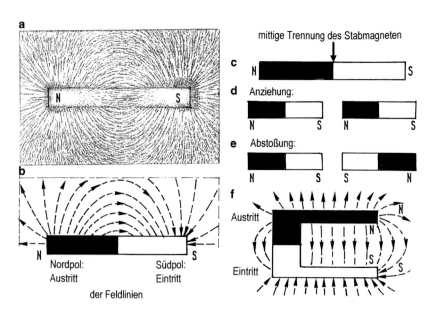

Abb. 1.44

Abb. 1.45

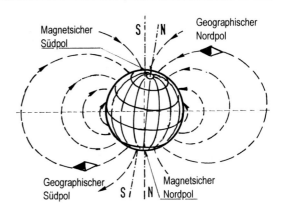

Magnetsicher Südpol · S · N · Geographischer Nordpol

Geographischer Südpol · S · N · Magnetsicher Nordpol

Die positive Richtung der magnetischen Feldlinien verläuft bei einem Magneten vom Nordpol zum Südpol, von + nach –, wie in Teilabbildung b skizziert.

Magnetische Feldlinien sind in sich geschlossen und quellfrei. – Wird der Stabmagnet mittig durchtrennt, entstehen zwei kleinere Stabmagnete mit derselben Orientierung wie zuvor, die geschnittenen Enden ziehen sich an. Werden die Enden verschwenkt, stoßen sie sich ab (Teilabbildungen c, d und e), somit: Ungleichnamige Pole ziehen sich an, gleichnamige stoßen sich ab. – Das Magnetfeld zwischen den Schenkeln eines Hufeisenmagneten ist durch parallel liegende Feldlinien gekennzeichnet, man spricht von einem homogenen Feld. Ein solcher Magnet eignet sich für Experimente und ist Bestandteil diverser Messgeräte (Abb. 1.44f).

Wird ein Stück Eisen an einen Magneten angelegt, wird es zu einem Magneten, es wird magnetisiert. Die Magnetisierbarkeit der Stoffe (Metalle, Mineralien) ist unterschiedlich: Eisen, Nickel, Kobalt sind magnetisierbar, Aluminium, Kupfer, Zinn nicht. Eisen und Stahl werden bei Berührung mit einem Magneten magnetisch, Eisen verliert diese Eigenschaft nach einer gewissen Zeit wieder, Stahl nicht (man spricht von einem Dauer- oder **Permanentmagneten**). Das gilt allerdings nicht für alle Stahlsorten: Sogenannter Rostfreier Stahl ist nicht magnetisierbar. Das gilt auch für viele nichtmetallische Stoffe, u. a. für alle organischen. Wohl kann ein magnetisches Feld einen nicht-magnetisierbaren Stoff durchdringen, z. B. Glas, magnetisierbare Stoffe indessen nicht! – Neben dem Permanentmagneten gibt es den **Elektromagneten**, der aus einer stromdurchflossenen Spule ohne oder mit einem (ferro-) magnetischen Kern besteht (s. u.).

Der Erdkörper ist ein großer Magnet. Die magnetische Achse stimmt mit der geografischen nur näherungsweise überein, sie ändert sich kontinuierlich: Geographischer Nordpol und magnetischer Südpol fallen nicht zusammen (Abb. 1.45).

Abb. 1.46

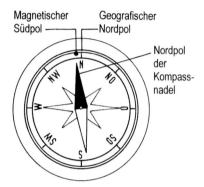

Magnetischer   Geografischer
Südpol   Nordpol

Nordpol
der
Kompass-
nadel

Um eine Missweisung bei einem Marschkompass (dunkle Spitze zeigt nach Norden) zu vermeiden, muss die Nadelspitze auf die linksseitig von N liegende Marke
ausgerichtet werden. Das gilt für den europäischen Kompass! Dann werden die
geographischen Richtungen zutreffend angezeigt (Abb. 1.46) –

Das Erdmagnetfeld beruht auf der Bewegung des zähflüssigen Eisenkerns relativ zum festen Mantel, verursacht durch die Rotation der Erde. Dieser Effekt
verantwortet auch die Magnetfelder der übrigen Planeten und ihrer Monde, sofern
sie einen flüssigen Kern besitzen. – Die inneren Massenumwälzungen haben auch
bei der Sonne ein starkes Magnetfeld zur Folge, es tritt insbesondere in den Sonnenflecken zutage.

In vielen Gesteinen der Erde ist die durch das Erdmagnetfeld früherer Zeiten
verursachte Magnetisierung konserviert, was erdhistorische Rückschlüsse zulässt,
u. a. Rückschlüsse auf Klimaschwankungen. Nach allgemeinem Kenntnisstand treten Umpolungen des Erdfeldes im Mittel alle 1/2 Millionen Jahre auf. In der
Paläomagnetik wird auf diesem Gebiet geforscht, einer Spezialdisziplin der Geo-
logie.

Die Magnetfeldorientierung einiger Tiere gilt inzwischen als erwiesen, u. a. bei
Vögeln, sowie bei Delphinen, Haien und Thunfischen, die Steuerung übernehmen
winzige Magnetit-Kristalle. Dieses Forschungsgebiet gehört zur Biomagnetik. Gesichert gilt wohl auch, dass Bienen ihre Waben nach dem Erdfeld ausrichten.

1.4.2 Magnetische Flussdichte – Lorentzkraft – Halleffekt

Wird durch das Loch einer mit Eisenfeilspäne betreuten Glasplatte ein Leiter geführt und an diesen eine Spannung angelegt, gruppieren sich die Eisenpartikel auf

Abb. 1.47

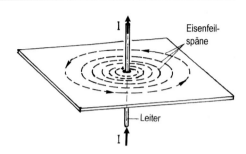

der Platte kreisförmig um das Loch (Abb. 1.47). Durch die im Leiter bewegte elektrische Ladung wird offenbar ein magnetisches Feld erzeugt. Die kettenförmig in Kreisen ausgerichteten Partikel gruppieren sich in der Nähe des Leiters enger, die entfernteren liegen weiter auseinander. Sie richten sind nach den Feldlinien des magnetischen Feldes aus. Bezogen auf die (techn.) Stromrichtung im Leiter entspricht die positive Richtung der Feldlinien der Drehrichtung einer Rechtsschraube, vgl. mit der Abbildung. **Wo elektrische Ladung strömt, also Strom fließt, wird im Umfeld ein Magnetfeld induziert!** – Die vorstehend beschriebene Erscheinung lässt sich mit Hilfe eines Kompass bestätigen. Wird der Kompass um den Leiter herumgeführt, richtet sich die Nadel stets neu aus, je nach Stellung kreisförmig wie die Eisenfeilspäne. Der Befund ist in Abb. 1.48 dargestellt: Das Ergebnis lässt sich verallgemeinernd zusammenfassen: **Elektrischer Strom in einem Leiter übt auf einen Magneten eine Kraft aus. Im Umkehrschluss gilt nach dem Gesetz ‚actio = reactio‘: Ein Magnet übt auf eine elektrische Ladung eine Kraft aus!**

Um diese Aussage zu prüfen, werde der in Abb. 1.49a skizzierte Versuch durchgeführt: Mittig zwischen die Schenkel eines Hufeisenmagneten liege ein Leiter. In

Abb. 1.48

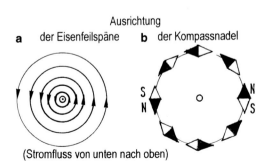

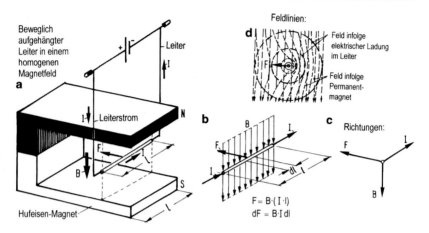

Abb. 1.49

diesem Bereich ist das Magnetfeld homogen. Der Leiter sei schaukelartig aufge-
hängt. Durch den Leiter fließe ein Strom der Stärke I. Die Stärke sei einstellbar. Es
zeigt sich: Unter Strom bewegt sich der Leiter innerhalb des Feldes, er verschiebt
sich. Es muss eine Kraft auf ihn wirksam sein. Dabei ist die Auslenkung des Leiters umso größer, je höher die Stromstärke im Leiter eingestellt ist, das gilt dann
offensichtlich auch für die hierbei ausgelöste Kraft. Wie sich zeigen lässt, steigt
zudem die Auslenkung mit der Stärke des Magnetfeldes. Aus den Teilabbildungen
b/c gehen die Richtungen des Stromes I, der ausgelösten Kraft F und der Magnetfeldlinien (von N nach S) hervor. Wird die Stromrichtung umgepolt, ändert sich die
Kraftrichtung, der aufgehängte Leiter bewegt sich in die Gegenrichtung.

Die **magnetische Flussdichte B** in Richtung der magnetischen Feldlinien ist zu

$$B = \frac{F}{I \cdot l}, \quad \text{in der Einheit:} \quad \frac{N}{C/s \cdot m} = \frac{N}{A \cdot m} = \frac{J}{A \cdot m^2} = \frac{V \cdot s}{m^2} = T = \text{Tesla}$$

definiert. Hierin ist l die Länge des im Magnetfeld liegenden Leiters (Abb. 1.49a).
B und F sind Vektoren, sie sind hier als Skalare notiert. – Für die magnetische
Flussdichte B gilt folgende **Definition**: Fließt durch einen $l = 1$ Meter (1 m) langen Leiter ein elektrischer Strom der Stärke $I = 1$ Ampere (1 A) und wird hierbei
senkrecht auf den Leiter eine Kraft $F = 1$ Newton (1 N) ausgeübt, beträgt die magnetische Flussdichte $B = 1$ Tesla (1 T). Bezüglich der Richtungen von I, F und
B siehe Abb. 1.49c. Die Einheit T (Tesla) für die magnetische Flussdichte wurde

nach N. TESLA (1856–1943) in Ansehung seiner wegweisenden Forschungen auf dem Gebiet des Magnetismus benannt.

Hinweise

1) Benennung und Kürzel für die magnetische Flussdichte sind im Schrifttum nicht einheitlich geregelt, man spricht auch von (magnetischer) Induktion oder (magnetischer) Feldstärke. – 2) Die magnetische Flussdichte B ist in obiger Formel **indirekt** über die Kraft F auf den von der elektrischen Ladung der Stärke I durchströmten, über die Länge l im magnetischen Feld liegenden elektrischen Leiter definiert. Ist B bekannt, folgt die resultierende Kraft auf den im Magnetfeld liegenden Leiter der Länge l zu: $F = B \cdot I \cdot l$. Die auf die infinitesimale Länge dl des Leiters einwirkende Kraft beträgt: $dF = (B \cdot I) \cdot dl = B \cdot I \cdot dl$.

In Abb. 1.49d sind die kreisförmigen Feldlinien des vom Leiter induzierten Magnetfeldes mit den geradlinigen Feldlinien des Hufeisenmagneten überlagert. Rechtsseitig stellt sich eine Verdichtung (Verstärkung) des Feldes ein, das führt zu einer Verdrängung des Leiters in Richtung der linksseitigen Verdünnung (Schwächung). In diese Richtung bewegt sich der Leiter. Könnte man die Kraft F messen, ließe sich die magnetische Flussdichte aus obiger Formel berechnen. Das gelingt mit dem beschriebenen Versuch indessen nur sehr unzureichend.

Die magnetische Flussdichte B lässt sich durch folgende Überlegung veranschaulichen: Die Stärke des Stromes im Leiter ist gleich der Anzahl N der strömenden Ladungsträger, das sind hier die Elektronen. Jedes trägt die Elementarladung e. Damit beträgt die Ladung im Leiter: $Q = N \cdot e$. Ist die Geschwindigkeit der Elektronen gleich v, wird für die Durchströmung der Leiterlänge l die Zeit $t = l/v$ benötigt. Für die Stromstärke I und die Ladung Q kann angeschrieben werden:

$$I = \frac{Q}{t} = \frac{Q}{l} \cdot v \quad \rightarrow \quad Q = \frac{I \cdot l}{v}$$

Das elektrische Feld um den Leiter ist kreisförmig (genauer zylindrisch), vgl. Abschn. 1.2.4, seine Feldstärke sei E. Für die elektrische Kraft F auf eine Ladung Q, die zum elektrischen Feld der Feldstärke E gehört, gilt: $F = Q \cdot E$. Mit der vorstehender Beziehung für Q ergibt sich die Kraft auf den Leiter damit zu:

$$F = Q \cdot E = \frac{I \cdot l}{v} \cdot E$$

Aufgelöst nach E/v folgt:

$$\frac{E}{v} = \frac{F}{I \cdot l} = \frac{F}{Q \cdot v} = B \quad \rightarrow \quad F = B \cdot (I \cdot l), \quad F = B \cdot (Q \cdot v)$$

Damit ist die oben angeschriebene Formel für die Größe B, also die magnetische Flussdichte, erläutert, hier gültig für die senkrecht aufeinander stehenden Richtungen gemäß Abb. 1.49. Elektrische Feldstärke und magnetische Flussdichte sind durch vorstehende Beziehung miteinander verknüpft. Weiter gilt: Nach F freistellt, erhält man die auf die strömende Ladung Q einwirkende Kraft, wobei Q mit der Geschwindigkeit v strömt; anders ausgedrückt: **Die Kraft F wirkt quer zur Strömungsrichtung im Leiter auf die Ladung $Q = N \cdot e$:**

$$F = Q \cdot v \cdot B = N \cdot e \cdot v \cdot B = F_L$$

Diese Kraft wird als **Lorentzkraft** bezeichnet, benannt nach H.A. LORENTZ (1853–1928), der die Zusammenhänge im Jahre 1895 aufgezeigt hat.

Hinweis

F, E, B und v sind als gerichtete Größen Vektoren, eine vektorielle Darstellung bzw. Herleitung wäre daher angemessener, wie in den Fachbüchern üblich. In Verbindung mit Abb. 1.49 ist das hier nicht zwingend.

Mit dem obigen Befund ist die Grundlage gelegt, um die magnetische Flussdichte (B) experimentell zu bestimmen. Das gelingt auf der Basis des von E.H. HALL (1855–1938) im Jahre 1879 entdeckten und nach ihm benannten sogen. Hall-Effekts.

Abb. 1.50 zeigt eine dünne metallene Platte mit der Länge l, der Breite b und der Dicke d. An die Platte wird in Längsrichtung eine Spannung angelegt. Die Stromstärke sei I.

Der Strom fließt vom Plus- zum Minuspol, die Elektronen strömen in entgegen gesetzter Richtung, ihre Geschwindigkeit sei v. In diesem Zustand wird die Platte in das homogene Feld eines Magneten geschoben. Die magnetischen Feldlinien durchsetzten die Platte senkrecht. Die Flussdichte sei B. Abb. 1.50 und Abb. 1.51a zeigen diesen Zustand. Die dünnen Pfeile kennzeichnen die magnetischen Feldlinien. Auf jedes Elektron wirkt quer zur Stromrichtung eine Lorentzkraft. Das führt zu einer quer gerichteten Verschiebung der Elektronen, wie in Abb. 1.51b schematisch dargestellt. Am linken Rand der Platte kommt es zu einer Verdichtung, am rechten zu einer Verdünnung der Elektronen. Infolge dieser Ladungstrennung mit einer Elektronenhäufung bzw. einem Elektronenmangel zwischen den Rändern über die Distanz b baut sich ein elektrisches Feld zwischen den Rändern der Platte auf. Die Potentialdifferenz kann als Spannung mit einem Volt-Messgerät registriert werden. Die auf diese Weise gemessene Spannung wird als **Hall-Spannung** U_H bezeichnet. Die elektrische Feldstärke dieses Feldes quer zur Stromrichtung beträgt $E = U_H/b$. Die auf die einzelnen Elektronen mit der Elementarladung e

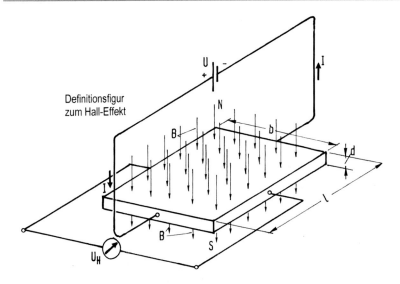

Definitionsfigur
zum Hall-Effekt

Abb. 1.50

Abb. 1.51

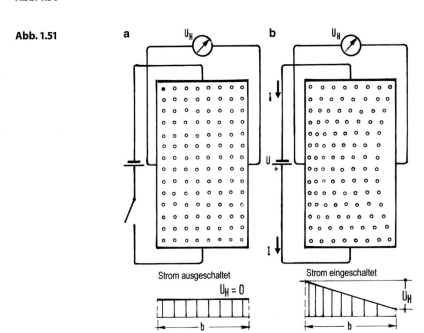

ausgeübte Kraft (Feldkraft = Feldstärke mal Ladung) ist:

$$F_E = E \cdot e = \frac{U_H}{b} \cdot e$$

Die Lorentzkraft auf ein einzelnes Elektron wirkt dieser Kraft entgegen (s. o.):

$$F_L = e \cdot v \cdot B$$

Stellt sich ein stationärer Zustand ein, nachdem die Platte in das Magnetfeld verbracht worden ist und U_H einen stationären Wert angenommen hat, stehen F_E und F_L im Gleichgewicht. Die Gleichgewichtsbedingung liefert:

$$\frac{U_H}{b} \cdot e = e \cdot v \cdot B \quad \rightarrow \quad U_H = B \cdot b \cdot v$$

Im elektrischen Strom der Stärke I bewegt sich die Ladung $Q = N \cdot e$ in der Zeit t über die Strecke l mit der Geschwindigkeit v:

$$I = \frac{Q}{t} = \frac{N \cdot e}{t} = \frac{N \cdot e}{l/v} \quad \rightarrow \quad v = \frac{I \cdot l}{N \cdot e}$$

N ist die Anzahl der bewegten Elektronen. Wird v in die Formel für U_H eingesetzt, ergibt sich:

$$U_H = B \cdot b \cdot \frac{I \cdot l}{N \cdot e} = \frac{B \cdot I}{N \cdot e} \cdot b \cdot l = \frac{B \cdot I}{N \cdot e} \cdot \frac{V}{d} = R_H \cdot \frac{B \cdot I}{d}$$

$V = b \cdot l \cdot d$ ist das Volumen der Platte. Der Faktor

$$R_H = \frac{V}{N \cdot e}, \quad \text{Einheit: } 1 \cdot \frac{\text{m}^3}{\text{C}}$$

ist als **Hall-Konstante** definiert. Der Wert ist materialabhängig. In der Tabelle der Abb. 1.52 sind Werte ausgewiesen.

Es zeigt sich, dass die Polung der Hall-Spannung für die Metalle nicht einheitlich ist, was sich nur quantenmechanisch erklären lässt (und eigentlich mit dem zuvor erläuterten Feldmodell in der Platte nicht korrespondiert). – Die Flussdichte folgt nach Messung von U_H zu:

$$B = \frac{U_H \cdot d}{R_H \cdot I}$$

Mit der sogen. **Hall-Sonde**, der das obige Prinzip zugrunde liegt, lassen sich Magnetfelder ausmessen. Auch lässt sich damit die mittlere Geschwindigkeit der Leitungselektronen bestimmen: $v = U_H / B \cdot b$.

Abb. 1.52

Material	R_H
Silber	$-9,0 \cdot 10^{-11}$ m³/C
Gold	$-7,0 \cdot 10^{-11}$ m³/C
Kupfer	$-5,3 \cdot 10^{-11}$ m³/C
Platin	$-2,0 \cdot 10^{-11}$ m³/C
Zink	$+6,4 \cdot 10^{-11}$ m³/C
Aluminium	$+9,9 \cdot 10^{-11}$ m³/C
Halbleitermaterialien	$\approx -1,0 \cdot 10^{-4}$ m³/C

1.4.3 Spannungsinduktion

Mit dem in Abb. 1.49 veranschaulichten Experiment konnte gezeigt werden, dass auf eine elektrische Ladung, die sich in einem Leiter innerhalb eines Magnetfeldes bewegt, eine Kraft senkrecht zur Stromrichtung ausgeübt wird. Die Ladung, die sich aus den Elementarladungen (e) der Elektronen im Einflussbereich des Magneten zusammensetzt, wird von der Spannung der angelegten Stromquelle, also der dieser Spannung äquivalenten Energie, angetrieben.

Gilt dieser Befund auch im Umkehrschluss? Die Frage lautet: Wird in einem zunächst stromfreien Leiter eine elektrische Spannung aufgebaut, wenn der Leiter mit der Geschwindigkeit v quer zum Magnetfeld bewegt wird, somit auf ihn von außen eine Kraft quer zum Magnetfeld einwirkt? Diese Frage stellte sich M. FARADAY (1791–1867). Im Jahre 1831 konnte er sie nach vieljährigem Experimentieren mit *ja* beantworten.

Mit dem in Abb. 1.53 skizzierten Versuch lässt sich die **Spannungsinduktion**, wie die Erscheinung heißt, erklären. Die Abbildung zeigt eine ‚Leiterschaukel' mit einem Volt-Meter im geschlossenen Leiterkreis. Bei einer aufgezwungenen Schaukelbewegung hin und her werden am Volt-Meter Spannungsschwankungen registriert. Das bedeutet: Durch die von außen auf den Leiter ausgeübte Kraft und die hierbei bewirkte Verschiebung bzw. verrichtete mechanische Arbeit wird im Leiter eine Spannung induziert. Die Spannung erreicht umso höhere Werte, je schneller der Leiter bewegt wird, je höher also die Geschwindigkeit der Leiterbewegung quer zum Magnetfeld ist. Das kann wiederum nur bedeuten: Im Leiter wird eine Elektronenbewegung, also ein elektrischer Strom induziert. Hierzu gehört im Leiter innerhalb der Länge l ein Ladungsunterschied, also ein Potentialgefälle,

Abb. 1.53

Beweglich
aufgehängter
Leiter in einem
homogenen
Magnetfeld

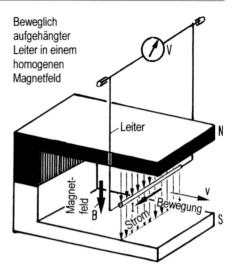

wobei l jene Leiterlänge ist, die innerhalb des Magnetfeldes liegt. Die gemessene Spannung im Leiter ist die im elektrischen Feld der Feldstärke E induzierte Spannung: $U = E \cdot l$. **Durch mechanische Arbeit am Leiter wird eine Spannung (= elektrische Energie) im Leiter aufgebaut!**

Auf ein Elektron wirkt in Leiterrichtung die elektrische Kraft

$$F_E = e \cdot E = e \cdot \frac{U}{l}.$$

Die Elektronen, die mit der Geschwindigkeit v quer zum Leiter im Magnetfeld der Flussdichte B verschoben werden, erfahren in Leiterrichtung (also quer zu den Richtungen von B und v) die Lorentzkraft

$$F_L = e \cdot v \cdot B$$

Im Leiter stellt sich die Spannung U in einer solchen Höhe ein, dass die Kräfte in Längsrichtung im Leiter im Gleichgewicht stehen:

$$F_E = F_L \quad \rightarrow \quad e \cdot \frac{U}{l} = e \cdot v \cdot B \quad \rightarrow \quad U = v \cdot B \cdot l$$

Das ist die Formel für die induzierte Spannung U. Das behandelte Phänomen der Spannungsinduktion gehört zur Thematik **elektromagnetische Induktion** und damit zu den wichtigsten Themen der Elektrotechnik überhaupt, es bedeutet Umsetzung mechanischer Energie in elektrische Energie und umgekehrt.

1.5   Elektromagnetische Induktion

1.5.1   Magnetfelder in stromdurchflossenen Spulen

Wie in Abb. 1.47 gezeigt wurde, baut sich im Umfeld eines von einem elektrischen Strom durchflossenen Leiters ein Magnetfeld auf. In Abb. 1.54a ist dieses Phänomen nochmals veranschaulicht. – Wird der Leiter zu einer Schleife gebogen und durch zwei Löcher einer Glasplatte geführt, die zuvor mit Eisenfeilspäne bestreut worden war, wird ein Muster aus zwei geschlossenen Linienfeldern erkennbar. Das Linienmuster kommt durch Überlagerung der gegenläufig-zirkularen Felder der zwei Schleifenhälften zustande. Das Feld ist in Teilabbildung b skizziert. Die Feldlinien überlagern sich im Innenbereich gleichgerichtet, was sich hier als Verstärkung des Feldes auswirkt. – Wird der Leiter mehrfach zu einer Spule gewendelt, wird ein gestrecktes Magnetfeld induziert. Ist die Spule sehr lang, verlaufen die durch Überlagerung entstehenden Feldlinien im Innenraum der Spule weitgehend parallel, das Magnetfeld ist homogen, ausgenommen an der Enden. Außerhalb der Spule ist das Feld inhomogen, vgl. Teilabbildung c. – Wird die Spule zu einer Ringspule verwunden, baut sich im Inneren ein homogenes Feld mit kreisförmig verlaufenden Feldlinien auf, wie in Teilabbildung d gezeichnet.

Als Fazit kann festgehalten werden: Mittels stromdurchflossener Spulen lassen sich homogene Magnetfelder realisieren, auch solche hoher Flussdichte (Abb. 1.55a, b). Durch Einbau eines Kerns im Inneren der Spule in Form eines stabförmigen Körpers aus ferromagnetischem Material, z. B. aus Eisen oder

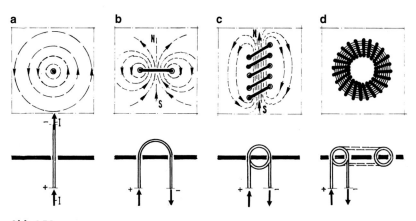

Abb. 1.54

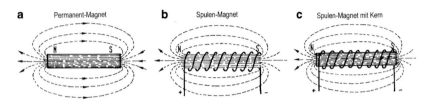

a Permanent-Magnet   **b** Spulen-Magnet   **c** Spulen-Magnet mit Kern

Abb. 1.55

Nickel, lässt sich eine nochmals deutlich höhere Flussdichte erzeugen, man spricht von einem **Elektromagneten** (Abb. 1.55c).

Für die Elektrotechnik, insbesondere für die Starkstromtechnik, haben die aufgezeigten Erkenntnisse eine zentrale Bedeutung: In Generatoren, Motoren, Transformatoren sind Elektromagnete die wichtigsten Bauteile. Ihr Einsatz ermöglicht in diesen Maschinen vermöge elektromagnetischer Induktion die Wandlung mechanischer Energie in elektrische Energie und umgekehrt, was im Folgenden behandeln wird.

Um Wärmeverluste durch Wirbelströme im massiven Spulenkern zu minimieren, werden die Kerne in Form geschichteter Bleche aus einem weichmagnetischen Werkstoff mit isolierenden Zwischenschichten ausgeführt. Man spricht von Dynamoblech, hergestellt aus einer speziellen Eisenlegierung.

1.5.2 Ferromagnetische Stoffe

Wie Versuche zeigen, ist die magnetische Flussdichte (B) im innenseitigen Magnetfeld einer Spule proportional zur Stärke des Spulenstroms (I) und zur Anzahl der Windungen (n); sie ist umgekehrt proportional zur Länge der Spule (l).

$$\text{Zusammenfassung: } B = \mu_r \cdot \mu_0 \cdot H \quad \text{mit} \quad H = I \cdot \frac{n}{l}, \quad \text{Einheit von } H: \frac{\text{A}}{\text{m}}$$

Man spricht bei diesem experimentellen Befund vom Durchflutungsgesetz. – H ist die **Feldstärke der Spule**, sie ist über das angeschriebene Gesetz definiert. H ist ein zur Flussdichte B gleichgerichteter Vektor (hier wieder als Skalar angeschrieben). – Der Faktor μ_0 wird als magnetische Feldkonstante bezeichnet, auch als absolute **Permeabilität**. Es handelt sich um eine **Naturkonstante**! Sie beträgt:

$$\mu_0 = 4\pi \cdot 10^{-7} = 12{,}566 \cdot 10^{-7}, \quad \text{Einheit: } \frac{\text{V} \cdot \text{s}}{\text{A} \cdot \text{m}} = \frac{\text{N}}{\text{A}^2}$$

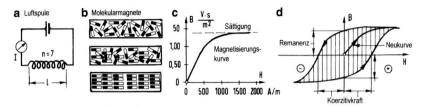

Abb. 1.56

Der Wert gilt im Vakuum. Sofern in der Spule ein metallischer Kern liegt, beispielsweise aus Eisen, wird durch den in der Spule fließenden Strom eine deutlich
höhere Flussdichte induziert. Diese materialabhängige Erhöhung kennzeichnet der
Faktor $\mu_r \geq 1$. μ_r wird relative Permeabilität genannt, der Wert kennzeichnet
die Magnetisierbarkeit des Stoffes. Sogenannte diamagnetische Stoffe bilden eine
Ausnahme, für sie gilt $\mu_r < 1$!

Magnetisierbarkeit und Entmagnetisierbarkeit der Materialien sind davon abhängig, wie der Magnetismus seitens der Atomkerne und Elektronen aufgebaut,
gehalten und abgebaut wird. Die diesbezüglichen quantenmechanischen Vorgänge
sind komplex, sie sind Gegenstand der Festkörperphysik.

Die Zweckbestimmung des Elektromagneten bestimmt die Wahl des zum Einsatz kommenden Materials. Ferromagnetische Stoffe haben eine sehr hohe Permeabilität, allerdings wird der Zusammenhang zwischen der magnetischen Flussdichte
B und der magnetischen Feldstärke H der Spule unter bestimmten Bedingungen
nichtlinear. Zum einen kann B nicht beliebig hohe Werte als Funktion von H annehmen, es tritt eine magnetische Sättigung ein, zum anderen ist die Permeabilität
von der Temperatur abhängig.

Anhand der Abb. 1.56a–d seien die Fakten zusammengefasst:

a) Im Schaltbild mit der (Luft-)Spule sind die Größen I, l, und n des Durch-
flutungsgesetzes eingetragen: Die magnetische Feldstärke innerhalb der Spule
(H) steigt proportional mit der Stromstärke (I) und der Windungsanzahl (n),
sie ist reziprok zur Spulenlänge (l). Je mehr Drahtwindungen innerhalb der
Spulenlänge aufgewickelt sind, umso höher stellt sich die magnetische Flussdichte ein.

b) Zur Veranschaulichung der Magnetisierung kann man sich die Ausrichtung von
Molekularmagneten auf atomarer Ebene vorstellen, es ist ein grobes Modell!
Je gleichförmiger sich die Elementarmagnete mit ansteigender Stromstärke in
Richtung der Feldlinien ausrichten, umso vollständiger ist die Magnetisierung
fortgeschritten, irgendwann ist keine weitere Steigerung mehr möglich.

c) Der Verlauf B als Funktion von H, $B = B(H)$, spiegelt die Magnetisierung wider: Über einen bestimmten Wert der Feldstärke (H) kann die Flussdichte (B) nicht anwachsen (vollständige magnetische Sättigung).

d) Bei einer Entmagnetisierung vom Sättigungsniveau aus (Rücknahme von I bzw. H) folgt der Verlauf von B nicht der Erstkurve sondern verzögert. Bei Umkehr der elektrischen Polung wird das Sättigungsniveau gegengerichtet wieder erreicht, usw. Man spricht bei einem solchen Verhalten von einer Hysterese, sie kennzeichnet das magnetische Stoffverhalten vollständig.

Für Eisen/Stahl und ihre Legierungen werden μ_r-Werte $\approx$ 10.000 und mehr erreicht. Für Vakuum gilt definitionsgemäß $\mu_r = 1$ und für Luft $\mu_r = 1{,}0000004$, also praktisch Eins.

Mit anwachsender Temperatur **sinkt** die Permeabilität. Sie geht gänzlich verloren, wenn die Temperatur den Wert T_C erreicht. Das wurde im Jahre 1894 von P. CURIE (1859–1906) entdeckt, man nennt die Temperatur T_C Curie-Temperatur. Bei Überschreiten von T_C verhält sich der Stoff wie ein Dielektrikum, also wie Isoliermaterial (s. o.).

Einige Werte für T_C sind: Eisen: $\approx$ 769 °C, Nickel: $\approx$ 358 °C, Kobalt: $\approx$ 1150 °C.

Durch Glühen oberhalb der Curie-Temperatur lassen sich magnetisierte Metalle entmagnetisieren

1.5.3 Induktionsgesetz – Urform des Elektrogenerators

In Abschn. 1.4.3 wurde die Spannungsinduktion in einem Leiter, der sich in einem homogenen Magnetfeld der Stärke B bewegt, erläutert (Abb. 1.53): Die induzierte Spannung wurde zu

$$U = B \cdot l \cdot v$$

hergeleitet. Hierin ist l die Länge des im Magnetfeld liegenden Leiters und v die Geschwindigkeit der Leiterbewegung quer zum magnetischen Feld. Als Ursache wurde die Überlagerung des Magnetfeldes des Permanentmagneten mit dem elektrischen Feld des von Strom durchflossenen Leiters erkannt. – Bewegt sich der Permanentmagnet relativ zu einem ruhenden Leiter, tritt derselbe Effekt auf, vgl. Abb. 1.49. Es kommt allein auf die Relativbewegung zwischen den Feldern an.

Abb. 1.57a zeigt den Fall des **bewegten Leiters** in einem homogenen magnetischen Feld. Der Fall ist mit jenem identisch, der in Abb. 1.53 behandelt wurde. – Die Aufgabenstellung wird im Folgenden auf eine **bewegte Leiterschleife** erwei-

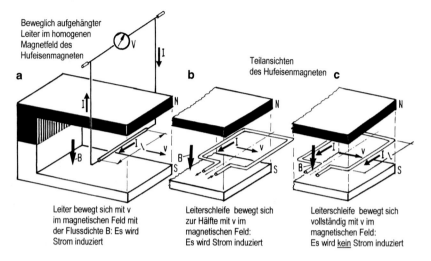

Beweglich aufgehängter
Leiter im homogenen
Magnetfeld des
Hufeisenmagneten

a   b

Teilansichten
des Hufeisenmagneten c

Leiter bewegt sich mit v
im magnetischen Feld mit
der Flussdichte B: Es wird
Strom induziert

Leiterschleife bewegt sich
zur Hälfte mit v im
magnetischen Feld:
Es wird Strom induziert

Leiterschleife bewegt sich
vollständig mit v im
magnetischen Feld:
Es wird kein Strom induziert

Abb. 1.57

tert. Sie bewege sich zunächst nur zur Hälfte im Magnetfeld, Teilabbildung b. Dann besteht im Vergleich zu dem in Teilabbildung a gezeigten Fall kein Unterschied, es wird eine Spannung induziert. Bewegt sich die Schleife vollständig im Feld (Teilabbildung c), werden in beiden Leitersträngen, die sich senkrecht zum Feld bewegen, gleichgerichtete Ströme induziert. Sie heben sich im Leiterkreis zu Null auf, es wird kein Strom induziert. Es kommt offensichtlich auf jenen Anteil dA der aufgespannten Fläche innerhalb der Leiterschleife an, der von den Feldlinien durchstoßen wird.

Um den Sachverhalt genauer zu kennzeichnen, wird der **magnetische Fluss** Φ eingeführt und zwar als jene Anzahl magnetischer Feldlinien, die eine bestimmte Fläche A der Leiterschleife durchsetzen; man erhält sie, indem man die magnetische Flussdichte mit der Fläche A, die von den magnetischen Feldlinien durchstoßen wird, multipliziert:

$$\Phi = B \cdot A$$

Abb. 1.58a zeigt einen solchen Fall. Dargestellt ist eine Leiterschleife, deren gesamte Fläche quer zu den magnetischen Feldlinien liegt. Für den magnetischen Fluss durch die Fläche gilt die vorstehende Formel.

In Teilabbildung b ist jener Fall veranschaulicht, bei welchem nur eine Teilfläche durchstoßen wird. Die Größe dieser Teilfläche beträgt: $dA = l \cdot dx$. dx ist die

Abb. 1.58

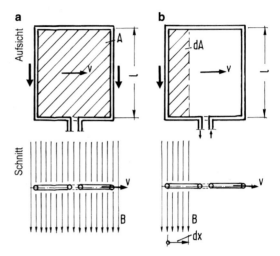

von magnetischen Feldlinien durchstoßene Tiefe, l ist die Breite des Teilfläche der Leiterschleife. In diesem Falle berechnet sich der magnetische Fluss zu:

$$d\Phi = B \cdot l \cdot dx$$

Verändert sich der magnetische Fluss in der Zeiteinheit dt um $d\Phi$ (das entspricht der Änderung der von den Feldlinien durchstoßenen Fläche), wird eine Spannung U induziert, s. o. Die sogen. Lenz'sche Regel besagt dabei (benannt nach E. LENZ (1804–1865)): Der induzierte Strom hat immer jene Richtung, die der Ursache der Induktion (also der Bewegung) entgegen wirkt. Das **Induktionsgesetz** kann damit wie folgt formuliert werden: Die in einer Leiterschleife induzierte Spannung ist gleich der zeitlichen Änderung des die Leiterschleife durchstoßenden magnetischen Flusses:

$$U = -\frac{d\Phi}{dt}$$

Bei der in Abb. 1.58 skizzierten **Verschiebung der Leiterschleife** mit der Geschwindigkeit v quer zum magnetischen Feld mit der Flussdichte B ändert sich die durchstoßene Fläche in der Zeiteinheit dt um $dA = l \cdot dx$. Die induzierte Spannung berechnet sich demnach zu:

$$U = -\frac{d\Phi}{dt} = -\frac{d(B \cdot A)}{dt} = -B \cdot \frac{dA}{dt} = -B \cdot l \cdot \frac{dx}{dt} = -B \cdot l \cdot v$$

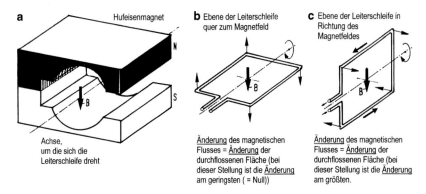

a Hufeisenmagnet

b Ebene der Leiterschleife quer zum Magnetfeld

c Ebene der Leiterschleife in Richtung des Magnetfeldes

Achse, um die sich die Leiterschleife dreht

Änderung des magnetischen Flusses = Änderung der durchflossenen Fläche (bei dieser Stellung ist die Änderung am geringsten (= Null))

Änderung des magnetischen Flusses = Änderung der durchflossenen Fläche (bei dieser Stellung ist die Änderung am größten.

Abb. 1.59

Dieser Ausdruck ist (bis auf das Vorzeichen) mit jenem Ausdruck identisch, der in Abschn. 1.4.3 mit Hilfe der Lorentzkraft abgeleitet wurde (s. o.).

Um in der Leiterschleife einen Strom zu erzeugen, liegt es nahe, die Änderung des magnetischen Flusses nicht durch eine Verschiebung, sondern durch eine **Drehung der Leiterschleife** um eine feste Achse zu bewirken. Abb. 1.59 zeigt, was gemeint ist. Die Abbildung zeigt einen speziell geformten Hufeisenmagneten. In dem vom Magneten aufgebauten Feld rotiert eine Leiterschleife um eine feste Achse (Teilabbildung a). φ sei der Drehwinkel. Teilabbildung b zeigt jene Stellung, bei welcher sich die Menge der die Schleifenfläche durchstoßenden Magnetlinien am geringsten **ändert** und Teilbild c, bei welcher sich die Menge am stärksten **ändert**, wenn sich die Schleife gleichförmig dreht. Wie die letzte Formel zeigt, kommt es auf die zeitliche Änderung des magnetischen Flusses an, auf die Geschwindigkeit, mit der die Magnetfeldlinien durchtrennt werden. Dieser wichtige Sachverhalt werde nochmals ausführlicher betrachtet:

Die von den Feldlinien durchstoßene Fläche beträgt, wenn sich die Leiterfläche A um den Winkel φ dreht (Abb. 1.60), $A \cdot \cos \varphi$.

Der magnetische Fluss beträgt in dieser Stellung:

$$\Phi = B \cdot A \cdot \cos \varphi.$$

Zu den Stellungen in den Teilbildern b und c der Abb. 1.59 gehören die Flüsse:

$$\varphi = 0: \quad \Phi = B \cdot A$$
$$\varphi = 90°: \quad \Phi = 0$$

Abb. 1.60

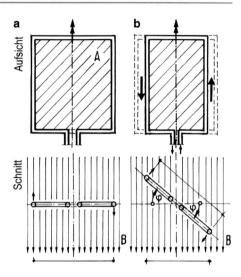

Wie bereits ausgeführt, kommt es nicht auf den magnetischen Fluss Φ selbst an, sondern auf seine zeitliche Änderung, also auf $d\Phi/dt$!

Handelt es sich um eine gleichförmige Drehbewegung mit der konstanten Winkelgeschwindigkeit ω, ändert sich der Drehwinkel φ mit der Zeit t gemäß $\varphi = \omega \cdot t$. Hiervon ausgehend kann die induzierte Spannung in einer sich mit konstanter Winkelgeschwindigkeit drehenden Leiterschleife zu

$$U = -\frac{d\Phi}{dt} = -\frac{d(B \cdot A \cdot \cos\varphi)}{dt} = -\frac{B \cdot A \cdot d(\cos\omega t)}{dt} = B \cdot A \cdot \omega \cdot \sin\omega t$$

angegeben werden. Das bedeutet: **Die in der drehenden Leiterschleife induzierte Spannung ändert sich sinusförmig.**

Um den auf diese Weise erzeugten Strom zu nutzen, ist es notwendig, die beiden Enden der Leiterschleife an je einen Schleifring anzuschließen. Die Ringe sind mit der Drehachse fest verbunden. Gegen jeden Ring liegt ein Schleifkontakt an, ein sogen. Kollektor in Form einer Bürste oder eines Kohlestiftes. Über die Kontakte wird der Stromkreis (einschließlich Verbraucher) geschlossen. Abb. 1.61a zeigt das Prinzip. Damit ist die **Urform des Wechselstrom-Generators** gefunden.

Die Richtung des Stromes im Stromkreis wechselt mit jeder halben Drehung der Leiterschleife. – Wird nur ein Ring mit der Drehachse verbunden und der Ring geschlitzt, entstehen zwei Ringsegmente. Werden die Enden der Leiterschleife an

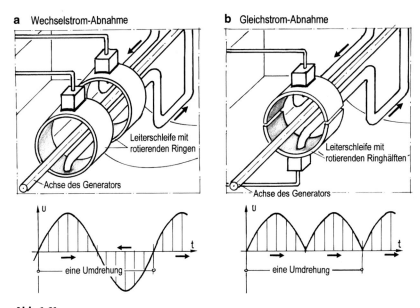

Abb. 1.61

je ein Segment angeschlossen (Abb. 1.61b), wird nach jeder halben Umdrehung der wechselseitig gegenläufige Strom in der Schleife gleichgerichtet abgenommen. Man nennt diese Form des Kollektors auch Kommutator (Stromwender): Es fließt ein Gleichstrom. Das ist die **Urform des Gleichstrom-Generators**. – Durch Umkehrung des Generatorprinzips entsteht ein Elektromotor.

Für den Antrieb der Generatorachse (und damit der Schleife, in welcher der Strom induziert wird) bestehen unterschiedliche Möglichkeiten:

- Turbine eines Wasserkraftwerkes,
- Dampfmaschine oder -turbine eines Kohle-, Gas- oder Kernkraftwerkes,
- Benzin- oder Dieselmotor,
- Rotor einer Windkraftanlage.

Es versteht sich, dass ein Generator nicht aus einer einzelnen Leiterschleife sondern aus kompliziert gewickelten Spulen, insgesamt aus einer Kombination von Elektromagneten, besteht. Das gilt entsprechend für Elektromotoren. Es gibt Generatoren, die gleichzeitig als Elektromotor eingesetzt werden können, z. B. in Pumpspeicherkraftwerken. In Abschn. 1.5.5 wird der Gegenstand vertieft.

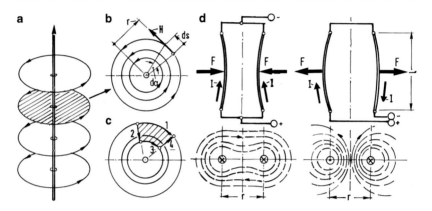

Abb. 1.62

1.5.4   Ergänzungen und Beispiele

1. Ergänzung

Wie anfangs in Abb. 1.47 skizziert, stellt sich um einen geraden, von einem Strom durchflossenen Leiter ein Magnetfeld ein. Die Feldlinien dieses Feldes folgen konzentrischen Kreisen um den Leiter. Es handelt sich um ein quellfreies Feld. Gemäß Definition stimmt die positive Richtung der Feldlinien mit der Drehrichtung einer Rechtsschraube überein. Jeder magnetischen Feldlinie ist eine magnetische Feldstärke (H) zugeordnet. Sie ist entlang der Kreise in den verschiedenen Ebenen um den Leiter rundum konstant (Abb. 1.62a).

Wie Versuche zeigen, ist die magnetische Feldstärke (H) der Stromstärke (I) im Leiter proportional und sinkt mit wachsendem Abstand r. Die Definition im SI (Systeme International) lautet:

$$H = \frac{I}{2\pi r} \quad \text{bzw.:} \quad I = 2\pi r \cdot H, \quad \text{Einheit von } H\colon \frac{\text{A}}{\text{m}} = \frac{\text{Ampere}}{\text{Meter}}$$

Dass diese Definition Sinn macht, erkennt man, wenn das Umlaufintegral entlang einer kreisförmigen Feldlinie im Abstand r mit $ds = r \cdot d\alpha$ gebildet wird (Abb. 1.62b):

$$\oint H \cdot ds = \oint \frac{I}{2\pi r} r \cdot d\alpha = \oint \frac{I}{2\pi} \cdot d\alpha = \frac{I}{2\pi} \oint \cdot d\alpha = \frac{I}{2\pi} \cdot 2\pi = I$$

Erstreckt sich das Umlaufintegral entlang eines Bereiches außerhalb des Leiters, ergibt es sich zu Null (in Teilabbildung c ist ein solcher Bereich schraffiert dargestellt).

Liegen zwei Leiter der Länge l im Abstand r parallel zueinander und betragen ihre Stromstärken I_1 und I_2, wirkt zwischen ihnen die Kraft (ohne Nachweis):

$$F = \mu_0 \frac{I_1 \cdot I_2}{2\pi r} \cdot l$$

Im Falle gleichstarker Ströme in beiden Leitern gilt:

$$F = \mu_0 \frac{I^2}{2\pi r} \cdot l$$

Die gegenseitige Stromrichtung bestimmt, ob sich die Leiter anziehen oder abstoßen (Abb. 1.62d1/2). – Die magnetische Feldkonstante (μ_0) ergibt sich im SI aus der Definition der elektrischen Stromstärke: ,Das Ampere (A) ist die Stärke jenes Stromes durch zwei geradlinige, parallel liegende, unendlich lange Leiter im Abstand von 1m, wenn sich zwischen ihnen im Vakuum eine Kraft $F = 2 \cdot 10^{-7}$ N pro 1m Länge einstellt'. Wird vorstehende Formel auf diese Definition angewandt, findet man den Wert für μ_0 zu:

$$2 \cdot 10^{-7}\,\text{N} = \mu_0 \cdot \frac{(1\,\text{A})^2}{2\pi \cdot 1\,\text{m}} \cdot 1\,\text{m}$$
$$\rightarrow \quad \mu_0 = 4\pi \cdot 10^{-7}\,\frac{\text{N}}{\text{A}^2} = 4\pi \cdot 10^{-7}\,\frac{\text{V} \cdot \text{s}}{\text{A} \cdot \text{m}} = 12{,}566 \cdot 10^{-7}\,\frac{\text{V} \cdot \text{s}}{\text{A} \cdot \text{m}}$$

Damit ist erklärt, warum die Naturkonstante μ_0 den (seltsamen) Wert $4\pi \cdot 10^{-7}$ hat.

2. Ergänzung

Ein Leiter mit der Länge $2\pi r$ werde zu einem vollen Kreisring mit dem Radius r gebogen. Alle kreisförmigen magnetischen Feldlinien, die mit dem Radius r den gebogenen Leiter umgreifen, schneiden eine innerhalb des Kreises aufgespannte Ebene im Kreismittelpunkt, im Übrigen verlaufen sie außerhalb dieser Ebene (Abb. 1.63a1). Die mit diesem Magnetfeld verbundene magnetische Wirkung wird in der Feldstärke H, einem im Kreismittelpunkt liegenden Vektor senkrecht zur Kreisebene, zusammengefasst. Die strenge Theorie des Feldes und seiner magnetischen Wirkung ist komplex. Die Lösung wurde von J.B. BIOT (1774–1862) und F. SAVART (1791–1841) angegeben. Die oben angeschriebene Formel für H: $H = I/2\pi r$, ist eine Näherung dieser Theorie. Sie gilt in grober Annäherung auch dann, wenn der Leiter zu einem Quadrat gebogen wird.

Sind insgesamt n Schleifen zu einer **zylindrischen Spule** aufgewickelt (man spricht von einem Solenoid), gilt nach dem in Abschn. 1.5.2 angegebenen Durchflutungsgesetz für die

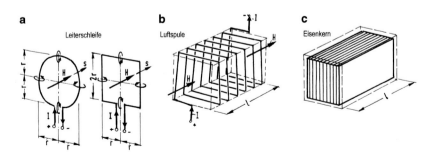

Abb. 1.63

magnetische Feldstärke in Längsachse der Spule (Abb. 1.63b):

$$H = \frac{n \cdot I}{l}$$

l ist die Länge der Spule in Längsrichtung, im Leiter fließt ein Strom der Stärke I:
   In H ist die Wirkung des im Inneren der Spule liegenden Magnetfeldes bzw. der in Achsrichtung liegenden magnetischen Feldlinien zusammengefasst.
   Wird die Spule zu einer Ringspule gebogen (zu einem Toroid, Abb. 1.54d), verlaufen die Feldlinien im Inneren der Spule kreisförmig. Die Formel für H gilt unverändert. Die Länge ist gleich dem mittleren Umfang: $l = 2\pi \cdot R$ mit R als mittlerem Radius des Toroids.
   Wird die Spule mit einem Eisenkern gefüllt, wird die magnetische Durchlässigkeit im Inneren der Spule im Vergleich zum Vakuum ($\approx$ Luft) deutlich gesteigert. Die magnetische Flussdichte berechnet sich für eine solche Spule mit einem Kern aus ferromagnetischem Eisen zu:

$$B = \mu_0 \cdot \mu_r \cdot H, \quad \text{Einheit:} \ \frac{V \cdot s}{m^2} = T \ (\text{Tesla})$$

Abb. 1.63b zeigt eine Spule mit Rechteckquerschnitt. Innerhalb der Spulenlänge l liegen in dem dargestellten Beispiel $n = 8$ Windungen. In Teilabbildung c ist der dazu passende Eisenkern dargestellt, er ist aus dünnen Blechen aufgebaut.

3. Ergänzung

Eine Luftspule habe die Länge $l = 100\,\text{mm} = 0,10\,\text{m}$. Die Anzahl der Drahtwindungen betrage $n = 600$. Die Spule werde von einem (Erreger-)Strom $I = 1,5\,\text{A}$ durchflossen. Gesucht ist die Flussdichte (B). Abb. 1.64a zeigt die Spule im Schnitt. Die Feldstärke berechnet sich gemäß obiger Formel zu:

$$H = \frac{n \cdot I}{l} = \frac{600 \cdot 1,5}{0,10} = 9000 \ \frac{A}{m}$$

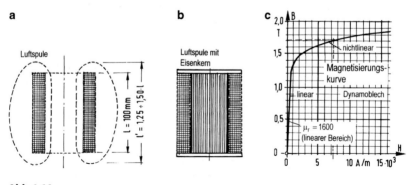

Abb. 1.64

Das Magnetfeld der Spule reicht über ihre geometrische Länge etwas hinaus: Die ‚wirksame Länge' ist größer als die Baulänge. Schätzwert: $l' = 1,25 \cdot l$ (evtl.: $l' = 1,50 \cdot l$), vgl. Abb. 1.64a. Hieraus folgt:

$$H = \frac{600 \cdot 1,5}{1,25 \cdot 0,10} = 7,2 \cdot 10^3 \, \frac{\text{A}}{\text{m}}$$

$$\rightarrow \quad B = \mu_0 \cdot H = 12,566 \cdot 10^{-7} \cdot 7,2 \cdot 10^3 = \underline{9,04 \cdot 10^{-3} \, \text{T}}$$

Die Spule werde um einen Kern aus Dynamoblech ergänzt (Teilabbildung b). In einem solchen Falle lässt sich die Auswirkung auf die magnetische Durchlässigkeit (Permeabilität) nicht über den Faktor μ_r pauschal erfassen, sondern nur über die für das spezielle Material geltende Magnetisierungskurve, vgl. Abb. 1.56c. Für Dynamoblech entnimmt man der Kurve in Abb. 1.64c für den zuvor berechneten H-Wert:

$$H = 7,2 \cdot 10^3 \, \frac{\text{A}}{\text{m}} \quad \rightarrow \quad \underline{B = 1,70 \, \text{T}}$$

Die Magnetisierung liegt unterhalb des Sättigungsniveaus. Im Vergleich zur Luftspule ist die Durchlässigkeit um den Faktor $1,70/(9,04 \cdot 10^{-3}) = 190$ verbessert! – Liegt H niedriger, etwa im Bereich $H \le 1 \cdot 10^3$ A/m, kann mit $\mu_r = 1600$ gerechnet werden. Wie in Teilabbildung c erkennbar, ist die Kurve B als Funktion von H unterhalb $H = 1 \cdot 10^3$ A/m etwa linear.

4. Ergänzung

In Abb. 1.65a und b sind zwei Elektromagnete dargestellt (hier und im Folgenden. aus Gründen der Zeichenerleichterung mit Quadratquerschnitt). Wird der Kern eines solchen Elektromagneten zu einem geschlossenen Eisenkreis erweitert (Teilabbildung c), ‚fließen' die magnetischen Feldlinien entlang des geschlossenen Eisenweges. Der im Spulenbereich erzeugte magnetische Fluss Φ ist entlang des Weges konstant. Die magnetische Flussdichte $B = \Phi/A$ ist dagegen veränderlich, wenn sich die Querschnittsfläche A des Eisens innerhalb der einzelnen Wegstrecken ändert. Das gilt insbesondere dort, wo die Feldlinien einen Luftspalt zu überbrücken haben, vgl. im Einzelnen die Teilabbildungen c und d. Wie lassen sich für diesen in der Praxis wichtigen Fall die Feldgrößen bestimmen?

Im Fall eines einfach geschlossenen magnetischen Kreises gelingt eine Lösung durch Analogieschluss mit einem elektrischen Kreis, wie in Abb. 1.66 angedeutet. Im elektrischen

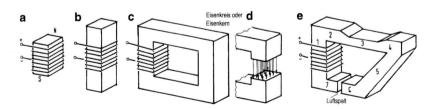

Abb. 1.65

Abb. 1.66   **a** Magnetischer Eisenkreis   **b** Elektrischer Leiterkreis

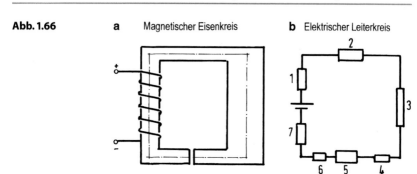

Kreis ist die Stromstärke I konstant, die anliegende Spannung U wird durch die hintereinander liegenden Widerstände R gemäß dem Ohm'schen Gesetz abgebaut (vgl. 7. Ergänzung in Abschn. 1.3.2).

Die elektrische Spannung U treibt den Strom im Stromkreis an. Ist E die elektrische Feldstärke, beträgt die Spannung, vgl. Abschn. 1.2.7 in Analogie zum Kondensator: $U = \int E \cdot ds$.

Entsprechend wird eine magnetische (Umlauf-)Spannung eingeführt. Man spricht von magnetischer Durchflutung oder vom magnetischen Durchfluss:

$$\Theta = \oint H \cdot ds \quad \text{Einheit von } \Theta: \quad (A/m) \cdot m = A = \text{Ampere}$$

Θ ist jene Feldgröße, die den magnetischen Fluss treibt. In konsequenter Analogie entspricht dem magnetischen Fluss (Φ) in einem magnetischen Kreis die elektrische Stromstärke (I) in einem elektrischen Kreis. Die einzelnen Wegelemente des magnetischen Eisenkreises werden als magnetische Widerstände gedeutet und das Ohm'sche Gesetz des elektrischen Kreises auf den magnetischen Kreis erweitert:

$$\Phi = \frac{\Theta}{R_m} \quad \left(\text{der Ausdruck entspricht: } I = \frac{U}{R} \right)$$

Das impliziert wiederum die Analogie zwischen magnetischem Widerstand und elektrischem Widerstand:

$$R_m = \frac{\Theta}{\Phi}, \quad \text{Einheit: } \frac{A}{V \cdot s}$$

Für ein **elektrisches** Leiterelement mit dem Querschnitt A_i, der Länge l_i und dem spezifischen Widerstand ρ_i berechnet sich der Widerstand zu (Abschn. 1.3.1):

$$R_i = \frac{\rho_i \cdot l_i}{A_i}, \quad \text{Einheit: } \Omega \text{ (Ohm)}$$

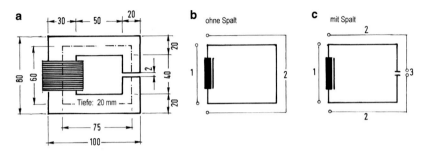

Abb. 1.67

Für ein **magnetisches** ‚Leiterelement' mit dem Querschnitt A_i, der Länge l_i und der Permeabilität μ_i gilt entsprechend:

$$R_m = \frac{l_i}{\mu_0 \cdot \mu_{ri} \cdot A_i}, \quad \text{Einheit:} \quad \frac{\text{A}}{\text{V} \cdot \text{s}}$$

Ausgehend von der Definition von Θ kann für die Strecken $i = 1, 2, 3, \ldots$

$$\Theta = \oint H \cdot ds = \sum H_i \cdot l_i = \sum \Theta_i = \Phi \sum R_{m_i} = \Phi \cdot R_m = n \cdot I$$

gefolgert werden. I ist die Stromstärke in der Spule und n die Anzahl der Windungen im gesamten Eisenkreis. Beim Ausdruck $\Theta = \oint H \cdot ds = \sum I_i = n \cdot I$ spricht man vom Durchflutungsgesetz (s. o.).

Die konkrete Berechnung sei an einem **Beispiel** erläutert: Abb. 1.67a zeigt den Eisenkreis. Die Spule trage $n = 500$ Windungen und erzeuge den magnetischen Fluss $\Phi = 3,0 \cdot 10^{-4} \, \text{V} \cdot \text{s}$. Gesucht seien die Feldgrößen und die Stromstärke I in der Spule, um diesen Fluss zu bewirken.

Es werde zunächst der Fall **ohne Luftspalt** behandelt: Der Eisenkreis besteht aus zwei Abschnitten mit jeweils gleichbleibendem Querschnitt (Abb. 1.67b):

1: $A_1 = 30 \cdot 20 = 600 \, \text{mm}^2 = 6 \cdot 10^{-4} \, \text{m}^2; \quad l_1 = 60 \, \text{mm} = 0,060 \, \text{m}$

2: $A_2 = 20 \cdot 20 = 400 \, \text{mm}^2 = 4 \cdot 10^{-4} \, \text{m}^2; \quad l_2 = 75 + 60 + 75 = 210 \, \text{mm} = 0,210 \, \text{m}$

Der magnetische Fluss ist rundum konstant. Die Flussdichte berechnet sich zu:

$$1: \quad B_1 = \frac{\Phi}{A_1} = \frac{3,0 \cdot 10^{-4}}{6 \cdot 10^{-4}} = 0,50 \, \frac{\text{V} \cdot \text{s}}{\text{m}^2} = \underline{0,50 \, \text{T}};$$

$$2: \quad B_2 = \frac{\Phi}{A_2} = \frac{3,0 \cdot 10^{-4}}{4 \cdot 10^{-4}} = 0,75 \, \frac{\text{V} \cdot \text{s}}{\text{m}^2} = \underline{0,75 \, \text{T}}$$

Wie aus Abb. 1.64c zu entnehmen, verhalten sich B und H in diesem Bereich linear zueinander, es kann mit $\mu_r = 1600$ gerechnet werden (vgl. die Eintragung in Abb. 1.64c). Damit
ergeben sich die magnetischen Feldstärken in den Strecken 1 und 2 zu:

$$1: \quad H_1 = \frac{B_1}{\mu_r \cdot \mu_0} = \frac{0{,}50}{1600 \cdot 4\pi \cdot 10^{-7}} = \underline{250}\,\frac{A}{m};$$

$$2: \quad H_2 = \frac{B_2}{\mu_r \cdot \mu_0} = \frac{0{,}75}{1600 \cdot 4\pi \cdot 10^{-7}} = \underline{375}\,\frac{A}{m}$$

Die magnetische Spannung ist gleich der magnetischen Feldstärke mal der Weglänge (was
wiederum der Analogie mit der elektrischen Spannung entspricht: $U = E \cdot l$):

$$1: \ \Theta_1 = H_1 \cdot l_1 = 250 \cdot 0{,}060 = \underline{15{,}00\,A}; \quad 2: \ \Theta_2 = H_2 \cdot l_2 = 375 \cdot 0{,}210 = \underline{78{,}75\,A}$$

Die von der Erregerspule ausgehende magnetische Spannung und die elektrische Stromstärke in der Spule folgen damit zu (Hintereinanderschaltung):

$$\Theta = \Theta_1 + \Theta_2 = 15{,}00 + 78{,}75 = \underline{93{,}75\,A}$$

$$\Theta = I \cdot n \quad \rightarrow \quad I = \Theta/n = 93{,}75/500 = \underline{0{,}1875\,A}$$

Der magnetische Widerstand ist implizit über die Funktion $H = H(B)$ eingegangen.

Der Fall **mit Luftspalt** lässt sich entsprechend analysieren. Es sind jetzt drei Strecken mit
unterschiedlichem Widerstand vorhanden, wobei die Eisenstrecken vom Fall ohne Luftspalt
übernommen werden können (die Unterschiede zwischen den realen Längen sind minimal).
Die Breite des Luftspaltes betrage 2 mm. Die durchflutete Fläche des Luftspaltes ist gleich
den benachbarten Eisenquerschnitten, μ_0 in Luft: $4\pi \cdot 10^{-7}\,\frac{V \cdot s}{A \cdot m}$

$$B_3 = B_2 = 0{,}75\,T \quad \rightarrow \quad H_3 = B_3/\mu_0 = 0{,}75/4\pi \cdot 10^{-7} \approx \underline{600.000\,A/m}$$

$$1: \ \Theta_1 = \underline{15{,}00\,A}; \quad 2: \ \Theta_2 = \underline{78{,}75\,A}; \quad 3: \ \Theta_3 = H_3 \cdot l_3 = 600.000 \cdot 0{,}002 = \underline{1200\,A}$$

$$\Theta = \Theta_1 + \Theta_2 + \Theta_3 = 15{,}00 + 78{,}75 + 1200 = \underline{1294\,A}$$

$$\Theta = I \cdot n \quad \rightarrow \quad I = \Theta/n = 1294/500 = \underline{2{,}588\,A}$$

Es ist somit eine um $2{,}588/0{,}1875 = 13{,}8$-fach höhere Stromstärke in der Erregerspule
notwendig, um einen magnetischen Fluss $\Phi = 3{,}0 \cdot 10^{-4}\,V \cdot s$ im Eisenkreis mit Luftspalt
zu induzieren.

5. Ergänzung

In Abschn. 1.5.3 wurde das Induktionsgesetz an einem Leiter und an einer Leiterschleife,
die sich innerhalb eines homogenen magnetischen Feldes bewegen (verschieben, drehen) erläutert. Unter Berücksichtigung der Lenz'schen Regel wurde gezeigt, dass im Leiter bzw.
in der Leiterschleife eine elektrische Spannung (und damit ein Stromfluss) induziert wird,
wenn sie sich relativ zu den Feldlinien des Magneten bewegen: Die Energie der eingeprägten Bewegung setzt sich in eine Bewegung der Elektronen im Leitermedium und damit in
elektrische Energie um:

$$U = -\frac{d\Phi}{dt}$$

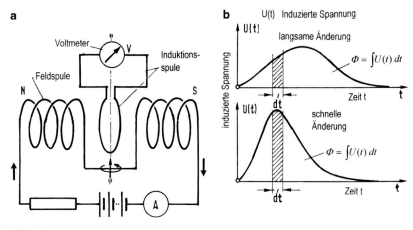

Abb. 1.68

$d\Phi/dt$ ist die zeitliche Änderung des magnetischen Flusses. Das Gesetz gilt auch dann, wenn das magnetische Feld von einer **Feldspule** aufgebaut wird. In dieser wird vom Spulenstrom I die Flussdichte $B = \mu_0 \cdot H = \mu_0 \cdot n \cdot I/l$ im Spuleninneren erzeugt. –

In Abb. 1.68a ist eine Versuchsanordnung dargestellt, mittels der das Induktionsgesetz verallgemeinert werden kann. Die Änderungen des magnetischen Flusses $\Phi = B \cdot A$ kann bewirkt werden, entweder

- durch eine Änderung der von den Feldlinien durchstoßenen Fläche der Leiterschleife (die stellvertretend für eine Induktionsspule steht), also durch dA/dt (Verschiebung oder Verdrehung der Schleife im Magnetfeld) oder
- durch eine Änderung der Stromstärke in der Feldspule, also durch dI/dt (Ein-, Aus- oder Zuschaltvorgänge).

Dabei zeigt sich: Ändert sich der magnetische Fluss langsam, stellt sich eine geringe, im anderen Falle eine hohe Spannungsspitze ein (Abb. 1.68b). Das Integral über die induzierte Spannungskurve $U = U(t)$ ist in allen Fällen gleichgroß, ist doch die verrichtete Arbeit dem Betrage nach immer die gleiche.

6. Ergänzung

Fließt in einer Spule ein zeitlich veränderlicher Strom, der von einer äußeren Quelle bezogen wird, ändert sich der magnetische Fluss in den Windungsflächen (A) der Spule. Die hiermit einhergehende Flussänderung $d\Phi/dt$ in der Spule induziert in ihr selbst eine Spannung. Das bedeutet: **Ohne ein fremdes Magnetfeld wird eine Spannung durch eine Änderung des Spulenstroms selbst bewirkt.** Man nennt diese Erscheinung **Selbstinduktion**.

Abb. 1.69a zeigt eine Luftspule, die mit einem Strom veränderlicher Stärke (und Richtung) beaufschlagt wird. Der magnetische Fluss berechnet sich zu:

$$\Phi = B \cdot A = \mu_0 \cdot \mu_r \cdot H \cdot A = \mu_0 \cdot \mu_r \cdot \frac{n \cdot A}{l} \cdot I, \quad I = I(t)$$

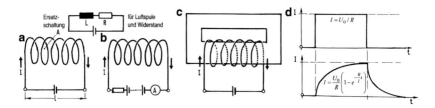

Abb. 1.69

Aus dem Induktionsgesetz kann auf die induzierte Spannung bzw. Stromstärke geschlossen werden. n ist die Anzahl der Windungen = Anzahl der Leiterschleifen in Reihe:

$$U = -n \cdot \frac{d\Phi}{dt} = -\mu_0 \cdot \mu_r \cdot \frac{n^2 \cdot A}{l} \cdot \frac{dI}{dt} \quad \rightarrow \quad U = -L \cdot \frac{dI}{dt}$$

$U = U(t)$ und $I = I(t)$ sind die momentane Spannung bzw. Stromstärke in der Spule. Die Größe L wird als **Induktivität (auch als Selbstinduktivität) der Spule** bezeichnet:

$$L = \mu_0 \cdot \mu_r \cdot \frac{n^2 \cdot A}{l}, \quad \text{Einheit:} \quad \frac{V \cdot s}{m \cdot A} \cdot \frac{m^2}{m} = \frac{1\,V}{1\,A/s} = 1\,H\ (\text{Henry})$$

Der Einheitenname H = Henry wurde im SI zu Ehren von J. HENRY (1797–1878) gewählt. Von ihm wurde bei elektromagnetischen Experimenten das Phänomen der Selbstinduktion entdeckt.

Eine Spule besitzt eine Induktivität 1 H, wenn bei einer zeitlichen Änderung der Stromstärke um 1 A/s eine Spannung von 1 V an den Klemmen herrscht. – L ist allein von der Geometrie der Spule abhängig (n, A, l). Bei einer Eisenspule ist in der Formel anstelle $\mu_0 \cdot \mu_r$ von der Magnetisierungskurve des Eisenwerkstoffes auszugehen. – Für einen Einfachleiter der Länge l mit dem Drahtdurchmesser $2r$ lautet die Formel für L (ohne Nachweis):

$$L = \mu_0 \frac{l}{2\pi} \left(\ln \frac{2l}{r} - \frac{3}{4} \right)$$

Bezieht die Spule ihren Strom z. B. aus einer Batterie und wird die Selbstinduktion durch Ein- oder Ausschalten verursacht, gilt für die Spannung im Zeitpunkt t:

$$U_0 - R \cdot I - L \cdot \frac{dI}{dt} = 0$$

Hierin ist U_0 die Batteriespannung. $R \cdot I$ ist der Ohm'sche Spannungsabfall am Widerstand R. Der dritte Term beschreibt die induzierte Spannung. Die Lösung der Differentialgleichung führt bei Ein- und Ausschaltvorgängen für $I = I(t)$ und $U = U(t)$ auf eine e-Funktion. Der qualitative Verlauf von L ist in Abb. 1.69d skizziert.

7. Ergänzung

Wie in Abschn. 1.3.1 ausgeführt, berechnet sich die in einem Leiter verrichtete elektrische Arbeit zu $W = I \cdot U \cdot t$. Der Ausdruck gilt auch für zeitlich veränderliche Ströme in der Form $dW = I \cdot U \cdot dt$. I und U sind jetzt Funktionen der Zeit t.

Bei einer Spannungsinduktion nimmt die magnetische Energie in der Spule um

$$dW = \left(I \cdot L \frac{dI}{dt} \right) dt = L \cdot I \cdot dI$$

zu. Wird über den Ausdruck integriert, folgt für die **magnetische Energie** gegenüber dem Ausgangsniveau $I = 0$:

$$E_{\mathrm{mag}} = \int\limits_0^I dW = \int\limits_0^I L \cdot I \, dI = L \int\limits_0^I I \, dI = L \left[\frac{I^2}{2} \right]_0^I = \frac{1}{2} L \cdot I^2,$$

Einheit: $A \cdot V \cdot s = J$ (Joule)

Werden für L bzw. I die Ausdrücke

$$L = \mu_0 \cdot \mu_r \cdot \frac{n^2 \cdot A}{l}, \quad I = \frac{H \cdot l}{n}$$

eingeführt, gilt alternativ:

$$E_{\mathrm{mag}} = \frac{1}{2} \mu_0 \cdot \mu_r \cdot H^2 \cdot V \text{ mit } V = l \cdot A \ (V = \text{Volumen des Spuleninnenraumes})$$

Der Quotient aus der Energie des materialgefüllten Magnetfeldes und dem Spulenvolumen ist die magnetische **Energiedichte:**

$$w = \frac{E_{\mathrm{mag}}}{V} = \frac{1}{2} \mu_0 \cdot \mu_r \cdot H^2$$

8. Ergänzung

Als Huborgane haben Elektromagnete in der Industrie große Bedeutung. Abb. 1.70 zeigt zwei Hubmagnete in schematischer Form. Nähert sich das Joch des Magneten dem Anker bis zu einem geringen Abstand, schließt sich der magnetische Kreis über die Lücke hinweg. Innerhalb des Luftvolumens der Lücke $V = A \cdot s$ (mit s als gegenseitigem Abstand) beträgt die Energie des hier vorhandenen magnetischen Feldes mit $H = \frac{B}{\mu_0}$:

$$E_{\mathrm{mag}} = \frac{1}{2} \mu_0 \cdot H^2 \cdot A \cdot s = \frac{B^2}{2\mu_0} \cdot A \cdot s$$

A ist die gesamte Polfläche und s der Abstand zwischen Joch und Anker. Das Luftvolumen ist $V = A \cdot s$.

Abb. 1.70

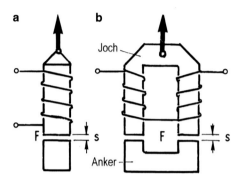

Die Energie E_{mag} steht als Arbeitsvermögen zur Verfügung, um den Anker aus der Position zu heben. Die wirksame Kraft sei F. Die zum Schließen der Lücke von F zu verrichtende Arbeit ist $W = F \cdot s$. Aus der Gleichsetzung mit der magnetischen Energie folgt für F:

$$F = \frac{B^2 \cdot A}{2\mu_0}, \quad \text{Einheit:} \quad \frac{N^2}{A^2 \cdot m^2} \cdot \frac{m^2}{N/A^2} = 1\,N$$

Der Abstand (s) hat sich heraus gekürzt!

Zahlenbeispiel

Ein Elektromagnet in ∩-Form aus Stahlguss habe zwei Polflächen von zusammen $A = 2 \cdot 4\,cm^2 = 8\,cm^2 = 8 \cdot 10^{-4}\,m^2$. Der Magnet werde mit $n \cdot I = 600$ Amperewindungen erregt. Die Gesamtlänge der Spulen betrage 40 cm = 0,4 m. Für die Feldstärke folgt:

$$H = \frac{n \cdot I}{l} = \frac{600}{0,40} = 1500\,A/m = \underline{1,5 \cdot 10^3\,A/m}$$

Für das Material möge sich aus der Magnetisierungskurve (Abb. 1.64c) für die magnetische Flussdichte ergeben: $B = 1,4\,V \cdot s/m^2$. Die Anzugskraft berechnet sich hierfür zu:

$$F = \frac{1,4^2 \cdot 8 \cdot 10^{-4}}{2 \cdot 4\pi \cdot 10^{-4}} = \underline{624\,N}$$

Wird der Stromkreis unterbrochen, sinkt die Kraft mit geringer zeitlicher Verzögerung auf Null, der Anker löst sich.

9. Ergänzung

Als Ampere- und Volt-Meter eignen sich Drehspulmessgeräte. Sie gibt es in den unterschiedlichsten Bauarten. Abb. 1.71 zeigt ein solches Gerät. Es besteht aus einem Dauermagneten in Hufeisenform mit zwei Polschuhen aus Weicheisen. Im Zentrum des homogenen Magnetfeldes liegt ein fester Eisenkern, um den sich eine Spule gegen den Widerstand einer Drehfeder

Abb. 1.71

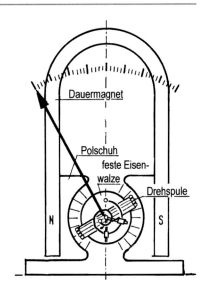

drehen kann. Unter Strom baut sich in der Spule ein Magnetfeld auf. Das Magnetfeld ändert sich proportional mit dem Strom, entsprechend dreht sich die Spule im Magnetfeld
des Permanentmagneten gegen die Rückstellwirkung der Drehfeder. Die Drehung der Spule wird über einen Zeiger auf eine geeichte Skala übertragen. – Nach passender Schaltung
lässt sich neben der Stromstärke auch die Spannung (jeweils für unterschiedliche Wertebe-
reiche) messen. – Zwecks Verwertung für Wechselstrom bedarf es eines Gleichrichters. –
Dank der Entwicklung neuer hochleistungsfähiger Dauermagnetwerkstoffe (Al-Ni-Co) können die Geräte immer kleiner gebaut werden.

1.5.5   Elektrische Maschinen: Generatoren und Motoren

Elektrische Maschinen bestehen aus einem Ständer, auch Stator genannt, und einem Läufer (Anker, Rotor). Abb. 1.72a zeigt das zylindrische Joch eines Ständers.
Die Spannung wird in der **Induktionsspule** erzeugt, einem Elektromagneten.
Dieser besteht i. Allg. aus mehreren in Reihe geschalteter Einheiten, wie in Teilabbildung b schematisch dargestellt. Die Magnete liegen entweder auf dem Ständer
oder im Anker. Durch die Bewegung (Drehung) der Induktionsspule mit ihren
Leiterringen relativ zur Feldspule bzw. zu deren Magnetfeld, wird in der Induktionsspule des Generators Strom gewonnen. Auch die Feldspule besteht i. Allg.
aus mehreren in Reihe geschalteten Elektromagneten, bei Maschinen sehr geringer
Leistung auch aus Permanentmagneten. Von der Feldspule geht die Erregung aus.

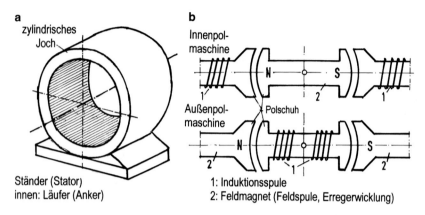

a
zylindrisches Joch

Ständer (Stator)
innen: Läufer (Anker)

b
Innenpol-
maschine

1
Außenpol-
maschine
Polschuh

2'   1   2'

1: Induktionsspule
2: Feldmagnet (Feldspule, Erregerwicklung)

Abb. 1.72

Der Polschuh, eine Verbreiterung des Eisenkerns zum Luftspalt zwischen Anker und Läufer hin, sorgt für einen günstigeren Verlauf der magnetischen Feldlinien.

In Abhängigkeit von der Lage der Feldspule bzw. Feldspulen werden Innen- und Außenpolmaschinen unterschieden, wie in Abb. 1.72b gegenübergesellt.

Wird der Erregerstrom für die Feldspule aus einer fremden Stromquelle entnommen, spricht man von **Fremderregung**. Der Strom stammt dann entweder aus einem Fremdnetz oder von einem kleinen Nebengenerator, der angekoppelt ist. Bei einer **Selbsterregung** liefert der Generator eigenständig den Erregerstrom. Das setzt voraus, dass in der Erregerwicklung eine Restmagnetisierung, eine Remanenz, vorhanden ist. Sie übernimmt die Anfangserregung. Man spricht in dem Falle vom **dynamoelektrischen Prinzip**. Es wurde von W. v. SIEMENS (1816–1892) im Jahre 1867 vorgeschlagen und bei der Produktion elektrischer Maschinen in Form einer Reihenschaltung von Induktions- und Feldspule umgesetzt: Der anfängliche Magnetismus im Erregermagneten wird beim Anlaufen sukzessive bis zur Sättigung gesteigert. –

Zusammenfassung:

• Die Induktionsspule ist auf einem (Weich-)Eisenkern aufgewickelt, dieser ist i. Allg. ‚geblättert‘, d. h. er ist zur Reduzierung unterschiedlicher Wirbelstromeffekte und der hiermit verbundenen Wärmeverluste aus Einzelblechen aufgebaut.

• Der Feldmagnet besteht i. Allg. aus mehreren mit Gleichstrom betriebenen Spulen auf Eisenkern, er besteht also auch aus Elektromagneten.

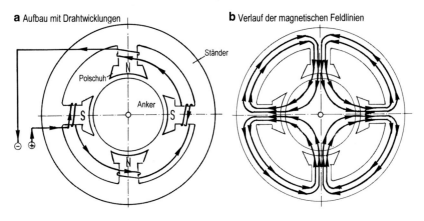

a Aufbau mit Drahtwicklungen   **b** Verlauf der magnetischen Feldlinien

Abb. 1.73

- Der induzierte Strom wird bei der Innenpolmaschine über feste Kontakte direkt abgenommen, bei der Außenpolmaschine über federnde Schleifkontakte (Bürsten, Stifte aus Kupfer, Kohle, Metallkohle). Die Schleifringe sind mit der Achse fest verbunden (vgl. hier auch Abb. 1.61 bezüglich der unterschiedlichen Stromaufnahme bei Gleich- und Wechselstrom).

Man unterscheidet Maschinen mit **einem** Polpaar ($p = 1$), die Maschine ist zweipolig, und solche mit **mehreren** Polpaaren ($p \geq 2$), die Maschine ist mehrpolig.

Abb. 1.73 zeigt eine vierpolige Gleichstrommaschine mit zugehörigem Magnetfeld (Außenpolmaschine). Über den Umfang verteilt liegen Nuten im Anker. In diesen sind die Ankerspulen mit unterschiedlicher Schaltung eingebettet. Deren Anfänge und Enden liegen bei der Gleichstrommaschine an einem Kommutator.

Konstruktion, Fertigung und Betrieb der Elektromaschinen überdecken ein weites Feld innerhalb der Elektrotechnik, es sind, je nach Einsatzgebiet, Gleichstrom-, Wechselstrom- und Drehstrommaschinen in unterschiedlichen Varianten. Hinzu treten in der Starkstromtechnik Schalt- und Steuerungsanlagen, sowie Leitungen und Netze für die allgemeine und industrielle Elektrizitätsversorgung,

1.5.6 Wechselstrom – Drehstrom

Die Abb. 1.74a1/a2 zeigen einen Gleichstrom- und Wechselstromkreis, in ihnen ist jeweils ein Ohm'scher Widerstand R integriert. – Im **Gleichstromkreis** wird von

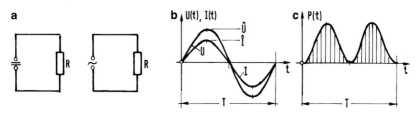

Abb. 1.74

der Spannungsquelle die Leistung

$$P = U \cdot I = R \cdot I^2 = \frac{1}{R}U^2$$

erbracht (vgl. Abschn. 1.3.1).

Im Falle eines **Wechselstromkreises** sind Spannung und Stromstärke zeitveränderliche Funktionen. Bei Generatorinduzierung verlaufen sie über die Zeit (t) sinusförmig in Phase (Abb. 1.74b):

$$U(t) = \hat{U} \cdot \sin \omega t, \quad I(t) = \hat{I} \cdot \sin \omega t$$

$\hat{U}$ ist die Amplitude der Spannung (auch als Scheitelwert oder Maximalwert bezeichnet) und $\hat{I}$ die Amplitude der Stromstärke. ω ist die Winkelgeschwindigkeit des Rotors, also seine Kreisfrequenz. Die Frequenz f gibt die Zahl der Umdrehungen pro Zeiteinheit und die Periode T die Zeitdauer einer Umdrehung an, es gilt:

$$f = \frac{\omega}{2\pi}, \quad T = \frac{1}{f} = \frac{2\pi}{\omega} \quad \rightarrow \omega = \frac{2\pi}{T}$$
$$U(t) = \hat{U} \cdot \sin 2\pi \frac{t}{T}, \quad I(t) = \hat{I} \cdot \sin 2\pi \frac{t}{T}$$

ist eine andere Schreibweise für Spannung und Stärke eines Wechselstroms. – Die **Momentanleistung** im Zeitpunkt t berechnet sich wie beim Gleichstrom. Auch in diesem Falle gilt das Ohm'sche Gesetz: $P(t) = U(t) \cdot I(t)$.

Die **wirksame Leistung** (**effektive Leistung**) ist als die vom Strom erbrachte **mittlere Leistung während der Dauer einer Umdrehung** definiert:

$$P_{\text{eff}} = \frac{1}{T} \int_0^T U(t) \cdot I(t) dt = \frac{1}{T} \int_0^T \hat{U} \cdot \hat{I} \cdot \sin^2 2\pi \frac{t}{T} dt = \frac{1}{T} \hat{U} \cdot \hat{I} \cdot \int_0^T \sin^2 2\pi \frac{t}{T} dt$$

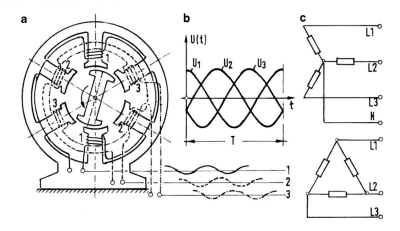

Abb. 1.75

Das Integral liefert $T/2$. Somit erhält man für die effektive Leistung:

$$P_{\text{eff}} = \frac{1}{2}\hat{U} \cdot \hat{I} = \frac{1}{\sqrt{2}}\hat{U} \cdot \frac{1}{\sqrt{2}}\hat{I}$$

Entsprechend sind die Effektivwerte der Spannung und Stromstärke beim Wechselstrom vereinbart, wobei i. Allg. eine Indizierung mit ‚eff' entfällt:

$$U = (U_{\text{eff}}) = \frac{\hat{U}}{\sqrt{2}}, \quad I = (I_{\text{eff}}) = \frac{\hat{I}}{\sqrt{2}}; \quad P_{\text{eff}} = U \cdot I = R \cdot I^2 = \frac{1}{R}U^2$$

Mit anderen Worten: Die Effektivwerte U (U_{eff}) und I (I_{eff}) eines Wechselstroms sind gleich jenen Werten U und I, die in einem Gleichstromkreis mit demselben Widerstand dieselbe Leistung erbringen, z. B. dieselbe Erwärmung.

Drehstrom (Dreiphasenstrom, Dreiphasenwechselstrom) entsteht in einem Generator in drei unabhängigen Wicklungen. Abb. 1.75a zeigt den schematischen Aufbau einer Drehstrominnenpolmaschine. Bei einer Drehstromaußenpolmaschine rotieren drei um $360/3 = 120°$ zueinander liegende Spulen im Läufer. Die Wechselspannungen in den drei Polleitern sind um diesen Winkel zueinander phasenverschoben. Werden sie überlagert, ergibt sich die Summe (wie man rechnerisch leicht nachprüfen kann) zu Null: $I_1(t) + I_2(t) + I_3(t) = 0$ (vgl. Verläufe in Teilabbildung b). Das ist eine bedeutende Erkenntnis, zum einen bedarf es keiner Rückleitungen, zum anderen sind zwei Schaltungen möglich:

- Bei der **Sternschaltung** werden die drei Zuleitungen (Phasen, wie man sagt) im Sternpunkt miteinander verbunden (Teilabbildung c1). Beträgt die Spannung zwischen einer der Phasen und dem Sternpunkt 220 V, so beträgt die Spannung zwischen zwei Phasen $\sqrt{3} \cdot 220 = 1{,}73 \cdot 220 = 380$ V.
- Bei einer **Dreiecksschaltung** (Teilabbildung c2) liegt beim Verbraucher immer eine $\sqrt{3}$-fach höhere Spannung an wie im Falle einer Sternschaltung.

Das Drehstromnetz wird heutigentags in Sternschaltung mit einem geerdeten Nullleiter (Neutralleiter), den man mit dem Sternpunkt verbindet, ausgeführt. Im Nullleiter, dem gemeinsamen Rückleiter, fließt kein Strom, da sich die von den Polleitern zufließenden Ströme in der Summe zu Null gegenseitig aufheben (s. o.). Voraussetzung für die Stabilität eines solchen Netzes ist, dass alle drei Phasen gleichstark belastet sind, somit in ihnen ein Strom gleicher Stärke fließt.

1.5.7 Transformator

Ein Transformator (auch Umspanner genannt) besteht aus einem Eisenkreis mit zwei Spulen, der Primärspule (Eingangsspule) mit n_1 Windungen und der Sekundärspule (Ausgangsspule) mit n_2 Windungen (Abb. 1.76). Mit Hilfe eines solchen Transformators können Spannung und Stärke eines **Wechselstroms** umgewandelt, herauf oder herunter transformiert, werden. (Gleichstrom lässt sich nicht transformieren!) Obwohl keine elektrisch leitende Verbindung existiert, gelingt eine Stromübertragung über den Eisenkern unter Beibehaltung der Frequenz auf allein elektromagnetischem Wege!

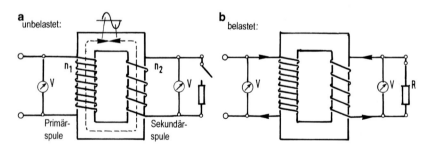

Abb. 1.76

Für den idealen Transformator, bei welchem unterstellt wird, dass keine Wärmeverluste auftreten, also alle Teilen als elektrisch und magnetisch widerstandsfrei betrachtet werden können, gilt:

- Bei einem **unbelasteten Transformator**, der sich ohne zugeschalteten Sekundärkreislauf im Leerlauf befindet, wird keine Leistung übertragen (Abb. 1.76a). Das Verhältnis von Eingangs- zu Ausgangsspannung stellt sich zu

$$\frac{U_1}{U_2} = \frac{n_1}{n_2}$$

ein. Das Übertragungsverhältnis entspricht also dem Verhältnis der Anzahl der Primär- zur Sekundärspulenwindung.
- Bei einem **belasteten Transformator** mit zugeschaltetem Sekundärkreislauf und Verbraucher (Abb. 1.76b) berechnet sich das Übertragungsverhältnis für Spannung und Stromstärke in den Leitern der Windungen 1 und 2 zu:

$$\frac{U_1}{U_2} = \frac{n_1}{n_2}, \quad \frac{I_1}{I_2} = \frac{n_2}{n_1}$$

Aus $\frac{U_1}{U_2} = \frac{I_2}{I_1}$ folgt $U_1 \cdot I_1 = U_2 \cdot I_2$. Weil Leitungsverluste nicht berücksichtigt sind, ist die Sekundärleistung gleich der Primärleistung, wie es sein muss. U und I sind in den Formeln die Effektivwerte des Wechselstroms.

Beispiel

$U_1 = 220\,\text{V}, \quad I = 5\,\text{A}. \quad n_1 = 400, \quad n_2 = 80 \colon n_1/n_2 = 400/80 = 5{,}0,$

$n_2/n_1 = 80/400 = 0{,}2.$

$U_2 = (n_2/n_1) \cdot U_1 = 0{,}2 \cdot 220 = \underline{44\,\text{V}}, \quad I_2 = (n_1/n_2) \cdot I_1 = 5{,}0 \cdot 5 = \underline{25\,\text{A}}$

$P_1 = 220 \cdot 5 = 1100\,\text{J}, \quad P_2 = 44 \cdot 25 = 1100\,\text{J}$

Die Möglichkeit, die Stromstärke steigern zu können, wird beispielsweise beim Schweißtransformator und beim Schmelzofen genutzt. – Die eigentliche Bedeutung der Transformatorentechnik liegt in der Möglichkeit, die bei der Stromerzeugung im Kraftwerk anfallende Spannung (z. B. 5000 bis 20.000 V) auf 110.000 oder bis 380.000 V für den Transport in Überlandleitungen hoch zu transformieren und sie anschließend in den Trafostationen wieder in das Netz der Industrie- und Haushaltsversorgung herunter zu transformieren. Ein Strom hoher Spannung und damit geringer Stromstärke entwickelt nur eine geringe Stromwärme, vgl. hier auch Ergänzungen in Abschn. 1.5.10.

Abb. 1.77

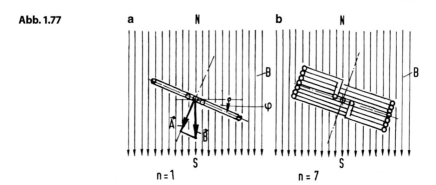

1.5.8 Induktiver und kapazitiver Widerstand im Wechselstromkreis

Wie in Abschn. 1.5.3 ausgeführt, wird nach dem Induktionsgesetz in einer rotierenden Spule, die aus n Schleifen (Windungen) besteht, die Wechselspannung

$$U = -n\frac{d\Phi}{dt}$$

aufgebaut. Ist A die offene (wirksame) Fläche einer einzelnen rotierenden Schleife, ist $A \cdot \cos\varphi$ die von den magnetischen Feldlinien im Zeitpunkt t durchstoßene Fläche (Abb. 1.60). Der magnetische Fluss in Richtung der Feldlinien beträgt in diesem Moment: $\Phi = B \cdot A \cdot \cos\varphi = B \cdot A \cdot \cos\omega t$. B ist die Flussdichte des magnetischen Feldes, $\varphi = \omega \cdot t$ ist der Drehwinkel und ω die Winkelgeschwindigkeit der rotierenden Schleife. Im Falle von n Schleifen berechnet sich die induzierte Spannung damit zu (Abb. 1.77):

$$U = -n\frac{d(B \cdot A \cdot \cos\omega t)}{dt} = -n \cdot B \cdot A\frac{d\cos\omega t}{dt} = n \cdot A \cdot B \cdot \omega \cdot \sin\omega t$$

Mit dem Scheitelwert $\hat{U} = n \cdot A \cdot \omega \cdot B$ lautet somit die Gleichung für die Wechselspannung als Funktion von t (sie verläuft sinusförmig = harmonisch):

$$U(t) = \hat{U} \cdot \sin\omega t$$

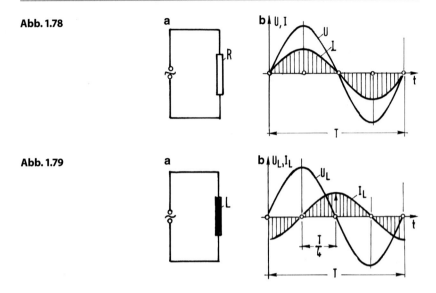

Abb. 1.78

Abb. 1.79

Liegt im Stromkreis ein **Ohm'scher Widerstand** (Abb. 1.78), verlaufen Stromstärke und Spannung phasengleich (Abschn. 1.5.6):

$$U(t) = \hat{U} \cdot \sin \omega t, \quad I(t) = \hat{I} \cdot \sin \omega t,$$
$$\hat{I} = \hat{U}/R = n \cdot A \cdot \omega \cdot B/R$$

Liegt im Wechselstromkreis eine **Spule** mit der (Selbst-)Induktivität L (Abb. 1.79a,
vgl. 6. Ergänzung in Abschn. 1.5.4), wird in ihr als Folge der zeitlichen Änderung des Stromes eine Spannung induziert, die der erregenden Spannung entgegen
gerichtet ist. Wird die Stromstärke zu

$$I_L(t) = -\hat{I}_L \cdot \sin \left(\omega t + \frac{\pi}{2} \right)$$

angesetzt, bestätigt man einen sinusförmigen Verlauf der induzierten Spannung:

$$U_L(t) = -L \frac{d I_L(t)}{dt} = +L \cdot \hat{I}_L \cdot \omega \cdot \cos \left(\omega t + \frac{\pi}{2} \right) = -\hat{I}_L \cdot \omega \cdot L \cdot \sin \omega t$$
$$= -\hat{U}_L \cdot \sin \omega t$$

(Hinweis: In Abb. 1.79 ist $U_L(t)$ im Verhältnis zu $I_L(t)$ negativ.)

Das bedeutet:

$$\hat{U}_L = \hat{I}_L \cdot \omega \cdot L \ \text{bzw.} \ \hat{I}_L = \hat{U}_L / \omega \cdot L.$$

Hinweise

Der Index L weist über die Induktivität L auf die Spule im Stromkreis hin. – Es gilt: $\omega = 2\pi \cdot f = 2\pi \cdot 1/T$, f: Frequenz, T: Periode. – Nach dem trigonometrischen Additionstheorem ist:

$$\cos\left(\omega t + \frac{\pi}{2}\right) = \cos \omega t \cdot \cos \frac{\pi}{2} - \sin \omega t \cdot \sin \frac{\pi}{2} = \cos \omega t \cdot 0 - \sin \omega t \cdot 1 = -\sin \omega t.$$

In Abb. 1.79b sind die Verläufe von $U_L(t)$ und $I_L(t)$ dargestellt. Die Stromstärke eilt der Spannung um die Zeitspanne $T/4$ hinterher. Das erkennt man, wenn man die Funktion der Stromstärke umformt. Mit $\omega = 2\pi/T$ bestätigt man:

$$\sin\left(\omega t + \frac{\pi}{2}\right) = \sin\left(\frac{2\pi}{T} \cdot t + \frac{\pi}{2} \cdot \frac{2T}{2T}\right) = \sin \frac{2\pi}{T}\left(t + \frac{T}{4}\right)$$

$$\rightarrow \quad I_L(t) = -\hat{I}_L \cdot \sin \frac{2\pi}{T}\left(t + \frac{T}{4}\right)$$

Der Vergleich mit dem Ohm'schen Widerstand ($U/I = \hat{U}/\hat{I} = R$) legt es nahe, der Spule einen Widerstand zuzuordnen, man spricht von **induktivem Widerstand** (X_L):

$$\hat{U}_L = \hat{I}_L \cdot \omega \cdot L \quad \rightarrow \quad \hat{U}_L / \hat{I}_L = \omega \cdot L$$

$$\rightarrow \quad X_L = \omega \cdot L, \quad \text{Einheit: } s^{-1} \cdot V \cdot s \cdot A^{-1} = \frac{V \quad (\text{Volt})}{A \quad (\text{Ampere})} = 1\,\Omega$$

Einschränkend ist anzumerken, dass in Spulen stets ein Ohm'scher Widerstand wirksam ist, insofern liegt der Herleitung ein idealisiertes Modell zugrunde.

Liegt innerhalb des Stromkreises ein **Kondensator** mit der Kapazität C, wird er durch den Wechselstrom im Wechsel geladen und entladen, also ständig im Takt der Wechselfrequenz umgeladen (Abb. 1.80a). – Wie in Abschn. 1.2.7 erläutert, berechnet sich die Ladung eines Kondensators infolge der anstehenden Spannung zu: $Q = C \cdot U$. Das bedeutet: Es wird eine umso höhere Ladung erreicht, je höher die Spannung ist. Mit dem Index C zur Kennzeichnung des Kondensators lässt sich die durch die Spannung $U_C(t)$ bewirkte Aufladung und Entladung des Kondensators im Zeitpunkt t zu

$$Q_C(t) = C \cdot U_C(t) = C \cdot \hat{U}_C \sin \omega t$$

Abb. 1.80

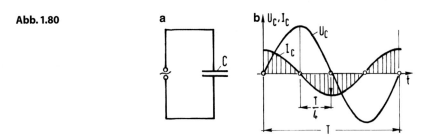

und die zugehörige Stromstärke zu

$$I_C(t) = \frac{dQ_C(t)}{dt} = C \cdot \hat{U}_C \cdot \omega \cdot \cos \omega t = C \cdot \hat{U}_C \cdot \omega \cdot \sin \left(\omega t + \frac{\pi}{2} \right)$$
$$= \hat{I}_C \cdot \sin \left(\omega t + \frac{\pi}{2} \right)$$

angeben. Auch in diesem Falle verläuft $I_C(t)$ gegenüber $U_C(t)$ um die Spanne $T/4$ verzögert, indessen immer **rückläufig** (Lenz'sche Regel), vgl. Abb. 1.80b.

Hinweis
Mittels des trigonometrischen Additionstheorems bestätigt man:

$$\sin \left(\omega t + \frac{\pi}{2} \right) = \sin \omega t \cdot \cos \frac{\pi}{2} + \cos \omega t \cdot \sin \frac{\pi}{2} = \cos \omega t$$

In Analogie zum Ohm'schen Widerstand ist es auch hier naheliegend, einen Widerstand zu vereinbaren, man nennt ihn **kapazitiven Widerstand:**

$$C \cdot \omega \cdot \hat{U}_C = \hat{I}_C \quad \rightarrow \quad \hat{U}_C / \hat{I}_C = 1/C \cdot \omega$$
$$\rightarrow \quad X_C = \frac{1}{\omega \cdot C}, \quad \text{Einheit:} \quad \frac{1}{s^{-1} \cdot A \cdot s \cdot V^{-1}} = \frac{V \quad (\text{Volt})}{A \quad (\text{Ampere})} = 1 \, \Omega$$

Fazit Liegt in einem Wechselstromkreis eine Spule mit der Induktivität L oder ein Kondensator mit der Kapazität C, so verändern sich Spannung und Stromstärke zwar mit derselben Frequenz wie der Wechselstrom, im zeitlichen Verlauf verhalten sie sich indessen nicht proportional zueinander (wie im Falle des Ohm'schen Widerstands). Die Stromstärke ,läuft' in beiden Fällen der Spannung um eine Viertelperiode ($T/4$) hinterher. Das beruht in der Spule auf der zeitlichen Verzögerung beim Auf- und Abbau des Magnetfeldes und demgemäß auf der verzögerten Induktion in der Spule, und beim Kondensator auf der zeitlichen Verzögerung bei

Abb. 1.81

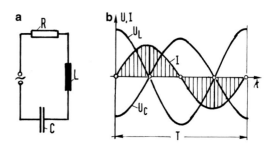

der Umladung: Im Kondensator fließt kein Strom, wenn Spannung und Aufladung ihren höchsten Wert erreichen. Sinkt die Spannung, fließt der Strom rückläufig (negativ) und dann am stärksten, wenn U_C Null ist, usf. – Auf die momentane Spannung vermögen Spule und Kondensator nicht spontan mit höchster Induktion bzw. mit höchster Aufladung zu reagieren, sondern nur zeitlich verzögert. Wie zu zeigen sein wird, sind mit diesen Phänomenen bedeutende Konsequenzen verbunden (Abschn. 1.5.9).

Liegen in einem Wechselstromkreis neben einem Ohm'schen Widerstand eine Spule mit der Induktivität L und ein Kondensator mit der Kapazität C **in Reihe** (Abb. 1.81a), wird die an der Quelle anliegende Wechselspannung U an den Widerständen R, X_L und X_C sukzessive abgebaut; demnach gilt:

$$U = U_R + U_L + U_C$$

U_R liegt in Phase mit U. Bei U_L und U_C ist das nicht der Fall, s. o. Da es sich um eine serielle Schaltung handelt, fließt der Strom durchgängig mit derselben Stärke:

$$I = \hat{I} \cdot \sin \omega t$$

Teilabbildung b zeigt einen möglichen Verlauf von U_L und U_C gegenüber dem Verlauf der Stromstärke I. Wie sich (mit Hilfe der Zeigersymbolik) zeigen lässt, berechnet sich der Scheitelwert der Spannung $U(t) = \hat{U} \cdot \sin(\omega t + \varphi)$ bei dieser seriellen Schaltung zu:

$$\hat{U} = \sqrt{R^2 + (\omega \cdot L - 1/\omega \cdot C)^2} \cdot \hat{I} = Z \cdot \hat{I}$$
$$Z = \sqrt{R^2 + (\omega \cdot L - 1/\omega \cdot C)^2}$$

Z nennt man Scheinwiderstand (auch Impedanz) des Wechselstromkreises, hierbei ist $X = X_L - X_C = \omega \cdot L - 1/\omega \cdot C$ der Blindwiderstand und R der Wirkwiderstand.

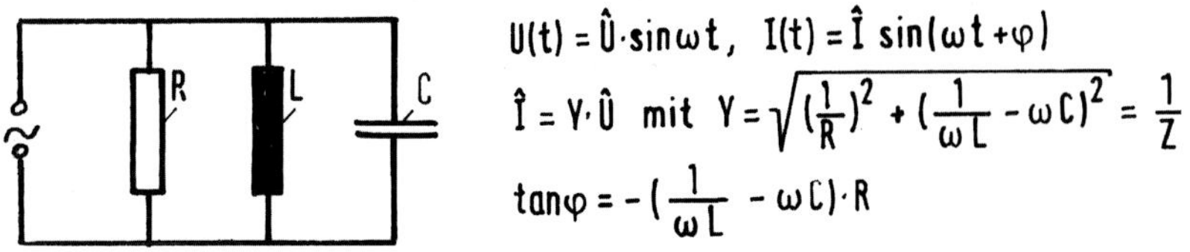

$$U(t) = \hat{U} \cdot \sin\omega t, \quad I(t) = \hat{I} \sin(\omega t + \varphi)$$

$$\hat{I} = Y \cdot \hat{U} \quad \text{mit} \quad Y = \sqrt{\left(\frac{1}{R}\right)^2 + \left(\frac{1}{\omega L} - \omega C\right)^2} = \frac{1}{Z}$$

$$\tan\varphi = -\left(\frac{1}{\omega L} - \omega C\right) \cdot R$$

Abb. 1.82

Den Phasenwinkel findet man aus:

$$\tan\varphi = \frac{\omega \cdot L - 1/\omega \cdot C}{R}$$

Für einen Wechselstromkreis mit den Widerständen R, X_L und X_C in **Parallelschaltung** lassen sich entsprechende Formeln herleiten (Abb. 1.82).

In allen Fällen, gleichgültig wie die Widerstände geschaltet sind, berechnet sich die **effektive Leistung** im Wechselstromkreis zu (Abschn. 1.5.6):

$$P_{\text{eff}} \equiv P_{\text{eff},R} = \frac{1}{2}\hat{U} \cdot \hat{I}$$

Wärme fällt nur im Ohm'schen Widerstand an und das bedeutet ‚Verlustenergie'. In den Blindwiderständen ergibt sich die effektive Leistung zu Null:

$$P_{\text{eff},L} = 0, \quad P_{\text{eff},C} = 0$$

Für die Beanspruchung und Stabilität in Netzen haben die Blindwiderstände gleichwohl große Bedeutung (vgl. Fachliteratur).

1.5.9 Schwingungen im Wechselstromkreis

Liegen in einem Stromkreis ein Ohm'scher, ein induktiver und/oder ein kapazitiver Widerstand in Reihe, kommt es im Stromkreis bei Anlegen einer Wechselspannung zu ‚Schwingungen'. Ursache dafür ist das im voran gegangenen Abschnitt erläuterte zeitverzögerte Verhalten beim Aufbau von Spannung und Stromstärke in Spule und Kondensator in einem solchen Stromkreis. Fällt die Kreiserregerfrequenz des angelegten Wechselstroms mit der Eigenkreisfrequenz des **elektrischen Stromkreises** zusammen, stellen sich sehr hohe Stromstärken ein, das System schwingt in **Resonanz**, was zu einer Zerstörung der elektrischen Anlage führen kann.

Abb. 1.83

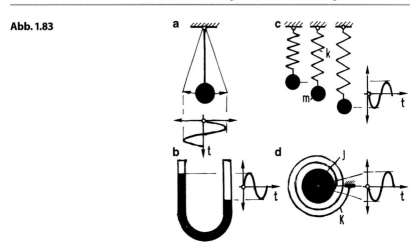

Die Verhältnisse liegen ähnlich wie in einem **mechanischen System**. Abb. 1.83 zeigt Beispiele. Dargestellt sind unterschiedliche Einmassenschwinger (richtiger: Einfreiheitsgradschwinger): In den Fällen a und b bezieht die schwingende Masse ihre Rückstellwirkung aus der Gravitation, in den Fällen c und d aus einer Zug-Druck-Feder bzw. einer Drehfeder (ähnlich der Unruh einer Uhr). Es fehlt in allen vier Fällen ein Dämpfungselement (welches dem Ohm'schen Widerstand entspricht). Das bedeutet: Wird ein solches System ausgelenkt, schwingt es über alle Zeiten in seiner Eigenfrequenz. Geringe Amplituden vorausgesetzt, schwingt es sinusförmig (harmonisch). Die Eigenkreisfrequenz ist nur von den Systemeigenschaften abhängig, von der Trägheit der Masse und von der Rückstellwirkung der Feder. – Bei einem Federschwinger (Abb. 1.83c) mit der Masse m und der Federkonstanten k berechnet sich die Eigenkreisfrequenz zu:

$$\omega_0 = \sqrt{\frac{k}{m}}, \quad \text{Einheit: } \sqrt{\frac{\text{N/m}}{\text{kg}}} = \sqrt{\frac{\text{N/m}}{\text{N s}^2/\text{m}}} = \sqrt{\frac{1}{\text{s}^2}} = \frac{1}{\text{s}}$$

Eigenfrequenz und Eigenschwingzeit (Eigenperiode) betragen:

$$f_0 = \frac{\omega_0}{2\pi} = \frac{1}{2\pi}\sqrt{\frac{k}{m}}, \quad \text{Einheit: } \frac{1}{\text{s}} = 1 \text{ Hertz;}$$

$$T_0 = \frac{1}{f_0} = 2\pi\sqrt{\frac{m}{k}}, \quad \text{Einheit: } 1 \text{ s}$$

Vgl. hier Bd. I, Abschn. 3.8.2.2 und Bd. II, Abschn. 1.12.3 und 2.5.2/3/4.

Abb. 1.84

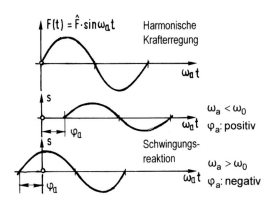

Ist im Schwinger ein Dämpfungselement wirksam, verschiebt sich die Eigenfrequenz zu niedrigeren Werten. In realen mechanischen Systemen wirkt sich dieser Dämpfungseinfluss auf die Höhe der Eigenfrequenz praktisch nicht aus, wohl auf das Abklingverhalten der Schwingung und auf die Schwingung in Resonanz. Wird der Einmassenschwinger durch eine äußere sinusförmige Kraft

$$F(t) = \hat{F} \cdot \sin \omega_a t$$

zu Schwingungen angeregt, wobei $\hat{F}$ der Scheitelwert der Kraft und ω_a die Anregungskreisfrequenz ist, schwingt das System sinusförmig in dieser Frequenz. Ist s der Schwingweg (die Elongation), verläuft die Schwingung nach der Funktion:

$$s = \hat{s} \cdot \sin(\omega_a t - \varphi_a)$$

$\hat{s}$ ist die Amplitude der Schwingung und φ_a der Phasenwinkel, um den die Schwingung im Falle

- $\omega_a < \omega_0$ der Kraft hinterher eilt und im Falle
- $\omega_a > \omega_0$ der Kraft vorauseilt. Im Falle
- $\omega_a = \omega_0$ schwingt das System über alle Grenzen in Resonanz ($\hat{s} \rightarrow \infty$).

In Abb. 1.84 ist angedeutet was mit dem Nach- und Vorlauf gemeint ist. –

Die am mechanischen System erläuterten erzwungenen Schwingungen (vgl. Bd. II, Abschn. 2.5.5) treten auch in elektrischen Systemen auf. Bei Anlegen der Wechselspannung

$$U(t) = \hat{U} \cdot \sin \omega_a t$$

Abb. 1.85

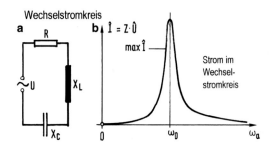

an einen geschlossenen Stromkreis mit den Widerständen R, X_L und X_C in Reihe (Abb. 1.85a), wobei $\hat{U}$ der Scheitelwert der Wechselspannung und $\omega_a = 2\pi f_a$ die Erregerkreisfrequenz ist, schwingt die Stromstärke im System nach der Funktion:

$$I(t) = \hat{I} \cdot \sin(\omega_a t - \varphi_a)$$

Fällt die Erregerfrequenz mit der Eigenfrequenz zusammen, schwingt das System in Resonanz, die elektrische Energie im Kondensator und die magnetische Energie in der Spule nehmen im Wechsel sehr hohe Werte an, Abb. 1.85b.

Analog verhält es sich in mechanischen Systemen. In diesem Falle sind es die potentielle Energie in der Feder und die kinetische Energie in der Masse, die sich im Wechsel ändern, quasi wechselweise ineinander übergehen. Ist das System gedämpft, stellen sich dem Betrage nach geringere Schwingungen ein, insbesondere im Resonanzfall.

Wie groß ist die Eigenfrequenz eines Schwingkreises? Sie lässt sich wie bei einem mechanischen System bestimmen. Nachfolgend wird der Weg über die Formel für den Gesamtwiderstand (Scheinwiderstand) des Systems gewählt:

$$Z = \sqrt{R^2 + (X_L - X_C)^2}$$

Der Gesamtwiderstand im Stromkreis ist am geringsten und damit die Schwingung am stärksten, wenn X_L gleich X_C ist, dann reduziert sich der Widerstand im Stromkreis auf den Ohm'schen Widerstand: $Z = R$:

$$X_L = \omega \cdot L,$$

$$X_C = \frac{1}{\omega \cdot C} \quad \rightarrow \quad X_L = X_C \quad \rightarrow \quad \omega \cdot L = \frac{1}{\omega \cdot C} \quad \rightarrow \quad \omega^2 = \frac{1}{L \cdot C}$$

Nach Radizierung ergibt sich die gesuchte **Eigenkreisfrequenz** des hier behandelten seriellen Schwingkreises zu:

$$\omega_0 = \sqrt{\frac{1}{L \cdot C}} \quad \rightarrow \quad f_0 = \frac{1}{2\pi} \sqrt{\frac{1}{L \cdot C}} \quad \rightarrow \quad T_0 = 2\pi \sqrt{L_C}$$

Die vorstehende Schlussfolgerung zog erstmals W. THOMSON (später Lord KELVIN, 1824–1907). Man spricht daher von der Thomson-Formel.

Indem die Differentialgleichung für den RLC-Kreis aufgestellt wird, lässt sich der zeitliche Schwingungsverlauf in den einzelnen Teilen des Schwingkreises analysieren. Dazu sei auf den folgenden Abschnitt, 6. Ergänzung, und zwecks Vertiefung auf die Fachliteratur verwiesen.

1.5.10 Ergänzungen und Beispiele

1. Ergänzung

Elektrischer Strom dient unterschiedlichen Zwecken, Beispiele:

- Erwärmung (Heizofen, Backofen, Herd, Schmelzofen, Schweißaggregat)
- Beleuchtung (Lampe, Leuchtstoffröhre, Diode)
- Antrieb (Motoren aller Art, auch für Kühlgeräte)
- Betrieb elektronischer Geräte (Klingel, Telefon, Computer).

Wie in Bd. II, Abschn. 3.2.5 ausgeführt, kann Wärme (= thermische Energie) auf unterschiedliche Weise übertragen werden:

- Durch direkte Wärmeleitung (direkter stofflicher Wärmeübergang),
- durch Wärmemitführung über Luft oder Fluide (Konvektion) und/oder
- durch Wärmestrahlung.

Unbeabsichtigte Wärmeentwicklung ist ‚Verlustenergie‘, z. B. in Stromleitern als Folge des immer vorhandenen elektrischen Leiterwiderstands. Die Wärme verflüchtigt sich, sie wird an die Umgebung abgegeben. Der Wirkungsgrad jeder technischen Anlage ist umso höher, je mehr elektrische Energie in ‚Nutzenergie‘ umgesetzt werden kann.

Ist P die Leistung des elektrischen Stromes, wird während der Zeit t die Arbeit

$$W = P \cdot t, \quad \text{Einheit: W} \cdot \text{s} = \text{J} \quad (\text{Wattsekunde} = \text{Joule})$$

verrichtet.

Abb. 1.86

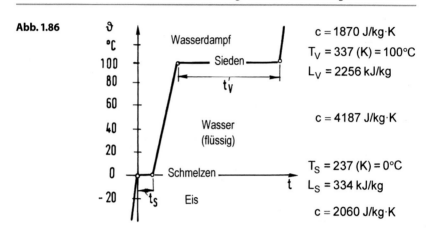

Um einen festen oder flüssigen Körper mit der Masse m (in kg, Kilogramm) um die Temperatur ΔT (in K, Kelvin) zu erwärmen, muss dem Körper die Wärmemenge Q zugeführt werden (vgl. Bd. II, Abschn. 3.3.3.1):

$$Q = c \cdot m \cdot \Delta T, \quad \text{Einheit: } W \cdot s = J$$

c ist die spezifische Wärmekapazität des Stoffes, also jene Wärmemenge, die erforderlich ist, um $m = 1\,\mathrm{kg}$ um $\Delta T = 1\,\mathrm{K} = 1\,°\mathrm{C}$ zu erwärmen. In dem zuvor genannten Abschnitt, daselbst Abb. 1.25, sind c-Werte für verschiedene Materialien zusammengestellt. c ist vom Aggregatzustand abhängig. –

Beim Übergang von fest auf flüssig und von flüssig auf gasförmig bedarf es bei der zugehörigen Schmelz- bzw. Verdampfungstemperatur (T_S bzw. T_V) einer bestimmten Schmelz- bzw. Verdampfungswärme (L_S bzw. L_V). Für Eis/Wasser/Dampf gelten beispielsweise die in der Abb. 1.86 eingetragenen Werte (Bd. II, Abschn. 3.3.4, daselbst Abb. 3.33).

Beispiel

In einem Ofen mit der Leistung $P = 1000\,\mathrm{W} = 1\,\mathrm{kW}$ soll ein kg Eis von der Temperatur $\vartheta = -20\,°\mathrm{C}$ auf $\vartheta = 200\,°\mathrm{C}$ erwärmt werden. Der Wirkungsgrad wird einheitlich zu $\eta = 0{,}90$ angesetzt. Welche Zeit t wird benötigt? – Aus der Gleichsetzung elektrische Energie = thermische Energie

$$\eta \cdot W = Q \quad \rightarrow \quad \eta \cdot P \cdot t = c \cdot m \cdot \Delta T$$

folgt die benötigte Zeit für die Erwärmung in den drei unterschiedlichen Aggregatzuständen zu:

$$t = \frac{c \cdot m \cdot \Delta T}{\eta \cdot P}$$

Die erforderliche Dauer zum Schmelzen bzw. Verdampfen berechnet sich aus:

$$\eta \cdot P \cdot t_S = L_S \cdot m \;\; \rightarrow \;\; t_S = \frac{L_S \cdot m}{\eta \cdot P} \;\; \text{bzw.} \;\; \eta \cdot P \cdot t_V = L_V \cdot m \;\; \rightarrow \;\; t_V = \frac{L_V \cdot m}{\eta \cdot P}$$

Eis, Erwärmen von $-20\,°C$ auf $0\,°C$:

$$t = \frac{2060 \cdot 1 \cdot 20}{0{,}90 \cdot 1000} = 46\,\text{s}$$

Schmelzen:

$$t_S = \frac{334 \cdot 10^3 \cdot 1}{0{,}90 \cdot 1000} = 371\,\text{s}$$

Wasser, Erwärmen von $0\,°C$ auf $100\,°C$:

$$t = \frac{4187 \cdot 1 \cdot 100}{0{,}90 \cdot 1000} = 465\,\text{s}$$

Verdampfen:

$$t_V = \frac{2256 \cdot 10^3 \cdot 1}{0{,}90 \cdot 1000} = 2507\,\text{s}$$

Wasserdampf, Erwärmen von $100\,°C$ auf $200\,°C$: $t = \dfrac{1870 \cdot 1 \cdot 100}{0{,}90 \cdot 1000} = 208\,\text{s}$

Summe $3597\,\text{s} = 59{,}95\,\text{min} \approx 1\,\text{h}$ (1 Stunde). Die Verdampfung dauert mit ca. 70 % am längsten.

Beispiel
In einem Tiegel aus Stahl, Masse 15 kg, soll von der Anfangstemperatur $10\,°C$ aus Aluminium erschmolzen werden. Die elektrische Heizleistung des Schmelzofens ist so zu entwerfen, dass eine Masse von 30 kg Aluminium in 1 Stunde ($t = 3600\,\text{s}$) erschmolzen werden kann. Für den Wirkungsgrad ist 65 % anzusetzen. Aluminium schmilzt bei $T_S = 933\,\text{K} = 668\,°C$, Schmelzwärme: $L_S = 397 \cdot 10^3\,\text{J/kg}$. Mit der spezifischen Wärmekapazität $c = 449\,\text{J/kg·K}$ für Eisen ($\approx$ Stahl) und $c = 897\,\text{J/kg · K}$ für Aluminium liefert die Rechnung:
Erwärmung von 15 kg Eisen (Stahltiegel) auf $668\,°C$:

$$Q = 449 \cdot 15 \cdot (668 - 10) = 4{,}4 \cdot 10^6\,\text{J}$$

Erwärmung von 30 kg Aluminium auf $668\,°C$:

$$Q = 897 \cdot 30 \cdot (668 - 10) = 17{,}7 \cdot 10^6\,\text{J}$$

Schmelzen von 30 kg Aluminium (fest $\rightarrow$ flüssig):

$$Q = 397 \cdot 10^3 \cdot 30 = 11{,}9 \cdot 10^6\,\text{J}$$

Wärmemenge insgesamt: $Q = 34{,}0 \cdot 10^6\,\text{J}$. Der Strom vermöge mit $\eta = 0{,}65$ die Arbeit $W = \eta \cdot P \cdot t$ verrichten. Im vorliegenden Fall soll die gesamte Arbeit in einer Stunde (3600 s) erfolgen. Der Ofen ist somit für

$$P = \frac{W}{\eta \cdot t} = \frac{34{,}0 \cdot 10^6}{0{,}65 \cdot 3600} = 14.530\,\text{W} \approx 15\,\text{kW}$$

auszulegen.

2. Ergänzung

Der **elektrische Widerstand eines Leiters** berechnet sich zu (Abschn. 1.3.1):

$$R = \frac{\rho \cdot l}{A}; \quad \text{Einheit: } \Omega$$

ρ ist der spezifische Widerstand des Leitermaterials, l die Länge und A die metallene Querschnittsfläche des Leiters. Da die Atome auf den Gitterplätzen des metallenen Körpers bei Erwärmung (Erhitzung des Leiters) intensiver schwingen und dadurch einen größeren Raum ausfüllen, stoßen die strömenden Elektronen häufiger mit ihnen zusammen, mit der Folge, dass der elektrische Widerstand steigt. Der Einfluss der Temperatur auf den Widerstand lässt sich zu

$$R_\vartheta = (1 + \alpha \cdot \Delta\vartheta) \cdot R$$

berechnen. $\Delta\vartheta$ ist die Temperaturerhöhung gegenüber der Normaltemperatur ($20\,°C$) und R der zugehörige Ohm'sche Widerstand. α ist ein Temperaturbeiwert. Für die meisten Metalle beträgt der Wert 0,004, für Stahl liegt er mit 0,005 etwas höher. Eine Steigerung der Temperatur von $20\,°C$ auf $80\,°C$, also um $60\,°C$, wie bei Freileitungen anzutreffen, führt zu einer Erhöhung des Widerstands um $R_\vartheta / R = (1 + \alpha \cdot \Delta\vartheta) = (1 + 0{,}004 \cdot 60) = 1 + 0{,}24 = 1{,}24$.

Das ist eine Steigerung um 24 %! – Als Leitermaterial wird häufig Chromnickel gewählt, weil der α-Wert hierfür nur 0,0005 beträgt.

3. Ergänzung

In Heizgeräten aller Art (Boiler, Herd, Bügeleisen usf.) wird elektrische Energie in Wärme umgewandelt. Die Drähte oder Stäbe sind dabei vielfach in feuerfestem Material (Keramik, Metall) eingebettet, zum Teil liegen sie auch frei. – Ist $P = U \cdot I$ die Leistung, liefert das Ohm'sche Gesetz $U = I \cdot R$ die für die Dimensionierung des **Heizleiters** maßgebende Formel für die Heizleistung:

$$P = I^2 \cdot R$$

Der Auslegung des Heizleiters werden Erfahrungswerte für die Heizbelastung der **Drahtoberfläche** (**Staboberfläche**) zugrunde gelegt, also für den Heizleistungsdurchtritt über die Oberfläche des Leitermaterials. Beispiele hierfür sind in Watt pro Oberfläche in cm^2: Heizofen: 2, Boiler: 3 bis 4, Bügeleisen: 8, Kochplatten: 10 bis 15.

Beispiel

Ein Wasserboiler soll für eine Leistung von 1800 W mit einer Spannung 380 V betrieben erden. Die Stromstärke beträgt dann:

$$I = P/U = 1800/380 = 4{,}74 \, A.$$

Als **Oberflächenbelastung** (s) wird angesetzt:

$$s = 3{,}5 \, W/cm^2 = 3{,}5 \cdot 10^4 \, W/m^2$$

Abb. 1.87

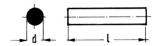

Die Länge des Heizleiters sei l. Oberfläche, Querschnittsfläche und Leiterwiderstand berechnen sich zu (Abb. 1.87):

$$O = \pi \cdot d \cdot l, \quad A = \pi \cdot d^2/4, \quad R = \rho \cdot l/A$$

Die Oberflächenbelastung (elektrische Leistung durch Oberfläche des Heizleiters) wird gleich dem Kennwert für das zu entwerfende Heizgerät gesetzt:

$$\frac{P}{O} = \frac{I^2 \cdot R}{O} = \frac{I^2 \cdot \rho \cdot l/A}{\pi \cdot d \cdot l} \stackrel{!}{=} s$$

Die Gleichung lässt sich nach dem Durchmesser d des Heizleiters auflösen, das Ergebnis lautet:

$$d = \sqrt[3]{\frac{4}{\pi^2} \cdot \frac{\rho}{s} \cdot I^2}$$

In der Formel ist ρ der spezifische Widerstand des metallenen Leiters in $\Omega \cdot m^2/m$. Für Chromnickeldraht gilt beispielsweise:

$$\rho = 0{,}11 \, \frac{\Omega \, mm^2}{m} = 0{,}11 \cdot 10^{-6} \, \frac{\Omega \, m^2}{m}$$

Hiermit folgt mit dem oben angegeben s-Wert für den Durchmesser des auszulegenden Heizleiters des Boilers:

$$d = \sqrt[3]{\frac{4}{\pi^2} \cdot \frac{0{,}11 \cdot 10^{-6}}{3{,}5 \cdot 10^4} \cdot 4{,}74^2} = 0{,}000306 \, m = 0{,}306 \, mm$$

4. Ergänzung

Der in einem Leiter infolge elektrischen Widerstands verursachte ‚Leitungsverlust' sollte möglichst gering sein. Ist die Entfernung zwischen dem Stromerzeuger und dem Verbraucher gleich l, ist die Hin- und Rückleitung doppelt so lang (Abb. 1.88). Demgemäß beträgt der Spannungsabfall infolge des Leiterwiderstands:

$$\Delta U = I \cdot R = I \cdot \frac{\rho \cdot 2l}{A}$$

Abb. 1.88

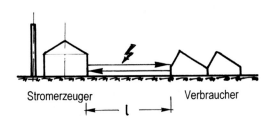

Stromerzeuger   Verbraucher

l

Abb. 1.89

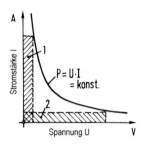

Je größer der Leiterquerschnitt, umso geringer ist der Verlust:

$$\Delta P = \Delta U \cdot I = I^2 \frac{\rho \cdot 2l}{A}$$

Große Querschnitte ergeben materialaufwendige schwere Leitungen. Eine flächendeckende und wirtschaftliche Elektrizitätsversorgung wäre hiermit nicht möglich. Freileitungen ließen sich nicht realisieren, allenfalls Erdleitungen. Soll eine bestimmte Leistung $P = U \cdot I$ übertragen werden, gibt es zwei Alternativen (Abb. 1.89):

1. U niedrig, I hoch,
2. U hoch, I niedrig.

Letzteres ist die Lösung: Die Spannung muss möglichst hoch transformiert werden, dann fließt nur ein schwacher Strom, der Verlust an elektrischer Energie fällt geringer aus. In der Formel für ΔP steht I im Quadrat, s. o.

In Europa werden Freileitungen mit Übertragungsspannungen bis 380 kV gebaut, in Ländern mit großen Entfernungen solche bis 760 kV, z. B. in Kanada und Russland. Das technische Problem solcher Leitungen liegt in der Gewährleistung einer ausreichenden Isolation gegenüber den Trägern. Der Aufwand für die Isolatoren wächst mit der Höhe der Spannung.

In den Leitungen entwickeln sich nicht unbeträchtliche Erwärmungen, insbesondere im Sommer bei hoher Außentemperatur. Dadurch kommt es zu einer thermischen Längung des Leiters (Bd. I, Abschn. 3.8.2.1), das Kabel hängt stärker durch. Das wird bei der Auslegung der Masttrasse berücksichtigt. – In der Praxis werden die Leiterquerschnitte mit Hilfe genormter Tabellen dimensioniert. Ziel ist es, eine bestimmte Stromdichte I/A einzuhalten. In den Versorgungsnetzen wird ein Leistungsverlust von ca. 4 % akzeptiert, in Industrienetzen 4 bis 6 %. Bei der Auslegung wird eine gewisse Sicherheit vorgehalten; Einzelheiten regelt DIN VDE 0100 und andere Normen.

5. Ergänzung

In einem Wechselstromkreis mit dem Ohm'schem Widerstand R ‚schwingen' $U(t)$ und $I(t)$ in Phase. Die effektive Leistung berechnet sich zu (vgl. Abschn. 1.5.8, Abb. 1.78):

$$P = P_{\text{eff}} = U \cdot I = U_{\text{eff}} \cdot I_{\text{eff}} = \frac{\hat{U}}{\sqrt{2}} \cdot \frac{\hat{I}}{\sqrt{2}}, \quad \text{Einheit: W (Watt)}$$

Abb. 1.90

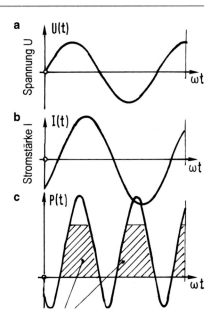

Auf die Benennung und Indizierung mit ‚eff' kann verzichtet werden, wenn eine Verwechslung mit den Scheitelwerten von U und I auszuschließen ist. Der Scheitelwert liegt um den Faktor $\sqrt{2} = 1,41$ höher als der Effektivwert. Wird von einem 230 V-Wechselstrom gesprochen, beträgt der zugehörige Scheitelwert: $\hat{U} = 1,41 \cdot 230 = 325$ V.

Die Funktionen für die momentane Spannung und Stromstärke eines Wechselstroms lauten:

$$U(t) = \hat{U} \cdot \sin 2\pi f t, \quad I(t) = \hat{I} \cdot \sin 2\pi f t$$

f ist die Netzfrequenz. In der EU werden die Versorgungsnetze mit 50 Hz betrieben, in den USA mit 60 Hz.

In einem seriellen **RLC-Wechselstromkreis** liegen Spannung und Stromstärke nicht in Phase (Abschn. 1.5.9):

$$U(t) = \hat{U} \cdot \sin \omega t, \quad I(t) = \hat{I} \cdot \sin(\omega t + \varphi)$$

φ ist der Phasenwinkel. Die momentane Leistung beträgt:

$$P(t) = P_{\text{eff}} = U(t) \cdot I(t) = \hat{U} \cdot \hat{I} \cdot \sin \omega t \cdot \sin(\omega t + \varphi)$$

Mögliche Verläufe von $U(t)$, $I(t)$ und $P(t)$ sind ist in Abb. 1.90 dargestellt. – Die effektive (wirkliche) Leistung ist als zeitlicher Mittelwert über der Momentanleistung $P(t)$ definiert und zwar als Mittelwert über die Dauer einer Periode:

$$P = P_{eff} = \frac{1}{T} \int_0^T P(t)dt$$

Wird der obige Ausdruck für $P(t)$ eingesetzt und integriert, folgt:

$$P = P_{eff} = \frac{1}{2}\hat{U} \cdot \hat{I} \cdot \cos\varphi = \frac{\hat{U}}{\sqrt{2}}\frac{\hat{I}}{\sqrt{2}} \cdot \cos\varphi = U \cdot I \cdot \cos\varphi$$

$\cos\varphi$ nennt man Leistungsfaktor und φ Verlustwinkel des Wechselstromkreises. Zusammenfassung:

> Wirkleistung: $P = U \cdot I \cdot \cos\varphi$, Scheinleistung: $P_S = U \cdot I$,
> Blindleitung: $P_C = U \cdot I \cdot \sin\varphi$

Es lässt sich zeigen, dass $\hat{U} \cdot \cos\varphi$ gleich $\hat{I} \cdot R$ ist, sodass die effektive Leistung (Wirkleistung) auch zu

$$P = P_{eff} = \frac{1}{2}\hat{I}^2 \cdot R = \frac{\hat{I}}{\sqrt{2}}\frac{\hat{I}}{\sqrt{2}} \cdot R = I^2 \cdot R$$

angeschrieben werden kann, wobei, wie ausgeführt, $I = \hat{I}/\sqrt{2}$ der Effektivwert der Stromstärke ist.

Nur die Wirkleistung vermag thermische Arbeit in Heizleitern und mechanische Arbeit in Motoren zu verrichten. Die Blindleistung ist daran nicht beteiligt. Sie bewirkt in induktiven Verbrauchern den Auf- und Abbau des magnetischen Feldes und in kapazitiven Verbrauchern den Auf- und Abbau des elektrischen Feldes. Für Schaltungen mit induktiven und kapazitiven Widerständen in seriellen und parallelen Wechselstromkreisen haben Leistungsberechnungen große Bedeutung, zweckmäßig unter Verwendung der Zeigerdarstellung (was hier nicht behandelt wird).

6. Ergänzung
In einem Wechselstromkreis mit der anliegenden Spannung $U = 220\,V$ seien in Reihe geschaltet:

Spule mit $L = 0{,}2\,H$ $\left(\text{H: Henry: } 1\,H = \dfrac{1\,V}{1\,A/s} = 1\,\Omega \cdot s\right)$

Kondensator mit $C = 20\,\mu F = 20 \cdot 10^{-6}\,F$ $\left(\text{F: Farad: } 1\,F = \dfrac{1\,A \cdot s}{1\,V} = 1\,\dfrac{s}{\Omega}\right)$

ω_a	100	200	300	400	450	485	500	515	550	600	700	1000	1/s
X_L	20	40	60	80	90	97	100	103	110	120	140	200	Ω
X_C	500	250	167	125	111	103	100	97	91	83	71	50	Ω
X	480	210	107	45	21	6	0	6	19	37	69	150	Ω
R	4	4	4	4	4	4	4	4	4	4	4	4	Ω
Z	480	210	107	45,2	21,4	7,2	4	7,2	19,4	37,2	69	150	Ω
Î	0,46	1,05	2,06	4,85	10,2	30,5	55	30,5	11,3	5,9	3,2	1,47	A
tanφ	120	52,5	26,8	11,3	5,25	1,50	0	-1,50	-4,75	-9.25	-17,3	-37,5	-
φ	89,5	88,9	87,6	84,9	79,2	56,3	0	-56,3	-78,1	-83,8	-86,6	-88,5	°

Abb. 1.91

Aus der Drahtleitung und -spule baue sich der Ohm'sche Widerstand $R = 4\,\Omega$ zusammen auf. **Eigenkreisfrequenz**, Eigenfrequenz und Eigenperiode berechnen sich zu (Abschn. 1.5.9):

$$\omega_0 = \sqrt{\frac{1}{L \cdot C}} = \sqrt{\frac{1}{0,2 \cdot 20 \cdot 10^{-6}}} = 500\,\frac{1}{s}$$

$$\rightarrow \quad f_0 = \frac{\omega_0}{2\pi} = \frac{500}{2\pi} = 79,6\,\text{Hz}; \quad T = \frac{1}{f_0} = \frac{1}{79,6} = 0,0126\,\text{s}$$

Der Reihe nach seien für die in der Tabelle der Abb. 1.91 angegebenen **Anregungskreisfrequenzen** ω_a die Widerstände X_L, X_C, $X = X_L - X_C$ und Z sowie die zugehörigen Stromstärken zu berechnen. Für $\omega = \omega_a = 100\,1/\text{s}$ folgt beispielsweise:

$$X_L = \omega \cdot L = 100 \cdot 0,2 = \underline{20\,\Omega}, \quad X_C = 1/\omega \cdot C = 1/100 \cdot 20 \cdot 10^{-6} = \underline{500\,\Omega}$$

$$X = |X_L - X_C| = |20 - 500| = \underline{480\,\Omega}, \quad Z = \sqrt{R^2 + X^2} = \sqrt{4^2 + 480^2} = \underline{480,02\,\Omega}$$

$$I = U/Z = 220/480,02 \approx \underline{0,46\,\text{A}}$$

Der Phasenwinkel berechnet sich aus:

$$\tan\varphi = \frac{X}{R} \quad \rightarrow \quad \varphi = \arctan\frac{X}{R}$$

Das Ergebnis der Zahlenrechnung ist in Abb. 1.91 tabellarisch zusammengefasst. Abb. 1.92 zeigt die ,Resonanzkurve'. Bei Anregung in der Eigenfrequenz reagiert das System mit einem hohen Stromfluss. Das kann eine starke Wärmeentwicklung und eine Zerstörung des Stromkreises nach sich ziehen (real steigt R infolge Erwärmung, was iterativ eingerechnet werden kann).

Der Verlauf von φ ist in der Abbildung dargestellt.

Abb. 1.92

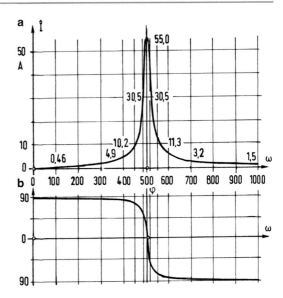

7. Ergänzung

Im LC-Schwingkreis sind alle Größen, Ladung Q, Stromstärke $I = \dot{Q}$ und Spannung U Funktionen der Zeit t. (Die Ableitung nach t werde durch einen hoch gestellten Punkt gekennzeichnet.) Wird der Ohm'sche Widerstand vernachlässigt, ist die Energie im System in jedem Zeitpunkt stationär:

$$E = E_{\text{mag}} + E_{\text{elek}} = \frac{1}{2} L \dot{Q}^2 + \frac{1}{2} \frac{1}{C} Q^2 \quad (= \text{stationär})$$

(Vgl. Abschn. 1.5.4, 7. Ergänzung und Abschn. 1.2.7.) Die Ableitung nach t ist Null:

$$\frac{dE}{dt} = \frac{1}{2} L (2 \ddot{Q} \dot{Q}) + \frac{1}{2} \frac{1}{C} (2 \dot{Q} Q) = 0 \quad \rightarrow \quad L \ddot{Q} + \frac{1}{C} Q = 0 \quad \rightarrow \quad \ddot{Q} + \omega_0^2 Q = 0$$

mit

$$\omega_0 = \sqrt{\frac{1}{LC}}$$

Lösung der Differentialgleichung:

$$Q = A \cdot \sin \omega_0 t + B \cdot \cos \omega_0 t$$

A und B sind Freiwerte, mit denen die Anfangsbedingungen für Q und $\dot{Q} = I$ von einem (beliebigen) Zeitpunkt an erfüllt werden können. – Ist ein Ohm'scher Widerstand vorhanden und wird der Schwingkreis durch eine Wechselspannung $\hat{U} \cdot \sin \omega_a t$ erregt, lautet die kennzeichnende Differentialgleichung des Systems für eine solche harmonische Fremderregung:

$$\ddot{Q} + 2\delta\dot{Q} + \omega_0^2 Q = \frac{1}{L} \cdot \hat{U} \sin \omega_a t \quad \text{mit} \quad \delta = \frac{R}{2L} \quad \text{(Abklingfaktor)}$$

Die Lösung der Gleichung kann aus der Theorie der mechanischen Schwingungen übernommen werden (Bd. II, Abschn. 2.5.5), das gilt für viele vergleichbare Fragestellungen.

1.6 Erzeugung und Speicherung elektrischer Energie

Die Zivilisation ist auf eine sichere Elektrizitätsversorgung angewiesen. Dabei wird es künftig darauf ankommen, die absehbar versiegenden fossilen Brennstoffe durch Erneuerbare Quellen zu ersetzen, gepaart mit dem Ziel, den klimaschädlichen Anstieg des CO_2-Ausstoßes zu verringern. Diesem Zielt dient auch der Umstieg auf Elektromobilität.

Generatoren erzeugen elektrischen Strom mit einem hohen Wirkungsgrad. Sie arbeiten sehr zuverlässig, altern kaum und lassen sich nahezu vollständig recyceln.

Die Energiegewinnung (genauer, die Wandlung in elektrische Energie) wird in diesem Werk an unterschiedlichen Stellen behandelt. Gewinnung aus:

- Wasserkraft: Bd. I, Abschn. 1.14.2/3
- Windkraft: Bd. II, Abschn. 2.4.2.5
- Geothermie: Bd. II, Abschn. 3.5.7.1
- Sonnenkraft: Bd. II, Abschn. 3.5.7.2
- Chemische Energie: Bd. II Abschn. 3.5.2 und Bd. IV, Abschn. 2.2.5 (Verbrennungsprozesse)
- Atomare Energie: Bd. IV, Abschn. 1.2.4.3

Zu den Themen Elektrische Antriebssysteme und Energieversorgung wird auf [9–12] verwiesen

Im Gegensatz zur Erzeugung von Strom durch Generatoren ist die Batterie- und Akkumulatortechnik zur Speicherung von Strom nach wie vor unbefriedigend. Der Wirkungsgrad ist gering. Letztlich handelt es sich bei den Aggregaten um chemische Speicher. Das erklärt ihr beschränktes Speichervermögen und ihre vergleichsweise geringe Lebensdauer. Die Technik wird in Bd. IV, Abschn. 2.4.1, unter dem Titel ‚Elektrochemie' behandelt, die Wasserstofftechnologie in Bd. II, Abschn. 3.5.7.5 und in Bd. IV, Abschn. 2.4.1.5.

1.7   Elektromagnetische Wellen

Das Gebiet der technischen Elektrizität gliedert sich in zwei große Teilgebiete, in

- Starkstromtechnik und
- Schwachstromtechnik.

Grundlagen und Anwendungen des erstgenannten Teilgebiets wurden in den voran gegangenen Abschnitten behandelt. Das zweite Teilgebiet umfasst die Hochfrequenztechnik (Fernsprechtechnik, Radiotechnik, Fernsehtechnik, Radartechnik), die Elektronik, die Computertechnologie und viele weitere Zweige.

In der drahtlosen Funktechnik wird die Übertragung von Signalen mittels elektromagnetischer Wellen bewerkstelligt. Diese Wellen sind etwas schwer Begreifliches: Sie sind an Materie nicht gebunden! Neben ihrer technischen Bedeutung in der Kommunikationstechnik haben sie große Bedeutung für ein vertieftes Verständnis der Natur überhaupt: Licht-, Röntgen- und Gammastrahlen gehören zu diesen Wellen. Ihre Entstehung lässt sich nur quantenmechanisch deuten und verstehen. Hiermit befasst sich Kap. 1 in Bd. IV.

Im nachfolgenden Teil des vorliegenden Kapitels wird die **technische** Erzeugung elektromagnetischer Wellen in ihren Grundlagen behandelt. Die Ausführungen dienen auch als Vorbereitung auf die beiden folgenden Kapitel: Strahlung I und II.

1.7.1   Schwingkreis mit Selbstanregung durch Rückkopplung

Grundlage der Erzeugung elektromagnetischer Wellen auf technischem Wege ist der in den voran gegangenen Abschn. 1.5.8 und 1.5.9 behandelte Wechselstrom-Schwingkreis, in welchem eine Spule mit der Induktivität L und ein Kondensator mit der Kapazität C in Serie geschaltet sind. In Abb. 1.93 ist ein solcher Schwingkreis dargestellt.

Wird an den Kondensator (im Zeitpunkt $t = 0$) die Spannung U angelegt und der Stromkreis nach voller Aufladung des Kondensators geschlossen, durchlaufen Stromstärke (I) und Spannung (U) im Schwingkreis folgende Stadien, wie in Abb. 1.93, Teile a bis e dargestellt:

a) $t = 0$: Im Moment der höchsten Spannung erreicht das elektrische Feld zwischen den Platten des Kondensators seine höchste Stärke. Im Stromkreis fließt kein Strom ($I = 0$), in der Spule ist die Stärke des Magnetfeldes demzufolge null, vgl. Teilabbildungen a und e.

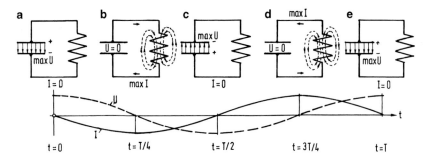

Abb. 1.93

b) $t = T/4$: Der Kondensator hat sich entladen, was einen Stromfluss auslöste. Im Moment seiner völligen Entladung ($U = 0$), ist der Stromfluss im Stromkreis am stärksten, in der Spule erreicht das magnetische Feld seine höchste Stärke.

c) $t = T/2$: Im Zuge des Aufbaues des Magnetfeldes in der Spule wurde ein elektrischer Strom induziert, welcher, der Lenz'schen Regel folgend, entgegen der Richtung beim Aufbau des Magnetfeldes strömte und dadurch eine Spannung im Kondensator in Gegenrichtung aufbaute. Das elektrische Feld im Kondensator erreicht seine höchste Stärke, im Kreis fließt kein Strom.

d) $t = 3/4 \cdot T$: Die im Kondensator aufgebaute max. Spannung setzte erneut einen Stromfluss in Gang, jetzt in Gegenrichtung. In der Spule baute sich dabei ein Magnetfeld maximaler Stärke auf, die Spannung im Kondensator ist Null.

e) $t = T$: Durch den mit dem zeitlich veränderlichen Abbau des Magnetfeldes einhergegangenen induzierten Stromflusses baute sich im Kondensator wieder eine Spannung und zwischen den Platten ein elektrisches Feld höchster Stärke auf. Der Zustand entspricht jetzt wieder dem Ausgangszustand, usf.

Wird die Schwingung nicht gedämpft, verläuft sie harmonisch und unbegrenzt weiter. Real klingt der wechselnde Stromfluss nach einer Reihe von Zyklen auf Null ab, weil sich die anfänglich eingeprägte Energie infolge des immer vorhandenen Ohm'schen Widerstands laufend in Wärme umwandelt und verflüchtigt.

Um die Schwingung in der dargestellten Weise aufrecht zu erhalten, muss soviel Energie kontinuierlich zugeführt werden, wie dissipiert (zerstreut) wird. Das kann durch einen von außen eingeprägten Wechselstrom, also durch eine Fremderregung, bewirkt werden oder durch eine **Selbstanregung**. Bei dieser muss selbstredend auch von außen Energie zugeführt werden. Bei einer Selbstanregung werden zwei Schwingkreise miteinander gekoppelt, entweder induktiv oder kapazitiv.

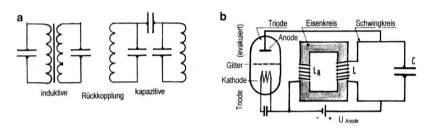

Abb. 1.94

Abb. 1.94a zeigt die beiden Möglichkeiten, im erstgenannten Falle haben die beiden Schwingkreise ein gemeinsames magnetisches Feld, im zweitgenannten ein gemeinsames elektrisches Feld. Über sie wird die Anregungsenergie gesteuert. In Abb. 1.94b ist die von A. MEISZNER (1883–1958) vorgeschlagene Rückkopplungsschaltung dargestellt, hier in Form einer induktiven Kopplung: An den Schwingkreis mit der Spule L (Induktivität L) und dem Kondensator C (Kapazität C) wird über einen Transformator ein zweiter Stromkreis mit der Spule L_R angeschlossen. L und L_R sind über den Eisenkreis des Transformators miteinander verbunden. Die Eigenkreisfrequenz des Schwingkreises (wie Abb. 1.93) beträgt: $\omega_0 = 1/\sqrt{L \cdot C}$. Mit dieser Frequenz ändert sich das magnetische Feld in L und L_R. Entsprechend verändert sich die Spannung am Gitter der Triode. In der Triode liegt eine Kathode. An dieser liegt eine Heizspannung an. Die Triode ist evakuiert. Die sich von der Kathode lösenden Elektronen werden auf ihrem Weg zur Anode beschleunigt und durch die am Gitter anliegende Wechselspannung im Rhythmus ω_0 gesteuert. Die ‚getakteten' Elektronen fließen als Wechselstrom von der Anode in den Stromkreis. Auf diese Weise kann die im Schwingkreis infolge des hier vorhandenen Ohm'schen Widerstandes zerstreute Energie ausgeglichen werden. Im Kreis ‚schwingt' der Stromfluss mit ω_0 (quasi in Resonanz) hin und her und zwar so, als wäre der Schwingkreis ungedämpft, entsprechend ändern sich die Felder in L und C, wie in Abb. 1.93 erläutert. Die äußere Energie wird über den Gleichstrom bezogen, der die Kathode heizt.

1.7.2   Hertz'scher Dipol

Indem der **geschlossene L-C-Schwingkreis** (Abb. 1.95a, rechts) aufgefaltet, also zu zwei parallel liegenden Drähten aufgebogen wird, entsteht eine Doppeldrahtleitung (Teilabbildung b), ein sogen. Lecher-System, benannt nach E. LECHER

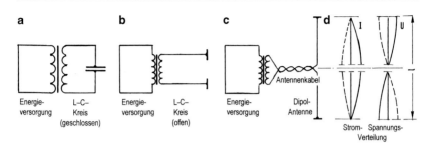

Abb. 1.95

(1856–1926). Die Leitungen werden schließlich zu einem Kabel umeinander gewunden und zu einer Geraden gestreckt, wie in Teilabbildung c schematisch dargestellt. Dieses System ist ein Hertz'scher Dipol, ein **offener Schwingkreis**.

Auf dem Draht bzw. Stab sind Induktivität und Kapazität kontinuierlich 'verteilt'. Die zur Eigenfrequenz gehörende Schwingungsform ist eine Halbwelle mit je einem Knoten am Stabende (Teilabbildung d). Ist l die Stablänge, beträgt die Schwingungslänge der Grundschwingungsform: $\lambda = 2 \cdot l$. Die der elektrischen Schwingung innewohnende Energie wird von dem Stab (der Sendeantenne) als elektromagnetische Wellenenergie abgestrahlt. Diese Wellenabstrahlung wurde von H. HERTZ (1857–1894) im Jahre 1887/88 experimentell entdeckt. Der Entdeckung gingen die theoretischen Arbeiten von J.C. MAXWELL (1831–1879) voraus, der bereits im Jahre 1864/65 aus der Lösung der von ihm hergeleiteten Gleichungen die Existenz solcher Wellen postuliert hatte. Die Theorie der Elektromagnetischen Wellen ist anspruchsvoll, vgl. [13, 14]. –

Man kann feststellen: **Die theoretische und experimentelle Abklärung des elektromagnetischen Wellenphänomens gehört zu den fundamentalsten Entdeckungen der Physik überhaupt, sie wurde zur Grundlage der drahtlosen Nachrichtentechnik** [15].

Abb. 1.96 zeigt die elektromagnetische Welle in ihrer räumlichen Ausformung innerhalb der ersten Periode. Sie besteht aus zwei Komponenten, einer elektrischen und einer magnetischen. Mit zunehmender Entfernung geht die nach allen Richtungen abgehende räumliche Welle in zwei ebene Wellenformen über, die zueinander senkrecht stehen, man spricht von **Polarisation**. Sie haben dieselben Eigenschaften wie eine ebene mechanische Welle (Bd. II, Abschn. 2.6)

Die Fortpflanzungsgeschwindigkeit ist gleich der Lichtgeschwindigkeit. Im Vakuum beträgt sie (genau und genähert): $c_0 = 2,997925 \cdot 10^8 \approx 3 \cdot 10^8 \, \text{m/s}$.

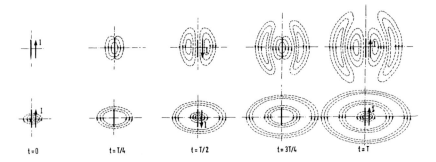

$t = 0$	$t = T/4$	$t = T/2$	$t = 3T/4$	$t = T$

Abb. 1.96

Die Wellengeschwindigkeit ist mit der Wellenlänge (λ) und der Wellenfrequenz (v) durch die Gleichung

$$c_0 = \lambda \cdot v$$

verknüpft.

Die Dichte der abgestrahlten Energie sinkt mit der Entfernung. Sofern sie noch nicht zu stark abschwächt ist, kann sie von einem passend abgestimmten Empfänger-Dipol aufgenommen werden und das wieder als stehende elektromagnetische Schwingung. Das Prinzip der drahtlosen Funktechnik ist damit erklärt.

Indessen, es fehlen noch zwei wichtige Schritte: Bei der Sendung muss das akustische (also mechanische) Signal in ein elektromagnetisches umgesetzt werden, beim Empfang das elektromagnetische in ein mechanisches. Man spricht von **Modulation**. Dabei agiert die elektromagnetische Welle mit ihrer hochfrequenten Schwingung als Träger bei der Übertragung der Information. Die Welle wird entweder

- amplituden-moduliert oder
- frequenz-moduliert.

Im erstgenannten Falle wird der Amplitudenverlauf der Trägerschwingung dem Verlauf des Tonsignals angepasst, im zweitgenannten Falle wird die Frequenz der Trägerschwingung so verzerrt, dass sie dem Verlauf des Tonsignals entspricht. Abb. 1.97 zeigt das Prinzip der beiden Modulationsarten. Da die frequenzmodulierte Welle durch äußere Hindernisse, die zwischen Sender und Empfänger liegen, weniger stark wie die amplitudenmodulierte gestört wird, überwiegt die Frequenzmodulation in der Übertragungstechnik.

Abb. 1.97

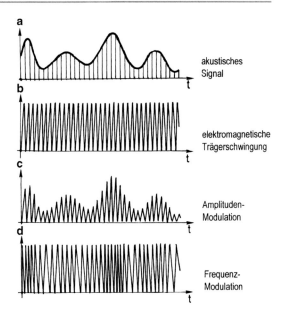

Ergänzend sei erwähnt, dass die von H. HERTZ entwickelte Versuchsanordnung etwas anders aussah, wie oben dargestellt. Er nannte seinen Sender Oszillator und seinen Empfänger Resonator, jeweils mit kurzer zwischengeschalteter Funkenstrecke. Durch Reflexion gelang ihm hiermit die Erzeugung und Vermessung stehender elektromagnetischer Wellen. Dadurch konnte er bestätigen, dass sich das Wellenfeld mit Lichtgeschwindigkeit fortpflanzt, wie von J.C. MAXWELL vorhergesagt.

1.7.3 Eigenschaften des elektromagnetischen Wellenfeldes

Eine grundlegende Abklärung der elektromagnetischen Welleneigenschaften gelingt nur auf der Basis der Maxwell'schen Gleichungen. Ihre Herleitung und Lösung ist Gegenstand der theoretischen Physik. Eine Reihe wichtiger Erkenntnisse lässt sich mit Hilfe des in Abb. 1.98a dargestellten Gedankenmodells gewinnen. Es handelt sich um zwei Leiterstränge mit der Breite b, dem gegenseitigen Abstand d und mit einer unendlichen Erstreckung. Das Ganze liege im Vakuum.

Die Anordnung kann (mit etwas Phantasie) einerseits als ein Plattenkondensator und andererseits als ein Verbund parallel liegender Leiterstränge gedeutet werden,

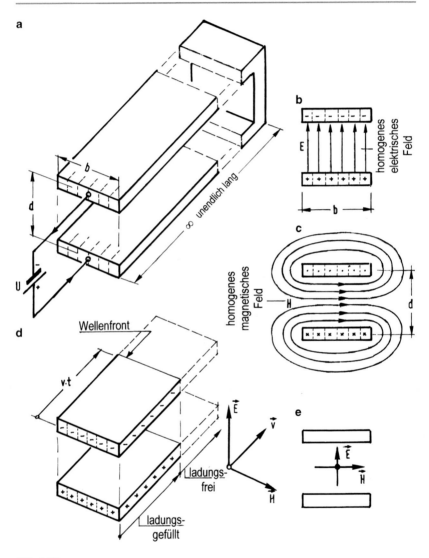

a

b

d

U

b

E

homogenes elektrisches Feld

b

c

homogenes magnetisches Feld

H

d

d

Wellenfront

v·t

$\vec{E}$

$\vec{v}$

ladungs-frei

H

ladungs-gefüllt

∞ unendlich lang

e

$\vec{E}$

$\vec{H}$

Abb. 1.98

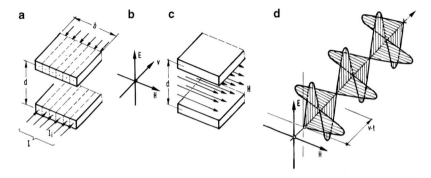

Abb. 1.99

als würden sie eine Spule bilden. Wird an die Leiterstränge eine Gleichspannung
U angelegt, beginnt augenblicklich ein Strom zu fließen. Die Elektronen setzten
sich indessen nicht gleichzeitig über die gesamte unendlich lange Strecke in Bewegung. Der Elektronenstrom breitet sich vielmehr mit endlicher Geschwindigkeit
v aus, quasi in einer mit v fortschreitenden Front. Hierbei treten zwei miteinander
verkoppelte Phänomene auf:

• Zwischen den ‚Platten des Leiters‘ baut sich ein homogenes elektrisches Feld
  E auf (Abb. 1.98b) und
• zwischen den ‚stromdurchflossenen Spulensträngen‘ ein homogenes magnetisches Feld H (Abb. 1.98c).

Die Ausbildung der Felder ist durch den sich mit v ausbreitenden Stromfluss, den
Verteilerstrom, bedingt. In den Teilabbildungen b und c sind die Felder separat
(im Schnitt) dargestellt. Sie durchdringen sich gegenseitig orthogonal. Die gemeinsame Wellenfront verschiebt sich mit v. Der anwachsende Elektronenstrom weitet
sich auf den beiden Leitern immer weiter aus, damit auch die zugehörigen Ladungen und die zugehörigen elektrischen und magnetischen Felder zwischen den
Leitern. Alles pflanzt sich mit v fort, sofern die Spannung und die zugehörige an-
treibende Energie fortlaufend an der Quelle bereit gestellt werden. Teilabbildung
d zeigt den von der Fortpflanzung der Felder betroffenen Bereich mit der Länge
$v \cdot t$, t ist die verstrichene Zeit. Die vektorielle Ausrichtung der Felder und ihrer
Schwingungsebenen sind in Abb. 1.99 angegeben.

Die Fläche des von ‚den Leitersträngen gebildeten Kondensators‘ bzw. des elektrischen Feldes (E) beträgt im Zeitpunkt t: $A_K = b \cdot vt$ und demgemäß die Ladung

Q im Kondensator zwischen den Leitern (Abb. 1.98b; vgl. Abschn. 1.2.7):

$$Q = \varepsilon_0 \cdot E \cdot A_K = \varepsilon_0 \cdot E \cdot b \cdot vt$$

Der (Verschiebe-)Strom I ist gleich der in der Zeit t bewegten Ladungsmenge Q:

$$I = \frac{Q}{t} = \varepsilon_0 \cdot E \cdot b \cdot v$$

Wird die Anordnung als ‚Spule mit n Einzeldrähten' gedeutet, setzt sich der Strom aus n Einzelströmen zusammen. Im Zwischenraum der Spule baut sich ein magnetisches Feld mit der Feldstärke H auf (Abb. 1.98c; Abschn. 1.5.2):

$$H = I_i \frac{n}{l} \equiv \frac{I}{b}$$

Wird der Ausdruck $I = H \cdot b$ mit dem obigen Ausdruck für I gleich gesetzt, folgt:

$$H \cdot b = \varepsilon_0 \cdot E \cdot b \cdot v$$
$$\rightarrow \quad H = \varepsilon_0 \cdot E \cdot v$$

Der magnetische Fluss durch die Fläche $A_S = d \cdot vt$ beträgt (vgl. Abschn. 1.5.3):

$$\Phi = B \cdot A_S = B \cdot d \cdot vt = \mu_0 \cdot H \cdot d \cdot vt$$

Gemäß dem Faraday'schen Induktionsgesetz beträgt die Spannung zwischen den Leitern im Abstand d

$$U = \frac{d\Phi}{dt} = \mu_0 \cdot H \cdot d \cdot v$$

und die elektrische Feldstärke:

$$E = \frac{U}{d} = \frac{\mu_0 \cdot H \cdot d \cdot v}{d}$$
$$\rightarrow \quad E = \mu_0 \cdot H \cdot v$$

Das ist die zweite fundamentale Beziehung zwischen den elektrischen und magnetischen Feldstärken. Werden die Ausdrücke nach E/H frei gestellt und gleich gesetzt, folgt:

$$\frac{E}{H} = \frac{1}{\varepsilon_0 \cdot v} \text{ bzw. } \frac{E}{H} = \mu_0 \cdot v \quad \rightarrow \quad \frac{1}{\varepsilon_0 \cdot v} = \mu_0 \cdot v \quad \rightarrow \quad v^2 = \frac{1}{\varepsilon_0 \cdot \mu_0}$$

$$\rightarrow v = \sqrt{\frac{1}{\varepsilon_0 \cdot \mu_0}}$$

Mit den Fundamentalkonstanten

$$\varepsilon_0 = 8{,}854188 \cdot 10^{-12}\,\mathrm{F} \cdot \mathrm{m}^{-1} \quad \text{und} \quad \mu_0 = 4\pi \cdot 10^{-7}\,\mathrm{N} \cdot \mathrm{A}^{-2}$$

berechnet sich die Fortpflanzungsgeschwindigkeit des hier analysierten elektromagnetischen Wellenfeldes zu:

$$v = 2{,}99792455 \cdot 10^8\,\mathrm{m/s}$$

Das ist die Geschwindigkeit, mit der sich die Wellenfront, also die Grenze zwischen dem felderfüllten und dem feldleeren Raum, fortpflanzt. Die Maxwell'schen Gleichungen liefern dasselbe Ergebnis für v, es ist **die Lichtgeschwindigkeit im Vakuum**: $v = c_0$. Mit der Geschwindigkeit c_0 pflanzen sich alle elektromagnetischen Wellen, gleich welcher Frequenz bzw. Wellenlänge und Energie, im Vakuum fort!

Für das Verhältnis der Feldstärken folgt (siehe oben):

$$\frac{E}{H} = \sqrt{\frac{\mu_0}{\varepsilon_0}}$$

Das bedeutet: Die Feldstärken der orthogonal zueinander liegenden Wellenzüge nehmen kein beliebiges Verhältnis an. Es ist immer konstant:

$$\frac{E}{H} = \underline{376{,}7\,\Omega}$$

Für den Energietransport des elektrischen bzw. magnetischen Wellenzuges gilt:

Abschn. 1.2.7: $\qquad E_{\text{elek}} = \frac{1}{2}\varepsilon_0 \cdot E^2 \cdot V$

Abschn. 1.5.4, 7. Ergänzung: $E_{\text{mag}} = \frac{1}{2}\mu_0 \cdot H^2 \cdot V$

V ist das sich mit v ausbreitende Feldvolumen: $V = A_K \cdot d = A_S \cdot b = b \cdot d \cdot vt$; Einheit von V: m³

Da $H^2 = (\varepsilon_0/\mu_0) \cdot E^2$ ist, ist: E_{elek} gleich E_{mag}. Die Energie des elektromagnetischen Feldes besteht somit je zur Hälfte aus der elektrischen und der magnetischen Feldenergie, auch dieser Befund gilt allgemein. Die in der Fläche der Frontebene ($b \cdot d$) des elektromagnetischen Feldes vermittelte momentane Leistung berechnet sich zu: $P/b \cdot d = E \cdot H$.

Zwecks Überprüfung seien die Einheiten der beteiligten Größen zusammengestellt:

$$[b] = \text{m}, \ [d] = \text{m}, \ [A] = \text{m}^2, \ [V] = \text{m}^3, \ [Q] = \text{C}, \ [I] = \text{A},$$

$$[U] = \text{V} = \frac{\text{J}}{\text{C}} = \frac{\text{N m}}{\text{C}}, [R] = \frac{\text{V}}{\text{A}} = \Omega, \ [E] = \frac{\text{V}}{\text{m}}, \ [H] = \frac{\text{A}}{\text{m}}, \ [\varepsilon_0] = \frac{\text{A} \cdot \text{s}}{\text{V} \cdot \text{m}},$$

$$[\mu_0] = \frac{\text{N}}{\text{A}^2}, \ [E_{\text{elek}}] = [E_{\text{mag}}] = \text{J}$$

Damit ist die Theorie des elektromagnetischen Feldes erklärt, wenn auch auf einer sehr elementaren Ebene mit Hilfe eines Gedankenmodells. Wegen einer vertieften Behandlung wird auf die Fachliteratur zur theoretischen Physik verwiesen.

Literatur

1. KLOSS, A.: Von der Electricität zur Elektrizität: Ein Streifzug durch die Geschichte der Elektrotechnik, Elektroenergetik und Elektronik. Basel: Birkhäuser (Springer Basel AG) 2014

2. LÜDERS, K. u. POHL, R.O. (Hrsg.): Pohls Einführung in die Physik: Band 2: Elektrizitätslehre und Optik, 22. Aufl. Berlin: Springer 2006

3. BRANDT, S. u. DAHMEN, H.D.: Elektrodynamik: Eine Einführung in Experiment und Theorie, 4. Aufl. Berlin: Springer 2006

4. FEYNMAN, R.P. u. a.: Feynman Vorlesungen über Physik 3: Elektromagnetismus, 6. Aufl. Berlin: de Gruyter 2015

5. DEMTRÖDER, W.: Experimentalphysik 2: Elektrizität und Optik, 6. Aufl. Berlin: Springer Spektrum 2014

6. TIPLER, P.A. u. MOSCA, G.: Elektrizität und Magnetismus, in: Physik, Für Wissenschaftler und Ingenieure, 2. Aufl. München: Elsevier 2006

7. PREGLA, R.: Grundlagen der Elektrotechnik, 9. Aufl. Berlin: VDE-Verlag 2016

8. HEIDLER, F. u. STIMPER, K.: Blitz und Blitzschutz. Berlin: VDE-Verlag 2009

9. FISCHER, R.: Elektrische Maschinen, 16. Aufl. München: Hanser 2013

10. HAGL, R.: Elektrische Antriebstechnik, 2. Aufl. München: Hanser 2015

11. KREMSER, A.: Elektrische Maschinen und Antriebe: Grundlagen, Motoren und Anwendungen, 4. Aufl. Berlin: Springer Vieweg 2013

12. HEUCK, K., DETTMANN, K.D. u. SCHULZ, D.: Elektrische Energieversorgung. Wiesbaden: Vieweg+Teubner/Springer 2010

13. GEORG, O.: Elektromagnetische Wellen: Grundlagen und durchgerechnete Beispiele. Berlin: Springer 1997

14. HENKE, H.: Elektromagnetische Felder: Theorie und Anwendung. Berlin: Springer 2011

15. ASCHOFF, V.: Geschichte der Nachrichtentechnik, 2 Bände. Berlin: Springer 1995

Strahlung I: Grundlagen

2

2.1 Einleitung

Neben der **Materie** gibt es eine zweite fundamentale Naturerscheinung, das ist die **Strahlung**. Materie und Strahlung sind zwar dem Augenschein nach zwei gänzlich verschiedene Dinge und das in offenbar unbegrenzter Vielfalt, doch trügt dieser Eindruck: Im Verhalten der Atome und ihrer Teile findet die scheinbar unterschiedliche Natur von Materie und Strahlung ihre vereinheitlichende Erklärungsbasis. Materie kann zerstrahlen, Strahlung kann in Materie überführt werden. In diesen Vorgängen liegt bei aller Vielfalt die Einheit der Natur.

Unter Strahlung ist die elektromagnetische Strahlung gemeint. Die Strahlung ist für das menschliche Auge **überwiegend unsichtbar**. Nur in einem vergleichsweise schmalen Band innerhalb des elektromagnetischen Spektrums liegt der Bereich der sichtbaren **Lichtstrahlung**. Dieser Bereich überlappt sich mit dem spektralen Bereich der **Temperaturstrahlung**. Die Thematik dieses Kapitels gehört zur Physik [1, 2], vgl. auch [3, 4] bezüglich Geschichte und Bedeutung.

In diesem Kapitel wird zunächst die allgegenwärtige Lichtstrahlung behandelt, anschließend die Temperaturstrahlung (Wärmestrahlung).

2.2 Lichtgeschwindigkeit

Mit der Frage, ob die Lichtgeschwindigkeit endlich sei oder unendlich, befassten sich schon die Naturlehrer des Altertums. Letztlich konnte nur das Experiment eine Antwort geben, eine schwierige Aufgabe.

G. GALILEI (1564–1642) entdeckte bekanntlich mit dem von ihm gebauten Fernrohr vier Jupitermonde (Bd. II, Abschn. 2.8.10.8). Von dem innersten Mond, Io, der Größe nach mit dem irdischen Mond vergleichbar, bestimmte er dessen Umlaufzeit zu ca. 42,5 Stunden. G.D. CASSINI (1652–1712) erarbeitete auf der Basis

© Springer Fachmedien Wiesbaden GmbH 2017

C. Petersen, *Naturwissenschaften im Fokus III*, DOI 10.1007/978-3-658-15300-7_2

Abb. 2.1

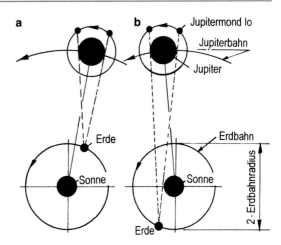

dieses Befundes Zeittafeln mit den Verfinsterungszeitpunkten dieses Mondes. Sie dienten in der damaligen Seefahrt als Navigationshilfe.

Die Tafeln erwiesen sich indessen als sehr ungenau. Sie hielten einer Nachprüfung nicht stand, was O. RØMER (1644–1710) aufzeigen konnte. Seine Messungen ergaben Abweichungen und zwar in Abhängigkeit davon, an welchem Ort sich die Erde auf ihrer Umlaufbahn um die Sonne in Bezug zur Stellung des Planeten Jupiter auf dessen Bahn um die Sonne befand. Das ist einsichtig: Unterstellt man eine endliche Lichtgeschwindigkeit, benötigt das Licht von Jupiter zur Erde unterschiedliche Zeiten. Stehen Erde und Jupiter in Opposition (stehen also beide näher zueinander, Abb. 2.1a), benötigt das Licht eine kürzere Dauer, in Konjunktion (die beiden Planeten stehen weiter entfernt zueinander, Abb. 2.1b), ist die Lichtstrecke von Jupiter zur Erde länger. Die Zeit zwischen der Oppositions- und Konjunktionsstellung beträgt ein halbes Erdenjahr. Da der Umlauf des Planeten Jupiter um die Sonne 11,86 ($\approx$ 12) Erdenjahre dauert, bewegt er sich in einem halben Erdenjahr um ca. 1/24 auf seiner Umlaufbahn weiter. Mit dieser Einsicht konnte O. RØMER die gegenseitige Stellung von Erde und Jupiter über die Dauer eines halben Erdenjahres (Stellung in Teilabbildung a gegenüber der Stellung in Teilabbildung b) zeichnen. Ist Δt der **zeitliche Unterschied** zwischen den Bedeckungsdauern von Io durch Jupiter, einmal zur Zeit der Opposition und einmal zur Zeit der Konjunktion, berechnet sich die Lichtgeschwindigkeit zu:

$$c = \frac{2 \cdot \text{Erdbahnradius}}{\Delta t}$$

Durch mehrfache Messung der Bedeckungszeit im Laufe eines Jahres und Extrapolation in die Konjunktionsstellung (in welcher Jupiter von der Erde aus nicht sichtbar ist), bestimmte O. RØMER den Wert für Δt zu 22 min $= 1320$ s. Für den Erdradius stand ihm der von G.D. CASSINI bestimmte Wert $140 \cdot 10^6$ km zur Verfügung, das ergab (im Jahre 1676):

$$c = \frac{2 \cdot 140 \cdot 10^6 \,\text{km}}{1320 \,\text{s}} = \underline{212.000 \,\text{km/s}}$$

Eine genauere Abschätzung gelang J. BRADLEY (1692–1762) anhand der bei Parallaxen-Messungen festgestellten Aberration des Sternenlichts. J. BRADLEY entdeckte, dass ein ferner Stern, der in einem exakt senkrecht zur Erdbahnebene ausgerichteten Fernrohr fixiert wird, aus dem Blickfeld herauswandert. Wurde die Achse des Fernrohrs gegenüber der Senkrechten zur Bahnebene um einen kleinen Winkel α in Richtung der Bewegung der Erde auf ihrer Bahn geneigt, blieb der Stern hingegen im Blickfeld. Das kann nur auf der Geschwindigkeit der Erde auf ihrer Bahn um die Sonne beruhen. Abb. 2.2 zeigt, wie der Lichtstrahl von dem Stern durchgängig im Blickfeld in den Zeitpunkten 1, 2, 3 verbleibt, wenn für den Winkel α gilt:

$$\tan \alpha = \frac{v \cdot t}{c \cdot t} \quad \rightarrow \quad c = \frac{v}{\tan \alpha} \approx \frac{v}{\alpha}$$

Hierin ist v die Bahngeschwindigkeit der Erde und c die Lichtgeschwindigkeit. Der Winkel α wurde von J. BRADLEY für den in Greenwich zenitnahen Stern γ-Draconis im Sternbild ‚Drachen‘ (112 Lj entfernt) zu 20″, also zu 20 Bogensekunden, bestimmt; das gelang ihm im Jahre 1726.

Eine Bogensekunde berechnet sich in Bogenmaß zu:

$$180° = \pi \quad \rightarrow \quad 1° = \pi/180 \quad \rightarrow \quad 1' = \pi/180 \cdot 60$$
$$\rightarrow \quad 1'' = \pi/180 \cdot 60 \cdot 60 = 0{,}00000485$$

Demnach sind 20″ in Bogenmaß: $20 \cdot 0{,}00000485 = 9{,}70 \cdot 10^{-5} = 1/10989$.

Setzt man die Bahngeschwindigkeit der Erde zu $v = 29{,}2$ km/s an, ergibt sich aus vorstehender Gleichung:

$$c = \frac{29{,}2}{9{,}70 \cdot 10^{-5}} = \underline{301.031 \,\text{km/s}}$$

Dieser Wert bedeutete eine hervorragende Annäherung an den heute gültigen Wert (im Vakuum mit c_0 abgekürzt): $c = 299.792{,}458$ km/s

Abb. 2.2

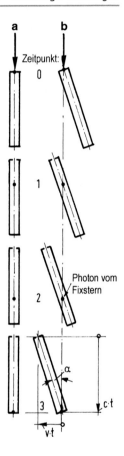

Die ersten terrestrischen Messungen der Lichtgeschwindigkeit gelangen A.H. FIZEAU (1819–1896) und J.B.L. FOUCAULT (1819–1868) mittels eines rotierenden Zahnrads bzw. Spiegels und einer Messbasis von ca. 8,6 bzw. 20 km. A. FIZEAU maß im Jahre 1849 315.000 km/s und J.B. FOUCAULT im Jahre 1850 einen ähnlichen Wert, den er 1862 mittels einer verfeinerten Methode nochmals verbesserte: 298.000 km/s [5]. Noch bedeutender war die Entdeckung, die J.B. FOUCAULT im Jahre 1850 gelang, wonach die von ihm in Wasser gemessene Lichtgeschwindigkeit niedriger liegt als in Luft, nämlich 220.000 km/s. Damit war bewiesen, dass sich Licht im Wasser langsamer fortpflanzt als in Luft. Dieser Befund verhalf der Wellentheorie des Lichts zum Durchbruch, denn nach der Korpuskeltheorie sollten die Lichtstrahlen beim Übergang von Luft auf Wasser beschleunigt werden, sich also im Wasser schneller als in Luft bewegen. Aus heutiger Sicht ist es einsichtig, dass c in transparenten Medien und Materialien niedriger liegen muss als im Vakuum, darüber hinaus war und ist zu erwarten, dass c eine Funktion der elektrischen und magnetischen Eigenschaften des Stoffes ist, handelt es sich bei Licht doch um elektromagnetische Strahlung, vgl. vorangegangenen Abschnitt. – Später wurde die Lichtgeschwindigkeit mehrfach erneut terrestrisch vermessen. Mittels Interferometer- und Lasermessung konnten Ergebnisse höchster Präzision gewonnen werden.

c_0 ist eine Naturkonstante. Sie gilt im gesamten Kosmos! Interessant und wichtig ist der Fakt, dass dieser Wert für alle Strahlen des gesamten elektromagnetischen Spektrums Gültigkeit hat, also unabhängig von der Wellenlänge bzw. Wellenfrequenz der Strahlung. Das wurde im Jahre 1886, also 150 Jahre nach J. BRADLEYs Messung, von H. HERTZ (1857–1894) erkannt, wie im Abschnitt zuvor behandelt. Es gibt keine Geschwindigkeit, die über c_0 liegen kann, auch dann nicht, wenn sich Sender oder/und Empfänger relativ aufeinander zu bewegen, selbst dann nicht, wenn ihre Geschwindigkeit jeweils aufeinander zu nahe der Lichtgeschwindigkeit liegt: Für die Lichtgeschwindigkeit verliert das klassische Überlagerungsgesetz der Vektoraddition seine Gültigkeit! Die Invarianz der Lichtgeschwindigkeit zählt zu jenen Phänomenen in der Natur, die eigentlich nicht nachvollziehbar sind. Hiervon ausgehend wurde die Spezielle Relativitätstheorie von A. EINSTEIN (1879–1955) entwickelt und im Jahre 1905 publiziert (Kap. 4).

2.3 Ätherwellen – Korpuskeln – Dualität der elektromagnetischen Strahlung

So wie die Invarianz und Konstanz der Ausbreitungsgeschwindigkeit aller elektromagnetischen Strahlung nicht zu verstehen ist, bleibt die Natur dieser Strahlung insgesamt ein Rätsel. Es wundert nicht, dass es lange gedauert hat, ehe sich die Naturforscher auf eine von allen akzeptierte Deutung geeinigt haben, wobei letzte Fragen bis heute immer noch nicht beantwortet sind und vielleicht auch nie beantwortet werden (können). – Zunächst gab es zur Frage nach der Natur des Lichts eine über Jahrhunderte währende wissenschaftliche Auseinandersetzung: Handelt es sich bei Licht um ein Korpuskel- oder um ein Wellenphänomen?

- I. NEWTON (1642–1727) vertrat die Korpuskeltheorie, indessen nicht so entschieden, wie vielfach unterstellt wird. Das Licht bestand für ihn aus sich geradlinig fortbewegenden **Lichtkorpuskeln**. Treffen sie auf eine Grenzfläche, verändern sie sich. Diese Wandlung sei durch die unterschiedliche Eigenschaften der zu beiden Seiten der Grenzfläche liegenden Stoffe bedingt. Hierauf würden die unterschiedlichen Farb-, Brechungs- und Interferenzmuster des Lichts beruhen. – Schon vorher hatte R. DESCARTES (1596–1650) den Lichteindruck im Auge durch den Druck kugelförmiger Korpuskel zu erklären versucht.

- R. HOOKE (1635–1702) schloss aus Versuchen, dass es sich bei Licht um einen periodischen Vorgang handeln müsse. Das deckte sich mit der Auffassung von C. HUYGENS (1629–1695), der Licht als Stoßwelle elastischer Partikel interpretierte, die Stoßwelle würde sich mit endlicher Geschwindigkeit im Äther ausbreiten. Der Äther wurde von ihm als unsichtbarer Stoff angesehen, in dem sich die **Lichtwellen** fortpflanzen. Der Äther sei im Weltraum und auf Erden allgegenwärtig, in der Luft und auch in allen transparenten Materialien innig verwoben, z. B. in Wasser. Diese (letztlich falsche) Interpretation des Lichts als materielle Ätherwelle stand den weiteren Entdeckungen nicht im Wege. Die Befunde ließen sich alle auf der Basis der Ätherwellentheorie deuten (ähnlich wie bei Wasserwellen): So entdeckte T. YOUNG (1773–1829) im Jahre 1801 die Interferenz des Lichts, E.L. MALUS (1775–1812) im Jahre 1808 die sich bei der Reflexion des Lichts einstellende Polarisation und A.J. FRESNEL (1788–1827) im Jahre 1819 die transversale Richtungseigenschaft der Lichtwellen, also deren gleichzeitige Querschwingung, eine Erscheinung, die T. YOUNG bereits im Jahre 1817 vermutet hatte.

Wie im vorangegangenen Abschnitt ausgeführt, setzte sich mit der Bestimmung der Lichtgeschwindigkeit durch A.H. FIZEAU und J.B. FOUCAULT die Wellentheorie des Lichts endgültig durch, etwa um das Jahr 1850.

In seiner elektromagnetischen Feld- und Lichttheorie postulierte J.C. MAXWELL (1831–1879) im Jahre 1861, dass die Lichtstrahlung dem elektromagnetischen Spektrum als transversal schwingendes Wellenphänomen angehört. Dieser theoretische Ansatz wurde fünfundzwanzig Jahre später von H. HERTZ (1857–1894) experimentell bestätigt (er erzeugte erstmals Radiowellen, Abschn. 1.7.2). Damit hatte Licht im Verständnis der damaligen Naturlehre zwar keine materiellen Eigenschaften mehr, dennoch glaubte man auf einen Träger der Lichtwellen im Vakuum angewiesen zu sein. Dass es einen solchen Äther nicht gibt, konnte A.A. MICHELSON (1852–1931) im Jahre 1881 durch Interferenzversuche zweifelsfrei nachweisen, und das später, gemeinsam mit E.W. MORLEY (1838–1925), nochmals präziser. vgl. Abschn. 4.1.3.

2.4 Elektromagnetische Wellen – Strahlungsquanten

Mit der Deutung des Lichts als elektromagnetisches Wellenphänomen war die Frage nach der Natur dieser Strahlung nur zum Teil beantwortet, es bedurfte noch einer weiteren Entdeckung, das war jene des Lichtquants.

Abb. 2.3 zeigt das Spektrum der elektromagnetischen Strahlung (in logarithmischer Skalierung). – Das Spektrum überstreicht den Wellenfrequenzbereich von

$$\nu = 3 \cdot 10^4 \, \text{Hz bis } \nu = 10^{22} \, \text{Hz}$$

bzw. einen Wellenlängenbereich von

$$\lambda = 10^4 \, \text{m bis } 3 \cdot 10^{-14} \, \text{m}.$$

Gemäß der in Bd. II, Abschn. 2.6 abgehandelten Wellentheorie gilt für ein ebenes Wellenfeld:

$$c = \nu \cdot \lambda$$

Die Wellenfortpflanzungsgeschwindigkeit c ist gleich dem Produkt aus Wellenfrequenz (ν) und Wellenlänge (λ).

Man spricht bei c auch von Phasengeschwindigkeit.

Vorgenannte Beziehung für die Fortpflanzungsgeschwindigkeit, die ursprünglich für ein materielles Wellenfeld hergeleitet wurde, wird auf das elektromagnetische Wellenfeld übertragen, ebenso die kinematische Beschreibung des ebenen Wellenfeldes:

$$u = \hat{u} \cdot \sin 2\pi \left(\nu \cdot t - \frac{x}{\lambda} \right)$$

Wie aus Abb. 2.3 hervorgeht, ist das für den Menschen sichtbare Licht äußerst schmalbandig, es umfasst den Wellenlängenbereich von 380 bis 780 nm (1 nm $= 1 \cdot 10^{-9}$ m, nm: Nanometer).

Das sichtbare Licht erscheint am Tage ‚weiß‘. Es lässt sich mittels eines Prismas oder mittels eines Gitters brechen. Dabei wird erkennbar, dass den verschiedenen Frequenzen bestimmte Farben zugeordnet sind. Frequenzen kann das Auge nicht ‚messen‘, es kann nur Farbeindrücke wahrnehmen. Es gibt gute Gründe, dass das Licht in der Tierwelt ähnlich wie beim Menschen farbig gesehen wird.

Im Vergleich zu einer ebenen Welle (wie in vorstehender Gleichung beschrieben) sind die elektromagnetischen Wellen komplizierter strukturiert: Sie sind zur

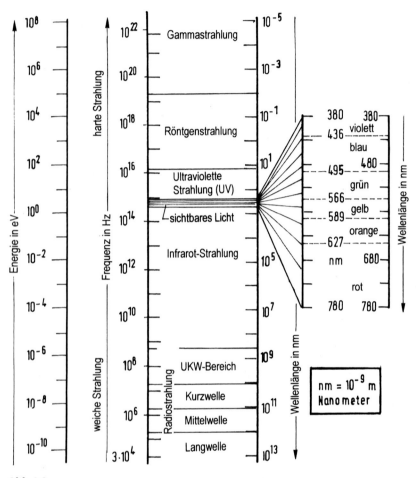

Abb. 2.3

Ausbreitungsrichtung in zweifacher Weise transversal ausgerichtet. Sie bestehen quasi aus zwei Wellenzügen, deren Schwingungsebenen senkrecht zueinander liegen und das in Phase. In Abb. 2.4 ist die Schwingungsform veranschaulicht. Die Abbildung zeigt linear-polarisiertes Licht. Die Welle schreitet mit der Geschwindigkeit c voran. In der x-y-Ebene liegt die elektrische und in der x-z-Ebene die magnetische Komponente der Welle. Jeder Komponente ist der gleiche Energiedurchsatz pro Flächeneinheit zugeordnet, die Resultierende aus beiden Komponen-

Abb. 2.4

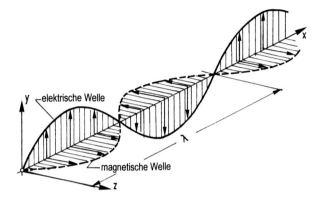

ten ergibt den vollständigen Energiedurchsatz in Richtung x. Die Amplituden der elektrischen und magnetischen Wellenkomponenten sind numerisch gleich (vgl. Abschn. 1.7.3).

Als Intensität I der Welle bezeichnet man deren Energiedurchsatz pro Flächen- und Zeiteinheit, es handelt sich also um eine Leistungsgröße (vgl. Bd. II, Abschn. 2.6.4).

Interessant ist, dass es eine Reihe von Strahlungsproblemen gibt, die sich auf der Basis der Wellentheorie nicht erklären lassen, sondern nur in Verbindung mit der von M. PLANCK (1858–1947) im Jahre 1900 publizierten Quantenhypothese. Sie wurde im Jahre 1905 von A. EINSTEIN durch die Hypothese des photoelektrischen Effekts ergänzt. Beide Entdeckungen wurden später als zutreffend erkannt und mit dem Nobelpreis gewürdigt. Danach und nach heutigem Verständnis ist **die elektromagnetische Strahlung von dualer Natur**, also eine Wellen- und gleichzeitig eine Korpuskelerscheinung. Dieser sich eigentlich gegenseitig ausschließende Dualismus ist schwierig bis nicht verstehbar.

Gemäß der Quantentheorie ist die sich in der elektromagnetischen Strahlung fortpflanzende Energie in Form von Korpuskeln gequantelt, es handelt sich um Energiequanten, deren Energie gleichwohl von der Frequenz der Welle abhängig ist! In diesem Faktum sind Korpuskel- und Wellentheorie kombiniert. Die Energie eines Quants ist gleich dem Produkt aus der Frequenz v der Welle und der Naturkonstanten h:

$$E_{\text{Quant}} = h \cdot v, \quad h = 6{,}626196 \cdot 10^{-34}\,\text{J} \cdot \text{s}$$

h ist das Plancksche Wirkungsquantum. Man spricht bei der Gleichung auch von der **Planck-Einstein-Beziehung**. Mit der Frequenz in der Einheit 1 Hertz =

1/Sekunde (1 Hz $= 1/s$) ergibt sich die Energie des Quants in J (Joule), wie es sein muss. Die Energie eines einzelnen Quants ist offensichtlich eine sehr kleine Größe. Vielfach wird bei atomaren Vorgängen aus Zweckmäßigkeitsgründen nicht mit der Einheit J (Joule) sondern mit der Einheit eV (Elektronenvolt) gerechnet: $1\,\mathrm{J} = 6{,}24 \cdot 10^{18}\,\mathrm{eV}$.

Bei hoher Frequenz, also geringer Wellenlänge, ist die Strahlungsenergie des Quants hoch (harte Strahlung), bei niedriger Frequenz, also großer Wellenlänge, ist die Strahlungsenergie des Quants gering (weiche Strahlung). Zu erstgenannter Strahlung gehört die kurzwellige Röntgen- und Gammastrahlung, zur zweitgenannten die langwellige Radiostrahlung. In Abb. 2.3 ist die Energieverteilung der Quanten in eV für das gesamte elektromagnetische Wellenspektrum ausgewiesen. Der einem Quant innewohnende Impuls beträgt, wie noch zu zeigen sein wird:

$$p_{\text{Quant}} = h \cdot v/c = h/\lambda$$

Einzelheiten zur Quantenhypothese werden in Bd. IV, Abschn. 1.1.1.3 behandelt.

2.5 Eigenschaften der elektromagnetischen Strahlung

Wie erwähnt und in Abb. 2.3 zum Ausdruck kommend, umfasst die elektromagnetische Strahlung einen Frequenz- und demnach einen Wellenlängenbereich von ca. 18 Dezimalstellen! Einschließlich der kosmischen Strahlung sind es mehr als 22.

Im Einzelnen: Elektrische Bahnen beziehen ihre Antriebsenergie als Wechselstrom mit $16\frac{2}{3}$ Hz ($\lambda \approx 18.000\,\mathrm{km}$). Der Wechselstrom der mitteleuropäischen Stromversorgung wird mit 50 Hz ($\lambda \approx 6000\,\mathrm{km}$) übertragen. Der Niederfrequenzbereich über den Lang-, Mittel-, Kurz- und Ultrakurzwellenbereich variiert von $\lambda \approx 10.000\,\mathrm{m}$ bis herunter auf 1 m. Der Wellenlängenbereich der Infrarotstrahlung ist vergleichsweise breit, jener des sichtbaren Lichts wiederum sehr schmal, gefolgt von der ultravioletten Strahlung und der weichen, mittelharten bis harten Röntgenstrahlung, anschließend gefolgt von der Gammastrahlung. Nahezu alle Strahlungsbereiche werden heute technisch genutzt. Viele spielen in der Astronomie bei der Identifizierung der Himmelsobjekte eine wichtige Rolle und benötigen hierzu spezieller Empfangsanlagen. Deren Abmessungen müssen mit den zu ortenden Wellenlängen korrespondieren, was zum Teil zu riesigen Anlagen führt (Abschn. 3.9.3).

Der mit den elektromagnetischen Wellen einhergehende Energiedurchsatz ist sehr unterschiedlich. Wie ausgeführt, ist die Energie jeder Strahlung gemäß $h \cdot v$

gequantelt. Beispielweise gelten für die Bereichsgrenzen des sichtbaren Lichts im Vakuum:

Kurzwelliges Licht: $\lambda = 3,8 \cdot 10^{-7}$ m,

$$\nu = 7,9 \cdot 10^{14} \text{ Hz: } E_{\text{Quant}} = 52,3 \cdot 10^{-20} \text{ J} = 3,26 \text{ eV}$$

Langwelliges Licht: $\lambda = 7,8 \cdot 10^{-7}$ m,

$$\nu = 3,8 \cdot 10^{14} \text{ Hz: } E_{\text{Quant}} = 25,2 \cdot 10^{-20} \text{ J} = 1,57 \text{ eV}$$

Aus den in Abb. 2.3 (linksseitige Skala) ausgewiesenen Quantenenergien in eV wird erkennbar, dass die Energie der Röntgenstrahlung um den Faktor 100 bis 100.000 höher liegt als die des Lichts. Nochmals höher liegt die Quantenenergie der Gammastrahlung und der Kosmischen Strahlung mit Frequenzen bis über 10^{22} Hz hinaus! – Die gequantelte ‚Energieportion' nennt man neben Quant auch Lichtquant, Strahlungsquant oder **Photon**.

Die Frage nach der Masse eines Quants ist dahingehend zu beantworten, dass das Strahlungsquant im Ruhezustand keine Masse hat, weil es im Ruhezustand nicht existiert. Wenn es existiert, also abgestrahlt wird, breitet es sich augenblicklich mit Lichtgeschwindigkeit fort, dann kann dem Quant gemäß der Einstein'schen Fundamentalbeziehung zwischen Energie und Masse ($E = m \cdot c^2$) die Masse

$$m_{\text{Quant}} = \frac{E_{\text{Quant}}}{c^2} = \frac{h \cdot \nu}{c^2}$$

zugeordnet werden. Diese Betrachtung bedarf in Bd. IV, Abschn. 1.1.4 einer eingehenden Begründung und Zuschärfung.

Entsprechend der unterschiedlichen Wellenarten der elektromagnetischen Strahlung ist deren Entstehung bzw. Entstehungsursache (Erzeugung) sehr unterschiedlich. Eine Erklärung bzw. Deutung gelingt auch wieder nur quantenmechanisch.

Die spektralen Bereiche des sichtbaren Bereichs und jene der Temperaturstrahlung vermag der Mensch mit seinen Sinnen zu erfassen. Die darunter und darüber liegenden Bereiche können nur mit Hilfe technischer Detektoren wahrgenommen bzw. gemessen werden. Für die quantitative Bewertung der Licht- und Temperaturstrahlung gilt das einsichtiger Weise auch, z. B. mittels Photo- und Thermoelementen. Für den gesamtem Bereich der elektromagnetischen Strahlung stehen inzwischen die unterschiedlichsten Messgeräte bzw. Messverfahren zur Verfügung.

Unter der Intensität der Strahlung versteht man die in der Zeiteinheit auf die Flächeneinheit auftreffende Quantenenergie. Sie gilt es zu messen. Wird die Strahlung absorbiert, wird deren Energie in Wärme umgewandelt, hiermit ist eine Temperaturerhöhung verbunden, auf diesem Effekt beruhen viele Strahlungsdetektoren.

Bei der Licht- und Wärmestrahlung geht man von der Deutung aus, dass die Moleküle unterhalb der Oberfläche des von der Strahlung getroffenen Körpers zu verstärkten Schwingungen angeregt werden, die Temperatur steigt. Die absorbierte Wärme strömt ins Innere (Wärmeleitung). Gleichzeitig wird Wärme in alle Richtungen des Raumes von der Oberfläche abgestrahlt (Streustrahlung).

Die Strahlung der Sonne hat einsichtiger Weise die größte Bedeutung. Von ihr ist alle pflanzliche und tierische Existenz auf Erden abhängig. Ohne Sonnenstrahlung gäbe es kein Leben, wobei die Lichtstrahlung zur Orientierung und die Wärmestrahlung zur Aufrechterhaltung des Lebens erforderlich sind und das auf Erden innerhalb eines vergleichsweise winzigen Temperaturintervalls ca. 100 °C, also von ca. -40 bis $+60$ °C. Das lässt auf eine hohe Konstanz des Erdklimas über viele Millionen, ja Milliarden Jahre, schließen. Andernfalls hätten sich im Zuge der Evolution die heute auf Erden existierenden und hoch entwickelten Lebewesen nicht herausbilden können, mit dem denkenden und handelnden Menschen an der ‚Spitze der Schöpfung‘. –

Darüber hinaus ermöglicht es die Strahlung, die Gestirne am Himmel zu erkunden und Kenntnisse über deren Natur zu gewinnen. Dadurch ist es dem Menschen wiederum möglich, über seine eigene Existenz und seine Bestimmung innerhalb der kosmischen Gesamtheit nachzudenken.

Im Folgenden wird die Temperaturstrahlung mit den zugehörigen Strahlungsgesetzen behandelt. Das führt auf die von M. PLANCK erkannte Energiequantelung. Hierauf aufbauend gelingen quantenmechanische Einsichten in die Natur der elektromagnetischen Strahlung. Die so gewählte Abfolge entspricht der historischen Entwicklung.

2.6 Temperaturstrahlung

2.6.1 Erscheinungsformen der Temperaturstrahlung

Die elektromagnetische Strahlung im Wellenlängenbereich von $\lambda = 7 \cdot 10^2$ bis $1 \cdot 10^6$ nm ($7 \cdot 10^{-7}$ bis $1 \cdot 10^{-3}$ m) wird als Temperaturstrahlung bezeichnet, auch als Wärmestrahlung. Das Band des sichtbaren Lichts überstreicht den Wellenlängenbereich $\lambda = 3{,}8 \cdot 10^2$ bis $7{,}8 \cdot 10^2$ nm. Es gibt also eine kleine Überlappung zum Infrarotbereich hin.

Wie ausgeführt, bedarf die elektromagnetische Strahlung keines Trägers: Das Licht der Sonne und der Sterne breitet sich im Vakuum aus. Die Energie der Strah-

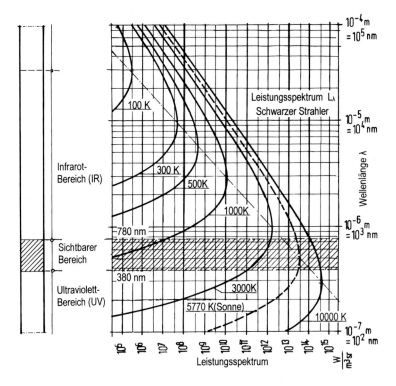

Abb. 2.5

lung und damit die Temperatur des strahlenden Körpers sind von der Wellenlänge bzw. -frequenz abhängig. Je kürzer die Wellenlänge ist, umso höher ist die Temperatur, vice versa.

In Abb. 2.5 ist der Bereich der Temperaturstrahlung einschl. des ‚Lichtfensters' wiedergegeben. Die Kurven kennzeichnen die von der Oberfläche eines Schwarzen Strahlers in Abhängigkeit von seiner Temperatur ausgehende Strahlungsdichte L_λ. Das zugehörige Strahlungsgesetz wird im Folgenden erläutert (Abschn. 2.6.3 und 2.6.4). Offensichtlich verschiebt sich das Maximum der Kurven (gekennzeichnet durch λ_{max}) mit ansteigender Temperatur des Strahlers in Richtung zu kürzeren Wellenlängen.

Jeder Körper, gleich welchen Aggregatzustandes, sendet Wärmestrahlung aus, auch bei Temperaturen in Nähe des absoluten Nullpunkts ($T = 0$ K). Die Aussendung von Strahlung nennt man Emission, die Aufnahme von Strahlung Absorption: Strahlung wird emittiert oder absorbiert. Wird die Strahlung zurückgeworfen, spricht man von Reflexion, sie wird reflektiert. Im Falle eines durchsichtigen Körpers dringt ein Teil der Strahlung nach Brechung an der Grenzfläche in den Körper ein, es wird transmittiert, man spricht von Transmission. Zusammenfassung: Beim Auftreffen von Strahlung auf einen Körper, wird die Strahlung absorbiert, reflektiert oder transmittiert, in der Summe bleibt die Strahlungsenergie erhalten.

Wird ein Körper erwärmt, strahlt er die Wärme wieder ab. Die Wärme kann auf unterschiedlichen Ursachen beruhen: Verbrennung eines fossilen Brennstoffes, Glühen eines elektrischen Lichtbogens, Kernspaltung oder Kernfusion; aus letzterer bezieht die Sonne ihre Energie (Bd. V, Abschn. 1.2.5.1).

Wird ein Körper aus dem kalten Zustand heraus erwärmt, ist die abgestrahlte Wärmestrahlung zunächst nicht sichtbar (es ist der Infrarotbereich). Bei weiterer Erwärmung strahlt der Körper immer sichtbarer im Ultraviolett-Bereich, zunächst in rot, dann in gelb, bei starker Erwärmung gleißend weiß bis weiß-violett. Bei nochmals stärkerer Erwärmung wird die Abstrahlung unsichtbar. Für sehr hohe Temperaturen (ab etwa 1500 K) stehen keine Messgeräte mehr zur Verfügung, die Hitze würde sie zerstören. Das gilt auch für das Auge. Heiße Glut kann nur mit einem Schutzglas betrachtet werden, ebenso die Sonne!

Die von Brandherden ausgehende Strahlung vermag benachbarte Objekte, auch bei größerer Entfernung (ohne Funkenflug), zu entzünden, ein Beispiel sind Waldbrände. Einem intensiven Brandherd kann man sich nur im Schutzanzug nähern.

Unter Glühen versteht man das Sichtbarwerden der Temperaturstrahlung. Wie beschrieben sind die Glühfarben von der Temperatur abhängig, und das unabhängig von Stoffart und Oberflächenbeschaffenheit des Körpers: 400 °C Grauglut, 550 °C Dunkelbraunglut, 700 °C Dunkelrotglut, 800 °C Kirschrotglut, 1100 °C Gelbrotglut, bei 1300 °C beginnende, bei 1500 °C volle Weißglut. Bei nochmals höherer Temperatur ist die Farbänderung nur mehr gering. Praktische Bedeutung haben die Glühfarben bei der Vergütung von Stahlprodukten.

Innerhalb eines Systems getrennter Körper, die unterschiedlich warm sind, stellt sich eine zunehmend homogene Temperaturverteilung ein. Gegenüber dem Umfeld und zwischen den Körpern geschieht der Ausgleich vermittelst Strahlung. Hat sich ein homogener Temperaturzustand eingestellt, herrscht innerhalb des betrachteten Systems thermisches (thermodynamisches) Gleichgewicht (Zweiter Hauptsatz der Wärmelehre, Bd. II, Abschn. 3.3.2.)

Zwischen den strahlenden Körpern findet ein Strahlungsaustausch statt, vom wärmeren zum kälteren und vom kälteren zum wärmeren! Das geht einsichtiger Weise mit unterschiedlichen Strahlungswellenlängen einher.

Abb. 2.6

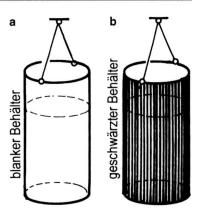

Füllt man zwei gleiche Gefäße mit kochend heißem Wasser (100 °C), das eine Gefäß sei blank poliert, das andere rußfarben geschwärzt, wohnt beiden zunächst die gleiche Wärmemenge inne (Abb. 2.6). Anschließend stellt man fest, dass das schwarze Gefäß die Wärme intensiver abstrahlt (emittiert) und demgemäß schneller abkühlt als das blanke. Umgekehrt: Füllt man beide Gefäße mit gleich kaltem Wasser und setzt sie intensiver Sonnenstrahlung aus, erwärmt sich das Wasser im schwarzen Gefäß schneller als im blanken, es absorbiert demnach in gleicher Zeit mehr Strahlung. Dieser Versuch entspricht dem frühzeitig von J. LESLIE (1766–1832) ausgeführten Experiment und macht deutlich, dass das Emissions- und Absorptionsverhalten stark von der Oberfläche des strahlenden bzw. empfangenden Körpers abhängig ist. Man spricht von Emissionsvermögen e bzw. von Absorptionsvermögen a. Der Versuch lässt erkennen, dass hohes Emissionsvermögen mit hohem Absorptionsvermögen einhergeht, vice versa. Vermögen ist hier als Energieabstrahlung bzw. Energieaufnahme pro Flächen- und Zeiteinheit zu verstehen, also als Strahlungsleistung.

Als **Schwarzen Körper** bezeichnet man einen solchen, der die auf ihn auftreffende Strahlungsenergie vollständig absorbiert, es wird kein Anteil der auftreffenden Strahlungsenergie reflektiert. Synonym verwendet man die Begriffe Schwarzer Strahler oder Planck'scher Strahler. Es zeigt sich, dass ein solcher Körper bzw. Strahler das höchstmögliche Emissionsvermögen besitzt und dieses gleich seinem Absorptionsvermögen ist, das bedeutet: Emissions- und Absorptionsvermögen sind beim Schwarzen Körper gleichhoch: $e_S = a_S$.

Im Jahre 1859 konnte G.R. KIRCHHOFF (1824–1887) nachweisen und thermodynamisch begründen, dass bei allen Körpern, ganz gleich von welcher Oberflächenbeschaffenheit sie sind, das Verhältnis von Emissions- und Absorptionsvermögen bei einer bestimmten Temperatur T im thermodynamischen Gleichgewicht konstant ist.

2.6.2 Schwarzer Strahler

Wie ausgeführt, besteht zwischen der Höhe der Temperatur eines Körpers und der vom Körper ausgehenden Strahlungsleistung ein funktionaler Zusammenhang. Für einen Körper beliebiger Form, Beschaffenheit, Struktur und Oberfläche lässt sich kein allgemein gültiges Gesetz zwischen Strahlungsleistung und Temperatur angeben, sondern nur für einen ganz spezifischen Strahler. Das ist der im vorangegangenen Abschnitt eingeführte Schwarze Körper. Es handelt sich um einen Idealstrahler, der als Referenzstrahler zur Kennzeichnung realer Strahler dient.

Abb. 2.7a zeigt einen im Innenraum eines temperaturregelbaren Ofens liegenden Hohlkörper. Das Material ist beliebig. Es mag sich, wie dargestellt, um eine geschlossene Kugel oder einen geschlossenen Zylinder handeln. Innenseitig ist die Wand zweckmäßig geschwärzt. Ein Ofen heize den Hohlkörper auf. Um die Strahlungsverhältnisse im Inneren des Hohlkörpers von außen technisch messen zu können, wird in der Wand ein im Vergleich zum Hohlraumvolumen kleines Loch belassen. Über das Loch dringt zwar etwas Strahlung in das Innere ein bzw. heraus, doch wird die bei der Erwärmung ausgelöste Wärmestrahlung im Innenraum des Hohlkörpers alsbald nach mehrfacher Reflexion an der inneren Wand von dieser absorbiert. Es handelt sich zwar um keinen idealen Schwarzer Strahler, doch können mit ihm auf diese Weise die Strahlungsverhältnisse im Hohlraum bis auf 96 % genau erkundet werden. Zur technischen Realisierung gibt es mehrere Vorschläge.

Abb. 2.7

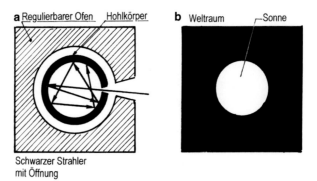

a Regulierbarer Ofen   Hohlkörper   b Weltraum   Sonne

Schwarzer Strahler
mit Öffnung

Bei Aufheizung der Hohlkörperwandung von außen erfüllt den Hohlraum eine diffuse Strahlung. Die aus dem Loch austretende Strahlung kann vermessen werden, ihre Eigenschaft stimmt (aus den erläuterten Gründen) zwar nicht vollständig, gleichwohl weitgehend, mit jener im Inneren eines idealen Schwarzen Strahlers überein.

Die Sonne und die Sterne können als nahezu ideale Schwarze Strahler gegenüber dem pechschwarzen Weltraum angesehen werden (Abb. 2.7b). Für sie gelten die Strahlungsgesetze des Schwarzen Strahlers in sehr guter Annäherung, woraus wichtige Schlüsse auf die Temperatur und Beschaffenheit der Sonnen- und Sternatmosphären gezogen werden können (Abschn. 3.9.8).

2.6.3 Spektrale Strahlungsgrößen

Bevor auf die Entwicklung des Strahlungsgesetzes eingegangen werden kann, müssen eine Reihe von Begriffen und Definitionen zum Strahlungsfeld eines Schwarzen Strahlers erklärt werden:

Ebener Winkel Wie bekannt, ist der ebene Winkel α (in Bogenmaß) als Verhältnis der vom Winkel eingeschlossenen Bogenlänge s zur Radiuslänge r definiert (Abb. 2.8a):

$$\alpha = \frac{s}{r}, \quad \text{gemessen in rad.}$$

Als Einheit für α verwendet man das **Radiant**, Einheitenzeichen: rad = m/m. Ist die eingeschlossene Bogenlänge gleich dem gesamten Kreisumfang, beträgt der volle Winkel $2\pi r/r = 2\pi$ rad. 2π rad entspricht 360° in Altgrad, somit gilt: π rad = 180° und 1 rad = 180°/π = 57,3°.

Abb. 2.8

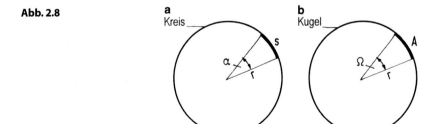

Abb. 2.9

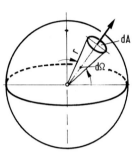

Raumwinkel   Der Raumwinkel Ω ist entsprechend definiert und zwar als Verhältnis der vom Raumwinkel Ω auf der Kugeloberfläche eingeschlossenen Fläche A zum Quadrat der Radiuslänge r der Kugel (Abb. 2.8b):

$$\Omega = \frac{A}{r^2}, \quad \text{gemessen in sr.}$$

Als Einheit für Ω verwendet man das **Steradiant**, Einheitenzeichen: sr $= \text{m}^2/\text{m}^2$.

Ist die eingeschlossene Fläche gleich der gesamten Kugelfläche, beträgt der volle Raumwinkel $4\pi r^2/r^2 = 4\pi$ sr. Der Raumwinkel über der halbkugelförmigen Hemisphäre ist davon die Hälfte: 2π sr.

Zur infinitesimalen Fläche dA auf der Kugeloberfläche gehört der infinitesimale Raumwinkel $d\Omega = dA/r^2$. Er ist der Zentriwinkel eines Kegels mit der Spitze im Kugelmittelpunkt und der Basis dA auf der Kugeloberfläche, vgl. Abb. 2.9.

Spektrale Strahlungsdichte   Mit ‚spektral' versieht man Begriffe, die sich auf einen bestimmten Wellenlängen- oder Wellenfrequenzbereich, also auf die ‚Dichtebereiche' $d\lambda$ oder $d\nu$ beziehen.

Die **gesamte Strahlungsenergie**, die von der Oberfläche A eines strahlenden Körpers ausgeht, sei E, gemessen in Joule (J). Diese Energie ist im Wellenlängen- bzw. Wellenfrequenzbereich der elektromagnetischen Strahlung variabel, sie ist eine Funktion von λ bzw. ν. **Beim Schwarzen Strahler bestimmt allein die absolute Temperatur T, gemessen in Kelvin (K), die Höhe der Energie.**

Die **spektrale Strahlungsenergie** im Wellenlängenbereich zwischen λ bis $\lambda + d\lambda$, ist

$$E_\lambda = \frac{dE}{d\lambda}, \quad \text{gemessen in } \frac{\text{J}}{\text{m}}$$

Man spricht auch von **spektraler Energiedichte**. – Die gesamte pro Zeiteinheit abgestrahlte Strahlungsenergie, also die **gesamte Strahlungsleistung**, die von der Oberfläche des Körpers ausgeht, ist:

$$P = \frac{dE}{dt}, \quad \text{gemessen in } \frac{J}{s} = W \text{ (Watt)}$$

Die **spektrale Strahlungsleistung** im Wellenlängenbereich zwischen λ bis $\lambda + d\lambda$ ist demgemäß:

$$P_\lambda = \frac{dE_\lambda}{dt} = \frac{d^2 E}{d\lambda \cdot dt}, \quad \text{gemessen in } \frac{J}{m \cdot s} = \frac{W}{m}$$

Die von der Flächeneinheit dA der Oberfläche des strahlenden Körpers in die Einheit $d\Omega$ des Raumwinkelbereiches abgestrahlte spektrale Strahlungsleistung (also pro m^2 und pro sr), wird **spektrale Leistungsdichte** (oder spektrale Strahlungsdichte) genannt:

$$L_\lambda = \frac{d^2 P_\lambda}{dA \cdot d\Omega} = \frac{d^3 E_\lambda}{dt \cdot dA \cdot d\Omega} = \frac{d^4 E}{d\lambda \cdot dt \cdot dA \cdot d\Omega},$$
$$\text{gemessen in } \frac{W}{m} \cdot \frac{1}{m^2 \cdot sr} = \frac{W}{m^3 \cdot sr}$$

L_λ ist die wichtigste bezogene Leistungsgröße, sie gilt es zu bestimmen. Ist sie bekannt, kann die sich auf dA beziehende **spektrale Leistungsstärke** (auch spektrale Strahlungsintensität genannt) zu $I_\lambda = L_\lambda \cdot dA$, berechnet werden, gemessen in $\frac{W}{m \cdot sr}$. Für die Strahlungsleistung dP_λ in den Raumwinkelbereich $d\Omega$ hinein gilt: $dP_\lambda = I_\lambda \cdot d\Omega$. Hieraus wird deutlich, wie durch Integration über den gesamten von der Strahlung erfassten Raumwinkelbereich bzw. den gesamten Oberflächenbereich die zugehörige spektrale Strahlungsleitung bestimmt werden kann, wenn L_λ bekannt ist.

Die vereinbarten Energie- und Leistungsgrößen (deren Benennung im Schrifttum nicht ganz einheitlich ist) gelten unter der Voraussetzung, dass die Energie normal (also senkrecht) zur Fläche dA abgestrahlt wird. Um das kenntlich zu machen, wird i. Allg. zusätzlich zum Index λ der Index Null gesetzt, also z. B.: $L_{\lambda,0}$, wie in Abb. 2.10 verdeutlicht.

Betrachtet man die abstrahlende Fläche dA aus der Richtung ϑ, wird von dem von dA ausgehenden Strahlungsfluss nur ein Teil in Richtung der Projektion wirksam, demgemäß gilt:

$$I_{\lambda,\vartheta} = I_{\lambda,0} \cdot \cos \vartheta$$

Abb. 2.10

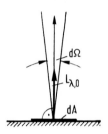

Dieser Sachverhalt ist in Abb. 2.11 verdeutlicht, insbesondere in Teilabbildung c. Teilabbildung a zeigt, wie die Strahlung in Richtung ϑ die hemisphärische Halbkugel trifft. Um die von dA ausgehende Strahlungsleistung für einen größeren Raumwinkelbereich, z. B. für die gesamte von dA ausgehende Strahlung auf die halbkugelförmige Hemisphäre zu finden, muss über den zugehörigen Raumwinkel integriert werden. Dazu wird die auf die Flächeneinheit dA bezogene **spektrale Ausstrahlung**

$$dM_\lambda = \frac{dP_\lambda}{dA} = \frac{I_\lambda}{dA}\, d\Omega, \quad \text{gemessen in } \frac{\text{W}}{\text{m}^2},$$

definiert. Ausgehend von dieser Definition, lässt sich die von dA in den gesamten Halbraum abgestrahlte Leistung berechnen. Dazu wird zunächst die in Abb. 2.12 schraffierte Zone betrachtet. Sie ist durch die Zentriwinkel ϑ und $\vartheta + d\vartheta$ begrenzt. Innerhalb dieser Zone wird die infinitesimale Kugelfläche dA_K betrachtet. Sie ist in Umfangsrichtung durch $d\varphi$ beidseitig begrenzt (vgl. Abb. 2.12 mit Abb. 2.11a).

Die Längen der Begrenzungslinien in Umfangsrichtung betragen

in der Schnittebene ϑ: $r \cdot d\varphi \cdot \sin\vartheta$ und
in der Schnittebene $\vartheta + d\vartheta$: $r \cdot d\varphi \cdot \sin(\vartheta + d\varphi)$.

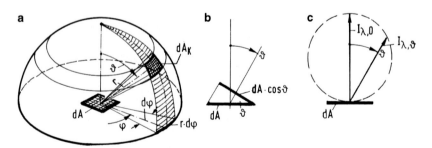

Abb. 2.11

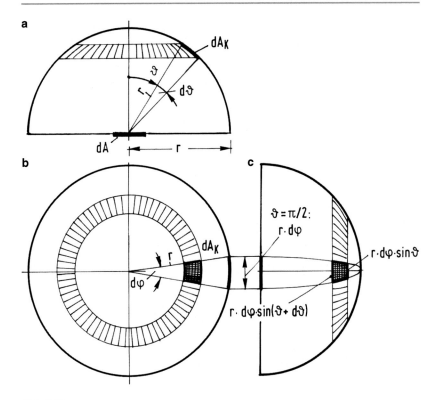

Abb. 2.12

Die mittlere Länge ist demgemäß:

$$\frac{1}{2} \left[r \cdot d\varphi \cdot \sin \vartheta + r \cdot d\varphi \cdot \sin(\vartheta + d\vartheta) \right]$$

Nach Entwicklung von $\sin(\vartheta + d\vartheta)$ folgt unter der Maßgabe, dass $d\vartheta$ eine infinitesimale Größe ist:

$$\frac{r \cdot d\varphi}{2} \left[\sin \vartheta + \sin \vartheta \cdot \cos d\vartheta + \cos \vartheta \cdot \sin d\vartheta \right]$$

$$= \frac{r \cdot d\varphi}{2} \left[\sin \vartheta + \sin \vartheta \cdot 1 + \cos \vartheta \cdot 0 \right] = r \cdot \sin \vartheta \cdot d\varphi$$

Für die Fläche dA_K gilt damit:

$$dA_K = (r \cdot \sin\vartheta \cdot d\varphi) \cdot (r \cdot d\vartheta) = r^2 \sin\vartheta \cdot d\vartheta \cdot d\varphi$$

Die Fläche des betrachteten (schraffierten) Kugelbereiches ergibt sich als Integral über dA_K zu:

$$\int\limits_{\varphi=0}^{2\pi} r^2 \sin\vartheta \, d\vartheta \, d\varphi = r^2 \sin\vartheta \, d\vartheta \cdot \int\limits_0^{2\pi} d\varphi = r^2 \sin\vartheta \, d\vartheta \cdot \varphi\Big|_0^{2\pi} = 2\pi r^2 \sin\vartheta \, d\vartheta$$

Der zugehörige Raumwinkel ist

$$d\Omega = 2\pi r^2 \sin\vartheta \, d\vartheta / r^2 = 2\pi \sin\vartheta \, d\vartheta.$$

Indem über den Strahlungsfluss in diesen Raumwinkelbereich hinein von $\Omega = 0$ bis $\Omega = 2\pi$ (s. o.) bzw. von $\vartheta = 0$ bis $\vartheta = \pi/2$ integriert wird, erhält man die gesamte **spektrale Ausstrahlung** der Fläche dA **in den hemisphärischen Halbraum**:

$$M_\lambda = \int\limits_{\Omega=0}^{\Omega=2\pi} dM_{\lambda,\Omega} \, d\Omega = \int\limits_{\vartheta=0}^{\vartheta=\pi/2} dM_{\lambda,\vartheta} \, d\vartheta$$

$dM_{\lambda,\Omega}$ ist die auf dA bezogene spektrale Ausstrahlung in den Raumwinkelbereich von $\Omega = 0$ bis $\Omega = 2\pi$, gleichwertig mit $dM_{\lambda,\vartheta}$, wobei von $\vartheta = 0$ bis $\vartheta = \pi/2$ zu integrieren ist:

$$dM_{\lambda,\vartheta} = \frac{I_{\lambda,\vartheta}}{dA} \cdot d\Omega = \frac{L_\lambda \cdot dA \cdot \cos\vartheta \cdot d\Omega}{dA} = L_\lambda \cdot \cos\vartheta \, d\Omega$$
$$= L_\lambda \cdot \cos\vartheta \cdot 2\pi \cdot \sin\vartheta \, d\vartheta$$

Für M_λ ergibt sich damit schließlich:

$$M_\lambda = 2\pi \cdot L_\lambda \int\limits_{\vartheta=0}^{\vartheta=\pi/2} \sin\vartheta \cos\vartheta \, d\vartheta = 2\pi L_\lambda \cdot \frac{1}{2} = \pi \cdot L_\lambda$$

Nach Abklärung der Strahlungsgrößen, welche die von der Fläche dA eines Schwarzen Strahlers ausgehende Strahlung charakterisieren, kann das Strahlungsgesetz dieser Strahlung erläutert werden. Aufgabe ist es, die spektrale

Strahlungsdichte L_λ zu finden. Ist sie bekannt, kann die spektrale Strahlungs-stärke I_λ und die gesamte spektrale Ausstrahlung des Schwarzen Strahlers in die Hemisphäre, das ist M_λ, berechnet werden:

$$I_\lambda = L_\lambda \cdot dA, \quad M_\lambda = \pi \cdot L_\lambda$$

Integriert man über den Wellenlängenbereich von $\lambda = 0$ bis $\lambda = \infty$ (bzw. im Falle L_ν von $\nu = 0$ bis $\nu = \infty$), ergibt sich das Gesetz für die **gesamte Ausstrahlung des Schwarzen Strahlers in den hemisphärischen Halbraum** zu:

$$M = \pi \cdot L \text{ mit } L = \int\limits_0^\infty L_\lambda d\lambda = \int\limits_0^\infty L_\nu d\nu$$

Hiervon ausgehend, lässt sich das Boltzmann'sche Strahlungsgesetz bestätigen, was im folgenden Abschnitt behandelt wird.

Da Emissions- und Absorptionsvermögen beim Schwarzen Strahler gleichhoch sind, gelten die angeschriebenen Energie-, Leistungs- und Abstrahlungsgrößen gleichermaßen für eine emittierte wie eine absorbierte Strahlung.

2.6.4 Strahlungsgesetze des Schwarzen Strahlers

Der Herleitung des Strahlungsgesetzes $L_\lambda = L_\lambda(T)$ für den Schwarzen Strahler durch M. PLANCK im Jahre 1900 gingen, wie kurz angedeutet, jahrzehn-telange Bemühungen theoretischer und experimenteller Physiker voraus. Von letzteren sind F. PASCHEN (1865–1947) sowie O. LUMMER (1860–1925) und E. PRINGSHEIM (1859–1917) zu nennen, auf deren im Experiment gewonnene Ergebnisse M. PLANCK (neben anderen) aufbauen konnte. – Am Anfang der Entwicklung stand zudem, wie auch erwähnt, das von G.R. KIRCHHOFF formulierte Strahlungsgesetz (1850).

Mit der 1873 von J.C. MAXWELL (1831–1879) formulierten elektrodynami-schen Feldtheorie war der Nachweis erbracht worden, dass alle Strahlung von elektromagnetischer Wellennatur ist, also einheitlich behandelt werden kann bzw. muss: Das Strahlungsgesetz muss einerseits der Elektrodynamik, andererseits der Thermodynamik und damit den Gesetzen des thermischen Gleichgewichts und der Entropie genügen (Bd. II, Kap. 3).

Durch systematische Auswertung eigener Versuche und der von anderen Phy-sikern gewonnenen Messreihen, erkannte J. STEFAN (1835–1893) im Jahre 1879, dass die Gesamtstrahlung eines Schwarzen Strahlers der 4. Potenz der absoluten Temperatur T, auf die der Strahler aufgeheizt worden ist, proportional ist. Diese Gesetzmäßigkeit wurde 1884 von L. BOLTZMANN (1844–1906) auf thermodynamischer Basis bewiesen. Nach dem Stefan-Boltzmann-Gesetz beträgt die gesamte Ausstrahlung, also die gesamte auf die Flächeneinheit dA des Schwarzen Körpers bezogene Strahlungsleistung (über alle Wellenlängenbereiche hinweg):

$$M = \sigma \cdot T^4, \quad \text{gemessen in } \frac{W}{m^2}$$

Hierin ist σ die sogen. Stefan-Boltzmann-Konstante; sie beträgt (in späterer Ausdeutung):

$$\sigma = \frac{2\pi^5 k^4}{15 \cdot h^3 c^2} = 5{,}6697 \cdot 10^{-8} \frac{W}{m^2\,K^4}$$

Hierin bedeuten:

$k = 1{,}381 \cdot 10^{-23}\,\text{W s/K}$: Boltzmann'sche Konstante;
$h = 6{,}626 \cdot 10^{-34}\,\text{W s}^2$: Planck'sches Wirkungsquantum;
$c = 2{,}998 \cdot 10^8\,\text{m/s}$: Vakuum-Lichtgeschwindigkeit.

Es handelt sich bei den genannten Größen ausschließlich um Naturkonstante!

1893 wurde von W. WIEN (1866–1938) das nach ihm benannte sogen. Verschiebungsgesetz mit der Verschiebungskonstanten w (auch eine Naturkontante) hergeleitet:

$$\lambda_{max} \cdot T = w \quad \rightarrow \quad \lambda_{max} = w/T \text{ mit } w = 2{,}898 \cdot 10^{-3}\,\text{m K}$$

Das Gesetz gibt das Emissionsmaximum bei einer bestimmten Temperatur T des Schwarzen Strahlers an: Wie bereits anhand von Abb. 2.5 erläutert und hieraus erkennbar, gibt es für jede Temperatur eines Schwarzen Strahlers bzw. Körpers, eine bestimmte Wellenlänge, bei welcher er die höchste Energie abstrahlt, das geschieht bei der Wellenlänge λ_{max}. Beidseitig dieser Wellenlänge strahlt der Körper kontinuierlich schwächer und das entsprechend dem funktionalen Verlauf des nachfolgend angegebenen Strahlungsgesetzes.

Im Jahre 1896 schlug W. WIEN erstmals ein Strahlungsgesetz vor, das mit den Messwerten gut übereinstimmte, gleichwohl nur näherungsweise. M. PLANCK konnte es im Jahre 1900 durch das von ihm theoretisch hergeleitete Gesetz ersetzten, die Funktion der spektralen Strahlungsdichte eines Schwarzen Körpers lautet:

$$L_\lambda = \frac{1}{\pi} \cdot \frac{c_1}{\lambda^5} \cdot \frac{1}{\exp\left(\frac{c_2}{\lambda T}\right) - 1}, \quad \text{gemessen in } \frac{W}{m^3 \cdot sr}$$

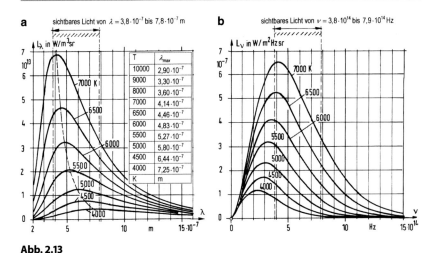

Abb. 2.13

Es bedeuten:

$$c_1 = 2\pi h \cdot c^2 = 3{,}742 \cdot 10^{-16}\,\mathrm{W\,m^2}, \quad c_2 = h \cdot c/k = 1{,}439 \cdot 10^{-2}\,\mathrm{m\,K}$$

Das Zeichen exp( ) steht in der Strahlungsformel für die Exponentialfunktion.

Die Konstanten k, h und c wurden bereits oben notiert. – In der Abb. 2.5b in Abschn. 2.6.1 wurde der Verlauf von L_λ innerhalb des für die Temperaturstrahlung maßgebenden Wellenlängenbereiches in doppeltlogarithmischer Skalierung dargestellt und zwar für vier Temperaturen T. – In Abb. 2.13 sind die spektralen Funktionsverläufe von L_λ (links) und L_ν (rechts) in jeweils linearer Skalierung nochmals abgebildet, L_λ ist über der Wellenlänge und L_ν über der Wellenfrequenz aufgetragen. Man spricht bei den Kurven von Isothermen (Kurven konstanter Temperatur).

Der Vollständigkeit halber sei erwähnt, dass im Jahre 1900 von J.W. RAY-LEIGH (1842–1919) und J.H. JEANS (1877–1946) ein Strahlungsgesetz vorgeschlagen worden war, das mit dem (späteren) Planck'schen Gesetz nicht übereinstimmte. Es konnte die Strahlung auch nur im ultravioletten Bereich beschreiben, außerhalb gab das Gesetz die Messwerte nicht richtig wieder. Da die Herleitung des Gesetzes von der Gemeinde der Physiker als zutreffend bewertet wurde und die Urheber des Gesetzes von höchster Autorität waren, umschrieb man die unerklärliche Diskrepanz als ‚Ultraviolett-Katastrophe'.

Auch der Planck'sche Ansatz wurde zunächst keineswegs allgemein akzeptiert. Das von M. PLANCK auf der Sitzung der Deutschen Physikalischen Gesellschaft am 14.12.1900 unter dem Titel ‚Über das Gesetz der Energieverteilung im Normalspektrum' vorgestellte und begründete Strahlungsgesetz erforderte nämlich die Einführung einer neuen Naturkonstante und zwar die von M. PLANCK mit **Wirkungsquantum** benannte Größe: $h = 6,63 \cdot 10^{-34}$ J s. Zudem postulierte er, dass die Strahlungsenergie nur diskontinuierlich in Form von Quanten übertragen werden kann. Das waren völlig neue Ansätze, die eigentlich erst zehn Jahre später von den Wissenschaftlern voll akzeptiert wurden. A. EINSTEIN erkannte deren Bedeutung alsbald und schlug im Jahre 1905 die Lichtquantenhypothese vor, wobei er vom Planck'schen Postulat ausging. Damit konnte er den Photoeffekt deuten. Für die Forschungen erhielten M. PLANCK im Jahre 1918 und A. EINSTEIN im Jahre 1921 den Nobelpreis für Physik, W. WIEN erhielt den Preis bereits im Jahre 1911. Zur geschichtlichen Entwicklung der Lichttheorie vgl. [6–8].

2.6.5   Ergänzungen und Beispiele zum Strahlungsgesetz

Für die Sonnen- und Sternforschung haben die Strahlungsgesetze große Bedeutung, diesbezüglich wird auf Abschn. 3.9.8 verwiesen.

1. Ergänzung

Eine Herleitung des Planckschen Strahlungsgesetzes ist auf elementarer Basis nicht möglich. Nur soviel sei angedeutet: Wird ein Schwarzer Strahler, bestehend aus einem Hohlraum, z. B. einem kugelförmigem Behälter, erwärmt, werden von der Innenwand ständig Strahlen unterschiedlicher Frequenz bzw. Wellenlänge emittiert und absorbiert (Abb. 2.14a). Jeder Strahl kann als stehende Welle eines transversal harmonisch schwingenden Oszillators angesehen werden. Die Wellenzahlen sind sämtlich geradzahlig, anderenfalls würde es sich nicht um stehende Wellen zwischen den einander gegenüberliegenden Wänden handeln. In Abb. 2.14b sind drei Wellen mit 2, 3 und 4 Halbwellen dargestellt. Derartige Wellen, auch Moden oder Eigenformen genannt, treten im Hohlraum in allen Frequenzen auf, allerdings ungleich verteilt. Je höher die Temperatur, umso mehr überwiegen Moden mit höheren Frequenzen also

Abb. 2.14   a   b

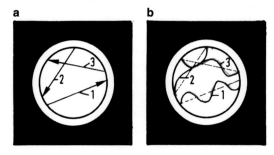

kürzeren Wellenlängen. So erklärt sich u. a. der Funktionsverlauf des Planck'schen Strahlungsgesetzes.

In der statistischen Thermodynamik kann gezeigt werden, dass jeder Eigenform eine mittlere Energie $\bar{\varepsilon}$ zugeordnet ist, sie lässt sich quantentheoretisch herleiten:

$$\bar{\varepsilon} = \frac{h\nu}{\exp\left(\frac{h\nu}{kT}\right) - 1}$$

Hierin ist k die Boltzmann'sche Konstante und T die absolute Temperatur.

Die Zahl der Moden im Frequenzbereich $d\nu$ lässt sich gleichfalls für das Einheitsvolumen dV des Hohlraums angeben: $8\pi\nu^2/c_0^3$, Einheit: $Hz^{-1}\,m^{-3}$. Von der Wand eines solchen Hohlraumes aus betrachtet, beträgt der volle Raumwinkel der allseitigen Strahlung: 4π sr (s. o.). Die Abstrahlung erfolgt im Vakuum mit Lichtgeschwindigkeit c_0. Für die Strahlung in den Raumwinkelbereich $d\Omega$ ergibt sich damit die Energie(strom)dichte zu:

$$L_\nu = 8\pi \frac{\nu^2}{c_0^3} \cdot \frac{c_0}{4\pi} \cdot \bar{\varepsilon} = 2\frac{\nu^2}{c_0^2} \cdot \frac{h\nu}{\exp\left(\frac{h\nu}{kT}\right) - 1}$$

Das ist das Plancksche Gesetz. Der Weg, auf dem M. PLANCK das Gesetz seinerzeit ableiten konnte, war ein etwas anderer. Entscheidend waren seine Postulate, dass die Energieemission bzw. -absorption jedes Oszillators im Hohlraum proportional zur Frequenz gemäß $h\nu$ ist und außerdem, dass Emission und Absorption nur in ganzzahligen Energieportionen erfolgen kann: $0 \cdot h\nu$, $1 \cdot h\nu$, $2 \cdot h\nu$, $3 \cdot h\nu$, usf. Der Faktor h in J s konnte M. PLANCK durch Anpassung seines Gesetzes an die experimentell gefundene spektrale Verteilung abschätzen, dabei diente ihm das von W. WIEN aufgestellte Gesetz als Bezug. Die Größe h konnte später durch andere quantenmechanische Effekte bestätigt und ihr Wert inzwischen sehr genau gemessen werden. – Die Herleitung des Gesetzes (nach einem Vorschlag von A. EINSTEIN) wird in Bd. IV, Abschn. 1.1.6, 8. Ergänzung, nachgetragen.

2. Ergänzung

Treffen Lichtquanten mit der Geschwindigkeit c_0 auf eine Grenzfläche, üben sie auf diese einen Druck aus, ähnlich wie die Gasmoleküle, die auf die Wand eines Behälters einen Druck ausüben. Die Analogie geht insofern noch weiter, als in beiden Fällen der Druck mit der Temperatur ansteigt. Man spricht daher auch von Photonengas im Hohlraum eines Schwarzen Körpers. Ist ρ_E die mittlere Gesamtenergiedichte über alle Frequenzen hinweg, berechnet sich der Strahlungsdruck auf die Flächeneinheit zu (ohne Herleitung):

$$q_{\text{Photon}} = \frac{1}{3} \cdot \rho_E = \frac{1}{3} \cdot \frac{4\sigma}{c_0} \cdot T^4 = \frac{4}{3} \cdot \frac{\sigma}{c_0} \cdot T^4, \quad \text{gemessen in } \frac{N}{m^2}$$

σ ist die Stefan-Boltzmann'sche Konstante und c_0 die Lichtgeschwindigkeit. Werden die Zahlenwerte der Konstanten in die Formel eingeführt, ergibt sich:

$$\sigma = 5{,}6697 \cdot 10^{-8} \frac{W}{m^2\,K^4}; \quad c_0 = 2{,}998 \cdot 10^8\,m/s \quad \rightarrow \quad \underline{q = 2{,}5215 \cdot T^4}$$

Der Faktor 2,5215 hat die Einheit $J/m^3\,K^4 = N/m^2\,K^4$, T ist in K einzusetzen. – Der Strahlungsdruck ist in terrestrischen Bereichen im Vergleich zu anderen Einflüssen, etwa im Vergleich zum atmosphärischen Druck, dem Betrage nach von untergeordneter Größe. Anders wirkt sich der Strahlungsdruck im kosmischen Rahmen aus, z. B. auf der Oberfläche und im Inneren der Sterne.

Die Anzahl der Photonen pro Volumeneinheit, also deren Dichte, ist von der Temperatur des Photonengases abhängig und lässt sich (ohne Herleitung) zu.

$$n_{\text{Photonen}} = 2,404 \cdot \frac{8\pi}{c_0^3} \cdot \frac{k^3}{h^3} \cdot T^3 = 2,030 \cdot T^3 \text{ angeben,} \qquad \text{gemessen in Anzahl pro m}^3.$$

3. Ergänzung/Beispiel
Die Oberflächentemperatur eines Schwarzen Körpers sei $T = 1000\,$K, dem entspricht eine Temperatur in Grad Celsius von $1000 - 273 = 727\,°$C. Der Körper strahlt am intensivsten mit der Wellenlänge $\lambda_{\max}$:

$$\lambda_{\max} = \frac{w}{T} = \frac{2,898 \cdot 10^{-3}}{1000} = \underline{2,898 \cdot 10^{-6}\,\text{m}} = 2,898\,\mu\text{m} = 2898\,\text{nm}$$

Der Verlauf des Spektrums (L_λ) für $T = 1000\,$K kann Abb. 2.5 entnommen werden. – Spektrale Strahlungsdichte und spektrale Ausstrahlung berechnen sich für $\lambda_{\max}$ nach den oben angegebenen Formeln. Für die Exponentialfunktion im Strahlungsgesetz sowie L_λ und M_λ findet man:

$$\exp\left(\frac{c_2}{\lambda T}\right) = \exp\left(\frac{1,439 \cdot 10^{-2}}{2,898 \cdot 10^{-6} \cdot 1000}\right) = \exp(4,9655) = \underline{143,38}$$

$$L_\lambda = \frac{1}{\pi} \cdot \frac{3,742 \cdot 10^{-16}}{(2,898 \cdot 10^{-6})^5} \cdot \frac{1}{143,38 - 1} = 4,093 \cdot 10^9 \, \frac{\text{W}}{\text{m}^3\,\text{sr}} = 4,093 \, \frac{\text{W}}{\text{m}^2\,\text{nm}\,\text{sr}}$$

$$M_\lambda = \pi \cdot L_\lambda = \pi \cdot 4,093 = 12,858 \, \frac{\text{W}}{\text{m}^2 \cdot \text{nm}} = 12,858 \cdot 10^9 \, \frac{\text{W}}{\text{m}^3}$$

Die gesamte hemisphärische Ausstrahlung ergibt sich zu:

$$M = \sigma \cdot T^4 = 5,670 \cdot 10^{-8} \cdot 1000^4 = \underline{5,670 \cdot 10^4} \, \frac{\text{W}}{\text{m}^2}$$

Hat der Schwarze Körper eine abstrahlende Fläche von $A = 5\,\text{m}^2$ in der Ebene, beträgt seine Strahlungsleistung in den Halbraum senkrecht zu dieser Ebene:

$$I = M \cdot A = 5,670 \cdot 10^4 \cdot 5,0 = \underline{2,835 \cdot 10^5\,\text{W}}$$

Die in einer Stunde, also über die Dauer von $1\,\text{h} = 3600\,$s, abgestrahlte Energie beläuft sich auf: $E = I \cdot t = 2,835 \cdot 10^5 \cdot 3600 = \underline{1,0206 \cdot 10^9\,\text{J}}$

Abb. 2.15 zeigt das Strahlungsspektrum, hier linear skaliert. Dargestellt ist nicht L_λ, sondern L_ν über dem Frequenzbereich bis $\nu = 2,0 \cdot 10^{14}\,$Hz.

Hinweis
Bei der Überführung von L_λ in L_ν muss $L_\lambda \cdot d\lambda = -L_\nu \cdot d\nu$ beachtet werden, nur so ist sicher gestellt, dass in den einander zugeordneten ‚Dichtebereichen' $d\lambda$ und $d\nu$ dieselbe Leistung abgestrahlt wird:

Abb. 2.15

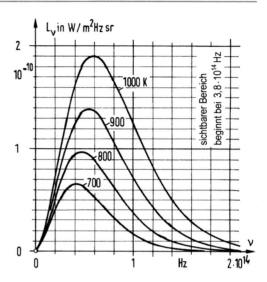

Wird $\lambda = c_0/\nu$ nach ν differenziert, ergibt sich: $d\lambda/d\nu = -c_0/\nu^2$; entsprechend folgt: $d\nu/d\lambda = -c_0/\lambda^2$. Hiermit lassen sich L_λ und L_ν ineinander überführen

$$L_\nu = \frac{1}{\pi} c_3 \nu^3 \cdot \frac{1}{\exp\left(c_4 \frac{\nu}{T}\right) - 1}, \quad \text{gemessen in der Einheit: } \frac{W}{m^2\,Hz\,sr}.$$

Die Konstanten lauten:

$$c_3 = 2\pi h/c_0^2 = 4{,}632 \cdot 10^{-50}\ \text{W s}^4/\text{m}^2 \text{ und } c_4 = h/k = 4{,}798 \cdot 10^{11}\ \text{s K}.$$

Dargestellt sind in Abb. 2.15 neben dem Spektrum für $T = 1000\,\text{K}$ ($727\,°\text{C}$), die Spektren für $T = 900\,\text{K}$ ($627\,°\text{C}$); $T = 800\,\text{K}$ ($528\,°\text{C}$) und $T = 700\,\text{K}$ ($427\,°\text{C}$). – Das sichtbare Licht beginnt außerhalb des dargestellten Bereiches bei $3{,}8 \cdot 10^{14}$ Hz.

Integriert man über den Verlauf der Funktion L_ν, ergibt sich für $T = 1000\,\text{K}$:

$$L = \int\limits_0^{2\cdot10^{14}} L_\nu(\nu, T = 1000\,\text{K})d\nu = \underline{1{,}802 \cdot 10^4\ \frac{W}{m^2}}$$

Wendet man die obige Gleichung für $M = \pi \cdot L$ darauf an, folgt:

$$M = \pi \cdot L = \pi \cdot 1{,}802 \cdot 10^4 = \underline{5{,}670 \cdot 10^4\ \frac{W}{m^2}}$$

Das stimmt mit obigem Zahlenwert ($5{,}670 \cdot 10^4$) für die spezifische Ausstrahlung überein.

4. Ergänzung

Das Strahlungsverhalten realer Körper weicht mehr oder weniger stark von jenem eines Schwarzen Körpers ab. Zur Kennzeichnung dient der Emissionsgrad ε. Ist $L_{\lambda,G}(\lambda)$ die spektrale Strahlungsdichte des realen Körpers für die Wellenlänge λ und ist $L_{\lambda,S}(\lambda)$ jene des

Abb. 2.16

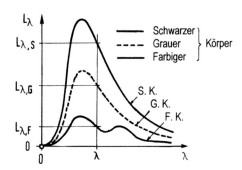

Schwarzen Körpers gleicher Temperatur, ist der Emissionsgrad für die Wellenlänge λ zu:

$$\varepsilon(\lambda) = \frac{L_{\lambda,G}(\lambda)}{L_{\lambda,S}(\lambda)}$$

definiert. Ein ‚Grauer Körper' ist ein solcher, bei welchem $\varepsilon(\lambda)$ unabhängig von der Wellenlänge ist, in diesem Falle gilt: $\varepsilon(\lambda) = \varepsilon =$ konst. Das Spektrum des Schwarzen Körpers geht für eine bestimmte Temperatur T affin in jenes für den Grauen Körper über, damit auch die Integrale über den Verlauf des Spektrums. Mit diesem Ansatz gilt: $\varepsilon = M_G/M_S$. Zusammengefasst: Ein Grauer Körper strahlt bei allen Wellenlängen im gleichen Verhältnis wie der bei gleicher Temperatur zugeordnete Schwarze Körper. Sind vorgenannte Bedingungen nicht erfüllt, spricht man von einem ‚Farbigen Körper'. In Abb. 2.16 ist das unterschiedliche Strahlungsverhalten schematisch einander gegenüber gestellt.

Nach dem Kirchhoffschen Strahlungsgesetz ist bei einem strahlenden Körper der spektrale Emissionsgrad bei der Temperatur T gleich dem Absorptionsgrad bei dieser Temperatur, demnach gilt: $\alpha = \varepsilon$. Das ist eine Folgerung aus dem 2. Hauptsatz der Thermodynamik. Für lichtundurchlässige Körper kann damit zusammengefasst werden:

Schwarze Körper: $\varepsilon_S = 1, \alpha_S = 1$
Graue Körper: $0 < \varepsilon_G < 1, 0 < \alpha_G < 1$
Weiße Körper: $\varepsilon_W = 0, \alpha_W = 0$

Für den Reflexionsgrad gilt in allen Fällen: $\rho = 1 - \varepsilon = 1 - \alpha$. – Bei den meisten nichtmetallischen Stoffen liegt ε höher als 0,9 (auch bei Schnee: $\varepsilon \approx 0{,}90$ bis 0,95). Bei Metallen im polierten Zustand liegt ε im Mittel bei 0,05. Im oxidierten Zustand wird 0,50 erreicht, im geschwärzten, rauen Zustand 0,80 und höher.

Beispiel
Wird eine Ofenklappe mit den Abmessungen $0{,}25 \times 0{,}25$ m geöffnet und ist die Temperatur im Ofeninneren $T = 1250$ K, beträgt die aus der Öffnung austretende Strahlungsleistung:

$$I = \sigma \cdot T^4 \cdot A = 5{,}670 \cdot 10^{-8} \cdot 1250^4 \cdot 0{,}25^2 = 8651 \text{ W} \approx 8{,}6 \text{ kW}$$

Unterstellt man, dass die Außenwand des Ofens dieselbe Temperatur wie die innere aufweist und der Emissionsgrad $\varepsilon = 0{,}8$ beträgt, wird von der Ofenwand mit einer Fläche wie oben $(0{,}25 \times 0{,}25\,\text{m})$ 80 % des obigen Leistungswertes abgestrahlt: $0{,}8 \cdot 8651 = 6921\,\text{W} \approx 6{,}9\,\text{kW}$. Ist der Ofen innenseitig ausgekleidet und beträgt die Temperatur auf der Außenseite nur 1000 K, ergibt sich (wieder für $A = 0{,}25^2\,\text{m}^2$):

$$I = \varepsilon \cdot \sigma \cdot T^4 \cdot A = 0{,}8 \cdot 5{,}670 \cdot 10^{-8} \cdot 1000^4 \cdot 0{,}25^2 = 2835\,\text{W} \approx 2{,}8\,\text{kW}$$

Wie ausgeführt, ist der Emissionsgrad des Ofens von der Oberfläche abhängig, d. h. von dessen Farbe und Rauigkeit. Der Emissionsgrad ist umso höher, je schwärzer und rauer die strahlende Fläche ist. Umso eher ist es dann gerechtfertigt von einem Grauen Strahler zu sprechen.

Meist liegen ε bzw. α bei Metallen wegen deren hoher Reflexion niedrig. Dann handelt es sich eher um einen Farbigen Strahler. Das bedeutet, die Strahlungsdichte variiert mehr oder minder stark mit der Wellenlänge, man spricht dann auch von einem ‚Selektiven Strahler‘. Der Bezug auf das Strahlungsgesetz des Schwarzen Strahlers ist in solchen Fällen allenfalls nur noch für ausgewählte Wellenlängenbereiche möglich.

5. Ergänzung/Beispiel

Als künstliche Lichtquellen in Leuchten werden bzw. wurden am häufigsten Glühbirnen eingesetzt, mit einem Glühdraht aus Wolfram (W). Wolfram hat von allen Metallen den höchsten Schmelzpunkt (ca. 3690 K). Wird in einer Glühbirne beispielsweise eine Temperatur von 3300 K erreicht, liegt das Maximum des Strahlungsspektrums bei:

$$\lambda_{\max} = w/T = 2{,}898 \cdot 10^{-3}/3300 = 8{,}78 \cdot 10^{-7}\,\text{m} = 878\,\text{nm}$$

Abb. 2.17 zeigt das Strahlungsspektrum in Bezug zum Spektrum der Lichtempfindlichkeit des menschlichen Auges. Man erkennt, dass im Bereich ca. 600 nm der höchste Anteil des

Abb. 2.17

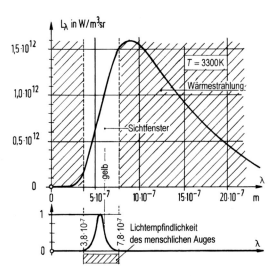

Leistungsangebots vom Auge gefiltert wird. Dem Auge erscheint das Licht daher eher gelb-
lich. Nur max. ca. 10 % der Strahlungsenergie entfällt bei einer Glühbirne auf den sichtbaren
Bereich, in den Bereich hoher Lichtempfindlichkeit noch weniger, der Rest, das sind meist
mehr als 90 %, wird als Wärme abgestrahlt, eine offensichtlich unwirtschaftliche Beleuch-
tungsform. Aus diesem Grund wird in Europa seit dem Jahre 2009 die Beleuchtung auf
Energiesparlampen umgestellt.

6. Ergänzung

Die **Thermographie** ist ein Messverfahren, um Höhe und Verteilung der Oberflächentemperatur eines Körpers aus einer gewissen Entfernung berührungslos zu messen. Im Bereich
des Mittelwellen-Infrarots (ca. 3,5 bis $5 \cdot 10^{-6}$ m) können über ein Fenster höhere Temperaturen (von ca. 300 bis 500 °C) bestimmt werden. Im Bereich des Langwellen-Infrarots
(ca. 8 bis $12 \cdot 10^{-6}$ m) ist ein weiteres Fenster für Messungen tieferer Temperaturen geeignet, z. B. einer Temperatur von $20 \,^\circ C = 293$ K mit $\lambda_{max} = 10,2 \cdot 10^{-6}$ m $= 10,2\mu$m
(Abb. 2.18). Dieser Bereich hat in der Bauphysik Bedeutung (Gebäudethermographie), um
Temperaturunterschiede auf der Außenwand eines Hauses aufzeichnen und dadurch wär-
metechnische Schwachstellen, Feuchtbereiche, Leckagen diagnostizieren zu können. Dazu
werden spezielle IR-Kameras mit Linsen aus Halbleitermaterial (Silizium, Germanium) und
tiefgekühlte Sensoren eingesetzt. Als Kühlmittel dient flüssiger Stickstoff ($-196 \,^\circ$C). Möglich sind Aufnahmen nachts, bei Dämmerung, tags im Schatten, zweckmäßig bei Bewölkung
und im Winterhalbjahr. Die geringsten noch auflösbaren Temperaturunterschiede liegen bei
10 K. Das Ergebnis der Messung erscheint auf dem Thermogramm eingefärbt (Wärmebild,
die Farben sind keine Glühfarben!)

In der Medizin dient die Thermographie zur Aufdeckung von Entzündungen und von
(Brust-) Krebs. Krankes Gewebe weist gegenüber gesundem eine leichte Temperaturerhöhung auf. Es lassen sich Temperaturunterschiede bis 0,1 K messen.

Abb. 2.18

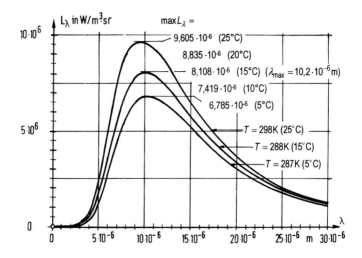

Eine weitere Anwendung ist die Fernerkundung, auch luftgestützt, mittels Nachtsicht-geräten. Ab Entfernungen 100 bis 200 m wirkt sich die Absorption der Strahlung durch die Luft zunehmend stärker aus, was einsichtiger Weise mit Einschränkungen bei der Satelliten-thermographie verbunden ist. – Schließlich ist das wichtige Gebiet der Infrarot-Astronomie zu erwähnen.

2.7 Solare Strahlung

2.7.1 Licht und Wärme auf Erden

Die Strahlung der Sonne hat auf die Entwicklung und Aufrechterhaltung des Lebens auf Erden fundamentale Bedeutung, die fundamentalste überhaupt. Ohne die von der Sonne ausgehende Strahlungsenergie hätte sich das Leben auf der festen Erdkruste, im Wasser und in der Luft nicht ausbilden können, es gäbe weder Pflanzen noch Tiere. Nicht umsonst genoss die Sonne in den Religionen der alten Völker höchste Verehrung.

Im Zuge der Evolution hat sich bei den Tieren jenes Sehvermögen entwickelt, das für ihre Bewegung zur Orientierung unverzichtbar ist. Dabei hat sich die Seh-fähigkeit des menschlichen Auges am solaren Spektrum so optimiert, dass das Maximum der spektralen Empfindlichkeit mit dem Maximum des Sonnenspek-trums bei etwa 550 nm zusammenfällt, vgl. Abb. 2.17 und 2.19.

Die von der Sonne ausgehende Wärmestrahlung liefert zudem genau jene Tem-peratur, die alle höheren Lebensformen benötigen, nicht zu tief und nicht zu hoch.

Abb. 2.19

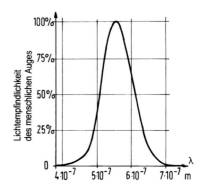

Setzt man die Temperaturgrenzen für Lebensfähigkeit zu

$$\min \vartheta = -30\,°\mathrm{C}\ (T = 243\,\mathrm{K}) \quad \text{und zu}$$
$$\max \vartheta = +50\,°\mathrm{C}\ (T = 323\,\mathrm{K})$$

an, wird die relativ schmale Temperaturspanne von $(50 + 30) = 80\,°\mathrm{C}$ ($80\,\mathrm{K}$) deutlich. Das ist wenig im Vergleich zum Temperaturbereich von $-273\,°\mathrm{C}$ ($0\,\mathrm{K}$, absoluter Nullpunkt) bis zu den höchsten Temperaturen, $+5497\,°\mathrm{C}$ ($5770\,\mathrm{K}$) auf der Sonnenoberfläche und ca. $15{,}5 \cdot 10^6\,°\mathrm{C}$ im Sonneninneren.

Für die Pflanzen ist die Sonnenstrahlung nicht minder entscheidend: Zur Bildung der organischen Verbindungen in Form von Glucose werden tagsüber die einfallenden Lichtquanten absorbiert. Bei dieser sogen. Photosynthese wird CO_2 (Kohlendioxid) aus der Luft aufgenommen und Wasser in Wasserstoff- und Sauerstoffmoleküle gespalten. Diese Stoffwechselreaktion vollzieht sich bei allen chlorophyllhaltigen Organismen, also bei allen Samen- und Sporenpflanzen, einschl. gewisser Bakterien gleichermaßen. Der in der Lufthülle vorhandene Sauerstoff (ca. $21\,\%$) ist ausschließlich in der erdgeschichtlichen Frühzeit durch Photosynthese entstanden. Die Pflanzen sind als Nahrung wiederum unverzichtbar für das Leben der Tiere. So hängt alles von der Sonnenstrahlung ab.

Als Folge des Absterbens und Verwesens organischer Substanzen sind in frühen Zeiten der Erdgeschichte gewaltige fossile Erdgas-, Erdöl- und Kohlelager entstanden. In diesen ist Sonnenenergie gebunden. Dieser Schatz wird von der Zivilisation heutiger Tage innerhalb einer vergleichsweise kurzen Zeit verbraucht, eine bestürzende Einsicht (Bd. III, Abschn. 6.5.6).

Die Energiegewinnung durch Wasser- und Windkraftwerke und jene mittels Solaranlagen aller Art beruht ebenfalls auf der Wirkung der Sonneneinstrahlung, nicht zuletzt jene aus nachwachsenden Rohstoffen wie Raps, Getreide und Mais, die in jüngerer Zeit zur Energiegewinnung herangezogen werden.

2.7.2 Strahlungsspektrum der Sonne

Die Sonne kann als nahezu idealer Schwarzer Strahler angesehen werden. Für die von der Sonnenoberfläche ausgehend Strahlung zeigt Abb. 2.20 das Leistungsspektrum. Auf der Sonnenoberfläche beträgt die Temperatur innerhalb der Photosphäre $T = 5770\,\mathrm{K}$. Schwankungen in der Größenordnung $\pm 100\,\mathrm{K}$ schlagen sich im Maximum deutlich nieder, vgl. die Abbildung.

Abb. 2.20

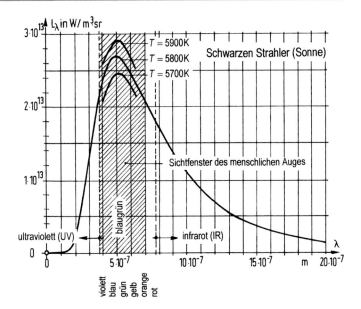

Wie bereits in den vorangegangenen Abschnitten ausgeführt, ist Licht innerhalb des Wellenlängenbereiches

$$\lambda = 3,8 \cdot 10^{-7}\,\mathrm{m} = 380 \cdot 10^{-9}\,\mathrm{m} = 380\,\mathrm{nm} \quad \text{und}$$
$$\lambda = 7,8 \cdot 10^{-7}\,\mathrm{m} = 780 \cdot 10^{-9}\,\mathrm{m} = 780\,\mathrm{nm}$$

für das menschliche Auge sichtbar. Dieses schmale Fenster innerhalb des elektromagnetischen Strahlungsspektrums setzt sich zu den kürzeren Wellenlängen als Ultraviolett-Strahlung (UV) und zu den längeren Wellen als Infrarot-Strahlung (IR) fort. Erstgenannte Strahlung ist relativ schmalbandig und höher energetisch, weiter gefolgt von der hochenergetischen Röntgen- und Gammastrahlung, Zweitgenannte ist sehr breitbandig, weiter gefolgt von der niederenergetischen Radiostrahlung (vgl. auch Abb. 2.6).

Alle genannten Strahlungsanteile sind in der Sonnenstrahlung enthalten. Diverse Strahlungsanteile erreichen die Erdoberfläche indessen nicht. Würde die energiereiche Röntgen- und Gammastrahlung von der Lufthülle nicht absorbiert, hätte sich irdisches Leben (heutiger Ausprägung) nicht entwickeln können!

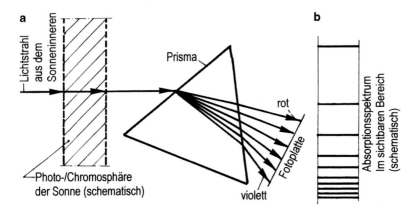

Abb. 2.21

Wie noch ausführlicher zu erklären sein wird, wird ein Lichtstrahl, der auf die Grenzfläche eines optisch dichteren durchsichtigen Stoffes fällt, z. B. von Luft auf einen ebenen Glaskörper, zu einem geringeren Anteil reflektiert, zu einem größeren beim Eindringen in den Körper gebrochen. Die Lichtbrechung steht mit der verminderten Geschwindigkeit der Lichtwellen im optisch dichteren Material in Verbindung: Die Brechzahl ist von der Wellenlänge bzw. von der Wellenfrequenz der unterschiedlichen spektralen Anteile des Lichts abhängig. In Abb. 2.21 ist der Lichtdurchgang durch ein Glasprisma dargestellt. Das ,weiße' Sonnenlicht wird zerlegt. Den einzelnen Anteilen sind unterschiedliche Farben zugeordnet. Das sich auf diese Weise einstellende farbige Spektrum wurde erstmals im Jahre 1704 von I. NEWTON (1642–1727) genauer untersucht. (Von L. da VINCI (1452–1519) gibt es dazu auch eine Notiz: Lichtbrechung im Wasserglas). – Wellen mit größerer Länge werden weniger stark gebrochen und erscheinen dem Auge rot, Wellen mit kürzerer Länge werden stärker gebrochen und erscheinen dem Auge violett. Die Farben gehen im Spektrum kontinuierlich ineinander über, ähnlich wie beim Regenbogen.

Bei genauer Betrachtung sind im Spektrum der Sonne dunkle Streifen erkennbar.

Das wurde 1802 von W. WOLLASTON (1766–1828) beobachtet. Unabhängig davon wurden die Linien im Jahre 1814 von J. FRAUNHOFER (1787–1826) entdeckt. Im selben Jahr hatte er das Prismenspektrometer erfunden. Mit einem solchen Gerät kann Licht beliebigen Ursprungs, z. B. das Licht glühender Kohle oder flammender Gase, in seine spektralen Bestandteile zerlegt werden.

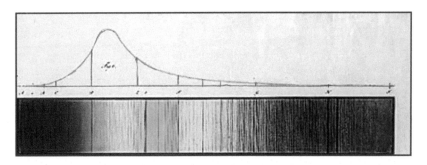

Abb. 2.22

Abb. 2.22 zeigt das von J. FRAUNHOFER skizzierte Sonnenspektrum und einige der von ihm entdeckten schwarzen Linien. Bis ins Jahr 1815 hatte er über 500 solcher Linien katalogisiert. Später wurden immer mehr aufgedeckt, heute sind ca. 24.000 Linien bekannt!

Bei den Linien handelt es sich um Absorptionslinien, was indessen erst später von G.R. KIRCHHOFF (1824–1887) und R.W. BUNSEN (1811–1899) experimentell nachgewiesen werden konnte.

Die Linien kennzeichnen im Falle des Sonnenspektrums unterschiedliche Anregungszustände der Atome und zwar jener chemischen Elemente, die in der äußeren Sonnenatmosphäre vorhanden sind. In Abb. 2.21a ist der Durchgang des Lichts durch die Photo-/Chromosphäre, gefolgt vom Gang des Lichts bis zur Erde und das Auftreffen auf ein Prisma (schematisch!) veranschaulicht. Bestimmte spektrale Anteile werden in der Sonnenatmosphäre herausgefiltert (absorbiert). Sie erreichen das Prisma nicht. Am Ort der zugehörigen Wellenlängen liegen schwarze Linien (Abb. 2.21b). Auf der Grundlage der Quantenmechanik wird in Bd. IV, Abschn. 1.1.3 erläutert, wie die Linien entstehen und welchen Gesetzmäßigkeiten sie unterliegen.

2.7.3 Solarkonstante

Setzt man die effektive Oberflächentemperatur der Sonne zu $T = 5770\,\text{K}$ an, berechnet sich die von der Flächeneinheit $1\,\text{m}^2$ der Sonnenoberfläche abgestrahlte Leistung zu (vgl. Abschn. 2.6.4: Stefan-Boltzmann'sches Gesetz):

$$M_{\text{Sonne}} = \sigma \cdot T_{\text{Sonne}}^4 = 5{,}670 \cdot 10^{-8} \cdot 5770^4 = \underline{6{,}285 \cdot 10^7\,\text{W/m}^2}$$

Bei einem Radius des Sonnenballs von $6{,}96 \cdot 10^8$ m, lässt sich die Oberfläche der Sonne zu:

$$O_{\text{Sonne}} = 4\pi \cdot R_{\text{Sonne}}^2 = 4\pi \cdot (6{,}96 \cdot 10^8)^2 = \underline{6{,}087 \cdot 10^{18}\,\text{m}^2}$$

bestimmen. Die gesamte von der Sonne abgestrahlte Leistung ist demnach:

$$6{,}285 \cdot 10^7 \cdot 6{,}087 \cdot 10^{18} = 3{,}826 \cdot 10^{26}\,\text{W} = \underline{3{,}826 \cdot 10^{20}\,\text{MW}}$$

Eine unvorstellbare Größe. Die Abstrahlung entspricht der Leistung von ca. $3{,}3 \cdot 10^{17}$ Kernkraftwerken vom Biblis-Typ (Leistung: 1200 MW).

Eine um die Sonne aufgespannte (fiktive) Kugel mit dem mittleren **Erdbahn**radius $r_{\text{Erde}} = 1{,}496 \cdot 10^{11}$ m hat die Oberfläche

$$O_{\text{Erdbahnkugel}} = 4\pi \cdot r_{\text{Erde}}^2 = 4\pi \cdot (1{,}496 \cdot 10^{11})^2 = 28{,}124 \cdot 10^{22}\,\text{m}^2.$$

Auf diese Fläche verteilt sich im Abstand Sonne/Erde die von der Sonne in der Zeiteinheit insgesamt abgestrahlte Energie, Abb. 2.23a. Die Kreisscheibe der Erde auf dieser fiktiven Kugeloberfläche bedeckt die Fläche:

$$A_{\text{Erdscheibe}} = \pi \cdot R_{\text{Erde}}^2 = \pi \cdot (6{,}371 \cdot 10^6)^2 = \underline{1{,}275 \cdot 10^{14}\,\text{m}^2}$$

Das ist, bezogen auf die Fläche der **Erdbahn**kugel, der Bruchteil:

$$\frac{1{,}275 \cdot 10^{14}}{28{,}124 \cdot 10^{22}} = 4{,}53 \cdot 10^{-10} = \frac{1}{2.205.000.000}.$$

(Man könnte sagen: Welche Energieverschwendung, um die Erde zu wärmen!) Einer Länge 1 m auf der Erdoberfläche entspricht die Länge x auf der Sonnenoberfläche. Geht man von einem geradlinigen Strahlengang vom Zentrum der Sonne bis zu Erde aus, kann Abb. 2.23b entnommen werden:

$$\frac{x\,\text{m}}{1\,\text{m}} = \frac{6{,}96 \cdot 10^8\,\text{m}}{1{,}496 \cdot 10^{11}\,\text{m}} \quad \rightarrow \quad \underline{x = 4{,}653 \cdot 10^{-3}}$$

Einer Fläche von x^2 m^2 auf der Sonnenoberfläche entspricht die Fläche $1 \cdot 1 = 1$ m^2 auf der Erdoberfläche:

$$\underline{x^2} = (4{,}652 \cdot 10^{-3})^2 = \underline{2{,}164 \cdot 10^{-5}}$$

Die Strahlungsleistung, die pro x^2 m^2 von der Sonnenoberfläche abgestrahlt wird, das sind

$$6{,}285 \cdot 10^7\,\frac{\text{W}}{\text{m}^2} \cdot 2{,}164 \cdot 10^{-5}\,\text{m}^2 = 1{,}360 \cdot 10^3\,\text{W},$$

Abb. 2.23

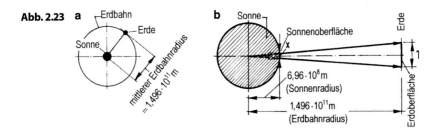

erreicht in dieser Größe die Fläche 1 m² auf der Erdoberfläche: Das ist die Solarkonstante:

$$\textbf{Solarkonstante} = 1{,}360 \cdot 10^3 \, \text{W/m}^2 = 1360 \, \text{W/m}^2$$

Man erhält den Wert auch, wenn man die von der Sonne abgestrahlte gesamte Leistung durch die Oberfläche der ‚Erdbahnkugel' dividiert:

$$3{,}826 \cdot 10^{26} \, \text{W}/28{,}124 \cdot 10^{22} \, \text{m}^2 = \underline{1360 \, \text{W/m}^2}$$

Dieser Wert gilt **außerhalb der Erdatmosphäre** und zwar für jene Fläche, die direkt auf die Sonne hin ausgerichtet ist. Bei schrägem Einfall des Sonnenlichts liegt der Wert niedriger. Über dem Gebiet Deutschlands schwankt der Wert zwischen 950 bis 1100 W/m². – Gewisse Schwankungen der Solarkonstanten sind durch die Änderungen des Erdbahnradius im Laufe des Jahres gegeben: Anfang Januar liegt die Solarkonstante ca. 3,6 % höher, Anfang Juli ca. 3,1 % niedriger als der angegebene Mittelwert.

Der Weg war ursprünglich ein anderer: Bei Ballon- und Raketenaufstiegen wurde die Solarkonstante außerhalb der Erdatmosphäre gemessen und hieraus über das Strahlungsgesetz des Schwarzen Strahlers auf die Temperatur der Sonne geschlossen. – Sonnenflecken wirken sich auf die Strahlungsleistung der Sonne aus, wie genau, ist Gegenstand der Forschung.

2.7.4 Durchgang der Sonnenstrahlung durch die Erdatmosphäre

Um die von der Sonne ausgehenden Strahlungswirkungen und die terrestrischen Strahlungsbilanzen richtig beurteilen zu können, ist es zweckmäßig, zunächst den Schichtenaufbau der Lufthülle oberhalb der Erdoberfläche zu studieren, wird doch die Strahlung von der Sonne auf die Erde und die Rückstrahlung von der Erde in

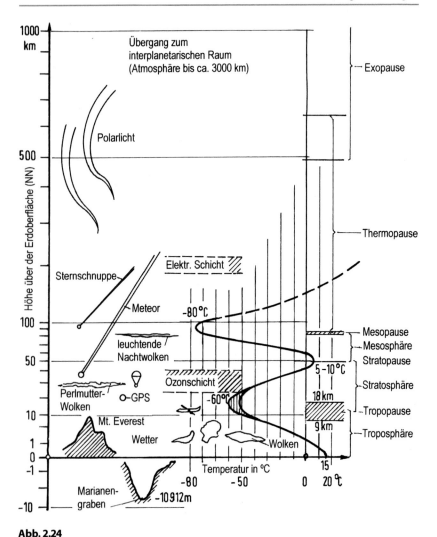

Abb. 2.24

den Weltraum entscheidend von der Atmosphäre beeinflusst. Sie selbst ist in ihrem Aufbau und in ihren Eigenschaften vom Strahlungsgeschehen abhängig.

Abb. 2.24 zeigt den Aufbau der Erdatmosphäre bis in eine Höhe von 1000 km (man beachte, die Skalierung der Höhe ist logarithmisch verzerrt!). Nur ein Teil der solaren Strahlung gelangt bis zur Erdoberfläche herab, der andere Teil wird innerhalb der Luftschichten abgefangen. Der die Erdoberfläche erreichende Anteil wird vom lokalen Erdmantel absorbiert. Dadurch werden die Erdoberfläche und die bodennahe Luftschicht erwärmt. Im globalen Mittel beträgt die Temperatur auf dem Erdboden $+15\,°C$.

Die unmittelbar über der Erdoberfläche liegende Luftschicht ist die sogen. Troposphäre, sie reicht bis in 10 km Höhe. Innerhalb dieser Schicht sinkt die Temperatur mit einer Rate 6,5 K/km auf $-50\,°C$. In der folgenden Zwischenschichtung, der Tropopause, sinkt die Temperatur weiter bis auf $-60\,°C$. In dieser Schicht wird die von der Erde ausgehende Rückstrahlung zu einem großen Teil absorbiert, wodurch eine weitere Abkühlung über $-60\,°C$ hinaus verhindert wird. In der darüber liegenden Stratosphäre mit nur noch geringen Wasserdampfanteilen steigt die Temperatur bis in eine Höhe von 50 km wieder an. Dieser Anstieg beruht auf der Absorption eines relativ großen Anteils der Sonnenstrahlung durch die zwischen ca. 15 bis 40 km liegende Ozonschicht und verhindert damit eine noch energiereichere UV-Strahlung auf die Erde. Ozon (O_3) wird durch Umwandlung von O_2 gebildet.

Durch eine Reihe von Radikalen, die aus zivilisatorischer Nutzung stammen, wie HO_x, NO_x, ClO_x und BrO_x, wird die Ozonschicht geschwächt und teilweise abgebaut. Fluor-Chlor-Kohlen-Wasserstoff, der aus menschlicher Produktion stammt, ist daran mit 80 % am stärksten beteiligt. Seit 1980 tritt über der Antarktis in der Zeit ab Mitte September ein rascher Abbau der Ozonschicht bis zur völligen Zerstörung ein, meist über eine Dauer von 6 bis 8 Wochen, anschließend baut sich die Schicht wieder auf. In der arktischen Nordpolarregion verhindern die hier herrschenden starken Luftbewegungen einen entsprechenden Abbau der Ozonschicht.

Die StratosphäreL. da ist nach oben durch die Stratopause begrenzt. Oberhalb dieser sinkt die Temperatur abermals bis in Höhe der Mesopause auf $-80\,°C$ ab, um dann in der folgenden Thermosphäre wieder kontinuierlich anzusteigen. Oberhalb ca. 3000 km beginnt der interplanetare Raum.

Verglichen mit der Dichte der Luft auf der Erdoberfläche (hier beträgt sie ca. $1{,}25\,kg/m^3$), beträgt die Luftdichte in Höhe der Mesopause (80 km) nur noch der 10^{-5}-te Teil, in Höhe 120 km der 10^{-7}-te und in Höhe 240 km nur noch der 10^{-10}-te Teil. Entsprechend sinkt der Luftdruck mit der Höhe.

Von besonderem Interesse sind die Verhältnisse in den Schichten der Tropo- und Stratosphäre. Hier besteht die Luft aus 78,1 % Stickstoff (N_2), 21,0 % Sauerstoff (O_2) und 0,8 % Edelgasen (überwiegend Argon (Ag)). Hinzu treten geringe Mengen **Spurengase**: Kohlendioxid (CO_2), Methan (CH_4), Distickoxid (N_2O) und Ozon (O_3). Die Temperatur in den beiden genannten Schichten ist nahezu aus-

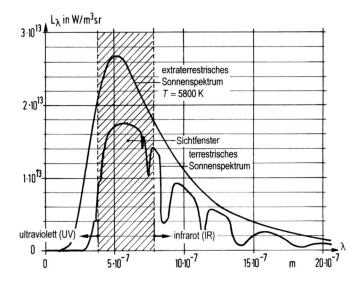

schließlich von der Konzentration dieser Spurengase abhängig! Der Einfluss durch Wasserdampf (H_2O) tritt hinzu. Geringe Änderungen ihrer quantitativen Zusammensetzung wirken sich dominant auf die Wärmeverhältnisse auf der Erdoberfläche aus, wie im folgenden Abschnitt im Zusammenhang mit der Klimaänderung zu behandeln sein wird.

Die Sonnenstrahlung wird in den einzelnen Schichten der Erdatmosphäre deutlich abgeschwächt. Dabei ist die Abschwächung innerhalb der einzelnen Wellenlängenbereiche graduell unterschiedlich. Das wird am Einfluss auf das extraterrestrische Sonnenspektrum erkennbar (Abb. 2.25).

Von der Erdoberfläche aus gesehen, handelt es sich bei der Sonne nicht um einen Schwarzen, sondern (als Folge der Absorptionseinflüsse) um einen Selektiven (Farbigen) Strahler. Auch weicht das extraterrestrische Spektrum von jenem eines Schwarzen Strahlers geringfügig ab.

In Abb. 2.25 ist das extraterrestrische Spektrum außerhalb der Atmosphäre jenem auf der Erdoberfläche gegenüber gestellt. Man erkennt, dass es, neben der allgemeinen Reduktion, innerhalb gewisser Wellenlängenbereiche zu zusätzlichen Abschwächungen bis herunter auf wenige Prozent kommt. Sie beruhen auf einer verstärkten Absorption der Strahlung in diesen Bereichen.

Die Wissenschaft von der Erdatmosphäre ist breit und betrifft viele Bereiche, insbesondere das Gebiet der Meteorologie [9] und Klimatologie [10].

Abb. 2.26

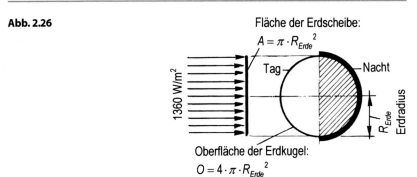

Fläche der Erdscheibe:
$$A = \pi \cdot R_{Erde}^{2}$$

Oberfläche der Erdkugel:
$$O = 4 \cdot \pi \cdot R_{Erde}^{2}$$

2.7.5 Strahlungsbilanz auf Erden

Die Masse des Erdkörpers und seiner Bodenschicht ist im Vergleich zur Masse der bodennahen Luftschicht um ein Vielfaches größer, damit auch deren Wärmespeichervermögen. Den Wärmebilanzrechnungen können daher die über den Tageslauf gewonnenen Mittelwerte zugrunde gelegt werden. Im jahreszeitlichen Verlauf sind die Schwankungen um diese Mittelwertbetrachtung auch nur schwach ausgeprägt.

Wie ausgeführt, beträgt die Solarkonstante $1360\,\mathrm{W/m^2}$. Sie gibt jene Strahlungsleistung an, die auf eine senkrecht zur Strahlungsrichtung außerhalb der atmosphärischen Abschirmung liegende Fläche auftrifft. Wird die auf die gesamte **Erdscheibe** (Fläche $\pi \cdot R_{Erde}^{2}$) auftreffende Strahlungsleistung auf die (gesamte) Kugeloberfläche der Erde, also auf $4 \cdot \pi \cdot R_{Erde}^{2}$ umgerechnet, entfällt im Mittel ein Viertel von $1360\,\mathrm{W/m^2}$, also $340\,\mathrm{W/m^2}$, auf die Flächeneinheit ($1\,\mathrm{m^2}$) der Erde (Abb. 2.26).

Hinweis
Die anstehende Strahlungsleistung bezieht sich auf die Fläche der Erdscheibe: $A_{\text{Erdscheibe}} = \pi \cdot R_{\text{Erde}}^2$. Die Leistung wird auf die Kugeloberfläche $= 4 \cdot \pi \cdot R_{\text{Erde}}^2$ des Erdkörpers umgerechnet, unter der erwähnten Annahme, dass sich die aufgenommene Wärme dank der Speicherfähigkeit der Erdrinde in Verbindung mit der täglichen Erddrehung ausmittelt, sich also ausgleicht, und dadurch als auf der Erdoberfläche konstant verteilt betrachtet werden kann.

Dank der intensiven Forschung um die Klärung des vom Menschen verursachten (anthropogenen) ‚Treibhauseffektes‘, kennt man die Ein- und Ausstrahlungsbilanzen inzwischen recht genau. In Abb. 2.27 sind die Bilanzen im Sinne einer Mittelung gegenübergestellt: Linkerseits Einstrahlung, rechterseits Ausstrahlung. Um den Treibhauseffekt zu verstehen, genügt eine gemittelte Betrachtung. Selbst-

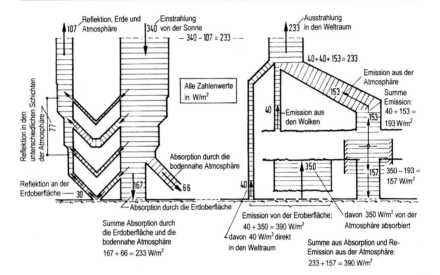

Abb. 2.27

redend wird das Klimageschehen in der Forschung mit Hilfe detaillierter computergestützter Klimamodelle und Verlaufssimulationen sehr viel genauer verfolgt.

Von der erwähnten Strahlungsleistung ($340 \, \text{W/m}^2$) wird ein gewisser Prozentsatz reflektiert, also ins Weltall zurückgeworfen. Der übrige Teil wird von der unteren Atmosphäre und vom Erdboden absorbiert, also in Wärme überführt.

Die einfallende Sonnenstrahlung ist relativ kurzwellig, sie umfasst im Wesentlichen den sichtbaren Bereich von 380 bis 780 nm und den Infrarotbereich (IR-Bereich).

Die Temperatur auf der Erdoberfläche beträgt i. M. $15\,°C = 288\,K$. Für die Rückstrahlung der Wärme von der Erde ist demgemäß ein gänzlich anderes Spektrum (als jenes der Sonne) zugrunde zu legen, nämlich jenes, dessen Maximum bei:

$$\lambda_{\max} = w/T = 2{,}898 \cdot 10^{-3}/288 = 1{,}006 \cdot 10^{-5}\,\text{m} \approx 10.000\,\text{nm}$$

liegt. Das Spektrum für die genannte Temperatur erstreckt sich von ca. 2500 bis 100.000 nm, vgl. hierzu Abb. 2.18. Das bedeutet: **Die Spektren für Ein- und Ausstrahlung überlappen sich praktisch nicht. Die Leistungsbilanzen Ein- und Ausstrahlung können weitgehend unabhängig voneinander erstellt werden.**

Von der einstrahlenden Leistung ($340\,\mathrm{W/m^2}$) werden $107\,\mathrm{W/m^2}$ reflektiert, davon $77\,\mathrm{W/m^2}$ an den Teilchen der Atmosphäre und $30\,\mathrm{W/m^2}$ an der Erdoberfläche selbst. Das Reflexionsvermögen bezeichnet man als Albedo. Die Albedo ist stoffabhängig. Beteiligt sind die Luftpartikel, die Wolken, der Boden ohne und mit Schnee/Eis und das Wasser. Der Anteil $107\,\mathrm{W/m^2}$ von $340\,\mathrm{W/m^2}$ macht $31\,\%$ aus. Der Rest, also $340 - 107 = 233\,\mathrm{W/m^2}$, wird absorbiert, davon $167\,\mathrm{W/m^2}$ von der Erdoberfläche (Boden und Wasser) und $66\,\mathrm{W/m^2}$ von der dem Boden benachbarten Luftschicht, vgl. Abb. 2.27 linkerseits.

Zur insgesamt absorbierten Strahlungsleistung in Höhe von $233\,\mathrm{W/m^2}$ gehört die Temperatur

$$T = \sqrt[4]{M/\sigma} = \sqrt[4]{233/5{,}670 \cdot 10^{-8}} = 253\,\mathrm{K} = -20\,°\mathrm{C}$$

Das bedeutet: Durch die von der Sonne ausgehende Strahlung wird die Temperatur auf der Erde nur auf $-20\,°\mathrm{C}$ gegenüber der Temperatur im Weltraum angehoben. Ein Leben auf Erden wäre bei dieser Temperatur nicht möglich!

Die absorbierte Strahlungsleistung $233\,\mathrm{W/m^2}$ wird von der Erde wieder abgestrahlt. Die aus dem Erdinneren stammende Wärme trägt zur Wärmeenergiebilanz nur im Promillebereich bei. – Die mittlere Temperatur auf der Erdoberfläche beträgt in der Jetztzeit $+15\,°\mathrm{C} = 273 + 15 = 288\,\mathrm{K}$. Hierzu gehört eine Strahlungsleistung von

$$M = \sigma \cdot T^4 = 5{,}670 \cdot 10^{-8} \cdot 288^4 = \underline{390\,\mathrm{W/m^2}}$$

Diese Leistung wird von der Erde emittiert. Der zugehörige Wellenlängenbereich liegt zwischen 2500 bis $100.000\,\mathrm{nm}$ (s. o.). Die vorgenannte Leistung wird nur zu einem geringen Teil direkt in den Weltraum abgestrahlt, es sind $40\,\mathrm{W/m^2}$. Daran sind überwiegend Weltgegenden mit wolkenlosem Himmel beteiligt. Der überwiegende Teil, also $390 - 40 = 350\,\mathrm{W/m^2}$, **wird von den in den unteren Schichten der Atmosphäre enthaltenen Spurengasen CH_4, CO_2, N_2O, O_3 und H_2O (Wasserdampf) absorbiert** (vgl. hierzu auch den vorangegangenen Abschnitt). Von den auf diese Weise absorbierten $350\,\mathrm{W/m^2}$ werden ca. $40\,\mathrm{W/m^2}$ von den Wolken und ca. $153\,\mathrm{W/m^2}$ von des Spurengasen aus der Atmosphäre heraus in den Weltraum abgestrahlt (zu $153\,\mathrm{W/m^2}$ gehört eine Temperatur von $228\,\mathrm{K} = -45\,°\mathrm{C}$). $157\,\mathrm{W/m^2}$ gelangen durch Rückstrahlung in Richtung Erdoberfläche auf diese. Die Bilanzgleichung lautet in $\mathrm{W/m^2}$: Sonneneinstrahlung 233, direkte Abstrahlung -40, Rückstrahlung 157: Summe $350\,\mathrm{W/m^2}$. Von der Strahlungsleistung $350\,\mathrm{W/m^2}$, die von der Atmosphäre absorbiert wird, werden real nur $327\,\mathrm{W/m^2}$ in Richtung Erde zurückgestrahlt, $157\,\mathrm{W/m^2}$ erreichen die Erdoberfläche, der andere

Teil, $327 - 157 = 170\,\text{W/m}^2$, werden innerhalb der Atmosphäre sofort wieder absorbiert. In dieser Größenordnung findet in der Atmosphäre ein ständiger Leistungsaustausch zwischen der Tropopause und der Erdoberfläche statt! **Die geschilderte Absorption und Emission durch die in der Atmosphäre vorhandenen ,natürlichen' Spurengase waren und sind für das Leben unverzichtbar,** diesem Umstand verdankt die Erde ihre gemäßigte Temperatur von im Mittel 15 °C, andernfalls würde eine Temperatur von -20 °C herrschen. Das meiste für den Wärmehaushalt verantwortliche ,natürliche' Kohlendioxid (CO_2) dürfte aus Vulkanen stammen, Methan (CH_4) wohl überwiegend aus dem Erdinneren.

Gewisse Schwankungen der Erdbahnparameter, einschließlich Lageänderungen der Rotationsachse, hatten ehemals immer wieder regelmäßige Schwankungen der Sonneneinstrahlung zur Folge. Dadurch kam es in sich wiederholenden Zyklen zu Warm- und Eiszeiten. Konstant war das Klima nie und wird es auch künftig nicht sein. Vgl. hier Bd. V, Abschn. 1.2.7.

Die von der Menschheit inzwischen durch Heizung, Stromgewinnung und Verkehr freigesetzten Kohlenstoffoxide und Stickoxide nennt man anthropogene Gase (Treibhausgase). Durch ihr Wirken werden Absorption und Re-Emission erhöht. Das führt zu einer globalen Erwärmung. Im Vergleich zum (oben geschilderten) vorindustriellen Zustand besteht die Gefahr eines ,globalen Klimawandels'. Diese Erscheinung verbindet man mit der bekannten Wirkung des ,Treibhauseffektes', eines Effektes, den man in Gewächshäusern nutzt, in jüngerer Zeit auch in Niedrig-Energie-Häusern. In diesem Fall ist es das Glas, welches die von Innen abgestrahlte Leistung absorbiert und re-emittiert, sodass die Wärme im Innenraum gefangen bleibt. Für die Erde übernehmen die Spurengase in der Tropo- und Stratosphäre diese Funktion.

2.8 Erderwärmung – Klimawandel

2.8.1 Kohlenstoffdioxid (CO_2)

Wie im vorangegangenen Abschnitt ausgeführt, beträgt die mittlere Temperatur auf Erden $+15$ °C. Mit gewissen Schwankungen um wenige Grad muss diese Temperatur im Mittel seit vielen hundert Millionen Jahren geherrscht haben, anderenfalls hätte sich das Leben auf Erden nicht entwickeln können. Dieser Umstand ist dem **natürlichen Treibhauseffekt** zu verdanken. Ohne ihn würde die mittlere Temperatur -18 bis -20 °C betragen, die Erde wäre eine leblose Eiswüste.

Der natürliche Treibhauseffekt (auch atmosphärischer genannt) wird, wie ausgeführt, durch Wasserdampf (z. T. in Wolken kondensiert) und durch eine Reihe

Gase in der Erdatmosphäre (Moleküle)		Volumen in %	Volumen in ppm	Volumen in ppb	Abbau in Jahren	CO₂-Äquivalent bezogen auf 100 Jahre
Stickstoff	N₂	78				
Sauerstoff	O₂	29				
Argon	Arg	1				
Summe:		≈ 100				
Kohlenstoffdioxid	CO₂	0,0380	380		50 bis 200	1
Methan	CH₄	0,0002	1,8	1800	9 bis 15	25
Distickoxid	N₂O	0,00003	0,3	320	120	300
Kohlenstoffmonoxid	CO	0,00001	0,1	125		
Ozon	O₃			30		

1 ppm: 1 Molekül pro 1 million = 1 Molekül pro 1 Million (10^{-6}) Luftmoleküle
1 ppb: 1 Molekül pro 1 billion = 1 Molekül pro 1 Milliarde (10^{-9}) Luftmoleküle
1 ppt: 1 Molekül pro 1 trillion =1 Molekül pro 1 Billion (10^{-12}) Luftmoleküle

Abb. 2.28

von Spurengasen bewirkt. Die Tabelle in Abb. 2.28 gibt Auskunft über den Volumenanteil jener Gase in der Luft, die am natürlichen Treibhauseffekt beteiligt sind. Ihr Wirkungsgrad auf die Erwärmung ist unterschiedlich. Um ihn bewerten zu können, wurde das sogen. CO_2-Äquivalent eingeführt. Es wird auch als ‚Treibhauspotential' bezeichnet (engl. Global Warming Potential, GWP). Mit diesem Wert wird die mittlere Erwärmungswirkung der verschiedenen Gase im Vergleich zur Wirkung von CO_2 innerhalb desselben Zeitraumes abgeschätzt. Hierbei geht auch jene Verweildauer ein, bis zu der das Gas in der Atmosphäre abgebaut sein wird. Bezogen auf einen Wirkungshorizont von 100 Jahren wird beispielsweise Methan (CH_4) mit einem CO_2-Äquivqalent von 25 bewertet. Das bedeutet: Ein CH_4-Molekül bewirkt eine 25-fache Erwärmung im Vergleich zu einem CO_2-Molekül, obwohl die Verweildauer des CH_4-Moleküls nur ca. ein Zehntel des CO_2-Molküls beträgt. – Zu den Gasen in der Tabelle treten noch geringe Spuren von Fluor- und Chlorwasserstoffen hinzu. Deren Wirkung ist trotz ihrer geringen Menge bedeutend.

Im voran gegangenen Abschnitt wurden die physikalischen Grundlagen des Treibhauseffektes erläutert, er beruht letztlich darauf, dass die kurzwellige Sonnenstrahlung die Atmosphäre weitgehend ungehindert passieren kann, hingegen ein Teil der langwelligen Wärmerückstrahlung von der Erde den Weltraum nicht

Abb. 2.29

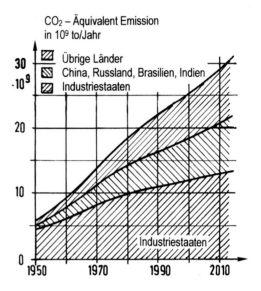

erreicht, sondern von den Spurengasen Kohlenstoffdioxid (CO_2), Methan (CH_4) und Distickoxid (N_2O) absorbiert und wieder zur Erde reflektiert wird. Dadurch wird die Temperatur auf der Erdoberfläche i. M. bei $+15\,°C$ gehalten. Wenn der Anteil der natürlich vorhandenen Spurengase durch die Aktivitäten der Menschheit gesteigert wird, kommt es dadurch zu einer verstärkten Rückreflexion Atmosphäre/Erde, die mit einer zusätzlichen Erwärmung der Erdoberfläche über $+15\,°C$ einhergeht. Inzwischen besteht kein Zweifel, dass diese Erwärmung schon jetzt einen Klimawandel auf Erden hervorgerufen hat.

Seit Einsetzen der Industriellen Revolution (ab etwa 1800) werden Kohle, Erdöl und Erdgas zum Heizen und zum Antrieb von Maschinen und Fahrzeugen aller Art verbrannt. Diese fossilen Brennstoffe sind in früheren Erdzeitaltern über Jahrmillionen hinweg durch Zersetzung organischer Substanzen entstanden. Wenn eine Tonne Kohle verbrennt, oxidiert der in ihr enthaltene Kohlenstoff (C) mit Sauerstoff (O_2), zu 3,5 Tonnen Kohlenstoffdioxid (CO_2), vgl. Bd. II, Abschn. 3.5.2.

Waren es Anfang der 80er Jahre des letzten Jahrhunderts noch ca. 20 Milliarden Tonnen CO_2, die jährlich in die Atmosphäre emittiert wurden, sind es inzwischen fast doppelt so viele (2015), ca. 35 Milliarden Tonnen! Sie bewirken den **anthropogenen Treibhauseffekt**, dieser überlagert sich, wie ausgeführt, dem natürlichen. Aus Abb. 2.29 geht die Zunahme der weltweiten CO_2-Emission seit 1950 hervor.

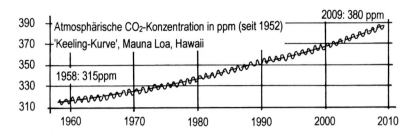

Abb. 2.30

Abb. 2.30 zeigt den Anstieg des CO_2-Gehaltes in ppm (parts in million), der von dem auf dem 3400 m hohen Berg Mauna Loa (Hawaii) gelegenen Observatorium seit dem Jahre 1952 gemessenen wurde bzw. wird. Inzwischen hat der Wert die Marke 400 ppm überschritten (2015), also 400 CO_2-Moleküle auf 1 Million Luftmoleküle (= 0,0400 Volumenprozent).

Es war D.C. KEELING (1928–2005), der die Messungen auf dem Mauna Loa mit dem von ihm entwickelten Analysegerät aufnahm. – Die jährlichen Schwankungen der Messwertkurve beruhen auf der jahreszeitlich variierenden Aufnahme von CO_2 ab April durch die Pflanzen auf der landreichen Nordhalbkugel (insbesondere durch die Bäume in Kanada und Sibirien) und Abgabe von CO_2 ab November durch die Verrottung der Blätter und einjährigen Pflanzen in diesen Zonen.

In der Zeit vor der Industrialisierung (vor 1750) lag der CO_2-Gehalt in Höhe von ca. 280 ppm. Der heutige Wert (400 ppm) bedeutet demnach einen Anstieg um ca. 40 %. Die Raten wuchsen zunächst moderat (1,5 ppm/Jahr), inzwischen wachsen sie stärker (2,5 ppm/Jahr).

Abb. 2.31a zeigt die Schwankungen der CO_2-Konzentration innerhalb der letzten 650.000 Jahre: Die Konzentration schwankte in diesem Zeitraum zwischen ca. 200 und 280 ppm. Dieser Befund wurde aus den Luftbläschen der in der Antarktis gezogenen Eisbohrkerne gewonnen.

Aus Teilabbildung b gehen die zugehörigen Temperaturschwankungen hervor. Die Verläufe machen die enge Korrelation zwischen dem CO_2-Gehalt und der mittleren Temperatur deutlich. Die Ergebnisse konnten durch weitere Messungen aus der Gletscherforschung bestätigt werden. Es fällt auf, dass in den letzten 10.000 Jahren eine relativ hohe Temperatur vorherrschte. Die CO_2-Konzentration um den Wert 280 ppm war in diesem Zeitraum ebenfalls relativ konstant.

Abb. 2.32 zeigt die Temperaturschwankungen auf der nördlichen Hemisphäre während der letzten 1000 Jahren, rekonstruiert aus den Baumringen alter Bäume.

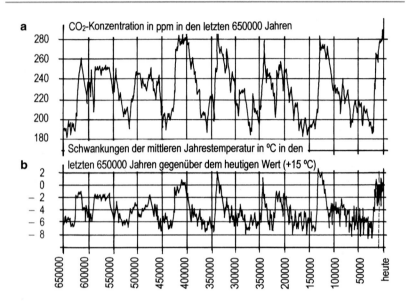

Abb. 2.31

Die im Bild nicht wiedergegebenen Streuungen um die dargestellte Mittelwert-kurve sind beträchtlich! Es gibt ‚Klimaskeptiker', die die Kurve als eine manipu-lierte Fälschung sehen. In dem Forum ‚klimaskeptiker.info' (und anderen Foren) sind die Skeptiker vereint und argumentieren gegen die ‚Irrlehren von Treibhaus-effekt und Klimaschutz'.

An dem weltweiten Anstieg der Temperatur bzw. mittleren Jahrestemperatur gibt es inzwischen keinen wissenschaftlich begründeten Zweifel mehr, auch nicht darüber, dass der Anstieg auf den anthropogen verursachten Treibhausgasen be-ruht.

Die mittlere Jahrestemperatur wird seit 1850 von den nationalen meteorologi-schen Stationen der Länder bestimmt. Der weltweite Anstieg innerhalb des letzten Jahrzehnts wird aus dem von ihnen gemessenen Verlauf in Abb. 2.33 deutlich. Vgl. im Einzelnen die ausführlichen Sachstandsberichte (1990, 1995, 2001, 2007 und 2013/2014) des IPCC (Intergovernmental Panel of Climate Change. Detaillierte Darstellungen geben [11–14], aus denen die vorangegangenen Diagramme z. T. übernommen wurden

Während des ersten Jahrzehnts des neuen Jahrhunderts beträgt der jährli-che **Kohlendioxid**-Ausstoß infolge des anthropogen verursachten CO_2-Anfalls

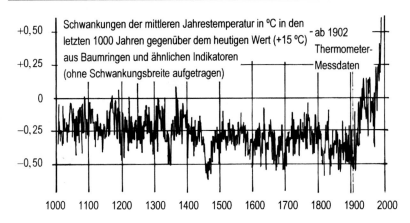

Abb. 2.32

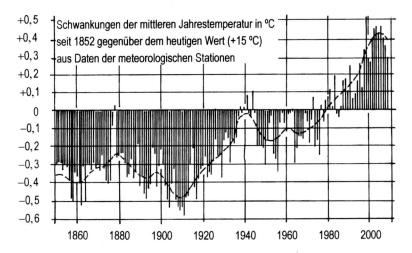

Abb. 2.33

$10 \cdot 10^9$ t/Jahr (also zehn Milliarden Tonnen pro Jahr). Hierfür gab bzw. gibt es zwei Ursachen:

- Verbrennung fossiler Energieträger: $8{,}5 \cdot 10^9$ t/Jahr und
- Änderung der Landnutzung, vorrangig im Zusammenhang mit der Brandrodung tropischer Wälder: $1{,}5 \cdot 10^9$ t/Jahr.

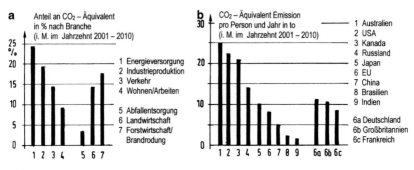

Abb. 2.34

Die Hauptemittenten (aus der Nutzung fossiler Brennstoffe) waren China (2,2), USA (1,6), Indien (0,6), Russland (0,4) und Japan (0,4), in der Summe: 5,2 · 10^9 t/Jahr. Die Differenz $(8,5 - 5,2) \cdot 10^9$ t/Jahr $= 3,3 \cdot 10^9$ t/Jahr stammt vom Rest der Welt. Von den $10 \cdot 10^9$ t/Jahr werden 45 % von natürlichen CO_2-Senken (Meer, Boden, Vegetation) aufgenommen, 55 % verbleiben in der Atmosphäre, das sind: $5,5 \cdot 10^9$ t/Jahr. Dieser Wert ist im Vergleich zu den $120 \cdot 10^9$ t/Jahr CO_2 aus natürlichen Quellen eigentlich gering. Indessen: Der anthropogene CO_2-Anteil addiert sich jedes Jahr neu hinzu! Zudem ist zu bedenken: Die natürlichen CO_2-Quellen stehen in einem in der Evolution gewachsenen Gleichgewicht mit den natürlichen CO_2-Senken ($\hat{=}$ Speicher), wobei sich diese auch zu ändern scheinen: Durch die Aufwärmung des atlantischen und pazifischen Ozeans sinkt deren CO_2-Aufnahmevermögen. Der Verlust an tropischen Wäldern (vorrangig in Brasilien und Indonesien) und deren Umnutzung in Ackerland, Plantagen und Grasland vermindert ebenfalls die CO_2-Aufnahmefähigkeit. – Der CO_2-Ausstoß stieg im Jahre 2010 gegenüber 2000 um 29 %, gegenüber 1990 um 41 %! Vgl. hier auch Abb. 2.70b in Bd. II, Abschn. 3.5.4.

In Abb. 2.34 sind die weltweiten CO_2-Äquivalent-Emissionen für den Zeitraum 2001 bis 2010 zusammengefasst, einmal geordnet nach Branchen (Teilabbildung a) und einmal nach jährlicher Emission pro Person (Teilabbildung b). Siehe hier auch Abb. 2.8b in Bd. I, Abschn. 1.7.3.

2.8.2   Methan (CH$_4$)

Die Lufthülle enthält ca. 1,8 ppm bzw. 1800 ppb Methan, vgl. Abb. 2.28 und 2.35. Methan stammt aus dem Erdinneren (Vulkanismus) und aus freigesetztem Methanhydrat vom Meeresgrund entlang der Kontinentalränder. Zudem entsteht es laufend durch anaerobe Zersetzung organischen Materials durch Mikroorganismen

Abb. 2.35

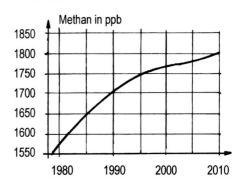

(Bakterien) unter Luftabschluss, vorrangig in Mooren, Sümpfen und in tropischen Regenwäldern sowie allüberall im Humus der Böden. Diese natürlichen Vorgänge werden inzwischen um etwa den gleichen Anteil durch menschliche Aktivitäten gesteigert: Erdgas, Biogas, Deponiegas und Grubengas bestehen überwiegend aus Methan. Als weitere Ursache sind Klärschlamm- und Müllentsorgung zu nennen. Die Landwirtschaft ist mit ihren weltweit etwa 3 Milliarden Wiederkäuern (Rinder, Schafe, Ziegen) zwecks Fleisch- und Milchproduktion maßgeblich am Methanausstoß beteiligt. Hinzu tritt jener Anteil, der auf Brandrodung für neue Ackerflächen beruht. Eine weitere Ursache ist der Anbau von Nassreis in Asien (künftig stark steigend). Aus Abb. 2.35 geht die Zunahme der Methankonzentration innerhalb der letzten drei Jahrzehnte hervor. Zurzeit ist Methan mit ca. 18 % am Treibhauseffekt beteiligt, was auf seinem hohen CO_2-Potential beruht (Abb. 2.28). Die Konzentration könnte sprunghaft steigen, wenn sich das bereits abzeichnende Abtauen der polaren Meeresböden und der Permafrostböden in Kanada und in der sibirischen Tundra und Taiga fortsetzt. Die Regionen mit Permafrostböden umfassen 20 % der festen Erdkruste! Gerade in den nördlichen Zonen ist mit einem überproportionalen Temperaturanstieg im Zuge der Klimaänderung zu rechnen. Werden die (sumpfigen) Moore mit ihren mächtigen organischen Torfschichten bakteriell abgebaut, könnte es zu Thermokarst oder gar zu massiven Methanausbrüchen kommen. Sie hat es in der Erdgeschichte mit gravierenden Folgen schon gegeben.

2.8.3 Ozon (O_3)

Die von der Sonne einfallende kurzwellige UV-Strahlung (Wellenlänge kleiner ca. $290 \cdot 10^{-9}$ m) bewirkt eine Spaltung von O_2 in $O + O$ und den Aufbau von Ozon ($O + O_2 = O_3$). Zur Ozon-Bildung vgl. Bd. IV, Abschn. 2.5.5, 3. Ergänzung.

Ein großer Anteil der energiereichen Strahlung aus dem Weltraum wird von der O_3-Schicht innerhalb der Stratosphäre zwischen 20 und 40 km Höhe absorbiert (Abb. 2.24). Das hat hier einen deutlichen Temperaturanstieg von ca. $-60\,°C$ in 15 km Höhe auf bis zu ca. $+10\,°C$ in 50 km Höhe zur Folge, das ist ein Anstieg um $70\,°C$. Die Schutzfunktion der Ozonschicht ist Voraussetzung für das biologische Leben auf Erden.

Frühzeitig wurde erkannt, dass anthropogene Schadstoffe, wie Fluor-Chlor-Wasserstoff (FCKW) aus entsorgten Kühlaggregaten und Spraydosen, für den Abbau der Ozonschicht über den kalten Polarregionen verantwortlich sind. Dieser Abbau vollzieht sich erst bei Temperaturen $\leq -78\,°C$. Solche tiefen Temperaturen stellen sich in der Stratosphäre der Polarregionen im Winter ein. Über der Antarktis wurden trichterförmige Ozonlöcher mit einer maximalen Ausdehnung bis $30 \cdot 10^6\,km^2$ gemessen. Im nachfolgenden Polarfrühling schlossen sich die Löcher wieder. Über dem Nordpol wird die Ozonschicht weniger ausgedünnt, gleichwohl, sie kann auch hier in manchen Wintern eine größere Ausdehnung erreichen, im Jahr 2011 erstreckte sich das Loch bis Europa, verbunden mit einer verstärkten UV-Strahlung. – Mit dem Montreal-Protokoll von 1987 haben sich alle Länder verpflichtet, keine ozonschädlichen Stoffe mehr zu produzieren. Seither glaubt man eine Erholung der Ozonschicht registrieren zu können. Andererseits wurde erkannt, dass auch N_2O (Stickoxid = Lachgas) aus Viehhaltung und Ackerbau (mit Stickstoff-Düngung) die Ozonschicht schädigt.

Hinweis
Die Ozonbildung unter intensiver Sonneneinstrahlung an heißen Sommertagen nahe dem Erdboden, verursacht durch Stickstoffverbindungen industriell- und verkehrsbedingter Abgase, ist ein anderes Phänomen. Hiermit können gesundheitliche Schäden einhergehen, auch Schäden in der Landwirtschaft und im Gartenbau. Die bodennahen Ozonwerte werden (wie viele andere Schadstoffe) laufend überwacht, ggf. werden Schutzmaßnahmen verfügt (Einschränkung des PKW-Verkehrs).

2.8.4 Luftverschmutzung

Durch den anthropogenen Ausstoß von Feinstaubpartikeln und Abgasen mit unzureichender Filterung aus Verbrennungsvorgängen aller Art (Kohle-, Öl- und Holzverbrennung), wie Schwefeldioxid (SO_2), Kohlenstoffmonoxid (CO) und Stickoxide (NO_x), wird die Luft zunehmend schmutziger und toxischer. Starke Smog-Belastungen sind vielfach in großen Industrierevieren und in Metropolen mit hohem Verkehrsaufkommen ein lokales Problem mit hohen Gesundheitsrisiken. Besonders betroffen sind aufstrebende Länder im Nahen und Fernen Osten: Ägypten (Kairo), Jordanien, Iran, Pakistan, Indien (Neu-Dehli), China (Peking und viele weitere Städte), Südkorea. Bei ungünstigen Wetterlagen (häufig im Winter) ist dann nur noch ein Leben mit Atemschutzmaske möglich. Gesundheitliche Schäden an den Atemwegen und am Kreislaufsystem sind unausweichlich. Der anwachsende PKW-Verkehr allüberall auf der Welt lässt eher eine Verschlimmerung erwarten. Inzwischen werden in den stark belasteten Städten Asiens bei deutlicher Überschreitung der Immissions-Grenzwerte partielle Fahrverbote verfügt, z. B. in Neu-Dehli und Peking.

Am Smog im Straßenverkehr sind besonders Fahrzeuge mit Diesel-Motor beteiligt. – Von der Umrüstung auf Elektromobilität erhofft man sich eine Verringerung der Luftverschmutzung (auch des CO_2-Ausstoßes). Im weltweiten Maßstab ist man von diesem Ziel noch weit entfernt. In Deutschland sollen im Jahre 2020 Eine Million Elektro-PKW verkehren (so der Plan der Regierung), im Jahre 2015 waren es ca. 25.000 Fahrzeuge bei 44 Millionen (44.000.000) zugelassenen PKW (insgesamt sind in Deutschland 54 Millionen Kraftfahrzeuge zugelassen). Die Umsetzung des Planes bereitet Schwierigkeiten: Die Speicherung der elektrischen Energie im Fahrzeug ist nach wie vor nicht zufriedenstellend gelöst, das Akkumulatoren-Gewicht ist hoch, die Reichweite unzureichend und die Anzahl der ‚Zapfstellen‘ für die flächendeckende Versorgung mit Strom ist ungenügend. Das alles zusammen und die hohen Anschaffungskosten haben bisher einen Durchbruch der Elektromobilität verhindert. – Letztlich ist zu bedenken, dass der Strom irgendwo erzeugt werden muss. Das gelingt CO_2-frei nur dann, wenn er aus ‚Erneuerbaren‘ stammt. Wird er aus ‚Fossilen‘ erzeugt, ist eigentlich wenig gewonnen.

Real sind an der Feinstaubbelastung (Rauch, Ruß, Staub, Reifenabrieb) viele Quellen beteiligt (Haushalte, Industrie, Land-, Luft- und Seeverkehr). Die Grenzwerte werden am sogen. PM-Wert (Particulate Matter) festgemacht. PM_{10} oder PM10 bedeutet eine Partikelgröße von $10\,\mu m$ (10 Mikrometer). Die Luftqualitätsrichtlinie der EU legt fest, dass der einzuhaltende PM10-Tagesmittelwert $40\,\mu g/m^3$ (40 Mikrogramm pro Kubikmeter) nicht mehr als 35-mal im Jahr überschritten werden darf. Zurzeit (2015) gilt in Deutschland $50\,\mu g/m^3$. Stuttgart ist mit seiner Kessellage und mit Spitzenwerten bis zu $140\,\mu g/m^3$ am stärksten belastet. In China liegt der Grenz-PM10-Wert bei $150\,\mu g/m^3$ (soll aber gesenkt werden), erreicht werden hier schon mal Spitzenwerte über $700\,\mu g/m^3$! – Diskutiert wird die Frage, ob die Grenzbelastung nicht eher am PM2,5-Wert orientiert werden sollte, da Partikel in dieser geringen Größe tiefer in die Lunge und über sie in die Organe eindringen und demgemäß nochmals schädlicher sind. Die höchste Schädigung geht vom Stickstoffdioxid aus.

2.8.5 Folgen des Klimawandels

Weltumspannende meteorologische Messungen und Beobachtungen, terrestrisch-
wie satellitengestützte, und Computersimulationen, lassen nur einen Schluss zu:
Das Klima wandelt sich und das mit steigender Rate. Veröffentlicht werden die
Fakten nach Prüfung in den Berichten des ‚Weltklimarates der Vereinten Nationen (IPCC)‘, engl.: ‚Intergovernmental Panel of Climate Change‘. Der Rat wurde
im Jahre 1988 als Gemeinschaftsinitiative der ‚Weltorganisation für Meteorologie
(WOM)‘ und des ‚Umweltprogramms der Vereinten Nationen (UNEP)‘ gegründet.

Eine Erhöhung der weltweit gemittelten Jahrestemperatur um $+2\,°C$ gegenüber
jener in vorindustrieller Zeit (festgemacht an der Temperatur im Jahre 1990) gilt
als gerade noch tolerabel. Bei einer Erhöhung der mittleren Erdtemperatur um $+3$
bis $+4\,°C$ ist mit katastrophalen Folgen zu rechnen.

Die Erhöhungen führen zu saisonal und regional unterschiedlichen Auswirkungen. Bei im Mittel $+2\,°C$ sind in weiten Bereichen der Erde lokale Temperatur-
steigerungen des Jahresmittels um 3 bis 4 °C zu erwarten. Bei einer Erhöhung des
globalen Mittels um $+3$ bis $+4\,°C$ könnten die lokalen Jahresmitteltemperatur in
gewissen Regionen um 5 bis 7 °C ansteigen, sie könnten unbewohnbar werden.

Der Klimawandel vollzieht sich schleichend. Es stellt sich die Frage: Worauf
muss sich die Menschheit einstellen? Muss sie jetzt schon vorbeugende Maßnahmen für den Fall ergreifen, dass sich die Erderwärmung unabwendbar fortsetzt?

Die folgende Aufzählung ist lückenhaft. Über die Ursachen und Folgen der
Klimaänderung wird breit diskutiert, sie sind eigentlich bekannt:

- Das arktische Meereis wird zunehmend abschmelzen. Es könnte dazu kommen,
  dass die Polarpassage ganzjährig schiffbar wird.
- Auch die kanadischen und grönländischen Gletscher werden beschleunigt abschmelzen, ebenso der antarktischen Eissockel. Die Gletscher in Grönland
  schmelzen besonders schnell, man spricht von ‚Blitzschmelze‘, vgl. Abb. 2.36.
  Die anwachsende weltweite Luftverschmutzung schlägt sich auf die weißen Flächen nieder, der dunkle Schnee absorbiert mehr Sonnenstrahlen und
  schmilzt dadurch schneller.
- Ebenso wird sich das Abschmelzen der kontinentalen Gletscher in den Anden,
  in den Alpen und im Himalaja fortsetzen. Die Gletscher in Patagonien sind
  schon jetzt stark betroffen. Ein Abschmelzen der Gletscher des Himalaja hätte
  auf dem asiatischen Kontinent (in Indien, in China und in den anderen Anrainer-
  ländern) Wassermangel zur Folge, sowohl für die Versorgung mit Trinkwasser,
  wie für die Bewässerung in der Landwirtschaft und die Speisung der großen
  Stauräume zur Elektrizitätserzeugung. In den betroffenen Ländern wäre das al-

Abb. 2.36

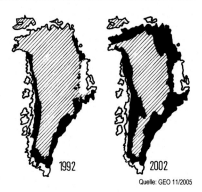

1992   2002

Quelle: GEO 11/2005

les wegen der gleichzeitig stark anwachsenden Bevölkerung eine schlimme bis bedrohliche Entwicklung.

- Der mit dem Abschmelzen des Gletschereises verbundene Anstieg des Meeresspiegels gefährdet alle flach liegenden Küstenländer, auch jene mit ausgedehnten Deltamündungen, wie im Falle des Nil. Die Malediven werden untergehen, Bangladesch zur Hälfte. Etwa 170 Millionen Menschen werden betroffen sein (die Zahl gilt für heute). – Prognostiziert wird ein Anstieg des Meeresspiegels bis zum Jahr 2100 um 0,3 bis 0,5 m. Das beruht zum Teil auch auf der Volumenvergrößerung des sich erwärmenden Meerwassers.

- Der Bestand aller Tierarten wird sich reduzieren, insbesondere der klimasensiblen Arten. Zu befürchten ist das Verschwinden des ca. 2000 km langen Great Barrier Korallenriffs vor Australien mit seinen 400 Korallenarten und seinem großen Fisch- und Weichtierreichtum.

- Die Wüsten werden sich ausdehnen. In den Trockengebieten der Erde sind in den vergangenen 20 Jahren schon rund 800 Millionen Hektar Acker- und Weideland verloren gegangen. Betroffen sind alle Wüsten, insbesondere die Wüste Gobi und jene im Bereich der südlichen Sahara.

- Als Folge der Erwärmung der Meere und der Erdoberfläche wird mehr Wasser verdampfen und sich die (Thermo-)Dynamik der Atmosphäre erhöhen. Die Temperaturunterschiede Tag/Nacht und Sommer/Winter werden zunehmen. Die Vertikalzirkulation wird stärker werden. Es ist mit heftigeren tropischen Wirbelstürmen zu rechen, mit einer Verlagerung der globalen Luftströmungen sowie mit gehäuften Unwettern und verstärkten Niederschlägen. Zu erwarten sind stärkere Überschwemmungen auf der einen Seite, vermehrte Dürrephasen mit Wassermangel, Ernteausfällen und einer Mehrung von Waldbränden auf der anderen. Die Wetterextreme werden insgesamt zunehmen. In Europa dürfte der Mittelmeerraum vom Wandel stärker betroffen sein als Mittel- und Nordeuropa.

Die Klimafolgenforschung zeichnet inzwischen recht verlässliche Szenarien. Im Extremfall könnten die Eisschilde kippen, die kontinentalen Ökosysteme zusammenbrechen und die Permafrostregionen in Flammen aufgehen. – Man kann nur hoffen, dass der Golfstrom in seinem Verlauf von der Klimaänderung nicht betroffen sein wird, auch, dass sie sich auf die Strömungsphänomene El Niño und La Niña im Pazifik nicht verstärkend auswirkt.

Um die Folgen der Klimaänderung abzuwenden, zumindest zu mildern, wäre die Umsetzung einer Reihe von Maßnahmen zur Reduzierung des Ausstoßes der klimaschädlichen Gase allumfassend und nachhaltig notwendig, vgl. hier auch Bd. I, Abschn. 1.7.3 (Anthropozän). Das Gebotene ist im Grunde bekannt:

- Erhöhung der Effizienz bei der Energienutzung in Gebäuden (Heizung und Kühlung), bei den Produktionsprozessen in der Industrie (Stahl-, Aluminium-Zementindustrie), bei der Stromgewinnung in den Kraftwerken, einschließlich vermehrter und zügiger Umstellung auf ‚Erneuerbare Energien' (Wind, Sonne, Biogas, Geothermie, vgl. [15] und Bd. II, Abschn. 3.5.7) und, ganz entscheidend, Reduktion des Kraftstoffverbrauchs pro zurückgelegter Strecke bei allen mobilen Antriebsformen des Land-, Schiffs- und Flugverkehrs. Fallweise Einschränkung des Individualverkehrs nach Anzahl und Größe der Fahrzeuge und Fahrleistung.
- Einsatz der Nuklearenergie, vorausgesetzt, eine dauerhaft gesicherte Endlagerung steht zur Verfügung.
- Entwicklung von Techniken zur CO_2-Abtrennung und zum Verpressen in tiefere geologische Formationen oder andere Methoden der CO_2-Abscheidung und Speicherung (Geoengineering). Bislang gibt es noch keine verlässlichen und akzeptierten Methoden (vgl. Bd. II, Abschn. 3.5.6.2).
- Renaturierung allüberall, Aufforstung in großem Umfang, auch der Regenwälder und Wüstenregionen, Erhaltung der Moore und des grünen Graslands.
- Änderungen des Lebensstils in den wohlhabenden Gesellschaften mit stark vermindertem Verzehr tierischer Produkte (Fleisch) und Reduktion des stickstoffreichen Düngereinsatzes.

2.8.6 Klimaschutz

Es liegt auf der Hand: Um den Planeten Erde für die Menschen bewohnbar zu erhalten, bedarf es einer globalen Klimaschutz-Politik. Ein erster Versuch wurde

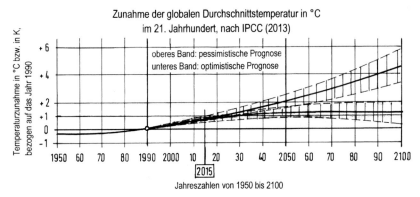

Abb. 2.37

im Jahre 1997 unter dem Dach der Vereinten Nationen mit dem sogen. Kyoto-Protokoll versucht. In diesem hatten sich die Industriestaaten zu bestimmtem CO_2-Reduktionen verpflichtet. Die USA und Kanada beteiligten sich daran nicht. Auf Kyoto folgten weitere 20 Klimakonferenzen ohne wirklich verbindliche Festlegungen, obwohl die jährlichen CO_2-Emissionen im Zeitraum der letzten 25 Jahre weltweit um ca. 50 % gestiegen sind (in Deutschland sind sie um 24 % gefallen)!

Es ist zu hoffen, dass das am 12.12.2015 in Paris von 195 Staaten unterzeichnete Klimaabkommen den absolut notwendigen Durchbruch bringt. Das Abkommen soll 2020 in Kraft treten, nachdem die Staaten es in eigene Gesetze umgesetzt und verabschiedet haben. Danach soll alle fünf Jahre Zwischenbilanz gezogen werden. Den Entwicklungsländern sollen zwecks Erreichens ihrer Schutzziele hohe Zahlungen seitens der Industrieländer zufließen und Unterstützung beim Aufbau ihrer ‚Grünen Technologie' gewährt werden.

Ziel der Pariser Vereinbarung ist es letztlich, einen **CO_2-Emissionsstop** ab Mitte des Jahrhunderts (2050) zu erreichen. Alle noch vorhandenen fossilen Reserven sollen ab diesem Zeitpunkt im Boden verbleiben. Dadurch soll die Erhöhung der mittleren Temperatur auf Erden gegenüber der vorindustriellen Zeit (Zeitepoche Ende des 19. Jh.) auf 1,5 °C begrenzt bleiben. Von dieser Erhöhung ist allerdings schon jetzt etwas weniger als 0,9 °C ‚verbraucht'. In Abb. 2.37 sind die vom IPCC für möglich gehaltenen Entwicklungen ‚optimistisch/pessimistisch' gegenübergestellt. Die Zielvorgabe +1,5 °C dürfte unrealistisch sein, zumal der bisherige CO_2-Austoß mit einer langfristigen Nachwirkung einhergeht. Von den Energieagenturen wird prognostiziert, dass die weltweite Energieversorgung im Jahre 2035 noch zu 75 % auf Kohle, Öl und Gas angewiesen sein wird. Wie soll ab da ein Nullverbrauch in den folgenden 15 Jahren gelingen? Zudem wird durch

a

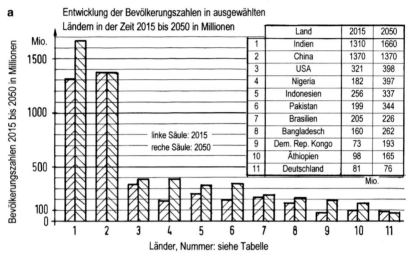

Entwicklung der Bevölkerungszahlen in ausgewählten
Ländern in der Zeit 2015 bis 2050 in Millionen

	Land	2015	2050
1	Indien	1310	1660
2	China	1370	1370
3	USA	321	398
4	Nigeria	182	397
5	Indonesien	256	337
6	Pakistan	199	344
7	Brasilien	205	226
8	Bangladesch	160	262
9	Dem. Rep. Kongo	73	193
10	Äthiopien	98	165
11	Deutschland	81	76

linke Säule: 2015
reche Säule: 2050

Länder, Nummer: siehe Tabelle

Quelle: http:// laenderdatenbank Weltbevölkerung.de

b

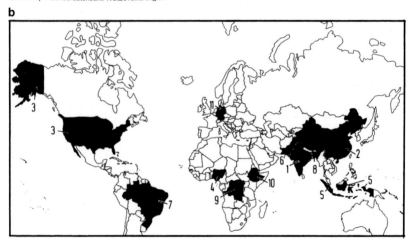

Abb. 2.38

die eher anwachsenden Bestände an Wiederkäuern der Methanausstoß unverändert bleiben. Die Entwicklung der globalen Durchschnittstemperatur wird vielleicht irgendwo zwischen den beiden Kurven in Abb. 2.37 liegen.

Ein Blick auf Abb. 2.38 zeigt die Entwicklung der Bevölkerungszahlen in einigen Ländern. Die Weltbevölkerung von heute (2016) mit insgesamt 7,5 Milliarden

Menschen wird im Jahr 2050 auf 9 Milliarden anwachsen. Den stärksten Anstieg werden Indien, Indonesien und Brasilien verzeichnen. Sie verfügen über reichlich Kohle. Hiermit werden sie versuchen (müssen), den Lebensstandard ihrer Bevölkerung deutlich anzuheben. In diesen Ländern wird nach wie vor viel Regenwald gerodet, der damit als CO_2-Senke verloren geht.

Die Bevölkerungsentwicklung in China bleibt abzuwarten, nachdem dort die 1-Kind-Politik im Jahre 2015 aufgehoben worden ist.

Besorgniserregend ist die Bevölkerungsentwicklung in Afrika, die nur sehr eingeschränkt oder überhaupt nicht mit einer angepassten wirtschaftlichen Entwicklung und Wertschöpfung einhergeht (vgl. insbesondere die Länder mit den Nummern 4, 9 und 10 in Abb. 2.38).

Es verbleibt ein großes Fragezeichen. Wird es der Weltgemeinschaft gelingen, die anstehenden Probleme zu lösen? Politisch wird man nur Erfolg haben, wenn die gesamte Bevölkerung auf Erden vom notwendigen Handeln überzeugt ist, richtiger, wenn sie aus eigener Einsicht und in der Bereitschaft auf Verzicht und zu fairem Ausgleich, die Politik und Wirtschaft anhält, das Gebotene durchzusetzen. Das gilt einsichtiger Weise in besonderem Maße für die Industrieländer.

Literatur

1. DEMTRÖDER, W.: Experimentalphysik 2: Elektrizität und Optik, 6. Aufl. Berlin: Springer Spektrum 2014

2. MESCHEDE, D.: Optik, Licht, Laser, 3. Aufl. Wiesbaden: Vieweg+Teubner 2008

3. SCHIVELBUSCH, W.: Lichtblicke: Zur Geschichte der künstlichen Helligkeit im 19. Jahrhundert. Frankfurt a. M.: Fischer 2004

4. HEILMANN, R.: Licht: Die faszinierende Geschichte eines Phänomens. München: Herbig 2013

5. TOBIN, W.: Leon Foucault. Spektrum der Wissenschaft, Heft 10, 1999, S. 78–86

6. HOFFMANN, D. (Hrsg.): Max Planck und die moderne Physik. Berlin: Springer 2010

7. WALTHER, F. u. WALTHER, H.: Was ist Licht. Von der klassischen Optik zur Quantenphysik, 3. Aufl. München: Beck 2010

8. BRANDT, S.: Geschichte der modernen Physik. München: Beck 2011

9. KRAUS, H.: Die Atmosphäre der Erde – Eine Einführung in die Meteorologie, 3. Aufl. Berlin: Springer 2004

10. SCHÖNWIESE, C.D.: Klimatologie. Stuttgart: Ulmer UTP 2008

11. RAHMSTORF, S. u. SCHELLNHUBER, H.J.: Der Klimawandel, 7. Aufl. München: Beck 2012 (auch als Hörbuch)

12. LATIF, M.: Globale Erwärmung, 3. Aufl. Stuttgart: Ulmer UTP 2012

13. SCHELLNHUBER, H.J.: Selbstverbrennung: Die fatale Dreiecksbeziehung zwischen Klima, Mensch und Kohlenstoff. München: Bertelsmann 2015

14. DOW, K. u. DOWNING, T.E.: Weltatlas des Klimawandels: Fakten und Karten zur globalen Erwärmung. Hamburg: Europ. Verlagsanstalt 2007

15. QUASCHNING, V.: Erneuerbare Energien und Klimaschutz, 3. Aufl. München: Hanser 2013

Strahlung II: Anwendungen

3

3.1 Huygens'sches Prinzip

Was ist Licht? Sind es Strahlen oder Wellen, über die sich Energie und Impuls fortpflanzen? Wie in Abschn. 2.3 ausgeführt, waren sich die Naturforscher in dieser Frage zunächst uneinig, Die Experimente ergaben keine eindeutige Antwort. Das konnten sie auch nicht geben, wie man heute weiß, denn Licht hat eine Doppelnatur. C. HUYGENS (1629–1695) sah Licht als Welle, als eine Überlagerung von **Elementarwellen**. Das von ihm postulierte Prinzip besagt, dass jeder Punkt in einem Wellenfeld als Ausgangspunkt einer neuen Elementarwelle angesehen werden kann.

Abb. 3.1a zeigt ein ebenes Wellenfeld. Ausgangsorte für die sich parallel ausbreitenden Elementarwellen sind die unendlich dicht auf einer Geraden normal zur Fortschreitungsrichtung der Wellenbewegung liegenden Punkte. Sie schwingen einheitlich. Die Elementarwellen pflanzen sich mit der Geschwindigkeit c fort, dabei überlagern sie sich. Das liefert die Front der beobachteten Welle. Analog liegen die Verhältnisse bei einem kreisförmigen Wellenfeld in der Ebene (Abb. 3.1b) und bei einem kugelförmigen Wellenfeld im Raum.

Die Wellentheorie auf der Basis des von HUYGENS angegebenen Prinzips ermöglicht eine widerspruchsfreie Deutung der Phänomene Reflexion und Brechung, Beugung und Interferenz. Alle diese Phänomene sind von fundamentaler Bedeutung, nicht nur in der Optik und Lichttechnik, sondern auf fast allen Gebieten der Physik, von der Atomtheorie bis zur Astronomie. Viele Verfahren der Messtechnik haben sie zur Grundlage.

Dabei ist zu erwähnen, dass HUYGENS und viele die ihm seinerzeit in der Wellenhypothese folgten, die Hypothese mit dem Vorhandensein eines Lichtäthers im gesamten Raum, im Vakuum wie in gasförmigen, flüssigen und festen Stoffen, verbanden. Heute, seit mehr als hundert Jahren, gilt die Ätherhypothese als zweifelsfrei widerlegt (Abschn. 4.1.3): Lichtwellen benötigen kein Trägermedium!

© Springer Fachmedien Wiesbaden GmbH 2017
C. Petersen, *Naturwissenschaften im Fokus III*, DOI 10.1007/978-3-658-15300-7_3

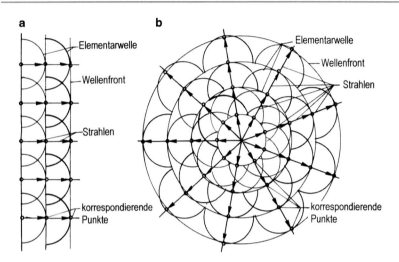

Abb. 3.1

Licht gehört als elektromagnetisches Wellenphänomen zur Quantenphysik. Die Behandlung als Strahlungsphänomen hat wegen der Anschaulichkeit große Vorteile. So hat sich dieses Teilgebiet der Physik, die Optik, auch geschichtlich entwickelt. Zur Literatur vgl. die Angaben zum vorangegangenen Kap. 2 und ergänzend [1–5].

3.2 Reflexion und Brechung

3.2.1 Gesetze der Reflexion und Brechung

Abb. 3.2a zeigt die Reflexion eines Strahles, der auf die Oberfläche eines undurchsichtigen Körpers trifft. Das **Reflexionsgesetz** besagt, dass ein auf eine glatte Oberfläche einfallender Strahl, der mit der Normalen (also mit dem Lot, der Senkrechten im Auftreffpunkt) den Winkel α einschließt, unter diesem Winkel reflektiert wird. Ein- und Ausfallwinkel liegen in einer Ebene. Das Gesetz ist a priori plausibel und war schon im Altertum bekannt.

Trifft ein Bündel paralleler Strahlen auf die Grenzfläche, wird es entsprechend parallel reflektiert. – Ist die Oberfläche uneben/rau, gilt das nicht, das Licht wird gestreut reflektiert, es entsteht diffuses Licht.

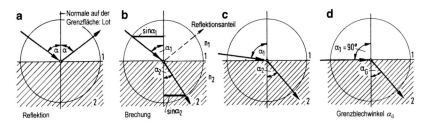

Abb. 3.2

Trifft Licht aus einem durchsichtigen Medium (z. B. Luft) auf die Grenzfläche eines weiteren durchsichtigen Mediums (z. B. Glas), wobei beide eine unterschiedliche optische Dichte haben (Luft/Glas), wird der eine Teil der Strahlung reflektiert, der andere Teil gebrochen. Neben Glas als Feststoff, erfüllt auch Wasser als Flüssigkeit diese Regel, Gase erfüllen sie immer.

Das **Brechungsgesetz** postuliert, dass ein auf die Oberfläche eines durchsichtigen Körpers einfallender Strahl derart gebrochen wird, dass das Produkt aus dem Sinus des Einfallwinkels α_1 mit der zugehörigen Brechzahl n_1 gleich dem Produkt aus dem Sinus des Ausfallwinkels α_2 mit der zugehörigen Brechzahl n_2 ist (Abb. 3.2b):

$$\sin\alpha_1 \cdot n_1 = \sin\alpha_2 \cdot n_2 \quad \rightarrow \quad \frac{\sin\alpha_1}{\sin\alpha_2} = \frac{n_2}{n_1}$$

Den Ausfallwinkel bezeichnet man auch als gebrochenen Winkel. α_1 und α_2 beziehen sich auf die örtliche Normale (das örtliche Lot), vgl. Teilabbildung b. n_1 und n_2 sind die Brechzahlen der Medien 1 und 2. Das Kürzel n nennt man auch Brechindex. Im Vakuum gilt $n = 1$. In Luft ist n näherungsweise eins (1,00029), in flüssigem Wasser ist n gleich 1,33, in Eis: 1,31.

Bei Glas ist die Brechzahl von der Glassorte abhängig, n liegt zwischen 1,45 bis 1,62, im Mittel wählt man: $n = 1,5$, ebenso im Falle von Plexiglas. Merkregel: Wasser 4/3, Glas 3/2. Beim Übergang von Luft (1) in Wasser (2) gilt z. B.:

$$\frac{\sin\alpha_1}{\sin\alpha_2} = \frac{n_2}{n_1} = \frac{4/3}{1} = \frac{4}{3} = 1,33$$

In der Form

$$\frac{\sin\alpha_1}{\sin\alpha_2} = n$$

Abb. 3.3

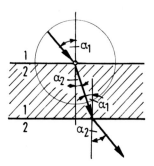

geht das Brechungsgesetz auf W. SNELL van ROJEN (SNELLIUS, 1580–1626) zurück. Hierbei wird Brechung von Luft in Wasser oder Glas unterstellt.

Günstiger ist die Formulierung des Brechungsgesetzes in der ausführlicheren Form. Es gilt dann für **jeden Wechsel** der Lichtstrahlen durch eine Grenzfläche 1/2, wie in Abb. 3.3 verdeutlicht. Handelt es sich z. B. um Licht, das aus Luft (1) in Glas (2) eintritt, gilt

$$\frac{\sin \alpha_1}{\sin \alpha_2} = \frac{n_2}{n_1} = \frac{3/2}{1} = \frac{3}{2} = 1{,}50$$

und von Glas (1) in Luft (2):

$$\frac{\sin \alpha_1}{\sin \alpha_2} = \frac{n_2}{n_1} = \frac{1}{3/2} = \frac{2}{3} = 0{,}666$$

Die Brechzahl steht mit den Lichtgeschwindigkeiten c in den Medien 1 und 2 beidseitig der Grenzfläche in unmittelbarem Zusammenhang. Im Vakuum (und genähert in Luft) beträgt die Lichtgeschwindigkeit ca. 300.000 km/s, in Wasser 225.000 km/s und in Glas i. M. 200.000 km/s. Je optisch dichter das Medium ist, umso geringer ist die Lichtgeschwindigkeit und umso stärker wird die Strahlung zum Lot hin gebrochen. Es ist zweckmäßig, das Brechungsgesetz in der Form

$$\frac{\sin \alpha_1}{\sin \alpha_2} = \frac{c_1}{c_2}$$

zu formulieren (zum Beweis siehe unten). Der Index kennzeichnet das jeweilige Medium, also beispielsweise beim Durchgang von Luft (1) in Glas (2)

$$\frac{\sin \alpha_1}{\sin \alpha_2} = \frac{300.000}{200.000} = 1{,}50$$

und von Glas (1) in Wasser (2):

$$\frac{\sin\alpha_1}{\sin\alpha_2} = \frac{200.000}{225.000} = 0,888 \quad (= 8/9).$$

Trifft Licht auf die Grenzfläche eines durchsichtigen Stoffes, wird ein Teil reflektiert, der andere gebrochen. Trifft ein Strahl beispielsweise vom Medium 1 senkrecht auf die Grenzfläche zum Medium 2, berechnet sich der **reflektierte Anteil** mittels der auf A.J. FRESNEL (1788–1827) zurückgehenden Formel zu:

$$r = \left(\frac{n_1 - n_2}{n_1 + n_2}\right)^2$$

Der Anteil $(1 - r)$ des Lichts tritt in diesem Falle geradlinig durch die Grenzfläche hindurch. – Beim Auftreffen des Lichts von Luft auf Wasser oder Glas liefert die Formel: $r = 0,02$ bzw. $r = 0,04$, bei Wasser werden also 2 %, bei Glas 4 % reflektiert. Durch Vergüten der Oberfläche von Glas lässt sich der Reflexionsanteil senken, auf 1 % und noch weiter herab. Das gelingt durch einen extrem dünnen Auftrag von Magnesium-Fluorid (MgF_2) in einer Schichtdicke kleiner als ein Viertel der Lichtwellenlänge!

Hinweis
Bei schrägem Einfall des Lichts auf die Grenzfläche gilt anstelle vorstehender eine andere Reflexionsformel.

Nähert sich der Einfallwinkel α_1 dem Wert $\pi/2$ (also 90°) und nimmt ihn schließlich an, wie in Abb. 3.2c/d dargestellt, berechnet sich der größtmögliche Brechwinkel wegen $\sin(\pi/2) = 1$ zu:

$$\frac{\sin\alpha_1}{\sin\alpha_2} = \frac{n_2}{n_1} \quad \rightarrow \quad \frac{1}{\sin\alpha_{2,G}} = \frac{n_2}{n_1} \quad \rightarrow \quad \sin\alpha_{2,G} = \frac{n_1}{n_2} = \frac{c_2}{c_1}$$

Man spricht vom **Grenzbrechwinkel**. Für den Übergang von Luft (1) auf Glas (2) ergibt die Rechnung:

$$\sin\alpha_{2,G} = \frac{1}{3/2} = \frac{2}{3} \quad \rightarrow \quad \alpha_{2,G} = 41,8° \quad (= \alpha_G)$$

Man kürzt den Grenzbrechwinkel i. Allg. mit α_G ab. – Eine Umkehrung ist nicht möglich. Das bedeutet: Strahlt Licht aus einem optisch dichteren Medium gegen die Grenzfläche eines optisch dünneren, z. B. von Glas aus nach außen in Richtung

Abb. 3.4

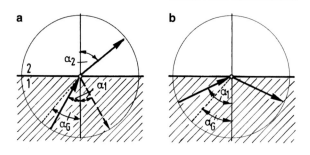

Luft, kann der Strahl nur dann gebrochen werden, wenn der einfallende Winkel kleiner als der zuvor berechnete Grenzbrechwinkel ist (der Strahl also steil genug zur Grenzfläche steht). Diesen Fall zeigt Abb. 3.4a: Ein Teil des Lichtstrahls wird in das Nachbarmedium (2) unter dem Winkel α_2 zum Lot hin gebrochen, der andere Teil verbleibt im dichteren Medium (1), er wird in dieses zurück reflektiert. Ist der einfallende Winkel im dichteren Medium größer als der Grenzbrechwinkel, kann der Strahl nicht gebrochen werden, er wird vollständig zurück reflektiert, man spricht von **Totalreflexion** (Abb. 3.4b). Das Licht ist im dichteren Medium ‚gefangen‘. Auf dieser Erscheinung beruht die Technik des Lichtwellenleiters und des Endoskops (Abschn. 3.2.8).

Wie bereits ausgeführt, stehen die Erscheinungen der Reflexion und Brechung in einem direkten Zusammenhang mit den Lichtgeschwindigkeiten in den Medien beidseitig der Grenzfläche. Um das zu zeigen, wird Abb. 3.5 betrachtet: Der Wellenzug von links, begrenzt durch die Strahlen A und B, trifft mit der Geschwindigkeit c_1 auf die Grenzfläche. Ein Teil wird reflektiert, es sind dieses die Strahlen C und D, deren Geschwindigkeit c_1 beträgt. Der andere Teil wird gebrochen. Es sind dieses die Strahlen E und F, deren Geschwindigkeit gleich c_2 ist. Erreicht der ankommende Wellenzug im Punkt G die Grenzfläche, kann dieser Punkt als Ausgangspunkt zweier Elementarwellen angesehen werden, eine wird im Medium 1 mit c_1 reflektiert, die andere dringt mit c_2 in das Medium 2 ein. Hat der Strahl A den Punkt G erreicht, ist Strahl B im Punkt I angekommen. Von diesem Punkt aus wird Punkt H auf der Grenzfläche in der Zeit t erreicht, die Länge von I nach H ist gleich $c_1 \cdot t$. Im Zeitpunkt t ist die reflektierte Elementarwelle von G aus im Punkt J eingetroffen, ebenfalls mit der Geschwindigkeit c_1. Die Strecken I bis H und G bis J sind gleichlang. Die andere Elementarwelle von G aus erreicht den Punkt K. Die Strecke G bis K ist gleich $c_2 \cdot t$. Für alle anderen Strahlen innerhalb des Strahlenzuges A/B gilt das Entsprechende, sie setzen sich mit den Wellenzügen C/D bzw. E/F fort. Die Dreiecke GHJ und HGI sind einander ähnlich, zwei Seiten und

Abb. 3.5

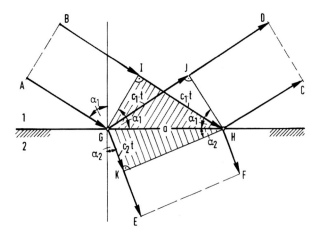

ein Winkel sind jeweils gleichgroß. Das bedeutet: Ein- und Ausfallwinkel müssen gleich sein. Aus den unterschiedlich schraffierten Dreiecken folgt:

$$\sin \alpha_1 = \frac{c_1 \cdot t}{a} \quad \text{und} \quad \sin \alpha_2 = \frac{c_2 \cdot t}{a}$$

Bildet man den Quotienten, ergibt sich das zu bestätigende Brechungsgesetz:

$$\frac{\sin \alpha_1}{\sin \alpha_2} = \frac{c_1}{c_2}$$

Da sich die Lichtbrechung sehr genau messen lässt und die Lichtgeschwindigkeit im Vakuum exakt festliegt, lässt sich mit dieser Formel die Lichtgeschwindigkeit in transluzenten Stoffen zuverlässig bestimmen, einschließlich solcher Einflüsse wie Temperatur und Druck auf die Lichtgeschwindigkeit in solchen Stoffen.

Hinweis
Anstelle Brechung spricht man auch von Refraktion.

3.2.2 Extremalprinzip von FERMAT

Die vorangegangene Herleitung des Reflexions- und Brechungsgesetzes unter Zuhilfenahme des Huygens'schen Prinzips, kann als Beweis für den Wellencharakter des Lichts angesehen werden. Das gilt ebenfalls für das Ergebnis, das aus dem von

Abb. 3.6

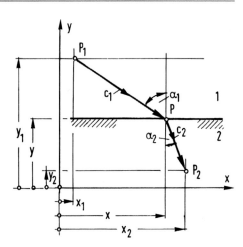

P. de FERMAT (1601–1656) formulierten Prinzip folgt. Es ist das erste Extremal-bzw. Variationsprinzip der Physik überhaupt. Es besagt, dass Licht von allen möglichen Wegen immer den kürzesten nimmt. Das sei anhand von Abb. 3.6 erläutert. Gegeben sind in einem frei gewählten Koordinatensystem die Punkte P_1 und P_2 mit den Koordinaten x_1, y_1 bzw. x_2, y_2. Gesucht ist der Punkt P mit den Koordinaten x, y, der sich dadurch auszeichnet, dass die Strecke, summiert aus den Strecken P_1 bis P und P bis P_2, in der kürzest möglichen Zeit durchlaufen wird, wobei die Geschwindigkeiten auf diesen Strecken c_1 bzw. c_2 betragen sollen. Die naheliegende Vermutung, die Lösung könnte in der geradlinigen Verbindung von P_1 nach P_2 bestehen, erweist sich als nicht richtig!

Die Weglängen $\overline{P_1P}$ und $\overline{PP_2}$ sind (Abb. 3.6):

$$s_1 = [(x - x_1)^2 + (y_1 - y)^2]^{1/2}; \quad s_2 = [(x_2 - x)^2 + (y - y_2)^2]^{1/2}$$

Die Zeitdauer für die Bewegung entlang der Strecke $s = s_1 + s_2$ beträgt:

$$t = t_1 + t_2 = \frac{s_1}{c_1} + \frac{s_2}{c_2}$$

Setzt man hierin vorstehende Ausdrücke für s_1 und s_2 ein, erkennt man, dass die Zeit t eine Funktion von x und y ist: $t = t(x, y)$. Um das Extremum (hier Minimum) zu finden, wird die Funktion $t(x, y)$ einmal nach x und einmal nach y differenziert. Diese Ableitungen werden Null gesetzt. Das ergibt zwei Gleichungen für zwei Unbekannte. Führt man die Anweisung durch, findet man nach Zwischen-rechnung:

$$\frac{1}{c_1} \cdot \frac{x - x_1}{s_1} - \frac{1}{c_2} \cdot \frac{x_2 - x}{s_2} = 0; \qquad -\frac{1}{c_1} \cdot \frac{y_1 - y}{s_1} + \frac{1}{c_2} \cdot \frac{y - y_2}{s_2} = 0$$

Aus den beiden Gleichungen folgt, wiederum nach Zwischenrechnung:

$$\frac{\sin \alpha_1}{\sin \alpha_2} = \frac{c_1}{c_2}$$

Das stimmt mit der obigen Formel überein. Gibt man P vor, kann das Punktepaar P_1 und P_2 bestimmt werden. Als zweite Lösung findet man: $\cos \alpha_1 / \cos \alpha_2 = c_1/c_2$. Die Lösung ist zwar formal richtig, aber physikalisch nicht relevant.

3.2.3 Ebene und gekrümmte Spiegel

Trifft ein Bündel paralleler Strahlen, also eine ebene Welle, unter dem Einfallwin-kel α auf einen ebenen Spiegel (also einen Planspiegel), wird das Strahlenbün-del unter dem Winkel α reflektiert, es gilt für alle Strahlen das Reflexionsgesetz. Abb. 3.7a verdeutlicht die naheliegende Aussage. – Wird der Spiegel bei gleicher Strahlrichtung um den Winkel γ gedreht, vergrößert sich der Ausfallwinkel um 2γ (Teilabbildung b).

Treffen parallel liegende Strahlen senkrecht auf einen Planspiegel, fallen Ein- und Ausfallrichtung zusammen (die Strahlen durchdringen sich, ohne sich zu be-hindern, Abb. 3.7c). – Ist der Spiegel geknickt, bezeichnet man die Winkelhal-bierende als optische Achse, auch als Hauptachse. Zu dieser Achse parallel ein-fallende Strahlen treffen sich jeweils paarweise in einem Punkt auf dieser Achse (Teilabbildung d).

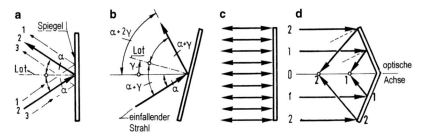

Abb. 3.7

Abb. 3.8

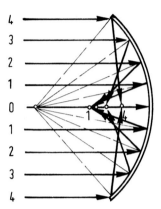

Bei gekrümmten Spiegeln werden Hohl- und Wölbspiegel unterschieden. Beim erstgenannten Spiegel spricht man auch von einem Konkav- oder Sammelspiegel, beim zweitgenannten von einem Konvex- oder Zerstreuungsspiegel.

Abb. 3.8 zeigt einen Hohlspiegel mit einer sphärischen (kugelförmigen) Spiegelfläche. Die Symmetrieachse ist die optische Achse. Fallen parallel zur optischen Achse Strahlen auf den Spiegel auf, treffen sich jeweils zwei gleich weit von der optischen Achse entfernte Strahlen in einem Punkt auf der Achse. Gedanklich kann jeder Punkt auf dem Hohlspiegel, auf den ein Strahl triff, als eine mit der lokalen Tangente zusammenfallende infinitesimale Spiegelebene angesehen und hierauf das Reflexionsgesetz lokal angewandt werden. Mit diesem Ansatz lassen sich die Schnittpunkte auf der optischen Achse zeichnerisch konstruieren. Wie an Abb. 3.8 erkennbar, treffen sich die reflektierten Strahlen nicht in einem Punkt. Nur bei sehr geringer Krümmung des Spiegels ist das näherungsweise der Fall. Dieser Punkt ist der **Brennpunkt des Spiegels**. Man spricht auch vom Focus. Den Brennpunkt benennt man mit F (Abb. 3.9a). Der Abstand zwischen Brennpunkt F und Scheitelpunkt S ist die **Brennweite** f des Spiegels. Der Abstand von F bis zum Mittelpunkt M des Kreises beträgt dann $(r - f)$. Abb. 3.9a enthält weitere Einzelheiten: Aus dem schraffierten Dreieck entnimmt man die Beziehung:

$$\cos \alpha = \frac{r/2}{r - f}$$

Nach f aufgelöst, ergibt sich die Formel für die Brennweite zu:

$$f = \frac{r}{2} \cdot \left(2 - \frac{1}{\cos \alpha} \right)$$

Abb. 3.9

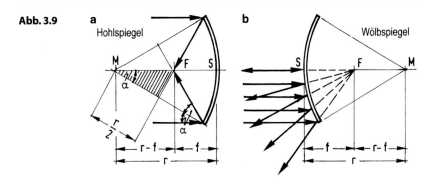

Für achsnah einfallende Strahlen ist α ein kleiner Winkel, $\cos\alpha$ geht dann gegen 1. In diesem Falle gilt für die Brennweite:

$$f = \frac{r}{2}$$

Für sphärische Spiegel mit geringer Krümmung innerhalb des Einfallbereiches der Strahlen stellt diese Beziehung eine gute Näherung dar. –

Vollständige Abweichungsfreiheit für die gesamte Fläche erreicht man für achsparallel einfallend einfallende Strahlen nur mit einem parabolischen Spiegel. Ein solcher Spiegel ist schwierig zu fertigen. Ein Parabolspiegel entsteht durch Rotation einer Parabel um die optische Achse mit der Kontur $x = \sqrt{4f \cdot y}$, worin f die Brennweite zum Scheitelpunkt ist. (In der Formel ist x die Kontur und y die Achse.) Bei einem Parabolspiegel werden parallel zur Achse einfallende Strahlen exakt im Brennpunkt gebündelt und das unabhängig von der Größe des Spiegels.

Das Gegenstück zu einem Hohlspiegel ist ein Wölbspiegel (Abb. 3.9b). Bei diesem Spiegel wird das achsparallel einfallende Licht zerstreut, und das so, als würde das Licht von dem hinter dem Spiegel liegenden Brennpunkt ausgehen.

Steht eine Person vor einem Planspiegel, sieht die Person ihr virtuelles Ebenbild hinter dem Spiegel. In Abb. 3.10a ist demonstriert, wie dieses zustande kommt: Von jedem einzelnen Punkt der Oberfläche der Person wird Licht nach allen Richtungen abgestrahlt. Es stammt als Streulicht von künstlichen oder natürlichen Quellen. Dabei wird nur Licht in jener Farbwellenlänge reflektiert, also abgestrahlt, die mit der Farbe des betreffenden Punktes korrespondiert. – Betrachtet werde der Fuß der Person. Von dem Fuß gehen nach allen Seiten Strahlen aus, ein Teil trifft den Spiegel, in Abb. 3.10a seien dieses die Strahlen 1 bis 13. Vom Spiegel werden die Strahlen gemäß dem Reflexionsgesetz reflektiert. Von den vielen reflektierten Strahlen trifft ein Strahl das Auge der Person. Das ist in der

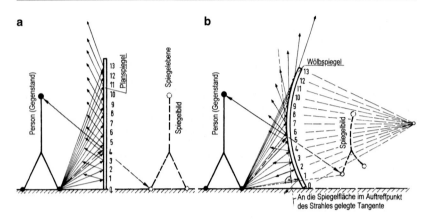

Abb. 3.10

Abbildung jener Strahl, der zwischen Strahl 4 und 5 liegt. In der Verlängerung dieses Strahles sieht die Person hinter dem Spiegel das Abbild ihres Fußes. Alle anderen Punkte der Person oder eines anderen Gegenstandes rundum werden von der Person entsprechend wahrgenommen, also gesehen. Die Person sieht sich in der Spiegelebene seitenverkehrt, das rechte Ohr erscheint virtuell als würde es im Gegenbild linksseitig liegen. – Steht die Person vor einem Wölbspiegel, lässt sich das Spiegelbild entsprechend konstruieren: Vom Fuß ausgehende Strahlen werden in den Auftreffpunkten auf der Spiegelfläche gegenüber dem jeweiligen lokalen Lot reflektiert. Jener Strahl, der das Auge der Person trifft, wird wieder zur Gegenseite verlängert. Die Spiegelfläche im Auftreffpunkt dieses Strahls kann lokal als eben angesehen werden. Von der Tangente an diese Ebene ausgehend, findet man das Spiegelbild des Fußes, vgl. Abb. 3.10b. Wird die Konstruktion auf alle Körperpunkte angewandt, erhält man das vollständige Spiegelbild: In Abhängigkeit vom Spiegeltyp erscheint das Spiegelbild verzerrt, und das beim Wolbspiegel verkleinert, beim Hohlspiegel vergrößert.

3.2.4   Prismen und Linsen

Prismen und Linsen kommen für die unterschiedlichsten Aufgaben in optischen Geräten zum Einsatz. Prismen werden z. B. als optische Bausteine verwendet, um Strahlen in bestimmter Weise umzulenken, hierbei wird das Phänomen der Totalreflexion ausgenutzt.

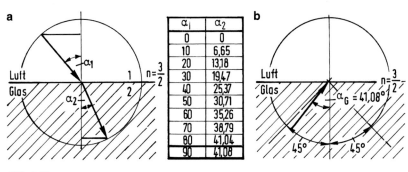

α_1	α_2
0	0
10	6,65
20	13,18
30	19,47
40	25,37
50	30,71
60	35,26
70	38,79
80	41,04
90	41,08

Abb. 3.11

Abb. 3.11a1 zeigt den Übergang eines Lichtstrahls von Luft in Glas ($n = 3/2$). Die Tabelle in Teilabbildung a2 weist α_2 als Funktion des Auftreffwinkels α_1 aus. Der Grenzbrechungswinkel beträgt $\alpha_G = 41{,}08°$. In Teilabbildung b ist der umgekehrte Fall dargestellt, der Strahl stößt aus dem Glas heraus gegen die Grenzfläche zur Luft. Ist hierbei der Winkel zum Lot kleiner als α_G, wird der Strahl gebrochen, ist er größer, kommt es zu einer Totalreflexion innerhalb des Glases, beispielsweise, wenn der Winkel 45° ($> 41{,}08°$) beträgt, wie in Teilabbildung b dargestellt, vgl. Abschn. 3.2.1.

Dieses Verhalten kann beim 90°-Prisma genutzt werden: Parallel auf die Breitseite einfallende Strahlen werden seitlich versetzt spiegelverkehrt zurückgeworfen, wie in Abb. 3.12a veranschaulicht.

Abb. 3.12

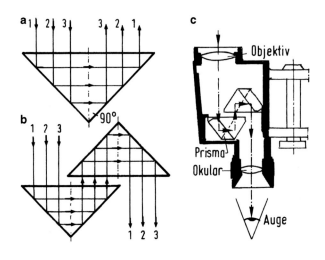

Abb. 3.13

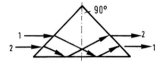

Die Teilabbildungen b/c zeigen die Anordnung von zwei Prismen in einem Fernglas: Für den Betrachter erscheint das Bild seitenrichtig. –

Eine weitere Anwendung des 90°-Prismas zeigt Abb. 3.13: Der Strahlengang beruht auch hier auf dem Phänomen der Totalreflexion: Die Strahlen werden verschwenkt: Stand das Bild zuvor auf dem Kopf, steht es nach dem Strahlendurchgang richtig.

Neben den vorgestellten Prismen kommen viele von ihnen in weiteren Formen und Kombinationen zum Einsatz, das gilt auch für Prismen mit spitzem Keilwinkel, den man auch als brechenden Winkel und die Spitze desselben als brechende Kante bezeichnet. Abb. 3.14 zeigt ein solches Prisma. Der brechende Winkel werde mit γ abgekürzt. Trifft ein Strahl unter dem Winkel α_1 zum Lot 1 auf die Flanke des Prismas, wird der Strahl unter dem Winkel β_1 zum Lot 1 hin gebrochen. Auf der Gegenseite (im Glas) hat der Strahl zum Lot 2 den Winkel β_2. Beim Austritt wird der Strahl unter dem Winkel α_2 zum Lot 2 hin gebrochen (geänderte Benennung gegenüber oben!). Aus der Figur folgt (vgl. schraffiertes Dreieck):

$$\beta_1 + \beta_2 = \gamma$$

(Lot 1 und 2 stehen senkrecht auf den Flanken, die den Winkel γ einschließen.) Der Ablenkwinkel δ zwischen Ein- und Ausfallwinkel beträgt, wie ebenfalls dem Strahlengang in der Abbildung entnommen werden kann:

$$\delta = (\alpha_1 - \beta_1) + (\alpha_2 - \beta_2)$$

Abb. 3.14

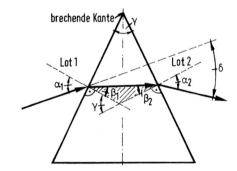

Abb. 3.15

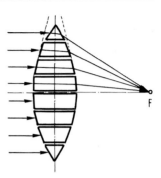

α_1 und β_1 sowie α_2 und β_2 sind über das Brechungsgesetz miteinander verknüpft. γ ist vorgegeben. δ kann aus der Formel berechnet werden.

Beispiel
Gegeben sei ein Prisma mit dem brechenden Winkel $\gamma = 53,13°$ und der Brechzahl Luft in Glas: $n = 1,5$. Der Strahl treffe unter $\alpha_1 = 45°$ auf die Flanke des Prismas. Der Reihe nach ergibt (hier ohne Zwischenrechnung): $\beta_1 = 28,13°$, $\beta_2 = \gamma - \beta_1 = 25,00°$, $\alpha_2 = 39,34°$: $\delta = 31,21°$.

Trifft der Strahl die Flanke lotrecht zur Symmetrieachse, ist $\alpha_1 = \gamma/2$. Jetzt folgt β_1 aus $\sin\beta_1 = \sin(\gamma/2)/n$. Im Falle des Beispiels ergibt sich: $\alpha_1 = 26,565°$, $\beta_1 = 17,346°$, $\beta_2 = 35,784°$, $\alpha_2 = 61,294°$: $\delta = 34,729°$. Der Strahl wird rückwärts zur breiteren Seite hin abgelenkt.

Eine Linse kann als Stapelung von Prismen gedeutet werden, wobei der brechende Winkel von außen nach innen abnimmt; das ergibt eine Sammellinse (Abb. 3.15). Der umgekehrte Fall ist ebenso deutbar, das ergibt eine Zerstreuungslinse. In beiden Fällen wird jeder Strahl zweimal gebrochen und abgelenkt. An den Ein- und Ausfallstellen der Strahlen gilt jeweils lokal das zugehörige Brechungsgesetz.

In der Sammellinse werden achsparallel einfallende Strahlen zur Achse hin abgelenkt. Bei entsprechendem Schliff schneiden sich die Strahlen im Brennpunkt F, das Strahlenbündel verläuft zwischen Linse und Brennpunkt konvergent (Abb. 3.16a). Der Abstand von der Mittelebene der Linse bis zum Brennpunkt wird mit f abgekürzt, das ist die Brennweite. – Steht im Abstand g vor der Linse ein Gegenstand G derart, dass der Fußpunkt des Gegenstandes auf der optischen Achse liegt, verläuft ein von diesem Fußpunkt ausgehender, demgemäß mit der Achse zusammen fallender Strahl, geradlinig durch die Linse hindurch. Ein vom Kopfpunkt des Gegenstandes parallel zur Achse ausgehender Strahl, verläuft nach Brechung durch die Linse durch den Brennpunkt F. Ein zweiter vom Kopfpunkt

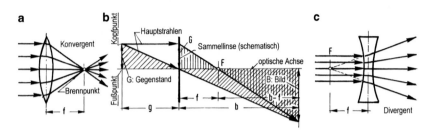

Abb. 3.16

das Linsenzentrum durchstoßender Strahl verläuft geradlinig weiter, denn die Begrenzung der Linse ist an dieser Stelle beidseitig planparallel. Wo sich die Strahlen hinter der Linse schneiden, liegt das Bild B vom Kopfpunkt des Gegenstandes: Im Abstand b von der Linse liegt dessen Bildebene. Das Bild erscheint vergrößert, es steht auf dem Kopf. Aus der Ähnlichkeit der Dreiecke liest man zwei Beziehungen ab (Abb. 3.16b):

$$\frac{G}{B} = \frac{f}{b-f} \quad \text{und} \quad \frac{G}{B} = \frac{g}{b}$$

Werden die Beziehungen gleich gesetzt, folgt nach kurzer Umformung die sogen. **Linsenformel (Linsengleichung):**

$$\frac{1}{f} = \frac{1}{g} + \frac{1}{b}$$

Sind zwei Größen gegeben, kann die dritte aus der Gleichung frei gestellt und berechnet werden. Liegt der Gegenstand im Unendlichen, ist $1/g$ gleich Null, die Bildebene fällt dann mit dem Brennpunkt zusammen.

Bei einer Zerstreuungslinse treten achsparallele Strahlen divergent aus der Linse heraus (Abb. 3.16c). Dabei treten die Strahlen so aus der Linse heraus, als wäre der Brennpunkt die Strahlungsquelle.

Die Annahme, der Strahl vom Kopfpunkt des Gegenstandes durchdringe das Linsenzentrum ohne Ablenkung, ist streng genommen nicht richtig. Wie aus Abb. 3.17 hervorgeht, tritt ein in eine planparallele Glasplatte einfallender Strahl nach zweimaliger Brechung mit einem Versatz v aus der Platte heraus. Aus der Abbildung liest man mit d als Dicke der Platte ab:

$$\sin(\alpha - \beta) = \frac{v}{d/\cos\beta} \quad \rightarrow \quad v = \frac{\sin(\alpha - \beta)}{\cos\beta} \cdot d$$

Abb. 3.17

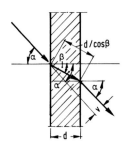

Dabei gilt:

$$\frac{\sin\alpha}{\sin\beta} = n \quad \rightarrow \quad \sin\beta = \sin\alpha/n$$

Beispiel

$\alpha = 10°, n = 1{,}5: v = 0{,}059 \cdot d.$

Bei dünnen Linsen und flach einfallenden Strahlen (α ist dann ein kleiner Winkel), ist der Versatz gering. In solchen Fällen ergibt die oben angeschriebene Linsengleichung ein weitgehend richtiges Abbild, vgl. auch Abschn. 3.2.7.

3.2.5 Dispersion bei der Lichtbrechung

Unter Dispersion versteht man die Abhängigkeit der Brechzahl n von der Lichtwellenlänge λ und damit über die Lichtgeschwindigkeit c die Abhängigkeit von der Frequenz $v = c/\lambda$.

Abb. 3.18a zeigt für einige Glassorten die Abhängigkeit der Brechzahl n von der Wellenlänge und zwar innerhalb des sichtbaren Lichtwellenbereiches $\lambda = 380$ bis 780 nm (nm: Nanometer $= 10^{-9}$ m).

Unter der Brechzahl wird hier der Übergang von Luft auf Glas verstanden. Beim Übergang von Glas auf Luft gilt der Kehrwert. Offensichtlich fällt der Brechungsindex schwach mit anwachsender Wellenlänge. Das gilt für nahezu alle transparenten Stoffe.

Teilabbildung b zeigt, wie ein unter 45° einfallender Lichtstrahl einmal im Falle $n = 1{,}65$ und einmal im Falle $n = 1{,}60$ gebrochen wird. Das bedeutet in Verbindung mit Teilabbildung a: Ein Strahl geringerer Wellenlänge (also mit höherer Frequenz, blaue Farbe) wird stärker gebrochen als ein Strahl mit größerer Wellenlänge (also mit geringerer Frequenz, rote Farbe).

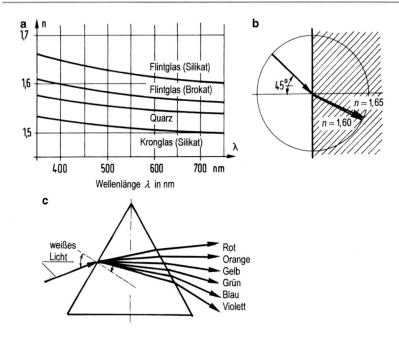

Abb. 3.18

J. KEPLER (1571–1630) beschrieb dieses Phänomen bereits im Jahre 1611.
I. NEWTON (1642–1727) klärte die Erscheinung mittels einer Reihe von Versuchen an Prismen, an denen das Sonnenlicht zweimal gebrochen wurde (Teilabbildung c). Das Ergebnis publizierte er 1704 in seiner Abhandlung ‚Optics': Weißes Sonnenlicht besteht demnach aus verschiedenen Komponenten und zwar aus den Spektralfarben Rot, Orange, Gelb, Grün, Blau und Violett. Rot wird am wenigsten gebrochen, Violett am stärksten. Die Farben gehen kontinuierlich ineinander über. Führt man die Spektralfarben mittels einer Sammellinse zusammen, entsteht wieder weißes Licht. Das Licht einer einzelnen Spektralfarbe, also einer einzelnen Wellenlänge, bezeichnet man als monochromatisch.

Das Band des regenbogenfarbigen Lichts nennt man Spektrum und die Zerlegung des Lichts in seine Komponenten (Hauptfarben) Spektralanalyse. Die Verknüpfung der Spektralfarben mit der Wellenlänge war I. NEWTON noch nicht bekannt, das wurde erst später aufgedeckt, als sich herausstellte, dass es sich bei Licht um einen schmalen Ausschnitt des elektromagnetischen Wellenspektrums handelt und dass außerdem zwischen Brechzahl und Lichtgeschwindigkeit ein direkter Zu-

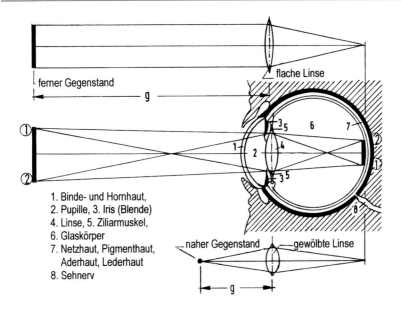

Abb. 3.19

sammenhang besteht, wie oben, in Abschn. 3.2.1 erläutert. Der Regenbogen ist ein schönes Beispiel für die spektrale Zerlegung des Sonnenlichts. Das Spektrum anderer leuchtender/glühender Lichtquellen unterscheidet sich zum Teil deutlich von jenem des Sonnenlichts.

Anmerkung
Das Auftreten von Farbringen auf gebogenen Glasplatten oder transparenten Folien wurde auch von I. NEWTON erkannt. Man spricht bei solchen Phänomenen daher von Newton'schen Ringen, auch diese Erscheinung beruht auf der Dispersion des Lichts.

3.2.6 Sehen

3.2.6.1 Aufbau und Funktion des Auges
Den Aufbau des Auges zeigt Abb. 3.19 im Längsschnitt. Einfallendes Licht wird in der Hornhaut (1), in der Pupille (2), in der Linse (4) und im Glaskörper gebrochen.

Maßgeblich ist der Beitrag der Linse. Durch unterschiedliche Wölbung der Linse vermag das normalsichtige Auge von fernen Gegenständen ($g = \infty$) und nahen

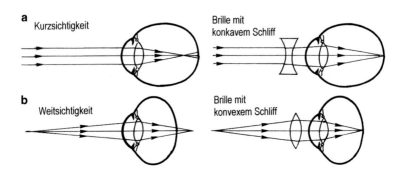

Abb. 3.20

Gegenständen (*g* herab bis ca. 10 cm) ein scharfes Bild auf der Netzhaut (7) zu zeichnen. Bei schlaffem Ziliarmuskel (5) ist die Linse aufgrund ihrer eigenen Elastizität stärker gekrümmt (Nahsicht), bei angespanntem Ziliarmuskel schwächer gekrümmt, also flacher (Fernsicht). Dieses Anpassungsvermögen an die Entfernung bezeichnet man als Akkommodation. Die Lage des Brennpunkts kann dadurch innerhalb des Augapfels um 4 mm verschoben werden.

Ist der Augapfel zu lang, schneiden sich parallel einfallende Strahlen von einem fernen Gegenstand innerhalb des Augapfels, es bedarf einer Brille mit Zerstreuungslinse (Abb. 3.20a1/2). Gegenstände in kürzerer Entfernung werden auch ohne Brille gut gesehen, man spricht von **Kurzsichtigkeit**.

Ist der Augapfel zu kurz, schneiden sich die Strahlen von einem fernen Gegenstand außerhalb des Auges, es bedarf einer Sammellinse (Abb. 3.20b1/2), ferne Gegenstände werden auch ohne Brille scharf gesehen, man spricht von **Weitsichtigkeit**.

Wenn im Alter die Elastizität der Linse abnimmt, kann sie keine ausreichende Wölbung mehr annehmen, nahe Gegenstände können dann nicht mehr scharf gesehen werden (z. B. beim Lesen), ferne wohl, man spricht dann von Altersweitsichtigkeit.

Zur Behebung von Sehfehlern (Astigmatismus) kommen Brillen mit den unterschiedlichsten Gläsern (Linsen) aus Glas oder Kunststoff zum Einsatz. – Neben Brillen kamen ehemals auch Augenschalen aus Glas, die das ganze Auge bedeckten, zur Anwendung.

Seit Mitte des 20. Jahrhunderts werden leichte Mikrolinsen verwendet, meist aus weichen Acrylaten (Plexiglas), die auf der Hornhaut des Auges schwimmen und vermöge Adhäsion haften, man spricht von Kontaktlinsen (∅9 bis 11 mm).

Blick- und Gesichtsfeld sowie Bildgröße werden durch sie im Verglich zur Brille, weniger beeinträchtigt. Die Hornhaut und ihr Stoffwechsel werden indessen stärker beansprucht: Keime unter der Linse (Bakterien, Pilze) können die Hornhaut schädigen, Augenhygiene ist wichtig.

Beim ‚Grauer Star' ist die natürliche Linse getrübt, die Sehfähigkeit ist verschlechtert. Dem wird heutzutage mit dem Einsetzen einer kleinen, klaren Kunststofflinse begegnet.

Die vor dem Auge liegende kreisringförmige Iris (5 in Abb. 3.19, Regenbogenhaut) wirkt als Blende, sie regelt die einfallende Lichtintensität. Dieses Anpassungsvermögen an die Helligkeit bezeichnet man als Adaption, sie wird zusätzlich durch die Verschiebung der Sinneszellen in der Netzhaut unterstützt. Die Umstellung dauert unterschiedlich lange, von dunkel auf hell ca. 20 Sekunden. Die vollständige Umstellung von hell auf dunkel dauert ca. 30 bis 45 Minuten!

Da der Mensch (wie nahezu alle Tiere) über zwei Augen verfügt, entsteht auf jeder Netzhaut ein geringfügig anderes Bild von den Gegenständen, sodass sich im Gehirn ein räumlicher Tiefeneindruck vom sichtbaren Umfeld bilden kann. Auch wird das auf dem Kopf stehende Bild des Gegenstandes im Gehirn als aufrecht stehend interpretiert (auch wenn der Mensch liegt!).

Auf jeder Netzhaut liegen ca. 6 Mill. Zäpfchen für das Farbsehen am Tage und ca. 120 Mill. Stäbchen für das Sehen in der Dämmerung und Dunkelheit. Man nennt diese Sehzellen Rezeptoren. Die Stäbchen sind um das 500-fache empfindlicher als die Zäpfchen. Mit zunehmender Dunkelheit stellen sich die Sehzellen um, die Stäbchen ragen weiter hervor. Diese Umstellung erfolgt nicht spontan sondern dauert eine Weile. Offensichtlich ist das Sehen ein hoch-komplexer Vorgang, noch erstaunlicher ist die Entwicklung des Auges als Sinnesorgan [6].

Je ferner ein Gegenstand liegt, umso kleiner erscheint das Bild vom Gegenstand auf der Netzhaut. Damit der Gegenstand noch erkannt werden kann, muss er

Abb. 3.21

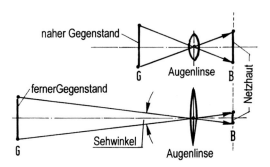

mindestens von zwei Zäpfchen registriert werden können. Hierdurch ist das Sehvermögen begrenzt. Der vom Auge gerade noch auflösbare Sehwinkel beträgt ca.
eine Winkelminute (1′), für bequemes Sehen gilt ca. 2′, vgl. Abb. 3.21.

Anmerkung
Die Wirbeltiere verfügen über Linsenaugen. – Die größten Augen (Durchmesser ca. 25 cm,
so groß wie ein Fußball) haben Riesenkalmare, die bis zu 9 Meter lang werden können. – Von
den Linsenaugen unterscheiden sich die sogen. Facettenaugen. Sie sind den Gliederfüßern
(z. B. den Insekten) eigen. Sie bestehen aus einer Vielzahl von sechseckigen Einzelaugen
(Ommatidien). Die Anzahl der Einzelaugen ist bei den Arten sehr unterschiedlich und liegt
zwischen 100 und 10.000; sie sind sphärisch angeordnet und ergeben so ein Rundauge mit
großem Gesichtsfeld und einem hohen Lichtreiz- und Reaktionsvermögen.
    Bei vielen Tieren ist die Breite der Farbwahrnehmung im Vergleich zum Farbesehen beim
Menschen erweitert: Bienen und Ameisen können beispielsweise UV-Licht ‚sehen'.

3.2.6.2   Sehen von Farb- und Grautönen – Helligkeit

Das Farbensehen am Tage kommt durch die kombinierte Wirkung von drei unterschiedlichen Zäpfchenarten zustande. Sie sind jeweils einzeln empfindlich für die
Grundfarben Blau, Grün und Rot. Das Maximum der zugehörigen Empfindlich-
keitskurven liegt bei 440 nm (Blau), 530 nm (Grün) und 570 nm (Rot). Im Bereich
500 bis 625 nm ist die Helligkeitsempfindlichkeit des menschlichen Auges für Sehen am Tage am höchsten (Abb. 3.22).

    Der von einem Gegenstand ausgehende, auf eine bestimmte Zäpfchenregion der
Netzhaut einfallende Lichtstrahl reizt die Zäpfchen entsprechend ihres lichtwel-
lenabhängigen Farbwahrnehmungsvermögens. Im Gehirn kommt durch Mischung
der Reize der resultierende Farbeindruck vom Gegenstand zustande. Das vollzieht
sich im Gehirn für alle momentan sichtbaren farbigen Gegenständen des gesamten

Abb. 3.22

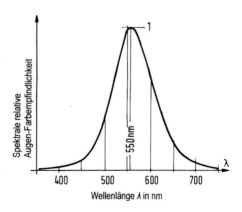

Umfeldes spontan, millionenfach gleichzeitig und in kontinuierlicher Folge. Die zeitliche Auflösung gelingt dem Gehirn dabei bis zu sehr hohen Bildwechselgeschwindigkeiten.

Bewirkt wird das Sehen durch die den Lichtwellen innewohnende Energie, die sich in chemische Energie als Reizfolge in den Seh- und Gehirnzellen umsetzt (in diesem Falle nicht in Wärme).

Im absoluten Maßstab liegt die Augenempfindlichkeit für Sehen in der Dunkelheit (in der Dämmerung und in der Nacht) deutlich höher als am Tage, das wurde bereits erwähnt. Hoch empfindlich ist das Auge für Sehen in der Dunkelheit im Wellenbereich 520 bis 580 nm, am höchsten bei 550 nm. Die hierbei gereizten Stäbchen sehen das Licht indessen nicht mit der zugeordneten Farbe (wie die Zäpfchen), sondern entweder weiß über grau bis schwarz und das entsprechend der Helligkeit, mit der das Licht wahrgenommen wird (Tagsehen $\rightarrow$ Zäpfchen $\rightarrow$ Farbbilder, Nachtsehen $\rightarrow$ Stäbchen $\rightarrow$ Schwarz-Weiß-Bilder).

Farbton, Farbsättigung und Helligkeit sind Eigenschaften. Zu ihrer Bewertung bedarf es physiologischer/physikalischer Regeln bzw. Maße. Ähnlich liegen die Verhältnisse in der Akustik: Beim Hören dient der Lautstärke-Pegel zur Bewertung der Lautstärke: Ist I die Intensität des vom Sender ausgehenden Schalls (in diesem Fall ist I die lokal gemessene Schallleistung pro Flächeneinheit in Watt/m^2), ist der Lautstärkepegel zu

$$L = 10 \cdot (\log I - \log I_0) = 10 \cdot \log(I/I_0)$$

definiert (Bd. II, Abschn. 2.7.3.1). Der Pegel bewertet den Lautstärke**unterschied** gegenüber einem Bezugsniveau (I_0). Grundlage ist das Weber-Fechner-Gesetz, wonach ein logarithmisch ansteigender Reiz (R) eine linear ansteigende Empfindlichkeit (E) bewirkt: $E = k \cdot \lg R$. Dieser physiologische Wahrnehmungsansatz lässt sich nach dem Vorschlag von E.H. WEBER (1795–1878) und T. FECHNER (1801–1887) auch auf die visuelle Bewertung der Helligkeit übertragen, also auf den Helligkeits**unterschied** zweier Lichtquellen, was wohl am ehesten für punktförmige Lichtquellen gilt: Auf I angewandt lautet die Bewertungsregel für den empfundenen Unterschied in der Lichtempfindlichkeit zweier Lichtquellen ($E - E_0$), wenn dem W-F-Gesetz gefolgt wird:

$$L = k \cdot (\log I - \log I_0) = k \cdot \log(I/I_0)$$

Die Beziehung ist mit dem Gesetz für die Leistung einer Schallquelle identisch, gekennzeichnet durch den Unterschied der Logarithmen der Leistungen. k ist eine Konstante. Sie dient der Anpassung an Messwerte. I_0 ist das Bezugsnormal.

In der Praxis der Lichttechnik wird modifiziert vorgegangen, da es sich hier im Regelfall nicht um eine von einer Punktquelle ausgehende kugelförmige Lichtwelle handelt. – Für die Helligkeitseinstufung der Sterne wird hingegen die vorstehende Beziehung zugrunde gelegt (Abschn. 3.9.7).

Die umfangreichen Wissensgebiete der Farbenlehre und der Farbenwahrnehmung werden in Abschn. 3.8 in gebotener Kürze behandelt. Die diesbezügliche Forschung ist in ihren Anfängen mit den Namen T. YOUNG (1773–1829), H. v. HELMHOLTZ (1821–1894), E. HERING (1834–1914), F.W. OSTWALD (1853–1932) und vielen weiteren bis in die Gegenwart verbunden. Es handelt sich um ein Grenzgebiet zwischen Physik (Photometrie) auf der einen Seite und Biochemie, Neurologie und Physiologie auf der anderen.

Anmerkung
Die Lichtstärke wird im SI in der Einheit cd (gesprochen: Candela) gemessen, ehemals verwendete man die Einheit HK (Hefner-Kerze). Die Lichtstärke ist eine Eigenschaft des lichtausstrahlenden Körpers, analog seiner Masse, die in kg gemessen wird. Während das Normal 1 kg vermittelst Vergleich mit dem Urkilogramm recht anschaulich ist, ist das Normal 1 cd vergleichsweise kompliziert definiert, siehe Bd. I, Abschn. 1.2. Zur Messung der Lichtstärke bedarf es speziell geeichter Messgeräte und zwar einer Apparatur, die aus einem Keramiktiegel zum Schmelzen von Reinstplatin besteht. Erstarrt das flüssige Platin beim Haltepunkt 2045 K, dient die hierbei ausgesandte Strahlung zur Eichung des Photometers. Die erreichbare Genauigkeit liegt bei 0,2 %. In der Praxis kommen visuelle und physikalische Photometer zum Einsatz, letztere werden mittels Filter an das spektrale Helligkeitsempfinden des Auges angepasst. Aufgaben dieser Art fallen in das Gebiet der Photometrie und bei der Messung von Sternhelligkeiten in das Gebiet der Astrophotometrie.

3.2.7   Optische Instrumente

3.2.7.1   Leistungsfähigkeit optischer Bauteile

Wenn bei einem Hohlspiegel oder einer Sammellinse in deren Brennpunkt ein Bild entsteht, handelt es sich um ein **reelles Bild**. Ein solches Bild kann z. B. mit Hilfe einer Lupe (Okular) betrachtet werden. Bilder auf der Netzhaut des Auges sind auch reelle Bilder, auch dann, wenn der Strahlengang zunächst durch eine Brille modifiziert wurde. Das gleiche gilt für einen Fotoapparat. In einem analogen Gerät wird das Licht auf einer Fotoplatte oder einem -film gesammelt, in Digitalkameras auf Sensoren der CCD- oder CMOS-Halbleitertechnik.

Virtuelle Bilder entstehen, wo Strahlen aus dem optischen System rückwärtig und divergent austreten. Wölbspiegel, einschließlich Planspiegel, und Zerstreuungslinsen (als Einzelbausteine) erzeugen immer virtuelle Bilder. Hohlspiegel und Sammellinsen erzeugen dagegen im Regelfall reelle Bilder, bei besonderen Ab-

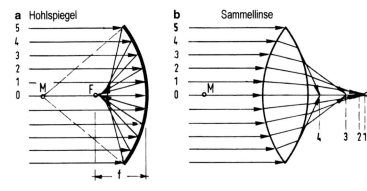

Abb. 3.23

standsverhältnissen auch virtuelle Bilder. – Systeme aus mehreren Linsen unterschiedlicher Form in Reihe sind eigenständige optische Bauteile und erzeugen
i. Allg. reelle Bilder.

Es gibt eine Reihe von Ursachen, die die Leistungsfähigkeit optischer Bauteile
und Instrumente begrenzen:

1. Fallen achsparallele Strahlen auf einen stärker gekrümmten sphärischen Hohlspiegel oder eine Sammellinse größerer Dicke, treffen sich die Strahlen nicht
   in einem Punkt, sondern hintereinander liegend auf der optischen Achse
   (Abb. 3.23). Ein scharfes Bild kann einsichtiger Weise in diesem Falle nicht
   entstehen. Im Falle der in Teilabbildung b dargestellten Linse kommt es im
   Randbereich gar zu einer Totalreflexion, eine solche Linse wäre unbrauch-
   bar. Man spricht bei diesen Gegebenheiten von sphärischer Aberration. –
   Ein Hohlspiegel sollte bei großer Öffnung als Parabolspiegel ausgeführt werden, was bei Reflektoren für astronomische Zwecke grundsätzlich geschieht.
   Sammellinsen mit parabolischer Oberfläche werden wegen mangelhafter Ab-
   bildungstreue nicht gefertigt. – Treffen Strahlen schräg auf eine dicke Linse,
   kommt es zu einem Versatz im Strahlengang, auch das wirkt sich verfälschend
   aus (Abb. 3.17).
2. Das Auflösungsvermögen ist bei Vergrößerung ferner Gegenstände als Folge
   des Beugungsphänomens begrenzt (vgl. Abschn. 3.3.3).
3. Da der Brechungsindex von der Wellenlänge des Lichts abhängig ist (Dispersion, Abschn. 3.2.5), wird das Licht an den Grenzflächen der gläsernen Prismen
   und Linsen unterschiedlich gebrochen. Es entstehen Farbfehler (Abb. 3.24a).
   In diesem Falle spricht man von chromatischer Aberration. –

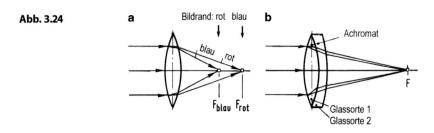

Abb. 3.24

Um das Entstehen fehlerhafter Abbilder zu minimieren, gibt es für die angesprochenen Probleme folgende Maßnahmen (meist in Kombination):

- Es werden möglichst dünne (schlanke) Linsen eingesetzt und zur Verbesserung der Schärfe Blenden zwecks Konzentration der Strahlen im achsnahen Bereich vorgeschaltet. Letzteres geht zu Lasten der Helligkeit (der Beleuchtung) und muss, z. B. bei Fotoapparaten, durch eine längere Belichtungsdauer ausgeglichen werden.
- Es werden mehrere Linsen zu einem Achromaten zusammengesetzt. Ein solcher besteht aus Linsen unterschiedlicher Form und unterschiedlicher Materialien (Glas oder Kunststoff) mit entsprechend unterschiedlichen Brechzahlen. Auf diese Weise lassen sich hochwertige Linsensysteme fertigen, welche die aufgezeigten Fehler weitgehend unterdrücken (Abb. 3.24b).

Neben den genannten gibt es weitere Einflüsse, die sich auf die Abbildungsstreue ungünstig auswirken, wie Koma und Astigmatismus. Die angeschnittenen Fragen fallen in das Gebiet der Höheren Optik. Sie sind Gegenstand von Forschung und Entwicklung in der Optischen Industrie.

3.2.7.2   Brille

Wie in Abschn. 3.2.6.1 erläutert, werden zur Korrektur fehlsichtiger Augen

- bei Kurzsichtigkeit Brillengläser in Form einer Zerstreuungslinse (Abb. 3.25a) und
- bei Weitsichtigkeit Brillengläser in Form einer Sammellinse (Abb. 3.35b) gewählt.

Es werden Glas- oder Kunststoffmaterialien verwendet. Die Qualität der Brille ist abhängig von der stofflichen Reinheit und Homogenität des Materials und von der Güte des Schliffs und der Beschichtung. Normalsichtigkeit ist eher selten, zumindest ein Leben lang. Von Normalsichtigkeit spricht man dann, wenn bei der

Abb. 3.25

a Brille bei Kurzsichtigkeit

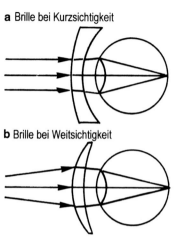

b Brille bei Weitsichtigkeit

Akkommodation der Augenlinse in ihre flache Form achsparalleles Licht aus dem Unendlichen genau auf die Netzhaut fällt.

Als ‚Nähe' ist ein Abstand von 25 cm vereinbart (man spricht von = mittlere, deutliche, anstrengungsfreie Sehweite).

Unter Sehwert (auch ‚Brechkraft' genannt) versteht man bei einer Sammellinse den Quotienten

$$D = 1/f \ (f \text{ in m!}),$$

also den Kehrwert der bildseitigen Brennweite f, gemessen in Dioptrie (dpt), vgl. folgenden Abschnitt. Bei einem normalsichtigen Auge (bzw. der Augenlinse) beträgt f beim Sehen eines fernen Gegenstandes im Unendlichen ca. 23 mm (= 0,023 m) und beim Sehen eines nahen Gegenstandes in 25 cm Entfernung ca. 19 mm (= 0,019 m). Das ergibt Dioptriewerte ca. 43 dpt bzw. 53 dpt. Etwa 70 % der Brechkraft beruht auf der Wirkung der (starren) Hornhaut, 30 % auf jener der (akkommodierenden) Linse.

3.2.7.3 Sammellinse

In vielen optischen Instrumenten kommen Sammellinsen zum Einsatz. Sind r_1 und r_2 die Krümmungsradien der beidseitigen Kugelflächen mit den Mittelpunkten M_1 und M_2 und ist n die Brechzahl des Materials im Verhältnis zu Luft ($n \approx 1,5$), berechnet sich die (beidseitig gleichgroße) Brennweite f für eine dünne Linse zu (Abb. 3.26):

$$\frac{1}{f} = (n-1) \cdot \left(\frac{1}{r_1} + \frac{1}{r_2} \right); \quad f' = f$$

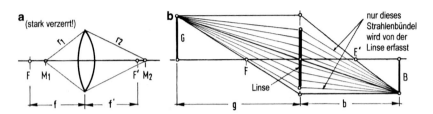

Abb. 3.26

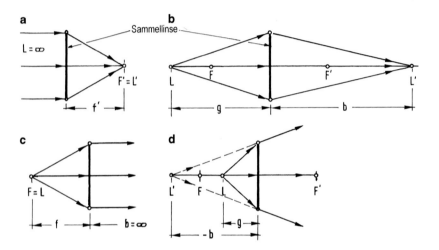

Abb. 3.27

Im Falle $n = 1,5$ (Glas) und $r_1 = r_2 = r$, ergibt sich $f = r$. – Für dicke Linsen gelten modifizierte Formeln!

Trifft Licht von einer im Unendlichen liegenden Quelle auf eine Sammellinse, werden die Strahlen rückwärtig im Brennpunkt (F) gebündelt (Abb. 3.27a). Rückt die Lichtquelle näher heran, wird das Licht außerhalb des Brennpunktes F gesammelt (Teilabbildung b). Liegt die Lichtquelle im sogenannten dingfesten Brennpunkt, setzt sich das Licht nach Durchgang durch die Linse achsparallel fort (Teilabbildung c), liegt die Quelle nochmals näher, wird das Licht hinter der Linse gestreut (Teilabbildung d).

Mit diesen Erläuterungen wird die Wirkung einer Sammellinse verständlich, wenn der Gegenstand (G) von der Linse den Abstand g hat und sich das Bild

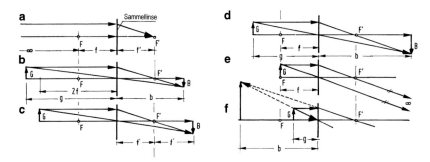

Abb. 3.28

(B) im Abstand b einstellt (Abb. 3.26b). Abb. 3.28 fasst die sechs Möglichkeiten zusammen, dabei gelte der Sonderfall $|f| = |f'|$:

a) $g = \infty: b = f'$,
b) $g > 2f: b > f'$,
c) $g = 2f: b = 2f'$,
d) $g > f: b > 2f'$,
e) $g = f: b = \infty$,
f) $g < f: b$: negativ.

In den Fällen a bis e entsteht ein reelles, umgekehrtes und im Falle f ein virtuelles, aufrechtes Abbild. Für praktische Zwecke ist a) als Linse für Brenngläser, b) als Linse in Fotoapparaten, c) als Umkehrlinse, d) als Linse in einem Projektionsapparat, e) als Scheinwerferlinse und f) als Lupe geeignet.

Auf die vielfältigen Instrumente, die in der Geodäsie, Sattelitengeodäsie und Astronomie zum Einsatz kommen, kann hier nicht eingegangen werden. Auch das weite Feld der Fotografie bleibt ausgespart. Im Folgenden wird lediglich die Wirkungsweise einer Lupe, eines Mikroskops und eines Fernrohres in Kurzform erläutert. Auf die in Abschn. 3.2.4 hergeleitete Linsenformel wird verwiesen, vgl. dort Abb. 3.16b.

3.2.7.4 Lupe (Vergrößerungsglas)

Die Lupe ist ein optisches Gerät ohne festen Abstand zwischen dem betrachteten Gegenstand und der Lupe einerseits und der Lupe und dem Auge des Betrachters andererseits. Damit eine Vergrößerung zustande kommt, muss der Gegenstand zwischen Lupe und deren dingseitigem Brennpunkt liegen (Fall f in Abb. 3.28).

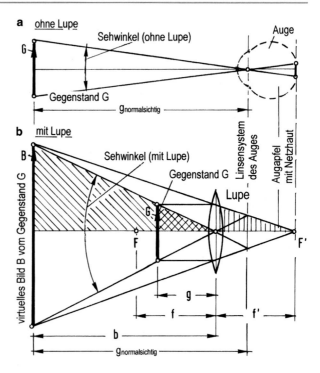

Über eine längere Zeit wird ein Gegenstand G vom Betrachter dann entspannt und scharf gesehen, wenn der Abstand zwischen Auge und Gegenstand gleich $g_{normalsichtig}$ ist (Abb. 3.29a). Als Standard für scharfes Sehen gilt $g_{normalsichtig}$ = 25 cm.

Mit einer Lupe erscheint dem Betrachter das virtuelle Bild scharf und in weitgehend höchster Vergrößerung, wenn der Gegenstand etwas innenseitig vom Brennpunkt entfernt liegt. Der Betrachter wird die Lupe und sein Auge so positionieren, dass für ihn das Bild (B) im Abstand $g_{normalsichtig}$ liegt (Abb. 3.29b). Aus der Strahlenfigur lassen sich zwei Relationen entnehmen:

$$\frac{B}{G} = \frac{b}{g} \quad \text{und} \quad \frac{B}{G} = \frac{b+f'}{f'} \quad \rightarrow \quad \frac{b}{g} = 1 + \frac{b}{f'}$$

Die Vergrößerung (V) beträgt demnach (mit $f' = f$):

$$V = \frac{B}{G} = \frac{b}{g} = 1 + \frac{b}{f}$$

Näherungsweise kann gesetzt werden: $b = g_{\text{normalsichtig}}$. Damit ergibt sich für V:

$$V = 1 + \frac{g_{\text{normalsichtig}}}{f}$$

Da stets $g_{\text{normalsichtig}}/f \ll 1$ gilt, ergibt sich für den Vergrößerungsmaßstab V:

$$V \approx \frac{g_{\text{normalsichtig}}}{f}$$

Damit eine Vergrößerung zustande kommt ($V > 1$), muss demnach gelten:

$$f < g_{\text{normalsichtig}} = 0{,}25\,\text{m}$$

Beträgt die Brennweite der Lupe beispielsweise $4\,\text{cm} = 0{,}04\,\text{m}$, ergibt sich:

$$V = 0{,}25/0{,}04 = 8.$$

Für länger andauerndes, entspanntes Sehen liegt das Maximum der Lupen-Vergrößerung bei etwa $V = 10$. Bei einer Leselupe liegt V niedriger. Mit Sonderlupen werden Vergrößerungen $V = 30$ bis 40 erreicht.

3.2.7.5 Mikroskop

Das Mikroskop besteht aus zwei in einem Rohr (Tubus) liegenden Sammellinsen, dem Objektiv (1) und dem Okular (2), siehe Abb. 3.30. Das Objektiv erzeugt vom Gegenstand G, also von der zu betrachtenden und von unten beleuchteten Probe, ein reelles Zwischenbild. Dieses liegt zwischen der Okularlinse und deren Brennpunkt (F_2). Das Zwischenbild wird vom Auge vermittels des Okulars (= Lupe) betrachtet, es erscheint auf der Netzhaut als virtuelles, vergrößertes Bild. Die Vergrößerung des Mikroskops ergibt sich aus dem Abbildungsverhältnis des Objektivs, beispielsweise 40×1, multipliziert mit der Lupenvergrößerung, z. B.: 12×1 zu $40 \times 12 = 480$. Sehr gute Lichtmikroskope erreichen eine Vergrößerung etwa 1000 (die stärksten Elektronenmikroskope ca. 100.000). Mit Sonderentwicklungen werden noch höhere Vergrößerungen erreicht.

Vielfach wird das Präparat zur besseren Erkennung der Kontur eingefärbt, i. Allg. in der (bio-)medizinischen Forschung. –

A. v. LEEUWENHOEK (1632–1723) war wohl der erste, der in der Zeit um 1670 Hefepilze und Bakterien mit Hilfe eines von ihm gefertigten Mikroskops gesehen hat, später wurden die Befunde von R. HOOKE (1635–1703) bestätigt. – In Deutschland fertigte C. ZEISZ (1816–1888) ab 1872 Linsen für Mikroskope mit den von F.O. SCHOTT (1851–1935) gefertigten optischen Gläsern. Auf E.C. ABBE (1840–1905) gehen eine Reihe wichtige Entwicklungen in der Theorie der Optik zurück.

Abb. 3.30

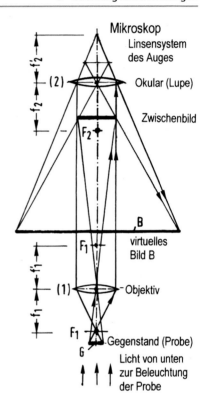

3.2.7.6   Fernrohr – Fernglas – Feldstecher

Abb. 3.31a zeigt den Blick auf zwei Berggipfel (terrestrische Beobachtung mit einem Fernrohr) bzw. auf zwei Sterne (astronomische Beobachtung). Die Objekte mögen jeweils in großer Entfernung liegen. Der Sehwinkel auf die beiden Objekte betrage α (Abb. 3.31b).

Im **Fernrohr** treffen sich die jeweils parallelen Strahlen nach Brechung hinter dem Objektiv (1) im Brennpunkt F_1'. Mittels eines Okulars (Lupe) wird die Differenz Δ betrachtet, wobei die Lage des Okulars so eingestellt wird, dass dessen Brennpunkt F_2 bei terrestrischer Beobachtung weitgehend, bei astronomischer Beobachtung exakt mit F_1' zusammenfällt. Für das Auge beträgt der Sehwinkel jetzt:
$$\beta = \Delta/f_2.$$

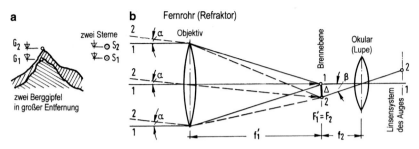

Abb. 3.31

Ohne Instrument gilt: $\alpha = \Delta/f_1$ (wenn $f_1' = f_1$). Die Vergrößerung des Sehwinkels ist demnach:

$$V = \frac{\beta}{\alpha} = \frac{\Delta/f_2}{\Delta/f_1} = \frac{f_1}{f_2}$$

Ziel muss es sein, eine große Objektiv- und eine kleine Okularbrennweite konstruktiv vorzuhalten. Das Prinzip dieses Fernrohrtyps geht auf J. KEPPLER zurück. Das Rohr hat mindestens die Länge $f_1 + f_2$.

Das Abbild des Gegenstandes steht auf dem Kopf. Durch Zwischenschalten einer Umkehrlinse oder eines Doppelprismas entsteht für terrestrische Zwecke ein aufrecht stehendes, seitenrichtiges Bild. Durch das Doppelprisma wird zudem die Baulänge verkürzt (Abb. 3.12 in Abschn. 3.2.4).

Ist das Okular eine Zerstreuungslinse, erhält man ein Fernrohr, welches den Gegenstand aufrecht abbildet, die Baulänge ist kürzer ($f_1 - f_2$). Als Vergrößerung lässt sich mit einem solchen Fernrohr ein Wert etwa 2,5 erreichen. Dieser Typ ist als Opernglas in Gebrauch. Gegenüber dem Kepler'schen Fernrohr ist es älter. Es wird i. Allg. nach G. GALILEI benannt, der mit dem Gerät im Jahre 1610 die vier großen Jupitermonde entdeckte. Tatsächlich geht das Fernrohr auf H. LIPPERHEY (1570–1619) zurück, der es 1608 vorschlug und 1609 als erster baute.

Mittels eines Fernrohres wird zweierlei erreicht: Vergrößerung des Sehwinkels und Steigerung der Helligkeit durch einen möglichst großen Objektivdurchmesser. Die Benennung 8×30 auf einem **Fernglas** bedeutet: $V = 8$-fache Vergrößerung bei $D = 30$ mm Objektivdurchmesser. Die Wurzel $\sqrt{V \cdot D}$ liefert die Dämmerungszahl (einheitenfrei rechnen!), bei einem Glas 8×30 ergibt sich der Wert 15,5. 8×30-Ferngläser werden verbreitet verwendet. Gläser 7×50 und 8×56 lassen noch Beobachtungen mit freier Hand zu, darüber hinaus sind sie nur mit Stativ möglich, z. B. bei 10×40-, 10×50-, 15×60-, 16×70- oder gar 20×80-Gläsern (Großfeldstecher). Mit den zuletzt genannten Gläsern sind auch Beobachtungen bei Dämmerung möglich, die Dämmerungszahl beträgt beim 20×80-Glas: 37,4.

3.2.8 Lichtwellenleiter (LWL) – Optische Übertragungstechnik

Wie in Abschn. 3.2.1 ausgeführt, wird Licht totalreflektiert, wenn es, aus einem optisch dichteren Medium kommend, die Grenzfläche zu einem optisch dünneren unter einem flachen Winkel trifft. In Abb. 3.32 ist dieses Phänomen nochmals verdeutlicht. Solange der Einfallwinkel (hier α_1) kleiner als α_G ist, wird der Strahl gebrochen, wenn er größer ist, wird er totalreflektiert, α_G ist der Grenzbrechwinkel. Dieses Phänomen wird genutzt, um Lichtsignale entlang eines Glasfaserstranges zu übertragen. Man spricht von einem Lichtwellenleiter. Die Lichtgeschwindigkeit beträgt in Glas ca. $c = 200.000$ km/h. Da der Lichtstrahl in Längsrichtung der Faser zick-zack-förmig verläuft, liegt die Übertragungsgeschwindigkeit in der Glasfaser etwas niedriger als c (Abb. 3.33a). Das Licht kann auch entlang gekrümmter Faserbereiche geführt werden (Teilabbildung b). – Der Leiter besteht aus einem Kern und einem Mantel, beide aus Glas (der Mantel besteht fallweise aus Kunststoff). Der Unterschied in der Brechzahl der beiden Materialien ist gering, beispielsweise 1,527 zu 1,517.

Unterschieden werden Lichtwellenleiter (LWL, gekürzt auch Lichtleiter) nach ihrem Profil und nach ihrer Brechzahl: Neben dem Stufenprofil-LWL mit sprunghafter Änderung der Brechzahl innerhalb des Kerns gibt es den Gradientenprofil-LWL mit veränderlicher Brechzahl. In Abb. 3.33c ist die Art der Lichtwellenausbreitung angedeutet.

In Abhängigkeit von der Aufgabenstellung werden die Fasern zu einem Kabel als Vollläder, Hohlläder oder Bündelläder zusammengefasst. Die Kabel werden vielfach durch Metall- oder Kunststofffäden (-drähte) bewehrt (verstärkt). Der

Abb. 3.32

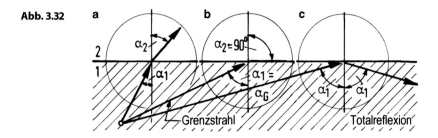

Abb. 3.33

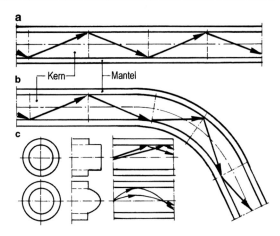

Kerndurchmesser der Fasern liegt im Bereich 0,01 bis 0,20 mm (in Sonderfällen bis 1 mm) und der zugehörige Manteldurchmesser im Bereich 0,10 bis 0,25 mm. Die einzelnen Fasern werden vergleichsweise dick beschichtet. Die Fertigung der Fasern erfordert als Massenproduktion strengste Qualitätskontrollen.

Die Güte eines Leiters wird durch seinen Dämpfungskoeffizienten dB/km charakterisiert, welcher den Verlust zwischen ein- und ausgekoppelter Leistung beschreibt. Die Dämpfung hat unterschiedliche Ursachen: Verunreinigungen im Material, nicht glatte Grenzflächen, Schwächung des Lichts durch Absorption. Unsachgemäße Verlegung, z. B. knickartige Krümmungen und mängelbehaftete Verbindungen, können zu höheren Licht- bzw. Leitungsverlusten führen. Eine ausführliche Darstellung zur Technik geben [7, 8].

3.3 Beugung – Interferenz

3.3.1 Erscheinungsformen

Neben der Reflexion und Brechung gibt es zwei weitere wichtige Lichtphänomene: Beugung und Interferenz.

Wie ausgeführt, bewirken Reflexion und Brechung eine Änderung der Wellenbewegung des Lichts von der geradlinigen Ausbreitung.

Eine andere Ursache für eine Abweichung von der geradlinigen Fortpflanzung ist die **Beugung** der Wellenbewegung an Kanten, Öffnungen, Spalten (Blenden), Gittern, allgemein, an Hindernissen. Beugung wird auch durch Dichteänderungen im Material verursacht. Schattenbereiche erscheinen heller, Hellbereiche dunkler, als man es bei Ansatz eines geradlinigen Strahlenbündels erwarten würde. Mit Hilfe des Huygens'schen Prinzips gelingt es, das optische Phänomen zu erklären. Wie eingangs ausgeführt, war es C. HUYGENS (1629–1695), der das Licht als Wellenerscheinung deutete, das war im Jahre 1690. Nach dem von ihm postulierten Prinzip verlaufen die Lichtstrahlen als Elementarwellen in Richtung der sich vom Wellenzentrum (der Lichtquelle) ausbreitenden Wellenfront.

Die ersten Beugungsversuche gehen auf F.M. GRIMALDI (1618–1663) zurück, der entlang der Schattengrenze des durch ein kleines Loch in einen verdunkelten Raum eintretenden Sonnenlichts eine gewisse Unschärfe mit abnehmender Helligkeit entdeckte, er prägte den Begriff Diffraktion (Beugung).

Bedingt durch Beugung ist das Auflösungsvermögen optischer Bauteile (neben anderen Gründen) begrenzt, vgl. Abschn. 3.2.7.1.

Unter **Interferenz** versteht man die ungestörte Überlagerung zweier oder mehrerer Wellen. Bei Lichtwellen geht Interferenz häufig mit Beugungserscheinungen einher.

Auf T. YOUNG (1723–1829) geht die Erklärung der Interferenz zurück: Überlagern sich zwei Wellenzüge gleicher Wellenlänge mit gleichgroßen Amplituden, verstärken sie sich auf den doppelten Wert, wenn sie gleichphasig schwingen, sie löschen sich aus, wenn sie gegenphasig schwingen. Das ist einsichtig und in Abb. 3.34a/b veranschaulicht.

Abb. 3.34

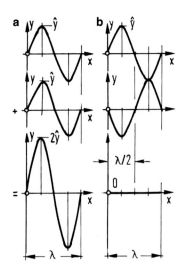

H. LLOYD (1800–1881) und insbesondere schon zuvor A.J. FRESNEL (1788–1827) gelangen frühzeitig überzeugende Interferenzversuche, wobei letzterer sich mittels eines Doppelprismas bzw. eines Doppelspiegels zwei virtuelle Quellen identischen Lichts von einer einzelnen Lichtquelle erzeugte. – Ein Interferenzversuch ganz anderer Art wurde später von R.W. POHL (1884–1976) unter Verwendung von Glimmerplättchen durchgeführt. Hierbei spiegelte sich das Licht an deren Vorder- und Rückseite. – Am Wellencharakter des Lichts gab es nach diesen Versuchen und vielen weiteren keinen Zweifel mehr. Mit Hilfe von Korpuskeln lassen sich Beugung und Interferenz schwerlich erklären.

Um die Interferenz voll verstehen zu können, bedarf es einiger ergänzender Erklärungen:

Wie anhand von Abb. 3.35 erläutert, kommt es bei der Überlagerung (Superposition) zweier ebener Wellen mit derselben Amplitude und derselben Wellenlänge bzw. -frequenz, zu einer Verdoppelung der Ausschläge, wenn die Phasendifferenz Null ist, oder zu einer Auslöschung, wenn die Phasendifferenz π (180°) bzw. $\lambda/2$ beträgt. Man nennt die beiden Fälle **konstruktive** bzw. **destruktive Interferenz**.

Die Gleichungen zweier harmonischer (sinusförmiger) ebener Wellen $y_1(t, x)$ und $y_2(t, x)$ mit x als Weg- und t als Zeitordinate lauten, vgl. Bd. II, Abschn. 2.7.1:

$$y_1(t,x) = \hat{y}_1 \cdot \sin 2\pi \left(\nu_1 t - \frac{x}{\lambda_1} \right) \quad \text{und} \quad y_2(t,x) = \hat{y}_2 \cdot \sin 2\pi \left(\nu_2 t - \frac{x}{\lambda_2} \right)$$

Hierin bedeuten für jede Welle einzeln: $\hat{y}$: Amplitude, ν: Frequenz, λ: Wellenlänge. Da sich die beiden Wellen in einem gemeinsamen Medium ausbreiten, gilt: $\nu_1 \cdot \lambda_1 = \nu_2 \cdot \lambda_2 = c$ mit c als Lichtgeschwindigkeit der Wellenfortpflanzung.

Bei der Überlagerung von zwei oder mehr Wellen solch' allgemeiner Art, wie angeschrieben, wird sich keine Interferenz einstellen, wohl in jenem Sonderfall, in dem die beiden Wellen dieselbe Amplitude und dieselbe Wellenlänge bzw. Wellenfrequenz, indessen einen Gangunterschied Δx in Richtung der räumlichen Wellenfortpflanzung, aufweisen. Abb. 3.35 zeigt zwei Ausgangsfunktionen, die um Δx gegeneinander versetzt sind. Die Überlagerung von $y_1(t, x)$ und $y_2(t, x)$ im Zeitpunkt t und am Ort x ergibt (nach längerer Zwischenrechnung):

$$y = \hat{y} \cdot \left[\sin 2\pi \left(\nu t - \frac{x}{\lambda} \right) + \sin 2\pi \left(\nu t - \frac{x + \Delta x}{\lambda} \right) \right]$$

$$= 2\hat{y} \cdot \underbrace{\cos \pi \frac{\Delta x}{\lambda}}_{\text{Amplitude}} \cdot \underbrace{\sin 2\pi \left(\nu t - \frac{x + \Delta x/2}{\lambda} \right)}_{\text{harmonische Zeitfunktion}}$$

Abb. 3.35

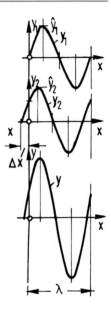

Der Umformung liegt die trigonometrische Beziehung

$$\sin \alpha + \sin \beta = 2 \cdot \sin \frac{\alpha + \beta}{2} \cdot \cos \frac{\alpha - \beta}{2}$$

zu Grunde. – Die überlagerte Welle ist wieder eine harmonische, ihre Amplitude hat die Größe:

$$2\hat{y} \cdot \cos \pi \frac{\Delta x}{\lambda}$$

Die überlagerte Welle wird zu Null, wenn der Gangunterschied Δx zwischen den beiden Ausgangswellen gleich $\Delta x = (2n + 1) \cdot \lambda/2$ ist und n die Zahlen 0, 1, 2, annimmt (die Amplitude wird Null, das bedeutet Auslöschung). In diesen Fällen haben die beiden Ausgangswellen den Gangunterschied

$$\Delta x = (1/2) \cdot \lambda \quad \text{oder} \quad = (3/2) \cdot \lambda \quad \text{oder} \quad = (5/2) \cdot \lambda \text{ usf.}$$

zueinander. Überlagert löschen sie sich aus, denn die Cosinusfunktion der überlagerten Welle nimmt in den genannten Fällen den Wert Null an.

Gilt für den Gangunterschied zwischen den beiden Wellen $\Delta x = 2n \cdot \lambda/2 = n \cdot \lambda$, wobei n wiederum die ganzen Zahlen 0, 1, 2, annehmen kann, bestätigt man, dass sich die Amplitude der überlagerten Welle stets zu $\pm 2\hat{y}$ ergibt, das bedeutet eine Verdoppelung der Amplituden der beiden Ausgangswellen.

Für die betrachteten Fälle der Auslöschung bzw. Überlagerung lauten zusammengefasst die Cosinusfunktionen, welche die Amplitude der beiden Fälle kennzeichnen:

$$\cos\left(n + \frac{1}{2}\right) \cdot \pi \text{ bzw. } \cos n \cdot \pi \quad (n = 0, 1, 2, \dots)$$

Von dem vorstehenden Ergebnis wird in den folgenden Abschnitten Gebrauch gemacht, wenn **Beugung und Interferenz monochromatischen Lichts** an einem Spalt, einem Doppelspalt und einem mehrteiligen Spalt (= Gitter) behandelt werden. Monochromatisch (auch monofrequent) nennt man Licht, das nur eine einzige Wellenlänge aufweist, es ist einfarbig. Physikalisch existiert eine solche Welle nicht, sie könnte keine Energie übertragen. Man erweitert den Begriff dahingehend, dass es sich um eine Welle innerhalb eines engen Wellenlängenbereiches $\Delta\lambda$ oder um eine Welle mit einer einzigen Spektrallinie handelt.

Es zeigt sich, dass beliebige Lichtwellen, allgemeiner ausgedrückt, beliebige elektromagnetische Wellen, nicht mit einander interferieren, auch dann nicht, wenn sie dieselbe Wellenlänge bzw. -frequenz aufweisen. (Bei mechanischen Wellen ist das der Fall, z. B. bei Schallwellen.) Das beruht auf der quantenhaften Natur des Lichts: Licht wird von angeregten Atomen ausgesandt (emittiert). Immer dann, wenn ein Elektron in der Atomhülle von einem energetisch höheren Niveau auf ein energetisch niederes übergeht, wird ein Quant (ein Photon) abgestrahlt. Das geschieht in vielen Atomen spontan und gleichzeitig, gleichwohl untereinander zeitlich zufällig versetzt. Das Elektron schwingt auf der neuen Niveaustufe noch eine Weile nach, entsprechend die Welle. Es wird somit von den Atomen kein (unendlich langer) kontinuierlicher Wellenzug ausgesandt, sondern eine Folge von Wellenzügen begrenzter Dauer, unterbrochen von Pausen. In einer solchen diskontinuierlichen Abfolge von Wellenzügen sind die Gangunterschiede unregelmäßig-zufällig verteilt.

Wird ein Wellenzug, der aus einer einzigen Lichtquelle stammt, in zwei oder mehrere Wellenzüge aufgespalten, besteht zwischen ihnen dagegen eine feste Phasenbeziehung. Derartige Teilwellen (mit zueinander fester Phasenbeziehung) nennt man **kohärent**. Nur kohärente Lichtwellen interferieren miteinander. – Der größte Gangunterschied, bei dem bei Licht noch Interferenz auftreten kann, heißt Kohärenzlänge. Die Messungen zeigen, dass die Dauer eines kontinuierlichen Wellenzuges im Bereich 10^{-8} s liegt. Das ergibt eine maximale Kohärenzlänge mit c als Lichtgeschwindigkeit ($c = 3 \cdot 10^8$ m/s): $s = c \cdot t = 3 \cdot 10^8 \cdot 10^{-8} = 3$ m.

Weißes Sonnenlicht besteht aus Wellen mit veränderlichen Amplituden und Wellenlängen bzw. -frequenzen und variierenden Phasen. Die Kohärenzlänge ist in diesem Falle mit 10 bis 15 Perioden sehr kurz. Sonnenlicht ist daher als inkohärent einzustufen. Das gilt überwiegend auch für künstliche Glühquellen. Laserlicht dagegen ist weitgehend streng kohärent, das ist das typische Merkmal dieser Lichtart (Bd. IV, Abschn. 1.1.6, 9. Erg.).

3.3.2 Beugung und Interferenz am Einfachspalt

Die Front einer ebenen Welle, die von einer weit entfernten Quelle monochromatischen Lichts ausgehen möge, stoße auf eine ebene Wand. In dieser liege senkrecht zur Bildebene ein Spalt. Das Experiment zeigt folgende Erscheinungen: Ist der Spalt breit, zeichnet sich auf einem hinter dem Spalt liegenden Schirm ein breiter heller Streifen ab, die Breite des Streifens ist gleich der Breite des Spalts (Abb. 3.36a). An den Rändern ist eine schwache Beugung des Lichts zu erkennen. Ist der Spalt dagegen schmal, sehr schmal, in der Größenordnung der Wellenlänge (λ) des Lichts, kommt es zu einer ausgeprägter Beugung: Auf dem Schirm schließen sich beidseitig an den hellen Mittelstreifen dunkle und helle Streifen im Wechsel an, die Intensität der hellen Streifen klingt nach außen rasch ab, wie in Abb. 3.33b angedeutet: Das Lichtbündel wird gebeugt, quasi gespreizt. Nach dem Huygens'schen Prinzip (Abschn. 3.1) kann der Spalt als Quellzentrum für die sich hinter ihm ausbreitenden Elementarwellen angesehen werden. Hinter dem Spalt interferieren die sich rundum ausbreitenden Wellen untereinander. Auf einem

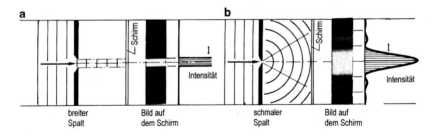

Abb. 3.36

Abb. 3.37

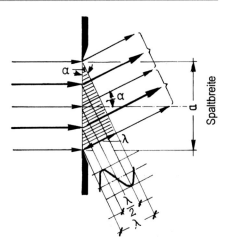

Schirm, der im Vergleich zur Breite des Spaltes sehr weit entfernt liegt, wird die Interferenz als Streifenmuster sichtbar.

Abb. 3.37 zeigt die Verhältnisse im Bereich des Spaltes. In der Abbildung ist von allen möglichen Wellenfronten eine spezielle ausgewählt. Sie breite sich unter dem Winkel α zur Seite hin aus. Es sind jene Strahlen, die die abgehende Elementarwelle in Richtung α ersetzen. Diese spezielle Ausbreitungsrichtung α sei dadurch ausgezeichnet, dass sich die beiden **hälftigen** Ersatzwellenzüge (bzw. Strahlen) um die Länge $\lambda/2$ voneinander unterscheiden.

Wegen des Gangunterschiedes $\lambda/2$ löschen sich die beiden betrachteten Bündel in dieser Richtung aus. Für α gilt demnach bei dieser speziellen Ausbreitungsrichtung (vgl. Abb. 3.37):

$$\sin\alpha = \lambda/a$$

Wenn nicht wie zuvor von zwei, sondern von vier, sechs ... Ersatzstrahlen innerhalb der Spaltbreite a mit einem jeweils größeren Ausbreitungswinkel α ausgegangen wird, lässt sich das Ergebnis verallgemeinern: **Auslöschung** tritt unter all jenen Winkeln α_n ein, die die Bedingung

$$\sin\alpha_n = n \cdot \lambda/a \quad (n = 1, 2, 3, \ldots; \text{Nebenminima})$$

erfüllen. Unter den Winkeln α_n, die der Bedingung

$$\sin\alpha_n \approx (n + 1/2) \cdot \lambda/a \quad (n = 1, 2, 3, \ldots; \text{Nebenmaxima})$$

Abb. 3.38

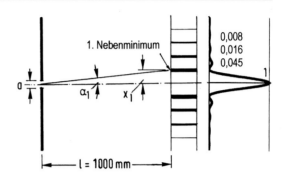

genügen, kommt es zu einer **Verstärkung** der Amplituden auf den doppelten Wert. Die Intensitätsverteilung der hellen Streifen geht aus Abb. 3.36b hervor (die Nebenmaxima liegen nicht exakt zwischen den Nebenminima!).

Wie vorausgesetzt, tritt Interferenz nur bei Licht mit einer bestimmten einheitlichen Frequenz auf. Setzt sich das Licht aus mehreren spektralen Komponenten zusammen, kann es nicht in der dargestellten Form interferieren: Weißes Licht wird am Spalt auch gebeugt, es breitet sich hinter dem Spalt diffus aus, Interferenz ist auf dem Schirm nicht erkennbar, nur schwacher Lichtschein mit abnehmender Helligkeit nach beiden Seiten hin.

Beispiel
Monochromatisches Licht der Wellenlänge $\lambda = 500\,\text{nm} = 5 \cdot 10^{-7}\,\text{m}$ trete durch einen Spalt mit $a = 0,1\,\text{mm} = 1 \cdot 10^{-4}\,\text{m}$ Breite. Das Verhältnis λ/a beträgt damit: $5 \cdot 10^{-3}$. Im Abstand $l = 1,0\,\text{m}$ befinde sich ein Schirm. Gesucht sind die Nebenminima und -maxima und ihre Abstände vom Zentrum: Die Nebenminima folgen aus: $\sin\alpha_n = n \cdot 5 \cdot 10^{-3}$. Wegen der Kleinheit kann der Sinus des Winkels α_n durch den Winkel in Bogenmaß ersetzt werden. Die Bedingung für die Nebenminima lautet damit: $\alpha_n = n \cdot \lambda/a = n \cdot 5 \cdot 10^{-3}$. Für die ersten vier Nebenminima ergeben sich folgende Abstände $x_n = \alpha_n \cdot l = n \cdot 5 \cdot 10^{-3} \cdot l$:

$$n = 1: \quad \alpha_1 = 0,005: \quad x_1 = 0,005 \cdot 1,0 = 5 \cdot 10^{-3}\,\text{m} = 5\,\text{mm},$$

$$n = 2: \quad \alpha_2 = 0,010: \quad x_2 = 0,010 \cdot 1,0 = 10 \cdot 10^{-3}\,\text{m} = 10\,\text{mm},$$

$$n = 3: \quad \alpha_3 = 0,015: \quad x_3 = 0,015 \cdot 1,0 = 15 \cdot 10^{-3}\,\text{m} = 15\,\text{mm},$$

$$n = 4: \quad \alpha_4 = 0,020: \quad x_4 = 0,020 \cdot 1,0 = 20 \cdot 10^{-3}\,\text{m} = 20\,\text{mm}.$$

Die maximale Anzahl der Nebenminima folgt wegen $\sin\alpha_{\text{max}n} = 1$ aus:

$$1 = \max n \cdot 5 \cdot 10^{-3} \quad \rightarrow \quad \max n = 200$$

Abb. 3.38 zeigt das Ergebnis. Das Hauptmaximum hat eine Breite von $10\,\text{mm}$, innerhalb dieser Breite ist die Helligkeit am intensivsten.

Abb. 3.39

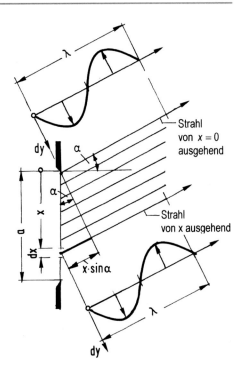

Bei einer kreisförmigen Öffnung (anstelle eines Spaltes) sind Beugungsmuster und Intensitätsverteilung wie beim Einfachspalt ausgebildet, jetzt kreisringförmig. Für die Kreisöffnung ergibt sich die Beugungslösung als Besselfunktion. Das erste Nebenminimum folgt aus: $\sin\alpha = 1{,}22 \cdot \lambda/a$. a ist in diesem Falle der Lochdurchmesser. Die Formel hat Bedeutung für die Beurteilung des Auflösungsvermögens von Linsen in Verbindung mit Lochblenden, vgl. den folgenden Abschnitt.

Die obige Interferenzbeziehung liefert zwar das richtige Ergebnis, bedarf indessen einer Zuschärfung bzw. Erweiterung, um die Intensitätsverteilung des Beugungsbildes angeben zu können. Dazu wird Abb. 3.39 betrachtet und zwar die hinter dem Spalt in Richtung α abgehende Welle. (Der Spalt ist in der Abbildung aus Gründen der Verdeutlichung wieder sehr breit gezeichnet.)

Der Spalt wird in infinitesimale ‚Spalte' der Breite dx unterteilt. Von jedem dieser Teilspalte geht ein Strahl, also eine gebeugte Welle, unter dem Winkel α aus. Die Teilwellen sind gegeneinander versetzt. Hat die den Spalt der Breite a in Richtung α passierende Welle die Amplitude $\hat{y}$, liefert jeder Teilspalt hierzu einen

Anteil im Verhältnis: Teilbreite dx zu Gesamtbreite a:

$$d\hat{y} = \hat{y} \cdot \frac{dx}{a}.$$

Für die von $x = 0$ ausgehende Teilwelle zum Zeitpunkt t werde

$$x = 0: \quad dy = d\hat{y} \cdot \sin 2\pi \nu t$$

vereinbart. ν ist die Frequenz des monofrequenten Lichts: $\nu = c/\lambda$.

Die vom Teilspalt im Abstand x ausgehende Welle ist um $x \cdot \sin\alpha$ versetzt, demgemäß gilt für diese Welle zum selben Zeitpunkt t im Vergleich zur Welle für $x = 0$:

$$dy(x) = d\hat{y} \cdot \sin(2\pi \nu t - \varphi) = \frac{\hat{y}}{a} \sin(2\pi \nu t - \varphi) dx$$

φ ist die Phase (der Gangunterschied) der Welle im Abstand x verglichen mit der Welle am Rand ($x = 0$). Aus Abb. 3.39 unten kann man aus der Gegenüberstellung der beiden Wellen auf die Größe ihrer gegenseitigen Phase schließen:

$$\frac{x \cdot \sin\alpha}{\lambda} = \frac{\varphi}{2\pi} = \frac{\text{Phase}}{\text{voller Zyklus}}$$

Hieraus folgt φ und damit $dy(x)$ zu:

$$\varphi = 2\pi \cdot \frac{x \cdot \sin\alpha}{\lambda} \quad \rightarrow \quad dy(x) = \frac{\hat{y}}{a} \cdot \sin\left[2\pi\left(\nu t - \frac{x \cdot \sin\alpha}{\lambda}\right)\right] \cdot dx$$

Um die aus dem Spalt in Richtung α abgestrahlte Gesamtwelle zu erhalten, wird über alle dx innerhalb der Spaltbreite, also von $x = 0$ bis $x = a$, integriert:

$$y = \int_0^a \frac{\hat{y}}{a} \cdot \sin\left[2\pi\left(\nu t - \frac{x \cdot \sin\alpha}{\lambda}\right)\right] dx = \frac{\hat{y}}{a} \cdot \int_0^a \sin\left[2\pi\left(\nu t - \frac{x \cdot \sin\alpha}{\lambda}\right)\right] dx$$

Die eckige Klammer wird gleich z gesetzt und hiervon die Ableitung nach x gebildet:

$$z = 2\pi\left(\nu t - \frac{x \cdot \sin\alpha}{\lambda}\right) \quad \rightarrow \quad \frac{dz}{dx} = -2\pi\frac{\sin\alpha}{\lambda} \quad \rightarrow \quad dx = -\frac{\lambda}{2\pi \cdot \sin\alpha} dz$$

Nach Substitution lautet die Lösung des Integrals:

$$y = -\frac{\hat{y} \cdot \lambda/a}{2\pi \cdot \sin\alpha} \left\{ -\cos\left[2\pi \left(\nu t - \frac{a \cdot \sin\alpha}{\lambda}\right)\right] + \cos 2\pi\nu t \right\}$$

Mit der trigonometrischen Beziehung

$$\cos\alpha - \cos\beta = -2\sin\frac{\alpha+\beta}{2} \cdot \sin\frac{\alpha-\beta}{2}$$

folgt nach Zwischenrechnung die gesuchte Lösung für die Gleichung der aus dem Spalt der Breite a unter dem Winkel α abgestrahlten (gebeugten) Welle:

$$y = \hat{y} \cdot \underbrace{\left(\frac{\lambda/a}{\pi \cdot \sin\alpha} \cdot \sin\frac{\pi \cdot \sin\alpha}{\lambda/a}\right)}_{\text{Amplitude}} \cdot \underbrace{\sin\left[2\pi\left(\nu t - \frac{\sin\alpha}{2\lambda/a}\right)\right]}_{\text{harmonische Zeitfunktion}}$$

Damit lautet die auf $\hat{y}$ bezogene Amplitude der Abstrahlung als Funktion von α:

$$\hat{\hat{y}} = \frac{\sin\frac{\pi\cdot\sin\alpha}{\lambda/a}}{\frac{\pi\cdot\sin\alpha}{\lambda/a}} \cdot \hat{y}$$

Für die in Richtung der Zentralachse sich ausbreitende Welle ($\alpha = 0$) ergibt sich für die Amplitude der unbestimmte Ausdruck $0/0$. Mit Hilfe der Regel nach l'Hospital findet man als Grenzwert: $\cos 0 = 1$.

Die Intensität I einer Welle ist proportional zum Quadrat ihrer Amplitude (Bd. II, Abschn. 2.6.4): Sie kennzeichnet jene Energie, die sich im Mittel mit der Welle in ihrer Geschwindigkeit durch die Flächeneinheit (m^2) in der Zeiteinheit (s) bewegt. Man nennt I daher auch Flächenleistungsdichte. Es handelt sich um eine Leistungsgröße in der Einheit $W/m^2 = J/s/m^2$. Nach Quadratur der Amplitude findet man die Intensität als Funktion des Winkels α, indem der Winkel (wegen seiner Kleinheit) anstelle $\alpha = \arctan(x/l) \approx \arcsin(x/l)$ zu $\alpha = x/l$ angesetzt wird (Abb. 3.38):

$$I = I_0 \cdot \left(\frac{\sin\frac{\pi\cdot\sin\alpha}{\lambda/a}}{\frac{\pi\cdot\sin\alpha}{\lambda/a}}\right)^2 = I_0 \cdot \left(\frac{\sin\frac{\pi\cdot x/l}{\lambda/a}}{\frac{\pi\cdot x/l}{\lambda/a}}\right)^2$$

I_0 ist die Intensität für $\alpha = 0$ bzw. $x = 0$: $I_0 = \hat{y}^2$.

Anmerkung

An dieser Stelle endet die Möglichkeit, die Theorie der mechanischen Welle auf die Theorie der elektromagnetischen Welle, wie die Lichtwelle, zu übertragen. Bei mechanischen Wellen schwingen materielle Partikel, bei Schallwellen sind es die Luftmoleküle. Die Angabe einer Amplitude macht hier Sinn. Für Licht gilt das nicht, denn in diesem Falle schwingen elektrische und magnetische Feldgröße des elektromagnetischen Feldes in Phase und orthogonal zueinander, vgl. Abschn. 3.7, Punkt 3. Darüber hinaus kann Licht als ein von einer Lichtquelle ausgehender Photonenstrom gedeutet und so theoretisch behandelt werden: Die Intensität ist die von der Quelle aus die Einheitsfläche in der Zeiteinheit durchsetzende Photonenenergie. Das Licht in dieser Deutung wird in Bd. IV, Abschn. 1.1.4/5 behandelt. – Wenn Licht oben als harmonische Wellenbewegung

$$y(t, x) = \hat{y} \cdot \sin 2\pi \left(vt - \frac{x}{\lambda} \right)$$

angenommen wurde, so hatte das die Bedeutung eines **Modells**, letztlich, um einige Lichtphänomene, u. a. die Interferenz von Lichtwellen, in einfacher Weise qualitativ erklären zu können. Insofern macht nur eine **bezogene Darstellung** Sinn, indem Amplitude bzw. Intensität zu

$$\frac{\hat{\hat{y}}}{\hat{y}} = \frac{\sin \frac{\pi \cdot x/l}{\lambda/a}}{\frac{\pi \cdot x/l}{\lambda/a}}, \quad \frac{I}{I_0} = \left(\frac{\sin \frac{\pi \cdot x/l}{\lambda/a}}{\frac{\pi \cdot x/l}{\lambda/a}} \right)^2$$

angeschrieben werden. Gegebenenfalls könnte man die Amplitude der Modellwelle aus

$$\hat{y}^2 = I_0 \quad \rightarrow \quad \hat{y} = \sqrt{I_0}$$

folgern, wenn I_0 die auf andere Weise (messtechnisch) bestimmte Intensität der realen physikalischen Welle ist. Ein solches Vorgehen ist nicht üblich. Es genügt, Beugung und Interferenz und damit den Wellencharakter des Lichts in bezogener Form, wie behandelt, darzustellen.

Für das in Abb. 3.38 berechnete Beispiel zeigt Abb. 3.40 das Beugungsmuster auf einem Schirm für zwei auf die Spaltbreite $a = 1$ mm bezogene Abstände l. Dargestellt sind die Verläufe der Amplitude (linksseitig) und der Intensität (rechtsseitig) in jeweils bezogener Form auf dem Schirm als Funktion des Abstandes x vom Zentrum $x = 0$ aus.

Aus Abb. 3.40 wird deutlich, dass der mittige Intensitätsverlauf umso breiter ausfällt, je weiter der Schirm entfernt liegt, das ist plausibel.

3.3.3 Auflösungsvermögen optischer Bauteile

Das im vorangegangenen Abschnitt aufgezeigte Beugungsphänomen hat für die Beurteilung des Auflösungsvermögens optischer Instrumente praktische Bedeutung: Das von zwei Lichtquellen ausgesandte Licht strahle durch eine kleine kreisförmige Öffnung (Abb. 3.41). Genau besehen, sind es zwei schmale Lichtbündel.

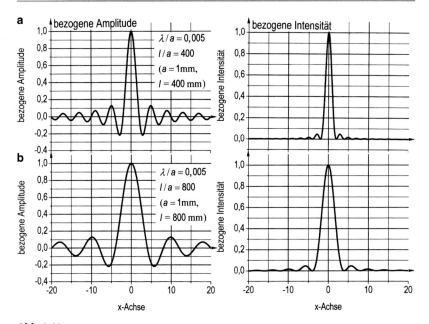

Abb. 3.40

Jedes Lichtbündel wird dabei gebeugt. Im Abstand l liege der Schirm. Auf diesem erscheinen zwei kreisförmige Beugungsmuster. Die jeweils beiden Nebenminima liegen im Winkelabstand $\alpha_1 = 1,22 \cdot \lambda/a$ voneinander entfernt. Die mittigen Beugungskreise haben den Durchmesser $2\alpha_1 \cdot l = 2\alpha \cdot l$, wobei unterstellt ist, dass die Winkel klein sind und die Zentren 0-ter Ordnung eng benachbart liegen. Im Fall des in Abb. 3.41a gezeigten Abstandes der beiden Lichtquellen erscheinen die Beugungsringe auf dem Schirm deutlich getrennt.

Liegen die Lichtquellen enger zusammen, beginnen sich die Beugungsringe zu überlappen (Abb. 3.41b). Fällt das erste Minimum der einen Lichtquelle mit dem Hauptmaximum der anderen Lichtquelle zusammen, verschmelzen die punktförmigen Bilder (Teilabbildung c). Dieser Fall gilt als kritisch, da sich die beiden entfernten Gegenstände nicht mehr genau voneinander unterscheiden lassen. Ist der gegenseitige Winkelabstand kleiner als der (kritische) Winkel, gilt also

$$\alpha < \alpha_{\mathrm{krit}} = 1,22 \cdot \frac{\lambda}{a},$$

spricht man vom Rayleigh'schen Kriterium (nach J.W. RAYLEIGH (1842–1919)). Unter dem Begriff ‚Auflösung' versteht man das Vermögen eines optischen Instru-

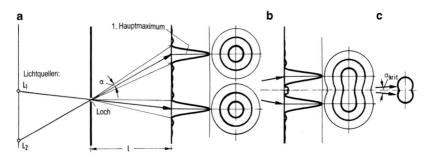

Abb. 3.41

mentes zwei entfernte Lichtpunkte als solche zu erkennen bzw. wiederzugeben. – Im Falle des Auges ist a gleich dem Pupillendurchmesser, Er beträgt am Tage etwa $3\,\text{mm} = 3\cdot 10^{-3}\,\text{m}$. Für Licht mittlerer Wellenlänge gilt: $\lambda \approx 500\,\text{nm} = 5\cdot 10^{-7}\,\text{m}$. Hierfür ergibt sich der kritische Winkel zu:

$$\alpha_{\text{krit}} = 1{,}22 \cdot \frac{5\cdot 10^{-7}}{3\cdot 10^{-3}} = 2{,}03\cdot 10^{-4}\left(\approx \frac{1}{5000}\right)$$

$$\rightarrow \quad \alpha_{\text{krit}} = \frac{180\cdot 60\cdot 60}{\pi}\cdot 2{,}03\cdot 10^{-4} = 42''$$

Das sind 42 Winkelminuten. Zusammenfassendes Ergebnis: Die Größe eines Gegenstandes in $1000\,\text{m}$ Entfernung darf beugungsbedingt nicht kleiner als $1000\,\text{m}/5000 = 0{,}20\,\text{m}$ sein, um ihn mit einem gesunden Auge als solchen noch erkennen zu können.

Bei optischen Instrumenten ist a der Objektivdurchmesser. Je größer die Objektivöffnung (beispielsweise bei einem Fernrohr) ist, umso feinere Objekte können noch gegenständlich erkannt werden. Beim Lichtmikroskop lassen sich noch Objekte bei einer 1000-fachen Vergrößerung identifizieren. – Aus obigem Kriterium ist zu erkennen, dass α_{krit} proportional zur Wellenlänge des Lichts ist, das bedeutet: α_{krit} ist für rotes Licht etwa doppelt so groß wie für violettes.

3.3.4 Beugung und Interferenz am Doppelspalt

Von einer weit entfernten Lichtquelle gehe monochromatisches Licht aus. Es werde weiter angenommen, dass die Lichtwellen in paralleler Front auf eine Wand mit **zwei** Spalten auftreffen. Die Breite der Spalte sei jeweils a, deren gegenseitiger Abstand sei d. Die von den Spalten gleichphasig ausgehenden Elementarwellen

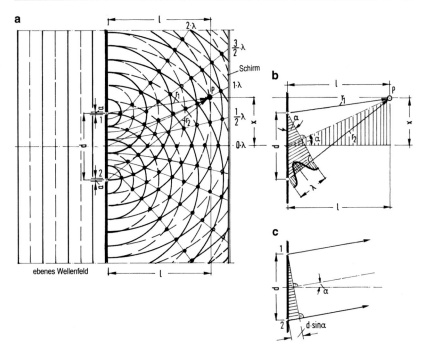

Abb. 3.42

interferieren untereinander. Es stellt sich ein symmetrisches Interferenzmuster ein. Auf einem hinter dem Doppelspalt liegenden Schirm wechseln sich helle und dunkle Streifen ab. Die Helligkeit auf dem Mittelstreifen (Streifen 0-ter Ordnung) ist am intensivsten. Zu den Seiten hin wird die Helligkeit der Streifen immer schwächer: Die Elementarwellen verstärken sich an bestimmten Stellen, an anderen löschen sie sich aus.

Es werde ein Punkt P im Abstand l vom Doppelspalt entfernt betrachtet. In ihm mögen sich zwei Wellen größtmöglich verstärken (Abb. 3.42a). Die Abstände zwischen diesem Aufpunkt und den beiden Spalten seien r_1 bzw. r_2. Aus Abb. 3.42b ist erkennbar, dass die höchste (dem Zentrum benachbarte) Verstärkung dort eintritt, wo $\Delta r = r_1 - r_2$ gleich einer vollen Wellenlänge ist: $\Delta r = \lambda$. Allgemeiner gilt für die Interferenz**maxima**:

$$\Delta r = 2n \cdot \frac{\lambda}{2} \quad (n = 0, 1, 2, 3, \ldots)$$

Die höchstmögliche Schwächung, also gegenseitige Auslöschung, tritt dort ein, wo sich r_1 und r_2 um eine halbe Wellenlänge unterscheiden: $\Delta r = r_1 - r_2 = \lambda/2$. Allgemeiner gilt für die Interferenz**minima**:

$$\Delta r = (2n + 1) \cdot \frac{\lambda}{2} \quad (n = 0, 1, 2, 3, \ldots)$$

Im Gegensatz zu Wasserwellen, bei denen sich ein Interferenzmuster auf der Wasseroberfläche ausprägt, lässt sich die Interferenz bei Lichtwellen nur mittelbar auf dem Schirm sichtbar machen und ausmessen. Dazu wird der Abstand l zwischen dem Doppelspalt und dem Schirm variiert. Das **erste** Helligkeitsmaximum außerhalb der Symmetrieachse tritt im Abstand

$$x = \frac{\lambda}{d} \cdot l$$

auf. Das kann aus der Ähnlichkeit der in Abb. 3.42b schraffierten Dreiecke gefolgert werden (man beachte: $l \gg d$!): $x/l = \lambda/d$. Wird vorstehende Gleichung umgestellt, folgt:

$$\lambda = \frac{x}{l} \cdot d$$

Da d und l vorgegeben sind und sich x ausmessen lässt, besteht die experimentelle Möglichkeit, die Wellenlänge des Lichts mit Hilfe des dargestellten Versuchs zu bestimmen.

Die in der ersten obigen Formel für Δr auftretende Laufvariable n nennt man die Ordnung der Interferenzmaxima, $n = 0$ kennzeichnet das Maximum im Zentrum. –

Wie aus Abb. 3.42a erkennbar, liegen die Maxima und Minima auf schwach gekrümmten Kurven. Es sind Hyperbeln, deren Pole im jeweils zugeordneten Spalt liegen.

Ist das Verhältnis von gegenseitigem Spaltabstand zu Schirmabstand sehr klein, stellen sich die Interferenzstreifen auf dem Schirm nur im Nahbereich der Zentralachse ein.

Die aus den Spalten unter dem Winkel α austretenden Strahlen stehen stellvertretend für die in diese Richtungen verlaufenden Elementarwellenfronten. Wegen des vorausgesetzten großen Schirmabstandes können sie als parallel fortschreitend angenähert werden (Abb. 3.42c). Der Gangunterschied der beiden Strahlen, also die Phase der beiden Wellenfronten folgt aus:

$$\frac{d \cdot \sin\alpha}{\lambda} = \frac{\varphi}{2\pi} \quad \rightarrow \quad \varphi = 2\pi \cdot \frac{d \cdot \sin\alpha}{\lambda}$$

Abb. 3.43

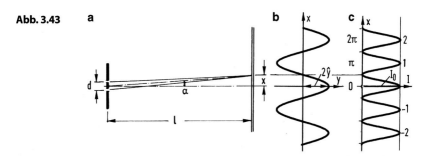

Die Funktionen der Wellen 1 und 2 gleicher Amplitude (also Strahlen) lauten:

$$1:\quad y_1 = \hat{y} \cdot \sin 2\pi v t: \quad 2:\quad y_2 = \hat{y} \cdot \sin 2\pi \left(v t - \frac{d \cdot \sin \alpha}{\lambda} \right)$$

Die Frequenzen (bzw. Wellenlängen) der beiden Wellen sind voraussetzungsgemäß gleich. Für die Summe von y_1 und y_2 zum Zeitpunkt t ergibt sich:

$$y = y_1 + y_2 = \hat{y} \cdot \left[\sin 2\pi v t + \sin 2\pi \left(v t - \frac{d \cdot \sin \alpha}{\lambda} \right) \right]$$

Diese Überlagerung gilt in großer Entfernung von der Ebene der Spalte (Abb. 3.43a). Mit der in Abschn. 3.3.1 angegebenen trigonometrischen Beziehung folgt für die unter dem Winkel α sich überlagernden Wellen (nach Zwischenrechnung):

$$y = 2\hat{y} \cdot \underbrace{\cos \pi \frac{\sin \alpha}{\lambda/d}}_{\text{Amplitude}} \cdot \underbrace{\sin \left[2\pi \left(v t - \frac{\sin \alpha}{2\lambda/d} \right) \right]}_{\text{harmonische Zeitfunktion}}$$

Die interferierte Welle hat dieselbe Frequenz wie die Ausgangswelle. Für $\alpha = 0$ beträgt ihre Amplitude $2\hat{y}$, sie ist doppelt so groß wie die Amplituden der interferierenden Einzelwellen (Abb. 3.43b).

Die Intensität der überlagerten Welle ist proportional zum Quadrat der Amplitude. dieser Welle. Bezogen auf die Intensität I_0 im Zentrum ($\alpha = 0$) gilt demgemäß (Abb. 3.43c):

$$\frac{I(\alpha)}{I_0} = \cos^2 \pi \frac{\sin \alpha}{\lambda/d}$$

Wird der Abstand x der Intensitätsmaxima von der Zentralachse zu

$$x = l \cdot \tan \alpha \approx l \cdot \sin \alpha \quad \rightarrow \quad \sin \alpha = x/l$$

angenähert, kann die Intensitätsfunktion in bezogener Form zu

$$\frac{I(x)}{I_0} = \cos^2 \pi \frac{x/l}{\lambda/d} = \cos^2 \pi \frac{d}{\lambda} \frac{x}{l}$$

angeschrieben werden. Die Maxima von $I(x)$ treten (wie die Absolutwerte der Amplitudenmaxima) dort auf, wo

$$\pi \cdot \frac{d}{\lambda} \cdot \left(\frac{x}{l}\right) = n \cdot \pi \quad (n = 0, 1, 2, 3 \ldots)$$

ist, denn dort erreicht die Funktion $\cos^2 \ldots$ ihre höchsten Werte. Aufgelöst nach x folgt:

$$x = n \cdot \frac{\lambda}{d} \cdot l \quad (n = 0, 1, 2, 3 \ldots)$$

Abb. 3.43c verdeutlicht das Ergebnis.

Beispiel
Durch zwei Spalte mit dem gegenseitigen Abstand $d = 0,5$ mm trete monochromatisches Licht der Wellenlänge:

$$\lambda = 550 \, \text{nm} = 550 \cdot 10^{-9} \, \text{m}; \quad \nu = c/\lambda = 3 \cdot 10^8/0{,}550 \cdot 10^{-6} = 5{,}45 \cdot 10^{14} \, \text{Hz}.$$

Das Licht liegt im sichtbaren Bereich. – Der Schirm befinde sich im Abstand von $l = 1{,}0$ m. Die Maxima der Intensitätsfunktion sind im Versuch an folgenden Stellen x zu erwarten:

$$(d = 0{,}5 \cdot 10^{-3}): \quad x = n \cdot \frac{550 \cdot 10^{-9}}{0{,}5 \cdot 10^{-3}} \cdot 1{,}0 = n \cdot 1100 \cdot 10^{-6} \, \text{m} = n \cdot 1{,}1 \cdot 10^{-3} \, \text{m}$$

$$= n \cdot 1{,}1 \, \text{mm}$$

Das bedeutet: Im gegenseitigen Abstand 1,1 mm treten auf dem Schirm helle Streifen auf. Kann man deren Abstand messen, lässt sich im Rückschluss die Wellenlänge mittels eines solchen Interferenzversuches bestimmen. Auf dem Schirm wird man feststellen, dass die Helligkeit der Streifen zu den Rändern hin abnimmt. Das beruht auf der Beugung des Lichts an den Randkanten der Spalte.

Das gesamtheitliche Interferenz- und Beugungsmuster für den Doppelspalt ergibt sich, indem die Interferenzintensität jedes der beiden Einzelspalte mit der oben bestimmten Intensität überlagert wird. Das bedeutet: Die Gleichung für die Intensität des Einzelspalts, also

$$I(x) = I_0 \cdot \left(\frac{\sin \frac{\pi \cdot x/l}{\lambda/a}}{\frac{\pi \cdot x/l}{\lambda/a}}\right)^2,$$

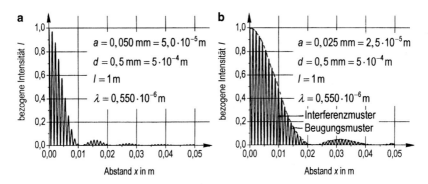

Abb. 3.44

wird mit der obigen Gleichung vereinigt. Das ergibt:

$$I(x) = I_0 \cdot \cos^2 \pi \frac{x/l}{\lambda/d} \cdot \left(\frac{\sin \frac{\pi \cdot x/l}{\lambda/a}}{\frac{\pi \cdot x/l}{\lambda/a}} \right)^2$$

Das obige **Beispiel** wird erweitert: Es werden zwei Fälle untersucht. Als Spaltbreiten werden gewählt: $a = 0,050$ mm und $a = 0,025$ mm.

In Abb. 3.44 ist das Berechnungsergebnis dargestellt. Je schmaler die Spalte sind, umso breiter ist der zentrale Helligkeitsbereich. In diesem Bereich liegen seinerseits n^* schmale äquidistante Streifen. Die Anzahl n^* der über die Breite des Zentralbereichs liegenden Streifen findet man, indem zunächst das erste Beugungsmaximum berechnet wird:

$$n = 1: \quad \sin \alpha_1 = \frac{x_1}{l} = 1 \cdot \frac{\lambda}{d}$$

Für das n-te Interferenzmaximum gilt:

$$n: \quad \sin \alpha_n = \frac{x_n}{l} = n \cdot \frac{\lambda}{d}$$

Werden die Ausdrücke gleich gesetzt, erhält man für n:

$$1 \cdot \frac{\lambda}{a} = n \cdot \frac{\lambda}{d} \quad \rightarrow \quad n = \frac{d}{a}$$

Die Anzahl der hellen Streifen im zentralen Bereich berechnet sich zu:

$$n^* = 2 \cdot n - 1$$

Für $a = 0,050$ mm und $d = 0,5$ mm folgt $n = 10$ und $n^* = 2 \cdot 10 - 1 = 19$. Dieses Ergebnis stimmt mit dem Spektrum in Abb. 3.42a überein (daselbst ist nur der halbe Zentralbereich dargestellt).

Abb. 3.45

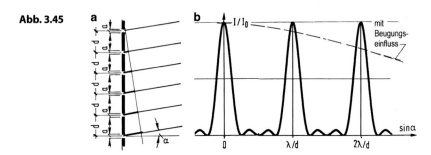

3.3.5 Beugung und Interferenz am Gitter

Handelt es sich nicht um zwei sondern um mehrere äquidistant liegende Spalte, verläuft die Herleitung der Intensitätsfunktion wie zuvor für zwei Spalte. Die aus den Spalten unter dem Winkel α austretenden Strahlen unterscheiden sich durch einen jeweils gleichen Zuwachs der Phase (Abb. 3.45a). Bei großer Anzahl der Spalte ergeben sich Intensitätsmuster mit Hauptmaxima an den Stellen

$$\sin\alpha_n = n \cdot \lambda/d \quad n = 0, 1, 2, 3, \ldots,$$

wie in Abb. 3.45b angedeutet. Man spricht von einer Beugung am Gitter. Solche Beugungsgitter lassen sich als eingeritzte Spalte fertigen, man nennt sie dann ‚Striche‘. Als Gitterkonstante g ist der auf eine Längeneinheit, z. B. 1 mm, bezogene Abstand der Striche definiert. Beispiel: $g = 1\,\text{mm}/2000 = 0{,}5 \cdot 10^{-3}$ mm, das sind 2000 auf 1 mm gleich weit verteilte Striche der Breite a!

Die Formel für die Intensitätsverteilung lautet (ohne Nachweis), wieder in auf I_0 bezogener Form:

$$\frac{I(\alpha)}{I_0} = \left[\frac{\sin\left(N \cdot \frac{\pi\sin\alpha}{\lambda/d}\right)}{N \cdot \sin\left(\frac{\pi\sin\alpha}{\lambda/d}\right)} \right]^2 \cdot \left[\frac{\sin\left(\frac{\pi\sin\alpha}{\lambda/a}\right)}{\frac{\pi\sin\alpha}{\lambda/a}} \right]^2$$

Hierin bedeuten: d gegenseitiger Abstand der Striche, N Strichzahl, a Spaltdicke der Striche und λ Wellenlänge.

Abb. 3.46 zeigt zwei **Beispiele**, die Parameter sind in den Abbildungen oben notiert. In Teilabbildung b ist die Strichzahl 5-mal so groß wie in Teilabbildung a. An den Stellen $n = 0, 1, 2, 3 \ldots$ bestätigt man die Lage der Hauptmaxima:

$$\sin\alpha_n = n \cdot \lambda/d = n \cdot 0{,}55 \cdot 10^{-6}/1{,}00 \cdot 10^{-6} = 0{,}55 \cdot n.$$

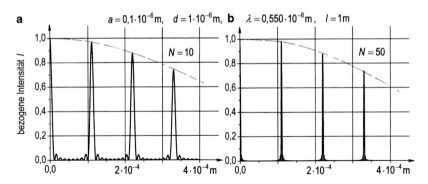

Abb. 3.46

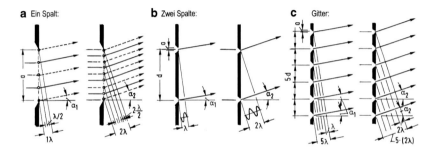

Abb. 3.47

In Abb. 3.47 sind die in den vorangegangenen Abschnitten behandelten Beugungsformen am Einfach-, Doppel- und Mehrfachspalt gegenübergestellt. Das ihnen gemeinsame Prinzip wird daraus deutlich. Der Doppelspalt ist eine Sonderform des Gitters mit $N = 2$.

Infolge Beugung sinkt die Helligkeit der Hauptmaxima mit der Ordnungszahl n. Je enger die Spalte liegen, umso engwelliger kann das Licht durch ein Gitter gespaltet werden, je schärfer fallen die Maxima aus.

Jeder Spalt eines Gitters kann als Wellenzentrum gedeutet werden. Das auf einen Spalt auftreffende Lichtbündel wird rückwärtig in Form einer Sekundärwelle gebeugt. Alle von den N Spalten unter dem Winkel α parallel ausgehenden Strahlen (Wellenfronten) interferieren mit gleicher Amplitude. Deren Summe ergibt die Amplitude der N überlagerten Wellen. Ist N groß, prägt sich das in den Amplituden entsprechend aus, die Amplituden der Nebenmaxima sind nur noch schwach

Abb. 3.48

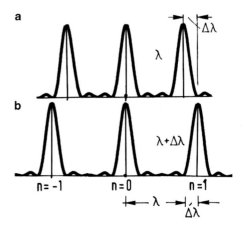

ausgeprägt. Zwischen den Hauptmaxima liegen $(N-2)$ Nebenmaxima und $(N-1)$ Minima.

Das Auflösungsvermögen eines Gitters ist begrenzt: Weist ein zu analysierendes Licht zwei Wellenlängen auf, würde sich bei der spektralen Analyse mit demselben Gitter das Spektrum aus den beiden zugehörigen Einzelspektren zusammensetzen. Liegen diese eng benachbart, wie in Abb. 3.48a, b skizziert, stellt sich die Frage, ob sie bei der Überlagerung noch getrennt erkannt werden können. An der Stelle des 1. Hauptmaximums $(n = 1)$ mögen sie sich um $\Delta\lambda$ unterscheiden (Abb. 3.48). Als **Auflösung** ist die bezogene Größe $A = \lambda/\Delta\lambda$ vereinbart. Je enger die Hauptmaxima liegen, umso größer ist erf A. –

Fällt das Hauptmaximum n-ter Ordnung mit dessen erstem Minimum zusammen, gilt diese Situation als gerade noch erkennbar. Die Rechnung liefert für diesen Wert: vorh $A = N \cdot n$. Eine Auflösung ist also erreichbar, wenn

$$\text{vorh } A \geq \text{erf } A \quad \to \quad N \cdot n \geq \lambda/\Delta\lambda$$

gilt.

Beispiel

Das Emissionsspektrum des Natriumgases weist eine Doppellinie bei $\lambda_1 = 589{,}9\,\text{nm}$ und $\lambda_2 = 589{,}3\,\text{nm}$ auf (Abb. 3.49). Die Differenz zwischen den Wellen beträgt: $\Delta\lambda = 0{,}6\,\text{nm}$. Es muss also mindestens

$$A = \lambda/\Delta\lambda = 589{,}3/0{,}6 = 982$$

erreicht werden, um die Doppellinie als solche getrennt zu erkennen. Beträgt die Strichzahl des Gitters $N = 2000$ und wird das Spektrum für die 1. Ordnung vermessen, ergibt sich: vorh $A = N \cdot n = 2000 \cdot 1 = 2000 > 982$

Abb. 3.49

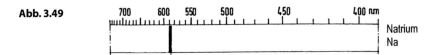

Natrium
Na

Die Auflösung wäre somit ausreichend. Kann die Messung am 2. Hauptmaximum orientiert werden, $n = 2$, ergibt sich für vorh A der doppelte Wert. – Fazit: Licht kürzerer Wellenlänge (blau) stellt höhere Anforderungen an das Auflösungsvermögen eines Gitters als länger welliges (rotes) Licht.

3.4   Spektroskopie – Emissionsspektrum – Absorptionsspektrum

Wie ausgeführt, lässt sich Licht, gleich welcher Herkunft,

- mittels eines Prismas, beruhend auf Brechung und Dispersion (Abschn. 3.2) oder
- mittels eines Gitters, beruhend auf Beugung und Interferenz (Abschn. 3.3),

in seine spektralen Bestandteile zerlegen, womit eine unabhängige gegenseitige Verprobung möglich ist. Abb. 3.50 zeigt typische Interferenzbilder. An der Welleneigenschaft des Lichts lassen die Bilder keinen Zweifel zu.

Auf den optischen Bauteilen Prisma und Gitter basiert das vielleicht wichtigste Analyseverfahren der Physik, Chemie und Biologie, die Spektroskopie. Als Aufgaben der Spektroskopie sind chemische Analysen aller Art zu nennen, Kristallographie, Materialkunde, Quantenoptik, Astrophysik usf. – Große Bedeutung hat außerdem die Interferometrie –

Abb. 3.50

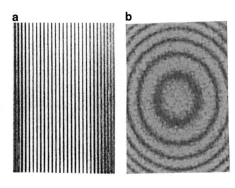

a   b

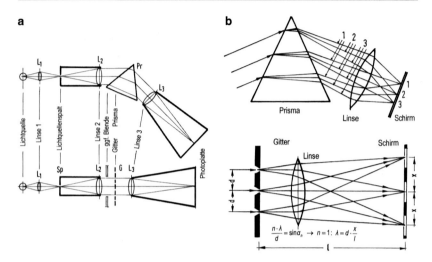

Abb. 3.51

In die Geräte sind neben Prisma oder Gitter diverse weitere Bauteile, wie Spiegel, Linsen, Blenden, Filter, Photo- und CCD-Aufnehmer integriert. Technisch gesehen, handelt es sich um ein Gebiet höchster Spezialisierung, heute mit computergestützter Führung und numerischer und graphischer Auswertung und Bildgebung.

Abb. 3.51 zeigt das Prinzip eines Prismen- und eines Gitterspektrographen. Dargestellt sind die von einer Lichtquelle ausgehenden Strahlen. Sie verlassen das sogenannte Kollimatorrohr parallel und werden im Prisma oder im Gitter gebrochen bzw. gebeugt. Nach Durchgang durch eine weitere Linse interferieren sie in deren Brennpunkt.

Leuchtendes Gas ausreichender Verdünnung sendet Lichtanteile bestimmter Wellenlänge aus (emittieren = aussenden). Jeder Anteil wird einzeln gebrochen bzw. gebeugt. Auf dem Schirm (bzw. auf der Photoplatte) zeichnen sich so viele Linien ab, wie Lichtanteile im Gas, also charakteristische Wellenlängen, vorhanden sind. Es handelt sich um **Emissionsspektren**. Abb. 3.52 zeigt Beispiele für die Elemente Wasserstoff (H), Helium (He) und Quecksilber (Hg), oben mittels eines Prismen-, unten mittels eines Gitterspektrographen aufgenommen. Zwischen beiden Aufnahmeverfahren besteht insofern ein Unterschied, als sich mit letzterem die Wellenlängen (im Rahmen des Auflösungsvermögens) exakt messen bzw. berechnen lassen, die Skalierung ist linear. Bei Prismenspektren ist das nicht

Abb. 3.52

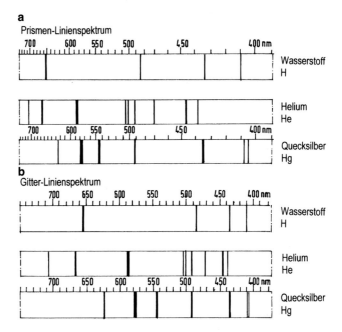

der Fall, weil die Dispersion nichtlinear von der Wellenlänge abhängig ist, vgl. Abb. 3.18.

Bei Wasserstoff erkennt man vier Linien bei $\lambda \approx 656, 486, 434$ und 410 nm. Es sind dieses die ersten Linien der Balmer-Serie, also der Elektronen-Quantensprünge von einem höheren Niveau (hier $n_H = 3, 4, 5$ bzw. 6) auf das Niveau $n_N = 2$. Einzelheiten hierzu werden in Bd. IV, Abschn. 1.1.1.3 behandelt.

Bei den höheren Elementen sind in den Spektren sehr viele Linien vorhanden, da die Anzahl der möglichen Quantensprünge zwischen die unterschiedlichen ,Elektronenbahnen' sehr hoch ist.

Eine Verbreiterung der Linien stellt sich bei höherem Druck des leuchtenden Gases ein. Bei sehr hohem Druck geht das Linienspektrum in ein kontinuierliches über, ebenso im glühenden Zustand als Feststoff und im Zustand als Schmelze.

Hierbei sind den einzelnen Wellenlängenbereichen bestimmte Spektralfarben innerhalb des sichtbaren Lichts zugeordnet, von violett ($\lambda = 380$ nm) bis rot ($\lambda = 780$ nm).

Handelt es sich um Licht von der Sonne oder von Sternen, werden kontinuierliche Spektren registriert. Deren Farbverlauf entspricht der Oberflächentemperatur des leuchtenden Himmelskörpers: Im Spektrum der Sonne wechseln sich die (Spektral-)Farben wie beim Regenbogen ab. Das kontinuierliche Spektrum heißer Sterne liegt im blauen, jenes kalter Sterne im roten Bereich, siehe hierzu Abschn. 3.9.8.

Liegt zwischen der Licht ausstrahlenden, leuchtenden Substanz, kälteres Gas, absorbiert es jene Lichtanteile, deren Wellenlängen mit seinen Emissionslinien übereinstimmen: Die Gesamtheit aller kennzeichnenden Wellenlängen wird dabei absorbiert. In dem kontinuierlichen Spektrum zeigen sich schwarze Linien. Es handelt sich in diesem Falle um ein **Absorptionsspektrum**. Auch die Absorption lässt sich quantenphysikalisch erklären: Die Atome bzw. Moleküle des kalten Gases entnehmen (absorbieren) aus der Strahlung jene Photonenenergien, die mit den Energiedifferenzen ihrer möglichen Quantensprünge korrespondieren: Das jeweils angeregte Elektron springt auf ein höheres Niveau, aus dem es überwiegend spontan zurückkehrt: Hierbei sendet es ein Photon aus. Die Richtung ist irgendwie beliebig, i. Allg. stimmt sie nicht mit der Einstrahlrichtung überein. Die zugehörige Linie im Spektrum des leuchtenden Körpers geht dadurch ‚verloren‘, sie fehlt. Das erklärt die schwarzen Linien im Absorptionsspektrum – Ein Beispiel hierfür sind die Spektren strahlender Himmelskörper. Bei ihnen handelt es sich immer um Absorptionsspektren. Die ‚kälteren‘ Gase der Sternatmosphäre filtern jene Linien heraus, die für ihre atomaren bzw. molekularen Bestandteile typisch sind. Die Erdatmosphäre ist auch am Filtervorgang beteiligt; günstiger ist es daher, Sternspektren außerhalb der Atmosphäre zu messen.

Bei Laborversuchen werden gezielt die zu analysierenden Stoffe in den Spektralapparat eingebracht und lokal verdampft (z. B. durch Zündung eines Lichtbogens). Dieser ‚Dampf‘ wird spektral vermessen. Auf diese Weise kann aus den Linien auf die stoffliche Zusammensetzung des Präparats geschlossen werden. Die Spektrallinien sind höchst empfindliche Indikatoren: Auch noch so kleine Spuren chemischer Elemente können erkannt werden. Dazu muss die Probe ausreichend erhitzt sein, um alle Moleküle in ihre Atome zu zerlegen. Für eine zuverlässige Vollanalyse genügen geringste Materialmengen.

3.5 Polarisation

Wie ausgeführt, breitet sich die elektromagnetische Strahlung in jedem Medium nicht als Longitudinal- sondern als Transversalwelle fort (Abschn. 2.4).

Von einem isotropen Medium spricht man, wenn der Stoff in allen Richtungen dieselbe Beschaffenheit aufweist. Im anderen Falle spricht man von einem aniso-

Abb. 3.53

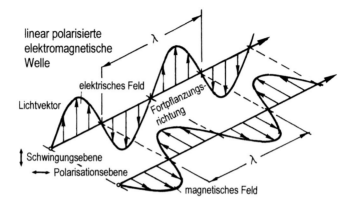

linear polarisierte
elektromagnetische
Welle

elektrisches Feld

Lichtvektor

Schwingungsebene

Polarisationsebene

magnetisches Feld

Fortpflanzungs-
richtung

λ

λ

tropen Medium. Ein solches liegt beispielsweise dann vor, wenn Brechzahl und Fortpflanzungsgeschwindigkeit innerhalb des Mediums richtungsabhängig sind, wie bei einigen Kristallformen.

Bei strenger Betrachtung erfüllt nur das Vakuum die Bedingung absoluter Isotropie. Luft, Wasser, Glas sind weitgehend isotrop.

Abb. 3.53 zeigt eine linear polarisierte Welle in einem isotropen Medium. Die Vektoren des elektrischen und magnetischen Feldes sind in der Abbildung auseinander gezogen. Die Felder schwingen in Phase. Aus der Abbildung geht die Definition der beiden ‚Schwingungsebenen' hervor, orientiert am elektrischen Feld. Nur dieses kann von der Netzhaut des Auges wahrgenommen werden, auch nur von Fotoschichten. Liegen die Feldvektoren nicht in Phase, spricht man von zirkular polarisierter, sind die Amplituden ungleich, von elliptisch polarisierter Strahlung.

Die Fortpflanzungsgeschwindigkeit in stofflichen Medien beträgt $v = c/n$. c ist die Lichtgeschwindigkeit im Vakuum und n die Brechzahl des Mediums. Im Vakuum gilt $n = 1$, in Luft $n \approx 1$, in Wasser $n \approx 1,33$, in Glas $n \approx 1,50$, vgl. Abschn. 3.2.1. Ein Strahlenbündel ‚natürlichen Lichts', das z. B. von einem Glühfaden ausgeht, ist unpolarisiert: Die Polarisationsebenen der einzelnen Strahlen (Wellen) überstreichen im statistischen Mittel gleichförmig alle Richtungen, von 0 bis 360°. Das gilt auch für das Sonnenlicht: Innerhalb des sichtbaren Bereichs sind zudem die Frequenzen (Farben) derart statistisch gemischt, dass das menschliche Auge das Licht als Weiß wahrnimmt.

Stellt man in das von einer monochromatischen (einfarbigen) Lichtquelle ausgehende parallele Lichtbündel ein Polarisationsfilter, werden aus der Gesamtheit des um die Achse des zentralsymmetrisch schwingenden Strahlenbündels jene An-

Abb. 3.54

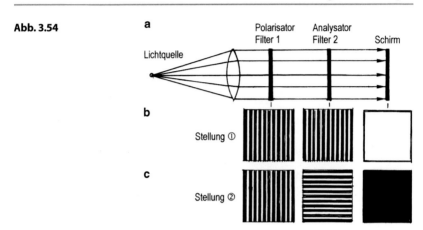

teile absorbiert, die nicht in der Filterebene liegen. Ein gleich ausgerichteter Folgefilter lässt das polarisierte Licht passieren, es erscheint in unveränderter Farbe, wohl in geschwächter Helligkeit (Abb. 3.54a/b). Wird der Folgefilter um 90° gedreht, wird das zuvor polarisierte Licht vollständig absorbiert, die Farbe ist schwarz (Teilabbildung c).

Dieser Versuch lässt nur den Schluss zu, dass Licht und damit die Gesamtheit der elektromagnetischen Strahlung transversal schwingt. Man nennt den ersten Filter ‚Polarisator‘ und den zweiten ‚Analysator‘. Für derartige Filter kommen z. B. polymere Kunststofffolien mit eingebetteten dichroitischen Einkristallen zum Einsatz (Polaroid-Folien): Zur Minderung der Blendwirkung polarisierten Sonnenlichts über See oder Schnee (Gletscher) sind Polaroid-Brillen geeignet.

Abb. 3.55 veranschaulicht, welcher Anteil der Strahlung vom Analysator polarisiert wird. Es ist die parallele Komponente des ankommenden polarisierten

Abb. 3.55   Drehung des Analysators gegenüber dem Polarisator

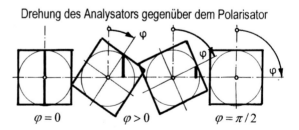

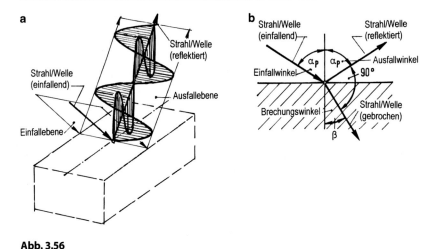

Abb. 3.56

Lichts. – Die Intensität einer Welle ist dem Quadrat der Wellenamplitude proportional. Ihre Helligkeit und damit ihre Beleuchtungsstärke folgen der Funktion:

$$I = I_0 \cdot \cos^2 \varphi$$

φ ist der Drehwinkel gegenüber dem Polarisator (Abb. 3.55) und I_0 die Intensität im Ursprung ($\varphi = 0°$). Bei $\varphi = 90°$ ist I gleich Null, das Abbild ist schwarz.

Neben der Erkundung linear polarisierten Lichts mittels eines Filters gelingt eine solche durch Reflexion an einer Glasplatte. Hierzu wird von linear polarisiertem Licht ausgegangen, welches beispielsweise zunächst mittels eines Polarisators erzeugt wurde. Es gibt zwei Möglichkeiten eine Glasplatte mit einem derartigen Licht zu bestrahlen, einmal liegt die Schwingungsebene parallel zur Einfallebene (wie in Abb. 3.56a gezeigt), das andere mal senkrecht dazu. Das Licht wird reflektiert und gebrochen, vgl. Teilabbildung b. Hierbei zeigt sich, dass der Reflexionsgrad, also jener Anteil des Lichts, der reflektiert wird, für die beiden Einfallebenen unterschiedlich ist. Abb. 3.57 gibt Auskunft: Aus der Kurve geht hervor, dass es einen Einfallwinkel α_P gibt, bei welchem überhaupt kein Licht reflektiert wird. Das gebrochene Licht steht bei diesem Einfallwinkel senkrecht zur Richtung des reflektierten Lichts, wie in Abb. 3.56b veranschaulicht. Man spricht bei dieser Erscheinung vom Brewster-Gesetz. Die Erscheinung wurde im Jahre 1815 von D. BREWSTER (1781–1868) entdeckt. Das Phänomen kann zur Herstellung von

Abb. 3.57

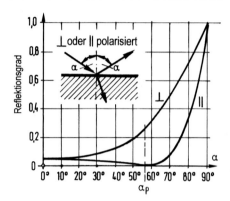

linear polarisiertem Licht genutzt werden: Strahlt unpolarisiertes Licht (einschließlich Sonnenlicht) unter dem Winkel α_P auf eine Glasplatte, ist das reflektierte Licht
vollständig linear polarisiert, allerdings auf ca. 5 bis 6 % geschwächt. Der gebrochene Anteil bleibt (bis auf einen winzigen Teil) unpolarisiert. Der Winkel α_P ist
schwach abhängig von der Glassorte. Aus Abb. 3.56b entnimmt man:

$$\alpha_P + 90° + \beta = 180° \quad \rightarrow \quad \beta = 90° - \alpha_P.$$

Das Brechungsgesetz ergibt:

$$\frac{\sin \alpha}{\sin \beta} = n \quad \rightarrow \quad \frac{\sin \alpha_P}{\sin(90° - \alpha_P)} = n \quad \rightarrow \quad \frac{\sin \alpha_P}{\cos \alpha_P} = n \quad \rightarrow \quad \tan \alpha_P = n$$

Für $n = 1{,}50$ findet man den gesuchten Winkel aus $\tan \alpha_P = 1{,}50$ zu $\alpha_P = 56{,}3°$.

Ergänzend sei erwähnt, dass sich in bestimmten Kristallen mit rhombischer Git-
terstruktur, wie bei Kalkspat ($CaCO_3$, auch Doppelspat genannt, ‚spat' kommt von
spalten) und bei Quarz (SiO_2) eine Doppelbrechung beobachten lässt, wobei sich
herausstellt, dass die beiden gebrochenen Lichtbündel zueinander senkrecht polarisiert sind. Die Fortpflanzungsgeschwindigkeit ist in ihnen unterschiedlich hoch.
Auf dieser Erscheinung beruht das von W. NICOL (1768–1851) erfundene Polari-
sationsprisma.

Für die Erkundung der Kristallform in Mineralien hat das Phänomen der Doppelbrechung große Bedeutung. Derartige Aufgaben fallen in die Kristallographie
und Kristalloptik. Kristalle mit kubischem Gitter, wie beispielsweise Kochsalz,
zeigen keine Doppelbrechung. – Doppelbrechung lässt sich auch bewirken, wenn
an ein durchsichtiges Material ein elektrisches Feld angelegt wird (Kerr-Effekt
nach J. KERR (1844–1907)).

Abb. 3.58

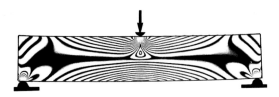

Praktische Bedeutung hat die Polarisation des Lichts in der sogenannten. ‚Spannungsoptik': Konstruktionsteile des Maschinenbaus oder Konstruktiven Ingenieurbaus werden als kleine Kunststoffmodelle nachgebaut. Bei Durchstrahlung eines solchen Modells mit polarisiertem Licht, wobei das Model zuvor durch eine äußere Kraft belastet wird, zeigen sich Linienmuster, die von der Höhe der inneren Spannungen abhängig sind. Abb. 3.58 zeigt ein solches Modell, bei dem ein mittig belasteter Balken nachgeahmt ist. Auf diese Weise lassen sich Höhe und Verlauf der Spannungen, insbesondere in Bereichen hoher Spannungsspitzen, sichtbar machen und ausmessen. Solche Verfahren gehören zur experimentellen Modellstatik [9, 10].

3.6 Streuprozesse

Der im vorangegangenen Abschnitt erwähnte Kerr-Effekt macht deutlich, worauf die Polarisation beruht, es sind die elektromagnetischen Eigenschaften des Lichts. Auf demselben Fakt beruhen die unterschiedlichen Streuprozesse, die bei Licht beobachtet werden können.

In Abb. 3.59 ist der Streuvorgang an einem Partikel innerhalb eines winzigen Gasvolumens schematisch dargestellt: Im Streuzentrum möge ein Gasmolekül oder ein Staubteilchen oder ein Wassertröpfchen als Partikel liegen. An diesem Partikel wird der einfallende Lichtstrahl nach allen Richtungen gestreut, quasi abgelenkt. Die Art des Streuprozesses ist vom Verhältnis der Größe des Partikels (d) zur Wellenlänge (λ) des Lichts abhängig. Das auftreffende Licht ist die Primärwelle. Das abgelenkte Licht strahlt in Form von Sekundärwellen in alle Richtungen.

Ist die Größe des Streupartikels deutlich kleiner als die Wellenlänge, etwa $d/\lambda < 0,1$, dominiert die sogen. Rayleigh-Strahlung. Sie ist nach J.W. RAYLEIGH (1842–1919) benannt, der sie eingeführt hat: Sie wird als Stoß- bzw. Schwingungsanregung eines kugelförmigen, schwingungselastisch gelagerten Luftpartikels gedeutet und so theoretisch behandelt. Dabei zeigt sich, dass die Streudichte, also die Anzahl der Streuvorgänge in einem Einheitsvolumen des

Abb. 3.59

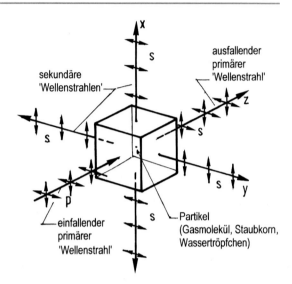

Gases (etwa innerhalb des in der Abbildung skizzierten Kubus) proportional zur vierten Potenz der Lichtfrequenz der Primärwelle (p) ist. Das getroffene Teilchen wird angeregt. Es strahlt dadurch (als ‚Dipol') seitlich Sekundärwellen ab. Diese sind polarisiert! Die Intensität des sich fortsetzenden Lichts in Richtung des Primärstrahls ist geschwächt und bleibt unpolarisiert.

Ist das Verhältnis d/λ größer als 0,1 (bis 1,0 und mehr), stellen sich andere Streuprozesse ein. Sie sind mit den Namen G. MIE (1868–1957), L. BRILLOUIN (1889–1969) und C. RAMAN (1888–1970) verbunden.

Beim Durchgang von Licht durch ein trübes Medium werden die Strahlen als Streuspur sichtbar. Diese Erscheinung kann man beobachten, wenn Sonnenstrahlen bei nebeligem Dunst in eine Waldlichtung fallen. Der Streuprozess wurde im Jahre 1866 von J. TYNDALL (1820–1893) abgeklärt, man spricht daher vom Tyndall-Effekt.

3.7 Atmosphärische Licht- und Leuchterscheinungen

1. Himmelblau – Himmelschwarz Wenn am Tage das Sonnenlicht durch die wolkenfreie Lufthülle dringt, wird es an den **Luftmolekülen** (N_2, O_2) allseitig gestreut. Bodennah überlagert sich diffus reflektiertes Licht, es dringt dabei in alle

Schattenräume. Bei Bewölkung ist alles dunkler, farblich matter. Es dominiert die Rayleigh-Streuung: Hierbei wird die höherfrequente (kurzwellige, energiereichere) Strahlung stärker gestreut als die niederfrequente (langwellige, energieärmere). Zur Erstgenannten gehören die Farben Violett und Blau, zur Zweitgenannten die Farben Orange und Rot. Die vierte Potenz ihres Frequenzverhältnisses beträgt etwa: $(\sim 7 \cdot 10^{14}/\sim 4 \cdot 10^{14})^4 = 9{,}4$. Um diesen Faktor wird der Blauanteil des Sonnenlichts stärker gestreut als der Rotanteil. Das bedeutet: Durchdringt das Sonnenlicht die Lufthülle tagsüber, wird Violett-Blau stark gestreut. Das ergibt das vertraute, schwach gesättigte Himmelblau. – Leicht geschwächt durch den Streuanteil sieht das Auge die Sonnenscheibe Gelb. – Bedingt durch die mit der längeren Durchstrahlungsstrecke einhergehende Absorption erscheinen Bergketten abgestuft dunkler (dunkelblauer), je entfernter sie sind. – In Wasser und Eis stellt sich bereits nach einem Meter Eindringtiefe ein Blaueindruck ein.

Ohne Lufthülle wäre der Himmel am Tag pechschwarz, nur die Sonne würde als grellhelle Scheibe mit scharfer Abgrenzung leuchten. In diesem Himmelschwarz erleben Mondastronauten den Blick zum Himmel. Die Erde erscheint ihnen in der Ferne als ‚blauer Diamant'. – Ähnlich zeigt sich der Vollmond in wolkenloser tiefschwarzer Nacht als scharf begrenzte Lichtscheibe.

2. Wolkenweiß Bei Streuung des Lichts an den **Wassertröpfchen und Staubteilchen** der Wolken liegt das Verhältnis d/λ deutlich über 0,1. Es kommt zur Mie-Streuung: Die Wellenlänge der einfallenden Strahlungsanteile bleibt in der Streustrahlung erhalten, die Farben ändern sich nicht! Das bedeutet: Bei der Streuung an den Wassertropfen der Wolken bleibt die weiße Farbe des Sonnenlichts erhalten. Die Farbe der Wolken ist daher Weiß. – Das gilt auch für Kondensstreifen: An den ausgestoßenen Verbrennungspartikeln der Flugzeugtriebwerke kondensiert der in der feucht-kalten Luft enthaltene Wasserdampf, das hieran gestreute Sonnenlicht bleibt Weiß.

3. Morgenrot – Abendrot Steht die Sonne über dem Horizont, durchlaufen die von ihr ausgehenden Lichtstrahlen eine längere Strecke durch die Lufthülle als wenn sie überkopf am Himmel steht. Die höherfrequente blaue Strahlung wird morgens und abends nach kurzer Laufzeit weitgehend gestreut und absorbiert, die niederfrequente orange-rote erst nach längerer Eindringtiefe. Dabei wird das Licht durch Absorption in der Lufthülle geschwächt, die Helligkeit sinkt, es ist dämmerig. Die Effekte werden durch Staubpartikel in der unteren Atmosphäre verstärkt. Dem Auge erscheint die Himmelsregion am Horizont um die Sonne orange-rot, zum Zeitpunkt des Sonnenauf- und untergangs in dunklem morgen- bzw. abendrot.

Abb. 3.60

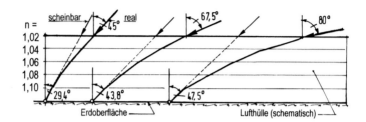

Abb. 3.61

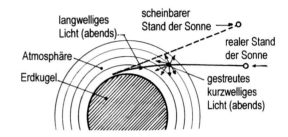

4. Lichtbrechende Lufthülle Der Brechindex im Vakuum beträgt 1,0. Beim Durchgang des Sonnen- und Sternenlichts durch die zunächst sehr dünne, dann immer dichter werdende Lufthülle, wächst der Brechindex auf ca. 1,0003 an. Obwohl der Einfluss so gering ist, wird der Strahlengang durch die mächtige Lufthülle hindurch beeinflusst.

In Abb. 3.60 ist der Verlauf der Strahlen überzeichnet und schematisch dargestellt: Zwecks Verdeutlichung wachsen im Bild die Indizes der drei Strahlen von 1,00 über 1,02 bis 1,10. Der Effekt der Lichtablenkung ist umso prägnanter, je flacher das Licht in die Lufthülle einfällt. Dadurch weich die reale Lage eines Himmelkörpers von seiner sichtbaren Lage ab: Abb. 3.61 verdeutlicht den Effekt: Der Beobachter sieht vom Erdboden aus einen Stern steiler (gestrichelte Gerade), als es seiner realen Lage am Himmel entspricht. – Der Effekt führt auch dazu, dass die am Horizont untergehende und gerade noch sichtbare Sonne zu diesem Zeitpunkt real bereits hinter der Erdkrümmung abgetaucht ist. Sichtbar ist ihre Scheibe in stark gebrochenem tiefroten Licht. Da das Licht vom unteren Sonnenrand eine etwas längere Strecke zurücklegt als vom oberen, erscheint die Sonnenscheibe zudem leicht abgeplattet. – Beim Auf- und Untergang über dem Meer wird in seltenen Fällen oberhalb der Sonnenscheibe ein kurzer grüner Blitz sichtbar, was auch auf Streu- und Brechungseffekten beruht. – Der Eindruck, die Sonne sei beim Auf- und Untergang größer als am Tage, ist eine optische Täuschung.

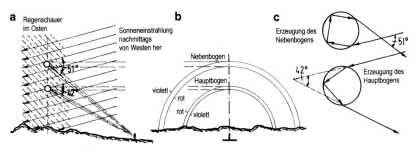

Abb. 3.62

5. Regenbogen Fällt Sonnenlicht nachmittags, von Westen aus gesehen, schräg auf eine im Osten niedergehenden Regenfront, wird ein Regenbogen sichtbar. In seltenen Fällen ist über dem (Haupt-)Bogen ein Nebenbogen erkennbar. Der Winkel zwischen den rückwärtig einfallenden Sonnenstrahlen und den von den Regentropfen reflektierten Strahlen beträgt beim Hauptbogen 42° und beim Nebenbogen 51°, wie in Abb. 3.62a veranschaulicht (dargestellt ist die lotrechte Ebene Sonne-Regentropfen-Beobachter). Die Winkel gelten vom Standort des Betrachters aus rundum. Daher erscheint ihm der Bogen als Kreis (Teilabbildung b). In Teilabbildung c ist erläutert, wie die Reflexion an bzw. im kugelförmigen Regentropfen zustande kommt: Wird der Lichtstrahl beim Eindringen in den Tropfen gebrochen, im Tropfen reflektiert und beim Verlassen wieder gebrochen, ergibt sich der Winkel zwischen dem ein- und ausfallenden Strahl zu 42°, bei zweimaliger Reflexion im Tropfen zu 51°. Da der Brechindex n von der Wellenlänge (schwach) abhängig ist (Dispersion, vgl. Abschn. 3.2.5), wird das weiße Sonnenlicht beim Durchgang durch den Tropfen in seine Spektralfarben zerlegt, die zugehörigen Teilstrahlen verlassen den Tropfen unter geringfügig unterschiedlichen Winkeln. Das ist der Grund, warum der Betrachter das Spektrum des Sonnenlichts im Hauptbogen von Innen nach Außen in den Farben Violett bis Rot und beim Nebenbogen in umgekehrter Abfolge sieht. Dabei erreichen den Betrachter die einzelnen Farben, streng genommen, von jeweils unterschiedlichen Tropfen (Abb. 3.63)! – Die Breite der Bögen ist verschieden, beim Hauptbogen beträgt die Breite ca. 1,5°, beim Nebenbogen ca. 3,0° (Winkelgrad).

Die Ursache für die Entstehung eines Regenbogens, einschließlich Haupt- und Nebenbogen, wurde bereits im Jahre 1637 von R. DESCARTES (1596–1650) beschrieben, vollständig verständlich wurde die Physik des Regenbogenspektrums erst, als die Dispersion bekannt war. – Es war G.B. AIRY (1801–1892), der im Jahre 1838 zudem den Einfluss der Tropfenform auf den Farbverlauf klärte.

Abb. 3.63

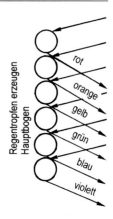

6. Luftspiegelung – Fata Morgana Infolge Absorption der Sonneneinstrahlung
durch den Boden erwärmt sich dieser und die bodennahe Luftschicht. Bei intensiver Einstrahlung kommt es zu einer Aufheizung der über dem Boden liegenden
Luft. Die Dichte dieser bodennahen Luft liegt niedriger als jene in der darüber liegenden Schichtung. Die aufgeheizte Luft flimmert. Der Brechindex als Funktion
der Temperatur gehorcht dem Gesetz: $n = 1{,}000291 - 1 \cdot 10^{-6} \cdot \vartheta$. In der Formel
bedeutet ϑ die Lufttemperatur in Grad Celsius. Bei einer sich einstellenden Tem-
peraturdifferenz (von unten nach oben) von beispielsweise 70 °C auf 20 °C, variiert
n zwischen 1,000221 und 1,000271. Das ist sehr wenig. Der Effekt führt dennoch
dazu, dass sich eine reflektierte Lichtwelle von einem entfernten Gegenstand nicht
geradlinig sondern leicht gekrümmt fortpflanzt. Das kann sich als Luftspiegelung
auswirken, als sogen. Fata Morgana, wie in Abb. 3.64 veranschaulicht (daselbst
stark übertrieben gezeichnet).

Abb. 3.64

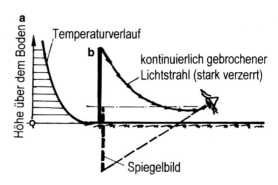

7. Halos Bei schwacher oder weitgehend fehlender Bewölkung zeigen sich am Himmel in Nachbarschaft der gleißenden Sonne aufgehellte Streifen oder Kreise, selten auch ein die Sonne umschließender Ring, auch sogen. ‚Nebensonnen'. Man nennt diese Himmelserscheinungen Halos. Sie entstehen durch Brechung und Spiegelung der Sonnenstrahlen an den hexagonalen (primatisch-sechskantigen) Eiskristallen der Cirrostratuswolken. Es handelt sich um dünne, seidig-weiße Eiswolken, die in mittleren Breiten in ca. 7 bis 13 km Höhe liegen.

8. Nachtwolken Nach Sonnenuntergang lassen sich bei eintretender Dunkelheit im hohen Nordeuropa im Übergang zur Nordpolarregion gelegentlich in Blau über Orange bis Rot leuchtende Nachtwolken beobachten. Die Färbung beruht auf der Beleuchtung sehr dünner Eiswolken durch die Sonne zu einem Zeitpunkt, in dem sie bereits tiefer unter den Horizont abgetaucht ist. Die Wolken liegen in ca. 80 km Höhe. – Mit Hilfe des im Jahre 2007 gestarteten NASA-Satelliten ‚Aim' soll versucht werden, das Phänomen weiter aufzuklären. Dabei spielt auch die Frage eine Rolle, ob das inzwischen häufiger beobachtete Auftreten solcher Färbungen mit dem Klimawandel in Verbindung stehen könnte.

9. Polarlichter In Zeiten der Tag-und-Nacht-Gleiche, also im Frühjahr und Herbst, sind in den hohen nördlichen Breiten Polarlichter zu beobachten. Man spricht auch von Nordlichtern. Sie treten bevorzugt in der Farbe Grün auf. G. GALILEI nannte die Lichterscheinung Aurora Borealis (Morgenröte). Auf der Südhalbkugel spricht man von Borealis Australis. – Ursache sind Masseneruptionen gewaltigen Ausmaßes auf der Sonne, die mit dem Entstehen von Sonnenflecken einhergehen. Im Rhythmus von 11 Jahren treten letztere gehäuft auf. Der vom Massenauswurf ausgehende Lichtblitz erreicht die Erde nach ca. 8 Minuten. Die mit unterschiedlich hohen Beschleunigungen heraus geschleuderten Partikel treffen nach längerer ‚Flugzeit' auf der Erde ein, die Zeit liegt zwischen 19 Stunden und mehreren Tagen. Es handelt sich um Elektronen und Wasserstoffkerne, also um Protonen, die aus der bis zu 1 Millionen heißen Sonnenkorona in Form eines elektrisch geladenen Plasmas entweichen. Wenn dieser Sonnenwind, wie er auch genannt wird, die Erdatmosphäre erreicht, regt er die Moleküle des Stickstoffs (N_2) und Sauerstoffs (O_2) in 500 km bis herunter auf 80 km Höhe zum Strahlen an, rotes Licht in großen Höhen, vorrangig mit Wellenlängen 632 nm, grünes Licht in geringeren Höhen, vorrangig mit Wellenlängen 558 nm. Die Teilchenströme des Sonnenwindes folgen den Feldlinien des Erdmagnetfeldes auf spiraligen Bahnen. Durch die Partikelschauer erfährt das Magnetfeld sonnenseitig eine Stauchung. – Die Polarlichter können in den hellen Nächten des Nordsommers als ‚Birglows' beobachtet werden, wobei sie große Teile des Himmels wabernd durchfluten. –

Der im Jahre 2007 entsandte NASA-Satellit ‚Themis' soll in großer Höhe das Erd-magnetfeld vermessen, u. a. mit dem Ziel, das Polarlicht-Phänomen noch besser verstehen zu können.

Handelt es sich bei den Partikeln des Sonnenwindes um Elektronen und benö-tigen sie 48 Stunden, um die Distanz zwischen Sonne und Erde (1 AE $= 1,496 \cdot 10^{11}$ m) zu überwinden, beträgt ihre Geschwindigkeit:

$$v_{\text{Elektron}} = \frac{s}{t} = \frac{1,496 \cdot 10^{11}}{48 \cdot (60 \cdot 60)} = 0,866 \cdot 10^6\,\text{m/s} = \underline{866\,\text{km/s}}$$

Ein Elektron mit der Masse $m_{\text{Elektron}} = 9,109 \cdot 10^{-31}$ kg trägt dabei die kinetische Energie:

$$E_{\text{Elektron}} = m_{\text{Elektron}} \cdot \frac{(v_{\text{Elektron}})^2}{2} = 9,109 \cdot 10^{-31} \cdot \frac{(0,866 \cdot 10^6)^2}{2}$$
$$= \underline{3,414 \cdot 10^{-19}\,\text{J}}$$

Trifft das Elektron auf ein Sauerstoffmolekül, regt es dieses an. Wenn die dabei vom Sauerstoffmolekül abgehenden Photonen eine Wellenlänge haben, die gleich jener des grünen Lichts ist, die Wellenlänge also gleich

$$\lambda = 558\,\text{nm} = 558 \cdot 10^{-9}\,\text{m} = 5,56 \cdot 10^{-7}\,\text{m},$$

ist, leuchtet grünes Licht auf. Das setzt voraus, dass die Anregungsenergie des Elektrons gleich der Energie des abgestrahlten Photons ist. Sie berechnet sich für die angegebene Wellenlänge zu (Abschn. 2.4):

$$E_{\text{Photon}} = h \cdot \nu = \frac{h \cdot c}{\lambda} = \frac{6,63 \cdot 10^{-34}\,\text{J s} \cdot 3,00 \cdot 10^8\,\text{m}}{5,58 \cdot 10^{-7}\,\text{m/s}} = \underline{3,645 \cdot 10^{-19}\,\text{J}}$$

Dieser Wert korrespondiert mit der oben ausgerechneten Anregungsenergie: $3,416 \cdot 10^{-19}$ J. Flugdauer und Geschwindigkeit der Elektronen wurden demnach richtig abgeschätzt. – Die Protonen des Sonnenwindes bewegen sich langsamer. Da sie schwerer sind, erreichen sie eine vergleichbare Anregungsenergie wie die Elektro-nen.

Zu dem Gebiet der atmosphärischen Leuchterscheinungen vgl. [11].

3.8 Farbe

3.8.1 Spektralfarben – Mischfarben

Das Licht der Sonne erscheint dem menschlichen Auge in der Farbe Weiß. Es war I. NEWTON (1642–1727), der mit Hilfe vergleichsweise einfacher Versuche mit Prismen zeigen konnte, dass sich das Sonnenlicht aus mehreren farbigen Anteilen zusammensetzt. Es sind dieses die **Spektralfarben** mit den Hauptfarben Violett, Blau, Grün, Gelb, Orange und Rot. Im Jahre 1668 hatte NEWTON das Phänomen der Farbbrechung entdeckt, erst 1704 veröffentlichte er den Befund in seinem Werk *Opticks*. – Real können in dem kontinuierlichen Spektrum eine große Zahl von Farbtönen festgestellt werden. Sie liegen innerhalb des vom Auge wahrnehmbaren Wellenlängenbereiches 380 nm (Violett) bis 780 nm (Rot), vgl. Abb. 3.65 (für die Komplementärfarben existieren unterschiedliche Regeln).

Über die Beziehung $c = \nu \cdot \lambda$ sind Frequenz (ν) und Wellenlänge (λ) des Lichts mit der Lichtgeschwindigkeit (c) verknüpft.

Hinweis
Die Frequenz bleibt beim Übertritt des Lichts in ein anderes Medium erhalten. Da c im neuen Medium einen anderen Wert annimmt, ändert sich λ im gleichen Verhältnis wie c, sonst wäre $c = \nu \cdot \lambda$ verletzt. Da der Farbton bei der Farbwahrnehmung von der Frequenz abhängig ist, wäre es eigentlich sinnvoll, die Spektralfarben (und alle anderen spektralen Farben) als Funktion der Frequenz anzugeben. Das ist indessen nicht üblich und notwendig, weil man normalerweise davon ausgeht, dass die Strahlen, die die Farbe vermitteln, sich in Luft (oder im Vakuum, wie beim Sternenlicht) fortpflanzen, deren Geschwindigkeit ist konstant und gleich c.

Abb. 3.65

380 nm   780 nm

Spektralfarbe	Wellenlänge λ	Wellenfrequenz ν	Komplementärfarbe
Violett	380 ÷ 430	7,0 ÷ 7,9	Gelbgrün
Blau	430 ÷ 485	6,2 ÷ 7,0	Gelb
Grün	485 ÷ 555	5,4 ÷ 6,2	Purpur (Magenta)
Gelb	555 ÷ 600	5,0 ÷ 5,4	Blau
Orange	600 ÷ 640	4,7 ÷ 5,0	Blaugrün (Cyan)
Rot	640 ÷ 780	3,8 ÷ 4,7	Grün
	nm	10^{14} Hz	

÷ bedeutet hier von - bis

Wie ausgeführt, lassen sich die Spektralfarben der Sonne mittels eines Prismas oder Gitters auffächern. Eine Spektralfarbe lässt sich selbst nicht weiter zerlegen, sie ist monochromatisch (monofrequent). Die Überlagerung aller Spektralfarben des Sonnenlichts ergibt wieder Weiß. –

In einem vollständig abgedunkelten Raum haben alle Gegenstände die Farbe Schwarz, in einem hellen Raum eine andere. Während beispielsweise die Masse eines Gegenstandes unabhängig davon ist, ob er sich in einem lichten oder dunklen Raum befindet (es gilt das Massenerhaltungsgesetz), gilt das für die Farbe nicht. Farbe ist a priori kein eigenständiger, stofftypischer Kennwert. Ein Gegenstand kann sehr unterschiedliche Färbungen annehmen. Die Farbe wird von der Wellenlänge des von der Oberfläche ausgehenden Lichts bestimmt. Nur wenn die Wellenlänge zwischen 380 nm und 780 nm liegt, kann das menschliche Auge die Farbe wahrnehmen. – Es gibt zwei Möglichkeiten der Farbstrahlung/-entstehung:

1. Abhängig von der Temperatur geht von jedem Gegenstand eine Wärmestrahlung aus. Ab einer bestimmten Temperatur wird sie als Farbe sichtbar. Mit weiter steigender Temperatur ändert sie sich, bei extremer Erhitzung vermag das Auge die Farbe nicht mehr zu sehen, die Farbe wird gleißend violettweiß, das Auge droht zerstört zu werden, wie bei einem ungeschützten Blick in die Sonnenscheibe. Die Wärmestrahlung geht von der Oberfläche des Gegenstandes aus: Sie beruht auf der energetischen Anregung der oberflächennahen Atome bzw. Moleküle, dabei wird elektromagnetische Strahlung emittiert (ausgesandt), Licht gehört dazu (vgl. Abschn. 1.6 und 1.7). Wärme ist eine Energieform. Letztlich ist die Wärmestrahlung eine Energieabstrahlung. Je höher die eingeprägte Energie bzw. damit die Erwärmung ist, umso höher ist die Energieabstrahlung, je mehr verschiebt sich die Farbe in Richtung des ultravioletten Lichts. Die eingeprägte Energie kann unterschiedliche Ursachen haben: Glühende Bremsklötze (mechanische Energie), Vulkanlava, Befeuerung mit Kohle (chemische Energie), Lichtbogen, Blitz (elektrische Energie), Sonnenstrahlung, Sternenstrahlung (Fusionsfeuer). Die Energieaufnahme kann auch auf der Wärmestrahlung eines benachbarten Gegenstandes beruhen. In all den genannten Fällen spricht man von **Leuchtfarben,** speziell beim Glühen/Schmelzen von Mineralien und Metallen von Glühfarben, sie sind einer bestimmten Temperatur zugeordnet. – Unter normalen atmosphärischen Bedingungen ist die Temperatur der Gegenstände zu gering, die von ihnen ausgehende Wärmestrahlung ist zwar vorhanden, aber ‚ihre Farbe‘ ist für das menschliche Auge nicht sichtbar (wohl mit Geräten der Thermographie, vgl. Abschn. 2.6.5, 6. Ergänzung)

Abb. 3.66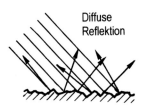

Diffuse
Reflektion

2. Treffen Lichtstrahlen (Lichtwellen bzw. Photonen), gleich welcher Quelle, auf die Oberfläche ‚kalter' Materie, werden sie von dieser absorbiert. Die Moleküle der Oberfläche werden ‚angeregt' und zwar in jener atomar/molekularen Schwingungsfrequenz, die mit der Farbfrequenz des einfallenden Lichts übereinstimmt. Erscheint beispielsweise ein Stoff rot, ist das ein Indiz dafür, dass die Moleküle des Stoffes durch die Energie des roten Anteils der äußeren Strahlung angeregt werden, was in Umkehrung eine entsprechende Abstrahlung (Reflexion) roten Lichts zur Folge hat. Alle anderen spektralen Anteile des auftreffenden Lichts werden vom Stoff absorbiert, ohne eine Wirkung auszulösen, nur die diffus reflektierte rote Farbe wird vom Auge wahrgenommen (Abb. 3.66). Man spricht von **Körperfarbe.** – Die Farbe eines Gegenstandes ist offensichtlich kein fester Wert: Wird der Raum alternativ durch Sonnenlicht, durch Neonlicht, durch Natriumlicht oder durch Kerzenlicht ausgeleuchtet, nehmen die Gegenstände im Raum jeweils eine andere Farbe an, sie ist abhängig von der stofflichen Oberfläche des Gegenstandes und ihrer Reaktion auf das spezifisch auftreffende Licht. – Sofern sich der Gegenstand im Freien befindet, ändert sich seine Farbe im Laufe des Tages zwischen Sonnenauf- und -untergang (zwischen Morgen- und Abendrot), weil sich die vorherrsche Farbe der Sonnenstrahlung sowie ihre Helligkeit im Laufe des Tages ändern. – In nördlichen sonnenarmen Regionen wird derselbe Gegenstand farblich anders wahrgenommen als in südlich sonnenreichen. – Die geschilderte Absorption und Reflexion vollzieht sich bei allen anorganischen und organischen Stoffen in gleicher Weise, etwa bei Mineralien und Metallen, bei Blüten und Früchten, bei Haut und Haar. Das gilt ebenso für alle mit natürlichen und künstlichen Farbstoffen gefärbten Dinge dieser Welt, bei den Kleidungsstoffen, den Autolacken und allen Druckerzeugnissen. Pigmente verleihen den Farbstoffen und Beschichtungen ihre Farbe Was wäre das Leben ohne Putz mit Schminke und Schmuck, ohne die Kunst der Maler und Designer? – Durchsichtige Festkörper absorbieren und reflektieren das Licht wie dargestellt, ein Teil des Lichts tritt dabei durch die Materie hindurch, meist der größere Anteil. Sowohl der reflektierte wie der

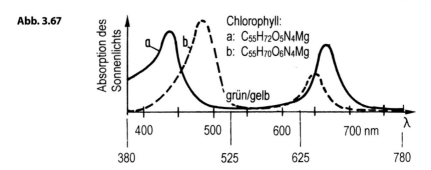

Abb. 3.67

transmittierte, auf der Gegenseite abgestrahlte, haben dieselbe Farbe, wenn der Körper durchgängig homogen ist, man denke an farbiges Glas. – Alle genannten Körperfarben undurchsichtiger und durchsichtiger Materie sind **Mischfarben**, was eine Spektralanalyse zeigen würde. –

Beispiel
In den Chloroplasten der Zellen von Grünalgen und Pflanzen liegt das Farbpigment Chlorophyll. Hiervon gibt es zwei Arten. Es sind komplexe organische Moleküle, vgl. Bd. IV, Abschn. 2.5.5, 4. Erg. Von dem tagsüber einfallenden Sonnenlicht wird der im Wellenlängenbereich ca. 525 bis 625 nm liegende Anteil von den Blättern und Nadeln der Pflanzen weitgehend reflektiert und vom Auge als Blattgrün in unterschiedlicher Schattierung wahrgenommen. Die beidseitig des Grüns einfallenden spektralen Lichtanteile (und deren Energie) werden von den Zellen weitgehend absorbiert (vgl. Abb. 3.67) und bewirken hierdurch die Photosynthese (Lichtreaktion), bei welcher aus der Luft CO_2 aufgenommen und Glucose in einem zweistufigen biochemischen Prozess aufgebaut wird: $6\,CO_2 + 12\,H_2O +$ Sonnenenergie $= C_6H_{12}O_2 + 6\,O_2 + 6\,H_2O$. Aus Glucose (Zucker) und aus den über die Wurzeln aufgenommenen Mineralstoffen und aus Wasser baut sich das Grundgerüst aller Pflanzen auf. Der freigesetzte Sauerstoff ‚verbrennt‘ (oxidiert) mit den Nährstoffen in den tierischen Organismen, wenn diese den frei gewordenen Sauerstoff später einatmen, wobei Energie in Form von Wärme und beim Ausatmen CO_2 freigesetzt wird. – Im Herbst, wenn bei zunehmend kürzeren Tagen die Sonneneinstrahlung schwächer wird, wandert das Chlorophyll in die Äste zurück. Die Farbe der absterbenden, ehemals grünen Blätter, verschiebt sich ins Gelblich-Rötliche.

Die Leucht- und Körperfarben bestimmen gemeinsam die Buntheit der Welt.

Im Jahre 1802 vermutete der Augenarzt T. YOUNG (1777–1829), dass in der Netzhaut des Auges drei Zäpfchentypen liegen, die auf je eine Spektralfarbe ansprechen, nämlich auf die Farben Rot, Grün und Blau. Dieser **Dreifarbenansatz** konnte später von den Forschern D. BREWSTER (1781–1868) und insbesondere von H. v. HELMHOLTZ (1821–1894) durch eingehende Versuche in den Jahren

1856 bis 1867 bestätigt werden: Alle vom Menschen gesehenen Farben kommen durch additive Mischung der genannten drei Primärfarben zustande. Die getrennten neuronalen Lichtreize werden über den Sehnerv an das Gehirn weiter geleitet und nach Mischung als einheitliche neue Farbe empfunden. Neben dem Farbton (Buntton) bestimmen Sättigung und Helligkeit den Farbeindruck. Die Dreifarbentheorie bildet bis heute die Grundlage aller Farbmodelle und Farbmessungen.

3.8.2 Farbmischung

Werden zwei Farben in einem bestimmten Verhältnis gemischt, entsteht eine neue Farbe. Die hierbei geltenden Mischungsgesetze sind durchaus nicht einfach. Unterschieden werden additive und subtraktive Farbmischung.

- Werden spektrale Anteile des Lichts gemischt, spricht man von **additiver** (auch optischer) Farbmischung. Das ist beispielsweise der Fall, wenn zwei (oder mehrere) spektral-farbige Lichtkegel in einem dunklen Raum auf eine weiße Fläche überlappend projiziert werden. In Abb. 3.68a ist die additive Farbmischung der drei Spektralfarben **Rot, Grün und Blau** erläutert. Die genannten Farben erfassen quasi je ein Drittel des weißen Sonnenspektrums. Es sind jene Farben, die von den drei Zäpfchentypen der Netzhaut jeweils einzeln als Reiz wahrgenommen werden. Beispielsweise wird eine Mischung der Spektralfarben Rot ($\lambda \approx 630\,\text{nm}$) und Grün ($\lambda \approx 520\,\text{nm}$), in gleichem Verhältnis gemischt, vom Auge als eigenständiges Gelb wahrgenommen. In dieser Mischform ist Gelb keine Spektralfarbe! Aus den Teilabbildungen b und c gehen die Mischfarben hervor, es sind die Farben Gelb (4), Cyan (5) und Magenta (6). Wird das Mischungsverhältnis zwischen den Basisfarben durch Filter variiert, entstehen andere Intensitäten (Tönungen bzw. Sättigungen). Es lassen sich auf diese Weise alle Farben erzeugen, auch solche die im Sonnenspektrum nicht enthalten

a

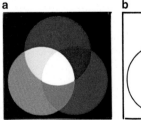

b

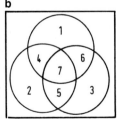

c

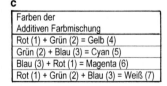

Farben der Additiven Farbmischung
Rot (1) + Grün (2) = Gelb (4)
Grün (2) + Blau (3) = Cyan (5)
Blau (3) + Rot (1) = Magenta (6)
Rot (1) + Grün (2) + Blau (3) = Weiß (7)

Abb. 3.68

a   b   c

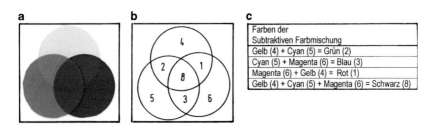

Farben der Subtraktiven Farbmischung
Gelb (4) + Cyan (5) = Grün (2)
Cyan (5) + Magenta (6) = Blau (3)
Magenta (6) + Gelb (4) = Rot (1)
Gelb (4) + Cyan (5) + Magenta (6) = Schwarz (8)

Abb. 3.69

sind. – Anstelle Cyan(-blau) spricht man auch von Blaugrün, Grünblau oder Türkis. Magenta nennt man auch Purpur. – Die Mischung aller drei Primärfarben liefert Weiß (7): Die Addition von drei Drittel ergibt Eins. –.

Bei den Farben Rot-Grün-Blau spricht man vom **RGB-Farbmodell**. Es hat große praktische Bedeutung, z. B. bei Digitalkameras, Scannern und Farbmonitoren. Bei letzteren erzeugen drei winzige Filterscheibchen (pro Pixel) für die Farben Rot, Grün und Blau das farbige Bild. Bei einem Scanner ist es die farbige Vorlage, bei einer Digitalkamera das farbige Motiv, die als strahlende Lichtquellen die Farbe durch additive Mischung erzeugen. – Die normalen Monitore eines Computers sind mit 8 Bit pro Farbkanal eingerichtet, das ergibt pro Kanal $2^8 = 256$ Abstufungen einer Grundfarbe. Woraus sich 256^3 Farben (ca. 17 Millionen) bei Kombination der Kanäle mischen lassen. Bei 16 bpp oder gar 24 bpp sind es entsprechend mehr Farben. Durch differenzierte Anordnung der Farbsensoren lassen sich Schärfe und Helligkeit weiter steigern. Das Auge soll ca. 1 Million Farben bzw. Farbtöne unterscheiden können.

- Tritt weißes Sonnenlicht durch ein gelbes und anschließend durch ein cyanfarbiges Filterglas, nimmt das Auge die verbleibende Farbe als Grün wahr. Auch hierbei handelt es sich um eine Mischfarbe. In Abb. 3.69 sind die Regeln zusammengefasst: Tritt Sonnenlicht durch ein Cyan-Filterglas und anschließend durch ein Magenta-Filterglas, entsteht Blau; entsprechend entsteht Rot. Bei dieser **subtraktiven** Farbmischung entstehen die Primärfarben der additiven Farbmischung, die Reihenfolge der Mischung ist dabei gleichgültig. Werden die bei einer additiven Farbmischung gewonnenen Farben Gelb, Cyan und Magenta anschließend subtraktiv gemischt, entsteht Schwarz.

Das für Leuchtfarben erläuterte Mischprinzip gilt entsprechend für Körperfarben: Hierbei werden Farbanteile (durch Absorption) entzogen. Zusammengefasst gilt im Einzelnen: Trifft weißes Sonnenlicht auf Blau, wird der blaue Lichtanteil reflektiert, der rote und grüne absorbiert, aus Rot und Grün entsteht

additiv Gelb (Abb. 3.68), der blaue Lichtanteil ist in dieser Farbe herausge-
filtert, also nicht mehr vorhanden. Man kann zusammenfassen: Gelb ist Blau
entzogen, Cyan ist Rot entzogen, Magenta ist Grün entzogen.
Wird Gelb mit Cyan gemischt, entsteht Grün, weil Blau in Gelb und Rot in
Cyan nicht mehr vorhanden ist, quasi subtrahiert ist. Entsprechend kommt das
Ergebnis der beiden anderen subtraktiven Mischungen zustande (Abb. 3.69).
Werden Gelb, Cyan und Magenta gemischt, entsteht Schwarz, weil in ihnen al-
le Spektralfarben fehlen. Das **CMY-Farbmodell** (Cyan, Magenta, Yellow) des
Druckgewerbes ist damit erklärt. In der Praxis wird Schwarz hinzu gemischt
(CMYK-Farbmodell, K steht für Key), um beim Farbdruck Tiefschwarz zu ge-
währleisten. Tintenstrahldrucker arbeiten mit CMYK-Patronen: Der Computer
steuert das Entstehen des Farbbildes auf weißem Papier durch den entsprechend
gemischten Auftrag der C-, M-, Y- und K-Farbe. – Absolut Tiefschwarz und
Tiefweiß lassen sich durch Mischung nicht erreichen, allenfalls bis 99 %.

3.8.3 Farbmetrik

Es war J.C. MAXWELL (1831–1879), der im Jahre 1861 ein auf den Farben Rot-
Grün-Blau (RGB) beruhendes Farbdreieck vorschlug. Mit seiner Hilfe kann jeder
Farbton durch additive Mischung gewonnen werden (Abb. 3.70). – Zur vollstän-
digen Kennzeichnung einer Farbe bedarf es neben dem Farbton zweier weiterer

Abb. 3.70

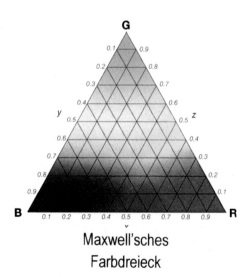

Maxwell'sches
Farbdreieck

Abb. 3.71

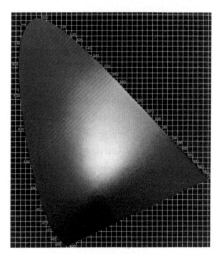

IBK-System
CIBLab-Farbraum

http://www.farbtipps.de/farbsysteme/cielab/

Komponenten: Helligkeit und Sättigung. Will man alle drei Komponenten graphisch veranschaulichen, entsteht ein drei-dimensionaler Farbkörper. Die einzelnen Farben lassen sich in Farbatlanten (Farbkarten, Farbtafeln, Farbfächer) zusammenstellen. Diesbezüglich gibt es mehrere Vorschläge, z. B. jene von H. v. HELMHOLTZ (1821–1894), A.H. MUNSELL (1858–1918), F.W. OSTWALD (1853–1932) und weiteren z. B. von H.L. KÜPPERS (*1928). Farbmessung bedeutet hier Vergleich auf visuelle Übereinstimmung.

Mit Hilfe sogen. Kolorimeter lassen sich Farben messen. Sie werfen einen numerischen Datensatz aus, welcher ein Maß für Farbton und Intensität in Abhängigkeit von der spektralen Farbverteilung ist. Ein erstes derartiges Gerät, ein Spektrofotometer, stammte von A.C. HARDY (1895–1977). – Das von der CIE (Commission International de l'Eclairage = Internationale Beleuchtungskommission IBK, gegründet im Jahre 1931), empfohlene CIE-System basiert im Prinzip auf dem Maxwell'schen Dreieck. – Abb. 3.71 zeigt die CIE-Normfarbtafel bei gleich-großer Helligkeit aller Farben. – Zum Thema Farbmessung kann auf ein umfangreiches internationales Regelwerk zurück gegriffen werden, u. a. auf ISO 2846, ISO 12647, ISO 13655.

Abb. 3.72

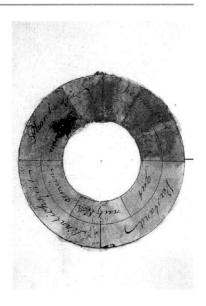

3.8.4 Psychologisches Farberlebnis

Die Strahlung der Sonne verleiht der Erde Wärme. Sie sichert den Bestand aller
Lebensformen. Licht und Farbe ermöglichen der irdischen Kreatur Orientierung.
Das Leben vollzieht sich zwischen der Helligkeit und den Farben des Tages und
der Finsternis der Nacht. Sterne und Mond mindern die Dunkelheit der Nacht. Die
Sterne wären auch am Tage sichtbar, würde das gestreute Licht der Sonne deren
Licht nicht überstrahlen.

Der Mensch erlebt die Welt über die Farbe und über Klang und Geruch. Von der
Farbe geht der stärkste Eindruck aus. Taubheit ist schlimm, Blindheit schrecklich,
Farbenfehlsichtigkeit ärgerlich. – Farben haben Bedeutung im Handwerk, in der
Technik, im Verkehrswesen, in der Innen- und Außenarchitektur, in der Werbung,
in der Mode, in der Kunst und in der Politik: Farbe der Nationalflaggen, der Par-
teien, der Weltanschauungen. Die Farben der Jahreszeiten bestimmen die seelische
Stimmung des Gemüts. Es fehlt nicht an schönen Darstellungen zu diesen Themen
und zur Kulturgeschichte der Farbe insgesamt [12–16].

In dem Zusammenhang sind die verschiedenen Farblehren zu erwähnen, die
sich in unterschiedlichen Farbkreisen niedergeschlagen haben und in denen
die Farben bestimmten Seelenzuständen zugeordnet werden, auch bestimmten
Geistes- und Charaktereigenschaften.

Der Farbenkreis von J.W. v. GOETHE (1749–1832) wird hierfür gerne als Beispiel genommen (Abb. 3.72). Auf seine 1810 veröffentlichte Schrift *Zur Farbenlehre* hatte J.W. v. GOETHE über viele Jahrzehnte große Mühe verwandt, sie galt ihm viel, wohl so viel wie seine Dichtkunst. Die Farbe Gelb erfreue am meisten, meinte er. Die Lehre I. NEWTONs lehnte er ab. Obwohl J.W. v. GOETHE hier irrte, bezogen Kunst und Psychologie mannigfache Anregungen aus seiner Farbenlehre [17–19].

3.9   Astronomie II: Strahlung der Sterne

3.9.1   Astronomische Beobachtungsfenster

Alle Informationen aus dem Weltall werden über die von den Himmelskörpern ausgesandte Strahlung gewonnen. Ehemals spielte dabei nur das sichtbare Licht eine Rolle. Dank der Fortschritte in der Physik und der hierbei entwickelten Messtechnik wird in der heutigen Astronomie die gesamte elektromagnetische Strahlung in die Beobachtung und Auswertung einbezogen. Viele neuartige Himmelsobjekte konnten dadurch entdeckt werden. Viele Befunde sind rätselhaft, viele bedürfen einer endgültigen Deutung, ein weites Feld astronomischer Forschung: Die Astronomie hat sich zu einem Großforschungsprojekt der Menschheit entwickelt, ähnlich jenem der Elementarteilchenphysik. Der technische und finanzielle Aufwand kann nur durch internationale Zusammenarbeit geschultert werden. Trotz aller politischen und wirtschaftlichen Verwerfungen konnten im 20. Jh. bedeutende neue Erkenntnisse auf allen Feldern der Astronomie hinzu gewonnen werden. – Weiterführende Literatur enthält Abschn. 2.8 in Bd. II: Astronomie I.

Die Strahlung innerhalb des Wellenlängenintervalls von

$$380\,\text{nm} = 0{,}380\,\mu\text{m} = 3{,}8 \cdot 10^{-7}\,\text{m} \text{ bis } 780\,\text{nm} = 0{,}780\,\mu\text{m} = 7{,}8 \cdot 10^{-7}\,\text{m}$$

kann die Lufthülle weitgehend ungehindert durchdringen. Es ist dieses der für das menschliche Auge sichtbare Bereich (was natürlich kein Zufall ist). Man bezeichnet diesen spektralen Bereich als ‚Optisches Fenster'. Gleichwohl, gewisse Strahlungsanteile werden auch innerhalb dieses Fensters absorbiert (vgl. Abb. 3.79 in Bd. II, Abschn. 3.5.7.2).

Beeinträchtigt wird die erdgebundene Beobachtung durch die Lichtfülle und die Staub- und Dunstglocke benachbarter Städte und Industriegebiete, auch durch die thermische Luftunruhe und selbstredend durch die Bewölkung. Die Beobachtung wird daher seit längerem auf hohe Berge in Gebiete mit weitgehend trockenem,

wolkenlosem und staubfreiem Klima verlagert. Nur so sind lange Beobachtungs-
zeiten gewährleistet: **Klassische Optische Astronomie.** Ein Beispiel hierfür ist
die Europäische Südsternwarte (European Southern Observatory, ESO) mit großen
Anlagen in den südchilenischen Anden, gegründet im Jahre 1962.

Anmerkungen

Geplant sind Beobachtungen vom 4200 m hohen Berg ‚Dom Argus‘ aus, er liegt im Inneren der Antarktis. Wegen der extrem schwierigen äußeren Bedingungen ist die Realisierung
fraglich, weil der Betrieb zu aufwendig und zu teuer wäre. – Der Bau eines Teleskops auf der
Rückseite des Mondes wurde auch diskutiert, der Standort hätte wegen der totalen Finsternis
und Staubfreiheit große Vorteile. Die Kosten für Bau und Betrieb wären wohl exorbitant.

An das Optische Fenster schließt der kurzwellige Bereich der Ultraviolett-
(UV)-Strahlung an, auf der anderen Seite des Fensters der langwellige Bereich der
Infrarot-(IR)-Strahlung. In Abb. 3.73 ist der gesamte elektromagnetische Beob-
achtungsbereich in doppeltlogarithmischer Skalierung dargestellt.

Abb. 3.73

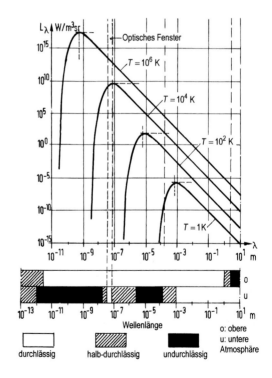

Der schmalbandige UV-Bereich ist teilweise durchsichtig. Für die sich anschließenden Bereiche der Röntgen- und Gammastrahlung ist die Lufthülle absolut undurchlässig: Die Strahlung wird in diesen Bereichen durch N_2-, O_2- und O_3-Moleküle absorbiert. Eine Beobachtung der Röntgen- und Gammastrahlung ist daher nur außerhalb der Atmosphäre mit Hilfe von Ballons, Flugzeugen, Forschungsraketen und künstlichen Satelliten möglich.

In der **Röntgenastronomie** werden jene Objekte untersucht, die mit ihrer hochenergetischen Temperaturstrahlung im Wellenlängenbereich 0,01 bis 10 nm liegen. Das Wien'sche Gesetz liefert für die Intervallgrenzen dieses Bereichs folgende Temperaturen (Abschn. 2.6.4): $T = w/\lambda_{max}$ mit $w = 2{,}898 \cdot 10^{-3}$ mK:

$$\lambda_{max} = 0{,}01\,\text{nm} = 1 \cdot 10^{-11}\,\text{m} \quad \rightarrow \quad T = 2{,}898 \cdot 10^{-3}/1 \cdot 10^{-11} \approx 3 \cdot 10^{8}\,\text{K}$$

$$\lambda_{max} = 10{,}0\,\text{nm} = 1 \cdot 10^{-8}\,\text{m} \quad \rightarrow \quad T = 2{,}898 \cdot 10^{-3}/1 \cdot 10^{-8} \approx 3 \cdot 10^{5}\,\text{K}$$

Für die Photonenenergie folgt: $E = h \cdot \nu$ mit $h = 6{,}626 \cdot 10^{-34}$ Js:

$$\lambda_{max} = 0{,}01\,\text{nm} \quad \rightarrow \quad \nu = 3 \cdot 10^{19}\,\text{Hz} \quad \rightarrow \quad E = 6{,}626 \cdot 10^{-34} \cdot 3 \cdot 10^{19}$$
$$= 19{,}879 \cdot 10^{-15}\,\text{J} = 124{,}4\,\text{keV}$$

$$\lambda_{max} = 10{,}0\,\text{nm} \quad \rightarrow \quad \nu = 3 \cdot 10^{16}\,\text{Hz} \quad \rightarrow \quad E = 6{,}626 \cdot 10^{-34} \cdot 3 \cdot 10^{16}$$
$$= 19{,}879 \cdot 10^{-18}\,\text{J} = 124{,}4\,\text{eV}$$

Die Röntgenstrahlung stammt überwiegend von Röntgen-Doppelstern-Systemen unterschiedlichen Typs sowie von strahlendem interstellaren Gas (Röntgen-Hintergrund-Strahlung). Mit dem im Jahre 1990 gestarteten Himmelsteleskop ROSAT konnten im Bereich 0,514 bis 12,3 nm mehr als 150.000 kosmische Röntgenquellen entdeckt werden.

Bei Eruptionen strahlt auch die Sonne im Röntgenbereich.

Die **Gamma-Astronomie** untersucht Strahlung mit nochmals geringerer Wellenlänge, u. a. die Strahlung von Quasaren und Pulsaren.

Auf der anderen Seite des Optischen Fensters, im langwelligen Bereich, liegen schmale Infrarotfenster (Abb. 3.74). In trockenen Klimazonen ist von hohen Bergen aus **Infrarot-Astronomie** möglich. Die beobachteten Himmelskörper (Infrarotsterne) strahlen mit vergleichsweise niederer Temperatur (600 bis 2000 K). Mit der letztgenannten Temperatur strahlen z. B. die sogen. ‚Roten Riesen'. Oberhalb der Erde in 30 bis 40 km Höhe ist der gesamte Infrarotbereich einsehbar.

Im Wellenlängenbereich von 10^{-3} bis 20 m (Millimeter-, Zentimeter-, Dezimeter- und Meter-Bereich) liegt das vergleichsweise breite Radiofenster. Die **Radio-Astronomie** wird durch den terrestrischen Funkverkehr (UKW, FS) beträchtlich

Abb. 3.74

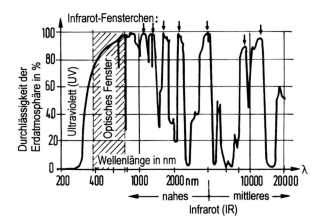

gestört, nur schmale Fenster sind für die Radio-Astronomie reserviert. Für die terrestrische Beobachtung kommen große Parabol-Radioteleskope mit metallischer Auskleidung zum Einsatz. Ihre Größe ist an die Wellenlänge der Strahlung angepasst. Mit solchen Teleskopen kann in große Tiefen des Weltalls gesehen werden (bis in Weiten von 10^9 Lichtjahren!). In Deutschland wird ein solches Teleskop in Bad Münstereifel-Effelsberg (Eifel) betrieben; es ist voll beweglich. Der Durchmesser des Schirms beträgt 100 m. – Quellen von Radiowellen sind die leuchtenden Gasmassen von Supernova-Überresten, auch Galaxien, speziell Radiogalaxien sowie Quasare und Pulsare.

Die zuletzt erwähnten Zweige der modernen Astronomie sind relativ jung: Radio-Strahlung aus dem Weltraum wurde im Jahre 1932 entdeckt, Röntgen-Strahlung (die von der Sonne ausgeht) im Jahre 1949 und Gamma-Strahlung im Jahre 1962. Die Kosmische Hintergrundstrahlung wurde 1948 theoretisch vorhergesagt und 1964 gefunden (Temperatur ca. 3 K, $\lambda_{max} = 1{,}1$ mm, es ist eine Strahlung aus allen Himmelsrichtungen, Abschn. 4.3.4).

3.9.2 Astronomische Fernrohre

Für das sichtbare Licht kommen zwei unterschiedliche Fernrohrsysteme zum Einsatz. Sie unterscheiden sich in der Art und Weise, wie das Licht einfangen wird:

- Refraktoren: Das Objektiv ist eine Linse, die Strahlung wird gebrochen,
- Reflektoren: Das Objektiv ist ein Spiegel, die Strahlung wird gespiegelt.

Abb. 3.75

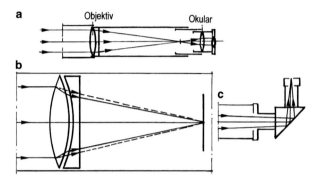

Der **Refraktor** ist die ältere Erfindung. Der Refraktor wurde wohl erstmals von G. GALILEI (1564–1642) im Jahre 1609 für Himmelsbeobachtungen eingesetzt. In der nach ihm benannten Form (Galilei'sches Fernrohr) dient eine Zerstreuungslinse als Okular. Das nach J. KEPLER (1571–1630) benannte Fernrohr (Kepler'sches oder astronomisches Fernrohr) verwendet eine Sammellinse als Okular (zur Optik vgl. Abschn. 3.2.7.6). Sowohl bei Galilei'schen wie Kepler'schen Fernrohr liegt an der Vorderseite des Tubus ein ein-, zwei- oder mehrlinsiges Objektiv (Abb. 3.75a).

Durchmesser, Güte und Aufbau des Objektivs bestimmen Schärfe und Farbtreue des Bildes.

Teilabbildung b zeigt einen zweilinsigen Achromaten mit Luftspalt. Mit dem durch die Linsenanordnung erzwungenen Strahlengang kann die chromatische Aberration weitgehend unterdrückt werden, wie es die Abbildung zeigt. – Für Zwecke der Astrophotographie kommen nochmals höherwertigere Objektive, als für rein visuelle Beobachtungen, zum Einsatz.

Da die Achse des Refraktors auf den beobachteten Stern hin ausgerichtet ist, steht das Fernrohr vielfach steil, insbesondere bei Sternen, die im Zenit überkopf liegen. Durch die Einschaltung eines 90°-Prismas wird die Beobachtung erleichtert (Abb. 3.75c). Refraktoren haben eine größere Baulänge im Vergleich zu Reflektoren, gegenüber Temperatureffekten sind sie weniger empfindlich.

Für **Reflektoren** kommen Parabolspiegel zum Einsatz (für einfache Geräte auch solche mit einem Kugelspiegel). Der Spiegel liegt auf der Rückseite des Tubus (Abb. 3.76). Hinsichtlich der Strahlenführung wurden unterschiedliche Spiegelanordnungen erfunden:

Abb. 3.76a zeigt den sogen. Newton-Reflektor: Das auf den Hauptspiegel (Primärspiegel) treffende und hier reflektierte Licht wird von einem in der zentralen Achse liegenden Planspiegel eingefangen und umgelenkt.

Abb. 3.76

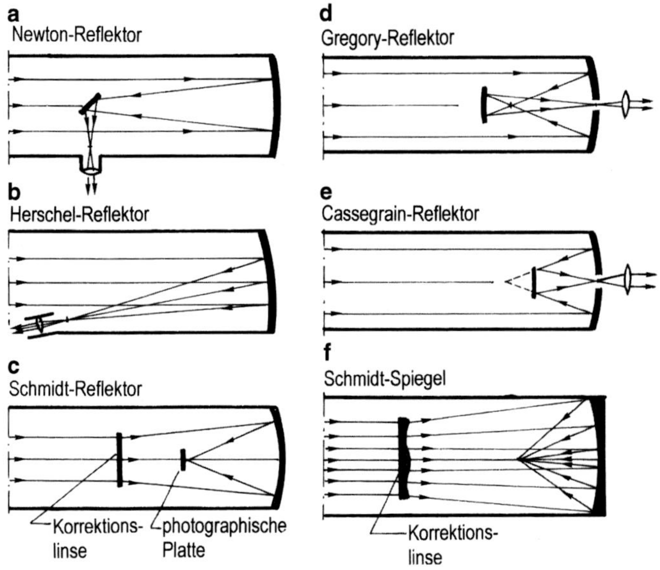

a
Newton-Reflektor

d
Gregory-Reflektor

b
Herschel-Reflektor

e
Cassegrain-Reflektor

c
Schmidt-Reflektor

f
Schmidt-Spiegel

Korrektions- photographische
linse   Platte

Korrektions-
linse

Beim Herschel-Teleskop liegt der Hauptspiegel etwas schief zur Zentralachse (Teilabbildung b).

Beim Gregory-Reflektor liegt in der Zentrallachse ein konkaver Sekundärspiegel (Teilabbildung c) und beim Cassegrain-Reflektor ein konvexer Spiegel (Teilabbildung d). Das Okular liegt hinter dem mittigen Loch des Primärspiegels. Wird das Licht wie beim Newton-Reflektor mittels eines Planspiegels umgelenkt, entfällt das Loch im Hauptspiegel. Von ähnlichem Typ ist der Coude-Reflektor. – Im Vergleich zu Refraktoren haben Reflektoren eine kürzere Baulänge. Wegen des vorne offenen Tubus wirken sich Temperatureffekte beim Reflektor stärker aus.

Anmerkung

Die Benennung mit Reflektor ist nicht einheitlich: Vielfach spricht man auch von Refraktor, weil auch im Reflektor Licht brechende Linsen im Fernrohr integriert sind.

Eine deutliche Verbesserung der Fernrohr-Technik bedeutete der im Jahre 1931 erstmals eingesetzte Schmidt-Reflektor, ein rein photographisches System (nach B. SCHMIDT (1897–1935)). In der astronomischen Großforschung kommt dieses System inzwischen verbreitet zum Einsatz. Die Schmidt'sche Erfindung bestand darin, im Krümmungsmittelpunkt eines sphärischen (!) Hohlspiegels eine dünne Korrektionsplatte spezieller Form anzuordnen, wodurch im Brennpunkt des

Abb. 3.77

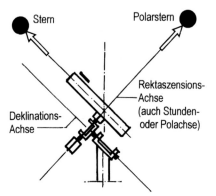

Spiegels ein weitgehend fehlerfreies Bild entsteht. Die Aberration wird nach allen Richtungen korrigiert, ebenso Astigmatismus und Koma. In Abb. 3.76f ist der Aufbau des Systems angedeutet.

Als Öffnungswinkel bezeichnet man beim Reflektor den Quotienten Spiegeldurchmesser zu Brennweite.

Um eine gute optische Zeichnung und ein großes Gesichtsfeld zu erzielen, sind die Okulare beim Refraktor und Reflektor i. Allg. mehrlinsig aufgebaut. Vielfach wird ein Satz mehrerer Okulare unterschiedlicher Brennweite vorgehalten.

Wichtig, wenn nicht am wichtigsten, ist eine feste, stabile, erschütterungsfreie Fundierung des Geräts. – Hinsichtlich der **Montierung** wird die

- azimutale mit senkrechter und waagerechter Achse und die
- parallaktische Montierung

unterschieden, heute mit computergestützter motorischer Nachführung. Abb. 3.77 zeigt die parallaktische Montierung in schematischer Weise. Der Stern wird über die Deklinationsachse eingestellt, die Nachführung erfolgt über die Rektaszensionsachse (Stundenachse), um der Bewegung des Sterns zu folgen. Bei der Festlegung der Nachführgeschwindigkeit ist die Dauer eines Sterntages zugrunde zu legen, diese Dauer beträgt:

$$23^h 56^m 4{,}091^s = 23 \cdot 60 \cdot 60 + 56 \cdot 60 + 4{,}091 = 86164{,}091\,\mathrm{s}$$

Mit diesem Wert folgt die Nachführgeschwindigkeit in Winkelsekunden pro Zeitsekunde zu:

$$360°/86164{,}091 = 0{,}00417807°/s = 15{,}04107''/s$$

Diese Geschwindigkeit gilt für einen Fixstern über dem Himmelsäquator. Beträgt die Deklination des Sterns $\delta > 0$, gilt: $(15,04107''/s) \cdot \cos \delta$.

Anmerkung

Für die Amateurastronomie werden kostengünstige Refraktoren und Reflektoren (auch zum Selbstbau) angeboten. Zur nichtvisuellen Aufnahme dient ein Film oder ein CCD-Chip. Für die technische und theoretische Vorbereitung steht gutes Schrifttum zur Verfügung, vgl. auch [20] und andere Webseiten astronomischer Gesellschaften sowie die monatliche Zeitschrift ‚Sterne und Weltraum' (Heidelberg).

3.9.3 Astronomische Observatorien

Erdgebundene astronomische Observatorien sind Forschungsstätten mit Teleskopen unterschiedlicher Stärke und verschiedenartiger messtechnischer Ausrüstung für den sichtbaren, den Infrarot- (IR-) und den Radiobereich. Betrieben werden Teleskope mit Spiegeln bis 8,4 m Durchmesser, in jüngerer Zeit solche mit 11 m Durchmesser, inzwischen auch mit adaptiver und aktiver Optik. Bei diesen Teleskopen werden die durch die Luftunruhe bedingten Störungen mit Hilfe eines deformierbaren, aus mehreren Segmenten bestehenden Spiegels kompensiert. Dabei wird jedes Segment getrennt gesteuert, vielfach mit Hilfe künstlicher Leitsterne. – Für den Radiobereich kommen Großspiegel zum Einsatz, die an die großen Wellenlängen der strahlenden Objekte angepasst sind. – Standorte heutiger Observatorien sind siedlungsarme, stadtferne, meist bergige Gegenden in großer Höhe (Spanien, Chile, Hawaii), auch solche in Wüstenregionen (Neu-Mexiko).

Daneben wird inzwischen eine große Zahl von **Weltraum-Teleskopen** betrieben, zwei Beispiele:

- Das ‚Hubble'-Weltraum-Teleskop ist einschließlich der vier notwendig gewordenen Wartungskampagnen seit 1990 im Einsatz. Es arbeitet mit einem 2,4 m-Spiegel vorrangig im optischen Bereich. Das Teleskop arbeitete bislang außerordentlich erfolgreich. – Das Nachfolgeteleskop ‚James Webb' soll mit einem 6,5 m-Spiegel nur im Infrarot-Bereich arbeiten (das Projekt ist wegen Geldmangels gefährdet, der Start ist ungewiss).

- Das ‚Spitzer'-Weltraum-Infrarotteleskop ist seit 2003 mit einem 85 cm Spiegel in Betrieb. Vorgänger dieses Teleskops waren die Systeme IRAS (1983) und ISO (1995). Zur Abschirmung der Eigen-Temperaturstrahlung bedarf es bei diesen Geräten einer tiefen Helium-Kühlung nahe dem absoluten Nullpunkt. Die benötigte Energie versiegt irgendwann, die Betriebsdauer solcher Teleskope ist daher begrenzt.

Zur Entwicklungsgeschichte der Observatorien und Teleskope vgl. [21–24].

3.9.4 Sternenhimmel – Benennung der Sternbilder und Sterne

Bei klarer Sicht können etwa 6500 Sterne mit bloßem Auge am Nord- und Südhimmel zusammengenommen gesehen werden. Es sind Sterne bis zur Größe 6^m,
davon ca. 150 Sterne bis zur Größe 3^m und ca. 15 bis zur Größe 1^m. (Zur Definition
der ‚Sterngröße‘ vgl. Abschn. 3.9.7.)

Die Sterne unterscheiden sich in vielfacher Weise, in ihrer Größe und Masse, in ihrer Farbe, Temperatur und Strahlungsleistung. Ihre Verteilung am Himmel
ist unterschiedlich. In der Ebene der sich über den Himmel erstreckenden Sternver-
dichtung liegt die ‚Milchstraße‘, unser Sternsystem. An deren Rand liegt die Sonne
mit ihren Planeten. – Die Sonne ist ein Stern mittlerer Größe und mittlerer Temperatur, ein leuchtender Gasball. – Der Astronom nennt das Milchstraßensystem
‚Galaxis‘ (griech. galaxias: Milchstraße). Bei einem extragalaktischen Sternsystem spricht er von einer ‚Galaxie‘.

Die Anzahl der Sterne wird in der Galaxis auf 10^{11} geschätzt und die Zahl der
Galaxien ebenfalls auf 10^{11}, das wären jeweils 100 Milliarden! Befindet sich in
allen Galaxien im Mittel die gleiche Anzahl von Sternen, käme man im gesamten
Kosmos auf:

$$10^{11} \cdot 10^{11} = 10^{22} \text{ Sterne,}$$

ausgeschrieben 10.000.000.000.000.000.000.000 Sterne.

Eine solche Zahl ist nicht vorstellbar, auch nicht der Raum, in welchem die Sterne
liegen und sich bewegen. Das gilt auch für die Zeiten, in denen alles wurde und
später wieder alles vergehen wird.

Es werden 88 Sternbilder unterschieden, Zwölf von ihnen bilden die Tierkreis-
zeichen aus ferner mythologischer Epoche. Es war ERATOSTHENES VON KY-
RENE (284–202 v. Chr.), der die Bilder benannt hat und G.J. HYGINIUS (60–10
v. Chr.), ein Römer, der sie in seinem Werk ‚Poeta Astronomica‘ dichterisch ver-
klärte. G. MERCATOR (1512–1594) nahm die Bilder für die nautische Navigation
in sein umfangreiches Kartenwerk auf. – Die Chinesen hatten über Jahrtausen-
de eigene Sternbilder; seit 1912 haben sie die international gebräuchlichen Bilder
übernommen.

Die Sternbilder tragen lateinische Namen und Kürzel aus drei Buchstaben. Jene
Sterne in ihnen, die durch ihre Helligkeit besonders auffallen, tragen einen Eigen-
namen. Innerhalb der Sternbilder werden jene Sterne, die besonders markant sind,
mit vorgesetzten griechischen Buchstaben α, β, γ, ... durchnummeriert. Diese Benennung ist an ihrer abnehmenden Helligkeit orientiert.

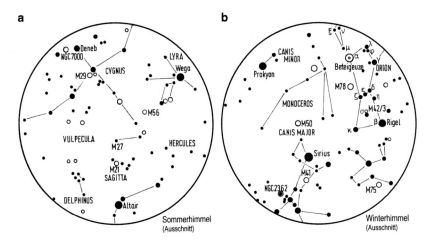

Abb. 3.78

Abb. 3.78a zeigt das Sommerdreieck, gebildet aus den dominierenden Stern-bildern Schwan (Cygnus, Cyg), Leier (Lyra, Lyr) und Adler (Aquila, Aql). In Teilabbildung b ist das bekannte Wintersternbild Orion (Orion, Ori) wiedergege-ben. (Dargestellt sind nur Auszüge aus den Sternbildern!)

Die in den Bildern in Form offener Kreise dargestellten Himmelsobjekte sind Galaxien, Sternhaufen, Staub- oder Gasnebel oder auch andere Objekte. Beispiel: M31 bedeutet: ,Andromeda-Nebel'. Es ist die der Milchstraße und damit dem Sonnensystem nächst-benachbarte Galaxie. Die Benennung der Galaxien mit ,M' basiert auf dem noch heute in Gebrauch befindlichen Katalog von C. MESSIER (1730–1817).

In den Sternkatalogen sind die nach Durchmusterung erkundeten Sterne auf-gelistet, einschließlich ihrer Koordinaten Rektaszension und Deklination, vgl. Abb. 3.79. Einschlägige Himmelsatlanten und Sternkarten geben detaillierte Aus-kunft. – In der Zeit von 1918–1924 wurden ca. 225.000 Sterne am Nord- und Südhimmel durchmustert und im sogen. Henry-Draper-Katalog zusammengefasst. Inzwischen ist die Zahl der registrierten Sterne (und Galaxien) deutlich erweitert worden, ein Ende der Findung ist nicht in Sicht. Dieses Gebiet kann nur noch der Fachastronom überblicken, vgl. [25].

Die Entwicklung der Himmelskunde ist eine fantastische Geschichte. In ihrer modernen Form nahm sie, wie ausgeführt, mit G. GALILEI ihren Anfang. Mit

Abb. 3.79

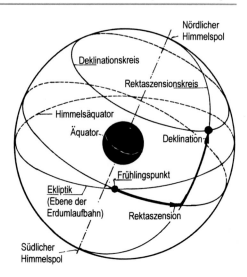

dem von ihm selbst gebauten Fernrohr entdeckte er die vier großen Monde des Jupiters, die Ringe des Saturns, auch die Mondkrater und Sonnenflecken. Auf die Darstellungen der Astronomiegeschichte in wird verwiesen, vgl. auch [46–52] in Bd. II, Abschn. 2 [21, 22].

3.9.5   Parallaktische Entfernungsmessung

Bei nicht zu großer Entfernung lässt sich der Abstand zwischen einem Fixstern und dem Sonnensystem mittels trigonometrischer Parallaxenmessung bestimmen: Die große Halbachse der **Erdbahn** dient als Basis. Handelt es sich um einen nahen Fixstern, der in Richtung des Pols der Ekliptik liegt, wie in Abb. 3.80 dargestellt, durchläuft der Stern vor dem Himmelshintergrund (mit seinen unzähligen, ‚unendlich' weit entfernt liegenden Sternen) im Laufe eines Jahres, von der Erde aus gesehen, einen winzigen Kreis um den Pol, nur scheinbar! Liegt der Fixstern nahe, ist der scheinbare Kreis groß, liegt der Stern sehr fern, ist der Kreis kleiner. Liegt der Fixstern nicht auf der Polachse der Ekliptik, durchläuft er im Laufe des Jahres eine Ellipse, liegt er gar in der Ebene der Ekliptik, entartet der Kreis zu einem Strich.

Gelingt es, zu den Zeitpunkten 21. Juni und 21. Dezember den Winkel zwischen der Ebene der Ekliptik (also der Sonne) und dem Fixstern zu messen, kann bei Kenntnis des Durchmessers der Erdbahn die Entfernung des Fixsterns berechnet

Abb. 3.80

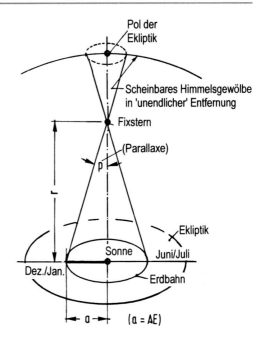

werden. Die **Parallaxe** p des Fixsterns ist zu

$$\tan p = \frac{a}{r} \quad \rightarrow \quad p \approx \frac{a}{r} \quad \rightarrow \quad r = \frac{a}{p}, \quad (a = \text{Erdbahnradius (AE)})$$

definiert, p wird in Bogenmaß gemessen. Einsichtiger Weise setzt die erreichbare Messgenauigkeit der Teleskope einer solchen Entfernungsmessung Grenzen. Als Grenze der inneren Genauigkeit gilt für p der Wert $\pm 0{,}01''$ ($0{,}01$ Bogensekunden). Als Einheit der Parallaxe wurde jene Entfernung festgelegt, bei welcher **vom Stern aus** der Radius der Erdbahn (= Astronomische Einheit) unter dem Winkel einer Bogensekunde ($1''$) erscheint. Man bezeichnet die Einheit von p mit pc (= Parsec = Parallaxensekunde). In Bogenmaß bedeutet $1''$

$$(\text{mit } \pi = 3{,}1415\ldots): \quad \frac{1''}{(180 \cdot 60 \cdot 60)''} \cdot \pi = 4{,}4481 \cdot 10^{-6}$$

Die zugehörige Entfernung in Astronomischen Einheiten (AE) folgt damit zu:

$$1\,\text{pc}: \; r = \frac{a}{p} = \frac{1 \cdot \text{AE}}{4{,}4481 \cdot 10^{-6}} = 2{,}06265 \cdot 10^5\,\text{AE} = \underline{206.265\,\text{AE}}$$

$$\rightarrow \quad 1\,\text{AE} = 4{,}848 \cdot 10^{-6}\,\text{pc}$$

In km bzw. Lj (Lichtjahren) gilt (AE $= 149{,}6 \cdot 10^6$ km; $1\,\mathrm{Lj} = 9{,}46 \cdot 10^{12}$ km):

$$1\,\mathrm{pc}: \quad r = 2{,}06265 \cdot 10^5 \cdot 1{,}496 \cdot 10^8 = 3{,}0857 \cdot 10^{13}\,\mathrm{km}$$

$$\rightarrow \quad \underline{1\,\mathrm{km} = 3{,}24076 \cdot 10^{-14}\,\mathrm{pc}}$$

$$1\,\mathrm{pc}: \quad r = 3{,}0857 \cdot 10^{13}/9{,}46 \cdot 10^{12} = \underline{3{,}262\,\mathrm{Lj}} \quad \rightarrow \quad \underline{1\,\mathrm{Lj} = 0{,}30656\,\mathrm{pc}}$$

Ein noch messbarer Grenzwinkel $0{,}01''$ bedeutet eine um den Faktor 100 größere Entfernung als 1 pc. Geht man von diesem Grenzwinkel aus, lässt sich der Abstand der Sterne mittels parallaktischer Messung nur bis zu einer Entfernung von ca. 300 Lj trigonometrisch bestimmen. Mit computergestützter instrumenteller Steuerung sind inzwischen Messungen mit nochmals höherer Genauigkeit möglich. – Mit dem Satelliten ‚Hipparcos‘ wurden in der Zeit von 1989 bis 1993 118.000 Sterne parallaktisch mit einer Genauigkeit ca. $0{,}001''$ vermessen, also bis zu Entfernungen von

$$1000\,\mathrm{pc} = 3{,}262 \cdot 10^3\,\mathrm{Lj} = \underline{3262\,\mathrm{Lj}} = 3{,}0857 \cdot 10^{16}\,\mathrm{km}.$$

Aufgabe des ESA-Nachfolgeprojekts ‚Gaia‘ ist es, 1 % der in der Milchstraße liegenden 100 Milliarden Sterne parallaktisch und spektroskopisch mit einer Winkelauflösung bis $0{,}0003''$ zu vermessen. Die Sonde ist seit 2013 in Betrieb.

Über die trigonometrische Parallaxenmessung hatte schon T. BRAHE (1546–1601) nachgedacht. Die Genauigkeit der ihm zur Verfügung stehenden Messgeräte war für solche Messungen indessen noch völlig unzureichend. Die erste Parallaxenmessung gelang F.W. BESSEL (1793–1846) im Jahre 1838 am Stern 61 Cygni. Er maß den Winkel zu $0{,}3''$, also eine Entfernung von $(1''/0{,}3'') = 3{,}33\,\mathrm{pc} = 10{,}9\,\mathrm{Lj}$.

Der sonnennächste Fixstern liegt am Südhimmel: α Centauri (Proxima Centauri): $p = 0{,}752'' \rightarrow r = 1{,}33\,\mathrm{pc} = 4{,}3\,\mathrm{Lj}$. Am Nordhimmel ist Sirius der nächstliegende Stern: $p = 0{,}375'' \rightarrow r = 2{,}67\,\mathrm{pc} = 8{,}7\,\mathrm{Lj}$.

Eine weitere geometrische Methode zur Entfernungsbestimmung kommt bei zusammenhängenden Sternhaufen zum Einsatz, ausgehend von deren gemeinsamer Bewegungsrichtung (Sternstrommethode). Bei noch größeren Entfernungen gelingt eine Messung mit Hilfe der sogen. Cepheiden-Methode (Abschn. 3.9.9.2).

3.9.6 Eigenbewegung der Sterne

Durch die Eigenbewegung der Sterne ändert sich über lange Zeiträume hinweg das Bild des nächtlichen Sternenhimmels. Über kurze Zeiträume, etwa über die Dauer

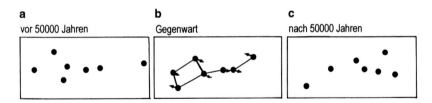

a
vor 50000 Jahren

b
Gegenwart

c
nach 50000 Jahren

Abb. 3.81

eines Menschenlebens, ändert sich praktisch nichts, insofern ist es gerechtfertigt, von Fixsternen zu sprechen. Abb. 3.81 zeigt als Beispiel das bekannte Sternbild ‚Großer Wagen', auch ‚Großer Bär' genannt (Ursa Maior, CMa). Das Sternbild liegt in Nachbarschaft zum Polarstern. Aus der Abbildung geht die Lage der Sterne im Sternbild vor und nach 50.000 Jahren im Vergleich zu heute hervor.

Die Eigenbewegung eines Sterns setzt sich aus zwei Komponenten zusammen, aus der Bewegung senkrecht zur Sichtlinie und der Bewegung in Richtung der Sichtlinie (Abb. 3.82). Die erstgenannte (tangentiale) Komponente lässt sich trigonometrisch messen. Das gelingt indessen nur in zeitlichen Abständen von Jahrzehnten, weil die Lageänderung i. Allg. sehr gering ist. Als Ergebnis der Messung findet man die tangentiale Geschwindigkeitskomponente. Die radiale Geschwindigkeitskomponente gewinnt man mit Hilfe des Doppler-Effekts, s. u.

In der engeren und größeren Nachbarschaft des Sonnensystems liegen die Sterngeschwindigkeiten überwiegend unter 50 km/s. Als erster Stern mit hoher Eigengeschwindigkeit wurde im Jahre 1916 der sogen. Barnard'sche Pfeilstern (Ophiuchus, Oph) im Sternbild ‚Schlangentöter' von E. BARNARD (1857–1923)

Abb. 3.82

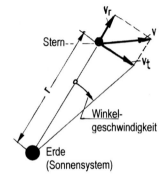

entdeckt. Aus der Parallaxe $p = 0,549''$ folgt der Abstand zwischen dem Pfeilstern und dem Sonnensystem zu:

$$r = 1/0,549 = 1,82\,\text{pc} = 5,94\,\text{Lj} = 5,52 \cdot 10^{13}\,\text{km}$$

Die tangentiale Eigenbewegung wurde zu $10,34''/\text{Jahr}$ gemessen. 1 Bogensekunde ($1''$) beträgt in Bogenmaß:

$$1'' = \left(\frac{1}{60 \cdot 60}\right)^{\circ} \cdot \frac{\pi}{180^\circ} = \left(\frac{1}{3600}\right)^{\circ} \cdot \frac{\pi}{180^\circ} = 4,85 \cdot 10^{-6}.$$

Somit bedeutet eine Winkelgeschwindigkeit von $10,34''/\text{Jahr}$ in Bogenmaß:

$$10,34 \cdot 4,85 \cdot 10^{-6} = 50,15 \cdot 10^{-6}/\text{Jahr}.$$

Bei einer Entfernung von $5,62 \cdot 10^{13}\,\text{km}$ berechnet sich die Geschwindigkeit des Sterns auf seiner Bahn zu:

$$\left(50,15 \cdot 10^{-6}/\text{Jahr}\right) \cdot \left(5,62 \cdot 10^{13}\,\text{km}\right) = 2,82 \cdot 10^{9}\,\text{km/Jahr}$$

Die Geschwindigkeit in km/s ist damit:

$$2,82 \cdot 10^{9}/3,156 \cdot 10^{7} = \underline{89\,\text{km/s}}$$

(Hinweis: $3,156 \cdot 10^7$ ist die Anzahl der Sekunden pro Jahr.) Die Radialgeschwindigkeit des Sterns konnte zu $\underline{108\,\text{km/s}}$ abgeschätzt werden. Das ergibt eine resultierende Geschwindigkeit:

$$\sqrt{89^2 + 108^2} = \underline{140\,\text{km/s}}.$$

Die Sonne bewegt sich mit $19,4\,\text{km/s}$ auf den sogenannten Sonnenapex zu. Dieser Punkt liegt im Sternbild ‚Herkules' (Hercules, Her). Die Lage des Punktes wurde im Jahre 1783 von F.W. HERSCHEL (1738–1822) bestimmt und das sehr genau. Mit modernen Geräten bedurfte es nur noch einer geringen Korrektur. – Von F.W. HERSCHEL wurden mehrere große Teleskope entworfen und gebaut. Damit gelangen ihm tiefe Blicke in den Himmel und bedeutende Entdeckungen, auch mehrere Durchmusterungen.

Für die Geschwindigkeitsmessung von Himmelsobjekten hat der Doppler-Effekt große Bedeutung. Beim Doppler-Verfahren wird die spektrale Verschiebung der Linien glühender Elemente im Sternspektrum relativ zu den im Labor auf Erden gemessenen, also bekannten, bestimmt. Aus der gegenseitigen Verschiebung der Linien kann auf die relative Geschwindigkeit von Sender und Empfänger geschlossen werden. Einzelheiten werden in den Abschn. 4.1.4.5 und 4.3.2 behandelt.

3.9.7 Sternhelligkeit

3.9.7.1 Scheinbare Helligkeit

Die Helligkeit eines Himmelskörpers steht mit dem auf die Netzhaut des Auges treffenden Lichtstrom, also mit der Anzahl der sich im Auge (oder auf einer Photoplatte) niederschlagenden Lichtquanten, in direktem Zusammenhang.

Da die Sterne in unterschiedlicher Entfernung stehen und mit unterschiedlicher ‚Kraft' strahlen, ist es einsichtig, dass für einen Betrachter auf Erden zwischen scheinbarer und absoluter (wahrer) Sternhelligkeit zu unterscheiden ist, entsprechend ist zwischen scheinbarer und absoluter Größe des Sterns zu unterscheiden.

Es war HIPPARCHOS von NIKAIA (190–125 v. Chr.), der die Sterne in drei Klassen einstufte, ‚sehr hell', ‚hell' und ‚schwach'. Von ihm stammt auch der erste Sternenkatalog. Die Helligkeitseinstufung wurde später von C. PTOLEMÄUS (100–160 n. Chr.) verfeinert. Er unterteilte die Sterne gemäß ihrer visuellen Helligkeit in 6 Klassen. Sterne 1. Größe (geschrieben 1^m) waren die hellsten, Sterne 6. Größe (6^m) die lichtschwächsten, jene, die gerade noch erkennbar waren, volle Adaption des Auges (nach ca. 30 bis 45 Minuten) vorausgesetzt. Diese antike Einteilung gilt bis heute, wobei anstelle einer visuellen Schätzung der Helligkeit sie heutzutage mit Photometern gemessen wird. Die scheinbare Helligkeit kann heute auf zwei Stellen genau angegeben werden. (Die Schreibweise ist zum Beispiel: $8^m,15$). Anstelle ‚Größe' wird auch das Wort ‚Magnitudo' und anstelle von 1^m die Abkürzung 1 mag verwendet, letzteres indessen nicht in der Fachastronomie.

Die Verfeinerung und Erweiterung der Sternhelligkeitsskala ging von folgendem experimentellen Befund aus (hier modellartig dargestellt): Die Helligkeit einer im Freien liegenden Lichtdiode wurde so eingestellt, dass sie in dem gewählten Abstand mit normalem Auge (definitionsgemäß) als Stern 1. Größe erschien. Wurde eine zweite Diode gleicher Helligkeit um das 100-fache weiter entfernt positioniert, zeigte sich, dass sie visuell gerade noch gesehen werden konnte, sie erschien quasi als Stern 6. Größe. Dazwischen liegt ein Bereich von fünf Helligkeitsstufen. Weiter wurde experimentell festgestellt, dass sich die Wahrnehmung zwischen zwei Helligkeiten innerhalb dieses Bereiches um denselben Faktor k unterscheidet. Demgemäß gilt für den visuellen Helligkeitsunterschied zwischen einem Stern 6. und einem Stern 5. Größe: $I_{5^m} = k \cdot I_{6^m} \cdot k$ ist der Verhältniswert. Entsprechend gilt zwischen zwei Sternen 6. und 4. Größe:

$$I_{4^m} = k \cdot I_{5^m} = k^2 \cdot I_{6^m}, \text{ usf. schließlich:}$$

$$I_{1^m} = k^5 \cdot I_{6^m}, \text{ allgemein: } I_{a^m} = k^{(b-a)} \cdot I_{b^m}$$

I ist die lokale Lichtintensität in W/m², also die Bestrahlungs- oder, photometrisch gesprochen, die Beleuchtungsstärke auf die Flächeneinheit einer Kugelfläche im

Abstand r von der Lichtquelle. Die Konstante k kann aus dem oben erläuterten empirischen Befund bestimmt werden: Der Wahrnehmungsunterschied zwischen einem Stern 1. und 6. Größe ist, wie ausgeführt, gleich 100. Das bedeutet:

$$\frac{I_{1^m}}{I_{6^m}} = k^{(6-1)} = k^5 = 100 \quad \rightarrow \quad k = \sqrt[5]{100} = 2{,}521$$

Hiermit folgt:

$$I_{a^m} = 2{,}521^{(b-a)} \cdot I_{b^m} \quad \rightarrow \quad \frac{I_{a^m}}{I_{b^m}} = 2{,}521^{(b-a)}$$

Für die scheinbare Helligkeit wird das Formelzeichen m verwendet. Der vorstehende Ausdruck lässt sich hiermit zu

$$\frac{I_a}{I_b} = 2{,}521^{(m_b - m_a)}$$

umschreiben. Werden beide Seiten logarithmiert, ergibt sich (hier: $\lg = \log_{10}$):

$$\lg \frac{I_a}{I_b} = \lg \left[2{,}521^{(m_b - m_a)} \right] = (m_b - m_a) \cdot \lg 2{,}521 = -(m_a - m_b) \cdot \lg 2{,}521$$

Die Freistellung nach $(m_a - m_b)$ ergibt:

$$(m_a - m_b) = -\frac{1}{\lg 2{,}521} \cdot \lg \frac{I_a}{I_b} \approx -\frac{1}{0{,}4} \cdot \lg \frac{I_a}{I_b} \approx -2{,}5 \cdot \lg \frac{I_a}{I_b}$$

$$\rightarrow \quad (m_a - m_b) = -2{,}5 \cdot \lg \frac{I_a}{I_b}$$

(Hinweis: Genauer gilt: $\lg 2{,}521 = 0{,}40157\ldots$). Aufgelöst nach I_a / I_b folgt:

$$\lg \frac{I_a}{I_b} = -\frac{1}{2{,}5} \cdot (m_a - m_b) \quad \rightarrow \quad \frac{I_a}{I_b} = 10^{-\frac{1}{2{,}5}(m_a - m_b)} = 10^{-0{,}4 \cdot (m_a - m_b)}$$

Wie ausgeführt, lassen sich die Helligkeitsunterschiede zwischen zwei Sternen mit Hilfe von Photometern in W/m^2 messen. Sie arbeiten photographisch, photoelektrisch oder thermoelektrisch. Wird z. B. von einem Stern (b) mit Hilfe eines mit einem Photometer ausgerüsteten Teleskops die Helligkeitsdifferenz im Verhältnis zu einem zweiten Stern 1. Größe (Stern (a)) zu $I_b / I_a = 0{,}00001585$ gemessen, kann er, ausgehend von $m_a = 1$ und $I_a/I_b = 1/0{,}00001585$, als Stern 13. Größe eingestuft werden:

$$(m_a - m_b) = -2{,}5 \cdot \lg \frac{1}{0{,}00001585} = -2{,}5 \cdot \lg 63{.}091 = -2{,}5 \cdot (4{,}8) = -12$$

$$\rightarrow \quad -m_b = -m_a - 12 = -1 - 12 = -13 \quad \rightarrow \quad \underline{m_b = +13 = +13^m}$$

Das logarithmische Bewertungsgesetz stimmt mit dem Weber-Fechner-Gesetz, wie in Abschn. 3.2.6.2 erläutert, überein. Es findet durch vorstehende Herleitung eine Begründung. – In der Astronomie wurde die obige Helligkeitsvereinbarung im Jahre 1856 von N.R. POGSON (1829–1891) vorgeschlagen.

Sehr helle Sterne, sowie einige Planeten, der Mond und die Sonne, weisen negative Helligkeitswerte auf, z. B. die Sonne: $-26^m{,}70$. – Der Stern Wega (α Lyrae) ist ein Stern 0. Größe ($\approx 0^m$), Sirius (α Canis majoris) weist die Größe $-1^m{,}46$ auf. Die schwächsten mit starken Teleskopen noch erkennbaren Sterne haben eine scheinbare Helligkeit etwa $+23^m$, sie sind z. B. mit einem 5 m-Schmidt-Spiegel bestimmbar. Mit dem Hubble-Weltraum-Teleskop werden Sterne bis $+30^m$ erfasst!

In den Sternkatalogen sind die Sterne mit ihren Helligkeiten aufgelistet. Als Bezugsstern diente ehemals der Polarstern ($+2^m{,}12$). Da seine Helligkeit leicht schwankt (und er sich als Doppelstern herausstellte), wird heute als Bezugsnormal (‚Polsequenz‘) der Helligkeitsmittelwert einer größeren Anzahl polnaher Standardsterne verwendet.

3.9.7.2 Absolute Helligkeit – Leuchtkraft der Sterne

Die Leuchtkraft L eines Sterns ist die gesamte von ihm in der Sekunde abgestrahlte Energie, gemessen in der Leistungseinheit Watt (W).

Als absolute Helligkeit M eines Sterns ist jene scheinbare Helligkeit **definiert**, die von einem Beobachter im Abstand 10 pc (10 Parsec) vom Stern gemessen würde. Die Leuchtkraft des Sterns sei L. Würde die Intensität der von dem Stern mit dieser Leuchtkraft ausgehenden Strahlung in der Entfernung 10 pc gemessen, würde sie $L/10^2$ betragen, denn die Kugelfläche um den Stern wächst mit dem Quadrat des Abstandes zwischen Stern und Beobachter.

Im Abstand r sei die gemessene scheinbare Helligkeit des mit der Leuchtkraft L strahlenden Sterns gleich m. Wird die Intensitätsmessung im Abstand r durch ‚a‘ und im Abstand 10 pc durch ‚b‘ gekennzeichnet, gilt, wenn die Helligkeiten mit $m_a = m$, $m_b = M$ abgekürzt werden, vgl. Abb. 3.83:

$$m - M = -2{,}5 \cdot \lg \frac{L/r^2}{L/10^2} = -2{,}5 \cdot \lg \left(\frac{10}{r}\right)^2 = -2{,}5 \cdot 2 \cdot \lg \left(\frac{10}{r}\right)$$

$$= -5{,}0 \cdot (\lg 10 - \lg r) = 5{,}0 \cdot \lg r - 5{,}0$$

Abb. 3.83

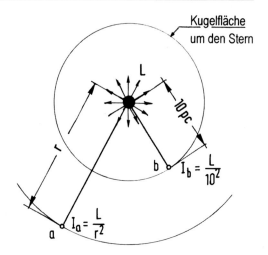

(Man beachte: lg 10 = 1, r ist in pc einzusetzen!). $m - M$ ist als sogen. **Entfernungsmodul** des Sterns vereinbart, M ist seine absolute Helligkeit qua Definition.

Sind r und m bekannt, berechnet sich die absolute Helligkeit nach Umstellung vorstehender Gleichung zu:

$$M = m + 5{,}0 - 5{,}0 \cdot \lg r \quad (r \text{ in pc!})$$

Sind von zwei Sternen die scheinbaren Helligkeiten bekannt, gilt (aus Abb. 3.84 schlussfolgernd):

$$M_1 - M_2 = -2{,}5 \cdot \lg L_1/L_2$$

Die Formel eröffnet die Möglichkeit, die reale Leuchtkraft der Sterne zu bestimmen. Voraussetzung ist die Kenntnis ihrer Entfernung.

Abb. 3.84

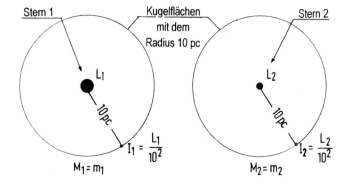

Abb. 3.85

	max m_{vis}	min m_{vis}
Sonne	$-26^m,7$	-
Mond	$-12^m,7$	-
Merkur	$-0^m,2$	
Venus	$-4^m,1$	$-3^m,0$
Mars	$-2^m,7$	$+2^m,0$
Jupiter	$-2^m,6$	$-1^m,2$
Saturn	$-0^m,3$	$+1^m,4$
Uranus	$+5^m,5$	
Neptun	$+7^m,8$	
Pluto	$+15^m,1$	

3.9.7.3 Beispiele zur Sternhelligkeit

1. Beispiel

Die scheinbare Helligkeit des Planeten Venus ('Abendstern') erreicht bei größter Annäherung an die Erde den Wert $-4^m,1$. Im Vergleich mit einem gerade noch sichtbaren Stern der Größe $+6^m$ beträgt der Unterschied der scheinbaren Helligkeiten:

$$m_6 - m_{Venus} = +6 - (-4,1) = +10,1$$

Die Strahlungsintensitäten unterscheiden sich demnach um:

$$I_{Venus}/I_6 = 2,521^{10,1} = 11.373 \approx 10^4$$

Im Vergleich zu einem für das Auge gerade noch sichtbaren Stern fällt somit beim Betrachten der Venus eine mehr als 10^4-fach höhere Lichtintensität auf das Auge. Das gilt, wenn der Planet in Erdnähe in vollem Glanze strahlt.

Für die Sonne berechnet sich das Verhältnis zu:

$$m_6 - m_{Sonne} = +6 - (-26,7) = +32,7$$
$$\rightarrow \quad I_{Sonne}/I_6 = 2,521^{32,7} = 1,35 \cdot 10^{13}$$

Das ist eine unvergleichbar höhere Intensität. (Das Betrachten der Sonnenscheibe mit bloßem Auge führt zur Erblindung!).

In Abb. 3.85 sind die scheinbaren Helligkeiten der Planeten zusammengestellt. Die Monde der Planeten haben (mit Ausnahme des Erdmondes) eine Helligkeit $> +6$, sie können mit bloßem Auge nicht gesehen werden.

2. Beispiel

Der von den Astronomen am intensivsten erforschte Stern ist die Sonne. Die an anderen Sternen gefundenen Befunde werden vielfach auf die Sonne bezogen. Dadurch gewinnen sie an Anschaulichkeit.

Von der Erde aus erscheint die Sonne als Scheibe. Der Winkeldurchmesser (α), unter dem sie gesehen wird, schwankt zwischen 1956'' (im Perihel, im sonnennächsten Bahnpunkt) und 1896'' (im Aphel, im sonnenfernsten Bahnpunkt). Das Verhältnis dieser Winkel ist reziprok zum Verhältnis der zugehörigen Abstände (Folgerung aus dem 1. und 2. Kepler'schen Gesetz). Ausgehend von der Exzentrizität der Erdbahn, $\varepsilon = 0{,}01674$, lautet das letztgenannte Verhältnis (vgl. zu allem Folgenden Bd. II, Abschn. 2.8):

$$\frac{r_{\text{Perihel}}}{r_{\text{Aphel}}} = \frac{1 - \varepsilon}{1 + \varepsilon} = \frac{1 - 0{,}01674}{1 + 0{,}01674} = \frac{0{,}98326}{1{,}01674} = \underline{0{,}967}$$

Das Verhältnis der Winkel beträgt:

$$\frac{\alpha_{\text{Perihel}}}{\alpha_{\text{Aphel}}} = \frac{1956}{1896} = 1{,}0316 \quad \rightarrow \quad \frac{\alpha_{\text{Aphel}}}{\alpha_{\text{Perihel}}} = \underline{0{,}969}$$

Im Abstand 1 AE $= 1{,}496 \cdot 10^{11}$ m beträgt der Winkel $\alpha = 1919''$; in Bogenmaß sind das:

$$\widehat{\alpha} = 1919'' \cdot \frac{\pi}{(180 \cdot 60 \cdot 60)''} = 1919'' \cdot 4{,}8481 \cdot 10^{-6}/1'' = 9303{,}6 \cdot 10^{-6}$$

Der Sonnendurchmesser lässt sich damit berechnen: $2 \cdot R_{\text{Sonne}} = \widehat{\alpha} \cdot$ AE:

$$2 \cdot R_{\text{Sonne}} = 9303{,}6 \cdot 10^{-6} \cdot 1{,}496 \cdot 10^{11} = 13.918 \cdot 10^{5}\,\text{m} \quad \rightarrow \quad \underline{R_{\text{Sonne}} = 6{,}959 \cdot 10^{8}\,\text{m}}$$

Die Masse der Sonne folgt aus dem 3. Kepler'schen Gesetz zu:

$$m_{\text{Sonne}} = \frac{4\pi^2 \cdot r_{\text{Erde}}^3}{G \cdot T_{\text{Erde}}^2} \quad (r_{\text{Erde}}: \text{Erdbahnradius in m}, \ T_{\text{Erde}}: \text{Bahnumlaufzeit in s})$$

Mit $r_{\text{Erde}} = $ AE $= 1{,}496 \cdot 10^{11}$ m, $T_{\text{Erde}} = 365\,\text{d}\ 6\,\text{h}\ 9\,\text{min}\ 9{,}54\,\text{s} = 3{,}1558 \cdot 10^7$ s, ergibt sich der Zahlenwert der Sonnenmasse zu (G: Gravitationskonstante):

$$\underline{m_{\text{Sonne}}} = \frac{4\pi^2 \cdot (1{,}496 \cdot 10^{11})^3}{6{,}6742 \cdot 10^{-11} \cdot (3{,}1558 \cdot 10^7)^2} = \underline{1{,}99 \cdot 10^{30}\,\text{kg}}$$

Volumen und Dichte betragen:

$$V_{\text{Sonne}} = \frac{4}{3}\pi \cdot R_{\text{Sonne}}^3 = 1{,}412 \cdot 10^{27}\,\text{m}^3 \quad \rightarrow \quad \rho_{\text{Sonne}} = \frac{m_{\text{Sonne}}}{V_{\text{Sonne}}} = 1{,}409\,\frac{\text{kg}}{\text{m}^3}$$

Die Messung der scheinbaren Helligkeit der Sonne (von der Erde aus) ergibt $-26^{\text{m}}{,}7$. In Parsec beträgt der (mittlere) Abstand zur Sonne $r_{\text{Sonne}} = 1/206\,265 = 4{,}848 \cdot 10^{-6}$ pc. Die absolute Helligkeit berechnet sich damit zu:

$$M = m + 5{,}0 - 5{,}0 \cdot \lg r = -26{,}7 + 5{,}0 - 5{,}0 \cdot \lg(4{,}848 \cdot 10^{-6})$$
$$= -26{,}7 + 5{,}0 - 5{,}0 \cdot (-5{,}31) = \underline{4{,}87}$$

Wie in Abschn. 2.7.3 ausgeführt, beträgt die gesamte von der Sonne abgestrahlte Leistung (Leuchtkraft) für eine Oberflächentemperatur $T = 5770$ K:

$$L_{\text{Sonne}} = 4\pi \cdot R_{\text{Sonne}}^2 \cdot \sigma T^4 = \underline{3{,}826 \cdot 10^{26}\,\text{W}}$$

(Diese Beziehung gilt für jeden Stern mit dem Radius R_{Stern} und mit σ als Stefan-Boltzmann'sche Konstante $\sigma = 5{,}6697 \cdot 10^{-8}$ W/m$^2 \cdot$ K^4 und T als ‚effektive' Oberflächentemperatur.)

Aus dem Wien'schen Verschiebungsgesetz ergibt sich die zum Strahlungsmaximum gehörende Wellenlänge ($\lambda \cdot T = w$, mit $w = 2{,}898 \cdot 10^{-3}$ m K) zu:

$$\lambda_{\max} = \frac{w}{T} = \frac{2{,}898 \cdot 10^{-3}}{5770} = 5{,}02 \cdot 10^{-7} = 502 \cdot 10^{-9}\,\text{m} = \underline{502\,\text{nm}}$$

3. Beispiel

Der Stern ‚Beteigeuze' (α Ori) ist der einzige Stern, der bislang mit terrestrischen Teleskopen mit einem Winkeldurchmesser $\alpha = 0{,}047''$ als Scheibe identifiziert werden konnte. In Bogenmaß sind das:

$$\widehat{\alpha} = 0{,}2279 \cdot 10^{-6}$$

Die Entfernung zwischen dem Stern und dem Sonnensystem beträgt 520 Lj. Der Sternradius lässt sich damit bestimmen (1 Lj $= 9{,}46 \cdot 10^{15}$ m):

$$2 \cdot R_{\text{Beteigeuze}} = (520 \cdot 9{,}46 \cdot 10^{15}) \cdot 0{,}2279 \cdot 10^{-6} = 1121 \cdot 10^9 = 11{,}21 \cdot 10^{11}\,\text{m}$$

$$R_{\text{Beteigeuze}} = 11{,}21 \cdot 10^{11}/2 = \underline{5{,}605 \cdot 10^{11}\,\text{m}}$$

Im Vergleich zur Sonne ist das ein ca. 800-facher Durchmesser:

$$\frac{R_{\text{Beteigeuze}}}{R_{\text{Sonne}}} = \frac{5{,}605 \cdot 10^{11}}{6{,}959 \cdot 10^8} = 805$$

In Parsec beträgt die Entfernung: $r = 520 \cdot 0{,}30656 = 159{,}41$ pc. Die Scheinbare Helligkeit wurde zu $m = +0{,}41$ gemessen. Die Absolute Helligkeit folgt damit zu:

$$M = 0{,}41 + 5{,}0 - 5{,}0 \cdot \lg 159{,}41 = 0{,}41 + 5{,}0 - 5{,}0 \cdot 2{,}2025 = \underline{-5{,}60}$$

Unter Bezug auf die Sonne folgt ($M = +4{,}87$):

$$M_{\text{Beteigeuze}} - M_{\text{Sonne}} = -2{,}5 \cdot \lg \frac{L_{\text{Beteigeuze}}}{L_{\text{Sonne}}}$$

$$\rightarrow \quad \lg \frac{L_{\text{Beteigeuze}}}{L_{\text{Sonne}}} = -\frac{M_{\text{Beteigeuze}} - M_{\text{Sonne}}}{2{,}5}$$

$$\rightarrow \quad \lg \frac{L_{\text{Beteigeuze}}}{L_{\text{Sonne}}} = -\frac{-5{,}60 - 4{,}87}{2{,}5} = +4{,}188 \quad \rightarrow \quad \frac{L_{\text{Beteigeuze}}}{L_{\text{Sonne}}} = 15.417$$

Somit ist die Leuchtkraft ca. 15.000-mal so groß wie jene der Sonne:

$$L_{\text{Beteigeuze}} = 15.417 \cdot 3{,}826 \cdot 10^{26} = \underline{58.985 \cdot 10^{26}\,\text{W}}$$

Das führt auf eine Oberflächentemperatur von

$$T_{\text{Beteigeuze}}^4 = \frac{L_{\text{Beteigeuze}}}{4\pi \cdot R_{\text{Beteigeuze}}^2 \cdot \sigma} = \frac{58.985 \cdot 10^{26}}{4\pi \cdot (5{,}605 \cdot 10^{11})^2 \cdot 5{,}6697 \cdot 10^{-8}}$$

$$= \frac{58.985 \cdot 10^{26}}{2238 \cdot 10^{14}} = 26{,}352 \cdot 10^{12} \quad \rightarrow \quad T_{\text{Beteigeuze}} = \underline{2266\,\text{K}}$$

$$\rightarrow \quad \lambda_{\max} = \frac{2{,}898 \cdot 10^{-3}}{2266} = 1{,}28 \cdot 10^{-6} = 1280 \cdot 10^9 = \underline{1280\,\text{nm}}$$

Beteigeuze gehört mit einer Oberflächentemperatur $2266 - 273 = 1993\,^\circ\text{C}$ zu den ‚Roten Überriesen'.

Hinweis

Die scheinbare Helligkeit des Sterns Beteigeuze schwankt real zwischen 0,3 bis 0,9 mag. Die Entfernung wird heute mit 640 Lj abgeschätzt, das führt zu etwas anderen numerischen Ergebnissen wie zuvor berechnet (vgl. Abb. 3.86). Dieser Sachverhalt ist typisch: Mit zunehmender Genauigkeit der astronomischen Beobachtungen und Messungen ändert sich die Datenlage regelmäßig.

Name	Scheinb. Helligkeit	Absolute Helligkeit	Entfer- nung	Spektr. Klasse	Leuchtkr.- Klasse	Leucht- kraft	Durch- messer	Oberflächen- temperatur
Sirius A	-1,46	+1,41	8,71	A1	V	24,2	1,64	10000
Canopus	-0,72	-5,50	309	F0	Ib	13800	71,4	7500
α-Centauri A	-0,28	+4,09	4,37	G2	V	1,50	1,2	5800
Arktur	-0,05	-0,29	32,6	K2	III	210	25	4300
Wega	+0,03	+0,58	25	A0	V	37	2,3	7600
Rigel	+0,12	-6,7	770	B8	Ia	41000	62	12000
Procyon	+0,38	+2,66	11,4	F5	IV	7,7	1,9	6700
Achemar	+0,50	-1,30	143	B3	V	3000	6,3	19000
Beteigeuze	♣	♠	640	M2	I	60000	670	3500
Altair	+0,77	+2,22	16,7	A7	V	11,5	1,7	7800
Aldebaran	+0,86	-0,63	66	K5	III	151	45	4050
	mag	mag	Lj			♥	♥	K

♣ 0,3 bis 0,9, ♠ -5,1 bis -5,3　　♥ in Bezug zur Sonne

aus unterschiedlichen Quellen zusammengestellt, u.a. wikipedia.de und www.astrokramkiste.de

Abb. 3.86

4. Beispiel

Der nächstliegende Stern am Nordhimmel ist Sirius. Seine Entfernung beträgt $r = 2{,}67\,\text{pc}$ und seine Scheinbare Helligkeit: $-1^m{,}46$. Die Absolute Helligkeit berechnet sich zu:

$$M_{\text{Sirius}} = m + 5{,}0 - 5{,}0 \cdot \lg r = -1{,}46 + 5{,}0 - 5{,}0 \cdot \lg 2{,}67 = -1{,}46 + 5{,}0 - 2{,}13$$
$$= +1{,}41$$

Im Vergleich zur Sonne findet man für die Leuchtkraft des Sterns auf demselben Wege wie im vorangegangenen Beispiel:

$$L_{\text{Sirius}}/L_{\text{Sonne}} = 24{,}2 \quad \rightarrow \quad L_{\text{Sirius}} = 92{,}589 \cdot 10^{26}\,\text{W}.$$

Aufgrund spektroskopischer Messungen konnte die Oberflächentemperatur zu ca. $T = 10.000\,\text{K}$ bestimmt werden. Da die Leuchtkraft bekannt ist, lässt sich der Radius des Sterns berechnen:

$$R^2_{\text{Sirius}} = \frac{L_{\text{Sirius}}}{4\pi \cdot T^4_{\text{Sirius}} \cdot \sigma} = \frac{92{,}589 \cdot 10^{26}}{4\pi \cdot 10.000^4 \cdot 5{,}6697 \cdot 10^{-8}} = 1{,}300 \cdot 10^{18}\,\text{m}^2$$
$$\rightarrow \quad R_{\text{Sirius}} = 1{,}140 \cdot 10^9\,\text{m}, \quad \text{Durchmesser: } D_{\text{Sirius}} = 2{,}280 \cdot 10^9\,\text{m}$$

Im Vergleich zum Durchmesser der Sonne ($1{,}392 \cdot 10^9$ m) ist das der 1,64-fache Wert.

Abb. 3.86 zeigt wichtige Daten für die zehn hellsten Sterne am Himmel.

5. Beispiel

In unregelmäßigen zeitlichen Abständen wird am Himmel die Explosion eines Sterns entdeckt. Das Ereignis bezeichnet man als ‚Nova‘ (‚Neuer Stern‘). Die Helligkeit des Sterns steigt dabei sprunghaft an, beispielsweise von $m_a = +14$ auf $m_b = +3$. Der Stern wäre dann sichtbar, der Helligkeitsunterschied wäre: $m_a - m_b = +14 - 3 = +11$. Hierfür beträgt der Intensitätsquotient:

$$\frac{I_a}{I_b} = 10^{-0{,}4(m_a - m_b)} = 10^{-0{,}4 \cdot 11} = \frac{1}{25.119}$$

Das bedeutet: Während des Aufleuchtens (b) wächst die Leuchtkraft des Sterns im Vergleich zum vorangegangenen Ruhezustand (a) um das $I_b/I_a = 25.119$-fache an!

Die Helligkeit steigt bei Novae vielfach um 7 bis 16 Größenordnungen. Das bedeutet eine Steigerung der Energieabstrahlung um den Faktor 1000 bis 1.000.000. Bei ‚Supernovae‘ kann die Helligkeitszunahme sogar 20 Größenklassen betragen, das wäre dann gegenüber einer Novae eine weitere Steigerung der Leuchtkraft um den Faktor 100.

Fazit Lässt sich die Entfernung eines Sterns parallaktisch messen, ebenso seine scheinbare Helligkeit, lassen sich hiermit durch Bezug auf die Sonne eine Reihe wichtiger Charakteristika des Sterns berechnen, wie Leuchtkraft, Energieabstrahlung, Oberflächentemperatur, Durchmesser.

3.9.7.4   Bolometrische Helligkeit

Bei der Helligkeitsbewertung sind zwei Umstände zu berücksichtigen:

1. Die Strahlung der Himmelskörper erfährt eine Schwächung. Man spricht von Extinktion: Außerhalb der Erdatmosphäre beruht sie auf der Wechselwirkung mit der interstellaren, bei fernen Objekten auf jener mit der extragalaktischen Materie. Zusätzlich wird jede erdgebundene Messung durch die Wechselwirkung der Strahlung mit den Luftmolekülen der Atmosphäre durch unterschiedliche Ursachen, wie Absorption, Streuung, Beugung und Reflexion innerhalb der verschiedenen Wellenlängenbereiche, geschwächt. Das ist der Grund, warum die Atmosphäre für die Strahlung unterschiedlich durchlässig ist.

2. Das Strahlungsspektrum der Sterne ist von deren Oberflächentemperatur abhängig. Es gibt Sterne, deren Oberflächentemperatur 30.000 K und mehr beträgt, andere strahlen bei einer Temperatur von 3000 K und weniger. In all' diesen Fällen liegt das Strahlungsspektrum im Vergleich zu jenem der Sonne zu kürzeren oder längeren Wellenlängen verschoben. Zudem: Nicht immer erfüllen die Sterne die Voraussetzung eines idealen Schwarzen Strahlers.

In Abb. 3.87 sind die Spektren von drei Sternen einander gegenüber gestellt:

Spica (Teilabbildung a):   Heller Stern im Sternbild ‚Jungfrau‘, 260 Lj entfernt, Helligkeit: $0^m,98$. Es handelt sich um einen spektroskopischen Doppelstern.

Sonne (Teilabbildung b):   Oberflächentemperatur: $T = 5770$ K. In der Abbildung ist das mittlere Empfindlichkeitsspektrum des menschlichen Auges angedeutet.

Antares (Teilabbildung c): Hellster Stern im Sternbild ‚Skorpion‘, 450 Lj entfernt, Die Helligkeit schwankt zwischen $0^m,9$ und $1^m,8$. Es handelt sich um einen ‚Roten Überriesen‘ mit einem Begleiter, wobei der Hauptstern den 700-fachen Durchmesser der Sonne hat und deren 17-fache Masse; die Leuchtkraft beträgt das 60.000-fache!

Es ist anhand Abb. 3.87 einsichtig, dass mittels der visuell bestimmten Helligkeit die reale Strahlkraft jener Sterne, die sich spektral stärker von der Sonne unterscheiden, nur unzureichend erfasst werden kann. Hinzu kommt, dass die Empfindlichkeit des menschlichen Auges von jener der photographischen Sensoren abweicht. Das hat zur Folge, dass die gemessenen Helligkeiten m_{vis}, M_{vis} bzw.

Abb. 3.87

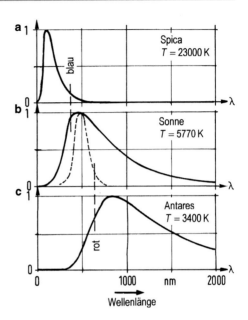

m_{pho}, M_{pho} unterschiedlich ausfallen. Außerhalb seiner Empfindlichkeitsgrenzen vermag das Auge diverse Wellenlängen gar nicht wahrzunehmen, es wird dann eine zu geringe Strahlkraft bestimmt. Mittels einer Korrekturfunktion wird versucht, die sogen. bolometrische Helligkeit m_{bol} zu bestimmen, die die Lage des Sternspektrums im Verhältnis zum Sonnenspektrum bzw. zum Empfindlichkeitsspektrum des Auges (bei Dunkelheit) zutreffender erfasst.

Der Abb. 3.88 kann die Korrektur in Abhängigkeit von der Sterntemperatur entnommen werden. Auf diese Weise gelingt es, die wahre Strahlungsleistung der Sterne genauer zu ermitteln. Bei dieser Vereinbarung hat ein Stern, der die Leuchtkraft $L_{\text{bol}} = 3{,}011 \cdot 10^{28}$ W aufweist (das ist die Leuchtkraft der Sonne), die (absolute) bolometrische Helligkeit $M_{\text{bol}} = 0$. Die bolometrische Helligkeit der Sonne ergibt sich bei dieser Vereinbarung zu:

$$M_{\text{Sonne,bol}} - 0 = -2{,}5 \cdot \lg \frac{L_{\text{Stern}}}{L_{\text{Sonne}}} = -\lg \frac{3{,}826 \cdot 10^{26}}{3{,}011 \cdot 10^{28}} = \underline{4{,}74}$$

Hieraus wird die Vereinbarung verständlich: Für die Sonne (und damit für alle Sterne vom Sterntyp G2V) ergibt sich die bolometrische Helligkeit gleich der visuell bestimmten absoluten Helligkeit. – Für Sterne abweichenden Typs beträgt die

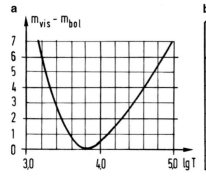

a

$m_{vis} - m_{bol}$

b

$T(K)$	$m_{vis} - m_{bol}$	$T(K)$	$m_{vis} - m_{bol}$
100 000	7		
63 000	5,4	1 500	7
40 000	3,9	2 000	4,6
25 000	2,7	2 500	3,1
16 000	1,5	3 200	1,7
12 600	0,9	4 000	0,73
10 000	0,4	5 000	0,15
8 000	0,1	6 300	0

Abb. 3.88

bolometrische Helligkeit, bezogen auf die Sonne:

$$M_{\text{Stern,bol}} = 4{,}74 - 2{,}5 \cdot \lg \frac{L_{\text{Stern}}}{L_{\text{Sonne}}} \quad \text{mit} \quad L_{\text{Sonne}} = 3{,}826 \cdot 10^{26} \, \text{W}$$

Wird die Gleichung nach L_{Stern} aufgelöst und wird $M_{\text{Stern,bol}}$ gemessen, lässt sich die Leuchtkraft des Sterns bestimmen:

$$L_{\text{Stern}}/L_{\text{Sonne}} = 10^{0{,}4(4{,}74 - M_{\text{Stern,bol}})}$$

Beispiel

Für Sirius gilt (vgl. 4. Beispiel im vorangegangenen Abschnitt):

$$m_{\text{vis}} = -1{,}46, \quad M_{\text{vis}} = 1{,}41.$$

Für eine Oberflächentemperatur $T = 10.000 \, \text{K}$ entnimmt man Abb. 3.88b:

$$m_{\text{vis}} - m_{\text{bol}} = 0{,}4 \quad \rightarrow \quad m_{\text{bol}} = m_{\text{vis}} - 0{,}4 = -1{,}46 - 0{,}4 = \underline{-1{,}86}$$

$$r = 2{,}67 \, \text{pc:} \quad M_{\text{bol}} = m_{\text{bol}} + 5{,}0 - 5{,}0 \cdot \lg r = -1{,}86 + 5{,}0 - 5{,}0 \cdot 2{,}67 = \underline{+1{,}01}$$

Die absolute bolometrische Helligkeit lässt erkennen, dass der Stern im Vergleich zur visuellen Bewertung ,heller' strahlt. Die weitere Rechnung ergibt:

$$\lg \frac{L_{\text{Sirius}}}{L_{\text{Sonne}}} = \frac{1}{2{,}5}(4{,}74 - M_{\text{Sirius,bol}}) = \frac{1}{2{,}5}(4{,}74 - 1{,}01) = 1{,}492 \quad \rightarrow \quad \frac{L_{\text{Sirius}}}{L_{\text{Sonne}}} = 31$$

Ohne Korrektur ergibt sich das Verhältnis zu 24,2.

Abb. 3.89

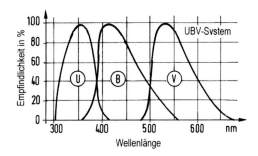

Inzwischen gelingt es, die bolometrische Helligkeit als Indikator für die Gesamtstrahlung mit sogen. Bolometern zu messen.

Wird extraterrestrisch gemessen, vermeidet man die durch die Erdatmosphäre verursachte Extinktion. Auf diese Weise lassen sich mittels Satteliten die Kenntnisse über die Eigenschaften der Sterne und anderer galaktischer Quellen deutlich verlässlicher, weil zutreffender, bestimmen. Eine solche Vorgehensweise ist in der heutigen Astronomie allgemeine Regel.

Ein weiterer Messstandard ist das im Jahre 1950 eingeführte sogen. UBV-System. Hierbei werden scheinbare Helligkeiten photographisch unter Einschaltung von drei Farbfiltern gemessen. Deren Zentren, also maximale Durchlässigkeiten, liegen bei 370 nm (U $\hat{=}$ ultaviolett), 440 nm (B $\hat{=}$ blau) und 550 nm (V $\hat{=}$ visuell = gelbgrün), vgl. Abb. 3.89. Das System ist so kalibriert, dass ein Stern der Klasse A0 in allen drei Spektralbereichen die gleiche Helligkeit aufweist. Die Helligkeitswerte B-V und U-B bezeichnet man als Farbindizes des Systems. I. Allg. wird der Farbindex B-V als Kennzeichen für die Farbtemperatur eines Sterns verwendet.

Helligkeits- und Temperaturmessung sind offensichtlich (wie Astrophotographie und Spektroskopie insgesamt) schwierige Felder; die astronomische Fachliteratur gibt Auskunft.

3.9.8 Klassifikation der Sterne

3.9.8.1 Sonnenspektrum

In Abschn. 2.7.2 wurde das Temperaturspektrum der Sonne vorgestellt (daselbst Abb. 3.20), auch wurde über die Entdeckung der Absorptionslinien im Spektrum durch W. WOLLASTON (1760–1828) und J. FRAUNHOFER (1787–1826) berichtet.

In guter Annäherung strahlt die Sonne als Schwarzer Körper. Das kontinuierliche Spektrum erstreckt sich vom Gamma- über den Röntgenbereich bis in den Bereich der Radiowellen. Sichtbar ist die Strahlung innerhalb des Optischen Fensters. Das Maximum des Sonnenspektrums lässt auf eine Oberflächentemperatur von $T = 5770\,\mathrm{K}$ schließen; mit ‚Oberfläche‘ ist die Photosphäre gemeint. Sie hat alles andere als eine untere und obere feste Grenze. Bei der genannten Temperatur befinden sich alle Stoffe in gasförmiger Phase. Die Gase strahlen in unterschiedlichen Wellenlängen entsprechend ihrer Temperatur. Zum Rand der Photosphäre hin sinkt die Temperatur, auch in der sich der Photosphäre anschließenden Chromosphäre. In größerer Höhe über der Sonne nimmt die Temperatur wieder zu, ganz extrem in der Sonnenkorona, bei gleichzeitig extrem sinkender Dichte (vgl. hier auch Bd. II, Abschn. 2.8.10.1).

In der Sonnenatmosphäre dominiert Wasserstoff (H), gefolgt von Helium (He). Diverse weitere Elemente treten hinzu, allerdings in sehr unterschiedlicher Verteilung und im Einzelnen nur in schwachen Spuren.

Die in den höheren und kühleren Schichten liegenden Gase, bzw. ihre Atome, werden von den aus der heißen Tiefe des Sonnenkörpers nach außen dringenden Photonen dann ‚angeregt‘, wenn sie von einem Photon getroffen werden, das die Energie $E = h \cdot \lambda/c$ trägt und diese mit der Differenz zwischen zwei Energieniveaus eines der das getroffene Atom umkreisenden Elektronen übereinstimmt. Dann ‚springt‘ das Elektron auf das höhere Energieniveau. Von diesem Niveau kehrt es i. Allg. spontan auf eine niedere Bahn zurück, eventuell auf die ursprüngliche. Dabei wird ein Photon abgestrahlt und das mit jener spezifischen Energie, die dem Rücksprung entspricht. Das Photon wird dabei im Allgemeinen nicht in die ursprüngliche Richtung, sondern rundum zufällig abgestrahlt. Hierdurch fehlt im Spektrum jene Linie, die zur Wellenlänge des Rücksprungs gehört, es entsteht eine Lücke. Auf dieser Absorption beruhen die geschwärzten Linien im Spektrum. Man spricht daher vom Absorptionsspektrum. Innerhalb der Sonnenhülle handelt es sich um eine Art Selbstabsorption an den Atomen der eigenen Elemente. Durchdringt die durch Absorption geschwächte Strahlung anschließend die Atmosphäre der Erde, kommt es zu einer weiteren Absorption an den Atomen bzw. Molekülen der in der Erdhülle vorhandenen Elemente. Die Absorption verläuft nach dem gleichen physikalischen Prinzip. Auch hierbei entstehen weitere Lücken im Sonnenspektrum; bei Satellitenmessungen fehlen sie einsichtiger Weise.

Da die Temperatur der ‚kühleren‘ Gase in den äußeren Schichten der Sonne mindestens $4000\,\mathrm{K}$ beträgt, befinden sich die Atome der hier vorhandenen Elemente bereits a priori in einem angeregten Zustand, bei Wasserstoff im Zustand $n = 2$ oder $n = 3$. Von diesen Niveaus aus werden sie weiter angeregt. Der Übergang von ‚Bahn 2‘ auf ‚Bahn 3‘ liefert beim Wasserstoff die H_α-Linie (656,3 nm).

Beim Übergang von Bahn 2 auf Bahn 4 stellt sich die H_β-Linie (486,1 nm) ein, usf. Das erklärt die Absorptionslinien der Balmer-Serie im Spektrum (Bd. IV, Abschn. 1.1.1.3). Die Lyman-Serie liegt im ultravioletten Bereich, die Paschen-Serie nochmals höher. – Die Absorptionsabläufe in den Atomen der höheren Elemente sind wegen deren hoher Elektronenanzahl ungleich verwickelter als beim H-Atom, prinzipiell sind sie gleichartig. Von den ca. 24.000 Linien (Fraunhofer-Linien) des Sonnenspektrums zwischen 300 bis 900 nm sind ca. 70 % identifiziert. Sie gehören ausnahmslos zu jenen 92 Elementen, die es auch auf Erden gibt. – Die Elemente in der Sonnenatmosphäre sind, wie ausgeführt, extrem unterschiedlich verteilt. Das Verhältnis Wasserstoff zu Helium und zu den sonstigen Elementen beträgt etwa 73 : 25 : 2. Mehr als 6000 Linien des Sonnenspektrums stammen nicht von der Sonne sondern entstehen durch Absorption innerhalb der Erdatmosphäre, insbesondere an Sauerstoffmolekülen.

3.9.8.2 Sternspektrum

Für die Entstehung der Absorptionslinien in den Sternspektren gelten die gleichen Mechanismen wie für jene im Sonnenspektrum, gleichwohl gibt es Unterschiede. Abb. 3.90 zeigt die Spektren von sechs Sternen. Die Gegenüberstellung zeigt, dass es Spektren mit wenigen und solche mit vielen Linien gibt. Das steht mit der Oberflächentemperatur des jeweiligen Sterns in direktem Zusammenhang: Bei extrem starker Anregung, also bei sehr hoher Temperatur der Sternmaterie, lösen sich die meisten Elektronen von den Atomrümpfen, die Atome sind dann ionisiert. Das gilt vorrangig für die höheren Elemente, denn deren (äußere) Elektronen sind vergleichsweise schwächer am Kern gebunden.

Eine Absorption von Photonen findet an ionisierten Atomen nicht statt. Das ist nur bei jenen Atomen möglich, die trotz der hohen Temperatur nicht ionisiert sind. Das sind vorwiegend Wasserstoff- und Heliumatome. Deren Elektronen sind am Atomkern fester gebunden. Wasserstoff- und Heliumlinien treten daher auch noch in den Spektren sehr heißer Sterne auf und nur wenige weitere Linien der Elemente Na, Mg und K. – Liegt die Temperatur in der Sternatmosphäre niederer, sind die Atome nicht oder nur teilweise ionisiert. Demgemäß liegen viele Elektronen auf den Bahnen der Atome und vermögen viele von ihnen die aus der Tiefe des Sterns ankommenden Photonen zu absorbieren. Das ist der Grund dafür, dass sich in den Spektren der Sterne niederer Temperatur im Vergleich mit den Spektren heißer Sterne viele bis sehr viele Linien und Linienbanden finden (Abb. 3.90). In solchen Fällen sind im Spektrum auch Molekülbanden vertreten (C_2, CH, CN, NH, SiF).

3.9.8.3 Spektralklassen

Nachdem die Spektren der Sterne gedeutet werden konnten, lag es nahe, sie anhand ihrer Spektren zu klassifizieren. Das erste Schema wurde von E.C. PICKERING

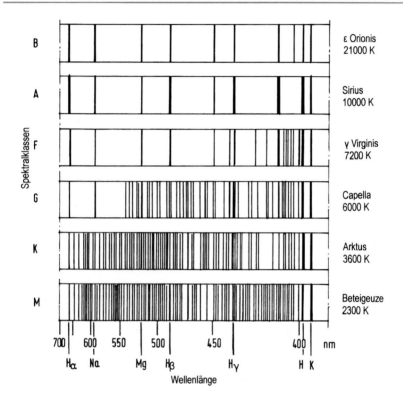

Abb. 3.90

(1846–1919) im Jahre 1890 vorgeschlagen. Später wurde es von der Astronomin W.P. FLEMING (1857–1911) und insbesondere von ihrer Kollegin A.J. CANNON (1863–1941) modifiziert und vervollständigt: Die Klassen O, B, A, F, G, K, M (Abb. 3.91) wurden später zusätzlich in die Unterklassen 0 (für heißere) bis 9 (für kältere Sterne innerhalb der Klasse) untergliedert. Die Sonne wird als G2-Stern bewertet. – Bis 1920 wurden von A.J. CANNON ca. 225.000 und bis 1940 ca. 360.000 Sterne klassifiziert. Sie wurden im sogen. Henry-Draper-Katalog bzw. in den Ergänzungen des Katalogs zusammengefasst. Die Sterne dieses Katalogs tragen vor der Nummer des Sterns das Kürzel HD.

Die Tabelle in Abb. 3.91 vermittelt einen gedrängten Überblick über die kennzeichnenden Eigenschaften der in die verschiedenen Spektralklassen fallenden Sterne.

Spektral-Klasse	Kennzeichen Eigenschaften	Temperatur (mittlere) in K	Temperatur (max) in K
O	blauweiße heiße Sterne, breite Linien ionisierten Hc	30000	40000 K
B	blaue heiße Sterne, Linien neutralen Hc und H-Linien	20000	B0: 25000 K
A	weiße Sterne, breite H-Linien, Linie ionisierten Ca	10000	A0: 11000 K
F	gelbweiße Sterne, Ca-Linien, H-Linien abnehmend	7000	F0: 7600 K
G	gelbe Sterne, breite Ca-Linien, Metalllinien, u.a. Fe	5500	G0: 6000 K
K	gelbrote Sterne, starke Linien neutraler Metalle	4000	K0: 5100 K
M	rote Sterne, viele Metalllinien, Titanoxydbanden	3400	M0: 3600 K

Abb. 3.91

Die zugehörigen mittleren und maximalen effektiven Temperaturen sind rechts-seitig in der Tabelle eingetragen. – In neuerer Zeit wurden noch weitere Klassen (R, S, N) für sogen. Kohlenstoffsterne mit relativ niederer Temperatur hinzugefügt.

3.9.8.4 Hertzsprung-Russell-Diagramm (HRD)

Da die Helligkeit der Sterne von deren Temperatur abhängig ist, ebenso die Spek-tralklasse, liegt es nahe, diese Abhängigkeiten in einem Diagramm zusammen zufassen. Dabei treten eine Reihe interessanter Gesetzmäßigkeiten zutage.

Es waren C. HERTZSPRUNG (1873–1967) und H.N. RUSSELL (1877–1957), die die Zusammenhänge in den Jahren 1905 bzw. 1913 unabhängig voneinander erkannten.

Das Diagramm, das die erkannten Abhängigkeiten beschreibt, trägt daher ih-ren Namen. In der heutigen Ausformung zeigt Abb. 3.92 das Diagramm: Über der Spektralklasse sind die Sterne in Abhängigkeit von ihrer Absoluten Helligkeit M aufgetragen. Auf der oberen horizontalen Achse ist ihre Oberflächen-Temperatur in K (Kelvin) notiert. Im Diagramm ist eine Anhäufung entlang der Diagonalen er-kennbar, hier liegen die **Hauptreihensterne**. – Am linken oberen Ende liegen die heißen, leuchtkraftstarken Sterne, am unteren Ende die kühlen, leuchtkraftschwa-chen. Rechts oben liegen die **Riesen** und **Überriesen**, links unten die **Weißen Zwerge**.

Absolute Helligkeit und Spektralklasse stehen mit der Temperatur und Ge-samtenergieabstrahlung, also mit der Leuchtkraft des Sterns, in unmittelbarem Zusammenhang. Alle diese Beziehungen sind im HRD vereinigt.

Ein weiteres wichtiges Diagramm vergleichbaren Inhalts ist das Farben-Hel-ligkeits-Diagramm, in welchem der Zusammenhang zwischen der Scheinbaren Helligkeit und dem Farbindex vereinigt ist (hier nicht wiedergegeben).

Aus dem Hertzsprung-Russell-Diagramm (HRD) lassen sich wichtige Schlüsse zur Entwicklung eines Sternes ziehen, zu seinem Entstehen, Leben und Vergehen:

Abb. 3.92

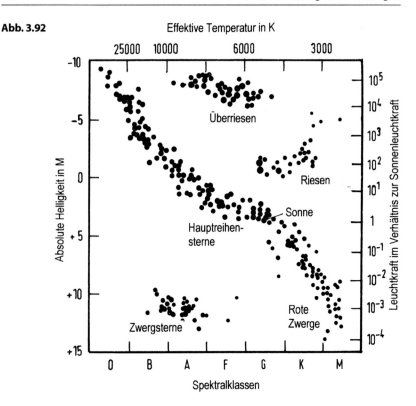

Während seiner Existenz durchläuft jeder Stern unterschiedliche Stadien im Diagramm. Dabei ist der Entwicklungspfad vorrangig von der Ausgangsmasse des Sterns abhängig.

3.9.8.5   Die Sterne in ihrer Vielheit

Wie in Bd. II, Abschn. 2.8.10 am Beispiel der Sonne erläutert, bildeten bzw. bilden sich die Sterne aus kalter interstellarer Staub- und Gasmaterie. Letztere besteht überwiegend aus molekularem Wasserstoff (H_2). In einer Wolke gigantischen Ausmaßes befindet sich die Materie im Zustand hoher Verdünnung und turbulenter Bewegung. In einer solchen Wolke bilden sich Zonen stärkerer Verdichtung. Aus diesen Kernen entstehen später Sterne, meist gemeinsam mit anderen in Form von Sternhaufen, das vollzieht sich in Räumen riesigen Ausmaßes.

Das sich verdichtende Zentrum zieht aus dem Umfeld der sie umgebenden lokalen Wolke immer mehr Materie gravitativ auf sich. Aus der Verdichtung formt sich ein kugelförmiger Körper, ein Stern entsteht. Strudelartig stürzt immer mehr Materie aus der kollabierenden Wolke auf den werdenden Stern. Er rotiert dabei, der Drehimpuls aus der Wolke bleibt im Stern erhalten. Innerhalb des Sterns steigen Druck und Temperatur. Irgendwann geht das Gas in den Zustand eines Plasmas über. Mit dem weiteren Zustrom von Materie wächst die Gravitation im Stern und mit ihr wachsen Druck und Temperatur. Der Stern beginnt zu leuchten. Das Gas wird immer stärker komprimiert. Im Zuge dieser Verdichtung setzt schließlich die **Kernfusion** ein, also die Verschmelzung leichterer Atomkerne in schwerere, was mit einem Massendefekt Δm verbunden ist (Bd. IV, Abschn. 1.2.5.1). Die hierbei frei gesetzte Energie ($\Delta E = \Delta m \cdot c^2$) lässt die Temperatur sprunghaft weiter ansteigen, damit auch die Helligkeit. Vom Zentrum aus, von Innen nach Außen, beginnt der Stern zu ‚brennen'. Zunächst dominiert ab einer Temperatur ca. $10 \cdot 10^6$ K (10 Millionen Kelvin) die hocheffiziente Wasserstofffusion zu Helium. Gas- und Strahlungsdruck stehen im Inneren des Sterns mit der gravitativ wirkenden Auflast in einem hydrostatischen Gleichgewicht. Der Zustand beginnt instabil zu werden, wenn ein höherer Anteil des Wasserstoffs ‚verbrannt' ist. Der Stern beginnt sich weiter zusammen zu ziehen, er wird dabei immer heißer. Ab ca. $100 \cdot 10^6$ K setzt die Fusion von Helium zu Kohlenstoff und Sauerstoff ein. Gas- und Strahlungsdruck nehmen weiter zu. Da der Gravitationsdruck weitgehend konstant bleibt, beginnt sich der Stern aufzublähen, er wird zu einem Riesen.

In **Sternen mit großer Anfangsmasse** werden weitere Brennstufen durchlaufen, wobei schwerere Elemente entstehen: Ab ca. $500 \cdot 10^6$ K tritt Fusion von C und O zu Si, Mg, Na ein, ab ca. $1000 \cdot 10^6$ K Fusion von O zu SI, S, P und ab ca. $2000 \cdot 10^6$ K Fusion von Si zu Ni, Fe, Co. Wenn im Inneren des Sterns eine Temperatur von $2000 \cdot 10^6$ K erreicht ist und dabei die schweren Elemente Nickel und Eisen ‚erbrütet' werden, brennt in der äußeren Schicht bei ca. $10 \cdot 10^6$ K noch restlicher Wasserstoff zu Helium, vgl. Abb. 3.93.

Diese schalenförmige Fusion mit schichtenweise sinkender Temperatur von Innen nach Außen vollzieht sich nur bei Sternen mit riesenhaften Ausmaßen, wenn die Ausgangsmasse mehr als etwa das 8-fache der Sonnenmasse beträgt. Während die Temperaturen in den inneren Schichten immer stärker anwachsen, bläht sich der Stern auf. Er wird zu einem **Roten Riesen**. Bei sehr großer Anfangsmasse wird der Stern gar zu einem noch leuchtkraftstärkeren **Überriesen** gigantischen Ausmaßes, rot, weil die Oberflächentemperatur nur ca. 3000 K beträgt. Die Energiefreisetzung eines solchen Riesen ist extrem, damit auch der ‚Verbrauch an Brennmaterial'. Im Zentrum beginnt das Fusionsfeuer irgendwann zu versiegen.

Abb. 3.93

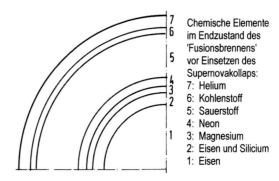

Chemische Elemente
im Endzustand des
'Fusionsbrennens'
vor Einsetzen des
Supernovakollaps:
7: Helium
6: Kohlenstoff
5: Sauerstoff
4: Neon
3: Magnesium
2: Eisen und Silicium
1: Eisen

Der Stern wird dadurch hydrostatisch instabil, der innere Gas- und Strahlungs-druck vermag die Auflast nicht mehr zu ‚tragen‘, es tritt ein Zusammenbruch ein: Die Sternmaterie der Hülle sackt allseitig in Richtung Kern ab. Dabei kollabiert auch der Kernbereich. Er erreicht dabei eine extreme Verdichtung. Die Sternma-terie schnellt nach dem Aufprall mit hoher Geschwindigkeit zurück, der Stern ‚explodiert‘. Der größte Teil der Sternmaterie wird in den Raum geschleudert, man spricht bei diesem Entwicklungsstadium des Sterns von einer **Supernova**. Inner-halb einer relativ kurzen Zeit (in Tagen/Wochen) wird eine extrem hohe Energie abgestrahlt. In dieser Phase entstehen als Folge der hohen Temperatur weitere, noch schwerere Elemente, bis Blei, … Uran. Der Stern leuchtet bei diesem Her-gang mit einer Helligkeit, welche die ganze Galaxie überstrahlen kann. Die aus dem Stern heraus geschleuderte Materie verteilt sich im Raum als Wolke mit ei-ner Geschwindigkeit von 1000 km/h und mehr. Es ist jene interstellare Materie, aus der sich später nach langen, langen Zeiträumen neue Generationen von Ster-nen bilden können. Aus solchen Resten ist seinerzeit auch die Sonne mit ihren Planeten entstanden: Alle Materie im Sonnensystem in Form von Mineralien und Metallen aller Art wurde in frühen Stadien der kosmischen Entwicklung in Roten Riesen erbrütet, so auch alles, was auf Erden lebt. Auch die Substanz, aus der wir Menschen sind, war einstmals Sternenstaub.

Der kollabierte Kernbereich des explodierten Sterns verbleibt als hoch kompri-mierter **Neutronenstern** zurück, während der Explosion i. Allg. durch Rückstoß zu hoher Geschwindigkeit beschleunigt. Der verbleibende Himmelskörper ist von vergleichsweise winziger Größe mit entsprechend hoch verdichteter Materie. Die Dichte erreicht eine Höhe, als wäre die Masse der Sonne in einem Körper von 20 km Durchmesser vereinigt, das führt auf etwa $\rho = 10^{16}\,\text{kg/m}^3 = 10^{13}\,\text{g/cm}^3$. Im Zuge dieser extremen Energieverdichtung verschmelzen im kollabierten Stern

Abb. 3.94

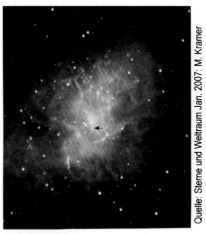

Krebsnebel M1
(Pfeil: Neutronenstern)

Quelle: Sterne und Weltraum Jan. 2007: M. Kramer

die freien Elektronen mit den Protonen zu Neutronen, daher der Name Neutronenstern.

Die während des Kollapses bei der Sternexplosion frei werdende Gravitationsenergie wird nahezu vollständig als Neutrinoenergie abgestrahlt. Die Neutrinos sind nur schwach wechselwirkende Elementarteilchen mit einer allergeringsten Eigenmasse. Sie vermögen alle Materie zu durchdringen, wirklich alle, einen ganzen Sternkörper. In aufwendigen Experimenten wird seit langem in der Astrophysik versucht, im Anschluss an beobachtete Supernovae, Neutrinos zu detektieren. Das gelang im Jahre 1987 nach der Supernova 1987A, es wurden 24 Neutrinos eingefangen. – Neben der Energie der Neutrinos wird bei einer Supernova auch ein hoher Anteil an Gravitationsenergie in Form von Gravitationswellen abgestrahlt. Im Jahre 2015/16 konnten solche Wellen erstmals gemessen werden, in diesem Falle als Folge der Verschmelzung zweier Schwarzer Löcher.

Abb. 3.94 zeigt im Zentrum des Krebsnebels im Sternbild Stier, ca. 2 kpc entfernt, den Überrest einer Supernovae. Das Ereignis ist aus dem Jahre 1054 anhand überlieferter Aufzeichnungen chinesischer und arabischer Astronomen belegt. Die Ausdehnung des Nebels liegt inzwischen bei ca. 3 Lj. Weitere Supernovae jüngerer Zeit sind durch T. BRAHE im Sternbild Kassiopeia (1572) und durch J. KEPLER im Sternbild Schlangenträger (1604) bezeugt.

Der Drehimpuls des ehemaligen massereichen Riesensterns bleibt nach dem Kollaps im kompakten Neutronenstern erhalten (Gesetz von der Erhaltung des

Abb. 3.95

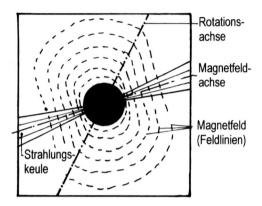

Rotations-
achse

Magnetfeld-
achse

Magnetfeld
(Feldlinien)

Strahlungs-
keule

Drehimpulses). Da der Stern jetzt nur noch von geringer Größe ist, rotiert er infolge des hohen Drehimpulses mit extrem hoher Geschwindigkeit. Man spricht von
einem **Pulsar**. Ihm ist meist ein starkes Magnetfeld eigen. Das Magnetfeld des
ehemaligen Riesen ist in ihm zusammen gezogen. Pulsare strahlen als Dipol elektromagnetische Wellen in allen Frequenzen ab, vorrangig im Radiobereich, und
das mit sehr kurzen Pulszeiten. Es wurden Pulsperioden in Bruchteilen einer Sekunde gemessen! Der Pulsar NPO 0532 im Krebsnebel (Abb. 3.94) rotiert 33-mal
in der Sekunde. Die Energie der von ihm ausgehenden Gammastrahlung erreicht
ca. 10^{11} eV!

Der erste Stern dieses Typs wurde im Jahre 1967 entdeckt, inzwischen sind
mehr als zweitausend Pulsare bekannt. Die Physik der Pulsare wird immer noch
nicht vollständig verstanden und ist Gegenstand der Forschung. – Abb. 3.95 zeigt
einen Pulsar in schematischer Form mit beidseitigen Strahlungskeulen. Deren zentrale Achse fällt mit der Achse des Magnetfeldes zusammen, nicht mit der Rotationsachse.

Das ‚Leben‘ eines **Sterns mit mittelgroßer Anfangsmasse**, d. h. eines Sterns
bis zu einer etwa 8-fachen Sonnenmasse, verläuft weniger spektakulär. Wie dargestellt, bezieht der Stern seine Strahlkraft über einen langen Zeitraum aus der
Fusion von Wasserstoff zu Helium. Der Stern strahlt hierbei sehr stabil. Die Sonne ist dafür ein Beispiel, sie gehört zu dieser Gruppe. Im Kernbereich fusioniert
Wasserstoff zu Helium. Irgendwann fusioniert Helium zu Kohlenstoff, Sauerstoff,
Neon und Silizium. Dabei steigt die Temperatur, der Stern bläht sich auf, er entwickelt sich zu einem **Riesen**. Infolge des inneren Strahlungsdrucks verliert dieser
Riese schichtenweise große Mengen Materie. Sie verflüchtigen sich pulsartig mit
hoher Geschwindigkeit als Sternenwind in den Raum nach außen. Aus der ausge-

stoßenen staub- und gasförmigen Materie bilden sich sternnah ringförmige Hüllen, sie erkalten mit zunehmendem Abstand und umschließen den ‚sterbenden Riesen' als **Planetarischen Nebel**. Der Nebel ist optisch undurchsichtig. Vielfach leuchtet er in bizarren Formen, ‚befeuert' von der ultravioletten Strahlung des Sterns. Nur Infrarotteleskope vermögen seine Infrarotstrahlung zu detektieren, wie es das Weltraumteleskop ‚Herschel' während seiner Mission von 2009 bis 2013 vermochte.

Höhere Brennstufen kann der Riesenstern nicht mehr erreichen. Infolge des Massenverlustes wird er immer kleiner. Dabei erkaltet er, wird instabil und kollabiert schließlich zu einem **Weißen Zwerg** hoher Dichte (ρ ca. $10^9\,\mathrm{kg/m^3} = 10^6\,\mathrm{g/cm^3}$).

Während des Kollapses steigt die Temperatur nochmals sehr stark an. Es folgt eine Zeit des Glühens und des schwächeren Nachglühens. Schließlich erlischt der Zwergstern nach langer Zeit. Ein solches Ende steht wohl auch unserer Sonne (von heute aus betrachtet) in 4 bis 5 Milliarden Jahren bevor.

In **Sternen mit sehr geringer Anfangsmasse**, mit einer Masse geringer als ca. 10 % der Sonnenmasse, kann sich im Gefolge der gravitativer Kontraktion und Erwärmung keine stabile Wasserstoff-Fusion einstellen. Die Temperatur erreicht wohl nur 1000 K oder etwas mehr. Die Sterne dieses Typs strahlen nicht, sie bleiben am Himmel unsichtbar, man nennt sie **Braune Zwerge**. Gelegentlich rotieren sie um Weiße Zwerge und werden dadurch erkannt.

Wie ausgeführt, ist die Lebensdauer der Sterne sehr unterschiedlich. Das beruht auf der unterschiedlichen Intensität der Fusion im Sternkörper, aus der die höheren Elemente hervorgehen. Die Fusion vollzieht sich bei den massereichen, leuchtkraftstarken Riesen heftig, bei den massearmen eher gemächlich, entsprechend schnell bzw. langsam ist der ‚Brennstoff' verbraucht. Aus den beiden Diagrammen der Abb. 3.96 kann die Leuchtkraft eines Sterns und seine Lebensdauer in Abhängigkeit von seiner Anfangsmasse (bezogen auf die Masse der Sonne) abgeschätzt werden. Die Diagramme sind doppeltlogarithmisch skaliert.

Beispiel

Es werden zwei Sterne mit sehr unterschiedlichen Massen betrachtet: Das Verhältnis $M_{\mathrm{Stern}}/M_{\mathrm{Sonne}}$ betrage bei Stern 1: 0,5, bei Stern 2: 20. Aus den Diagrammen der Abb. 3.96 entnimmt man für die beiden Sterne im linken Bildteil ihre Leuchtkraft im Verhältnis zu jener der Sonne und im rechten Bildteil ihre Lebensdauer im Verhältnis zur Sonne. Für Stern 1: 0,08 bzw. 80 und für Stern 2: 20.000 bzw. 0,009. Im Fall 1 handelt es sich um einen massearmen kleiner Stern, halb so groß wie die Sonne, während seiner Lebensspanne leuchtet er schwach, er lebt lange (ewig), 80-mal länger als die Sonne! Im Falle 2 liegen die Verhältnisse umgekehrt, der Stern leuchtet 20.000-mal stärker als die Sonne, der Stern lebt dafür nur kurze Zeit, ehe er explodiert. Setzt man die Lebensdauer der Sonne zu 10 Milliarden Jahre an, wird die voraussichtliche Lebensdauer von Stern 2 nur $0{,}009 \cdot 10^9 = 9 \cdot 10^6 = 9$ Millionen Jahre betragen. Nach kosmischen Maßstäben ist das eine sehr sehr kurze Zeit!

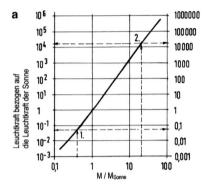
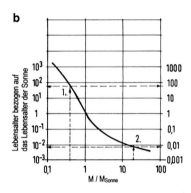

Abb. 3.96

Die Kenntnisse über die Entwicklung der Sterne konnten in den zurückliegenden Jahrzehnten dank der gesteigerten computergestützten Beobachtungs- und Messtechnik deutlich erweitert werden. Die verschiedenen **Satellitenteleskope** waren hierbei entscheidend beteiligt. In der Zeitschrift ‚Sterne und Weltraum' wird die Thematik regelmäßig und ausführlich behandelt, hierauf sei verwiesen.

3.9.9 Veränderliche Sterne

3.9.9.1 Veränderliche

Es gibt eine große Zahl sogenannter ‚Veränderlicher'. Das Charakteristikum dieser Sterne ist ihre Helligkeitsschwankung, sowohl hinsichtlich ihrer Dauer und Intensität. – Die Anzahl der inzwischen erkundeten Veränderlichen dürfte bei 30.000 liegen. Dank der Fortschritte in der astronomischen Beobachtungstechnik kommen ständig neue Veränderliche hinzu.

Die Veränderlichen werden in zwei Gruppen unterteilt:

- Optisch Veränderliche:
  - Bedeckungsveränderliche
  - Elliptisch Veränderliche
- Physisch Veränderliche:
  - Pulsations-Veränderliche
  - Eruptiv-Veränderliche

Die **Optisch Veränderlichen** sind **Doppelsterne**: Die beiden Einzelsterne bewegen sich um einen gemeinsamen Schwerpunkt, wobei die Brennpunkte ihrer jeweils eigenen elliptischen Umlaufbahn mit diesem Schwerpunkt zusammenfällt. – Ein solches Doppelsternpaar entstand ehemals aus einer rotierenden Gas- und Staubscheibe. – Solche gebundenen Systeme sind dynamisch stabiler als Einzelsterne.

Anmerkung
Auch ein Stern, um den sich ein Planetensystem gebildet hat, verhält sich stabiler als ein Solitär ohne Planeten, Solitäre gibt es nur selten. Das gilt auch für Planeten im Verhältnis zu ihrem Mond, der sie umrundet, insbesondere, wenn dieser massereich ist. Die Erde verdankt ihre hohe Bahnstabilität diesem Umstand. Für die Entwicklung des Lebens auf ihr war diese Stabilität vielleicht die entscheidende Voraussetzung überhaupt.

Neben Doppelsternen wurden auch Drei- und Mehrfachsterne entdeckt.
Abb. 3.97 zeigt als Beispiel einige Veränderliche im Winter-Sternbild Orion (vgl. im Einzelnen Legende).
In Abb. 3.98a sind als Beispiel zwei Sterne eines Doppelsternsystems in gebundener Stellung dargestellt, sie tragen hier die Namen A und B. Es ist einsichtig, dass die Einzelsterne des Doppelsternsystems immer eine gemeinsame Umlaufperiode haben, sonst wäre das System nicht stabil. Demgemäß verhalten sich ihre Bahnachsen und Massen zueinander wie

$$\frac{a_A}{a_B} = \frac{m_B}{m_A}$$

Abb. 3.97

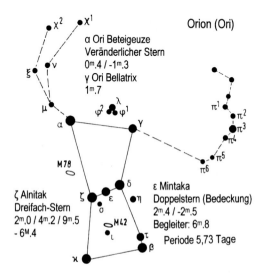

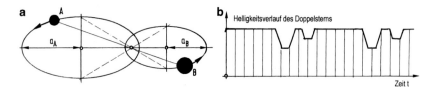

Abb. 3.98

a ist der Halbmesser der elliptischen Bahn und m die Masse des jeweiligen Einzelsterns. Von beiden Partnern durchläuft der massereichere die engere Bahn. – Liegt der Sichtstrahl von der Erde aus in der Bahnebene der beiden Sterne, kommt es regelmäßig zu einer mehr oder weniger langen gegenseitigen Bedeckung. Sie ist von den Bahnparametern und von der Größe der Sterne abhängig. Das führt zu periodischen Helligkeitsschwankungen, vgl. Abb. 3.98b. Da die Sterne auf ihren Bahnen im Verhältnis zur Erde einen veränderlichen Abstand haben, wirkt sich das in einer Doppler-Verschiebung (hin und rück) aus. Dieser überlagert sich fallweise noch eine Doppler-Verschiebung aus der Eigenrotation des jeweiligen Einzelsterns. – Umkreisen sich zwei Sterne in engem Abstand mit entsprechend kurzer Periode, verformt sich ihr Körper infolge der hohen gravitativen und zentrifugalen Wirkung elliptisch, was mit einer entsprechend typischen Helligkeitsschwankung einhergeht. Dank der hohen Genauigkeit, mit der heutige Interferometer arbeiten, lassen sich die Zustandsgrößen eines Doppelsternsystems sehr genau erkunden.

Die **Physisch Veränderlichen** sind Einzelsterne, deren Helligkeit in vergleichsweise kurzen zeitlichen Abständen (nach Tagen) periodisch schwankt. Ursache sind pulsierende Dichteschwankungen der äußeren Sternhülle oder gar des ganzen Sternkörpers: Der Stern bläht sich infolge Temperaturanstiegs um bis zu 10 % auf, kühlt sich dabei ab und schrumpft anschließend wieder. Der Stern ist offensichtlich thermodynamisch instabil. Es handelt sich bei diesen Veränderlichen in der Mehrzahl um Riesen oder Überriesen mit einer a priori sehr hohen Helligkeit, entsprechend intensiv sind die Helligkeitsschwankungen. In Abb. 3.99 sind die Pulsationen der Materieverdünnung (links) und -verdichtung (rechts) schematisch dargestellt. Neben der Schwingung des Sternkörpers in der 1. Eigenform (wie in der Abbildung skizziert), gibt es auch Pulsations-Veränderliche, die in der 2. Eigenform schwingen. Hierbei wechseln sich Verdünnung und Verdichtung innerhalb des Sternkörpers ab. Zu diesen Veränderlichen zählt beispielsweise der Polarstern (Polaris).

Abb. 3.99

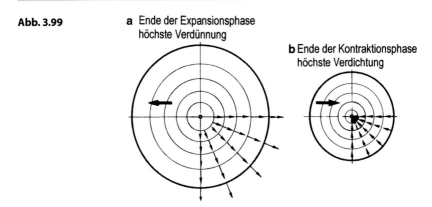

a Ende der Expansionsphase
höchste Verdünnung

b Ende der Kontraktionsphase
höchste Verdichtung

3.9.9.2   Cepheiden- und Supernovae-Entfernungsbestimmung

Im Jahre 1912 entdeckte die Astronomin H.S. LEAVITT (1868–1921) eine größere
Zahl von Pulsations-Veränderlichen in der ,Kleinen und Großen Magellan'schen
Wolke'. Hierbei handelt es sich um zwei kleine Galaxien, die unserer Galaxis
(Milchstraße) benachbart sind. Die Astronomin H.S. LEAVITT (s. o.) fand im
Laufe der Jahre ca. 1800 Cepheiden, benannt nach dem Sternbild Cepheus und
dem Prototypen-Stern δCephei (Abb. 3.100a). Für die Veränderlichen erkannte sie
eine Gesetzmäßigkeit zwischen scheinbarer Helligkeit (m), also der Leuchtkraft,
und der Helligkeitsperiode (P). Abb. 3.100b zeigt den Verlauf der Helligkeitsschwankung für δCephei. – In Teilabbildung c ist die seinerzeit von ihr aufgedeckte
Leuchtkraft-Helligkeits-Beziehung der Cepheiden-Sterne wiedergegeben: Aufge-

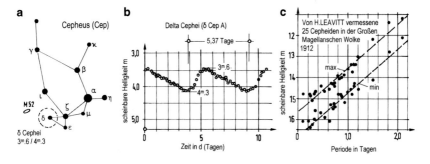

Abb. 3.100

tragen ist die maximale und minimale Helligkeit (in mag) über der Periode (in Tagen). Je größer und massereicher der Stern ist, umso größer ist die Leuchtkraft und umso länger dauert die Helligkeitsschwankung. Das ist einsichtig. Man kann bei diesem Befund durchaus von einem Gesetz sprechen. Es wurde im Jahre 1919 von H. SHAPLEY (1885–1972) zugeschärft. Es gelang ihm, die Beziehung zwischen scheinbarer Helligkeit und Entfernung anhand von weiteren Cepheiden in verschiedenen Kugelsternhaufen der Galaxis (deren Entfernung man vergleichsweise gut kennt) zu kalibrieren. E. HUBBLE (1889–1953) vermochte ab dem Jahre 1924 mit Hilfe der gewonnenen Beziehung den Abstand zwischen den von ihm in großer Zahl entdeckten fernen Galaxien und unserer Galaxis abzuschätzen. Die Beziehung konnte später immer genauer geeicht werden, u.a von W. BAADE (1893–1960). Alle Pulsations-Veränderliche, die sich zur Entfernungsbestimmung eignen, werden heute unter dem Namen Cepheiden geführt. Inzwischen gibt es weitere derartige ‚Standardkerzen‘. Allgemein anerkannte Formeln gibt es für sie indessen noch nicht, ein Zeichen, dass ihre Kalibrierung immer noch Gegenstand der Forschung ist. – Die Leuchtkraft-Helligkeitsbeziehung hat die allgemeine Form:

$$M_{\text{vis}} = a - b \cdot \lg P$$

Die Beiwerte a und b dienen der Anpassung an die Messwerte, P ist die Periode.

Kann man für die Himmelsregion, in welcher eine Cepheiden-Veränderliche entdeckt wurde, die mittlere scheinbare Helligkeit messen, gelingt es, mittels des in Abschn. 3.9.7 hergeleiteten Entfernungsmoduls

$$m - M = -5 + 5 \cdot \lg r$$

den Abstand zwischen dieser Region und der Erde zu berechnen. Hierbei wird unterstellt, dass die Leuchtkraft-Helligkeitsbeziehung quasi ‚kosmische Gültigkeit‘ hat. r bezieht sich in der Formel auf 10 pc!

Beispiel
Die Cepheiden-Formel laute: $M_{\text{vis}} = -2{,}8 - 1{,}4 \cdot \lg P$. Die Messung ergebe eine Periodendauer: $P = 7$ Tage und eine maximale und minimale Helligkeit: 3^{m} bzw. 5^{m}. Der Mittelwert beträgt dann 4^{m}. Nach Umstellung lautet die Formel für M:

$$M = m + 5 - 5 \cdot \lg r = 4 + 5 - 5 \cdot \lg r = 9 - 5 \cdot \lg r \quad (= M_{\text{vis}})$$

Eingesetzt in die Leuchtkraft-Helligkeits-Formel der Cepheiden-Beziehung, findet man:

$$9 - 5 \cdot \lg r = -2{,}8 - 1{,}4 \cdot \lg 7 \quad \rightarrow \quad -5 \cdot \lg r = -9 - 2{,}8 - 1{,}4 \cdot \lg 7 = -12{,}98$$

$$\rightarrow \lg r = \frac{12{,}98}{5} = 2{,}597 \quad \rightarrow \quad \lg \frac{r}{10\,\text{pc}} = 2{,}597 \quad \rightarrow \quad \frac{r}{10\,\text{pc}} = 395$$

$$\rightarrow \quad \underline{r = 395 \cdot 10\,\text{pc} = 3950\,\text{pc} \approx 4{,}0\,\text{Mpc}}$$

Selbstredend ist es günstig und eigentlich immer erforderlich, zu versuchen, die Entfernung von mehreren Cepheiden in der untersuchten Region zu bestimmen und die gefundenen Werte zu mitteln. Gelingt das, wäre die Entfernung zwischen der Erde (bzw. dem Sonnensystem) und der untersuchten Region, ggf. auch der Galaxie, in der sie liegt, relativ sicher bekannt.

Neben den meist streng periodisch pulsierenden Veränderlichen, gibt es die **Eruptiv-Veränderlichen**. Deren Strahlungsausbrüche treten nur einmalig auf. Hierzu gehören die Novae und als Grenzfall die Supernovae. Unterschieden werden hierbei die Typen Ia und IIa.

Bei einer **Supernova Typ Ia** handelt es sich um einen Doppelstern, wobei der eine Stern ein Weißer Zwerg und der andere ein eng benachbarter Riese ist (Abb. 3.101a). Aus dessen Hülle zieht der Weiße Zwerg ständig Materie gravitativ auf sich. Erreicht die Masse des Weisen Zwergs etwa die 1,4-fache Sonnenmasse, wird er instabil und explodiert mit einem Fusionsausbruch extremer Helligkeit. Hierbei wird eine Materiemenge in der Größenordnung der 0,1- bis 1,0-fachen Sonnenmasse abgesprengt und ins All geschleudert. Der Grenzwert dieser Masse wurde im Jahre 1935 von S. CHANDRASEKHAR (1910–1995) angegeben, man spricht daher von der Chandrasekhar-Masse. – Der Ablauf des Helligkeitsausbruchs ist bei allen Supernovae des Typs Ia sehr ähnlich, da das Explosionsgeschehen für alle auf derselben physikalischen Ursache beruht. Teilabbildung b zeigt den aus Messungen nach Normierung abgeleiteten Helligkeitsverlauf über der Zeitachse. Dieser Verlauf wurde aus einer großen Zahl gemessener Helligkeitsausbrüche gewonnen und kann somit als vergleichsweise gesichert angesehen werden. Das eröffnet die Möglichkeit, nach Kalibrierung an jenen Entfernungen, die am selben Objekten mittels der Cepheiden-Methode ermittelt werden konnten,

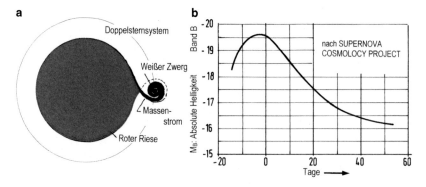

Abb. 3.101

312 3 Strahlung II: Anwendungen

die Entfernung einer neu entdeckten Supernova und jener Galaxie, in der sie liegt, abzuschätzen. In der Kosmologie hat diese Form der Entfernungsbestimmung der weit draußen im All liegender Galaxien und Galaxienhaufen die allergrößte Bedeutung erlangt.

Bei der Explosion einer **Supernova Typ IIa** werden große Teile der äußeren Hülle des auch in diesem Falle sehr massereichen Sterns in den Raum geschleudert, Materie bis zur 10-fachen Sonnenmasse. Es kommt vor, dass der ganze Stern explodiert. Die Helligkeit steigt sprunghaft um mehrere Größenordnungen an. Um den Rest des Sterns bildet sich eine riesige Materiewolke. Sie expandiert mit großer Geschwindigkeit. Der Kern des Sterns kollabiert zu einem **Neutronenstern** (s. o.) oder gar zu einem **Schwarzen Loch**. Letzteres ist dann der Fall, wenn die Ausgangsmasse des Sterns mindestens die 30-fache Sonnenmasse hatte.

Die Materie der Weißen Zwerge, der Neutronensterne und in Sonderheit der Schwarzen Löcher ist ‚schlicht nicht von dieser Welt', sie ist von absolut ‚entarteter' Beschaffenheit. Auf Erden ist sie nicht bekannt, allenfalls in großen Beschleunigern in winzigsten Mengen darstellbar. Die Materiedichte eines Weißen Zwergs erreicht, wie bereits angegeben, Werte um $10^9 \, \mathrm{kg/m^3}$, jene eines Neutronensterns gar $10^{16} \, \mathrm{kg/m^3}$. Die Atomkerne rücken hierbei dicht gepackt zusammen. Zum Vergleich: Die Dichte von Eisen liegt mit $7850 \, \mathrm{kg/m^3} \approx 10^4 \, \mathrm{kg/m^3}$ um 5 bis 10 und mehr Zehnerpotenzen niedriger!

3.9.9.3 Beispiele und Ergänzungen

1. Beispiel: Doppelsternsysteme

Viele Himmelskörper gehören zu den sogen. Mehrfachsystemen, ca. 25 % von ihnen sind Doppelsterne, das bedeutet: Ca. 50 % aller Sterne gehören zu einem Doppelsternsystem, man spricht auch von einem Binärsystem. Die Körper dieser Zwillingssysteme haben meist eine stark unterschiedliche Masse. Beispiele für solche Systeme sind ein Brauner Zwerg und ein Weißer Zwerg, die sich umrunden, oder ein Zwerg und ein Riese, die sich umkreisen, oder gar zwei Schwarze Löcher, die um einen gemeinsamen Schwerpunkt rotieren. Letztlich gehören auch das Stern-Planet-System und das Planet-Mond-System zu den Zweikörpersystemen. In allen Fällen gilt: Gelingt die Messung der Umlaufperiode um den gemeinsamen Schwerpunkt, lässt sich das Massenverhältnis der Partner bestimmen, dominiert einer der beiden, kann seine Masse abgeschätzt werden. Diese Fragen seien im Folgenden diskutiert.

Lassen sich beide Partner des Systems beobachten, spricht man von einem **Visuellen Doppelstern**. Ein solches System ist in Abb. 3.102 dargestellt und zwar im Augenblick des größten gegenseitigen Abstands der Partner. Sie liegen sich bei ihrem Umlauf stets gegenüber und umrunden dabei einen gemeinsamen Schwerpunkt. Nur unter dieser Bedingung ist das System stabil. Die Brennpunkte der beiden Umlaufbahnen fallen mit dem Schwerpunkt zusammen. Die Massen der Sterne seien m_1 und m_2, ihre momentanen Geschwindigkeiten v_1 und v_2 und ihre momentanen Abstände vom Schwerpunkt r_1 und r_2. Wie ausgeführt, stehen sich die beiden Partner, bezogen auf den Ruhepunkt, stets einander gegenüber. Die-

Abb. 3.102

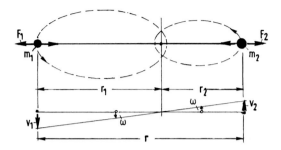

se Bedingung lässt sich nur erfüllen, wenn ihre momentanen Winkelgeschwindigkeiten (ω) gleichgroß sind, mit der Folge: Die Bahnen sind sich ähnlich, vgl. Abb. 3.102. Die Bahngeschwindigkeiten der Partner betragen demgemäß:

$$v_1 = r_1 \cdot \omega \quad \text{und} \quad v_2 = r_2 \cdot \omega$$

Die von den Massen der Körper ausgehenden Zentrifugalkräfte sind:

$$F_1 = m_1 \cdot \frac{v_1^2}{r_1} = m_1 \cdot r_1 \cdot \omega \quad \text{und} \quad F_2 = m_2 \cdot \frac{v_2^2}{r_2} = m_2 \cdot r_2 \cdot \omega$$

F_1 ist gleich F_2:

$$F_1 = F_2 : \quad m_1 \cdot r_1 = m_2 \cdot r_2 \quad \rightarrow \quad r_1/r_2 = m_2/m_1$$

Bezeichnet man die Summe aus beiden Massen mit m und die Summe der Teilabstände mit r

$$m = m_1 + m_2, \quad r = r_1 + r_2,$$

folgt unmittelbar

$$r_1 = \frac{m_2}{m} \cdot r; \quad r_2 = \frac{m_1}{m} \cdot r \quad \text{(Hebelgesetz)}$$

oder:

$$m_1 = \frac{m}{1 + r_1/r_2}, \quad m_2 = \frac{m}{1 + r_2/r_1}$$

Die Massen sind gravitativ untereinander gebunden! Auf Körper 1 wirkt die Gravitationskraft des Körpers 2, vice versa. Aus der Gleichgewichtsgleichung für Körper 1 folgt:

$$G \frac{m_1 m_2}{r^2} = m_1 \cdot r_1 \cdot \omega^2 \quad \rightarrow \quad G \frac{m_1 m_2}{r^2} = m_1 \cdot \frac{m_2}{m} r \cdot \omega^2 \quad \rightarrow \quad G \cdot \frac{1}{r^3} = \frac{\omega^2}{m}$$

Die Gleichgewichtsgleichung für Körper 2 liefert dasselbe Ergebnis. Bei einem vollen Umlauf wird der Winkel 2π in der Zeit T überstrichen. Setzt man ω zu $2\pi/T$ an, folgt:

$$G \cdot \frac{1}{r^3} = \left(\frac{2\pi}{T}\right)^2 \cdot \frac{1}{m} \quad \rightarrow \quad \frac{T^2}{r^3} = \frac{4\pi^2}{G \cdot m}, \quad m = m_1 + m_2, \quad r = r_1 + r_2$$

Es lässt sich zeigen, dass diese Beziehung auch für eine elliptische Bahnkurve gilt. Das ist dann die strengere Version des 3. Kepler'schen Gesetzes (vgl. Bd. II, Abschn. 2.9.5):

$$\frac{T^2}{(r_1 + r_2)^3} = \frac{4\pi^2}{G} \cdot \frac{1}{m_1 + m_2}$$

In Fällen, in denen die Masse eines Partners gegenüber der Masse des anderen deutlich überwiegt, z. B. im Falle, dass der Stern 2 sehr viel kleiner als Stern 1 ist, also $m_2 \ll m_1$ gilt, kann näherungsweise $m_1 \approx m$ gesetzt werden. Stern 1 ist quasi der Zentralstern, um den Stern 2 als Begleiter rotiert. Dann gilt $r_2 \gg r_1$, der Begleiter umrundet den Zentralstern mit $r_2 \approx r$. Zusammengefasst kann mit m als Masse des Zentralgestirns und r als Abstand des Begleiters vom Zentralgestirn angeschrieben werden:

$$\frac{T^2}{r^3} = \frac{4\pi^2}{G \cdot m}$$

Handelt es sich um ein dominierendes Zentralgestirn mit **mehreren kleineren** Begleitern, ist die rechte Seite für alle Begleiter praktisch gleichgroß. Sind nur zwei kleine Begleiter vorhanden und tragen sie die Namen a und b, gilt:

$$\frac{T_a^2/r_a^3}{T_b^2/r_b^3} \approx \frac{m + m_b}{m + m_a} \approx 1$$

Diese Beziehung gilt in Annäherung auch für Systeme mit vielen kleinen Begleitern, also für Mehrfachsysteme, solange sie von einem dominierenden Zentralgestirn beherrscht werden. Dabei kann es sich z. B. um ein Schwarzes Loch gigantischer Größe handeln, das von Sternen umrundet wird.

Hinweis
Das Zweikörpersystem wird in der Fachliteratur der Astronomie strenger behandelt; es gelingt eine analytische Lösung, sie führt auf das zuvor angeschriebene Ergebnis, r_a und r_b sind darin die großen Halbachsen der Ellipsenbahnen. – Für das Dreikörpersystem und höhere existieren keine geschlossenen analytischen Lösungen.

In Abb. 3.103a ist gezeigt, wie sich zwei Himmelskörper 1 und 2 umrunden. Die großen Halbmesser der Bahnen seien a_1 und a_2. Die Abstände r_1 und r_2 beziehen sich auf einander gegenüber liegende Stellungen, in der Abbildung beispielhaft auf die momentane Stellung 5. Für diese Stellung ist c_5 der gegenseitige Abstand.

Vielfach kann bei visueller Beobachtung nur einer der beiden Sterne erkannt werden. Bei seiner Vermessung vor dem Fixsternhintergrund ‚verrät' er sich als Partner eines Doppel-

Abb. 3.103

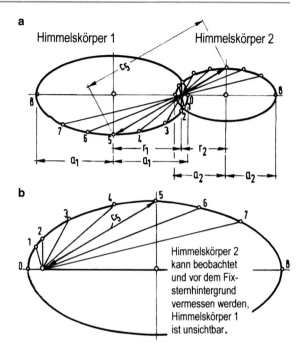

sternsystems durch seine elliptische Bahn mit eigenem Brennpunkt. Die Entdeckung wird erkannt, wenn, wie in Abb. 3.103a gezeigt, die gegenseitigen Abstände $c_1, c_2, c_3, \ldots$ von dem scheinbaren Brennpunkt aus aufgetragen werden und sich dabei eine Ellipse ergibt (Abb. 3.103b). Die Abstände werden bei dieser Konstruktion richtungstreu aufzutragen. Die Bahnkurve steht mit den Bahnparametern der beiden realen Bahnen in definierter Beziehung. Dadurch lassen sich Aussagen über den unsichtbaren Partner und das Gesamtsystem machen. Man spricht bei einem solchen System von einem **Astronomischen Doppelstern**: Aus der periodischen Ortsveränderung kann auf den Begleiter geschlossen werden. – Des Weiteren werden **Spektroskopische Doppelsterne** (mit periodisch wechselnder Blau- und Rotverschiebung) und **Bedeckungsveränderliche** (die Helligkeit schwankt periodisch) unterschieden. Sie haben für das Aufspüren und Ausspähen von Exoplaneten große Bedeutung (Bd. V, Abschn. 1.2.9.2). In solchen Fällen ist der Planet der Begleiter gegenüber dem dominierenden Stern, der ‚Sonne' des Exoplanten.

Abb. 3.104 zeigt als Beispiel die scheinbare Bahn der helleren Komponente des Sirius-Doppelsterns vor dem dunklen Himmelshintergrund. Für den Stern wurden folgende Parameter gemessen:

- Entfernung: $l = 2{,}7\,\mathrm{pc}$,
- gegenseitiger Abstand: $r = 20{,}5\,\mathrm{AE} = 30{,}55 \cdot 10^{11}\,\mathrm{m}$,
- Einzelabstände: $r_1 = 10{,}13 \cdot 10^{11}\,m$, $r_2 = 20{,}42 \cdot 10^{11}\,m$,

Abb. 3.104

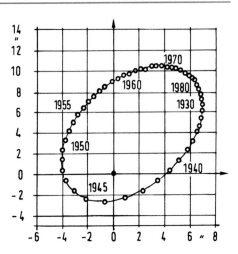

- Umlaufdauer (vgl. Jahreszahlen in Abb. 3.104) $T = 50$ Jahre $= 50 \cdot 365 \cdot 24 \cdot 60 \cdot 60 = 1{,}577 \cdot 10^9$ s.

Die gemeinsame Masse beträgt ($m_{\text{Sonne}} = 2{,}0 \cdot 10^{30}$ kg):

$$m = \left(\frac{2\pi}{T}\right)^2 \cdot \frac{r^3}{G} = \left(\frac{2\pi}{1{,}577 \cdot 10^9}\right)^2 \cdot \frac{(30{,}55 \cdot 10^{11})^3}{6{,}67 \cdot 10^{-11}}$$
$$= \underline{6{,}78 \cdot 10^{30} kg}: \quad \underline{m_{\text{Sirius}} \approx 3{,}39 m_{\text{Sonne}}}$$

Einzelmassen:

$$m_1 = 4{,}53 \cdot 10^{30} \text{ kg}, \quad m_2 = 2{,}25 \cdot 10^{30} \text{ kg}.$$

Die scheinbaren Helligkeiten der beiden Komponenten sind extrem unterschiedlich. Gemessen wurden folgende Magnituden:

$$m_1 = -1{,}46, \quad m_2 = +8{,}49.$$

Die absoluten Helligkeiten berechnen sich nach der in Abschn. 3.9.7.2 abgeleiteten Formel zu:

$$M = m + 5{,}0 - 5{,}0 \cdot \lg l.$$

Für die beiden Komponenten findet man:

$$5{,}0 \cdot \lg l = 5{,}0 \cdot \lg 2{,}7 = 2{,}16 :$$
$$M_1 = -1{,}46 + 5{,}0 - 2{,}16 = \underline{+1{,}38}, \quad M_2 = \underline{+11{,}33}.$$

Abb. 3.105

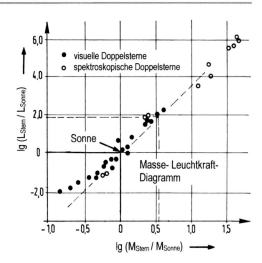

Für die Leuchtkraft eines Sternes im Verhältnis zur Leuchtkraft der Sonne gilt die Formel (o. g. Abschnitt): $L_{\text{Stern}}/L_{\text{Sonne}} = 10^{0,4 \cdot (M_{\text{Sonne}} - M_{\text{Stern}})}$

Die Zahlenrechnung liefert im vorliegenden Falle für die Komponenten die Werte 76,9 und 0,0026, Summe: $L_{\text{Sirius}}/L_{\text{Sonne}} = 76,9$ (s. hier zur Abrundung 4. Beispiel in Abschn. 3.9.7.3 und das Beispiel in Abschn. 3.9.7.4).

Einsichtiger Weise muss zwischen der Masse eines Sterns und seiner Leuchtkraft eine wie auch immer geartete Beziehung bestehen. Sie wurde im Jahre 1927 von A.S. EDDING-TON (1882–1944) aufgedeckt und inzwischen durch viele weitere Messungen verfeinert. Sie gilt für die Hauptreihensterne des HR-Diagramms (Abb. 3.92). Bildet man von der auf die Masse der Sonne und die Leuchtkraft der Sonne bezogene Masse bzw. Leuchtkraft des Sterns jeweils den Zehnerlogarithmus, liegen die Wertepaare näherungsweise auf einer Geraden, wie in Abb. 3.105 erkennbar. – Für das vorliegende Beispiel (Sirius) folgt:

$$\lg 3,39 = 0,53, \quad \lg 76,9 = 1,88$$

Abb. 3.105 zeigt die Lage des Wertepaares.

Die Masse-Leuchtkraft-Beziehung gilt nicht für Zwerge und Riesen, weil sich in ihnen ihre Masse gänzlich anders in Energie umsetzt.

2. Beispiel: Entfernungsbestimmung

Ist λ_S die Wellenlänge eines *S*enders (eines *S*terns = Laborwellenlänge eines Elements) und λ_E jene, die vom *E*mpfänger (auf der *E*rde) gemessen wird, so wird die Wellenlänge bei relativistischer Geschwindigkeit v gemäß der Beziehung

$$z = \frac{\lambda_E - \lambda_S}{\lambda_S} = \frac{\Delta\lambda}{\lambda_S} = \sqrt{\frac{c+v}{c-v}} - 1$$

gedehnt, also ins Rote verschoben, vgl. Abschn. 4.1.4.9; c ist die Lichtgeschwindigkeit.

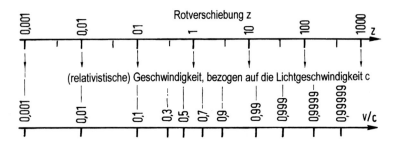

Abb. 3.106

Wird vorstehende Formel nach v aufgelöst. folgt:

$$v = \frac{(1+z)^2 - 1}{(1+z)^2 + 1} \cdot c$$

Abb. 3.106 zeigt die aus der Formel hervorgehende Abhängigkeit der Rotverschiebung z von der auf die Lichtgeschwindigkeit c bezogenen Fluchtgeschwindigkeit v.

Wie in Abschn. 4.3.3 noch zu behandeln sein wird, besteht zwischen der Fluchtgeschwindigkeit ferner Galaxien und ihrem Abstand zur Erde eine lineare Beziehung (Hubble-Gesetz):

$$r = \frac{v}{H_0} \quad \text{mit} \quad H_0 = (72 \pm 8)\,\text{km}/(\text{s} \cdot \text{Mpc})$$

Die Verknüpfung mit obiger Beziehung für v ergibt nach Zwischenrechnung eine Formel für den gesuchten Abstand r:

$$r = (13{,}59 \cdot 10^9\,\text{Lj}) \cdot \frac{(1+z)^2 - 1}{(1+z)^2 + 1}$$

Zwischenrechnung: $c = 3 \cdot 10^8\,\text{m/s}$; $1\,\text{Mpc} = 1 \cdot 10^6\,\text{pc} = 3{,}086 \cdot 10^{22}\,\text{m}$; $1\,\text{Lj} = 9{,}46 \cdot 10^{15}\,\text{m}$:

$$r = \frac{(1+z)^2 - 1}{(1+z)^2 + 1} \cdot \frac{3 \cdot 10^8\,\text{m/s}}{72 \cdot 10^3\,\text{m/s}} \cdot 3{,}086 \cdot 10^{22} \cdot \frac{1}{9{,}46 \cdot 10^{15}\,\text{1/Lj}}$$

$$= \underline{13{,}59 \cdot 10^9\,\text{Lj}} \cdot \frac{(1+z)^2 - 1}{(1+z)^2 + 1}$$

Hinweis

Die Ausdehnung des Kosmos vollzog sich (anfangs) stark nichtlinear, sodass die Entfernungen real viel größer sind, als sie sich nach der Formel ergeben.

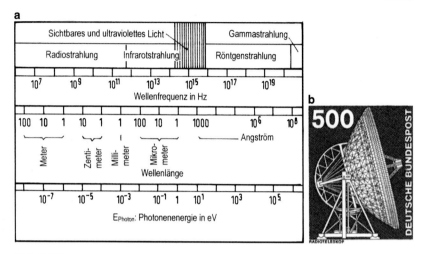

Abb. 3.107

3. Beispiel: Quasare

In Abb. 3.107a ist der Zusammenhang zwischen der Photonenenergie und den in den verschiedenen astronomischen Beobachtungsbereichen mit unterschiedlicher Wellenlänge strahlenden Sterne zusammengefasst. Jeweils einzeln haben die Sterne in der astronomischen Forschung große Bedeutung, zu ihrer Beobachtung bedarf es spezieller Teleskope. Die Radioteleskope sind die größten. Sie arbeiten innerhalb des Radiofensters im Wellenlängenbereich von 0,5 mm bis 15 m. Die Technik geht auf K.G. JANSKY (1905–1950) aus dem Jahre 1932 zurück, zunächst fortgesetzt von dem Amateurastronomen G. REBER (1911–2002).

Abb. 3.107b zeigt die Antenne Effelsberg mit einer Parabolspiegelfläche von 7850 m^2, Arbeitsbereich von 3,5 mm bis 0,90 m. Auflösung bei 3,5 mm: $10''$, bei 21 cm: $9{,}4'$, Inbetriebnahme: 1972.

Die Radioastronomie konnte ab dem Jahre 1963 bei der Aufdeckung der sogenannten **Quasare** (quasistellare Radioobjekte) große Erfolge erzielen. Es handelt sich bei den Objekten nach heutiger Deutung um überhelle Kerne ferner Galaxien, die von ionisierten leuchtenden Gaswolken umhüllt sind. Sie liegen von der Erde aus in riesigen Entfernungen, man sieht quasi Objekte vom Anfang der Welt. Im Jahre 1987 wurde der Quasar 0046-239 mit $z = 4{,}01$ entdeckt. Es folgten viele weitere mit noch höheren z-Werten. Der Rekord liegt derzeit (2011) bei $z = 7{,}08$; der Quasar trägt die Bezeichnung ULAS J1120+0641. Seine Leuchtkraft liegt um den Faktor $6{,}3 \cdot 10^{12}$ höher als die Leuchtkraft der Sonne. Das im Quasar verborgene Schwarze Loch weist eine ca. $2 \cdot 10^9$-fache Sonnenmasse auf! Wendet man das Hubble-Gesetz mit $z = 7{,}08$ auf den Quasar an, ergibt sich mit obiger Formel:

$$v = \frac{(1 + 7{,}08)^2 - 1}{(1 + 7{,}08)^2 + 1} \cdot c = 0{,}9898 \cdot c \quad \rightarrow \quad r = (13{,}59 \cdot 10^9 \,\text{Lj}) \cdot 0{,}9898 = \underline{13{,}3 \cdot 10^9 \,\text{Lj}}$$

Das wäre, wenn das Alter des Universums $13{,}8 \cdot 10^9$ Jahre beträgt, ein Blick zurück auf eine Zeit $0{,}5 \cdot 10^9$ Jahre nach dem Urknall! – Inzwischen liegt der Rekord mit $z = 11{,}1$ bei der Galaxie GN-z11 (2016), was auf $r = 13{,}5\,\mathrm{Lj}$ führt.

3.9.10 Galaxien

3.9.10.1 Entstehung

Als sich nach dem Urknall vor 13,8 Milliarden Jahren und der daran anschließenden inflationären Phase das heiße Urplasma auf ca. 3000 K abgekühlt hatte, konnten sich Atome und Moleküle bilden, überwiegend in Form von Wasserstoff und Helium. Die Atome und Moleküle wechselwirkten gravitativ und thermisch untereinander. – Bis zu diesem Zeitpunkt waren ca. 380.000 Jahre seit Anfang der Welt vergangen, jetzt konnte die Materie Photonen, also Licht, abstrahlen. Der Kosmos begann zu leuchten. Diese Hintergrundstrahlung wird heute mit einer Temperatur geringfügig über dem absoluten Nullpunkt detektiert (vgl. Abschn. 4.3.4). In der Strahlung sind schwache uranfängliche Dichteschwankungen erkennbar. Die Knoten dieser netzartigen Materieverteilung verklumpten, wie dieses in Abb. 3.108 (in einer Computersimulation) erkennbar ist.

Aus den Materiekeimen entstanden in langen Zeiträumen erste Sterne, meist in Gruppen, die ihrerseits zunächst kleine von Gas eingeschlossene Galaxien bildeten. Aus deren Verschmelzung entstanden größere, die sich ihrerseits wiederum gravitativ zu nochmals größeren Gruppen und Haufen vereinigten, vielfach durch riesige Leerräume (Voids) voneinander getrennt. Alle diese Strukturen dehn-

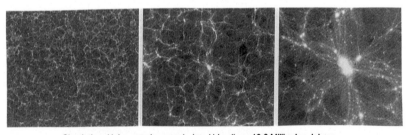

Simulation: Universum kurz nach dem Urknall vor 13,6 Milliarden Jahren
Kosmische Materiestruktur, von links nach rechts vergrößerte Ausschnitte:
Galaxien, Galaxienhaufen, Schwarze Löcher
Quelle: Max Planck-Institut für Astrophysik, Garching; SZ 02.06.2005

Abb. 3.108

ten bzw. dehnen sich über gigantische Räume aus. Massereiche Sterne explodierten alsbald als Novae oder Supernovae und reicherten den interstellaren Staub mit höheren Elementen an. Aus diesen formten sich wiederum neue Sterne (Abschn. 3.9.8.5).

In der Fachastronomie wird die Entstehung der Galaxien wesentlich detaillierter abgehandelt, wobei eine sogenannte **Dunkle Materie** in die Abläufe einbezogen wird. Hierbei soll es sich um eine nicht-strahlende Materieform handeln. Nur unter Ansatz einer solchen zusätzlichen Materie war es möglich (so die Hypothese), dass sich aus der Urmaterie durch Verklumpung und Verschmelzung Galaxien gravitativ bilden konnten. Die Natur dieser Materie ist bis dato nicht bekannt.

Die Satellitenteleskope unserer Zeit erlauben tiefe Einblicke in den kosmischen Raum. Dabei wird deutlich, dass in diesem wohl Milliarden, vielleicht 100 Milliarden Galaxien und mehr eingebettet sind. Das Licht der fernen Galaxien gibt Kunde von den frühesten Entwicklungsphasen des Weltalls.

Das heutige Wissen über das Werden des Kosmos ist noch keine hundert Jahre alt, zum Teil erst wenige Jahrzehnte. – Es waren F.W. HERSCHEL (1738–1822) und sein Sohn J. HERSCHEL (1792–1871), die mit den von ihnen konstruierten Großreflektoren ca. 3700 **nichtstellare Himmelsobjekte** entdeckten, so wurden sie gedeutet. Vor ihnen hatte bereits C. MESSIER (1730–1817) 110 solcher Objekte mit ihren Koordinaten in seinen Katalog aufgenommen. In der Deutung der Objekte war man sich nicht einig, man glaubte, es handele sich um riesige Nebel aus leuchtender Materie und sprach von ‚Nebulae'. Erst später stellte sich heraus, dass man gewaltige Ansammlungen von Sternen und Sternhaufen sah, also Galaxien.

Ihre Koordinaten und Helligkeiten wurden in Katalogen aufgelistet und von J.L.E. DREYER (1852–1926) im Jahre 1888 im ‚New General Catalogue of Nebulae and Clusters of Stars' zusammengefasst. Der Katalog enthielt seinerzeit ca. 7500 Objekte. Davon waren 80 % Galaxien und 10 % Offene Sternhaufen, wie man heute weiß. Der Rest waren Kugelsternhaufen und Planetarische Nebel. Bis 1908 wurde der Katalog um 5000 Objekte erweitert. Die Objekte tragen noch heute vor ihrer Kennnummer das Kürzel NGC, vielfach gemeinsam mit der Messier-Benennung. Die Andromeda-Galaxie führt beispielsweise die astronomische Bezeichnungen NGC 224 und M 31. Abb. 3.109a zeigt ein Foto der Galaxie. Aus Teilabbildung b geht die Lage des ‚Nebels' am Himmel hervor. –

Durch die in jüngerer Zeit abgeschlossenen Durchmusterungen, inzwischen überwiegend mit Hilfe von Teleskopen auf Satelliten, sind die Kataloge sehr umfangreich geworden. Durch die Beobachtungen in der Radio-, Infrarot-, Röntgen- und Gammaastronomie konnten die Kenntnisse zusätzlich erweitert werden. Hierbei zeigen die Aufnahmen mit Hilfe der unterschiedlichen Techniken ein jeweils anderes Bild. Indem die Einzelaufnahmen zu einem Komposit zusammengesetzt

Abb. 3.109   a

b

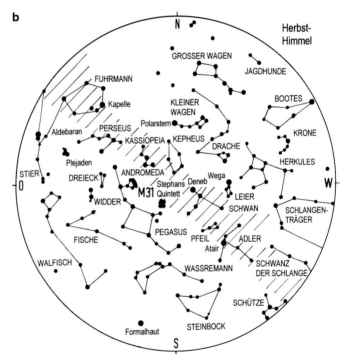

werden, entsteht ein buntes und bizarres Bild vom Ganzen. Der Fachastronom weiß es zu interpretieren, der Laie ist fasziniert und verharrt in Staunen. I. KANT (1724–1804) hatte bereits frühzeitig die Sternennebel als ‚Welteninseln' gedeutet (1755), seine Deutung blieb damals umstritten. In der Milchstraße (also unserer Galaxis) sahen die Astronomen den ganzen Kosmos vereinigt (und das auch noch über mehr als hundert Jahre nach KANT hinweg). Davon abweichende Positionen kulminierten um 1920 in der sogen. ‚Großen Debatte' zwischen den damals führenden Forschern. Beteiligt waren neben anderen H. SHAPLEY (1885–1972) und H.D. CURTIS (1872–1942). Entschieden wurde der Zwist erst durch E. HUBBLE (1889–1953), dem es dank der neuen ihm zur Verfügung stehenden Teleskope gelang, mehrere Spiralnebel in einzelne Sterne aufzulösen und die Abstände zu diesen Sternen zu bestimmen (vgl. Abschn. 4.3.3). Die Abstände erwiesen sich als deutlich größer als die Abmessungen der Milchstraße, folglich musste es sich um Sterne in eigenständigen Galaxien handeln. Seine erste Entdeckung machte E. HUBBLE anhand mehrerer Cepheiden-Sterne im Randgebiet der Andromeda-Galaxie im Jahre 1923. In mühevoller Sucharbeit fand der Astronom weitere Galaxien mit Hilfe des 2,5 m-Hooker-Spiegelteleskops, das 1919 am Mount-Wilson-Observatorium in Betrieb genommen worden war. Später konnte E. HUBBLE seine Beobachtungen mit dem 5,0 m-Reflektor des Mount-Palomar-Observatoriums fortsetzen, das mit einer 0,5 m-Schmidt-Kamera ausgestattet worden war. – Die von ihm spektroskopisch gemessene Rotverschiebung einzelner Galaxien deutete er als durch deren Fluchtgeschwindigkeit hervorgerufen, der Raum würde allseitig expandieren. Fazit seiner Forschung: Das Weltall besteht aus unzähligen, sich von einander entfernenden Welteninseln, es reicht weit über unsere Milchstraße hinaus!

Mit diesen fundamentalen Entdeckungen konnte die Kosmologie es wagen, ein gesamtheitliches Bild vom Universum zu entwerfen, zumal in der damaligen Zeit theoretische Weltmodelle auf der Grundlage der Speziellen und Allgemeinen Relativitätstheorie kursierten und diskutiert wurden. Zudem gelangen der Elementarteilchenphysik bahnbrechende Erkenntnisse. Erst durch sie wurde der Energieprozess im Inneren der Sterne verständlich.

3.9.10.2 Galaxien in ihrer Vielheit

E. HUBBLE unterteilte die Galaxien in zwei Gruppen, vgl. Abb. 3.110. Die Klassifikation gilt (mit Modifikationen) bis heute. In die erste Gruppe fallen die kugel- und ellipsenförmigen Galaxien E0 bis E7, in die zweite Gruppe die scheibenförmigen. Letztere gliedern sich ihrerseits in die Spiralgalaxien Sa, Sb, … und in die Balkengalaxien SBa, SBb, … Schließlich gibt es noch die sogen. Irregulären Galaxien; sie weisen keine erkennbare Struktur auf.

Abb. 3.110   Galaxientyp:

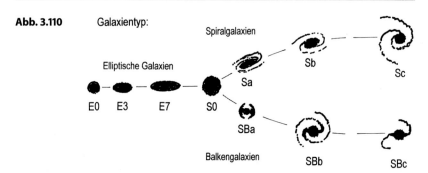

Abb. 3.111 zeigt von der großen Anzahl der heute bekannten und fotografierten Galaxien sechs Exemplare mit typischen Merkmalen.

Die **Elliptischen Galaxien** haben einen kompakten Aufbau, die Sterne in ihnen haben überwiegend ein hohes Alter. Bei ihnen ist eine Rotation der Sterne um das Zentrum der Galaxie nicht auszumachen. Die Sterne sind in einem heißen ionisierten Gas eingebettet. Die hiermit verbundene turbulente Bewegung der Sterne verhindert den gravitativen Kollaps der ganzen Galaxie.

Abb. 3.111

Die **scheibenförmigen Spiral- und Balkengalaxien** rotieren um ihr Zentrum, so erhalten sie ihre Stabilität. In den spiraligen Außenarmen liegen Regionen aus Staub und Gas (bis zu 20 % der Galaxienmasse!). In diesen Bereichen entstehen aus der Staub- und Gasmaterie ständig neue Sterne. Im Zentrum der Galaxie überwiegen ältere Sterne und das i. Allg. in hoher Verdichtung mit einer insgesamt starken Energieabstrahlung, entsprechend hell leuchtet der Kern. Es gilt als gesichert, dass im Kern der Galaxien dieses Typs ein Himmelskörper mit gigantischen Ausmaßen liegt, ein ‚Schwarzes Loch'. Es ist kein Loch, sondern ein Körper. Er hat eine Masse, die bis zu eine Million Sonnenmassen erreichen kann, fallweise ist die Masse noch größer! Die vom Schwarzen Loch ausgehende hohe Gravitation verhindert jegliche Abstrahlung von Photonen, der Himmelskörper bleibt unsichtbar, eben ‚schwarz'. Als Folge der vom Schwarzen Loch ausgehenden hohen Gravitation wird aus der Nachbarschaft vielfach Materie ‚aufgesogen und verschluckt'.

Insgesamt dominieren im Weltall die **scheibenförmigen Galaxien**, sowohl hinsichtlich Anzahl wie Größe.

Vielfach gruppieren sich die Galaxien zu lokalen oder großräumigen Verbänden in Form von Haufen oder Superhaufen. Sie bleiben untereinander gravitativ gebunden. Ihre Ausdehnung kann 100 Mpc (megaparsec) und mehr betragen und ihre Gesamtmasse das Millionenfache der Milchstraßenmasse erreichen!

Der Vollständigkeit halber sei erwähnt, dass die Galaxien auch nach ihren Strahlungseigenschaften unterschieden werden. Aus dem Kernbereich der **Aktiven Galaxien** werden extreme Energien in allen Wellenlängen ausgestrahlt, zu ihnen gehören die sogen. Seyfert- und Markarian-Galaxien sowie die Radiogalaxien mit einer starken Emission im Radiowellenbereich. Sogen. Jets, das sind gebündelte Gasströme, die mit hoher Geschwindigkeit aus dem Kern der Galaxien austreten, werden als Indiz für die Existenz eines massereichen Schwarzen Loches gesehen.

Zentren weit entfernter aktiver Galaxien werden als sogen. **Quasare** (Quasistellare Objekte, weil optisch nicht auflösbar) verortet. Sie werden seit 1963 beobachtet. Typisch ist ihre starke Rotverschiebung, sie liegen demnach weit entfernt und sind sehr sehr alt. Es handelt sich wohl um gigantische Schwarze Löcher, die ständig Materie aus der Galaxie, zu der sie gehören, gravitativ auf sich ziehen. Die Materie wird dabei stark beschleunigt und ionisiert, was mit einer elektromagnetischen Strahlung hoher Energie, vorrangig im Radiobereich, einhergeht.

3.9.10.3 Galaxis (Milchstraße)

Von der Erde aus ist die Galaxis rundum als weißlich schimmerndes Band unzähliger Sterne am Himmel zu erkennen. Wie man heute durch umfassende Vermessung weiß, zählt die Galaxis zu den Balkengalaxien, vgl. Abb. 3.112: In ihr liegen ca. 200 Milliarden Sterne (vielleicht sind es auch 300 Milliarden) in Form einer Schei-

Abb. 3.112

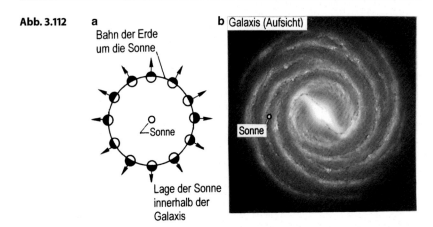

a Bahn der Erde um die Sonne, Lage der Sonne innerhalb der Galaxis

b Galaxis (Aufsicht), Sonne

be. Der Durchmesser der Scheibe beträgt ca. 100.000 Lichtjahre (Lj), das sind ≈ 30 Kiloparsec (kpc). Im Zentrum ist die Scheibe gebaucht, ihre Dicke beträgt hier 15.000 Lj (5 kpc). Zum Rand hin liegen fünf Spiralarme. Hier verjüngt sich die Galaxis zu einer Scheibe mit einer Dicke von ca. 3000 Lj (0,9 kpc). – Die Sonne liegt zum Rand der Galaxis hin und umrundet das sternenreiche Zentrum im Abstand von 26.000 Lj (8,0 kpc).

Da die Erde die Sonne während des Jahres einmal umrundet, ändert sich für den Erdenbewohner die Ansicht auf den nächtlichen Himmel innerhalb der Ebene der Milchstraße, wie in Abb. 3.112a vereinfacht angedeutet: Die Pfeile stehen für die Blickrichtung in den tiefdunklen Sternenhimmel um Mitternacht. Abhängig von dem zurückgelegten Weg auf der Bahn um die Sonne, also abhängig von der Jahreszeit, sehen wir Menschen einen anderen Ausschnitt vom Himmelshintergrund. Das bedeutet, der Anblick des fernen Fixsternhimmels verändert sich zur gleichen Stunde mit jeder weiteren Nacht, wenn auch nur wenig. Wenn wir z. B. in das Sternbild ‚Sagittarius' blicken, schauen wir in Richtung auf das galaktische Zentrum, ein halbes Jahr später sehen wir auf die Sterne der außen liegenden Spiralarme (Abb. 3.112b). Letztere tragen die Namen ‚Orion' und ‚Perseus'.

Blicken wir mit optischen Teleskopen in Richtung auf das Zentrum, erkennen wir eine Verdichtung dieses Raumes durch die massenhaft vielen Sterne in diesem Bereich. Der Anblick ist indessen nicht frei, sondern von vielen Wolken aus Gas und Staub durchsetzt. Die Dunkelwolken verhindern ein vollständiges optisches Bild vom zentralen Bereich. In diesem Kernbereich überwiegen alte Sterne. Nur Radioteleskope vermögen die aus dem Zentrum kommenden langwelligen Strahlen zu detektieren. Hier liegt eine starke Radioquelle (Sgr A). Es wird vermutet, dass es sich bei ihr um ein Schwarzes Loch mit viereinhalbmillionenfacher Sonnenmasse handelt. Es wird von einer Reihe schwerer Sternkörper umrundet, hierbei handelt es sich möglicherweise auch um Schwarze Löcher geringerer Masse.

In den Planetarischen Nebeln der äußeren Spiralarme entstehen regelmäßig neue heiße Sterne bzw. Sterngruppen. Sie werden von interstellaren Gasnebeln eingehüllt. Sie leuchten bläulich im Licht der heißen Sterne.

Die Galaxis liegt innerhalb eines kugelförmigen Raumes, der einen Durchmesser von ca. 100.000 Lj (30 kpc) umfasst, man spricht vom ,Halo' (Abb. 3.113a). Ober- und unterhalb der Scheibe liegen verstreut einzelne sogen. Feldsterne und Kugelsternhaufen. Sie sind sphärisch um das Zentrum angeordnet. Die Anzahl der Haufen im Halo beträgt wohl über 500. In ihnen sind jeweils 10^4 bis 10^6 Sterne hohen Alters vereinigt. Gas- und Staubwolken fehlen in ihnen, neue Sterne entstehen hier nicht mehr

Die Sterne in der Scheibe zählen zur Population I, jene im Halo zur Population II.

Sterne und Nebel umkreisen das Zentrum. Sie kreisen allerdings nicht mit konstanter Winkelgeschwindigkeit, etwa so, als lägen sie auf einer starren Scheibe, sie bewegen sich vielmehr mit einer unterschiedlichen, vom Abstand zum Zentrum abhängigen Rotationsgeschwindigkeit. Man spricht bei dieser Bewegungsform von differentieller Rotation. Hiermit wird die Existenz einer sogen. ,Dunklen Materie' in Verbindung gebracht (s. u.).

Von wenigen Ausnahmen abgesehen, gehören sämtliche Sterne, die mit bloßem Auge auf der Nord- und Südhalbkugel am Himmel gesehen werden können, (wohl 6000 an der Zahl) zur Galaxis, einschließlich jener im Halo beidseitig der Scheibe, wie in Abb. 3.113 schematisch veranschaulicht.

Es war HIPPARCHOS VON NIKAIA (190-125 v. Chr.), der vor mehr als zweitausend Jahren den ersten Sternenkatalog erstellte, er enthielt bereits 1028 Sterne. Viel später war es F.W. HERSCHEL (1738–1822), der mittels seiner Großteleskope das Bild von der Galaxis erweitern konnte. Ihm folgten viele weitere Astronomen.

Die zurückliegenden systematischen Durchmusterungen haben viel zum detaillierten Wissen über die Milchstraße beigetragen. Sehr erfolgreich war mit 118.000 Sternen die ,Hipparcos'-Mission (ESA, 1989–1993). Das Nachfolgeprojekt ,Gaia' vermisst seit 2013 bis voraussichtlich 2018 Ort, Entfernung, Spektrum, Temperatur und chem. Zusammensetzung von ca. einer Milliarde Sterne und das mit hoher Genauigkeit, dabei wird jeder Stern 7-mal angepeilt. Dadurch gelingt es, auch die Eigenbewegung der durchmusterten Sterne nach Richtung und Geschwindigkeit zu bestimmen.

Abb. 3.113

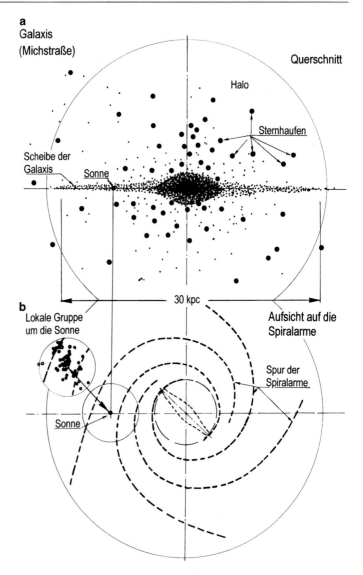

a
Galaxis
(Michstraße)

Querschnitt

Halo

Sternhaufen

Scheibe der
Galaxis

Sonne

30 kpc

b
Lokale Gruppe
um die Sonne

Aufsicht auf die
Spiralarme

Spur der
Spiralarme

Sonne

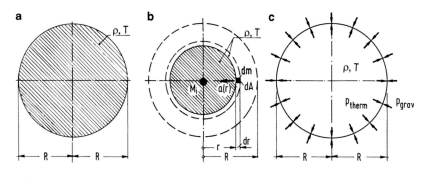

Abb. 3.114

3.9.10.4 Beispiele und Ergänzungen: Jeans-Kriterium – Galaxis – Dunkle Materie

1. Beispiel: Jeans-Kriterium

Sterne bilden sich, wie ausgeführt, in Wolken riesenhafter Ausdehnung durch Verklumpung des hier liegenden Staubs und Gases. Gesucht ist jene Masse einer solchen Wolke, bei welcher die Gravitation eine Kontraktion und schließlich einen Kollaps der Materie zu einem Stern bewirkt. Es ist zu erwarten, dass ein solches Geschehen von der Dichte und der Temperatur der in der Wolke schwebenden Materieteilchen abhängig ist.

Als Modell wird eine kugelförmige Wolke mit dem Radius R gewählt (Abb. 3.114a). Die Wolke befindet sich im (indifferenten) Gleichgewichtszustand, wenn der gravitative Druck p_{grav} (von Außen nach Innen) gleich dem thermischen Gasdruck p_{therm} (von Innen nach Außen) ist, wie in Teilabbildung c veranschaulicht.

Die mittlere Massendichte in der Wolke sei ρ, die mittlere Temperatur sei T. Messungen zeigen, dass die Dichte solcher Wolken im Weltraum extrem gering ist, ihre Temperatur liegt sehr niedrig. Das bedeutet: Die Wolke kann modellmäßig als eine mit einem idealen Gas gefüllte Kugel angenähert werden, in ihr gelten die klassischen Gasgesetze (vgl. Bd. II, Abschn. 3.2.5).

Um den Druck herzuleiten, der die Wolke gravitativ zusammenhält, wird von Teilabbildung b ausgegangen. Das Schnittbild zeigt innerhalb der Wolke eine Kugelschale. Ihr Radius sei r und ihre (infinitesimale) Dicke dr. Innerhalb der Schale liege das Massenelement $dm = \rho \cdot dA \cdot dr$ (Dichte mal Volumen) im Sinne einer Probemasse. Die Masse der gesamten Wolke beträgt:

$$M = \rho \cdot V = \rho \cdot \frac{4}{3}\pi \cdot R^3 \tag{a}$$

Sie übt vom Zentrum auf die Probemasse dm im Abstand r die Massenbeschleunigung

$$a(r) = G \cdot \frac{M}{R^2} \cdot \frac{r}{R} \tag{b}$$

aus. G ist die Gravitationskonstante: $6,67 \cdot 10^{-11} \, \mathrm{m}^3/\mathrm{kg} \, \mathrm{s}^2$. Der vorstehende Ausdruck wurde in Bd. II, Abschn. 2.8.6.4 hergeleitet. Die von dm ausgehende Gravitationskraft in Richtung Zentrum beträgt demnach

$$dF(r) = dm \cdot a(r) = (\rho \cdot dA \cdot dr) \cdot \left(G \cdot \frac{M}{R^2} \cdot \frac{r}{R} \right) \qquad \text{(c)}$$

und der Druck:

$$dp(r) = \frac{dF(r)}{dA} = (\rho \cdot dr) \cdot \left(G \cdot \frac{M}{R^2} \cdot \frac{r}{R} \right) = \rho \cdot G \cdot \frac{M}{R^3} \cdot r \cdot dr \qquad \text{(d)}$$

Durch Summation über die von allen Kugelschalen von $r = 0$ bis $r = R$ ausgehenden infinitesimalen Drücke findet man den gesamtem Gravitationsdruck auf die Wolke zu:

$$p(R) = \rho \cdot G \cdot \frac{M}{R^3} \cdot \int_0^R r \cdot dr = \rho \cdot G \cdot \frac{M}{R^3} \cdot \left. \frac{r^2}{2} \right|_0^R = \frac{1}{2} \rho \cdot G \cdot \frac{M}{R} = p_{\text{grav}} \qquad \text{(e)}$$

Wird die Dichte ρ aus (a) frei gestellt und in (e) eingeführt, erhält man für p_{grav} den Ausdruck:

$$\rho = \frac{3}{4\pi} \cdot \frac{M}{R^3} \quad \rightarrow \quad p(R) = p_{\text{grav}} = \frac{3}{8\pi} \cdot G \cdot \frac{M^2}{R^4} \qquad \text{(f)}$$

In der Wolke dominieren atomarer und molekularer Wasserstoff (H_1, H_2) und Helium (He). Die Teilchen tragen folgende Massen, bezogen auf die Masse eines Protons (sie ist gleich der Masse des Wasserstoffatoms: m_p = Masse eines Protons: $m_p = 1{,}673 \cdot 10^{-27}$ kg):

$$H_1: 1 m_p, \quad H_2: 2 m_p, \quad He: 4 m_p.$$

Der prozentuale Anteil in den Gaswolken ist unterschiedlich. Als Beispiel werde angesetzt: H_1: 60 %, H_2: 30 %, He: 10 %. Es ist zweckmäßig, die Massenanteile (ggf. auch höhere) auf die Masse des Wasserstoffatoms, also auf die Masse des Protons, zu beziehen. Für das gewählte Beispiel führt die Umrechnung auf ein fiktives Teilchen mit der Masse:

$$\mu \cdot m_p = (0{,}6 \cdot 1 + 0{,}3 \cdot 2 + 0{,}1 \cdot 4) \cdot m_p = (0{,}60 + 0{,}60 + 0{,}40) \cdot m_p = 1{,}60 \cdot m_p.$$

Das Kürzel μ ist damit erklärt (es ist die mittlere atomare Massenzahl).

Der thermische Druck des Gases gehorcht der Gasgleichung (Bd. II, Abschn. 3.2.5.3):

$$p_{\text{therm}} = \rho_N \cdot k_B \cdot T \qquad \text{(g)}$$

ρ_N ist die Teilchendichte in $1/m^3$, k_B die Boltzmann-Konstante ($k_B = 1{,}381 \cdot 10^{-23}$ J/K) und T die Temperatur des Gases in K (Kelvin). Die Massendichte des Gases beträgt

$$\rho = \rho_N \cdot \mu \cdot m_p \qquad \text{(h)}$$

und damit der thermische Gasdruck:

$$p_{\text{therm}} = \frac{\rho}{\mu \cdot m_p} \cdot k_B \cdot T \tag{i}$$

Im Falle

$$p_{\text{grav}} - p_{\text{therm}} = 0 \tag{j}$$

ist das Gleichgewicht indifferent, ‚es passiert (noch) nichts'. Im Falle

$$p_{\text{grav}} - p_{\text{therm}} > 0 \tag{k}$$

dominiert die Gravitation gegenüber dem Gasdruck, die Gaswolke hat die Tendenz sich zusammen zu ziehen (zu kontrahieren) und schließlich zu kollabieren (also in sich zusammen zu stürzen). Aus der Bedingung des indifferenten Gleichgewichts folgt (vgl. (e) und (i)):

$$\frac{1}{2} \rho \cdot G \cdot \frac{M}{R} - \frac{\rho}{\mu \cdot m_p} \cdot k_B \cdot T \quad \rightarrow \quad M_J = 2 \frac{k_B \cdot T \cdot R}{G \cdot \mu \cdot m_p} \tag{l}$$

Im Falle des Beispiels mit $\mu = 1{,}60$, $T = 20\,\text{K}$ und einer Wolke mit dem Radius

$$R = 30\,\text{pc} = 30 \cdot 3{,}086 \cdot 10^{16} = \underline{9{,}258 \cdot 10^{17}\,\text{m}}$$

ergibt sich M_J zu:

$$M_J = 2 \frac{1{,}381 \cdot 10^{-23} \cdot 20 \cdot 9{,}258 \cdot 10^{17}}{6{,}67 \cdot 10^{-11} \cdot 1{,}6 \cdot 1{,}673 \cdot 10^{-27}} = \underline{2{,}86 \cdot 10^{33}\,\text{kg}}$$

Die Masse der Sonne ist gleich $M_{\text{Sonne}} \approx 2{,}0 \cdot 10^{30}\,\text{kg}$. Bezogen hierauf beträgt M_J:

$$M_J = 1430 M_{\text{Sonne}}.$$

M_J bezeichnet man als **Jeans-Masse**, benannt nach dem Physiker und Astronomen J.H. JEANS (1877–1946). Seine Forschungen galten u. a. der Sternentwicklung.

Durch Umformung kann man zeigen, das sich M_J auch in der Formel

$$M_J = \sqrt{\frac{6}{\pi}} \left(\frac{k_B \cdot T}{G \cdot \mu \cdot m_p} \right)^{3/2} \cdot \frac{1}{\sqrt{\rho}} \tag{m}$$

ausdrücken lässt. Der Radius der Wolke ist hierbei eliminiert, andererseits sind ρ und $\mu \cdot m_p$ miteinander verknüpft. Die Fortsetzung des Beispiels liefert für M_J mit

$$\rho = 8{,}64 \cdot 10^{-22}\,\text{kg/m}^3 \,\hat{=}\, \rho_N = 3{,}23 \cdot 10^5\,\text{Teilchen/m}^3 = 0{,}32\,\text{Teilchen/cm}^3$$

dasselbe Ergebnis wie zuvor, wie es sein muss.

Abb. 3.115

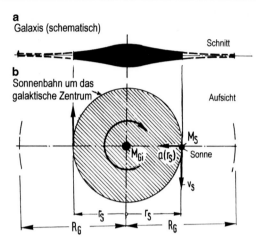

a
Galaxis (schematisch)

Schnitt

b
Sonnenbahn um das
galaktische Zentrum

Aufsicht

M_S
M_{Gi} $a(r_S)$ Sonne

v_S

r_S r_S

R_G R_G

2. Beispiel: Masse der Galaxis (Milchstraße)

Abb. 3.115 zeigt die Galaxis in schematischer Form als Schnittbild (oben) und in der Aufsicht (unten). Außerdem ist die Lage der Sonne im Abstand r_S vom galaktischen Zentrum entfernt dargestellt. Die Sonne umkreist das Zentrum mit der Geschwindigkeit v_S Wie in Bd. II, Abschn. 2.8.6.4 gezeigt, übt nur die innerhalb der Sonnenbahn liegende Masse (M_{Gi}) eine gravitative Beschleunigung auf die Sonnenmasse (M_S) aus. Es wird unterstellt, dass das galaktische System zentralsymmetrisch strukturiert ist. Die auf die Sonne einwirkende Beschleunigung beträgt

$$a_i(r_S) = G \cdot \frac{M_{Gi}}{r_S^2}$$

und damit die Gravitationskraft:

$$F_{\text{grav}}(r_S) = M_S \cdot a_i(r_S) = G \frac{M_{Gi} \cdot M_S}{r_S^2}$$

G ist die Gravitationskonstante. – Ein stabiler kreisförmiger Umlauf der Sonne um das Zentrum der Galaxis setzt Gleichgewicht zwischen F_{grav} und der Zentrifugalkraft F_{zentr} voraus:

$$F_{\text{zentr}}(r_S) = \frac{M_S \cdot v_S^2}{r_S}$$

Aus dieser Bedingung lässt sich die innerhalb der Sonnenbahn vereinigte Masse frei stellen:

$$F_{\text{grav}}(r_S) = F_{\text{zentr}}(r_S)$$

$$\rightarrow \quad G \frac{M_{Gi} \cdot M_S}{r_S^2} = \frac{M_S \cdot v_S^2}{r_S} \quad \rightarrow \quad M_{Gi} = \frac{v_S^2 \cdot r_S}{G}$$

Die Geschwindigkeit der Sonne um das Zentrum der Galaxis und ihr Abstand vom Zentrum sind durch Messung bekannt:

$$v_S = 220\,\text{km/s} = 2{,}2 \cdot 10^5\,\text{m/s}$$

$$\rightarrow \quad r_S = 8{,}5\,\text{kpc} = 8{,}5 \cdot 10^3\,\text{pc} = 8{,}5 \cdot 10^3 \cdot 3{,}086 \cdot 10^{16} = \underline{26{,}2 \cdot 10^{19}\,\text{m}}$$

Für M_{Gi} ergibt sich:

$$M_{Gi} = \frac{(2{,}2 \cdot 10^5)^2 \cdot 26{,}2 \cdot 10^{19}}{6{,}67 \cdot 10^{-11}} = \underline{19{,}0 \cdot 10^{40}\,\text{kg}}$$

Dieser Masse entsprechen

$$M_{Gi} = \frac{19{,}0 \cdot 10^{40}}{2{,}0 \cdot 10^{30}} = 9{,}5 \cdot 10^{10} M_S \approx 10 \cdot 10^{10}\,\text{Sonnenmassen,}$$

in Worten: $100 \cdot 10^9 = 100$ Milliarden Sonnenmassen! Die außerhalb der Sonnenbahn liegende Masse tritt noch hinzu. (Zusätzlich ist noch der Massenanteil aus Dunkler Materie zu berücksichtigen. Hierauf wird im folgenden Beispiel eingegangen.)

3. Beispiel: Galaktische Rotationsgeschwindigkeit – Dunkle Materie
Abb. 3.116 zeigt eine zentralsymmetrische Galaxie in Schnitt und Aufsicht. Der Radius der Galaxie sei R_G. Im Abstand r_S vom Zentrum werde ein **Stern** betrachtet, es könnte die Sonne sein.

Der Stern bewegt sich mit der Geschwindigkeit v_S auf einer Kreisbahn um das Zentrum. Innerhalb der Kreisbahn betrage die gesamte Masse M_{Gi}. In der Figur ist der Bereich schwarz bzw. schraffiert angelegt.

Aus der im vorangegangenen Beispiel angegebenen Gleichgewichtsgleichung lässt sich die Formel für die Rotationsgeschwindigkeit des Sterns auf seiner Bahn herleiten:

$$M_{Gi} = \frac{v_S^2 \cdot r_S}{G} \quad \rightarrow \quad v_S = \sqrt{G \cdot \frac{M_{Gi}}{r_S}}$$

Je weiter der Stern zum Rand hin liegt, je größer also der Bahnradius r_S ist, umso größer ist die von der Bahnkurve eingeschlossene Masse M_{Gi}. Diese Materieverteilung innerhalb der eingeschlossenen Scheibe bestimmt, in welcher Weise die Masse M_{Gi} mit dem Radius r_S anwächst. Im zentralen Bereich ist die Materiedichte am höchsten, nach außen hin nimmt sie ab. Ausgehend von der angeschriebenen Formel bedeutet das: Mit anwachsendem Abstand vom Zentrum wächst zunächst der Zählerterm (unter der Wurzel, also M_{Gi}) stärker im Verhältnis zum Nennerterm (unter der Wurzel, also r_S): Die Geschwindigkeit v_S steigt mit zunehmendem Abstand vom Zentrum an. Irgendwann kehrt sich das Verhältnis um: v_S beginnt zu sinken. In großer Entfernung vom Zentrum fällt v_S gegen Null. Dieser Verlauf ist in Abb. 3.116c mit ‚berechnet‘ angedeutet.

Verwirrend ist nunmehr, dass die Messungen ein anderes Bild zeigen: Nach außen bleibt die Rotationsgeschwindigkeit nahezu konstant, wie in der Abbildung mit ‚gemessen‘ wiedergegeben. Das steht in eklatantem Gegensatz zur Newton'schen Mechanik. Die Gleichgewichtsgleichung ‚Gravitationskraft gleich Zentrifugalkraft‘ wird für jeden Stern massiv verletzt!

Die gemessenen Geschwindigkeiten sind so hoch, dass alle Sterne und mit ihnen alle dazwischenliegenden Materiewolken eigentlich mit zunehmendem Abstand zentrifugal ab-

Abb. 3.116

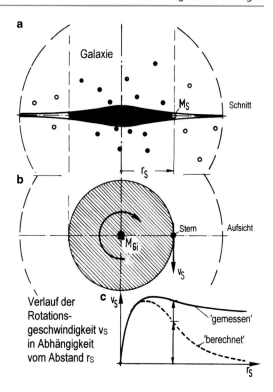

Verlauf der
Rotations-
geschwindigkeit v_S
in Abhängigkeit
vom Abstand r_S

driften müssten, die Galaxie müsste ‚auseinander fliegen', sie wäre nicht stabil. Aus diesem Befund wird in der Astrophysik der Schluss gezogen, dass in der Galaxie noch weitere Materie verborgen sein muss, insbesondere zum inneren Zentrum hin verteilt. Von ihr muss jene Gravitation ausgehen, die die Galaxie als geschlossenes System zusammenhält. Indessen: Welcher Natur ist diese Materie? Sie ist nicht sichtbar, man spricht daher von **Dunkler Materie**.

In Abb. 3.117 ist für die Galaxis (die Milchstraße) der Verlauf der Rotationsgeschwindigkeit diverser Sterne als Funktion ihres Abstandes vom Zentrum dargestellt, vgl. z. B. [26]. Es ist immer derselbe Befund! Welcher Art könnte die gesuchte Substanz sein, die man nicht sieht, die sich gleichwohl gravitativ zu erkennen gibt? Es werden verschiedene Möglichkeiten diskutiert:

1. Es handelt sich um von der Erde aus nicht sichtbare Materie, z. B. um die Materie Schwarzer Löcher, massereicher kleiner Neutronensterne, Weißer oder Brauner Zwerge. Beteiligt könnten auch schwere Staubwolken nach Super-

Abb. 3.117

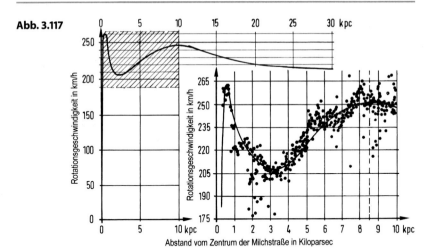

Abstand vom Zentrum der Milchstraße in Kiloparsec

novae sein. Man fasst die Summe der Objekte unter dem Begriff ‚Massive Compact Halo Objects (MACHO)' zusammen. Wie eine Prüfung zeigt, ist die Masse der Objekte wohl zu gering, um eine ausreichend hohe Gravitationskraft zu aktivieren. Als Dunkle Materie kommt sie daher (alleine) nicht infrage.

2. Es handelt sich schlicht um eine noch nicht bekannte Materieform, die gänzlich anders ist, als die vertraute (baryonische) Materie. Sie kann mit Licht, also mit elektromagnetischer Strahlung, nicht wechselwirken, sie bleibt ‚im Dunkeln': Mit den bekannten Methoden kann sie nicht detektiert werden, ähnlich wie die nur äußerst schwierig zu erkennenden Neutrinos. Man spricht bei dem ‚unbekannten Wesen' von ‚Weakly Interacting Particles (WIMPs)'. Auch deren Beitrag ist wohl zu gering, um als Dunkle Materie infrage zu kommen.

3. Die Gravitationstheorien nach I. NEWTON und A. EINSTEIN bedürfen bei großen Massenansammlungen einer Modifikation. Indessen, die diesbezüglich vorgeschlagenen Theorien werden von den meisten Astrophysikern als (noch) zu spekulativ beurteilt.

Von Bedeutung ist in dem Zusammenhang, dass die Dunkle Materie nicht nur zur Sicherstellung der Stabilität der Spiralgalaxien, sondern auch zur Erklärung des Gravitationslinseneffekts notwendig ist (Abschn. 4.2.4). Wie Prüfungen zeigen, kann die baryonische Masse in den Galaxien bzw. Galaxienhaufen den Effekt allein nicht bewirken. – Schließlich: Nach der geltenden Theorie bedurfte es nach dem Urknall zur Strukturbildung der Sterne und Galaxien der gravitativen Wirkung einer zusätzlichen Materie, die ebenfalls mit der Existenz der Dunklen Materie in

Verbindung gebracht wird. Nur mit ihrer Hilfe konnte sich die Gravitation bei der Verklumpung der baryonischen Materie gegenüber dem Strahlungsdruck durchsetzten.

Die **Natur der Dunklen Materie ist und bleibt ein großes Rätsel**. Die Substanz muss sich aus sehr stabilen und schweren Elementarteilchen aufbauen. – Die Thematik ist ein brisantes und ernstes Thema der heutigen astronomischen Forschung, eine Lösung ist nicht in Sicht. Sollte für die Dunkle Materie (und die Dunkle Energie, vgl. Abschn. 4.3.9) keine Erklärung gefunden werden können, berührt das die Glaubwürdigkeit vieler Modelle und die Aussagen der heutigen Astronomie und Kosmologie als Stand der Wissenschaft in zentraler Weise! Dass es die Dunkle Materie und die Dunkle Energie in der Dominanz gibt, wie heute verbreitet behauptet wird, wird sich vielleicht später als Irrtum erweisen, vielleicht fehlt in der Reihenfolge I. NEWTON – A. EINSTEIN – noch der Dritte, der den Irrtum mit einem zugeschärften Gravitationsgesetz aufklären kann.

Auf die Behandlung dieses ernsten Problems in [27–30] sei abschließend verwiesen, der Ansatz einer überzeugenden Lösung ist nicht in Sicht.

Literatur

1. HOPPE, E.: Geschichte der Optik (Nachdruck 1926). Paderborn: Salzwasser-Verlag 2012

2. HECHT, E.: Optik. München: Oldenbourg 1999

3. GIANCOLI, D.D.: Physik: Lehr- und Übungsbuch, 3. Aufl. München: Pearson 2009

4. BERGMANN, L. u. SCHAEFER, C.: Lehrbuch der Experimentalphysik, Bd. III: Optik, Wellen- und Teilchenoptik, 10. Aufl. Berlin: de Gruyter 2008

5. ZINTH, W. u. KÖRNER, H.-J.: Physik – III Optik, Quantenphänomene und Aufbau der Atome, 3. Aufl. Reprint. München: Oldenbourg 1997 (2014)

6. INGS, S.: Das Auge. Meisterstück der Evolution. Hamburg: Hoffmann und Campe 2008

7. EBERLEIN, D.: Lichtwellenleiter-Technik. Dresden: Expert-Verlag 2003

8. BRÜCKNER, V.: Elemente optischer Netze: Grundlagen und Praxis der optischen Datenübertragung, 2. Aufl. Wiesbaden: Springer-Vieweg 2011

9. FÖPPL, L. u. MÖNCH, E.: Praktische Spannungsoptik, 3. Aufl. Berlin: Springer 1972

10. ROHRBACH, C.: Handbuch für experimentelle Spannungsanalyse. Berlin Springer 1989

11. SCHLEGEL, K.: Vom Regenbogen zum Polarlicht: Leuchterscheinungen in der Atmosphäre, 2. Aufl. Heidelberg: Spektrum Akad. Verlag 2001

12. SILVERSTRINI, N. u. FISCHER, E.P.: Farbsysteme in Kunst und Wissenschaft. Köln DuMont 1998

13. GEKELER, H.: Handbuch der Farbe. Systematik, Ästhetik, Praxis. 7. Aufl. Köln: Du-Mont 2007

14. KÜPPERS, H.: Farbenlehre: Ein Schnellkurs. Köln: DuMont 2012

15. KÜPPERS, H.: Das Grundgesetz der Farbenlehre. 11. Aufl. Köln: DuMont 2004

16. KÜPPERS, H.: DuMont Farbenatlas. 10. Aufl. Köln: DuMont 2007

17. GOETHE, J.W.v.: Zur Farbenlehre. Altenmünster: Jazzybee 2015

18. PROSKAUER, H.O.: Zum Studium von Goethes Farbenlehre, 5. Aufl. Sauldorf-Roth: 2003

19. MÜLLER, O.L.: Mehr Licht: Goethe mit Newton im Streit um die Farben. Frankfurt a. M.: Fischer 2015

20. Astronomie.de: Der Treffpunkt der Astronomie

21. ROTH, G.D.: Kosmos Astronomie – Geschichte: Astronomen, Instrumente, Entdeckungen. Stuttgart: Kosmos 1982

22. N.N.: Die Geschichte der Astronomie. Vom Orakel zum Teleskop. Heidelberg: Spektrum der Wissenschaft – Spezial 2013

23. UNSÖLD, A. u. BASCHEK, B.: Der Name Kosmos. 7. Aufl. Berlin: Springer 2002

24. WIKIPEDIA: Sternwarte (daselbst Liste der Sternwarten in Deutschland und Astronomischen Gesellschaften)

25. Vgl. unter Wikipedia: ‚Sternkatalog‘ und ‚Liste astronomischer Kataloge‘

26. BARTELMANN, M.: Das Standardmodell der Kosmologie, Teil 1. Heft 8, 2007, S.38-47 und folgende Hefte

27. BARTELMANN, M. u. STEINMETZ, M.: Dem Dunklen Universum auf der Spur. Sterne und Weltraum. Heft 8, 2010, S. 32-43

28. DOBRESCU, B.A. u. LINCOLN, D.: Der verborgene Kosmos, Dunkle Materie. Spektrum der Wissenschaft. Heft 11, 2015, S. 42-49

29. PANEK, R.: Das 4 %-Universum – Dunkle Energie, dunkle Materie und die Geburt einer neuen Physik. München: Hanser-Verlag 2011

30. PAULDRACH, A.W.A.: Das dunkle Universum – Der Wettstreit Dunkler Materie und Dunkler Energie. Berlin: Springer Spektrum 2015

Relativistische Mechanik

4

Die Ausarbeitung der ‚Speziellen Relativitätstheorie (SRT)' und der ‚Allgemeinen Relativitätstheorie (ART)' geht auf ALBERT EINSTEIN (1879–1955) zurück. Er führte auch die Begriffe ein. Im zweitgenannten Falle wäre der Begriff ‚Relativistische Gravitationstheorie' vielleicht günstiger gewesen. Der Begriff ‚Speziell' macht deutlich, dass die SRT ein Spezialfall der ART ist, sie gilt für Systeme, die sich unbeschleunigt in einem gravitationsfreien Raum bewegen! Das Newton'sche Gravitationsgesetz lässt sich innerhalb der SRT nicht verallgemeinern, dazu bedarf es der ART.

Die SRT hat A. EINSTEIN im Jahre 1905 als 26-Jähriger veröffentlicht. Er publizierte sie in dem genannten Jahr in zwei von insgesamt fünf berühmten Arbeiten: ‚Zur Elektrodynamik bewegter Körper' und ‚Ist die Trägheit eines Körpers von seinem Masseninhalt abhängig?' Bei der Erarbeitung der SRT konnte sich A. EINSTEIN auf Arbeiten von H.A. LORENTZ (1853–1928) und J.H. POINCARÉ (1854–1912) stützen.

Die ART ist sein alleiniges Werk. Hierzu benötigte A. EINSTEIN zehn Jahre angestrengten Denkens. In dieser Zeit ließen einige seiner Publikationen den Arbeitsschwerpunkt ‚Gravitation' erkennen. Im Jahre 1915 konnte er seine Gravitationstheorie vorstellen. Im Jahre 1916 fand die Theorie in seinem Beitrag ‚Die Grundlagen der Allgemeinen Relativitätstheorie' ihre vorläufig endgültige Fassung. Es war ein mühevoller Weg gewesen. Erst die Beherrschung der Differentialgeometrie und der nichteuklidischen Geometrie mit Hilfe des Tensorkalküls führte zum Erfolg. Wegbereiter der Theorie war neben anderen B. RIEMANN (1826–1866) gewesen. A. EINSTEIN hatte von seinem Freund, dem Mathematiker M. GROSZMANN (1878–1936), viel Unterstützung erfahren. Zwei Publikationen aus dieser Zeit tragen ihre Namen.

In tensorieller Form lauten die (nichtlinearen) Feldgleichungen der ART:

$$R_{\mu\nu} - \frac{R}{2} \cdot g_{\mu\nu} + \Lambda \cdot g_{\mu\nu} = -\frac{8\pi G}{c^4} T^{\mu\nu}; \quad \Lambda \text{ ist die ‚Kosmologische Konstante'.}$$

© Springer Fachmedien Wiesbaden GmbH 2017   339
C. Petersen, *Naturwissenschaften im Fokus III*, DOI 10.1007/978-3-658-15300-7_4

Nach diesen Feldgleichungen beruht die Gravitation auf der **gekrümmten vier-dimensionalen Raumzeit**, einer Wechselbeziehung zwischen Materie, Raum und Zeit, u. a. gekennzeichnet durch den skalaren Krümmungsradius R.

In Abschn. 4.2 dieses Bandes wird ein elementarer Einstieg in dieses überaus schwierige Gebiet der Physik versucht. Es lohnt sich, weil damit auch der Einstieg in die modernen Theorien der Kosmologie möglich ist. Tiefere Einsichten gelingen indessen nur dem Fachmann nach Studium der einschlägigen Mathematik und Physik.

Auf die Darstellung seiner Theorien durch A. EINSTEIN selbst sei als erstes auf [1] verwiesen. Populärwissenschaftlich werden die Theorien in [2, 3] und in vertiefter Weise in [4–7] behandelt, in Form von Biographien über ALBERT EINSTEIN in [8–10]. Die Grundlagen der SRT werden inzwischen im höheren Schulunterricht gelehrt, entsprechend in den Physiklehrbüchern.

4.1   Spezielle Relativitätstheorie (SRT)

4.1.1   Einführung

Ein Fußgänger gehe mit der Geschwindigkeit $v_{\text{Fußgänger}} = v_F =$ konst. auf einem Laufband (derartige Laufbänder trifft man auf großen Flughäfen an). Solange der Fußgänger eine konstante Schrittlänge und konstante Schrittfrequenz einhält, geht er (unabhängig von der Rollgeschwindigkeit des Laufbandes) mit konstanter Gehgeschwindigkeit, diese sei v_F. Das gilt entsprechend, wenn der Fußgänger quer zur Rollrichtung geht. (Bei dieser Vorstellung handelt es sich um ein Modell. Es müsste ein sehr breites Laufband sein. Auf diesem quer zur Rollrichtung zu Gehen, wäre real wohl recht schwierig).

Ruht das Rollband, dauert die Gehzeit des Fußgängers für eine Strecke der Länge l (Abb. 4.1a):

$$t_F = \frac{l}{v_F} \tag{a}$$

Bewegt sich der Fußgänger in Rollrichtung und beträgt die Rollgeschwindigkeit des Laufbandes v_L, kommt der Fußgänger, für einen Beobachter von außen gesehen, schneller voran. Wenn er in Gegenrichtung geht, kommt er, wiederum von außen betrachtet, langsamer voran. Beim Gehen in Rollrichtung beträgt seine Geschwindigkeit (von außen gesehen): $v_{F1} = v_F + v_L$. Eine Strecke der Länge l wird in der Zeit

$$t_{F1} = \frac{l}{v_F + v_L} \tag{b}$$

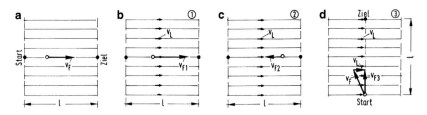

Abb. 4.1

durchschritten (Abb. 4.1b). Beim Gehen gegen die Rollrichtung beträgt die Geschwindigkeit des Fußgängers für einen Betrachter von außen: $v_F - v_L$. Das Durchschreiten der Länge l dauert dann ($v_F > v_L$ vorausgesetzt), Abb. 4.1c:

$$t_{F2} = \frac{l}{v_F - v_L} \qquad \text{(c)}$$

Für den Weg hin und zurück wird demnach die Zeit

$$t_{\parallel} = t_{F1} + t_{F2} = \frac{l}{v_F + v_L} + \frac{l}{v_F - v_L} = \frac{2 \cdot v_F \cdot l}{v_F^2 - v_L^2} \qquad \text{(d)}$$

benötigt.

Startet der Fußgänger quer zur Rollrichtung und will er das Ziel im Abstand l rechtwinklig zur Rollrichtung vom Startplatz aus erreichen (Abb. 4.1d), muss er etwas ‚gegen die Rollrichtung gehen‘. Er bewegt sich dadurch nicht mit v_F in Richtung Ziel, sondern in dieser Richtung etwas langsamer. Diese verringerte Geschwindigkeit beträgt für einen Beobachter von außen (Abb. 4.1d):

$$v_{F3} = \sqrt{v_F^2 - v_L^2} \qquad \text{(e)}$$

Für einen Hin- und Rückweg quer zur Rollrichtung wird für die Strecke l die Zeit $t_{\perp}$ benötigt:

$$t_{\perp} = 2 \cdot t_{F3} = 2 \cdot \frac{l}{\sqrt{v_F^2 - v_L^2}} = \frac{2 \cdot l}{v_F^2 - v_L^2} \sqrt{v_F^2 - v_L^2} = \frac{2 \cdot l \cdot v_F}{v_F^2 - v_L^2} \sqrt{1 - \left(\frac{v_L}{v_F}\right)^2}$$

$$\text{(f)}$$

Bildet man den Quotienten aus $t_\perp$ und $t_\parallel$, folgt:

$$\frac{t_\perp}{t_\parallel} = \sqrt{1 - \left(\frac{v_L}{v_F}\right)^2} \tag{g}$$

Ist die Geschwindigkeit des Laufbandes Null ($v_L = 0$), dauern beide Gehzeiten gleichlang, wie es sein muss. Ist $v_F = v_L$, ergibt sich die Gehzeit t_{F2} nach (c) zu ∞ (unendlich), der Fußgänger bewegt sich für einen Beobachter von außen ‚auf der Stelle'. Ist $v_F < v_L$, ist also die Rollgeschwindigkeit größer als die Gehgeschwindigkeit, kann die Absicht ② nicht umgesetzt werden, Absicht ③ auch nicht, die zugehörigen Formeln für die Gehzeit ((f) bzw. (g)) liefern imaginäre Werte (der Radikand wird negativ).

Beispiel

$v_F = 1{,}5\,\text{m/s}$ $v_L = 1\,\text{m/s}$: Für die einzelnen Szenarien erhält man für eine Gehstrecke $l = 40\,\text{m}$ folgende Gehzeiten:

$$t_{F1} = \frac{40}{1{,}5 + 1} = 16{,}00\,\text{s}, \quad t_{F2} = \frac{40}{1{,}5 - 1} = 80{,}00\,\text{s}, \quad t_{F3} = \frac{40}{\sqrt{1{,}5^2 - 1^2}} = 35{,}78\,\text{s}$$

$$t_\parallel = 96{,}00\,\text{s}, \quad t_\perp = 71{,}55\,\text{s}; \quad t_\perp/t_\parallel = 0{,}745$$

Das Beispiel verdeutlicht das vertraute Additionstheorem der Geschwindigkeiten.

4.1.2   Galilei – Transformation

4.1.2.1   Transformationsvorschrift und Beispiele

Für die weiteren Untersuchungen ist es notwendig, den Begriff des **Inertialsystems** einzuführen. Der Begriff geht auf L. LANDES (1863–1936) zurück.

Abb. 4.2a zeigt zwei Systeme, S und S', mit den rechtwinkligen Koordinaten x, y, z bzw. x', y', z'. Im System S werde die Zeit mit der Zeitskala t, im System S' mit der Skala t' gemessen; es gelte: $t = t'$. Das bedeutet: In beiden Systemen gelten dieselben Zeitmaßstäbe: $dt = dt'$ (und das auch dann, wenn die Uhren vom jeweils anderen System abgelesen werden). Es wird weiter angenommen, dass sich die Systeme mit **konstanter** Geschwindigkeit (also nicht etwa beschleunigt) relativ zueinander bewegen. Außerdem sei die Bewegung der Systeme drehungsfrei. Mit diesen Annahmen sind die Systeme dynamisch äquivalent. Auf dieser Grundannahme beruht die Klassische Mechanik. Hieraus folgt unmittelbar die Galilei'sche

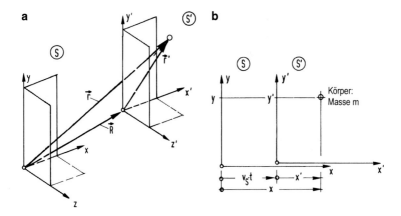

Abb. 4.2

Transformationsvorschrift, mit deren Hilfe die Bewegungsgleichungen für einen Körper der Masse m im System S in jene im System S' transformiert (also überführt) werden können. Vorstehende Aussagen werden im Folgenden bewiesen.

Für die Bewegung eines Körpers, die einmal im System S und einmal im System S' beschrieben wird, gelten im momentanen Zeitpunkt t folgende Abhängigkeiten (Abb. 4.2a):

$$\vec{r} = \vec{R} + \vec{r}' \quad \rightarrow \quad \vec{r}' = \vec{r} - \vec{R} \quad \rightarrow \quad \frac{d\vec{r}'}{dt} = \frac{d\vec{r}}{dt} - \frac{d\vec{R}}{dt} \tag{a}$$

Die momentane Lage des Körpers im System S beschreibt $\vec{r} = \vec{r}(t)$ und im System S': $\vec{r}' = \vec{r}'(t)$. Die beiden Ortsvektoren sind Funktionen der Zeit t. $\vec{R}$ kennzeichnet die Verschiebung von S' gegenüber S. $d\vec{R}/dt$ ist die zugehörige Relativgeschwindigkeit der beiden Systeme zueinander, sie sei konstant. Das bedeutet:

$$\frac{d\vec{R}}{dt} = \vec{v}_S \quad \rightarrow \quad \vec{R} = \vec{v}_S \cdot t \quad \rightarrow \quad \vec{r}' = \vec{r} - \vec{v}_S \cdot t \tag{b}$$

$\vec{v}_S$ ist die Geschwindigkeit, mit der sich S' gegenüber S bewegt. Mit dieser Vorschrift kann der Ortsvektor des einen in den Ortsvektor des anderen Systems transformiert werden. Die Vorschrift trägt den Namen G. GALILEIs, weil er als erster von einer solchen Vorschrift Gebrauch gemacht hat. Betrachtet man den speziellen Fall, dass sich S' in Bezug zu S nur in Richtung x mit v_S bewegt, gilt für (b) in

Koordinatendarstellung:

$$x' = x - v_S \cdot t, \quad y' = y, \quad z' = z; \quad t' = t; \quad \rightarrow \quad \frac{dx'}{dt} = \frac{dx}{dt} - v_S \quad \text{(c)}$$

In Abb. 4.2b ist die Transformationsvorschrift verdeutlicht. v_S ist die Relativgeschwindigkeit des Systems S' gegenüber S und voraussetzungsgemäß konstant. Gleichung (b) ist das Additionstheorem nach GALILEI. Zur Erläuterung des Theorems werden im Folgenden zwei Beispiele berechnet:

1. Beispiel
Im Zeitpunkt $t = t' = 0$ bewege sich ein Körper in der Höhe $y = y' = h$ in horizontaler Richtung. Der Körper habe die Masse m und die Geschwindigkeit v_K in Richtung x bzw. x' (Abb. 4.3). Die Masse unterliege beim Flug der Gravitation. Im ortsfesten System S handelt es sich um das bekannte Problem der Wurfparabel (ohne Berücksichtigung des Luftwiderstandes, vgl. Bd. II, Abschn. 2.3.2). Die kinetische Gleichgewichtsgleichung im Zeitpunkt t, in dem der Flugkörper die Höhe $y = y(t)$ innehat, lautet in **lotrechter** Richtung:

$$m \cdot g - (-m \cdot \ddot{y}) = 0 \quad \rightarrow \quad \ddot{y} = -g$$

Der hochgestellte Punkt bedeutet die Ableitung nach der Zeit t. – Zweimalige Integration ergibt:

$$\dot{y} = -g \cdot t + C_1 \quad \rightarrow \quad y = -g \cdot \frac{t^2}{2} + C_1 \cdot t + C_2$$

Mit $x = v_K \cdot t$ bzw. $t = x/v_K$ folgt:

$$y = -\frac{g}{2 \cdot v_K^2} \cdot x^2 + C_1 \frac{x}{v_K} + C_2$$

Abb. 4.3

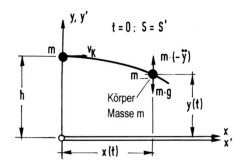

Im Zeitpunkt $t = 0$ lauten die geometrischen Anfangsbedingungen der Flugbahn:

$$t = 0: \quad x = 0: \quad y = h; \quad \frac{dy}{dx} = 0$$

Aus diesen beiden Bedingungen lassen sich die Freiwerte C_1 und C_2 bestimmen. Das liefert die Gleichung der Wurfparabel im System S:

$$y = -\frac{g}{2\,v_K^2} x^2 + h$$

Wird das Niveau $y = 0$ mit dem Erdboden identifiziert, schlägt der Körper zum Zeitpunkt t_K im Abstand x_K auf den Erdboden auf, die Rechnung liefert:

$$t_K = \sqrt{\frac{2h}{g}}; \quad x_K = \sqrt{\frac{2h}{g}} \cdot v_K$$

Zahlenbeispiel: $v_K = 100\,\text{m/s}$; $h = 10\,\text{m}$: $x_K = 143\,\text{m}$, $t_K = 1{,}43\,\text{s}$.

Das System S$'$ bewege sich ab dem Zeitpunkt $t = t' = 0$ mit der Geschwindigkeit v_S relativ zu S (Abb. 4.3). Dann lauten Transformationsvorschrift und Bewegungsgleichung für die Bewegung des Körpers vom System S$'$ aus (im System S: $x = v_K \cdot t$) in Parameterdarstellung mit t' als Variable:

$$t' = t: \quad x' = x - v_S \cdot t = v_K \cdot t - v_S \cdot t = (v_K - v_S) \cdot t = (v_K - v_S) \cdot t' \qquad \text{(d)}$$

$$y' = y = -\frac{g}{2}\left(\frac{x}{v_K}\right)^2 + h = -\frac{g}{2}t^2 + h = -\frac{g}{2}t'^2 + h \qquad \text{(e)}$$

Es wird gewählt: $v_K = 100\,\text{m/s}$; $h = 10\,\text{m}$. Es werden vier Fälle untersucht: $v_S = 0$: $v_S = 50\,\text{m/s}$, $v_S = 100\,\text{m/s}$, $v_S = 150\,\text{m/s}$. Für diese Geschwindigkeiten werden die Ordinaten x' und y' der Flugbahn während des Fluges von $t = t' = 0$ aus bis $t = 20{,}45\,\text{s}$ berechnet und aufgetragen. Im Falle $v_S = 0$ stimmen die Bahnen in beiden Systemen überein, das ist trivial. Bewegt sich S$'$ mit $v_S = 50\,\text{m/s}$, erscheint einem Beobachter in S$'$ die Flugbahn verkürzt, im Falle $v_S = v_K = 100\,\text{m/s}$ fällt der Körper für den Beobachter in S$'$ lotrecht; bei $v_S = 150\,\text{m/s}$ bewegt sich S$'$ schneller als der fliegende Körper, für den Beobachter in S$'$ fliegt bzw. fällt der Körper in die Gegenrichtung. In Abb. 4.4 sind die Szenarien veranschaulicht.

2. Beispiel

Ein Körper bewege sich im System S auf einer Kreisbahn mit konstanter Umlaufgeschwindigkeit. Der Bahnradius betrage $r = 5\,\text{m}$. Der Mittelpunkt der Kreisbahn liege im Koordinatensystem x, y des Systems S an der Stelle $x = 0$, $y = r = 5\,\text{m}$ (Abb. 4.5). In Parameterdarstellung lauten die Gleichungen der Bahnkurve:

$$x = r \cdot \sin\varphi = r \cdot \sin 2\pi \frac{t}{T} = r \cdot \sin 2\pi f t = \sin \omega t$$

$$y = r + r \cdot \cos\varphi = r \cdot \left(1 + \cos 2\pi \frac{t}{T}\right) = r \cdot (1 + \cos 2\pi f t) = r \cdot (1 + \cos \omega t)$$

Abb. 4.4

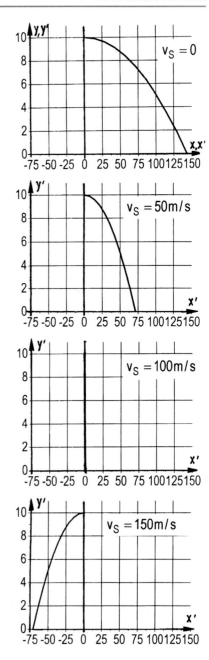

Abb. 4.5

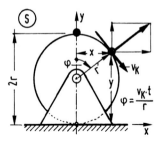

T ist die Dauer eines Umlaufs in Sekunden (s), f ist die Anzahl der Umrundungen in der Zeiteinheit, also die Umlauffrequenz in Hz, und ω die Kreisfrequenz (vgl. Bd. II, Abschn. 2.2.3). Die Bahngeschwindigkeit ist:

$$v_K = \frac{2\pi r}{T} = 2\pi f \cdot r = \omega \cdot r$$

In dieser Schreibweise ist ω die Winkelgeschwindigkeit. Für x und y kann damit geschrieben werden:

$$x = r \cdot \sin \frac{v_K}{r} t; \quad y = r \cdot (1 + \cos \frac{v_K}{r} t) \tag{f}$$

Das betrachtete System S sei ortsfest. Relativ hierzu bewege sich das System S$'$ mit der Geschwindigkeit v_S. Die Transformationsvorschrift (c) ergibt ($t = t'$):

$$x' = x - v_S t = r \cdot \sin \frac{v_K}{r} t' - v_S t'; \quad y' = y = r \cdot (1 + \cos \frac{v_K}{r} t') \tag{g}$$

Abb. 4.6 zeigt die Auswertung für vier Fälle: Der Beobachter bewege sich mit dem System S$'$ mit den Geschwindigkeiten:

$$v_S = 0, \quad v_S = 0{,}25 \cdot v_K, \quad v_S = 0{,}50 \cdot v_K, \quad v_S = 0{,}75 \cdot v_K,$$

wobei $v_K = 157{,}08$ m/s betragen möge, das bedeutet: Dauer eines Umlaufs: $T = 2\pi r/v_K = 2\pi \cdot 5{,}9/157{,}08 = 0{,}2$ s. In den Graphen sind jeweils vier Umdrehungen dargestellt. Je schneller sich der Beobachter mit dem System S$'$ bewegt, d. h. höher v_S ist, umso mehr erscheint die Bahnkurve, von S$'$ aus gesehen, zu negativen x'-Werten verschoben, weil sich S$'$ umso schneller vom ortsfesten System S entfernt. (Man beachte: In Abb. 4.6 sind die x'-Achse und die y'-Achse unterschiedlich skaliert!)

Wirkt unter der Maßgabe, dass sich die Systeme S und S$'$ gleichförmig, also mit konstanter Geschwindigkeit, zueinander bewegen und dass in beiden dasselbe Zeitmaß gilt, auf den Körper mit der Masse m eine Kraft $\vec{F}$ ein, wird der Körper beschleunigt und das in beiden Systemen gleichhoch, denn eine weitere Differentiation von (a) nach der Zeit ergibt:

$$\frac{d^2\vec{r}}{dt^2} = \frac{d^2\vec{r}'}{dt'^2} \tag{h}$$

Abb. 4.6

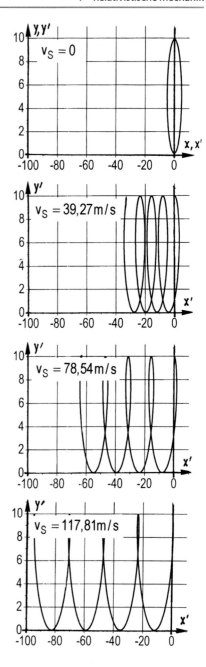

Das bedeutet: Die Newton'sche Bewegungsgleichung gilt in beiden Bezugssystemen, sie ist invariant gegenüber einer Transformation von S nach S′ und umgekehrt. Das ist (in ursprünglicher Definition) das Kennzeichen eines Inertialsystems: Jeder Körper bleibt in Ruhe oder bewegt sich mit konstanter Geschwindigkeit geradlinig, wenn keine Kraft auf ihn einwirkt. Genau besehen gibt es keine kräftefreien Körper, selbst die feste Erdoberfläche ist nur näherungsweise ein Inertialsystem, denn mit der Rotation der Erde um ihre eigene Achse und ihrer Bahnbewegung um die Sonne sind, wenn auch noch so kleine, Trägheitswirkungen verbunden, auch gibt es gravitative Wirkungen von der Sonne, vom Mond usf., die die Gezeiten auf Erden verursachen.

Im Falle des 1. Beispiels findet man (vgl. (d) und (e)):

$$\frac{d^2x}{dt^2} = 0, \quad \frac{d^2y}{dt^2} = -g, \quad \frac{d^2x'}{dt'^2} = 0, \quad \frac{d^2y'}{dt'^2} = -g$$

Im Falle des 2. Beispiels bestätigt man ebenfalls (vgl. (f) und (g)):

$$\frac{d^2x}{dt^2} = \frac{d^2x'}{dt'^2} = -\frac{v_K^2}{r} \cdot \sin\frac{v_K}{r}t = -\frac{v_K^2}{r} \cdot \sin\frac{v_K}{r}t' = -\frac{v_K^2}{r} \cdot \sin\varphi;$$

$$\frac{d^2y}{dt^2} = \frac{d^2y'}{dt'^2} = -\frac{v_K^2}{r} \cdot \cos\frac{v_K}{r}t = -\frac{v_K^2}{r} \cdot \cos\frac{v_K}{r}t' = -\frac{v_K^2}{r} \cdot \cos\varphi$$

Die auf den Mittelpunkt der Kreisbahn hin gerichtete Zentripetalbeschleunigung auf m ist v_K^2/r. Die vorstehend angeschriebenen Beschleunigungen sind deren Komponenten in Richtung x und x' bzw. y und y', wie es sein muss.

4.1.2.2 Aufdeckung eines Widerspruchs

Für die folgende Betrachtung wird wieder von den Systemen S und S′ ausgegangen: Sie sollen im Zeitpunkt $t = t' = 0$ deckungsgleich sein (Abb. 4.7a). S′ bewege sich relativ zu S mit der Geschwindigkeit $\vec{v}_S = $ konst. (Abb. 4.7b). Im

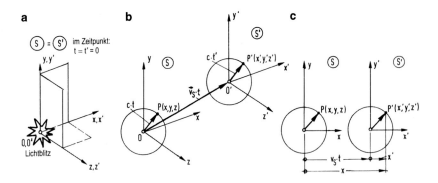

Abb. 4.7

Zeitpunkt $t = t' = 0$ werde im Ursprung des Systems S ein elektromagnetischer Impuls gezündet, also ein allseitiger Blitz. Dieser breitet sich als Kugelwelle aus. Befinden sich S und S′ im Zustand der Ruhe, kann die Wellenfront in beiden Systemen durch die Gleichung einer Kugelfläche beschrieben werden:

$$\text{Im System S:} \quad x^2 + y^2 + z^2 - (c \cdot t)^2 = 0 \qquad \text{(a)}$$

$$\text{Im System S′:} \quad x'^2 + y'^2 + z'^2 - (c' \cdot t')^2 = 0 \qquad \text{(b)}$$

Wird auf (a) im S′-System die Galilei-Transformation angewandt (bei Beschränkung auf eine Bewegung mit $v_S = $ konst. in Richtung x),

$$x' = x - v_S \cdot t', \quad y' = y, \quad z' = z; \quad t' = t, \qquad \text{(c)}$$

ergibt sich, da in beiden Systemen derselbe Zeitmaßstab gilt, $dt = dt'$:

$$(x - v_S \cdot t)^2 + y^2 + z^2 - (c' \cdot t)^2 = 0 \qquad \text{(d)}$$

Hierbei ist angenommen, dass der Lichtblitz von einem sich mit dem System S′ bewegenden Beobachter mit der Geschwindigkeit c' wahrgenommen (gemessen) wird: $c' \neq c$.

Wie in den voran gegangenen Kapiteln behandelt und anschließend noch weiter auszuführen sein wird, breitet sich das Licht immer mit derselben Geschwindigkeit aus, gleichgültig, ob sich Sender oder Empfänger oder beide zueinander bewegen, **die Lichtgeschwindigkeit ist invariant gegenüber deren Bewegung!** Das ist ein Fakt, ein Naturgesetz, wenn auch schwierig zu verstehen. Das bedeutet. Anstelle von (d) gilt:

$$(x - v_S \cdot t)^2 + y^2 + z^2 - (c \cdot t)^2 = 0 \qquad \text{(e)}$$

Der Vergleich mit (a) zeigt, dass beide Gleichungen für beliebige Werte von $t \neq 0$ **nicht gleichzeitig bestehen können,** das wäre ein Widerspruch. Offensichtlich lässt sich die Galilei-Transformation auf einen physikalischen Vorgang wie dem hier behandelten Lichtimpuls nicht anwenden. Der aufgezeigte Widerspruch lässt sich nur auflösen, wenn der Ansatz einer in beiden Bezugssystemen universell gültigen Zeit aufgegeben wird. Das bedeutet: In beiden Systemen gilt im Verhältnis zueinander ein eigenes Zeitmaß ($dt \neq dt'$). Dieses ist von der Relativgeschwindigkeit ($v_S = $ konst.) abhängig, mit der sich die beiden Bezugssysteme relativ zueinander bewegen! –

Die Invarianz der Lichtgeschwindigkeit, und das gleichgültig mit welcher Geschwindigkeit sich Lichtsender und -empfänger zueinander bewegen, steht in fundamentalem Gegensatz zu den Vorstellungen der Klassischen Mechanik und ‚zum gesunden Menschenverstand'. Diese Invarianz ist letztlich Basis und Ausgangspunkt der Relativistischen Mechanik.

4.1.3 Ätherexperimente

4.1.3.1 Experiment von MICHELSON und MORLEY

Das vielleicht bedeutendste physikalische Experiment des 19. Jahrhunderts gelang A.A. MICHELSON (1852–1931) und E.W. MORLEY (1838–1923) im Jahre 1887 (der Erstgenannte hatte schon im Jahre 1881 mit ersten derartigen Versuchen begonnen). Der Versuch wurde mit einem von ihnen konstruierten Interferometer durchgeführt. Dieses lagerte auf einem massiven Steinfundament und ließ sich auf einem Quecksilberfilm drehen. Die Idee des Experiments bestand darin, Licht aus einer monochromatischen Quelle über ein Spiegelsystem in Richtung der Erdbahn und quer dazu in zwei Strahlen (= Lichtwellen) zu teilen und die beiden Strahlen anschließend wieder zusammen zu führen. Da die Geschwindigkeit in Richtung der Erdbahn und damit die des Gerätes relativ zum gemutmaßten Äther bekannt war, müsste sich ein Unterschied in der Laufzeit der beiden im Gerät interferierenden Lichtbündel (in Richtung und quer zur Erdbahn) nachweisen lassen.

Abb. 4.8 zeigt das erdachte Instrument in prinzipieller Anordnung. Es besteht aus einer Lichtquelle L, einer mittigen halbdurchlässigen verspiegelten Platte P,

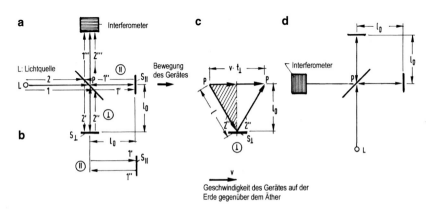

Abb. 4.8

den Spiegeln $S_\parallel$ und $S_\perp$ sowie einem Interferometer. Der Abstand der beiden Spiegel von P ist gleichgroß, Länge l_0. Da das Gerät auf der Erde fundiert ist, bewegt es sich mit der Erde gegenüber der kosmischen Umgebung mit definierter Geschwindigkeit, diese sei v. Das Gerät sei so ausgerichtet, dass das Licht von der Lichtquelle in Richtung L-P-$S_\parallel$ mit der Bewegungsrichtung des Geräts, d. h. mit der Bewegung der Erde auf ihrer Bahn zusammenfällt. Ein Teil des Lichtstrahls verläuft durch die transluzente Platte, der andere Teil wird von dieser gespiegelt. Die derart getrennten Lichtstrahlen werden an den Spiegeln $S_\parallel$ und $S_\perp$ reflektiert, an der Platte wiederum zum Teil gespiegelt, zum Teil nicht. Das ergibt die Strahlenwege (vgl. Abb. 4.8a):

$$\text{Weg 1:} \quad 1 - 1' - 1'' - 1'''$$

$$\text{Weg 2:} \quad 2 - 2' - 2'' - 2'''$$

Der Lichtstrahl 1 ‚läuft' auf dem Weg $1'$ in Richtung der Bewegung des Geräts (mit der Geschwindigkeit v) und auf dem Rückweg $1''$ entgegengesetzt zu dieser Bewegung. Der Lichtstrahl 2 läuft auf den Wegen $2'$ und $2''$ senkrecht zur Bewegung des Geräts. Das Problem ist vergleichbar jenem, das in Abschn. 4.1.1 behandelt wurde (Fußgänger geht auf einem Laufband).

Gesucht sind die Laufzeiten der geteilten Lichtstrahlen auf den Wegen $1'$ + $1''$ und $2'$ + $2''$, wobei die Lichtgeschwindigkeit c der beiden Teilstrahlen mit der Geschwindigkeit v des Geräts vektoriell überlagert wird. Dann sind, wie in Abschn. 4.1.1 hergeleitet, unterschiedliche Laufzeiten und damit unterschiedliche Laufzeitdifferenzen zwischen den Lichtstrahlen 1 und 2 zu erwarten:

Weg 1 Der Lichtstrahl $1'$ von P nach $S_\parallel$ hat (für einen Betrachter von außen) die Geschwindigkeit $(c - v)$, das Licht braucht für die Strecke l_0 länger, weil ‚der Spiegel $S_\parallel$ dem Licht davonläuft'; Dauer: $l_0/(c - v)$. Für den Lichtstrahl $1''$ ist die Dauer entsprechend kürzer; Dauer: $l_0/(c + v)$. Gemeinsam beträgt die Zeit für den Weg $1'$ + $1''$ (c und v sind parallel gerichtet, Abb. 4.8b):

$$t_\parallel = \frac{l_0}{c - v} + \frac{l_0}{c + v} = \frac{2l_0 \cdot c}{c^2 - v^2} \tag{a}$$

Weg 2 P und $S_\perp$ bewegen sich mit der Geschwindigkeit v. Der auf den Spiegel $S_\perp$ treffende und von ihm reflektierte Lichtstrahl $2''$ erreicht die Platte P um den Weg $v \cdot t_\perp$ in Richtung v bzw. c seitlich versetzt (Abb. 4.8c). $t_\perp$ ist die gesamte Laufzeit auf dem Weg $2'$ + $2''$. Die Länge von P nach $S_\perp$ bzw. von $S_\perp$ nach P ist größer als l_0. Aus Abb. 4.8c kann abgelesen werden:

$$l^2 = l_0^2 + \left(\frac{1}{2} \cdot v \cdot t_\perp\right)^2 \text{ mit } l = c \cdot \frac{t_\perp}{2} \tag{b}$$

Die Auflösung nach $t_\perp$ ergibt nach kurzer Rechnung:

$$t_\perp = \frac{2 \cdot l_0}{\sqrt{c^2 - v^2}} \tag{c}$$

Die im Interferometer gemessene Laufzeitdifferenz beträgt damit

$$\Delta t = t_\parallel - t_\perp = 2l_0 \left(\frac{c}{c^2 - v^2} - \frac{1}{\sqrt{c^2 - v^2}}\right) \tag{d}$$

Im Falle $c \ll v$ lassen sich für beide Terme in der Klammer Näherungen angeben, was deren Entwicklung in eine Taylor-Reihe mit anschließender Unterdrückung aller Größen höherer Kleinheitsordnung bedeutet:

$$\frac{c}{c^2 - v^2} = \frac{1}{c} \cdot \left[1 - \left(\frac{v}{c}\right)^2\right]^{-1} \approx \frac{1}{c} \cdot \left[1 + \left(\frac{v}{c}\right)^2\right] \tag{e}$$

$$\frac{1}{\sqrt{c^2 - v^2}} = \frac{1}{c} \cdot \left[1 - \left(\frac{v}{c}\right)^2\right]^{-1/2} \approx \frac{1}{c} \cdot \left[1 + \frac{1}{2}\left(\frac{v}{c}\right)^2\right] \tag{f}$$

Hiermit folgt für Δt:

$$\Delta t = \frac{2l_0}{c} \cdot \frac{1}{2} \cdot \left(\frac{v}{c}\right)^2 \tag{g}$$

Wird zur Zuschärfung der Messung das Gerät um 90° gedreht (Abb. 4.8d), wird die Funktion der Spiegel vertauscht, $S_\perp \rightarrow S_\parallel$ und $S_\parallel \rightarrow S_\perp$. Demnach ist nach einer weiteren Messung nunmehr als Gesamtdifferenz der doppelte Wert von Δt zu erwarten:

$$2 \cdot \Delta t = \frac{2l_0}{c} \cdot \left(\frac{v}{c}\right)^2 \quad \rightarrow \quad \Delta t = \frac{l_0 v^2}{c^3} = \frac{l_0}{c} \cdot \left(\frac{v}{c}\right)^2 \tag{h}$$

Man hatte Ende des 19. Jahrhunderts noch die Vorstellung, der Raum sei allseitig und allgegenwärtig von einem ruhenden Äther erfüllt. Durch diesen bewege sich die Erde auf ihrer Bahn um die Sonne, das Gerät bewege sich dabei mit. Dem überlagere sich die Eigendrehung der Erde um ihre Achse. Dadurch habe die Erde

Abb. 4.9

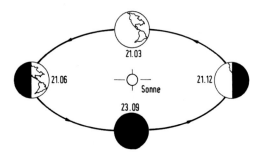

je nach ihrer momentanen Stellung in Abhängigkeit von der Jahres- und Tageszeit unterschiedliche Geschwindigkeiten v relativ zum Äther.

Die Geschwindigkeit der Erde auf ihrer Umlaufbahn um die Sonne mit einem mittleren Bahnradius $150 \cdot 10^6$ km und einer Umrundung in 365 Tagen und 6 Stunden berechnet sich zu (Abb. 4.9):

$$v_1 = 2\pi \cdot 150 \cdot 10^6 / (365 \cdot 24 + 6) = 924 \cdot 10^6 / 8776 = 105.407 \, \text{km/h}$$
$$= 2{,}93 \cdot 10^4 \, \text{m/s}$$

Die Geschwindigkeit eines Ortes auf der Erdoberfläche in Höhe des Äquators infolge der Erdrotation folgt für einen mittleren Erdballradius von 6378 km zu:

$$v_2 = 2\pi \cdot 6378 / (24 \cdot 60 \cdot 60) = 40.074 / 86.400 = 0{,}464 \, \text{km/s}$$
$$= 0{,}0464 \cdot 10^4 \, \text{m/s}$$

An den Polen ist diese Geschwindigkeit Null.

In der Summe ergibt sich aus beiden Geschwindigkeiten: $v \approx 30.000 = 3 \cdot 10^4$ m/s. Für die Auswertung der Versuche wird die Lichtgeschwindigkeit als konstant angenommen und zwar zu $c = 3 \cdot 10^8$ m/s. Wird für die Geschwindigkeit des Interferometers auf der Erdoberfläche gegenüber dem Äther der zuvor bestimmte Wert $v = 3 \cdot 10^4$ m/s angesetzt und für die Messlänge im Gerät: $l_0 = 10$ m, folgt aus (h):

$$2 \cdot \Delta t = \frac{2 \cdot 10{,}0}{3 \cdot 10^8} \left(\frac{3 \cdot 10^4}{3 \cdot 10^8} \right)^2 = 0{,}667 \cdot 10^{-15} \, \text{s}$$

Sofern eine solche Laufzeitdifferenz gemessen worden wäre, wäre das der Beleg für die Existenz eines Äthers gewesen.

Für die Versuche wurde von A.A. MICHELSON und E.W. MORLEY gelbes Natriumlicht verwendet. Wellenlänge bzw. –frequenz betragen:

$$\lambda = 6 \cdot 10^{-7}\,\text{m}, \quad \nu = 5 \cdot 10^{14}\,\text{Hz}.$$

Für die Dauer eines Schwingungszyklus folgt: $T = 1/\nu = 2 \cdot 10^{-15}$ s. Wird $2 \cdot \Delta t$ mit dem vorstehenden Wert für eine Schwingungsperiode verglichen, findet man:

$$\frac{2 \cdot \Delta t}{T} = \frac{0{,}667 \cdot 10^{-15}}{2 \cdot 10^{-15}} = \underline{0{,}333}$$

Durch Erweiterung der Versuchsanordnung mit Mehrfachreflexion konnte der Strahlenweg von den Experimentatoren seinerzeit auf eine Länge $l_0 = 30\,\text{m}$ vergrößert werden, das liefert den Wert $3 \cdot 0{,}333 = 1{,}0$ und für $\Delta t / T$ den Wert 0,5. Eine bezogene Streifen-Verschiebung in dieser Größe konnte bei allen Experimenten nie entdeckt werden! Das bedeutet: Die Lichtgeschwindigkeit ist tatsächlich invariant gegenüber jeder Form von Relativbewegung und zusätzlich: Es gibt keinen Äther, keinen Ätherwind, keine Ätherdrift.

Für seine Forschungen erhielt A.A. MICHELSON im Jahre 1907 den Nobelpreis für Physik.

4.1.3.2 Weitere Experimente – Schlussfolgerungen

Der Versuch von A.A. MICHELSON und E.W. MORLEY wurde in den auf das Jahr 1887 folgenden Jahrzehnten zu unterschiedlichen Jahreszeiten wiederholt, von anderer Seite auch in abgeschirmten Räumen über und unter Tage, auf Berghöhen, und das mit immer empfindlicheren Instrumenten. Die präzisesten Versuche führte wohl G. JOOS (1894–1959) im Jahre 1930 durch. Später konnte mit Laserlicht experimentiert werden. In Abb. 4.10 sind die bis dato erreichten Messgenauigkeiten der Lichtgeschwindigkeit in halblogarithmischer Skalierung angegeben [10]. Der Effekt eines möglichen Ätherwindes wurde nie entdeckt. Das bedeutet zweierlei:

- Ein Trägermedium für die Ausbreitung elektromagnetischer Wellen (einschl. Licht) existiert nicht,

- zudem gibt es für diese Wellen kein ausgezeichnetes Inertialsystem, vielmehr haben die elektromagnetischen Wellen in jedem Inertialsystem dieselbe Ausbreitungsgeschwindigkeit c. c ist die maximale Übertragungsgeschwindigkeit aller elektromagnetischen Wellen, sie ist eine Grenzgeschwindigkeit. Ihre Größe ist konstant, unabhängig davon, mit welcher relativen Geschwindigkeit sich Sender und Empfänger zueinander bewegen! Die Galilei-Transformation ist auf derartige Bewegungsvorgänge nicht anwendbar.

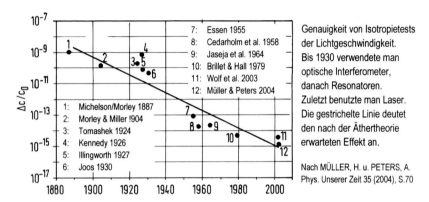

Abb. 4.10

4.1.4 Grundlagen der relativistischen Kinematik

4.1.4.1 Anmerkungen zur historischen Entwicklung

- Wie ausgeführt, wurden im Jahre 1861 von J.C. MAXWELL (1831–1879) die elektromagnetischen Feldgleichungen hergeleitet und die Existenz einheitlicher elektromagnetischer Wellen vorausgesagt. Aus der Theorie folgerte er, dass sich die Wellen überall, auch im ladungs- und stromfreien Äther ausbreiten würden. Das Licht gehöre dazu. Die Lichtgeschwindigkeit sei im Äther ($\approx$ Luft) mit $c = 3 \cdot 10^8$ m/s konstant (Abschn. 1.7). Der in Flüssigkeiten und Festkörpern befindliche Äther sei dichter, daher erfolge die Wellenausbreitung hier langsamer.

Dieser Vermutung lagen auch die entsprechenden ehemaligen Überlegungen von A.J. FRESNEL (1788–1827) zugrunde. Die Existenz eines Äthers in flüssiger und fester (transparenter) Materie sah man durch die Versuche von A.H. FIZEAU (1819–1896) bestätigt. Bei diesen hatte er eine Differenz der Lichtgeschwindigkeit in strömendem Wasser in Richtung und in Gegenrichtung der Strömung gemessen. Die Erscheinung wurde als ‚Mitführeffekt' des Äthers gedeutet. Diese Schlussfolgerung erwies sich erst fünfzig Jahre später als verfehlt!

- Die von C.A. de COULOMB (1736–1806) im Jahre 1783 postulierte und gemessene elektrostatische Kraft ist abhängig von der elektrostatischen Ladung der Körper bzw. ihrer Teilchen, damit auch die innere atomistische Bindung der Materie. Im Jahre 1888 zeigte O. HEAVISIDE (1850–1925), dass das elektrische Feld einer bewegten Punktladung im Vergleich zu deren Ruhezustand in Bewegungsrichtung ‚gestaucht' wird. Da Materie ihre Stabilität durch elektrostatische Bindungskräfte erhält, lag die Vermutung nahe, dass die im vorangegangenen Abschnitt erläuterte Michelson-Morley-Apparatur auch eine solche Stauchung erlitten haben könnte und dass daher der Äther gar nicht erkannt werden konnte. Eine Vermutung in diesem Sinne wurde im Jahre 1889 von G.F. FITZGERALD (1851–1901) ausgesprochen und 1892 von H.A. LORENTZ (1853–1928) unabhängig verfolgt, indem er in Bewegungsrichtung eine Verkürzung der Längenskalierung einführte, quer dazu keine. Dieser Ansatz führte auf die nach ihm benannte Transformationsvorschrift. Er konnte 1899 zeigen, dass hiermit die Maxwell'schen Feld-Gleichungen gegenüber relativ zueinander bewegten Systemen invariant bleiben. An der Äther-Hypothese hielt H.A. LORENTZ gleichwohl fest, auch alle anderen Physiker jener Zeit, so auch (1854–1912), der 1898 erstmals Kritik an dem klassischen Begriff der absoluten Zeit übte und 1904 auf die Notwendigkeit einer neuen Mechanik unter Berücksichtigung der Konstanz der Lichtgeschwindigkeit hinwies. Er war wohl derjenige, der den Einstein'schen Überlegungen am nächsten kam. Der Umbruch in der Physik ‚lag in der Luft'. Auf die von H.A. LORENTZ hergeleitete Transformationsvorschrift konnte A. EINSTEIN im Jahre 1905 bei der Entwicklung der Speziellen Relativitätstheorie zurückgreifen, wie im Folgenden gezeigt wird.

- Insgesamt war die Zeit Ende des 19. und Anfang des 20. Jahrhunderts von einer gewissen Ratlosigkeit geprägt, einige Grundfragen der Physik harrten der Lösung. Mit der von M. PLANCK (1858–1947) im Jahre 1900 postulierten Quantenhypothese wurde alles nochmals schwieriger (Stichwort: ‚Ultraviolett-Katastrophe', vgl. Abschn. 2.6.4).

4.1.4.2 Lorentz-Transformation

Um den oben in Abschn. 4.1.2.2 festgestellten Widerspruch aufzuheben, verbleibt als einzige Möglichkeit, die Zeit- und Längenmaßstäbe in den sich relativ zueinander bewegenden Systemen als variabel anzunehmen und das in Abhängigkeit von deren gegenseitiger Relativgeschwindigkeit v =konst. In der Tat, **ein umstürzender Ansatz!**

Abb. 4.11 zeigt die sich mit v = konst. zueinander bewegenden Systeme S und S' in Richtung x bzw. x'. Vom ruhenden System S aus hat das System S' im Zeitpunkt t die Geschwindigkeit:

$$\frac{dx}{dt} = +v \qquad \text{(a)}$$

Abb. 4.11

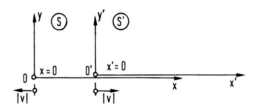

Gegenüber dem System S′ hat das System S im Zeitpunkt $t′$ die Geschwindigkeit $-v$, im System S′ wird die Geschwindigkeit zu

$$\frac{dx′}{dt′} = -v \tag{b}$$

gemessen. Eine andere Möglichkeit des gegenseitigen Bezugs gibt es nicht. – Für das in Abschn. 4.1.2.2 angenommene Szenario lautet nunmehr die Gleichung der kugelförmigen Wellenfront für einen in den Systemen S und S′ liegenden Punkt P zu den Zeitpunkten t (im System S) und $t′$ (im System S′):

Im System S: $x^2 + y^2 + z^2 - (c \cdot t)^2 = 0$ \hfill (c)

Im System S′: $x′^2 + y′^2 + z′^2 - (c \cdot t′)^2 = 0$ \hfill (d)

Die kugelförmige Wellenfront hat innerhalb der beiden Systeme dieselbe Geschwindigkeit, eben c, obwohl sich die Systeme relativ zueinander mit der Geschwindigkeit v bewegen, auch der sich mitbewegende Punkt P in dem ihn begleitenden System S′ gegenüber einem im System S messenden Beobachter, System S ruht, System S′ bewegt sich mit v.

Um für die derart postulierte Situation eine Transformationsvorschrift zu finden, wird der Ansatz

$$x′ = a_1 \cdot x + b_1 \cdot t \quad (y′ = y, \; z′ = z) \tag{e}$$

$$t′ = a_2 \cdot x + b_2 \cdot t \tag{f}$$

gewählt. Der Ansatz ist in allen Teilen algebraisch-linear, im Übrigen von größtmöglicher Allgemeinheit. Über die vier Konstanten (a_1, b_1, a_2, b_2) kann verfügt werden, sie gilt es zu bestimmen. – Beide Gleichungen werden nach t differenziert:

$$\frac{dx′}{dt} = b_1, \quad \frac{dt′}{dt} = b_2 \quad \rightarrow \quad \frac{dx′}{dt′} = \frac{dx′}{dt} \cdot \frac{dt}{dt′} = \frac{b_1}{b_2} = -v \tag{g}$$

Aus der ersten Gleichung des Transformationsansatzes wird x freigestellt. Anschließend wird nach t differenziert:

$$x = \frac{x'}{a_1} - \frac{b_1}{a_1} \cdot t \quad \rightarrow \quad \frac{dx}{dt} = -\frac{b_1}{a_1} = +v \tag{h}$$

Aus (g) und (h) wird jeweils b_1 frei gestellt:

$$b_1 = -b_2 \cdot v, \quad b_1 = -a_1 \cdot v, \text{ hieraus folgt:}$$
$$a_1 = b_2 \quad \rightarrow \quad b_1 = -a_1 \cdot v = -b_2 \cdot v \tag{i}$$

Die Transformationsbeziehungen (e/f) werden in (d) eingeführt. Von der so entstehenden Gleichung wird (c) subtrahiert. Das ergibt nach kurzer Rechnung:

$$(a_1^2 - c^2 \cdot a_2^2 - 1) \cdot x^2 + 2(a_1 b_1 - c^2 \cdot a_2 b_2) \cdot x \cdot t + (b_1^2 - c^2 \cdot b_2^2 + c^2) \cdot t^2 = 0 \tag{j}$$

Diese Gleichung ist für beliebige Werte von x und t nur dann zu Null erfüllbar, wenn jeder Term einzeln Null ist; das ergibt drei Gleichungen:

$$a_1^2 - c^2 a_2^2 - 1 = 0 \tag{k}$$
$$a_1 b_1 - c^2 \cdot a_2 b_2 = 0 \tag{l}$$
$$b_1^2 - c^2 \cdot b_2^2 + c^2 = 0 \tag{m}$$

Einschließlich (i) stehen damit vier Gleichungen zur Verfügung, um die vier Unbekannten a_1, b_1, a_2, b_2 zu bestimmen. Unter Weglassung der Zwischenrechnung findet man:

$$a_1 = b_2 = \frac{1}{\sqrt{1 - \left(\frac{v}{c}\right)^2}}; \quad b_1 = \frac{-v}{\sqrt{1 - \left(\frac{v}{c}\right)^2}}; \quad a_2 = \frac{-v/c^2}{\sqrt{1 - \left(\frac{v}{c}\right)^2}} \tag{n}$$

Die gesuchte Transformationsvorschrift ergibt sich, indem die vorstehenden Ausdrücke in (e) bzw. (f) eingesetzt werden:

$$x' = \frac{x - v \cdot t}{\sqrt{1 - \left(\frac{v}{c}\right)^2}}, \quad y' = y, \quad z' = z; \quad t' = \frac{t - (v/c^2) \cdot x}{\sqrt{1 - \left(\frac{v}{c}\right)^2}} \tag{o}$$

Werden hieraus x und t freigestellt, ergibt sich die gesuchte Transformationsvorschrift:

$$x = \frac{x' + v \cdot t'}{\sqrt{1 - \left(\frac{v}{c}\right)^2}}, \quad y = y', \quad z = z'; \quad t = \frac{t' + (v/c^2) \cdot x'}{\sqrt{1 - \left(\frac{v}{c}\right)^2}} \tag{p}$$

Die Vorschrift heißt **Lorentz-Transformation**.

Zum Zwecke der Schreiberleichterung ist es günstig, die Abkürzungen

$$\beta = \frac{v}{c} \quad \text{und} \quad \gamma = \frac{1}{\sqrt{1 - (v/c)^2}} = \frac{1}{\sqrt{1 - \beta^2}} \tag{q}$$

einzuführen. β kennzeichnet das Verhältnis der Systemgeschwindigkeit zur Lichtgeschwindigkeit: $v = \beta \cdot c$:

$$x' = (x - \beta c \cdot t) \cdot \gamma, \quad y' = y, \quad z' = z; \quad t' = (t - \beta x/c) \cdot \gamma \tag{r}$$
$$x = (x' + \beta c \cdot t') \cdot \gamma, \quad y = y', \quad z = z'; \quad t = (t' + \beta x'/c) \cdot \gamma \tag{s}$$

Geht man, wie in Abb. 4.7 dargestellt, von der Vorstellung aus, die Ursprünge der beiden Koordinatensysteme S und S' seien im Zeitpunkt $t = t' = 0$ deckungsgleich und es werde in diesem Zeitpunkt ein Lichtblitz gezündet, so wird die im System S' sich ausbreitende Kugelwelle von der Gleichung

$$x^2 + y^2 + z^2 - c^2 \cdot t^2 = 0 \tag{t}$$

beschrieben (s. o.). Soll der im Zeitpunkt t im System S genommene Messwert des Punktes x, y, z auf Flächen dieser Welle mittels der Lorentz-Gleichungen in das System S' transformiert werden, sind für x, y, z und t die in Gleichung (s) angeschriebenen Ausdrücke für x und t einzuführen. Das Ergebnis lautet:

$$[(x' + \beta c \cdot t') \cdot \gamma]^2 + y'^2 + z'^2 - c^2 [(t' + \beta x'/c) \cdot \gamma]^2 = 0 \tag{u}$$

Nach Umformung bestätigt man, wie es sein muss:

$$x'^2 + y'^2 + z'^2 - c^2 \cdot t'^2 = 0 \tag{v}$$

Auch im System S' wird somit im Zeitpunkt t' eine kugelförmige Wellenausbreitung gemessen, obwohl sich beide Systeme mit der Geschwindigkeit v zueinander bewegen, hier voneinander entfernen! Das ist das große Paradoxon, das der Invarianz der Lichtgeschwindigkeit innewohnt!

Das Paradoxon lässt sich nur auflösen, wenn die Vorstellung aufgegeben wird, die Längen- und Zeitskalen seien invariant. Das bedeutet als Konsequenz: Die in den Systemen S und S' relativ zu einem bewegten Objekt gemessenen Geschwindigkeiten und Beschleunigungen müssen nach Richtung und Größe unterschiedlich und von den relativen Bewegungsgrößen abhängig sein. Das bedeutet weiter: Die Gesetze der klassischen Mechanik verlieren ihre Gültigkeit! Bevor hierauf einge-

Abb. 4.12

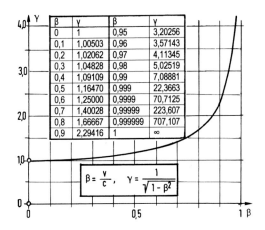

β	γ	β	γ
0	1	0,95	3,20256
0,1	1,00503	0,96	3,57143
0,2	1,02062	0,97	4,11345
0,3	1,04828	0,98	5,02519
0,4	1,09109	0,99	7,08881
0,5	1,16470	0,999	22,3663
0,6	1,25000	0,9999	70,7125
0,7	1,40028	0,99999	223,607
0,8	1,66667	0,999999	707,107
0,9	2,29416	1	∞

$$\beta = \frac{v}{c}, \quad \gamma = \frac{1}{\sqrt{1-\beta^2}}$$

gangen wird, soll zunächst die Frage der Skaleninvarianz hinsichtlich Länge und Zeit geklärt werden.

Wie die Formeln für x', t' einerseits und x, t andererseits (r/s) zeigen, geht γ in diese direkt als Faktor ein. In Abb. 4.12 ist der Verlauf von γ als Funktion von $\beta = v/c$ dargestellt. Offensichtlich wächst γ durchgängig mit β. Solange β kleiner als ca. 0,3 (30 %) ist, ist der relativistische Einfluss gering. Ausgeprägter wird er ab ca. 0,75 (75 %) und dominant ab 0,9 (90 %) und höher.

Ist $\beta = v/c$ deutlich kleiner als 1, lassen sich folgende Reihenentwicklungen für γ bzw. $1/\gamma$ angeben:

$$\gamma = (1 - \beta^2)^{-1/2} = 1 + \frac{1}{2}\beta^2 + \frac{3}{8}\beta^4 + \ldots \approx 1 + \frac{1}{2}\beta^2 \qquad (x)$$

$$\frac{1}{\gamma} = (1 - \beta^2)^{1/2} = 1 - \frac{1}{2}\beta^2 - \frac{1}{8}\beta^4 - \ldots \approx 1 - \frac{1}{2}\beta^2 \qquad (y)$$

Beispiel
$\beta = 0,5$: $\gamma = 1,125(1,155)$, $1/\gamma = 0,875(0,866)$; in den Klammen stehen die genauen Werte.

4.1.4.3 Erstes Beispiel: Zeitdilatation

Finden im System S', das sich gegenüber dem System S gleichförmig mit v bewegt, an ein und derselben Stelle (x') nacheinander zwei Ereignisse statt und wird zwischen beiden Ereignissen im System S' das Zeitintervall $\Delta t' = t'_2 - t'_1$ gemessen, liefert die Lorentz-Transformation dieser Ereignisfolge, also deren gegenseitiger zeitlicher Abstand (vom System S aus beobachtet) nach (q):

$$\Delta t = t_2 - t_1 = (t_2' + \beta \cdot x'/c) \cdot \gamma - (t_1' + \beta \cdot x'/c) \cdot \gamma = (t_2' - t_1') \cdot \gamma$$

$$= \frac{\Delta t'}{\sqrt{1 - \beta^2}} \quad \rightarrow \quad \frac{\Delta t}{\Delta t'} = \gamma = \frac{1}{\sqrt{1 - \beta^2}}$$

Näherung für kleine Werte von $\beta = \frac{v}{c}$:

$$\frac{\Delta t}{\Delta t'} \approx 1 + \frac{1}{2}\beta^2 \approx \left[1 + \frac{1}{2}\left(\frac{v}{c}\right)^2 \right]$$

Vom System S′ aus folgt entsprechend für das Zeitintervall $\Delta t = t_2 - t_1$ zwischen zwei im System S am selben Ort (x) stattfindende Ereignisse nach der Lorentz-Tansformation (Gleichung (r) im vorangegangenen Abschnitt):

$$\Delta t' = t_2' - t_1' = (t_2 - \beta \cdot x/c) \cdot \gamma - (t_1 - \beta \cdot x/c) \cdot \gamma = (t_2 - t_1) \cdot \gamma$$

$$= \frac{\Delta t}{\sqrt{1 - \beta^2}} \quad \rightarrow \quad \frac{\Delta t'}{\Delta t} = \gamma = \frac{1}{\sqrt{1 - \beta^2}}$$

Näherung für kleine Werte von $\beta = \frac{v}{c}$:

$$\frac{\Delta t'}{\Delta t} \approx 1 + \frac{1}{2}\beta^2 \approx \left[1 + \frac{1}{2}\left(\frac{v}{c}\right)^2 \right]$$

Für das Verhältnis $\Delta t/\Delta t'$ bzw. $\Delta t'/\Delta t$ ergibt sich in beiden Fällen eine Vergrößerung des Zeitintervalls: Man spricht von **Zeitdilatation**. In Worten: Eine Zeitdifferenz zwischen zwei Ereignissen in einem von zwei sich gleichförmig gegeneinander mit v bewegenden Systemen erscheint vom anderen aus im Verhältnis

$$\gamma = \frac{1}{\sqrt{1 - \left(\frac{v}{c}\right)^2}} \quad \approx \quad \left[1 + \frac{1}{2}\left(\frac{v}{c}\right)^2 \right] \geq 1$$

verlängert (dilatiert, gedehnt). Bewegte Uhren gehen langsamer, bei Erreichen der Lichtgeschwindigkeit, steht die Zeit still. – Der Näherungsausdruck gilt wieder nur für geringe bezogene Geschwindigkeiten v/c. (Vgl. auch Abschn. 4.1.4.7.)

4.1.4.4 Zweites Beispiel: Raumkontraktion

Das System S′ bewege sich mit v relativ gegenüber dem System S (Abb. 4.13). Zwischen zwei Festpunkten im System S' werde der gegenseitige Abstand $\Delta x' =$

Abb. 4.13

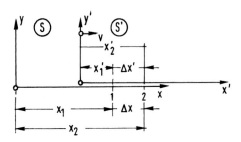

$x_2' - x_1'$ gemessen. Vom System S' aus werde dieses Messergebnis ins System S zum Zeitpunkt t transformiert. Mit der Lorentz-Transformation (q) ergibt sich (Abb. 4.13):

$$\Delta x' = x_2' - x_1' = (x_2 - \beta \cdot ct) \cdot \gamma - (x_1 - \beta \cdot ct) \cdot \gamma = (x_2 - x_1) \cdot \gamma = \Delta x \cdot \gamma$$

Für das Verhältnis $\Delta x / \Delta x'$ folgt demnach:

$$\frac{\Delta x}{\Delta x'} = \frac{1}{\gamma} = \sqrt{1 - \left(\frac{v}{c}\right)^2}$$

Für geringe bezogene Geschwindigkeiten bestätigt man die Näherung:

$$\frac{\Delta x}{\Delta x'} \approx 1 - \frac{1}{2}\left(\frac{v}{c}\right)^2 \leq 1$$

Wird der im System S registrierte Abstand $\Delta x = x_2 - x_1$ nach Lorentz transformiert, ergibt die Vorschrift (Gleichung (r)):

$$\Delta x = x_2 - x_1 = (x_2' + \beta \cdot ct') \cdot \gamma - (x_1' + \beta \cdot ct') \cdot \gamma = (x_2' - x_1') \cdot \gamma = \Delta x' \cdot \gamma$$

In diesem Falle lautet das Verhältnis $\Delta x'/\Delta x$:

$$\frac{\Delta x'}{\Delta x} = \frac{1}{\gamma} = \sqrt{1 - \left(\frac{v}{c}\right)^2}; \text{Näherung analog wie zuvor:} \quad \frac{\Delta x'}{\Delta x} \approx 1 - \frac{1}{2}\left(\frac{v}{c}\right)^2 \leq 1$$

Die transformierten Ergebnisse bezeichnet man als **Raumkontraktion**. In Worten: Der Abstand zwischen zwei Punkten in einem von zwei sich mit v gleichförmig zueinander bewegenden Systemen, erscheint vom jeweils anderen System aus als verkürzt (kontrahiert, gestaucht), das bedeutet: Nähert sich die Relativgeschwindigkeit v der Lichtgeschwindigkeit c, schrumpft eine Strecke zwischen zwei Punkten im bewegten System, vom ruhenden aus gemessen, auf Null. (In Abschn. 4.1.4.8 wird versucht, das Ergebnis zu veranschaulichen.)

Abb. 4.14

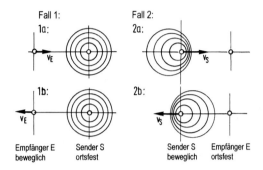

Fall 1:
1a:
v_E

1b:
v_E

Fall 2:
2a:
v_S

2b:
v_S

Empfänger E   Sender S
beweglich   ortsfest

Sender S   Empfänger E
beweglich   ortsfest

4.1.4.5 Drittes Beispiel: Doppler-Effekt

Wie in Bd. II, Abschn. 2.7.6 und in Abschn. 3.9.9.3 ausgeführt, hat der Doppler-Effekt in der Astronomie für die Bestimmung der Entfernung ferner Sterne und Sternsysteme große Bedeutung: Wenn sich zwei Systeme aufeinander zu bewegen oder sich voneinander entfernen und in einem der beiden Systeme Lichtwellen ausgesandt werden, so werden sie im anderen spektral verändert gemessen: Bei einer gegenseitigen Annäherung wird eine Verschiebung zu höheren, bei einer gegenseitigen Entfernung eine Verschiebung zu tieferen Frequenzen registriert.

Nähert sich ein Empfänger (E) einem ruhenden Sender (S) mit der Geschwindigkeit v_E (Fall 1a, Abb. 4.14), wird die vom Sender ausgehende Frequenz v_S vom Empfänger zu

$$v_E = \frac{c + v_E}{c} \cdot v_S = (1 + \beta) \cdot v_S; \quad \beta = \frac{v_E}{c}$$

bestimmt (vgl. obigen Hinweis). Ist die Geschwindigkeit v_E der gesendeten Wellen sehr hoch, ist sie der Zeitdilatation unterworfen. Demgemäß kommen beim Empfänger weniger Wellenfronten pro Zeiteinheit an. Relativistisch gilt demgemäß anstelle der voran gegangenen Formel für v_E, vgl. Abb. 4.14:

$$1a: \sqrt{1 - \beta^2} \cdot v_E = (1 + \beta) \cdot v_S \quad \rightarrow \quad v_E = \sqrt{\frac{1 + \beta}{1 - \beta}} \cdot v_S,$$

$$\lambda_E = \sqrt{\frac{1 - \beta}{1 + \beta}} \cdot \lambda_S; \quad \beta = \frac{v_E}{c}$$

Hinweis zur Umformung: Links: $\sqrt{1 - \beta^2} = \sqrt{(1 - \beta)(1 + \beta)}$, rechts: $(1 + \beta) = \sqrt{(1 + \beta)(1 + \beta)}$.

Entfernt sich der Empfänger vom ruhenden Sender mit der Geschwindigkeit v_E, bestätigt man:

$$1b\text{:} \quad v_E = \sqrt{\frac{1-\beta}{1+\beta}} \cdot v_S, \quad \lambda_E = \sqrt{\frac{1+\beta}{1-\beta}} \cdot \lambda_S; \quad \beta = \frac{v_E}{c}$$

Nähert sich der bewegte Sender dem ruhenden Empfänger mit der Geschwindigkeit v_S (Fall 2a, Abb. 4.14), misst der Empfänger eine höhere Frequenz (vgl. obigen Hinweis):

$$v_E = \frac{c}{c-v_S} \cdot v_S = \frac{1}{(1-\beta)} \cdot v_S; \quad \beta = \frac{v_S}{c}$$

Bei sehr hoher Geschwindigkeit v_S wird die Zeit gedehnt, relativistisch gilt dann:

$$2a\text{:} \quad v_E = \frac{\sqrt{1-\beta^2}}{1-\beta} \cdot v_S \quad \rightarrow \quad v_E = \sqrt{\frac{1+\beta}{1-\beta}} \cdot v_S, \quad \lambda_E = \sqrt{\frac{1-\beta}{1+\beta}} \cdot \lambda_S;$$

$$\beta = \frac{v_S}{c}.$$

Entfernt sich der Sender vom ruhenden Empfänger, bestätigt man:

$$2b\text{:} \quad v_E = \sqrt{\frac{1-\beta}{1+\beta}} \cdot v_S, \quad \lambda_E = \sqrt{\frac{1+\beta}{1-\beta}} \cdot \lambda_S; \quad \beta = \frac{v_S}{c}$$

Es zeigt sich, dass der relativistische Einfluss in der Astronomie bei solchen Galaxien und Quasaren große Bedeutung hat, die sich mit hoher Fluchtgeschwindigkeit entfernen. Innerhalb der Galaxis (Milchstraße) ist der Einfluss dagegen gering, da die gegenseitigen Geschwindigkeiten der Sterne deutlich unter der Lichtgeschwindigkeit liegen. Entfernt sich der Sender (= Stern) beispielsweise mit der Geschwindigkeit 3000 km/s, sind das im Vergleich zur Lichtgeschwindigkeit nur 0,01 ≙ 1 %. Aus obiger Formel ergibt sich die Verschiebung der Frequenz zu $v_E/v_S = 0{,}99$ und jene der Wellenlänge zu $\lambda_E/\lambda_S = 1{,}01$. –

Würde sich ein Stern oder eine Galaxie mit Lichtgeschwindigkeit entfernen, ergibt sich β zu 1: λ_E würde sich nach unendlich und v_E nach Null verschieben.

Wird λ_E/λ_S bzw. v_E/v_S aus den Gleichungen für Fall 2b frei gestellt, folgt für die Geschwindigkeit des sich **entfernenden Senders** (nach Quadrierung und Umstellung): Rotverschiebung: $\lambda_E > \lambda_S$; $v_E < v_S$

$$\frac{v_S}{c} = \frac{(\lambda_E/\lambda_S)^2 - 1}{(\lambda_E/\lambda_S)^2 + 1} \quad \text{bzw.} \quad \frac{v_S}{c} = \frac{1 - (v_E/v_S)^2}{1 + (v_E/v_S)^2}$$

Abb. 4.15

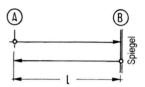

Entsprechende Formeln lassen sich für die anderen Fälle herleiten. – Der Index S steht immer für die vom *S*ender ausgesandte Frequenz bzw. Wellenlänge, es sind dessen spektrale ‚Laborwerte'. Der Index E steht für die vom *E*mpfänger (auf der Erde) gemessenen (verschobenen) Werte für die Wellenlänge bzw. für die Frequenz. v_S ist die Geschwindigkeit des sich entfernenden Senders (des Sterns oder der Galaxie). Sie gilt es in der Astronomie zu bestimmen.

4.1.4.6 Uhrensynchronisation – Lichtuhr

Zwei Uhren mögen die Zeit exakt messen. Die Uhren gelten dann als synchronisiert, wenn die Zeiger der beiden Uhren den Anfang und das Ende eines Ereignisses exakt mit derselben Uhrzeit angeben. Es stellt sich die Frage, wie das geprüft werden kann, wenn sie unterschiedlich positioniert sind. Die Uhren befinden sich ortsfest in einem ruhenden System an den Stellen A und B (Abb. 4.15). Von A wird ein Lichtpuls ausgesandt. Von diesem Zeitpunkt aus misst Uhr A. Von dem allseitig sich ausbreitenden Lichtpuls erreicht *ein* Lichtstrahl den um *l* entfernten Punkt B. Die Ankunft misst Uhr B. Nach Reflexion erreicht der Lichtstrahl wieder Punkt A, diesen Zeitpunkt misst Uhr A. Zeigen die Zeitskalen der Uhren dieselbe Zeit und Zeitdifferenz, sind sie synchronisiert. Das wäre z. B. bei einer Zeitdifferenz 13,30 (Uhrzeit in B) − 13,28 (Uhrzeit in A) von A nach B hin und der Zeitdifferenz 13,32 (Uhr in A) − 13,30 (Uhrzeit in B) von B nach A zurück der Fall. Zeigt die Messung z. B. 13,31 (Uhrzeit in B) − 13,28 (Uhrzeit in A) von A nach B hin und 13,32 (Uhrzeit in A) − 13,31 (Uhrzeit in B) von B nach A zurück, liefe die Uhr B um 1 Sekunde vor oder die Uhr in A um 1 Sekunde zurück. Die Zeitanzeige in B müsste um 1 Sekunde zurückgesetzt werden oder die Zeitanzeige der Uhr A müsste um 1 Sekunde vorgerückt werden. Eine Wiederholung der Messung ergäbe dann eine gleichgroße Differenz auf den Zeitskalen der beiden Uhren, sie wären synchronisiert. Dem Prinzip nach ist die Synchronisation keine schwierige Aufgabe. Sind mehrere Uhren auf diese Weise untereinander synchronisiert, lassen sich Aussagen über die Gleichzeitigkeit oder die Nichtgleichzeitigkeit von Ereignissen an voneinander entfernt liegenden Orten machen.

Da die Lichtgeschwindigkeit *c* eine universell geltende konstante Größe ist, bietet es sich an, die Zeit mit einer ‚Lichtuhr' zu messen. Abb. 4.16 zeigt eine solche

Abb. 4.16

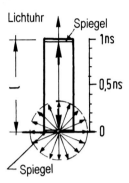

Uhr in schematischer Darstellung. Die Länge der Uhr sei l. Jeweils oben und unten liegt ein Spiegel senkrecht zur Ache der Uhr. Wird an der Basis ein Lichtpuls gezündet, wird von den nach allen Seiten ausgehenden Strahlen des Lichtpulses jener Lichtstrahl ununterbrochen an den Spiegeln oben und unten reflektiert, der mit der Zentralachse der Uhr zusammenfällt. Der Strahl durchmisst die Strecke l jeweils in der Zeit

$$t_{\text{Uhr}} = \frac{l}{c}$$

t_{Uhr} ist die **Eigenzeit** der Uhr. Wird l beispielsweise zu 0,3 m gewählt, beträgt Eigenzeit, wenn die Lichtgeschwindigkeit c zu $3 \cdot 10^8$ m/s angesetzt wird:

$$t_{\text{Uhr}} = \frac{0,3}{c} = \frac{0,3}{3 \cdot 10^8} = 0,1 \cdot 10^{-8}\,\text{s} = 1 \cdot 10^{-9}\,\text{s} = 1\,\text{ns} \quad (1\,\text{ns} = 1\,\text{Nanosekunde})$$

Immer, wenn der Lichtstrahl oben und unten reflektiert wird, macht es tick-tack-tick-tack-... und der Zeiger rückt um einen Strich weiter, die Zeit schreitet um $t_{\text{Uhr}} = 1$ ns (um eine Nanosekunde) fort und das unabhängig vom Standort der Uhr.

4.1.4.7   Zeitdilatation

Es werden zwei Systeme, S und S′, mit je einer Lichtuhr betrachtet. Sie seien von der im vorangegangenen Abschnitt dargestellten Art und zueinander synchronisiert. Sie sind in Richtung y bzw. y' ausgerichtet. also lotrecht.

System S befindet sich in Ruhe, System S′ bewege sich gegenüber System S mit der konstanten Geschwindigkeit v. Exakt in dem Moment, in dem sich S′ an S vorbei bewegt, also beide Systeme in Deckung liegen, werde ein Lichtpuls gezündet und die Uhren auf $t = 0$ bzw. $t' = 0$ gestellt (Abb. 4.17a).

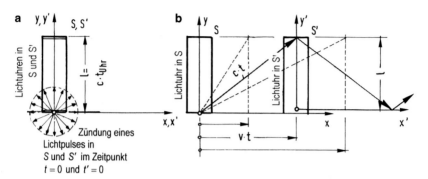

Abb. 4.17

Der Lichtstrahl, der in der Uhr des ruhenden Systems mit deren Achse zusammenfällt, benötigt für die Laufzeit auf und ab die doppelte Eigenzeit. Diese Zeit misst auch ein Beobachter anhand der im System S' mitgeführten Uhr:

$$\Delta t' = t' - 0 = 2\frac{l}{c} \tag{a}$$

(Da sich die Uhr im System S' **quer** zu ihrer Achse bewegt, ändert sich ihre Länge nicht, sie bleibt konstant.)

Ein Beobachter im Ruhesystem S, der die zuvor beschriebenen Ereignisse der Lichtreflexion am oberen und unteren Spiegel der Lichtuhr im bewegten System S' mit seiner eigenen Uhr messen möchte, kann das nur anhand jenes speziellen Lichtstrahls, der vom oberen Spiegel der bewegten Uhr zum Zeitpunkt t reflektiert wird. Diese Zeit folgt aus Abb. 4.17b zu:

$$(v \cdot t)^2 + l^2 = (c \cdot t)^2 \quad \rightarrow \quad l^2 = (c-v)^2 t^2 = \left[1 - \left(\frac{v}{c}\right)^2\right] \cdot c^2 \cdot t^2$$

$$\rightarrow \quad t = \frac{l}{\sqrt{1 - \left(\frac{v}{c}\right)^2} \cdot c} \tag{b}$$

Für die Zeitdifferenz der vollständigen Reflexion auf und ab folgt mit (a):

$$\Delta t = 2 \cdot t - 0 = \frac{1}{\sqrt{1 - \left(\frac{v}{c}\right)^2}} \cdot \frac{2l}{c} = \frac{1}{\sqrt{1 - \left(\frac{v}{c}\right)^2}} \cdot \Delta t'$$

$$\rightarrow \quad \Delta t = \gamma \cdot \Delta t' \quad \text{mit } \gamma = \frac{1}{\sqrt{1 - \left(\frac{v}{c}\right)^2}} \tag{c}$$

Vom Ruhesystem aus, wird die Zeit im bewegten System zwischen der Auf- und Abwärtsreflexion um Δt gedehnt (dilatiert). Die Dehnung ist, wie die Formel zeigt, abhängig von der Höhe der Geschwindigkeit v.

4.1.4.8 Raumkontraktion

Die Raumkontraktion lässt sich nicht so einfach veranschaulichen, wie im vorangegangenen Abschnitt, die Zeitdilation muss in diesem Falle berücksichtigt werden.

Im System S′, das sich mit der Geschwindigkeit v gegenüber dem System S bewegt, befinde sich eine Lichtuhr, deren **Längsachse** mit der Bewegungsrichtung zusammenfällt, quasi eine ‚liegende‘ Uhr (Abb. 4.18a). – Im ruhenden System hat die Uhr die Länge l. Ein Lichtstrahl, der die Uhr zweimal durchläuft, benötigt die doppelte Eigenzeit: $\Delta t = 2l/c$.

Für einen Betrachter im bewegten System S′ ändert sich die Länge der Uhr nicht, auch in diesem dauert die Zeit für einen zweimaligen Durchlauf:

$$\Delta t' = 2l/c \tag{a}$$

Abb. 4.18

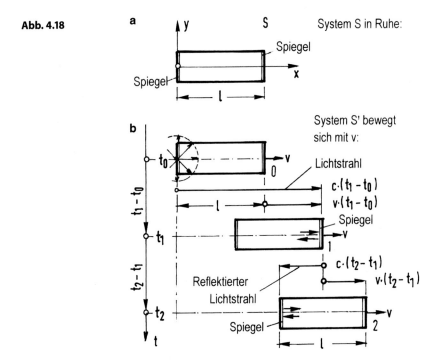

Befindet sich das mit der konstanten Geschwindigkeit v bewegende System S′ mit dem ruhenden System S in Deckung, werden die Uhren auf Null gestellt ($t = 0$, $t' = 0$). Vom System S aus betrachtet, wird zum Zeitpunkt t_0 ein Lichtpuls gezündet (Abb. 4.18b).

Der Zustand t_1 ist jener, bei welchem der zentrale Lichtstrahl den in der Frontseite der Lichtuhr liegenden Spiegel erreicht, die Lauflänge des Strahls beträgt, vom System S aus gesehen: $c \cdot (t_1 - t_0)$. Die Frontseite der Uhr hat sich dabei um $v \cdot (t_1 - t_0)$ bewegt. Der Lichtstrahl wird reflektiert. Zum Zeitpunkt t_2 erreicht der Strahl den Spiegel an der Rückseite der Uhr. Die Lauflänge des Rückweges beträgt $c \cdot (t_2 - t_1)$, die Lichtuhr hat sich um $v \cdot (t_2 - t_1)$ weiter bewegt. Die angeschriebenen Wege sind als Absolutwerte zu lesen, wie in Abb. 4.18b eingetragen.

Vom Ruhesystem S aus betrachtet, muss eine mögliche Änderung der Uhrenlänge in Betracht gezogen werden. Für die genannten Zeitintervalle liest man aus Abb. 4.18b ab:

Zeitintervall $t_1 - t_0$: $c \cdot (t_1 - t_0) - v \cdot (t_1 - t_0) = l' \;\rightarrow\; (t_1 - t_0) = l'/(c - v)$

$$\text{(b)}$$

Zeitintervall $t_2 - t_1$: $c \cdot (t_2 - t_1) + v \cdot (t_2 - t_1) = l' \;\rightarrow\; (t_2 - t_1) = l'/(c + v)$

$$\text{(c)}$$

In der Uhr des Systems S′ ist die Zeit um $\Delta t' = 2l/c$ fortgeschritten, vgl. (a). Vom ruhenden System S aus ist die Zeit um $\Delta t = (t_1 - t_0) + (t_2 - t_1) = t_2 - t_0$ weiter fortgeschritten; das bedeutet:

$$\Delta t = t_2 - t_0 = \frac{l'}{c - v} + \frac{l'}{c + v} = \frac{(c + v) + (c - v)}{c^2 - v^2} \cdot l'$$

$$= \frac{2c}{c^2 - v^2} \cdot l' = \frac{1}{1 - \left(\frac{v}{2}\right)^2} \cdot \frac{2l'}{c} \tag{d}$$

$$\rightarrow \quad \Delta t = \gamma^2 \cdot \frac{2l'}{c}$$

Die in der Uhr des Systems S′ verstrichene Zeit wird auf die vorstehende, vom ruhenden System S aus gemessene Zeit Δt, bezogen:

$$\frac{\Delta t'}{\Delta t} = \frac{2l}{c} \cdot \frac{c}{2l' \cdot \gamma^2} = \frac{l}{l'} \cdot \frac{1}{\gamma^2} \tag{e}$$

Wird die Zeitdilatation $\Delta t = \gamma \cdot \Delta t'$ eingerechnet, folgt schließlich:

$$\frac{\Delta t'}{\gamma \cdot \Delta t'} = \frac{l}{l'} \cdot \frac{1}{\gamma^2} \;\rightarrow\; l = \gamma \cdot l' \;\rightarrow\; l' = \frac{1}{\gamma} \cdot l \;\; \text{mit} \;\; \frac{1}{\gamma} = \sqrt{1 - \left(\frac{v}{c}\right)^2} \tag{f}$$

Im Falle $v \rightarrow c$, geht l'/l gegen Null, vom System S aus ,verschwindet' der Gegenstand im System S'. In Worten: Ein im bewegten System S' ruhender Gegenstand, dessen Länge in diesem System zu l gemessen wird, erscheint vom ruhenden System S aus als um den Faktor $1/\gamma$ verkürzt (kontrahiert). Die Kontraktion gilt auch vom bewegten System S' aus relativ zum ruhenden System S; das Analoge gilt wechselseitig für die Zeitdilatation.

Die mit der Zeitdilatation und Raumkontraktion verbundenen Gedankengänge sind schwierig zu verstehen, sie sind eigentlich nicht verstehbar, weil es keine klassische Alltagserfahrung in dieser Richtung gibt. Akzeptiert man, dass die Geschwindigkeit eines Lichtsignals von der Geschwindigkeit des Empfängers bzw. Senders unabhängig und zudem immer und allüberall konstant ist, sind obige Beweise und Folgerungen schlüssig.

Die hier mit dem Modell der Lichtuhr hergeleiteten Ergebnisse korrespondieren mit jenen, die in den Abschn. 4.1.4.3 und 4.1.4.4 mit Hilfe der Lorentz-Transformation analytisch gewonnen wurden. Der analytische Weg ist vorzuziehen. Er lässt sich auf beliebige Bewegungen im Raum erweitern. Wie sich denken lässt, wird der Formelapparat dann komplizierter [12, 13].

Worauf die Invarianz der Lichtgeschwindigkeit letztlich beruht, ist unbekannt. Schon in der Mitte des 19. Jahrhunderts wurde J.C. MAXWELL die Geschwindigkeit der elektromagnetischen Wellen zu

$$c = \frac{1}{\sqrt{\varepsilon_0 \cdot \mu_0}} = \text{konstant}$$

postuliert (Abschn. 1.7.3). Hierin ist ε_0 die Dielektrizitätskonstante und μ_0 die Permeabilitätskonstante. In beiden Fällen handelt es sich um Naturkonstanten, das gilt entsprechend für die Geschwindigkeit der elektromagnetischen Wellen. Eine höhere Geschwindigkeit kann es im Kosmos nicht geben. Im Michelson-Versuch wurde das Faktum experimentell bestätigt. Dennoch, immer wieder wurden und werden Zweifel angemeldet und damit auch an der Relativitätstheorie und ihren Folgerungen. Von der Satellitennavigation bis zu den Fusionsfeuern in den Sternen findet die Theorie ihre allgegenwärtige Anwendung und immerwährende Bestätigung. Die Theorie in Zweifel zu ziehen, ist müßig, so sehr sie dem Menschen auch unverständlich bleiben mag.

4.1.4.9 Relativistische Additionstheoreme der Geschwindigkeit

Ein Punkt P bewege sich im ruhenden System S mit der Geschwindigkeit $\vec{u}$. In dem sich relativ dazu mit der (,globalen') Geschwindigkeit v bewegenden System S' betrage die (,lokale') Geschwindigkeit $\vec{u}'$. Deren Komponenten werden im System S' im Zeitpunkt t' zu u'_x, u'_y und u'_z gemessen (Abb. 4.19). Gesucht ist eine

Abb. 4.19

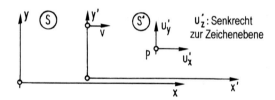

Transformationsvorschrift, mittels derer diese Messwerte ins System S umgerechnet werden können.

Die Geschwindigkeiten $\vec{u}'$ und $\vec{u}$ sind zu

$$\vec{u}' = (u'_x, u'_y, u'_z) = \left(\frac{dx'}{dt'}, \frac{dy'}{dt'}, \frac{dz'}{dt'} \right) \quad \text{und}$$

$$\vec{u} = (u_x, u_y, u_z) = \left(\frac{dx}{dt}, \frac{dy}{dt}, \frac{dz}{dt} \right) \tag{a}$$

definiert. In der jeweils zweiten Klammer stehen die Zeitableitungen, in der ersten Klammer die Ableitungen von x', y', z' nach t', in der zweiten die Ableitungen von x, y, z nach t. – Für u_x folgt beispielsweise unter Verwendung der Lorentz-Transformation (Gleichungen (r) in Abschn. 4.1.4.2):

$$u_x = \frac{dx}{dt} = \frac{dx}{dt'} \cdot \frac{dt'}{dt} = \frac{\frac{dx}{dt'}}{\frac{dt}{dt'}} = \frac{\left(\frac{dx'}{dt'} + \beta \cdot c \cdot \frac{dt'}{dt'} \right) \gamma}{\left(\frac{dt'}{dt'} + \beta \cdot \frac{1}{c} \cdot \frac{dx'}{dt} \right) \gamma} = \frac{u'_x + \beta \cdot c}{1 + \frac{\beta}{c} \cdot u'_x} \tag{b}$$

$$= \frac{u'_x + v}{1 + \frac{v}{c^2} \cdot u'_x}$$

Die Komponenten u_y und u_z folgen auf analoge Weise. Zusammengefasst gilt:

$$u_x = \frac{u'_x + v}{1 + u'_x \cdot \beta/c}, \quad u_y = \frac{u'_y}{\gamma \left(1 + u'_x \cdot \beta/c \right)}, \quad u_z = \frac{u'_z}{\gamma \left(1 + u'_x \cdot \beta/c \right)},$$

$$u'_x = \frac{u_x - v}{1 - u_x \cdot \beta/c}, \quad u'_y = \frac{u_y}{\gamma \left(1 - u_x \cdot \beta/c \right)}, \quad u'_z = \frac{u_z}{\gamma \left(1 - u_x \cdot \beta/c \right)} \tag{c}$$

$$\beta = \frac{v}{c}, \quad \gamma = \frac{1}{\sqrt{1 - \beta^2}} \tag{d}$$

Offensichtlich wirkt sich u'_x bzw. u_x auch auf die jeweils beiden anderen Geschwindigkeitskomponenten aus. Bei der Transformation von S' nach S gilt immer: $u_x < u'_x + v$, $u_y < u'_y$, $u_z < u'_z$.

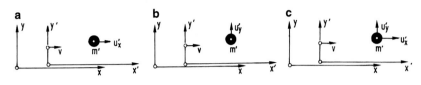

Abb. 4.20

Geht $\beta = v/c$ gegen Null, geht γ gegen 1 und die Transformationsformeln lauten

$$u_x = u'_x + v, \quad u_y = u'_y, \quad u_z = u'_z \quad \text{bzw.}$$
$$u'_x = u_x - v, \quad u'_y = u_y, \quad u'_z = u_z \tag{e}$$

Es sind die Formeln der Galilei-Transformation der klassischen Mechanik.

1. Beispiel
$v = 0{,}5 \cdot c; u'_x = 0{,}1 \cdot c; u'_y = u'_z = 0{,}05 \cdot c$. Die Zahlenrechnung ergibt:

$$\beta = 0{,}5, \quad \gamma = 1{,}1547: \quad u_x = 0{,}571 \cdot c < 0{,}6 \cdot c, \quad u_y = u_z = 0{,}041 \cdot c < 0{,}05 \cdot c.$$

Sind v und u'_x gleich c, so sind u_y, u_z gleich Null, anderenfalls wäre die Resultierende $> c$. Die Rechnung ergibt: $\beta = 1$, $\gamma = \infty$: $u_x = 2c/c = c, u_y = u_z = 0$. Obwohl sich der Punkt P innerhalb Systems S' mit der Geschwindigkeit c bewegt und sich das System S' gegenüber System S ebenfalls mit der Geschwindigkeit c bewegt, bewegt sich der Punkt, vom System S aus betrachtet, nicht mit $2\,c$, sondern nur mit c. Wie mehrfach ausgeführt, ist c die Grenzgeschwindigkeit allüberall. Die voran gegangenen Transformationsformeln für die Geschwindigkeit genügen diesem Postulat, zutreffender gesagt, sie genügen diesem kosmischen Gesetz.

Anmerkung
Für die Überführung der Beschleunigung des Punktes P im System S' in das System S, also für $\vec{a}'(a'_x, a'_y, a'_z)$, lassen sich ebenfalls Transformationsformeln herleiten. Auf ihre Wiedergabe wird hier verzichtet, ebenso auf die Behandlung der Transformation mehrdimensionaler Transversal- und Rotationsbewegungen. Einzelheiten können [12, 13] entnommen werden.

2. Beispiel
Im System S', das sich gegenüber dem System S mit der Geschwindigkeit v verschiebt, bewege sich ein Körper. Er habe die Masse m'. Es werden drei Fälle unterschieden:

Fall 1: m' bewege sich mit der Geschwindigkeit u'_x in Richtung der ‚globalen' Bewegung, also in Richtung x' (Abb. 4.20a). Vom Standpunkt des ruhenden Systems S aus wird die Geschwindigkeit zu (c)

$$u_x = \frac{u'_x + v}{1 + u'_x \cdot \beta/c} = \frac{u'_x + v}{1 + u'_x \cdot v/c^2}$$

gemessen. Zahlenbeispiel: $u'_x = 0{,}7 \cdot c$ und $v = 0{,}9 \cdot c$; die Auswertung der vorstehenden Formel liefert: $u_x = 0{,}9816 \cdot c$. Die Galilei-Transformation würde $u_x = u'_x + c = 1{,}6 \cdot c$ ergeben.

Fall 2: m' bewege sich mit der Geschwindigkeit u'_y in Richtung y' (Abb. 4.20b). Vom Standpunkt des Systems S aus gilt für u_y (c):

$$u_y = \frac{u'_y}{\gamma} = \sqrt{1 - \beta^2} \cdot u'_y = \sqrt{1 - \left(\frac{v}{c}\right)^2} \cdot u'_y$$

Zahlenbeispiel: $u'_y = 0{,}6 \cdot c$ und $v = 0{,}9 \cdot c$; die Formel ergibt: $u_y = 0{,}2615 \cdot c$.

Fall 3: m' bewege sich mit der Geschwindigkeit u'_x in Richtung x' und mit u'_y in Richtung y' (Abb. 4.20c). Vom Standpunkt des Systems S lauten die Transformationen (c):

$$u_x = \frac{u'_x + v}{1 + u'_x \cdot \beta/c} = \frac{u'_x + v}{1 + u'_x \cdot v/c^2}, \quad u_y = \frac{u'_y}{\gamma\left(1 + u'_x \cdot \beta/c\right)} = \frac{\sqrt{1 - (v/c)^2} \cdot u'_y}{1 + u'_x \cdot v/c^2}$$

Zahlenbeispiel: $u'_x = 0{,}7 \cdot c$, $u'_y = 0{,}6 \cdot c$ und $v = 0{,}9 \cdot c$. Werden die Formeln ausgewertet ergibt die Zahlenrechnung: $u_x = 0{,}9816 \cdot c$, $u_y = 0{,}1605 \cdot c$. Die Resultierende beträgt: $0{,}9893 \cdot c < c$.

4.1.5 Grundlagen der relativistischen Dynamik

4.1.5.1 Masse, Impuls und Energie

Alle vorangegangenen Darlegungen betrafen kinematische Größen, wie Länge, Weg, Geschwindigkeit, Beschleunigung und Zeit. Die Überlegungen werden im Folgenden auf dynamische Größen erweitert.

Wirkt auf einen Körper mit der Masse m eine konstante Kraft, erfährt die Masse gemäß dem II. Newtonschen Gesetz ($F = m \cdot a$) eine konstante Beschleunigung: $a = F/m$. Eine konstante Beschleunigung bedeutet eine linear anwachsende Geschwindigkeit (Abb. 4.21). Bei genügend langer Wirkdauer der Kraft würde die Geschwindigkeit die Lichtgeschwindigkeit c irgendwann überschritten haben (das wäre zum Zeitpunkt $t = c/a = c/(F/m)$ der Fall). Das ist nicht möglich, woraus zwangsläufig folgt, dass in der relativistischen Dynamik modifizierte Kraft- und Energiegesetze gelten müssen.

Diese Gesetze wurden von A. EINSTEIN im Jahre 1905 in zwei bedeutenden Veröffentlichungen hergeleitet. Hierbei konnte er, wie erwähnt, auf die von

Abb. 4.21

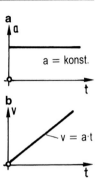

H.A. LORENTZ angegebenen Transformationsgleichungen zurückgreifen. Die dynamischen Gesetze lauten in heutiger Ausformung:

1. **Relativistische Masse:** Wenn sich ein Körper, der im Ruhezustand die Ruhemasse m_0 hat, gegenüber einem ruhenden System mit der Geschwindigkeit v bewegt, beträgt seine relativistische (effektive) Masse:

$$m = \gamma \cdot m_0 \quad \text{mit} \quad \gamma = \gamma(v) = \frac{1}{\sqrt{1 - (v/c)^2}} \tag{a}$$

   Das bedeutet: Die Masse eines Körpers im Ruhezustand (m_0) wächst im Bewegungszustand (m) an, im Falle $v \to c$ wächst sie (etwa die Masse eines Elementarteilchens) gegen unendlich.

2. **Relativistischer Impuls:** Bewegt sich ein Körper mit der Masse m' innerhalb eines sich mit der Geschwindigkeit v bewegenden Systems S' mit der ,lokalen' Geschwindigkeit u'_y in Richtung y', ist also innerhalb des S'-Systems quer zu dessen Bewegung gerichtet, (Abb. 4.22; u'_x und u'_z sind Null), beträgt der Impuls von m':

$$p'_y = m' \cdot u'_y \tag{b}$$

Abb. 4.22

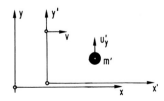

Wird gefordert, dass das Impulserhaltungsgesetz gültig ist, der Impuls somit bei der Transformation erhalten bleibt, bedeutet das:

$$p_y = p'_y \quad \rightarrow \quad m \cdot u_y = m' \cdot u'_y \tag{c}$$

Die Transformationsvorschrift für u_y lautet (vgl. (c) im vorangegangenen Abschnitt):

$$u_y = \frac{u'_y}{\gamma}. \tag{d}$$

In (c) eingesetzt, ergibt sich:

$$m \cdot \frac{u'_y}{\gamma} = m' \cdot u'_y \tag{e}$$

Wird u'_y beidseitig gekürzt, folgt:

$$m = \gamma \cdot m' \equiv \gamma \cdot m_0. \tag{f}$$

Zusammenfassung: Hat das Gesetz vom Erhalt des Impulses auch für Bewegungen mit der relativistischen Geschwindigkeit v Gültigkeit, gilt:

$$p_y = p'_y \quad \rightarrow \quad m \cdot u_y = m' \cdot u'_y \quad \rightarrow \quad m \cdot u_y = m' \cdot \gamma \cdot u_y$$
$$\rightarrow \quad m' = \frac{m}{\gamma} \tag{g}$$

Wird der Ausdruck nach m frei gestellt, folgt:

$$m = \gamma \cdot m' = \gamma \cdot m_0 = \frac{m_0}{\sqrt{1 - (v/c)^2}} \tag{h}$$

Das ist die obige Gleichung (a), sie ist damit gemäß der Voraussetzung, dass der Impulssatz in der relativistischen Dynamik gültig ist, bewiesen.

Es ist einsichtig, dass (a) bzw. (h) auch für jede andere Komponenten-Transformation gilt, auch dann, wenn die relativistische Geschwindigkeit einbezogen wird.

Für die relativistische Geschwindigkeit alleine lautet der relativistische Impuls:

$$p = m \cdot v = \gamma \cdot m_0 \cdot v = \frac{m_0}{\sqrt{1 - (v/c)^2}} \cdot v \tag{i}$$

Im Falle $v/c = 0$ geht γ gegen 1 und die Formel nimmt die Fassung der klassischen Mechanik an: $p = m_0 \cdot v$, wie es sein muss.

3. **Relativistische Energie:** Es wird postuliert:

$$E = m \cdot c^2 = \gamma \cdot m_0 \cdot c^2 \quad \rightarrow \quad E = \frac{1}{\sqrt{1 - (v/c)^2}} \cdot m_0 \cdot c^2 \qquad \text{(j)}$$

Diese Vereinbarung erscheint willkürlich, sie wird im folgenden Abschnitt bewiesen und dadurch verständlich.

Entwickelt für kleine Geschwindigkeiten ($v \ll c$) ergibt sich:

$$E = \left[1 - \left(\frac{v}{c}\right)^2\right]^{-1/2} \cdot m_0 \cdot c^2 = \left[1 + \frac{1}{2} \cdot \left(\frac{v}{c}\right)^2 + \ldots\right] \cdot m_0 \cdot c^2 \quad \rightarrow$$

$$E \approx m_0 \cdot c^2 + \frac{1}{2} m_0 v^2 \qquad \text{(k)}$$

Der erste Term ist die sogen. Ruheenergie, der zweite Term die kinetische Energie, beide für den Fall $v \ll c$, das ist der Geltungsbereich der klassischen Mechanik.

4.1.5.2 Kraft und Arbeit – Kinetische Energie

In der klassischen Mechanik lautet die Bewegungsgleichung in der von I. NEWTON postulierten Lex II:

$$F = \frac{dp}{dt} = \frac{d}{dt}(m \cdot v) \qquad \text{(l)}$$

In Worten: Die Kraft F ist die Ableitung des Impulses $p = m \cdot v$ nach der Zeit.

Beschränkt man die folgenden Überlegungen auf einen Körper, der sich mit der relativistischen Geschwindigkeit v bewegt und bei dem sich dieser Bewegung keine weiteren Bewegungen überlagern, kann die vorstehende Definition der Kraft direkt übernommen werden. Indessen: Im relativistischen Falle ist m keine Konstante! Mit Gleichung (h) ergibt die Kettenregel:

$$F = \frac{dp}{dt} = \frac{d}{dt}(\gamma \cdot m_0 \cdot v) = \frac{d\gamma}{dt} \cdot m_0 \cdot v + \gamma \cdot m_0 \cdot \frac{dv}{dt} \quad (\gamma = \gamma(v)) \qquad \text{(m)}$$

Beschränkt man sich, wie ausgeführt, auf die Bewegungsrichtung x, ergibt die Differentiation (nach Zwischenrechnung, vgl. Ergänzung unten):

$$F(= F_x) = \gamma^3 \cdot m_0 \cdot v \cdot \frac{v}{c^2} \cdot \frac{dv}{dt} + \gamma \cdot m_0 \cdot \frac{dv}{dt} = \gamma \cdot m_0 \cdot \left[1 + \gamma^2 \left(\frac{v}{c}\right)^2\right] \cdot \frac{dv}{dt}$$

$$= \gamma \cdot m_0 \cdot \gamma^2 \cdot \frac{dv}{dt} = \gamma^3 \cdot m_0 \cdot \frac{dv}{dt}$$

Ausgeschrieben lautet das Ergebnis:

$$F = \frac{m_0}{[1-(v/c)^2]^{\frac{3}{2}}} \cdot \frac{dv}{dt} \tag{n}$$

dv/dt ist die Beschleunigung. Im vorliegenden Falle (Bewegung in Richtung x) lautet das Bewegungsgesetz unverändert: ,Kraft ist gleich Masse mal Beschleunigung', allerdings ist die ,Masse' hier keine Konstante, sondern eine von der Geschwindigkeit abhängige Funktion.

Anmerkung
Da diese ,Masse' nicht gleich der relativistischen Masse ist, sollte man sie eigentlich nicht mit Masse benennen!

Ergänzung
Die in Gleichung (m) notwendige Differentiation von $\gamma = \gamma(v(t))$ nach der Zeit t hat folgendes Ergebnis:

$$\frac{d\gamma}{dt} = \frac{d}{dt}\left[1-\left(\frac{v}{c}\right)^2\right]^{-1/2} = -\frac{1}{2}\left[-\frac{2v}{c^2}\cdot\frac{dv}{dt}\right]\cdot\left[1-\left(\frac{v}{c}\right)^2\right]^{-3/2} = \frac{v}{c^2}\cdot\frac{dv}{dt}\cdot\gamma^3$$

Berechnet man die von der Kraft F ($= F_x$) auf ihrem Weg von 0 nach x, also über $dx = v \cdot dt$ verrichtete Arbeit, folgt (**Hinweis:** ξ, τ, v fungieren als Integrationsvariable für x, t, v):

$$W = \int\limits_0^x F \cdot d\xi = \int\limits_0^t \frac{m_0}{[1-(v/c)^2]^{3/2}} \cdot \frac{dv}{d\tau} \cdot v \cdot d\tau = \int\limits_0^v \frac{m_0}{[1-(v/c)^2]^{3/2}} \cdot v \cdot dv$$

$$= \int\limits_0^v m_0 \cdot c^2 \cdot \frac{d}{dv}\left(\frac{1}{\sqrt{1-(v/c)^2}}\right) \cdot dv = m_0 \cdot c^2 \cdot \frac{1}{\sqrt{1-(v/c)^2}}\bigg|_0^v$$

$$= \frac{m_0 \cdot c^2}{\sqrt{1-(v/c)^2}} - m_0 \cdot c^2 = \gamma \cdot m_0 \cdot c^2 - m_0 \cdot c^2 = m \cdot c^2 - m_0 \cdot c^2$$

$$= (m - m_0) \cdot c^2$$

Der jeweils erste Term rechts vom Gleichheitszeichen ist die relativistische Energie, wie in (j) angeschrieben:

$$E = m \cdot c^2 = \gamma \cdot m_0 \cdot c^2 \tag{o}$$

Die auf dem Weg von $\xi = 0$ bis $\xi = x$ verrichtete Arbeit ist die im Endpunkt erreichte kinetische Energie ($E_{\text{kin}} = W$):

$$E_{\text{kin}} = (m - m_0) \cdot c^2 = \left(\frac{1}{\sqrt{1 - (v/c)^2}} - 1 \right) \cdot m_0 \cdot c^2 \qquad \text{(p)}$$

Die kinetische Energie eines Körpers ist gleich seiner Gesamtenergie $m \cdot c^2$ abzüglich seiner Ruheenergie $m_0 \cdot c^2$. Dabei ist $m = m(v)$ eine Funktion von v.

Wegen der Massenzunahme $\Delta m = (m - m_0)$ wächst die kinetische Energie entsprechend überproportional mit v/c. Für $v = c$ wächst sie gegen unendlich (eine Geschwindigkeit $v = c$ ist daher nicht erreichbar). Für $v \ll c$ (klassische Mechanik) gilt

$$E_{\text{kin}} = \frac{1}{2} m_0 \cdot v^2,$$

wie es sein muss (vgl. (k)).

4.1.5.3 Äquivalenz von Masse und Energie

Bei der Herleitung der ‚Masse-Energie-Äquivalenz' ging A. EINSTEIN von folgender Überlegung aus: Er postulierte: Befindet sich eine Masse im Zustand der Ruhe, ist ihr in diesem Zustand eine Ruheenergie eigen. Sie gilt es abzuleiten. –

Wie gezeigt, ist $(m - m_0) \cdot c^2$ die kinetische Energie. Es ist naheliegend, den Term $m_0 \cdot c^2$ als Ruheenergie (E_0) zu vereinbaren. Ausgehend von (p) ergibt die Prüfung:

$$E_{\text{kin}} = m \cdot c^2 - E_0 \quad \rightarrow \quad \left(\frac{1}{\sqrt{1 - (v/c)^2}} - 1 \right) \cdot m_0 \cdot c^2 = m \cdot c^2 - E_0 \qquad \text{(q)}$$

Wird die Gleichung nach der Ruheenergie E_0 freigestellt, folgt:

$$E_0 = m \cdot c^2 - \left(\frac{1}{\sqrt{1 - (v/c)^2}} - 1 \right) \cdot m_0 \cdot c^2$$

$$= \frac{1}{\sqrt{1 - (v/c)^2}} \cdot m_0 \cdot c^2 - \left(\frac{1}{\sqrt{1 - (v/c)^2}} - 1 \right) \cdot m_0 \cdot c^2 \qquad \text{(r)}$$

$$= m_0 \cdot c^2 \quad \rightarrow \quad \underline{E_0 = m_0 \cdot c^2}$$

Der Ansatz ist kompatibel mit der hergeleiteten kinetischen Energie der relativistischen Dynamik. Damit ist alles in sich schlüssig: Es gilt der Impulserhaltungssatz und der Energieerhaltungssatz einschließlich der Definition des Wegintegrals für die Arbeit. Lediglich das Massenerhaltungsgesetz ist durch die vorstehende Äquivalenz ersetzt: **Masse und Energie sind äquivalent.** Das Gesetz wird vielfach als die bedeutendste Gleichung der Physik angesehen, zu Recht. Zunächst hatte sie A. EINSTEIN (theoretisch, intuitiv) als Vermutung postuliert, inzwischen ist sie mannigfach experimentell bestätigt, sowohl durch die Prozesse der Kernspaltung wie der Kernfusion (in den Sternen): Kleine Massendefekte vermögen große Energien zu entfalten (was numerisch auf dem Faktor c^2 beruht).

Wird aus den Ausdrücken (i) und (j) für den relativistischen Impuls und die relativistische Energie die Größe $\gamma \cdot m_0$ frei gestellt, ergibt sich:

$$p = \gamma \cdot m_0 \cdot v \;\; \rightarrow \;\; \gamma \cdot m_0 = p/v \;\; \text{und} \;\; E = \gamma \cdot m_0 \cdot c^2 \;\; \rightarrow \;\; \gamma \cdot m_0 = E/c^2$$

Nach deren Verknüpfung folgt eine Beziehung zwischen p, E und v:

$$\frac{p}{v} = \frac{E}{c^2} \;\; \rightarrow \;\; p = \frac{E}{c} \cdot v/c \;\; \rightarrow \;\; E = \frac{p \cdot c}{v/c} \tag{s}$$

Wird

$$m = \frac{1}{\sqrt{1 - (v/c)^2}} \cdot m_0 \tag{t}$$

quadriert, ergibt sich:

$$m^2 = \frac{1}{1 - (v/c)^2} \cdot m_0^2 \;\; \rightarrow \;\; [1 - (v/c)^2] \cdot m^2 = m_0^2$$

Mit c^4 durchmultipliziert, folgt nach kurzer Zwischenrechnung die für die **relativistische Mechanik** geltende Beziehung:

$$E = \sqrt{(m_0 \cdot c^2)^2 + (p \cdot c)^2} = \sqrt{E_0^2 + p^2 \cdot c^2} = c\,\sqrt{m_0^2 c^2 + p^2} \tag{u}$$

Für ein Teilchen mit $m_0 = 0$ gilt $E = p \cdot c$ bzw. mit $v/c = 1 \rightarrow v = c$. Das bedeutet: Ein Teichen mit der Ruhemasse Null, kann sich nur mit Lichtgeschwindigkeit bewegen (= Photon), nicht schneller und nicht langsamer. Ein Neutrino trägt eine Masse nahe Null, es bewegt sich demgemäß nahe der Grenzgeschwindigkeit c.

Anmerkung

In der **nichtrelativistischen** Mechanik gilt für den Fall einer konstanten Masse

$$(m \equiv m_0): \quad p = m_0 \cdot v \quad \rightarrow \quad v = \frac{p}{m_0} \quad \rightarrow \quad E_{\text{kin}} = \frac{1}{2} m_0 \cdot v^2 = \frac{1}{2} \cdot \frac{p^2}{m_0} \quad \text{(v)}$$

Wird E_{kin} um E_0 erweitert, ergibt sich die Gesamtenergie in diesem Falle zu:

$$E = E_0 + \frac{1}{2} \cdot \frac{p^2}{m_0} \quad \text{(w)}$$

4.1.5.4 Beispiele zur relativistischen Dynamik

Große Bedeutung hat die relativistische Dynamik in der Teilchenphysik. Auf diesem Gebiet wurden auch die ersten experimentellen Bestätigungen für die Richtigkeit der SRT gefunden, im Jahre 1906 von W. KAUFMANN (1871–1947) und im Jahre 1909 von A.H. BUCHERER (1863–1927).

Die Energie beschleunigter Elementarteilchen wird häufig nicht in J (Joule) sondern in eV (Elektronenvolt) angegeben. Die Umrechnungsformeln lauten: $1\,\text{J} = 6{,}24 \cdot 10^{18}\,\text{eV}$ bzw. $1\,\text{eV} = 1{,}60 \cdot 10^{-19}\,\text{J}$: Durchläuft ein Elektron eine Spannung von 1 V gewinnt es 1 eV an Energie.

1. Beispiel

Die Ruhemasse eines **Elektrons** beträgt: $m_0 = 9{,}11 \cdot 10^{-31}\,kg$, vgl. Bd. I, Abschn. 2.8 und Bd. IV.

Die Ruheenergie berechnet sich zu:

$$E_0 = m_0 \cdot c^2 = 9{,}11 \cdot 10^{-31} \cdot (3{,}0 \cdot 10^8)^2 = 82 \cdot 10^{-15} = 8{,}2 \cdot 10^{-14}\,\text{J}$$

$$E_0 = 8{,}2 \cdot 10^{-14} / 1{,}60 \cdot 10^{-19} = \underline{5{,}12 \cdot 10^5\,\text{eV}}.$$

In den großen Synchronanlagen gelingt es, Elektronen bis auf Energien $E = 20 \cdot 10^9\,\text{eV}$ (und höher) zu beschleunigen. Die Ruhemasse wächst dabei um den Faktor

$$\frac{m}{m_0} = \frac{m \cdot c^2}{m_0 \cdot c^2} = \frac{E}{E_0} = \frac{20 \cdot 10^9\,\text{eV}}{5{,}12 \cdot 10^5\,\text{eV}} = 3{,}9 \cdot 10^4 = \underline{39.000}$$

an. Das bedeutet, die Masse des Elektrons wird um den Faktor 39.000 erhöht! Diese Erhöhung entspricht dem Faktor γ. Die zugehörige Geschwindigkeit lässt sich aus

$$\gamma = \frac{1}{\sqrt{1 - (v/c)^2}} = 39.000$$

berechnen. Nach Quadrierung und Freistellung nach v/c folgt: $v/c = \sqrt{1 - 6{,}5746 \cdot 10^{-10}}$. Wird die Wurzel entwickelt, bestätigt man: $v/c = 1 - 3{,}287310^{-10} \approx 1$.

2. Beispiel

Ein **Proton** hat die Ruhemasse: $m_0 = 1{,}67 \cdot 10^{-27}$ kg. Es werde auf 95 % der Lichtgeschwindigkeit beschleunigt. Das bedeutet:

$$\frac{v}{c} = 0{,}95 \quad \rightarrow \quad \gamma = \frac{1}{\sqrt{1 - (v/c)^2}} = \frac{1}{\sqrt{1 - 0{,}95^2}} = \underline{3{,}203}$$

Die Masse wächst auf $m = \gamma \cdot m_0 = 3{,}203 \cdot 1{,}67 \cdot 10^{-27} = \underline{5{,}35 \cdot 10^{-27}}$ kg an. Zugehörige Energien:

Ruheenergie: $\qquad E_0 = m_0 \cdot c^2 = 1{,}67 \cdot 10^{-27} \cdot (3{,}0 \cdot 10^8)^2 = 15{,}03 \cdot 10^{-11}$ J

Gesamtenergie: $\quad\; E = m \cdot c^2 = 5{,}35 \cdot 10^{-27} \cdot (3{,}0 \cdot 10^8)^2 = 48{,}15 \cdot 10^{-11}$ J

Kinetische Energie: $E_{kin} = E - E_0 = (48{,}15 - 15{,}03) \cdot 10^{-11} = 33{,}12 \cdot 10^{-11}$ J

Für die auf die Massen m_0 und m bezogenen (spezifischen) elektrischen Ladungen folgt:

$$\frac{e}{m_0} = \frac{1{,}60 \cdot 10^{-19}\,\text{C}}{1{,}67 \cdot 10^{-27}\,\text{kg}} = \underline{0{,}958 \cdot 10^8\,\text{C/kg}}, \quad \frac{e}{m} = \frac{1{,}60 \cdot 10^{-19}\,\text{C}}{5{,}35 \cdot 10^{-27}\,\text{kg}} = \underline{0{,}299 \cdot 10^8\,\text{C/kg}}.$$

Der letztgenannte Quotient ist um den Faktor $1/\gamma$ kleiner.

Das Proton werde von $v = 0{,}95 \cdot c$ auf $v = 0{,}98 \cdot c$ beschleunigt. Der zugehörige γ-Faktor beträgt: $\gamma = \frac{1}{\sqrt{1 - 0{,}98^2}} = \underline{5{,}025}$. Für die Beschleunigung ist folgende zusätzliche Energie erforderlich: $\Delta E = (5{,}025 - 3{,}203) \cdot E_0 = 1{,}822 \cdot 15{,}03 \cdot 10^{-11} = \underline{27{,}38 \cdot 10^{-11}\,J}$. Diese Energie muss dem elektrischen Feld des Beschleunigers entnommen werden.

$$e \cdot U = \Delta E \quad \rightarrow \quad U = \frac{27{,}38 \cdot 10^{11}\,\text{J}}{1{,}60 \cdot 10^{-19}\,\text{C}} = 17{,}11 \cdot 10^8\,\frac{\text{J}}{\text{C}} = \underline{1{,}711 \cdot 10^9\,\text{V}}$$

Das ist die Spannung, um das Proton von $v = 0{,}95 \cdot c$ auf $v = 0{,}98 \cdot c$ zu beschleunigen.

3. Beispiel

Ein Kernkraftwerk habe eine Leistung $P = 1000\,\text{MW}$. Die durch **Kernspaltung** gewonnene Energie wird in Wärme und diese in elektrische Energie umgewandelt. Gesucht ist die Masse an Kernmaterial, die hierbei pro Jahr zerstrahlt wird. Der Wirkungsgrad sei $\eta = 0{,}35$; dann muss bei der Kernspaltung eine Leistung von $1000/0{,}35 = 2857\,\text{MW}$ erbracht werden. Die im Jahr erzeugte Energie beträgt: $2857 \cdot 10^6 \cdot 365 \cdot (24 \cdot 60 \cdot 60) = 90{,}1 \cdot 10^{15}$ J. Die gesuchte Masse m folgt aus der Gleichsetzung:

$$m \cdot c^2 = m \cdot (3 \cdot 10^8)^2 \;\hat{=}\; 90{,}1 \cdot 10^{15}\,\text{J}$$

$$\rightarrow \quad m = \frac{90{,}1 \cdot 10^{15}}{(3 \cdot 10^8)^2} = \frac{90{,}1 \cdot 10^{15}}{9 \cdot 10^{16}} \approx 1\,\text{kg Kernmaterial}$$

4. Beispiel

Die **Strahlungsleistung der Sonne** beträgt etwa $3{,}8 \cdot 10^{20}$ MW. Der zugehörige Masseverlust pro Sekunde berechnet sich zu:

$$m = \frac{E}{c^2} \quad \rightarrow \quad m = \frac{3{,}8 \cdot 10^{26}\,\text{W} \cdot 1\,\text{s}}{(3 \cdot 10^8\,\text{m/s})^2} = \underline{4{,}2 \cdot 10^9\,\text{kg/s}}$$

Von der Sonnenleistung entfällt $4{,}53 \cdot 10^{-10}$ auf die Erdscheibe (Abschn. 2.7.3). Dem entspricht ein Massendefekt durch Kernfusion von $4{,}2 \cdot 10^9$ kg/s $\cdot\, 4{,}53 \cdot 10^{-10}$ s $= 1{,}90$ kg pro Sekunde. Das ergibt über das Jahr aufsummiert eine Masse von: $1{,}90$ kg/s $\cdot\, 365 \cdot \overline{86.400}$ s $= 60 \cdot 10^6$ kg $= 60$ Millionen kg Kernmaterial (60.000 Tonnen). Diese Masse wird der Erde von der Sonne jährlich zur ,Verfügung gestellt', um das Leben hier auf Erden aufrecht zu erhalten und das bereits seit vielen Jahrmilliarden! Für die gleiche Zeitspanne ist wohl nochmals ausreichend Kernbrennstoff vorhanden. Für die Sonne bedeutet das insgesamt ein **jährlicher Verbrauch** an Kernmaterial von:

$$m_{\text{Kernmaterial}} = 60.000 \text{ Tonnen} \cdot 2{,}206 \cdot 10^9 \approx 12 \cdot 10^{13} = 1{,}2 \cdot 10^{14}$$
$$= 120.000.000.000.000 \text{ Tonnen}$$

Derartige Größenordnungen sprengen das menschliche Vorstellungsvermögen!

4.2 Allgemeine Relativitätstheorie (ART, Gravitationstheorie)

I. NEWTON war bei der Entwicklung seines Gravitationsgesetzes (Bd. II, Abschn. 2.8.6) davon ausgegangen, dass die zwischen zwei Massen wirkende Anziehungskraft, also Schwerebeschleunigung, ohne Zeitverzug wirkt, instantan über beliebig weite Entfernungen hinweg. Dieser Fernwirkungsansatz in einem euklidischen Raum mit einer gleichförmig dahin eilenden Zeit galt seither, konnte aber offenbar so nicht stimmen: Nach den Versuchen von MICHELSON und MORLEY, den Gleichungen von MAXWELL und der SRT stand fest: Nichts kann schneller als mit Lichtgeschwindigkeit vermittelt werden, auch keine Kraft. Diesen Widerspruch erkannte A. EINSTEIN immer deutlicher. Er trieb ihn um (wie seine Biographen berichten). Die SRT gilt nur für gleichförmig (unbeschleunigt) bewegte Körper. Lässt sich die Theorie auf beschleunigte erweitern? Zwischen Beschleunigung und Gravitation besteht ein Zusammenhang. In die Beschleunigung gehen Raum und Zeit ein. Gilt das auch für die Gravitation? Müssen Raum und Zeit als etwas gänzlich Neues gedacht werden? Bei der Versenkung in diese Thematik, erwies es sich als notwendig, in die nichteuklidische Geometrie des Raumes einzudringen und die Zeit als eigene Dimension einzubeziehen. Das war schwierige Mathematik. Hierin ist der Grund zu sehen, dass sich die ART einer vereinfachten

Darstellung entzieht. In [14] wir das versucht, in [15–17] und weiteren Werken findet man eine strenge Behandlung des Gegenstandes, vgl. auch [18] und [19–21]. Zugang findet man, indem gewisse (plausible) Äquivalenzprinzipe an den Anfang gestellt werden. Ähnlich ging A. EINSTEIN selbst vor. Dieser Weg wird auch hier beschritten.

4.2.1 Äquivalenzprinzipe

4.2.1.1 Erstes Äquivalenzprinzip: Gleichheit von Masse und Energie

Die von A. EINSTEIN im Rahmen der Speziellen Relativitätstheorie aufgezeigten Äquivalenzbeziehungen zwischen der Energie und der Masse ruhender und bewegter Körper

$$E_0 = m_0 \cdot c^2 \quad \text{für ruhende Körper und}$$
$$E = m \cdot c^2 \quad \text{für bewegte Körper}$$

bilden für die ART eine wichtige Grundlage. Beispiele sind sowohl makroskopische Himmelskörper, die sich mit extrem hoher Geschwindigkeit bewegen und rotieren, wie mikroskopische Elementarteilchen, die bei Supernovae oder bei Gammablitzen frei gesetzt werden und sich nahezu mit Lichtgeschwindigkeit ausbreiten. In der Kosmologie bedarf es in diesen Fällen relativistischer Ansätze.

4.2.1.2 Zweites Äquivalenzprinzip: Gleichheit von träger und schwerer Masse

Seit G. GALILEI und I. NEWTON wird das Faktum der Gleichheit von träger und schwerer Masse diskutiert. Eine Begründung für die Gleichheit war der klassischen Mechanik nicht möglich.

Die träge Masse eines Körpers steht mit dem Widerstand in Verbindung, den der Körper gegen eine Bewegungsänderung, also gegen eine Beschleunigung, entwickelt und die träge Masse mit der Massenanziehung, also der Gravitation zwischen zwei Körpern der Massen M und m. I. NEWTON (1642–1727) setzte sie gleich. Als Beleg hierfür dienten ihm Pendelversuche mit Körpern unterschiedlicher Stoffbeschaffenheit. In der Formel für die Schwingzeit eines Pendels mit der Punktmasse m, ist die Pendelperiode nur von der Pendellänge abhängig, die Masse geht nicht ein: $T = 2\pi \sqrt{l/g}$, g ist die Erdbeschleunigung, vgl. Bd. II, Abschn. 2.5.3 (die Gleichung gilt für ‚kleine' Pendelausschläge). Die experimentell gefundenen Pendelschwingzeiten ergaben sich stets unabhängig von der Schwere,

Größe, Temperatur und Materialart des Pendelkörpers, wie es die Formel verlangt. Ihre Herleitung aus dem Kraftgesetz $F = m \cdot a$ und dem Gravitationsgesetz $F = G \cdot M \cdot m/R^2$ (mit $G = g \cdot R^2/M$) war bzw. ist offenbar richtig. Wären träge Masse (m_T) und schwere Masse (m_S) unterschiedlich, würde sich die Pendelperiode zu

$$T = 2\pi \sqrt{\frac{l}{g} \cdot \frac{m_T}{m_S}}$$

berechnen. – F.W. BESSEL (1784–1846) konnte im Jahre 1832 die Genauigkeit für die Gleichheit von träger und schwerer Masse durch verfeinerte Pendelversuche auf einen Wert 10^{-3} steigern. L. EÖTVÖS (1848–1919) und Mitarbeiter bestätigten die Gleichheit für unterschiedliche Stoffe anhand hochpräziser Versuche mit Hilfe einer speziellen Drehwaage. Sie steigerten die Genauigkeit auf 10^{-9}. Die Versuche begannen 1891 und erstreckten sich über einen Zeitraum von ca. 30 Jahren. Eine nochmalige Steigerung gelangen R.H. DICKE (1916–1997) und Mitarbeitern im Jahre 1964 auf 10^{-11} und I.I. SHAPIRO (*1929) im Jahre 1976 mittels Lasertechnik auf 10^{-12}. Mit Hilfe des ESA-Satelliten-Projekts MICROSCOPE wird eine Genauigkeit 10^{-15} erwartet. –

Im Jahre 1971 demonstrierte der Apollo-15-Kommandant der seinerzeitigen Mondmission, D.R. SCOTT (*1932), durch einen Fallversuch auf der (luftfreien) Mondoberfläche mit einem Alu-Hammer und einer Falkenfeder deren gleichlange Falldauer (was seither als zweifelsfreiester Beweis für die erfolgreiche Mondmission der Amerikaner gilt).

Abb. 4.23a zeigt ein Raumschiff der Masse m_S auf ihrer stationären Kreisbahn im Schwerefeld der als homogene Kugel unterstellten Erde. Die nach ‚Innen‘ gerichtete Gravitationskraft

$$F = G \cdot \frac{M \cdot m_S}{r^2}$$

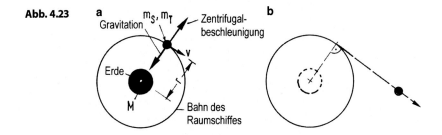

Abb. 4.23

steht mit der nach ,Außen' gerichteten Zentrifugalkraft

$$F = m_T \frac{v^2}{r}$$

im Gleichgewicht. Der erstgenannten Kraft liegt die schwere Masse (m_S), der Zweitgenannten die träge Masse (m_T) zugrunde. Sie sind hier bewusst mit unterschiedlichen Indizes gekennzeichnet.

Werden die Kräfte gleich gesetzt, kann aus der Gleichgewichtsbedingung die Geschwindigkeit des Raumschiffes auf seiner Kreisbahn berechnet werden:

$$G \cdot \frac{M \cdot m_S}{r^2} = m_T \frac{v^2}{r} \quad \rightarrow \quad v = \sqrt{\frac{G \cdot M}{r} \cdot \frac{m_S}{m_T}}$$

Alle bisherigen Satellitenmissionen haben eine exakte Übereinstimmung mit der Formel

$$v = \sqrt{\frac{G \cdot M}{r}} = \sqrt{g \cdot \frac{R^2}{r}} \quad (g = 9{,}81 \, \frac{\text{m}}{\text{s}^2}, \quad R: \text{Erdradius})$$

ergeben, eine Abhängigkeit vom Quotienten m_S / m_T wurde nie entdeckt. –

Würde die Gravitationswirkung momentan ausfallen, das Gravitationsfeld also augenblicklich zusammenbrechen, würde das Raumschiff seine Bewegung mit der Geschwindigkeit v geradlinig fortsetzen (Abb. 4.23b). – Ein solches Schicksal würde die Erde (und mit ihr die Menschheit) in Bezug zur Sonne erleiden, wenn die Gravitation aussetzten würde (ein solches Szenario wurde im Kosmos noch nie beobachtet).

4.2.1.3 Drittes Äquivalenzprinzip: Gleichheit von Gravitation und Beschleunigung

Ein weiteres zentrales Prinzip für die ART lässt sich aus einem von A. EINSTEIN erdachten Gedankenmodell folgern. Dem Modell liegt ein ,Kasten' als Labor zugrunde, in welchem eine (massefreie) Person Experimente durchführt.

Vier Fälle werden unterschieden, sie sind in Abb. 4.24 als Teilabbildungen a bis d dargestellt. Dabei wird jeweils ein Zeitpunkt t und ein Folgezeitpunkt $t + \Delta t$ betrachtet:

Fall ①: Das Labor bewegt sich **unbeschleunigt** in massefreier Umgebung relativ zu weit entfernten Sternen. Es unterliegt keinerlei gravitativem Einfluss. Ein im Labor frei gesetzter Körper mit der Masse m verbleibt innerhalb des Raumes im Zustand der Ruhe, unbeweglich schwebend.

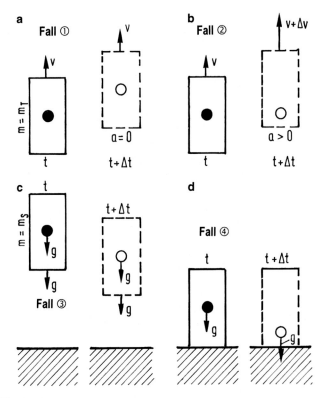

Abb. 4.24

Fall ②: Das Labor bewegt sich wiederum in massefreiem Umfeld relativ zu den Sternen. Es werde mit g **beschleunigt**, die Geschwindigkeit wächst dadurch an. Der im Labor frei gesetzte Körper mit der Masse m ‚fällt' entgegen der Bewegungsrichtung des Labors. Von der Person im Labor wird die Beschleunigung der Masse zu g gemessen.

Fall ③: Das Labor ‚fällt' in Richtung einer schweren Masse, z. B. in Richtung auf einen Himmelskörper. Auf Labor und Masse m wirkt die von der schweren Masse des Himmelskörpers ausgehende Gravitation. Die Beschleunigung sei g. Der Körper mit der Masse m verbleibt aus der Sicht der Person im Labor im Zustand der Ruhe, die Gravitation wirkt auf alles, auf das Labor, auf den Laboranten und den Körper gleichermaßen.

Fall ④: Das Labor ruht auf dem Boden des Himmelskörpers mit seiner schweren Masse. Die Masse m im Labor wird mit g gravitativ beschleunigt. Wenn sie frei gegeben wird, also los gelassen wird, fällt sie in Richtung auf die schwere Masse des Himmelskörpers zu Boden.

Für die Person, die im Labor die Experimente anstellt, sind die Fälle ① und ③ sowie ② und ④, hinsichtlich der Zustände ‚Nichtbewegung der Labor-Masse' und ‚Bewegung der Labor-Masse' gleichwertig: Der freie Fall des Körpers mit der Masse m, ein Problem der Mechanik, ist in den Fällen ② und ④ hinsichtlich Wirkung einer Beschleunigung in einem massefreien Außenraum in Bezug zu den Sternen mit der Wirkung der Gravitation im Nahfeld eines schweren Masse äquivalent. Diese Erkenntnis erweiterte A. EINSTEIN auf jede Art physikalischer Experimente, auch auf Experimente elektromagnetischer Natur! In Worten lautet sein Äquivalenzprinzip: Bei im Inneren eines abgeschlossenen Raumes durchgeführten Experimenten kann nicht unterschieden werden, ob der Raum der Wirkung einer Beschleunigung relativ zu den Sternen oder der Wirkung eines Gravitationsfeldes ausgesetzt ist. Beschleunigung und Gravitation sind äquivalent. Diese Äquivalenz beruht letztlich auf der Äquivalenz von träger und schwerer Masse.

4.2.2 Gravitationspotential – Schwarzschildradius – Schwarzes Loch

Zwischen den Körpern mit den Massen M und m ist im Sinne der Klassischen (Newton'schen) Mechanik die Gravitationskraft

$$F = -G\frac{M \cdot m}{r^2} \quad (= F(r))$$

wirksam (Abb. 4.25). Es werde der Fall betrachtet, dass sich der Körper mit der Masse m vom Körper mit der Masse M radial entfernt. Die Kraft F ist gemäß dem Gravitationsgesetz positiv, wenn sie in Richtung auf den Körper mit der Masse M wirkt. Da sie hier entgegengesetzt, in Richtung der Wegordinate r angesetzt ist, also in Richtung der radialen Bahnbewegung des Körpers mit der Masse m, erscheint sie in der Formel mit einem Minuszeichen. Wird entlang der infinitesimalen Wegstrecke dr über $F \cdot dr$, also über die von F verrichtete Arbeit $dW = F \cdot dr$, von $r = r_A$ bis $r = r_B$ integriert, erhält man:

$$W = -G \cdot M \cdot m \cdot \left(-\frac{1}{r_B} + \frac{1}{r_A}\right) \quad (r_A < r_B)$$

Abb. 4.25

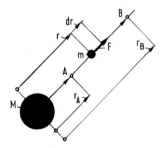

Anmerkung zur Integration

$$\int \frac{1}{r^2} dr = \int r^{-2} dr = \frac{r^{-1}}{(-1)} = -\frac{1}{r}.$$

W ist die von m im Gravitationsfeld zwischen den Abständen $r = r_A$ und $r = r_B$ verrichtete Arbeit. Bewegt sich m unendlich weit von M weg ($r_B \to \infty$), gilt:

$$W = -\frac{G \cdot M \cdot m}{r}$$

Hierin ist $r_A = r$ gesetzt. W ist in dieser Form die Arbeit, die vom Körper mit der Masse m bei seiner Verschiebung bis ins Unendliche (vom Abstand r aus) verrichtet wird, oder anders ausgedrückt, es ist das Arbeitsvermögen, das dem Körper mit der Masse m im Abstand r vom Gravitationszentrum innewohnt:

$$E_{\text{pot}} = -\frac{G \cdot M \cdot m}{r}$$

Im Abstand $r \to \infty$ ist $E_{\text{pot}}(\infty)$ Null, was einsichtig ist: Die Masse m ist im Unendlichen im Zustand der Ruhe, ihre Geschwindigkeit ist hier Null, damit auch ihre kinetische Energie: $E_{\text{kin}}(\infty) = 0$. Im Unendlichen gilt somit:

$$E(\infty) = E_{\text{pot}}(\infty) + E_{\text{kin}}(\infty) = 0$$

‚Fällt' die Masse m aus dem Unendlichen in Richtung M auf den Abstand r zurück, gilt hierfür (da M und m ein geschlossenes System bilden):

$$E(r) = E_{\text{pot}}(r) + E_{\text{kin}}(r) = 0 \quad \to \quad -\frac{G \cdot M \cdot m}{r} + \frac{1}{2} m \cdot (-v)^2 = 0$$

$v = v(r)$ ist die im Abstand r erreichte Fallgeschwindigkeit. Die Auflösung nach v ergibt:

$$v = \sqrt{\frac{2G \cdot M}{r}}$$

Abb. 4.26

Himmelskörper	Masse M	Radius R	R_S	R_S/R
Erde	$6 \cdot 10^{24}$	$6 \cdot 10^6$	$9 \cdot 10^{-3}$	$2 \cdot 10^{-9}$
Mond	$7,3 \cdot 10^{22}$	$3,5 \cdot 10^6$	$1 \cdot 10^{-4}$	$3 \cdot 10^{-11}$
Sonne	$2 \cdot 10^{30}$	$7 \cdot 10^8$	$3 \cdot 10^3$	$4 \cdot 10^{-6}$
Weißer Zwerg	$2 \cdot 10^{30}$	$1 \cdot 10^7$	$3 \cdot 10^3$	$3 \cdot 10^{-4}$
Neutronenstern	$2 \cdot 10^{30}$	$1 \cdot 10^4$	$3 \cdot 10^3$	$3 \cdot 10^{-1}$
Galaxis	10^{41}	10^{21}	10^{14}	10^{-7}
	kg	m	m	---

v ist unabhängig von der Masse m des fallenden Körpers! Bei einem Fall (aus dem Unendlichen) auf die Erdoberfläche ergibt sich der Wert $v = 11.200\,\text{m/s}$. Beim Fall auf die Sonnenoberfläche errechnet sich die Fallgeschwindigkeit zu $v = 614.000\,\text{m/s}$ und beim Fall auf die Mondoberfläche zu $v = 2370\,\text{m/s}$. – v ist im Umkehrschluss jene Fluchtgeschwindigkeit, die ein Körper (gleich welcher Masse) benötigt, um aus dem Gravitationsfeld der Masse M über alle Grenzen entweichen zu können, vgl. Bd. II, Abschn. 2.8.7.3.

Größer als die Lichtgeschwindigkeit kann die Entweichgeschwindigkeit von der Oberfläche eines Körpers mit der Masse M nicht sein. Dieser besondere Körper, der es aufgrund seiner hohen Gravitation nicht zulässt, dass sich ein Photon aus seinem Gravitationsfeld mit Lichtgeschwindigkeit entfernt, habe den Radius R_S. Der Radius ergibt sich mit c als Lichtgeschwindigkeit aus der Bedingung

$$v = c \quad \rightarrow \quad c = \sqrt{\frac{2G \cdot M}{R_S}} \quad \text{zu:}\ R_S = \frac{2G \cdot M}{c^2}.$$

Von einem Körper mit der Masse M, der einen solchen Radius hat, kann nichts entweichen, nichts, keine elektromagnetische Strahlung, damit auch kein Licht. Einen solchen Körper nennt man ein **Schwarzes Loch**. R_S heißt **Schwarzschildradius**, benannt nach dem Astronomen K. SCHWARZSCHILD (1873–1916).

Die Größe R_S hat bei vielen Fragestellungen in der Gravitationstheorie große Bedeutung. Je größer das Verhältnis R_S/R eines Gravitationszentrums ist, umso stärker sind die von hier ausgehenden relativistischen Effekte. Ausgehend von der Masse einiger Himmelskörper sind in Abb. 4.26 die zugehörigen R_S/R-Werte eingetragen.

Beispiel
Mond: $M = 7{,}3 \cdot 10^{22}$ kg, $R = 3{,}5 \cdot 10^6$ m; $G = 6{,}67 \cdot 10^{-11}$ m$^3 \cdot$ kg$^{-1} \cdot$ s^{-2}

$$R_S = 2 \cdot 6{,}67 \cdot 10^{-11} \cdot 7{,}3 \cdot 10^{22}/(3 \cdot 10^8)^2 = 10{,}82 \cdot 10^{-11} \cdot 10^{22} \cdot 10^{-16}$$
$$= 1{,}082 \cdot 10^{-4} \approx \underline{1 \cdot 10^{-4}\,\text{m}}$$
$$R_S/R = 1 \cdot 10^{-4}/3{,}5 \cdot 10^6 = 0{,}309 \cdot 10^{-10} \approx \underline{3 \cdot 10^{-11}}$$

Das bedeutet: Wäre die Masse des Mondes in einer Kugel mit dem Radius

$$R_S = 3 \cdot 10^{-11} \cdot 3{,}5 \cdot 10^6 = 1{,}05 \cdot 10^{-4}\,\text{m} = 1{,}05 \cdot 10^{-1}\,\text{mm} = 0{,}105\,\text{mm}$$

vereinigt, also in einer Kugel mit einem Durchmesser von 0,21 mm (das wäre quasi eine Nadelspitze), so wäre das ein Schwarzes Loch, welches die Masse des Mondkörpers beinhaltet.

Schwarze Löcher weisen eine Materieverdichtung auf, die sich jeder Vorstellung entzieht, entsprechend ihr physikalisches Verhalten im komischen Rahmen. An ihrer Existenz als Himmelskörper bestehen keine Zweifel (auch wenn es dem Laien schwer fällt). Die Objekte liegen bevorzugt im Zentrum von Galaxien, Einzelheiten werden in [22] und in [23, 24] behandelt

Das Gravitationspotential der Masse M im Abstand r ist zu

$$\Phi = -\frac{G \cdot M}{r}$$

definiert. Der Ausdruck kann als potentielle Energie der ‚Probemasse' $m = 1$ kg im Gravitationsfeld der Masse M im Abstand r gedeutet werden.

Im Unendlichen gilt: $\Phi(\infty) = 0$ und auf der Oberfläche des kugelförmigen Körpers mit der Masse M und dem Radius R: $\Phi(R) = -G \cdot M/R$. Das Potential nimmt mit $1/r$ ab.

Die Kreislinien in Abb. 4.27 kennzeichnen die Abnahme des Potentials um einen jeweils gleich-großen Betrag. Wo die Linien sehr dicht liegen, ist der Einfluss der Gravitation hoch, er sinkt mit größer werdendem gegenseitigem Abstand der Linien.

4.2.3   Gravitative Rotverschiebung

Von der Oberfläche eines Sternes (1) mit der Masse M und dem Radius R werde ein Photon, ein Lichtquant, abgestrahlt. Seine Energie sei:

$$E_1 = h \cdot v_1$$

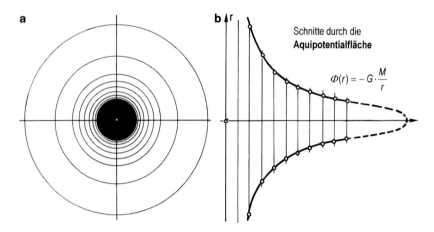

Abb. 4.27

h ist das Planck'sche Wirkungsquantum und ν_1 die Frequenz der elektromagnetischen Welle, mit welcher das Photon den Stern verlässt. Aus der Gleichung für die Energie-Masse-Äquivalenz ($E = m \cdot c^2$) kann dem Photon die Masse

$$m = m_{\text{Photon}} = \frac{E_1}{c^2} = \frac{h \cdot \nu_1}{c^2}$$

zugeordnet werden. Abb. 4.28 zeigt die Situation.

Beispiel
Auf der Erde (2) werde aus großer Entfernung ein Photon vom Stern (1) empfangen. Beim Aufstieg des Photons vom Stern zur Erde muss es die Gravitation, die von der Sternmasse M ausgeht, überwinden. Ist Φ das Gravitationspotential des Sterns, verrichtet das Photon bis zum Erreichen des Abstandes r die Arbeit:

$$W = m \cdot \Phi \quad (m = m_{\text{Photon}})$$

r ist der Abstand vom Schwerpunkt des Sterns
    Auf der Oberfläche des Sterns (die Entfernung vom Schwerpunkt des Sterns sei r_1) hat das Gravitationspotential die Größe

$$\Phi_1 = -\frac{G \cdot M}{r_1} \quad (r_1 = R)$$

und in der Entfernung r_2 vom Schwerpunkt des Sterns die Größe:

$$\Phi_2 = -\frac{G \cdot M}{r_2}$$

Abb. 4.28

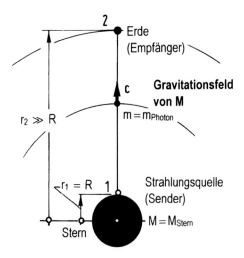

r_2 werde mit dem Abstand des Sterns bis zur Erde gleich gesetzt: $r_2 = r_{Erde}$. Beim Erreichen des Abstandes r_2, also der Erde, verringert sich die ursprüngliche Energie des Photons um ΔW, seine Frequenz ändert sich entsprechend:

$$E_2 = E_1 - \Delta W = E_1 - m\,(\Phi_2 - \Phi_1) \quad \rightarrow \quad E_2 = E_1 - m\left(-\frac{G \cdot M}{r_2} + \frac{G \cdot M}{r_1}\right)$$

$$\rightarrow \quad h \cdot \nu_2 = h \cdot \nu_1 - \frac{h \cdot \nu_1}{c^2} \cdot G \cdot M \left(-\frac{1}{r_2} + \frac{1}{r_1}\right)$$

$$\rightarrow \quad \nu_2 = \nu_1 - \frac{\nu_1 \cdot G \cdot M}{c^2}\left(\frac{1}{r_1} - \frac{1}{r_2}\right)$$

Die Frequenzänderung der elektromagnetische Welle (= Photon) $\Delta \nu = \nu_1 - \nu_2$ und deren Verhältnis zur ursprünglichen Frequenz lassen sich daraus berechnen:

$$\frac{\Delta \nu}{\nu_1} = \frac{G \cdot M}{c^2}\left(\frac{1}{r_1} - \frac{1}{r_2}\right) = \frac{G \cdot M}{c^2 \cdot r_1}\left(1 - \frac{r_1}{r_2}\right)$$

Hierin bedeuten $r_1 = R$ und $r_2 = r_{Erde}$. Da r_2 i. Allg. viel größer als r_1 ist, gilt als Näherung:

$$\frac{\Delta \nu}{\nu} = \frac{G \cdot M}{c^2 \cdot R}$$

$\nu = \nu_1$ ist die Frequenz des Lichts, das vom Sender, also vom Stern, ausgeht. – Wird der im letzten Abschnitt vereinbarte Schwarzschildradius

$$R_S = \frac{2 \cdot G \cdot M}{c^2}$$

in die Formel eingeführt, kann die bezogene Frequenzverschiebung auch zu

$$\frac{\Delta \nu}{\nu} = \frac{R_S}{2R}$$

angeschrieben werden.

Eine Überprüfung der gravitativen Rotverschiebung ist im kosmischen Rahmen schwierig, unter anderem, weil sie von jener zu separieren ist, die mit dem Doppler-Effekt der sich mit hoher Geschwindigkeit gegenseitig entfernenden Himmelskörper einhergeht.

Im Jahre 1960 gelang eine terrestrische Überprüfung (in den Jahren 1965 und 1972 gelang sie mit Hilfe des Mößbauer-Effektes nochmals präziser):

Von einem 26 m hohen Turm wurde die gravitative Rotverschiebung im Schwerefeld der Erde anhand einer ‚abwärts' gerichteten Strahlung gemessen (Pound-Rebka-Snyder-Experiment). Für die Differenz der Abstände $r_1 = R$ und $r_2 = R + l$ lautet die obige Gleichung, wenn die Höhe mit l abgekürzt wird:

$$\frac{\Delta \nu}{\nu_1} = -\frac{G \cdot M}{c^2} \left(\frac{1}{R} - \frac{1}{R+l} \right) = -\frac{G \cdot M}{c^2 \cdot R} \left(\frac{l}{R+l} \right) \approx -\frac{G \cdot M}{c^2 \cdot R^2} \cdot l$$

$G \cdot M/R^2$ ist die Erdbeschleunigung g (vgl. Bd. II, Abschn. 2.8.6.4). Damit gilt bei einer Beschleunigung eines Photons im Schwerefeld der Erde mit g:

$$\frac{\Delta \nu}{\nu} = -\frac{g \cdot l}{c^2}$$

Für $g = 9,81 \, \text{m/s}^2$, $c = 3 \cdot 10^8 \, \text{m/s}$, $R = 6,37 \cdot 10^6 \, \text{m}$ und einer Höhe $l = 22,6 \, \text{m}$ ergibt sich $\frac{\Delta \nu}{\nu} = -2,5 \cdot 10^{-15}$

Eine negative Frequenzverschiebung bedeutet eine positive Wellenlängenverschiebung ins Rote.

Diese geringe Frequenzverschiebung konnte tatsächlich mit einer Genauigkeit von 1 % gemessen und damit der theoretisch vorher gesagte Gravitationseinfluss bestätigt werden. Die Versuche wurden von R. POUND (1919–2010), G. REBKA (*1931) und H.S. SNYDER (1913–1962) durchgeführt

Mit Hilfe astrophysikalischer Messungen konnte die gravitative Rotverschiebung weiter untermauert werden, und das ausgehend vom Licht der Sonne ($\approx -2 \cdot 10^{-6}$), vom Licht Weißer Zwerge ($\approx -1,5 \cdot 10^{-4}$) und vom Licht von Neutronensternen ($\approx -0,15$). Die Klammerwerte geben die gemessenen (bezogenen) Frequenzverschiebungen an.

Abb. 4.29

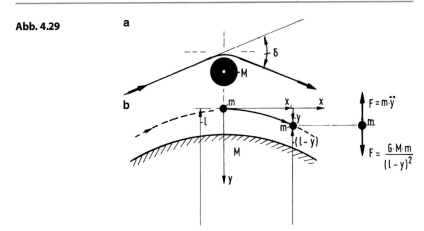

4.2.4   Lichtablenkung – Gravitations-Linseneffekt

Im Ruhezustand hat das Photon die Masse Null, es ist nicht existent. Im Zustand der Bewegung ist seine Geschwindigkeit gleich der Lichtgeschwindigkeit c und seine Masse gleich der energie-äquivalenten Masse

$$m = \frac{E}{c^2} = \frac{h \cdot \nu}{c^2}$$

Nähert sich das Photon einem Körper und hat dieser die schwere Masse M, wird seine Bahn durch die von M ausgehende Gravitation beeinflusst. Passiert das Photon den Körper in großer Nähe, kommt es zu einer Abkrümmung seiner Bahn, wie in Abb. 4.29a (stark überzeichnet) dargestellt. Es kommt zu einer Lichtablenkung um den gegenseitigen Winkel δ.

Wird von der Newton'schen Mechanik ausgegangen, um den Winkel δ abzuschätzen, kann die Bahnkurve als Wurfparabel angenähert werden. Um die Bahn herzuleiten, wird das Koordinatensystem x, y, wie in Teilabbildung b skizziert, aufgespannt. Der Lichtstrahl passiert die Oberfläche des Körpers im Abstand l von dessen Schwerpunkt. Für die Bewegung rechts von der Symmetrieachse, die im hier vereinbarten Koordinatensystem mit der y-Achse zusammenfällt, lautet die dynamische ‚Gleichgewichtsgleichung' im Abstand $x = c \cdot t$ (vgl. Skizze rechts in Teilabbildung b):

$$m \cdot \ddot{y} - G \cdot \frac{M \cdot m}{(l - y)^2} = 0$$

Der hoch gestellte Punkt kennzeichnet die Ableitung nach der Zeit t. Gegenüber l ist y sehr klein ($y \ll l$), sodass in Annäherung gilt:

$$\ddot{y} = \frac{G \cdot M}{l^2}$$

Eine zweimalige Integration ergibt:

$$y = \frac{G \cdot M}{l^2} \cdot \frac{t^2}{2} + C_1 \cdot t + C_2$$

Im Zeitpunkt $t = 0$ sind y und $\dot{y}$ Null. Die Freiwerte ergeben sich aus diesen Anfangsbedingungen zu $C_1 = 0$ und $C_2 = 0$. Die Bahnbewegung wird somit durch die Gleichung

$$y = \frac{G \cdot M}{l^2} \cdot \frac{t^2}{2} = \frac{G \cdot M}{l^2} \cdot \frac{x^2}{2c^2}$$

beschrieben. In der Entfernung x berechnet sich die Steigung der Bahnkurve als Ableitung nach x zu:

$$\frac{dy}{dx} = \frac{G \cdot M}{l^2} \cdot \frac{x}{c^2} = \tan \alpha \approx \alpha$$

Für einen Lichtstrahl, der den Körper streift, ist $l = R$. Hierfür gilt:

$$\alpha = \frac{G \cdot M}{R^2 \cdot c^2} \cdot x$$

Im Abstand $x = R$ beträgt α:

$$\alpha(x = R) = \frac{G \cdot M}{R \cdot c^2}$$

und im Abstand $x = 2R$

$$\alpha(x = 2R) = \frac{2 \cdot G \cdot M}{R \cdot c^2}$$

Die Gravitation wirkt auf das Photon auch dann noch ein, wenn es sich über $x = R$ hinaus weiter bewegt hat. – Wird für den gegenseitigen Winkel der Lichtablenkung der zuletzt angeschriebene Wert für α angesetzt, ergibt sich:

$$\delta = 2\alpha = 2 \cdot \frac{2 \cdot G \cdot M}{R \cdot c^2} = 2 \cdot \frac{R_S}{R}$$

Abb. 4.30

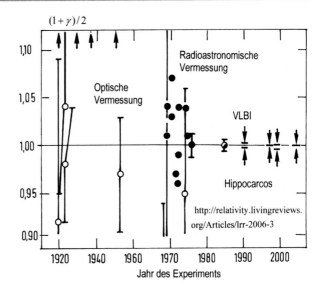

Für die Sonne berechnet sich δ beispielsweise zu:

$$\delta = 2 \cdot \frac{2 \cdot 6{,}67 \cdot 10^{-11} \cdot 1{,}99 \cdot 10^{30}}{6{,}96 \cdot 10^8 \cdot (3 \cdot 10^8)^2} = 2 \cdot 4{,}238 \cdot 10^{-6} \triangleq 2 \cdot 0{,}874'' = 1{,}75''$$

Die ART liefert als strenge Lösung des Problems dasselbe Ergebnis!

Die Lichtablenkung wurde erstmals von G. SOLDNER (1776–1833) nach der Newton'schen korpuskularen ‚Attraktionstheorie' zu 0,84″ abgeschätzt.

Diesen um den Faktor 1/2 falschen Wert berechnete A. EINSTEIN im Jahre 1911 ebenfalls. Im Jahre 1916 korrigierte er den Wert zu 1,75″, nunmehr auf der Grundlage der von ihm zu diesem Zeitpunkt ausgearbeiteten ART.

Im Zuge einer im Jahre 1919 für diesen Zweck durchgeführten Expedition auf die westafrikanische Insel Prinzipe konnte der Wert während einer totalen Sonnenfinsternis erstmals gemessen werden. Dabei wurde der obige theoretische Wert bestätigt. Es waren seinerzeit A.S. EDDINGTON (1882–1944) und seine Mitarbeiter, denen die Messung der Lichtablenkung durch die Masse der Sonne für mehrere sonnennahe Sterne gelang.

In den folgenden Jahren wurde der Wert immer wieder gemessen und dank der höheren Messgenauigkeit moderner Geräte stets besser bestätigt, wie die Zusam-

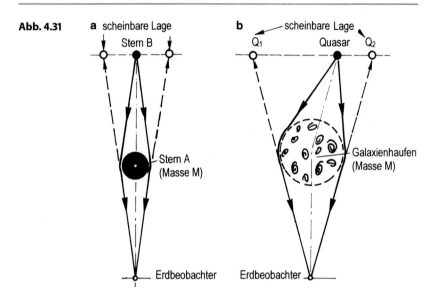

Abb. 4.31

a scheinbare Lage
Stern B

b scheinbare Lage
Q_1 Quasar Q_2

Stern A
(Masse M)

Galaxienhaufen
(Masse M)

Erdbeobachter

Erdbeobachter

menstellung in Abb. 4.30 erkennen lässt. Hierin ist die Schwankung von δ zu:

$$\delta = \frac{1}{2}(1 + \gamma) \cdot 1{,}75''$$

in Form der Kennziffer $(1 + \gamma)/2$ aufgetragen. Die Ziffer $\gamma = 1$ bedeutet: $\delta = 1{,}75''$ [25].

Weitere Messungen der gravitativen Ablenkung des Lichts von Quasaren und einer großen Zahl von Radioquellen durch die Masse der Sonne ergaben für den Koeffizienten γ praktisch den Wert 1,0. Die Messungen, bzw. ihr Ergebnis, können als einer der besten Beweise für die Richtigkeit der Allgemeinen Gravitationstheorie angesehen werden.

Die gravitative Lichtablenkung ist für die Astronomen inzwischen ein wichtiges 'Instrument' geworden: Liegen vor einem irdischen Beobachter zwei Sterne in Reihe hintereinander, kommt es zum sogen. Linseneffekt: Das Licht des hinteren Sterns B wird durch die Masse des vorgelagerten Stern A beidseitig abgelenkt und wie in einem Brennpunkt gebündelt. Es entspricht der optischen Ablenkung des Lichts wie durch eine Glaslinse. In Abb. 4.31a ist der Strahlengang veranschaulicht. Der Effekt hat zur Folge, dass der Stern B vom Betrachter aus doppelt gesehen wird, einmal linksseitig und einmal rechtsseitig von Stern A. Dabei werden auch ringförmige Leuchtmuster beobachtet, man spricht bei einem solches

Muster von einem ‚Einstein-Ring'. Dass es sich tatsächlich um einen Linseneffekt handelt, muss im Einzelfall durch eine Spektralanalyse der von den Sternen A und B stammenden Lichtstrahlen nachgewiesen werden: Die Rotverschiebung einer bestimmten Linie muss für den weiter entfernt liegenden Stern (B) stärker sein als für den näher liegenden Stern (A). Der Stern A bewirkt den Effekt durch seine Masse, man spricht vom **Gravitationslinseneffekt**.

Bei der ‚Linse' kann es sich auch um eine ganze Galaxie oder gar um einen Galaxienhaufen handeln und beim Strahler um einen Quasar. In Abb. 4.31b ist eine solche Möglichkeit angedeutet.

Die Messungen erfordern Messgeräte höchster Genauigkeit, insbesondere sehr präzise arbeitende Hochleistungs-Interferometer.

Inzwischen weiß man, dass circa jedes 500ste Objekt am Himmel das Zerrbild eines realen Objektes ist. Deren Analyse erlaubt wichtige Antworten auf Kernfragen der Astronomie und Kosmologie. Indessen, inzwischen ist auch erwiesen, dass die gemessenen Werte der Lichtablenkung nicht allein auf der baryomischen Masse der Galaxien beruhen können, sie wäre in vielen Fällen zu gering. Der höhere gravitative Beitrag muss auf dem Vorhandensein und der Wirkung Dunkler Materie beruhen. Diese Erkenntnis eröffnet einen weiteren Weg nach ihrer Natur zu forschen [26].

4.2.5 Gravitative Zeitdilatation und gravitative Raumkontraktion

Zwei Atomuhren mögen sich im Abstand r_1 vom Zentrum eines Körpers mit der schweren Masse M befinden. Beide Uhren zeigen dieselbe Zeit an, sie sind synchronisiert. Ihr hochgenauer Gang beruhe auf dem Bahnübergang der Elektronen innerhalb der Hülle der für die Atomuhr typischen Atome, wie dieses z. B. bei Cäsiumuhren der Fall ist. Bei jedem Bahnübergang wird ein Photon abgestrahlt.

Eine der beiden Uhren wird auf die Höhe r_2, bezogen auf das Massenzentrum, angehoben (Abb. 4.32). Wenn diese Uhr (2) die von der Uhr (1) ausgehende Welle registriert, hat das zugehörige Photon den Weg $r_2 - r_1$ gegen die Gravitation zurück gelegt. Die Frequenz (v_2) der Uhr 2 liegt niedriger als jene der Uhr 1, mit welcher das Photon abgestrahlt wurde (v_1). Die in Abschn. 4.2.3 hergeleitete Frequenzverschiebung beträgt:

$$v_1 - v_2 = \frac{G \cdot M}{c^2} \left(\frac{1}{r_1} - \frac{1}{r_2} \right) \cdot v_1$$

Abb. 4.32

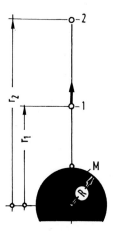

Die Frequenz ν ist der Kehrwert der Periode T: $T = 1/\nu$. Hiervon ausgehend kann die vorstehende Beziehung in den Ausdruck

$$T_2 = \left[1 - \frac{G \cdot M}{c^2}\left(\frac{1}{r_1} - \frac{1}{r_2}\right)\right]^{-1} \cdot T_1$$

umgeformt werden. Der zweite Term in der eckigen Klammer ist gegen 1 eine sehr kleine Größe. Bei der Entwicklung der eckigen Klammer gemäß

$$(1 - x)^{-1} = 1 + x + x^2 + \cdots$$

können die quadratisch kleinen und alle folgenden kleinen Größen vernachlässigt werden. Damit gilt für T_2:

$$T_2 = \left[1 + \frac{G \cdot M}{c^2}\left(\frac{1}{r_1} - \frac{1}{r_2}\right)\right] \cdot T_1$$

Für T_1 ergibt sich entsprechend:

$$T_1 = \left[1 - \frac{G \cdot M}{c^2}\left(\frac{1}{r_1} - \frac{1}{r_2}\right)\right] \cdot T_2$$

Hieraus folgt: Die dem Gravitationszentrum näher liegende Uhr 1 geht langsamer als die entfernte Uhr 2. Offensichtlich ist die Zeit davon abhängig, wo sie in einem Gravitationsfeld gemessen wird. Diese Zeitdilatation ist nicht mit jener zu verwechseln, die in der SRT für Uhren bestimmt wurde, die sich mit hoher Relativgeschwindigkeit zueinander bewegen.

Liegt Uhr 1 auf der Oberfläche des Körpers mit der Masse M ($r_1 = R$) und Uhr 2 im Abstand r vom Massenzentrum entfernt ($r_2 = r$), gilt:

$$T_2 = \left[1 + \frac{G \cdot M}{R \cdot c^2}\left(1 - \frac{R}{r}\right)\right] \cdot T_1 = \left[1 + \frac{R_S}{2R}\left(1 - \frac{R}{r}\right)\right] \cdot T_1$$

Beim Vergleich zweier Uhren, bei denen eine auf der Oberfläche des Körpers (1) und die andere im Unendlichen (2) liegt, differieren die Zeiten um:

$$T_2 \approx \left(1 + \frac{R_S}{2R}\right) \cdot T_1, \quad T_2 \approx \left(1 - \frac{R_S}{2R}\right) \cdot T_2$$

Eine erste Bestätigung für die gravitative Zeitdehnung im Nahfeld einer schweren Masse gelang im Jahre 1971 durch das sogen. Hafele-Keating-Experiment, bei welchem zwei Physiker (der genannten Namen) mit insgesamt vier Cäsium-Uhren einen Ostflug (mit der Erddrehung) und einen Westflug (gegen die Erddrehung) Nonstop in einem regulären Verkehrsflugzeug machten. Durch die unterschiedliche Relativgeschwindigkeit wirkte sich die Zeitdilatation der SRT unterschiedlich aus. Dem überlagerte sich der gravitative Einfluss. Beim Ostflug betrug der gemessene Zeitunterschied der Uhren im Flugzeug und am Boden (als Mittelwert aus allen vier Uhren) $-59\,\text{ns}$ (gegenüber $-40\,\text{ns}$ theoretisch) und beim Westflug $+273\,\text{ns}$ (gegenüber $+275\,\text{ns}$ theoretisch); das Kürzel ns steht für Nanosekunde [27]. Dieses Ergebnis konnte später, dem Prinzip nach, mit Hilfe von Satellitenversuchen bestätigt werden. Sie gelten allesamt als weiterer Beweis für die Stimmigkeit der Relativitätstheorie. (Andererseits: Es fehlt bis heute nicht an Versuchen, die Gültigkeit der von A. EINSTEIN entwickelten Speziellen und Allgemeinen Relativitätstheorie in Frage zu stellen, wohl überwiegend aus religiösen Gründen.)

Neben der Dehnung der Zeit im Nahfeld einer Masse (=Uhren gehen im Gravitationsfeld einer schweren Masse langsamer) kommt es nach der ART auch zu einer Verkürzung der Länge, also zu einer gravitativen Kontraktion des Raumes. Dieser Effekt lässt sich mit elementaren Mitteln nicht veranschaulichen. Das gilt auch für die ‚Krümmung der Raumzeit‘. Sie ist nach der ART Ursache der Gravitation. Die Krümmung wird durch die mit Masse behafteten Körper verursacht. Da die Gravitation allseitig mit $1/r^2$ abnimmt, sind die von ihr ausgehenden Effekte im Nahfeld schwerer Massen sehr groß. Im kosmischen Maßstab ist die Gravitation allgegenwärtig wirksam, sie hält die Welt zusammen. Im Universum ist sie die bestimmende Wechselwirkung zwischen allen Himmelskörpern, vom Asteroiden bis zum Galaxienhaufen.

Abb. 4.33

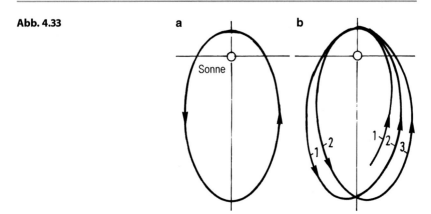

Zusammenfassung Raum und Zeit waren und sind keine von Anfang an und durchgängig konstante Größen, vielmehr ihrerseits als veränderliche Größen von der Energiedichte, also der Verteilung der Masse bzw. Energie im raumzeitlichen Kontinuum, abhängig. Das gilt damit auch für die Metrik, auf deren Basis die raumzeitliche Entwicklung des Kosmos mathematisch beschrieben werden kann.

4.2.6 Periheldrehung der Planeten

Die Gravitationswirkung der Planeten auf- und untereinander und die gravitative Wirkung des (sehr geringen) Äquatorwulstes der rotierenden Sonne haben Störungen der Planetenbahnen zur Folge. Anstelle des elliptischen Bahnverlaufs der Planeten stellt sich eine rosettenförmige Bahn ein (Abb. 4.33): Der der Sonne nächste Bahnpunkt, das Perihel, wandert bei jedem Umlauf des Planeten um die Sonne um einen winzigen Winkel weiter. Die Störung ist extrem gering. Über einen langen Zeitraum ist der Einfluss indessen messbar, beispielsweise über ein Jahrhundert hinweg. Mit Hilfe der Himmelsmechanik lässt sich die Störung berechnen. Ein Anteil der Periheldrehung wird durch die Gravitation des Zentralsterns relativistisch verursacht. Dieser Anteil konnte von A. EINSTEIN im Jahre 1915 mit Hilfe der ART analysiert und inzwischen einschließlich der ‚klassischen' Störungsanteile mit großer Zuverlässigkeit gemessen werden. Beim Planeten Merkur wirkt sich der relativistische Effekt am stärksten aus, weil er der Sonne sehr nahe steht. Die Störungsanteile liefern für diesen Planeten eine Drehung pro Jahrhundert in der Größenordnung $\psi = 574''$ (574 Bogensekunden), das sind ca. $0{,}159°$. Der relativistische Effekt wirkt sich hierin zu etwa $43''$ pro Jahrhundert aus. –

U. de VERRIER (1811–1877) hatte die Differenz zwischen dem Ergebnis der klassischen himmelmechanischen Störungsrechnung und der Beobachtung frühzeitig entdeckt. Er vermutete, dass die Diskrepanz auf der Existenz eines unsichtbaren Planeten beruhen würde. Ein solcher Planet wurde indessen nie entdeckt. Erst 1915 konnte A. EINSTEIN das Rätsel lösen.

Die gesamtheitliche Periheldrehung der Erde beträgt 0,323° pro Jahrhundert, der relativistische Anteil ist hierin mit 0,3 % enthalten. Erst nach $(360/0,323) \cdot 100 \approx 111.000$ Jahren erreicht das Perihel der Erdbahn (bezogen auf den Fixsternhimmel) wieder seinen Ausgangspunkt.

Im Gegensatz zu den Auswirkungen beim Planetensystem ist der gravitative Effekt bei rotierenden massereichen Doppelsternen oder gar Schwarzen Löchern ausgeprägter.

Bei den hochgenau arbeitenden, erdgebundenen Satelliten werden alle Störungseffekte bei der Bahnberechnung berücksichtigt, auch die vorgenannten.

4.3 Astronomie III: Kosmologie

Der Begriff ‚Kosmos' stand in der altgriechischen Naturlehre für Ordnung, Struktur, Gliederung. Insofern macht es Sinn, die naturwissenschaftliche Welterklärung mit dem Begriff Kosmologie zu umschreiben. Das setzt die Annahme voraus, dass das Universum von Anfang an ein geordneter Zustand war und ist und zwar in dem Sinne, dass er von ordnenden Gesetzen beherrscht wird. Die Gravitation ist dabei die wichtigste Ordnungsgröße. Ohne Gravitation wäre das Universum im Großen und Kleinen sinnloses Chaos geblieben, es würde gar nicht existieren.

4.3.1 Zur historischen Entwicklung der Kosmologie

In Bd. I, Kap. 1 wird in gestraffter Form umschrieben, welche ‚Glaubenswirklichkeiten' in den Mythen und Religionen der verschiedenen Völker zur Entstehung der Welt verkündet wurden bzw. werden. Nur auf Beobachtung und Erfahrung innerhalb einer kurzen Lebensspanne und einer kurzen Generationenfolge angewiesen, erschien den Menschen das Geschehen in den Tiefen des gestirnten Himmels und in den Weiten der Erde als gleichförmig, unveränderlich und sich in unendlicher Abfolge wiederholend, so beim Lauf der Sonne und Planeten, jenem des Mondes und bei der Wiederkehr der Jahreszeiten in der Natur und im Schicksal des Menschen selbst.

Gleichwohl, sowohl in den fernöstlichen wie in den nahöstlichen Religionen, ebenso in den Religionen des Judentums, Christentums und Islams, gab bzw. gibt es einen Anfang, bei letzteren dank eines Schöpfungsaktes des Allmächtigen Ewigen Gottes, allerdings eines **Anfangs aus etwas Vorhandenem** heraus, sei es aus einem Weltenei oder aus einer chaotischer Wüstenei. –

Genau besehen ist alles unbegreiflich, liegt außerhalb menschlichen Vorstellungsvermögens. Der Kosmologe glaubt dennoch, über das Geschehen vom Anfang her und in der Abfolge Aussagen machen zu können; ein gewagtes Projekt! Die Zuversicht, eine physikalische Welterklärung geben zu können, zuverlässiger als es die frühen Religionen versuchten, basiert in der Kosmologie auf folgenden Fakten und Hypothesen:

- Vermöge der um Größenordnungen gesteigerten technischen Möglichkeiten kann das Universum inzwischen bis in die allerfernsten Tiefen und Zeiten vermessen werden. Die räumliche und zeitliche Entwicklung kann nahezu vom Anbeginn her ‚gesehen‘ werden. Das liefert den Astrophysikern schlüssige und zuverlässige Fakten in Fülle.

- Dabei waren die Entdeckungen, dass das Weltall aus unzähligen Galaxien, ähnlich unserer Galaxis, der Milchstraße, besteht und dass die Galaxien nach allen Richtungen auseinander driften, der **erste Baustein** des heute proklamierten kosmologischen Modells. Es postuliert, dass sich die Welt aus einem ‚Urknall‘ heraus entwickelt hat: Wenn sich alles rundum nach allen Richtungen gleichartig entfernt, ist zu vermuten, dass die Bewegung einen Anfang hatte. Beide Entdeckungen gehen auf E. HUBBLE (1889–1953) und seine Mitarbeiter zurück. Ihnen standen die seinerzeit weltweit größten Teleskope zur Verfügung, zunächst am Mount-Wilson-Observatorium, später am Mount Palomar Observatorium. Der Spiegel des erstgenannten Teleskops hatte einen Durchmesser von 2,5 m, jener des Zweitgenannten von 5,0 m. Initiiert wurde der Bau der Teleskope von dem Astronomen G.E. HALE (1868–1938). –

E. HUBBLE konnte die oben genannten Entdeckungen in den Jahren 1925 bzw. 1929 machen. Ihnen gingen jeweils langwierige und komplizierte Untersuchungen voraus. Dabei wurde von E. HUBBLE unterstellt, dass der Doppler-Effekt auf die aus der Tiefe des Alls empfangene Strahlung einschließlich Licht anwendbar sei. Er maß auf diese Weise die Fluchtgeschwindigkeit weit entfernter Galaxien. Diese Deutung ist aus heutiger Sicht insofern nicht zutreffend, weil sich die Galaxien nicht in einem statischen Raum bewegen (nur hierfür gilt die Doppler-Verschiebung). Es verhält sich anders: Es ist der Raum selbst, der sich dynamisch mit der Geschwindigkeit $v = z \cdot c$ ausdehnt. c ist die Lichtgeschwindigkeit. Das Verhältnis z der Ausdehnungsgeschwindigkeit zur Lichtgeschwindigkeit lässt sich aus der

Streckung der Wellenlänge einer bestimmten spektralen Linie eines strahlenden Elements messen. Eine gewisse Schwierigkeit bei der Messung besteht darin, dass sich der Raumdehnung eine Eigenbewegung der Galaxien überlagert.

- Ein **zweiter Baustein** ist die sogen. Hintergrundstrahlung. Sie wurde im Jahre 1964 von A.A. PENZIAS (*1933) und R.W. WILSON (*1936) entdeckt. Es ist eine aus allen Richtungen gleichförmig eintreffende Wärmestrahlung, ihre Temperatur beträgt 2,725 K, sie liegt somit geringfügig über dem absoluten Nullpunkt. Diese Entdeckung konnte inzwischen mehrfach mit allergrößter Genauigkeit bestätigt werden. Sie wird als stark abgekühlte Schwarz-Körper-Strahlung des anfänglichen, ultraheißen Urknallszenarios gedeutet. Die inzwischen eingetretene Abkühlung beruht auf der Ausdehnung des Kosmos.

- In der kosmologischen Theorie wird eine in großen Skalen homogene und isotrope, also im Mittel gleichförmige und richtungsunabhängige Materie- und Strahlungsverteilung unterstellt. Außerdem wird angenommen, das neben dieser Hypothese (die als ‚Kosmologisches Prinzip' oder ‚Weltpostulat' bezeichnet wird), die Naturgesetze und Naturkonstanten (von heute) von Anfang an durchgängig in Raum und Zeit galten und gelten. Unter dieser Maßgabe lässt sich der Anfang des physikalischen Geschehens nach dem Urknall auf der Grundlage der Quantentheorie stringent beschreiben. Danach muss am Anfang das Mengenverhältnis in den Sternplasmen bei den Elementen Wasserstoff (^{1}H) und Helium (^{4}He) gleich 0,75 : 0,25 gewesen sein (in der Summe ungefähr gleich 1) und gegenüber diesem muss das Verhältnis der Elemente ^{2}H : ^{3}He : ^{7}Li gleich $5 \cdot 10^{-5} : 1 \cdot 10^{-5} : 5 \cdot 10^{-7}$ betragen haben. Beides wird von den Messungen bestätigt, was als **dritter Baustein** für das kosmologische Urknall-Modell angesehen wird.

Die Urknall-Hypothese wird heute als Standard-Modell der Kosmologie akzeptiert. Das Modell wurde wohl erstmals im Jahre 1925/27 von A.G. LEMAÎTRE (1894–1966) explizit vorgeschlagen, basierend auf der mathematischen Lösung der Allgemeinen Relativitätstheorie.

Die Lösung war bereits zuvor von A. FRIEDMANN (1888–1925) hergeleitet worden. Das gelang ihm im Jahre 1922, drei Jahre später starb er. Aus der Friedmann-Lemaître-Lösung der Einstein'schen Feldgleichungen lässt sich kein statisches Weltall folgern, sondern nur ein zeitlich veränderliches, welches einen Anfang hatte und sich von diesem aus weiter entwickelte. Gegen die Vorstellung, das Universums könne dynamisch-instationär sein, wehrte sich A. EINSTEIN lange, er war vom statischen Zustand der Welt von Ewigkeit zu Ewigkeit überzeugt, wohl auch aus religiösen Gründen (s. u.). –

Im Jahre 1932 publizierte W. de SITTER (1872–1934) ein im euklidischen Raum expandierendes Universum, dessen Alter reziprok zur Hubble-Konstanten sei. Bereits 1917 hatte er ein sich ausdehnendes Universum beschrieben. – Von der Urknall-Hypothese ausgehend postulierte G.A. GAMOW (1904–1968) im Jahre 1946 eine allgegenwärtige, gleichförmige, kosmische Strahlung als Nachhall des Urknalls. Nach seiner Rechnung müsse die Temperatur infolge der Ausdehnung des Universums auf ca. 5K gesunken sein. Tatsächlich wurde die Hintergrund-Strahlung zwanzig Jahre später entdeckt (s. o.).

Messung und Theorie stützen die Urknall-Hypothese. Sie scheint gesicherter als andere, sicherer als beispielsweise die im Jahre 1948 von H. BONDI (1919–2005), T. GOLD (1920–2004) und F. HOYLE (1915–2001) vorgeschlagene ,Steady-State-Theorie'. In dieser wird ein stationäres Weltall von Ewigkeit zu Ewigkeit postuliert, das sich immerzu ausdehnt, wobei sich im ausdünnenden Raum ständig neue Materie und aus dieser neue Sterne und Galaxien bilden.

Auch wenn das Urknall-Modell als weitgehend gesichert erscheint, gibt es Schwierigkeiten: Zum einen ist der menschliche Geist überfordert, sich das Energieäquivalent des gesamten heutigen Universums in einer Singularität vereinigt vorzustellen, also in einem punktförmigen ,Raum' mit unendlich hoher Energieintensität. Zum anderen ist es unverständlich, dass sich das Weltall ausdehnt und zwar, wie die heutigen Messungen zeigen, sogar **beschleunigt**, wo sich der massebehaftete Raum doch eigentlich gravitativ zusammen ziehen müsste. Die beschleunigte Ausdehnung soll zum einen auf dem anfänglichen ,Schwung' der dem Urknall folgenden explosionsartigen Inflation beruhen und zum anderen auf einer versteckten **Dunklen Energie**. Letztere treibt das Weltall in alle Richtungen auseinander. Die Dunkle Energie muss übermächtig sein. Bis dato ist absolut rätselhaft, worum es sich dabei handeln könnte. Für eine seriöse Wissenschaft ist es eine ernste Situation, sich eine solche Unkenntnis eingestehen zu müssen, ein echtes Dilemma. Der letzte Abschnitt dieses Kapitels widmet sich erneut diesem Thema.

Den Kosmologen ergeht es in heutiger Zeit nicht anders wie den ehemaligen: Als I. NEWTON im Jahre 1687 in seiner ,Naturphilosophie' das Gravitationsgesetz

$$F = G \cdot \frac{m_1 \cdot m_2}{r^2}$$

publiziert hatte, wurde ihm selbst alsbald das seinem Gesetz innewohnende Paradoxon bewusst: Gleichgültig, ob das Universum endliche oder unendliche Ausmaße hat, es hätte längst in sich zusammen stürzen müssen. Es dürfte eigentlich gar nicht existieren. Die Gravitation wirkt zwischen den materiellen Körpern ausschließlich anziehend, nicht abstoßend. Die materielle Welt müsste demnach eigentlich auf ihren (wie auch immer gearteten) Mittelpunkt hin längst kollabiert sein. Das ist indessen nicht passiert.

I. NEWTON war, wie seine Zeitgenossen, vom göttlichen Ursprung aller Himmelskörper überzeugt, auch vom periodischen Eingreifen Gottes in die Abläufe des Geschehens, auch jener am Himmel. Dennoch sah er offensichtlich auch im Wirken seines Gottes nicht die Lösung des Paradoxons: In seinem zweiten Werk, ‚Optics‘, das im Jahre 1704 erschien, postulierte er neben der ‚Attraktionskraft‘ als Gegenstück zur Gravitation eine ‚Repulsionskraft‘. Die Abklärung dieser schwierigen Frage löste diverse Kontroversen zwischen den führenden Naturwissenschaftlern jener Epoche aus. Zu nennen sind hier P.L.M. MAUPERTIUS (1698–1759), A.C. CLAIRAUT (1713–1765), J.H. LAMBERT (1728–1777) und P.S. LAPLACE (1749–1827). –

Auch I. KANT (1727–1804) beschäftigte sich in seiner Schrift ‚Zur Frage ob die Erde veraltet, physikalisch erwogen‘ im Jahre 1754 mit der aufgeworfenen Frage, nochmals ausführlicher in seiner Abhandlung ‚Allgemeine Naturgeschichte und Theorie des Himmels‘ (1755). Er sah Gott als Schöpfer der chaotischen Materie. Die Zentralkörper seien hieraus durch Anziehung entstanden und würden beim Zusammenballen in flammende Glut übergehen. Zudem glaubte auch er, dass der anziehenden Attraktionskraft eine abstoßende Repulsionskraft gegenüber stehe. Sie würde eine zirkelnde Bewegung der Urmaterie bewirken. Aus dieser heraus würden die (für I. KANT allesamt bewohnten) Planeten um die Sterne entstehen. Ähnlich würden sich die ‚Welteninseln‘ mit ihren kreisenden Sternen bilden, das Universum befände sich in ständiger Ausdehnung, die Schöpfung würde niemals enden.

Das kantische Weltbild wirkt modern; doch was ist die Repulsionskraft? Das Kosmologische Paradoxon blieb somit auch bei I. KANT ungelöst, ebenso bei F.W. HERSCHEL (1738–1822), der als beobachtender Astronom über die Dauer von 30 Jahren über 2000 ‚Nebel‘ und ca. 200 Sternhaufen entdeckte. Die planetarischen Nebel deutete er als Zonen, in denen neue Sterne entstehen.

Mit G.F. GAUSS (1777–1855), N.I. LOBATSCHEWSKI (1792–1856), J. BOLYAI (1808–1860) und B. RIEMANN (1826–1866) zeichnete sich schließlich eine Lösungsmöglichkeit ab, sie hatten die Mathematik des nicht-euklidischen Raumes (unabhängig voneinander) entwickelt bzw. vervollständigt. Auf sie konnte A. EINSTEIN (1879–1955) bei der Ausarbeitung seiner Allgemeinen Relativitätstheorie zurückgreifen. Nach dieser Theorie bestimmen (definieren) die Massen die geometrische Struktur und Metrik der Raum-Zeit. Dadurch wird die Bewegung der Himmelskörper ihrerseits bestimmt, quasi gelenkt.

Die Kosmologie ist ein faszinierendes Feld, weil in diesem Wissenschaftszweig der Astronomie auf die Frage nach dem **Anfang und Werden von Allem** eine

Antwort zu geben versucht wird. Auf dem Feld konnten bedeutende Fortschritte erreicht werden .Es sind dabei indessen diverse neue Fragen und Probleme aufgetaucht, sehr schwierige darunter. – Anstelle Kosmologie spricht man auch von Astrophysik. Neben den Lehrbüchern der höheren Physik [28, 29], wird auf die wissenschaftlichen Werke [30–35] und auf solche allgemeinverständlicher Art [36–47] mit vielen lesenswerten und aktuellen Informationen verwiesen, viel detaillierter als es hier möglich ist.

4.3.2 Messung kosmischer Entfernungen und Geschwindigkeiten

Ohne die Fähigkeit, die kosmischen Dimensionen bis in große Tiefen des Himmels (und der Vergangenheit) ausmessen zu können, wäre Kosmologie reine Spekulation, wie ehemals. Diesbezüglich konnten im letzten Jahrhundert bedeutende Fortschritte erzielt werden. Die Thematik ist in der heutigen astronomischen Forschung nach wie vor hochaktuell.

Entfernungsmessung Wie in Abschn. 3.9.5 ausgeführt, lässt sich die Entfernung stellarer Objekte bis zu Entfernungen von etwa 300 Lichtjahren, das sind ca. $0{,}3 \cdot 300 = 90\,\text{pc}$, parallaktisch bestimmen (Abb. 4.34):

$$r = \frac{a}{p} = \frac{\text{AE}}{p \text{ in Bogenmaß}} = \frac{1{,}5813 \cdot 10^{-5}\,\text{Lj}}{p \text{ in Bogenmaß}} = \frac{1{,}5813 \cdot 10^{-5}\,\text{Lj}}{\frac{\pi}{180\cdot 60\cdot 60} \cdot p \text{ in Bogenmaß}}$$

$$\rightarrow \quad r = \frac{3{,}2617\,\text{Lj}}{p \text{ in Bogensekunden}}$$

Abkürzungen: p: Parallaxe, Winkel in Bogenmaß oder in Bogensekunden (vgl. Formeln), r: Abstand bzw. Entfernung von der Erdbahnebene; a: Halbmesser der Erdbahn: AE:

- AE (Astronomische Einheit) $= 149{,}6 \cdot 10^6\,\text{km} = 1{,}5823 \cdot 10^{-5}\,\text{Lj} = 4{,}848 \cdot 10^{-6}\,\text{pc}$;
- Lj: Lichtjahr $= 9{,}46 \cdot 10^{12}\,\text{km} = 0{,}3066\,\text{pc}$;
- pc: Parsec $= 3{,}0857 \cdot 10^{13}\,\text{km} = 3{,}262\,\text{Lj}$.

Beispiel
Der Polarstern (αUMi) ist vom Sonnensystem 430 Lichtjahre entfernt. Der Stern hat einen ca. 100-fachen Sonnendurchmesser. Zu 430 Lj gehört folgender Parallaxenwinkel in Bogen-

Abb. 4.34

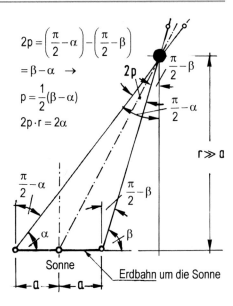

$$2p = \left(\frac{\pi}{2} - \alpha\right) - \left(\frac{\pi}{2} - \beta\right)$$

$$= \beta - \alpha \;\rightarrow$$

$$p = \frac{1}{2}(\beta - \alpha)$$

$$2p \cdot r = 2\alpha$$

Erdbahn um die Sonne

sekunden:

$$p = \frac{a}{r} = \frac{3{,}2617\,\text{Lj}}{430\,\text{Lj}} = 0{,}00759''$$

Bis zu Winkeln ca. $0{,}01''$ ist eine parallaktische Entfernungsmessung zuverlässig möglich. Für Winkel darunter ist die Messung unsicher, das wäre hier der Fall.

In der Kosmologie haben Entfernungen, die parallaktisch bestimmt werden können, keine Bedeutung, die Objekte liegen viel zu nahe. In der Kosmologie geht es um weit entfernte Galaxien bis hin zu Quasaren (Quasistellaren Objekten) mit bis zu 1000 Mpc Entfernung und mehr.

Anmerkungen
Entfernungen weit entfernter Objekte werden i. Allg. in kpc (Kiloparsec $= 10^3$ pc) oder in Mpc (Megaparsec $= 10^6$ pc) angegeben. 1 Mpc entspricht $1.000.000 \cdot 3{,}262 = 3.262.000\,\text{Lj}$.
    Unsere Galaxis (Milchstraße) hat einen Durchmesser von ca. 30.000 pc $= 100.000\,\text{Lj}$ ($= 0{,}03$ Mpc), im kosmischen Maßstab ist sie ein Winzling!

Um Entfernungen in kosmischen Skalen bestimmen zu können, bedient man sich der Cepheiden-Methode und anderer ‚Standardkerzen‘, also der Leuchtkraft-methode anhand bestimmter heller Sterne in Galaxien und Kugelsternhaufen sowie der Helligkeit bei Novae und Supernovae (vgl. Abschn. 3.9.9.2). Daneben gibt es weitere Methoden. Sie gehen alle davon aus, dass die verschiedenen ‚Kerzen' mit gleich starker Leuchtkraft strahlen, egal wie weit die beobachteten Regionen entfernt sind, in denen sie liegen und leuchten. Je größer der Abstand zu diesen Kerzen ist, umso unsicherer sind die erzielbaren Ergebnisse. Wie ausgeführt, sind die Methoden allesamt Gegenstand der fachastronomischen Forschung.

Geschwindigkeitsmessung Es gibt zwei grundsätzlich unterschiedliche Fälle:

1. Das ferne Objekt bewegt sich in einem ruhenden Raum, es entfernt sich oder nähert sich.
2. Das ferne Objekt ruht in einem sich verändernden Raum, der sich entweder ausdehnt oder zusammenzieht.

Im ersten Falle kann zur Geschwindigkeitsmessung vom Doppler-Effekt ausgegangen werden, im zweiten Falle nicht.

Fall 1: Der Raum ruht Doppler-Messung (vgl. Bd. I; Abschnitte 2.7.6 und Abschn. 4.1.4.5.)

Bewegt sich ein Sender S (Stern) auf einen Empfänger E zu (z. B. auf die Erde), und ist die Geschwindigkeit des Senders gleich v_S, wird die ausgesandte Wellenlänge λ_S vom Empfänger zu $\lambda_E < \lambda_S$ verkürzt gemessen. Die Differenz $\Delta\lambda = \lambda_S - \lambda_E > 0$ wird auf λ_S bezogen und mit $z = \Delta\lambda/\lambda_S$ abgekürzt. Die gesuchte Geschwindigkeit berechnet sich zu (Blauverschiebung):

$$z = \frac{\Delta\lambda}{\lambda_S} = 1 - \sqrt{\frac{1 - v_S/c}{1 + v_S/c}} \quad \rightarrow \quad v_S = \frac{1 - (1-z)^2}{1 + (1-z)^2} \cdot c \quad (\Delta\lambda = \lambda_S - \lambda_E > 0)$$

Wenn sich der Sender vom Empfänger entfernt, wird $\Delta\lambda = \lambda_E - \lambda_S > 0$ registriert und es gilt (Rotverschiebung):

$$z = \frac{\Delta\lambda}{\lambda_S} = \sqrt{\frac{1 + v_S/c}{1 - v_S/c}} - 1 \quad \rightarrow \quad v_S = \frac{(1+z)^2 - 1}{(1+z)^2 + 1} \cdot c \quad (\Delta\lambda = \lambda_E - \lambda_S > 0)$$

Die Formeln gelten für relativistische Geschwindigkeiten. λ_S ist die ‚Laborwellenlänge' des Senders, λ_E ist die vom Empfänger gemessene Wellenlänge. Zur Herleitung der Formeln und zu möglichen Näherungen vgl. Abschn. 3.9.9.3. Für kosmische Objekte ist die Dopplermessung nicht geeignet, da der Raum nicht ruht, in dem sich die Objekte bewegen.

Abb. 4.35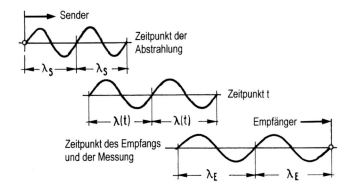

Fall 2: Der Raum dehnt sich aus Die gegenseitige Bewegung der Objekte, etwa die ‚Fluchtbewegung' der Galaxien, ist keine Bewegung im eigentlichen Sinne, sondern beruht auf dem ‚Mitnahmeeffekt' der globalen Ausdehnung.

Wird von einer Galaxie Licht abgestrahlt, wird dieses von einer anderen Galaxie (sie habe den momentanen Abstand s) zu einem späteren Zeitpunkt empfangen. Würde sich der Raum nicht ausdehnen, wäre das Photon mit der Lichtgeschwindigkeit c während der Dauer $t = s/c$ unterwegs. Da der Abstand anwächst (und c konstant bleibt), benötigt das Photon eine längere Zeit: Mit der Raumausdehnung geht eine Dehnung der Wellenlänge einher, die Energie des Photons sinkt. Im Spektrum stellt der Empfänger eine ins Rot verschobene Wellenlänge fest. Abb. 4.35 möge den Sachverhalt veranschaulichen.

Die auf die Wellenlänge des Senders (λ_S) bezogene Änderung der Wellenlänge

$$\Delta\lambda = \lambda_E - \lambda_S$$

wird wieder mit z abgekürzt:

$$z = \frac{\Delta\lambda}{\lambda_S} = \frac{\lambda_E - \lambda_S}{\lambda_S}$$

Wird obige Formel für v_s für sehr kleine z-Werte entwickelt, gilt:

$$v = \frac{z}{1+z} \cdot c \approx z \cdot c \quad (v \ll c)$$

4.3.3 Hubble-Gesetz

Es war u. a. V.M. SLIPHER (1875–1969), der in den Jahren 1910 bis 1925 am Lowell-Observatorium bei der spektrografischen Untersuchung der Bewegung von

Abb. 4.36

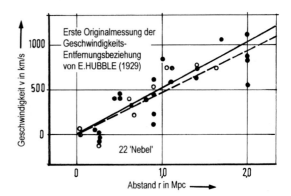

Planeten und Sternen die Doppler-Methode systematisch einsetzte; er vermaß auf diese Weise in erster Line deren Eigenrotation.

Hierauf aufbauend identifizierte E. HUBBLE im Jahre 1923 den Andromeda-Nebel (M31) als nächstliegende Galaxie und maß ihre Entfernung dank der hierin aufgefundenen Cepheiden zu ca. 2,5 Millionen Lichtjahre. Er maß eine Blauverschiebung im Spektrum: $z = 0,001$. Das bedeutet, die Galaxie bewegt sich mit $v = z \cdot c = 0,001 \cdot 300.000 = 300\,$km/s auf unsere Galaxie zu (wir nennen unsere Galaxie Galaxis oder Milchstraße). In rund 2,5 Millionen Jahren werden die beiden Sternsysteme auf einander treffen und ‚verschmelzen‘.

Abb. 4.36 gibt das erste von E. HUBBLE veröffentlichte Ergebnis seiner Messungen wieder. Hieraus kann auf das Gesetz

$$v = H_0 \cdot r$$

geschlossen werden. v ist die Geschwindigkeit in km/s und r der Abstand in Mpc. Das Kürzel H_0 trägt den Namen **Hubble-Konstante**, richtiger wäre es, H_0 als Hubble-Parameter zu bezeichnen, die Dimension von H_0 ist 1/Zeit. – Aus dem Verlauf der Geraden im Diagramm kann H_0 zu

$$H_0 \approx \frac{1000\,\text{km/s}}{2,0\,\text{Mpc}} = 500\,\frac{\text{km}}{\text{s} \cdot \text{Mpc}}$$

abgeschätzt werden. Dieser Wert ist aus heutiger Sicht um den Faktor 7 zu hoch! Das beruht zum einen auf der noch mäßigen Genauigkeit der seinerzeitigen Messgeräte, vor allem aber auf dem Umstand, dass nur Sterne in vergleichsweise nah benachbarten Galaxien vermessen werden konnten. Sie bewegen sich z. T. mit

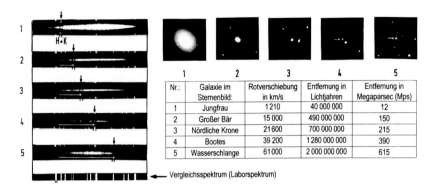

Nr.:	Galaxie im Sternenbild:	Rotverschiebung in km/s	Entfernung in Lichtjahren	Entfernung in Megaparsec (Mps)
1	Jungfrau	1 210	40 000 000	12
2	Großer Bär	15 000	490 000 000	150
3	Nördliche Krone	21 600	700 000 000	215
4	Bootes	39 200	1 280 000 000	390
5	Wasserschlange	61 000	2 000 000 000	615

← Vergleichsspektrum (Laborspektrum)

Abb. 4.37

beträchtlichen Eigengeschwindigkeiten, auch in Richtung auf die Galaxis. Dadurch verdecken sie die mit der Raumdehnung des Alls einher gehende eigentliche Fluchtbewegung. Auf solche Fälle kann das Hubble-Gesetz einsichtiger Weise nicht angewandt werden. Es kennzeichnet allein das Auseinanderdriften der Sternsysteme durch die Ausdehnung des Raumes. v ist die zugehörige Geschwindigkeit. Das Gesetz besagt: Je größer der Abstand r ist, umso größer ist v und umso unbedeutender wird die Eigenbewegung der Sterne und Galaxien innerhalb des ‚Hubble-Flusses'. Erst ab etwa 15 Mps liefert das Hubble-Gesetz zuverlässige Ergebnisse. Dass der Raum expandiert, war zur Zeit, als E. HUBBLE seine Messungen anstellte, noch nicht bekannt, es handelt sich hierbei um eine noch recht junge Erkenntnis. –

Abb. 4.37 zeigt weitere von E. HUBBLE gewonnene Messergebnisse an fünf Galaxien aus späterer Zeit. Die aus der Rotverschiebung folgenden Geschwindigkeiten in km/s sind in der Tabelle eingetragen, ebenso die gemessenen Entfernungen in Lj bzw. Mpc.

Linkerseits sind im Bild in den Spektren die beiden H+K-Linien des ionisierten Calciums markiert. Die Pfeile zeigen die Rotverschiebung dieser Linien. Aus diesen Messungen kann auf den Parameter $H_0 \approx 100\,\text{km}/(\text{s} \cdot \text{Mpc})$ geschlossen werden, vgl. die Werte in der Tabelle. –

Die Messung des Hubble-Parameters konnte in den zurückliegenden Jahrzehnten weiter zugeschärft werden. – Um sich auf zuverlässigere Werte stützen zu können, wurde das Hubble-Weltraum-Teleskop gebaut, es arbeitet seit 2003 und ist nach wie vor in Betrieb. Aus den aktuellen Messungen lässt sich für H_0 der Wert: $H_0 \approx (72 \pm 8)\,\text{km}/(\text{s} \cdot \text{Mpc})$ folgern. Der Wert gilt für heute, daher der Index 0, vgl. Abschn. 4.3.6.

Beispiel

Im Spektrum einer Galaxie werde die Wellenlänge einer bestimmten Linie im Verhältnis zur zugehörigen (Labor-) Wellenlänge um den Faktor 1,27 verschoben, registriert, also zu $\lambda_E = 1{,}27 \cdot \lambda_S$ gemessen. Daraus folgt:

$$\Delta\lambda = \lambda_E - \lambda_S = (1{,}27 - 1) \cdot \lambda_S = 0{,}27 \cdot \lambda_S \quad \rightarrow \quad z = \Delta\lambda/\lambda_S = 0{,}27$$

Die Verknüpfung von $v = z \cdot c$ (gültig für kleine z-Werte) mit dem Hubble-Gesetz $v = H_0 \cdot r$ ($z \cdot c = H_0 \cdot r$) ergibt:

$$r = \frac{z \cdot c}{H_0} = \frac{0{,}27 \cdot 300.000\,\text{km/s}}{72\,\text{km/(s} \cdot \text{mpc)}} = 5{,}8 \cdot 10^5\,\text{Mpc}$$

Hieraus wird deutlich: Würde man den Hubble-Parameter genau kennen und wäre er von Anfang an konstant, stünde ein sehr zuverlässiges Verfahren zur Messung der Entfernung und der Geschwindigkeit aller kosmischen Objekte zur Verfügung. Tatsächlich ist H eine Funktion der Zeit $H = H(t)$, der Parameter war also von Anfang an nicht konstant! In der Kosmologie geht es u. a. darum, die Funktion $H(t)$ in Bezug zum heutigen Wert H_0 exakt zu bestimmen, dazu sollte einsichtiger Weise der heutige Wert möglichst zuverlässig bekannt sein.

4.3.4 Kosmische Hintergrundstrahlung

Abb. 4.38 zeigt in schematischer Form, wie sich nach Auffassung der meisten Kosmologen das Universum seit dem Urknall entwickelt hat oder, man sollte richtiger sagen, entwickelt haben könnte. Vor dem Urknall gab es nur das Nichts, weder Raum noch Zeit. Es gab nur eine Singularität mit einer nahezu null-kleinen Ausdehnung und einer unendlich-großen Energiedichte, wie in der Abbildung durch einen vertikalen Strich veranschaulicht.

Nach Auflösung der Singularität kam es zu einer Inflation, d. h. es bildete sich der Raum in das Nichts hinein, ebenso begann die Zeit. Es war also keine sich mit einer anfänglich nahezu unendlich hohen Geschwindigkeit exponentiell vollziehende Ausdehnung in einen bestehenden Raum hinein. Dieser bildete sich erst jetzt, ebenso die Zeit, genauer die Raumzeit. Wodurch und wie sich die Energiesingularität gebildet hatte, durch welchen Schöpfungsakt, bleibt für uns Irdische wohl ein ewiges Geheimnis.

Innerhalb der ersten Sekunden, Minuten, Stunden und Jahre bildeten sich aus der singulären Anfangsenergie innerhalb der Quark-, Hadron-, Lepton- und Materie-Ära kaskadenförmig unterschiedliche hochenergetisch wechselwirkende Elementarteilchen in der vorgenannten Reihenfolge und aus diesem heißen Plasma die baryonische Materie in Form von Protonen, Neutronen und Elektronen. Die dichte heiße Materie dehnte sich weiter aus. An vielen Stellen kam es zu gering-

Abb. 4.38

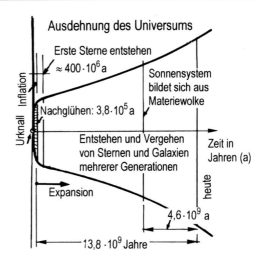

fügigen Dichte- und Temperatur-Inhomogenitäten. Aus diesen ‚Verklumpungen'
gingen dann viel später die Sterne im Laufe von Jahrmillionen mit unterschiedlicher Masse und Leuchtkraft hervor.

Im Zuge der inflationären Entwicklung sanken Dichte, Druck und Temperatur.
Der chaotische Zustand endete nach ca. 380.000 Jahren. In dem voran gegangenen Chaos war jede Wechselwirkung der Elementarteilchen zu höheren Strukturen
blockiert gewesen, ebenso ein Entweichen von Photonen aus dem noch jungen geschlossenen Kosmos. Erst jetzt begann der noch sternlose Kosmos zu leuchten.

Es dauerte anschließend viele Millionen Jahre bis sich die Materie an vielen
Stellen zu Sternengröße gravitativ ‚verklumpte'. Mit dem sich im Inneren der Sterne bei der Kontraktion einstellenden Gravitationsdruck ging ein starker Temperaturanstieg einher. Hierdurch setzte irgendwann im Inneren die Kernverschmelzung
der Wasserstoffatome zu Heliumatomen ein. Vermöge der mit der Kernschmelze
(Fusion) verbundenen enormen Energiefreisetzung begann der Stern zu leuchten.

In der Folge bildeten sich aus dem interstellaren Gas immer mehr Sterne und
Sternsysteme. Massereiche Sterne endeten in Supernovaexplosionen. Aus dem
hierbei neuerlich entstandenen interstellaren Gas der herausgeschleuderten Materie bildeten sich neue Sterne und Galaxien, jetzt mit Anteilen höherer Elemente
versetzt. Sie waren in den Vorgängersternen erbrütet worden.

Auf diese Weise ist vor ca. 4,6 Mrd. Jahren auch das Sonnensystem entstanden. Dieses Alter kann aus der Messung der Zerfallszeit einer Reihe langlebiger
Radioisotope in der Sonne und in den Planeten erschlossen werden. Das bedeutet,

Abb. 4.39

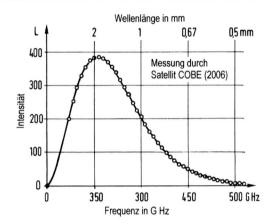

das Sonnensystem ist nur ein Drittel so alt wie das Universum. Seiner Entstehung gingen, wie ausgeführt, Generationen von Vorläufersternen (Sonnen) voraus. Bei der Kernfusion in diesen wurden jene höheren Elemente erbrütet, die sich nach der Explosion der Sterne als Supernovae im Raum verteilten. Teilweise entstanden die höheren Elemente erst bei der Sternexplosion. Sie wurden bei der Bildung der Nachfolgesterne wieder ‚eingesammelt'. Aus dieser Materie ist durch Verdichtung auch unsere Sonne mit ihren Planeten und allem entstanden, was sich auf ihnen befindet. Das Entstehungsschema gilt entsprechend für alle anderen Sterne. Von diesen ist unsere Sonne eine von Milliarden und das in Milliarden weiterer Galaxien!

Als seinerzeit, 380.000 Jahren nach dem Urknall, das Plasma des jungen Kosmos zu strahlen begann, war dessen Temperatur auf ca. 3000 K gesunken.

Es waren G.A. GAMOW (1904–1968) und Kollegen, die um 1946 vermuteten, dass von der anfänglichen Strahlung des Urplasmas noch eine allseitige kosmische Hintergrundstrahlung mit einer Temperatur ca. 5 K in heutiger Zeit existieren müsse. Sie hielten es allerdings für unmöglich, sie je messen zu können. Im Jahre 1965 wurde die Strahlung (eher zufällig) entdeckt (s. o.).

Mit Hilfe des im Jahre 1989 gestarteten COBE-Satelliten konnte die Strahlung als Wärmestrahlung bestätigt und der Mittelwert der Temperatur zu $2,725 \pm 0,002$ K gemessen werden (COBE: Cosmic Background Explorer). Der Strahlungsverlauf entspricht der Planck-Funktion für die genannte Temperatur mit allergrößter Präzession, wie Abb. 4.39 zeigt. In Abb. 4.40a ist das Strahlungsbild des COBE-Satelliten vor dem Himmelshintergrund wiedergegeben.

Abb. 4.40

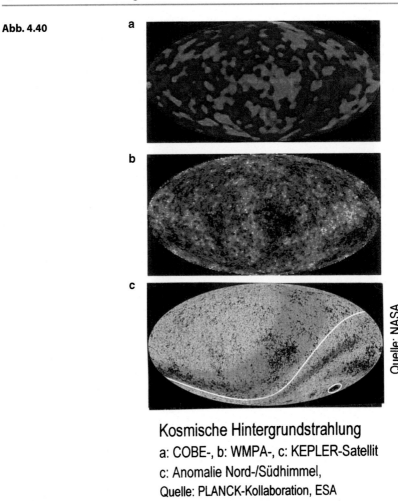

Quelle: NASA

Kosmische Hintergrundstrahlung
a: COBE-, b: WMPA-, c: KEPLER-Satellit
c: Anomalie Nord-/Südhimmel,
Quelle: PLANCK-Kollaboration, ESA

Bei den seinerzeitigen und den späteren Strahlungsmessungen, die sich über den gesamten Himmel erstreckten, wurden an vielen Stellen geringfügige Intensitätsschwankungen erkennbar. Diese Dichteunterschiede in der ansonsten gleichförmigen Hintergrundstrahlung werden von den Astronomen als Entstehungskeime der ersten Sterne und Galaxien gedeutet. Um die Schwankungen genauer vermessen zu können, wurde im Jahre 2001 der WMAP-Satellit gestartet (WMAP: Wilkinson Microwave Anisotropy Probe). Der Satellit war mit der Fähigkeit ausgestattet, Temperaturschwankungen in der Größenordnung von 20 Millionstel Grad zu registrieren. Das vom WMAP-Satelliten in 7-jähriger Beobachtungszeit vermessene Bild der Hintergrundstrahlung war wesentlich schärfer als jenes des COBE-Satelliten (Abb. 4.40b), als mittlere Temperatur wurde $2{,}725 \pm 0{,}0004$ K gemessen. Während das COBE- und das WMAP-Satelliten-Teleskop von der NASA entwickelt und gestartet wurde, war und ist für die Weltraum-Teleskope Planck und Herschel die ESA verantwortlich. Die Satelliten wurden im Jahre 2009 gemeinsam gestartet. Die Missionen sind inzwischen beendet. Die Messungen werden zurzeit ausgewertet (2014/16). Abb. 4.40c zeigt das Hintergrundbild der Planck-Mission.

Der Hauptspiegel des Planck-Satelliten hatte einen Durchmesser von 1,73 m. Der Satellit war $4{,}2 \times 4{,}2$ m groß und umfangreich mit Messgeräten ausgestattet. Das Kühlsystem kühlte den Detektor bis auf 0,1 K herunter! Ziel war es, anhand der Messungen nochmals präzisere Auskünfte über die anfängliche kosmische Inflationsphase und die anschließende Expansion und deren Raten zu gewinnen.

Planck und Herschel wurden im Lagrange-Punkt L2 positioniert (vgl. Bd. II, Abschn. 2.8.6.2). Die Geräte lagen dadurch durchgängig im Erdschatten, geschützt gegenüber direkter Sonnenstrahlung. Die Spiegel waren zudem von der Erde weggerichtet, sodass sie auch von der Erde keine reflektierte Strahlung erreichte, auch keine vom Mond. In dieser Weise hatte man schon den WMPA-Satelliten positioniert.

Die Hintergrundstrahlung wird in der Kosmologie als einer der schlüssigsten Beweise für das kosmische Szenario vom Anfang der Welt gesehen [48].

4.3.5 Kosmologisches Prinzip und Folgerungen

Das Kosmologische Prinzip ist eine Hypothese. Das Prinzip besagt, dass das gesamte Weltall im Großen und Ganzen als gleichartig strukturiert angesehen werden kann, was eine Betrachtung in **großen** Längenskalen voraussetzt, also eine Mittelung über einen Raum der Größe von etwa 100 Millionen Lichtjahren und mehr. Eigentlich ist auch dieser Mittelungsbereich noch nicht groß genug, werden doch bei gegenseitigen Entfernungen bis 600 Millionen Lichtjahren Filamente von Galaxien-Superhaufen erkennbar, zwischen denen riesige Leerräume (Voids) liegen.

Die in **kleinen** Längenskalen als Einzel-Sonnen, als Einzel-Galaxien, als Einzel-Galaxienhaufen (usf.) punktuell vorhandenen inhomogenen Materieverdichtungen werden zu einer gleichförmigen, homogenen Materieverteilung geringer

Abb. 4.41

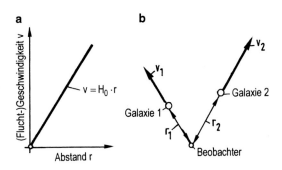

Dichte ,verschmiert'. Das ist, wie gesagt, eine Hypothese. Gestützt wird sie durch den Umstand, dass sich das Kosmologisches Prinzip und das Hubble-Gesetz gegenseitig bedingen. Das lässt sich wie folgt erklären:

Das in Abschn. 4.3.3 erläuterte Hubble-Gesetz postuliert eine lineare Abhängigkeit zwischen der Fluchtgeschwindigkeit der Galaxien auf der einen Seite und ihrem Abstand vom Beobachter auf der anderen (Abb. 4.41a). Teilabbildung b zeigt, wie sich die Fluchtgeschwindigkeiten zweier Galaxien und ihre Abstände für einen Beobachter zueinander verhalten:

$$v_2/v_1 = r_2/r_1.$$

(Beispielsweise: Doppelter Abstand = Doppelte Geschwindigkeit, usf.).

Diese Überlegung ist in Abb. 4.42a für einen Beobachter am Standort ① auf sechs Galaxien erweitert. Teilabbildung b zeigt, wie ein Beobachter vom Standort ② aus die Situation wahrnimmt. Von ② aus hat ① den Abstand r_{21}. Von ② aus entfernt sich ① mit der Geschwindigkeit v_{21}. Die Geschwindigkeitsvektoren für den Beobachter von ① (Teilabbildung a) müssen um v_{21} vektoriell ergänzt werden, dann ergeben sich jene für den Beobachter in ②. Die skizzierte Addition/Subtraktion der Vektoren lässt erkennen, dass das Hubble-Gesetz auch für den Standort ② und somit für jeden anderen Standort im Universum gilt. Insofern stützen sich Kosmologisches Prinzip und Hubble-Gesetz gegenseitig, sie gelten nur, wenn sie gemeinsam im gesamten Kosmos gelten.

Zusammenfassung In sehr großen Skalen kann der kosmische Raum als Gas/Fluid mit gleichförmiger Dichte angenähert werden. Es gibt keinen Mittelpunkt, keinen dominanten Raumbereich, keine bevorzugte Position, keine ausgezeichnete Richtung. Einen solchen Raum nennt man **homogen** (gleichförmig) und **isotrop**

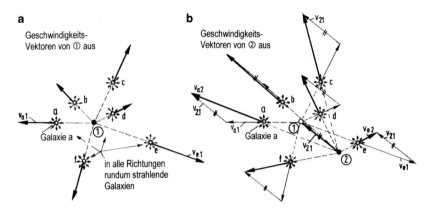

Abb. 4.42

(richtungsunabhängig). Auch unsere Galaxis, unser Sonnensystem, unsere Erde sind im Kosmos Bereiche wie alle anderen. – Der Inhalt des Kosmologischen Prinzips lautet: Der Raum und seine Expansion sind bzw. verliefen von Anfang an und allseits an jedem Punkt im Kosmos völlig gleichartig (identisch).

Das Kosmologische Prinzip erlaubt eine Reihe von Folgerungen:

1. Abb. 4.43a zeigt einen weiträumigen Ausschnitt aus dem Kosmos. Jeder Punkt stehe für eine Galaxie oder einen Galaxienhaufen. Deren Massen verteilen sich im Raum als homogener ‚Staub‘ (auch als ‚Gas‘ oder ‚Fluid‘ gedacht). Da der Raum riesig ist, ist die mittlere Dichte (ρ_{Kosmos}) dieses staubförmigen ‚Gases‘ extrem gering. Eine Kugel mit dem Halbmesser r beinhaltet die Masse:

$$M = \rho_{\text{Kosmos}} \cdot V = \rho_{\text{Kosmos}} \cdot \frac{4}{3}\pi \cdot r^3$$

Gravitativ wirkt die Massenverteilung innerhalb der Kugel so, als wäre sie im Mittelpunkt als Punktmasse konzentriert. Liegt eine Probemasse m im Abstand r vom Mittelpunkt entfernt (Teilabbildung b), beträgt die Zentralkraft auf m nach dem Newton'schen Gravitationsgesetz:

$$F = G \cdot \frac{M \cdot m}{r^2} = G \cdot \frac{\rho_{\text{Kosmos}} \cdot \frac{4}{3}\pi \cdot r^3}{r^2} \cdot m = G \cdot \rho_{\text{Kosmos}} \cdot \frac{4}{3}\pi \cdot r \cdot m$$

Es stellt sich die Frage, welche gravitative Wirkung von der außerhalb der Kugel liegenden Massenverteilung auf m ausgeht. Um die Frage zu beantworten,

Abb. 4.43

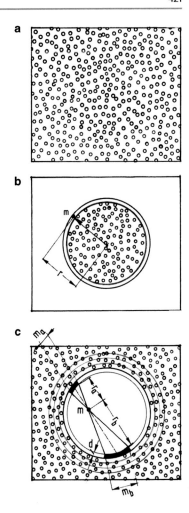

wird zunächst die gravitative Wirkung der sich an die Kugel anschließenden (außerhalb liegenden) **Kugelschale** der Dicke d auf eine im Inneren der Kugel liegende Probemasse m betrachtet. Dieser Fall ist in Abb. 4.43c skizziert.

Durch die Probemasse werden zwei Gerade gelegt. Sie grenzen zwei von m ausgehende schmale Pyramiden mit den spitzen Winkeln α bzw. β ein. Sie schneiden aus der Kugelschale die Massen m_a und m_b heraus.

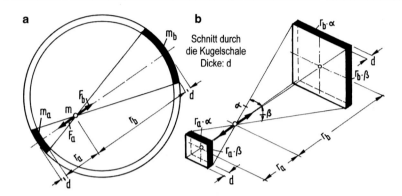

Abb. 4.44

Abb. 4.44 möge das verdeutlichen. Die Längen der rechteckigen Berandungen berechnen sich zu ‚Winkel in Bogenmaß mal Abstand'. Somit betragen die Massen der Ausschnitte:

$$m_a = \rho_{\text{Kosmos}} \cdot (r_a \cdot \alpha) \cdot (r_a \cdot \beta) \cdot d = \rho_{\text{Kosmos}} \cdot r_a^2 \cdot d \cdot \alpha \cdot \beta,$$
$$m_b = \rho_{\text{Kosmos}} \cdot r_b^2 \cdot d \cdot \alpha \cdot \beta$$

Die Gravitationskräfte zwischen m und m_a sowie m und m_b ergeben sich zu:

$$F_a = G \frac{m \cdot m_a}{r_a^2} = G \cdot m \cdot \rho_{\text{Kosmos}} \cdot d \cdot \alpha \cdot \beta, \quad F_b = G \cdot m \cdot \rho_{\text{Kosmos}} \cdot d \cdot \alpha \cdot \beta$$

Das bedeutet, sie sind gleichgroß: $F_a = F_b$.

In Worten: Die auf die Probemasse m vor- und rückseitig einwirkenden Gravitationskräfte heben sich zu Null auf. Das gilt entsprechend, wenn die Ausschnitte versetzt zum Mittelpunkt liegen, wie in Abb. 4.43c skizziert. Das gilt folglich auch für jede andere Probemasse innerhalb der Kugel, ebenso für jene, die unmittelbar innerhalb des Randes liegt. Die Aussage lässt sich für jede andere außerhalb liegende Kugelschale verallgemeinern und damit für den gesamten außerhalb der Kugel liegenden Raum. Somit gilt schließlich: In einem gleichförmig mit konstanter Massendichte ausgefüllten Raum übt nur die innerhalb der Kugel mit dem Radius r enthaltene Masse auf die im Abstand r

Abb. 4.45

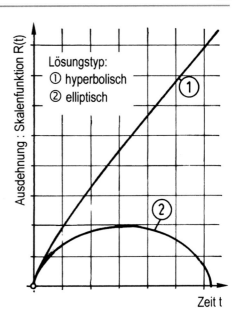

liegende Probemasse m eine Gravitationskraft aus:

$$F = G \cdot \rho_{\text{Kosmos}} \cdot \frac{4}{3}\pi \cdot r \cdot m$$

$$\left(= G \cdot \frac{M \cdot m}{r^2} \quad \text{mit} \quad M = \rho_{\text{Kosmos}} \cdot \frac{4}{3}\pi \cdot r^3; \quad \text{Kugelvolumen:} \ \frac{4}{3}\pi \cdot r^3 \right)$$

2. Ausgehend von diesem Ergebnis gelingt eine erste Antwort auf die Frage nach der bisherigen und künftigen Ausdehnung des Kosmos, quasi nach dessen ‚Schicksal‘: Gemäß dem Hubble-Gesetz befindet sich der Kosmos im Zustand einer Expansion, doch mit welchem Gradienten? Sofern das Urknall-Modell stimmig ist und seither keine Energie (und damit keine Materie) hinzu getreten oder getilgt worden ist, sinken mittlere kosmische Dichte und Temperatur kontinuierlich im Verlauf der Ausdehnung des Raumes. – Die vorhandene Materie wirkt sich auf die Ausdehnung bremsend aus, das beruht auf ihrer gravitativen Wirkung. Diese Wirkung sinkt indessen wegen der sich verringernden Dichte! Zwei Szenarien sind möglich: Die Expansion setzt sich bis in alle Ewigkeit fort (Fall ①) oder sie erreicht einen Größtwert und geht in eine Kontraktion über

Abb. 4.46

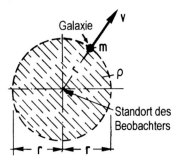

(Fall ②). In Abb. 4.45 sind die beiden Szenarien über der Zeit aufgetragen. Ob der Schluss stimmig ist, wird in den folgenden Abschnitten erneut hinterfragt. Dabei wird auch zu fragen sein, welche Kräfte die Ausdehnung des Raumes überhaupt bewirken? Worauf beruht die inzwischen erkannte beschleunigte Ausdehnung?

3. Abb. 4.46 stehe für einen Raumbereich im Kosmos. Bezogen auf einen frei gewählten Standort entfernt sich eine Galaxie mit der Masse m im Abstand r mit der Geschwindigkeit:

$$v = H_0 \cdot r$$

H_0 ist der Hubble-Parameter. – Auf die entfliehende Masse m wirkt die Gravitationskraft

$$F = G \cdot \frac{M \cdot m}{r^2}$$

bremsend. M ist die Masse jener Kugel, die am Standort ihren Mittelpunkt hat:

$$M = \rho \cdot \frac{4}{3}\pi \cdot r^3$$

ρ ist die kosmische Dichte.

Würde die Geschwindigkeit der Galaxie höher als die Fluchtgeschwindigkeit sein, würde sie sich über alle Grenzen entfernen, es gilt Fall ① in Abb. 4.45. Kehrt die Bewegung irgendwann um, gilt Fall ②.

Die Formel für die Fluchtgeschwindigkeit lautet (Abschn. 4.2.2):

$$v_{\text{Flucht}} = \sqrt{\frac{2G \cdot M}{r}}$$

Wird für v_{Flucht} das Hubble-Gesetz und für M obige Formel eingesetzt, folgt:

$$H_0 \cdot r = \sqrt{\frac{2G}{r} \cdot \rho \cdot \frac{4}{3}\pi \cdot r^3} \quad \rightarrow \quad H_0 = \sqrt{\frac{8\pi}{3} \cdot G \cdot \rho}$$

Die Gleichung gilt für jeden Wert von r, also für jeden beliebigen Abstand innerhalb des Kosmos. Die Auflösung nach ρ liefert die sogen. **kritische Dichte**:

$$\rho_{\text{krit}} = \frac{3}{8\pi} \cdot \frac{H_0^2}{G}$$

Das Verhältnis der vorhandenen kosmischen Dichte zur kritischen Dichte entscheidet über die oben diskutierten Szenarien:

$$\rho_{\text{Kosmos}} < \rho_{\text{krit}}: \quad \text{Fall ①}$$
$$\rho_{\text{Kosmos}} > \rho_{\text{krit}}: \quad \text{Fall ②}$$

Im Fall ① reicht die gravitativ-bremsende Wirkung der gegenwärtigen kosmischen Materie nicht, um den vom Urknall herrührenden ‚Schwung' umzukehren, im Falle ② ist das der Fall. – Setzt man den Hubble-Parameter zu

$$H_0 = (72 \pm 8) \frac{\text{km}}{\text{s} \cdot \text{Mpc}} = (23{,}33 \pm 2{,}59) \cdot 10^{-19} \frac{1}{\text{s}}$$

an, ergibt sich für die kritische Dichte des Kosmos ρ_{krit} der Zahlenwert:

$$\rho_{\text{krit}} = (9{,}741 \pm 1{,}08) \cdot 10^{-27} \, \text{kg/m}^3 = (9{,}741 \pm 1{,}08) \cdot 10^{-30} \, \text{g/cm}^3$$

Bei einer Masse von $1{,}673 \cdot 10^{-27}$ kg/m^3 für ein Proton ($=$ ein Wasserstoffatom) wäre das eine Anzahl von $9{,}741 \cdot 10^{-27}/1{,}673 \cdot 10^{-27} = 5{,}82$, somit von ca. sechs Wasserstoffatome pro Kubikmeter, eine wahrlich geringe Dichte.

4.3.6 Ausdehnung des kosmischen Raumes und seine Vermessung

Die Entfernung zwischen zwei Objekten im Raum, z. B. zwischen zwei Galaxien, ändert sich mit der Zeit, sie ist eine Funktion der Zeit; sie möge $r = r(t)$ betragen. Bei $r = r(t)$ kann es sich um den Radius eines kleineren oder größeren Raumbereiches oder gar um jenen des gesamten Kosmos handeln.

Abb. 4.47

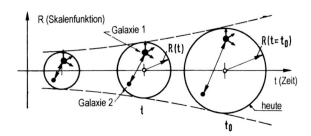

Die kleinräumliche Entfernung der Objekte **relativ** zueinander bleibt bei der Raumdehnung erhalten. Zum heutigen Zeitpunkt gelte:

$$r(t = t_0) = r_0.$$

Die zeitliche Änderungsrate von $r(t)$ ist die Geschwindigkeit mit der sich der Raum dehnt:

$$v = v(t) = dr/dt = \dot{r}(t).$$

Anmerkung
Der hoch gestellte Punkt kennzeichnet wieder die Ableitung nach der Zeit t.

Mit der **Skalenfunktion** $R = R(t)$ wird der Bezug von $r = r(t)$ im ehemaligen Zeitpunkt t zum heutigen Zeitpunkt t_0 hergestellt, $R = R(t)$ ist dimensionsfrei:

$$r(t) = R(t) \cdot r_0$$

Qua Definition gilt für den heutigen Zeitpunkt: $R(t = t_0) = R_0 = 1$.

Abb. 4.47 zeigt als Beispiel einen kugelförmigen Raumbereich zu verschiedenen Zeiten. Der Bereich dehnt sich aus, er verändert sich dabei gemäß der Funktion $R = R(t)$. Will man das Werden des Universums kennenlernen, gilt es, die Funktion $R(t)$ zu bestimmen.

Anmerkung
Im kosmologischen Schrifttum wird die Skalenfunktion auch mit $a = a(t)$ abgekürzt.

$R(t)$ kann als Krümmungsradius gedeutet werden. $1/R(t)$ wäre dann die Krümmung des kosmischen Raumes. War $R(t)$ in der Frühzeit kleiner als heute, wäre die Krümmung $1/R(t)$ größer gewesen, hätte am Anfang der Zeit $R(t = 0) = 0$ gegolten, wäre die Krümmung unendlich groß gewesen, das ist das Kennzeichen einer Singularität.

Der Raum dehnt sich allseits aus. Alle Abstände im Raum vergrößern sich affin. Die **relative** Stellung der Teile zueinander, also die Struktur des Raumes mit all ihren Objekten, verändert sich dabei nicht, wie dieses beispielsweise bei der Stellung der Galaxien 1 und 2 relativ zueinander in Abb. 4.47 der Fall ist. Zudem wird angenommen, dass die Größe und der Abstand der Objekte im Kleinen bei der Ausdehnung des Raumes erhalten bleiben. Das bedeutet z. B.: Sonne und Sonnensystem erfahren keine Änderung ihrer Größe und ihres Durchmessers, diese Annahme gilt auch für jede einzelne Galaxie nach Form und Größe.

Anmerkung

Die Expansion des Raumes wird gerne mit einem Hefeteig mit eingelagerten Rosinen verglichen: Wenn der Teig aufgeht, sind die relativen Abstände der Rosinen zueinander, also ihre gegenseitige Anordnung im Teig, vom Aufgehen des Teigs nicht betroffen, die Größe der Rosinen bleibt erhalten. – Ein anderes Modell ist ein sich aufblähender Luftballon auf dem sich Marienkäfer festklammern; ihr Muster auf dem Ballon (und ihre Größe) ändern sich nicht.

Ist z die 'heute' gemessene Rotverschiebung, bedeutet das für den 'heutigen' Abstand r_0, ausgehend vom Hubble-Gesetz:

$$v = H_0 \cdot r_0 \quad \rightarrow \quad c \cdot z = H_0 \cdot r_0 \quad \rightarrow \quad r_0 = \frac{c}{H_0} \cdot z$$

Dieser Schluss gilt nur, wenn H_0 während des 'Photonenfluges' durchgängig konstant war. – Allgemeiner ist der Ansatz, der davon ausgeht, dass der Parameter keine Konstante, sondern eine Funktion der Zeit ist:

$$v(t) = H(t) \cdot r(t) \quad \rightarrow \quad \dot{r}(t) = H(t) \cdot r(t) \quad \rightarrow \quad \dot{R}(t) = H(t) \cdot R(t)$$

Die Auflösung nach $H(t)$ bietet die Möglichkeit, den Hubble-Parameter als Funktion der Zeit zu bestimmen, sofern er während der kosmischen Entwicklung nicht konstant war, sondern sich veränderte:

$$H(t) = \frac{\dot{R}(t)}{R(t)}$$

Die Bestimmung gelingt nur, wenn $R = R(t)$ und $\dot{R}(t)$ ermittelt werden können. – Damit stellt sich die grundsätzliche Frage: Ist das Hubble-Gesetz ein Naturgesetz und der Hubble-Parameter eine Naturkonstante? Letztlich kann hierüber nur die Messung entscheiden. Die heute erreichbaren Genauigkeiten sind noch nicht ausreichend, um eine endgültige Antwort geben zu können. Nach heutigem

Stand des Wissens ist davon auszugehen, dass $H(t)$ eine veränderliche Funktion der Zeit t ist.

Bei der folgenden Überlegung wird davon ausgegangen, dass der Hubble-Parameter konstant ist.

4.3.7 Alter des Kosmos – Kinematische Lösung

Die gut abgesicherte Galaxienflucht, richtiger die Ausdehnung des Raumes, lässt (nach menschlicher Logik) zwei Schlüsse zu:

1. Es muss einen Anfang gegeben haben, von dem aus die Ausdehnung des Kosmos einsetzte und damit die Existenz von Raum und Zeit.
2. Das Universum muss inzwischen einen endlichen Raum ausfüllen, unendlich groß kann er (noch) nicht sein. Das bedeutet, das Universum kann auch noch nicht ewig existieren, es muss ein endliches Alter haben.

Ausgehend vom Hubble-Gesetz wird eine Aussage zum Weltalter gewagt.

Wird der heutige Zeitpunkt mit t_0 abgekürzt und der heutige ‚Weltradius‘ mit r_0, mag der Kosmos zu einem früheren Zeitpunkt $t < t_0$, die Größe

$$r(t) = R(t) \cdot r_0 \qquad \text{(a)}$$

gehabt haben. $R = R(t)$ ist die im vorangegangenen Abschnitt eingeführte **Skalenfunktion**. Sie beschreibt das Verhältnis des Radius $r = r(t)$ im Zeitpunkt t zum heutigen Radius $r_0 = r(t = t_0) = r(t_0)$.

Für $t = t_0$ gilt definitionsgemäß:

$$R(t_0) = 1$$

Wird in das Hubble-Gesetz die Skalenfunktion eingeführt und unterstellt, dass H_0 durchgängig konstant war, folgt:

$$v(t) = H_0 \cdot R(t) \cdot r_0 \qquad \text{(b)}$$

Die Geschwindigkeit $v = v(t)$ ist die Ableitung des sich verändernden Radius $r = r(t)$ nach der Zeit:

$$v(t) = \frac{dr(t)}{dt} = \frac{dR(t)}{dt} \cdot r_0 \qquad \text{(c)}$$

Die Gleichsetzung mit (b) ergibt die gesuchte Differentialgleichung für $R = R(t)$:

$$\frac{dR(t)}{dt} \cdot r_0 = H_0 \cdot R(t) \cdot r_0 \quad \rightarrow \quad \dot{R}(t) - H_0 \cdot R(t) = 0 \qquad \text{(d)}$$

Ihre Lösung lautet:

$$R(t) = \frac{e^{H_0 t}}{e^{H_0 t_0}} \tag{e}$$

Von der Richtigkeit der Lösung überzeugt man sich durch Ableitung von $R(t)$ nach t und Einsetzen in die Gleichung. – Dabei bestätigt man im Einzelnen:

$$\dot{R}(t) = H_0 \cdot \frac{e^{H_0 t}}{e^{H_0 t_0}} = H_0 \cdot R(t), \quad \dot{R}(t_0) = H_0, \quad R(t_0) = 1 \tag{f}$$

Abb. 4.48a zeigt den Verlauf der Lösungsfunktion, einschließlich der Steigung (dem Tangens) zum Zeitpunkt $t = t_0$ (heute). Wird die Tangente an die Kurve in diesem Zeitpunkt mit der Zeitachse zum Schnitt gebracht, findet man einen bis heute reichenden Zeitabstand. In der Abbildung ist dieser Abstand mit T abgekürzt. Für den Tangens im Zeitpunkt $t = t_0$ gilt, wie gezeigt:

$$\dot{R}(t_0) = H_0$$

Aus der Abbildung liest man ab:

$$T \cdot \dot{R}(t_0) = 1 \quad \rightarrow \quad T \cdot H_0 = 1 \quad \rightarrow \quad T = 1/H_0 \tag{g}$$

Setzt man den Zahlenwert der Hubble-Konstante H_0 zu

$$H_0 = 72 \, \frac{km}{s \cdot Mpc} = 72 \, \frac{km}{s \cdot 3,0857 \cdot 10^{19} \, km} = 23,33 \cdot 10^{-19} \, \frac{1}{s}$$

an, ergibt sich T:

$$T = 1/H_0 = 0,0439 \cdot 10^{19} \, s = 4,29 \cdot 10^{17} \, s = \frac{4,29 \cdot 10^{17}}{3,154 \cdot 10^7} \, a = \underline{1,36 \cdot 10^{10} \, a},$$

denn das Jahr hat $3,154 \cdot 10^7$ Sekunden. Für eine Sekunde gilt im Verhältnis zu einem Jahr:

$$1 \, s = \frac{a}{3,154 \cdot 10^7}$$

Ergebnis:

$$T = 13,6 \cdot 10^9 \, a = 13,6 \text{ Milliarden Jahre}$$

Das tatsächliche Alter des Universums, bezogen auf den Zeitpunkt des Urknalls, liegt etwas höher. Zunächst folgte dem Urknall eine inflationäre Ausdehnung. Innerhalb dieser Spanne bildete sich das junge Universum. Dabei dehnte es sich auf ca. 60 % der heutigen Größe aus. Damit kommt man auf ein Weltalter von ca. **13,8 Milliarden Jahre**, vgl. Abb. 4.48.

Abb. 4.48

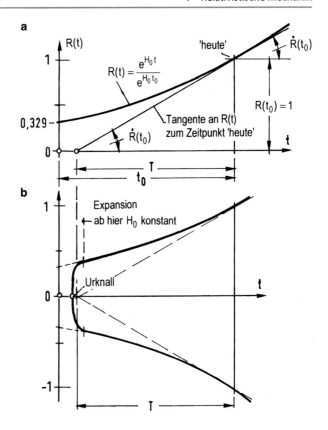

Es ist zu vermuten, dass die vorangegangene Herleitung so nur bedingt stimmen kann. Sie unterstellt, wie eingangs vorausgesetzt, die Konstanz des Hubble-Parameters $H(t) = H_0$ von Anfang an.

4.3.8 Alter des Kosmos – Dynamische Lösung – Friedmann-Lemaître-Gleichungen

Nach Überzeugung der heutigen Kosmologen liefern allein die von A. EINSTEIN im Jahre 1916 publizierten Feldgleichungen der Allgemeinen Relativitätstheorie (ART) eine zutreffende Antwort auf die Frage nach der Entwicklungsgeschichte des Kosmos. Die Gleichungen bzw. ihre Lösungen lassen indessen unterschiedliche Interpretationen zu, je nachdem, von welchen Beobachtungsparametern man ausgeht.

Die Lösung der Feldgleichungen führt entweder auf ein expandierendes oder ein kontrahierendes Universum. Ein stationäres (statisches), von Ewigkeit zu Ewigkeit existierendes Universum, kann aus den Gleichungen der ART nicht gefolgert werden. Diesen Umstand ließ A. EINSTEIN seinerzeit nicht gelten, weshalb er seine Gleichungen um eine Konstante erweiterte, die sogen. **Kosmologische Konstante**. Das war 1918. Im Jahre 1922 publizierte A. FRIEDMANN (1888–1925) die erwähnte dynamische Lösung aus den Feldgleichungen. Sie wurde 1927 von A.G. LEMAÎTRE (1894–1966) unabhängig bestätigt. Zu diesem Zeitpunkt waren die Beobachtungen von E. HUBBLE (1889–1953) noch nicht bekannt bzw. noch nicht veröffentlicht. Das geschah erst im Jahre 1929. Gleichwohl, A.G. LEMAÎTRE verfügte über Beobachtungsdaten vorab. Aus diesen schloss er auf das später nach E. HUBBLE benannte Gesetz: $v = H \cdot r$. Die A.G. LEMAÎTRE bekannten Daten waren noch sehr unsicher, stützten aber seine Lösungen. Sie beinhalteten das Konzept eines expandierenden Kosmos und damit die von ihm postulierte These, der Kosmos sei aus einem Urknall hervor gegangen. Bis zum Jahre 1929, in welchem E. HUBBLE erste Messdaten und sein Gesetz veröffentlichte, blieben der Fachöffentlichkeit die Arbeiten von A. FRIEDMANN und A.G. LEMAÎTRE verborgen.

Nach ihrem Bekanntwerden wurden ihre Ergebnisse und Schlussfolgerungen alsbald akzeptiert. Die von E. HUBBLE und seinem Mitarbeiter M.L. HUMASON (1891–1972) im Jahre 1929 vorgelegten und in den Jahren 1931 und 1936 nochmals erweiterten Fakten bezeugten eindeutig und endgültig die postulierte kosmische Expansion. Das räumte dann auch A. EINSTEIN ein, einer Kosmologischen Konstante bedurfte es in seiner Theorie offensichtlich nicht.

Interessant und verwirrend ist der Umstand, dass man in der Kosmologie heutiger Zeit wieder auf die Kosmologische Konstante zurückgreift bzw. zurückgreifen muss und sie mit der Existenz einer **Dunklen Energie** in Verbindung bringt, vgl. Abschn. 4.3.9.

Die Einstein'schen Gleichungen nehmen für einen homogenen und isotropen kosmischen Raum folgende Form an:

$$\dot{R}^2 = \frac{8\pi G}{3c^2} \cdot \rho c^2 \cdot R^2 - kc^2 + \frac{\Lambda \cdot c^2}{3} R^2 \tag{a}$$

$$\ddot{R} = -\frac{4\pi G}{3c^2} \cdot (\rho c^2 + 3p) \cdot R + \frac{\Lambda \cdot c^2}{3} R \tag{b}$$

Man spricht von der 1. und 2. Friedmann'schen Gleichung. Sie wurden seinerzeit erstmals von A. FRIEDMANN angegeben. Das allgemeine Gleichungssystem der

ART verkürzt sich unter den genannten Annahmen auf zwei (nichtlineare) Differentialgleichungen für drei Unbekannte:

$R = R(t)$: Skalenfunktion
$\rho = \rho(t)$: Materiedichte im Kosmos, ρc^2 ist dessen Energiedichte
$p = p(t)$: (Strahlungs-) Druck
k Krümmungs-Konstante, Dimension: (1/Länge) im Quadrat.
Λ Kosmologische Konstante, Dimension: (1/Länge) im Quadrat

Der Bezug von ehemals zum heutigen Zustand kann über das Massenerhaltungsgesetz hergestellt werden: Die gesamte Masse im Kosmos, also das Produkt aus Massendichte mal Volumen, ändert sich nicht:

$$\rho(t) \cdot R^3(t) = \rho_0 \cdot R_0^3 \quad \rightarrow \quad \rho(t) = \frac{\rho_0}{R^3(t)} \tag{c}$$

Mit dieser Gleichung stehen den drei Unbekannten drei Gleichungen gegenüber.

Für die Lösung der Feldgleichungen wurde im Jahre 1935 von (1903–1961) und unabhängig von ihm von A.G. WALKER (1909–2001) im Jahre 1936 eine geeignete Metrik für das Linienelement des kosmischen Raum-Zeit-Kontinuums vorgeschlagen. In modifizierter Form war davon schon A. FRIEDMANN ausgegangen. –

Je nach Ansatz der Größen k und Λ und je nach Bezug auf die für heute geltenden bzw. abgeschätzten Werte für ρ_0 und H_0 lassen sich für die obigen Gleichungen Lösungen angeben. Sie laufen letztlich auf die in Abb. 4.45 dargestellten Verläufe von $R(t)$ und weitere Weltmodelle als Funktion von t hinaus. In den astrophysikalischen Fachbüchern zur Kosmologie wird die Thematik abgehandelt.

Aus den Messungen jüngster Zeit kann ein Weltmodell gemäß Kurve ① gefolgert werden, allerdings mit einem progressiven Anstieg und nicht mit einem degressiven. Ausgehend vom singulären Urknall dehnte sich demnach das Universum von Anfang an aus, zunächst (so glaubt man) verzögert und dann in eine Beschleunigung übergehend (!). Aus Sicht der Kosmologen lässt sich diese Beschleunigung, die den Kosmos gegen die Eigengravitation auseinander treibt, nur mit der Existenz einer verborgenen Energie, einer Dunklen Energie erklären, sie wirkt anti-gravitativ! (Wie ausgeführt, wird die Thematik in Abschn. 4.3.9 erneut aufgegriffen).

E.A. MILNE (1896–1950), der im Jahre 1933 das Kosmologische Prinzip postuliert hatte, zeigte im Jahre 1934, gemeinsam mit W. McCREA (1904–1999), dass sich die Einstein'schen Gleichungen in genäherter Form auch auf der Grundlage

Abb. 4.49

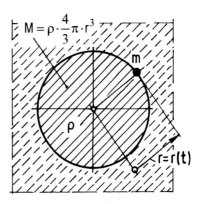

der Newton'schen Theorie herleiten und lösen lassen. Das sei im Folgenden in gebotener Kürze gezeigt, wobei der vereinfachte Fall betrachtet wird, dass der Strahlungsdruck p im kosmischen ‚Gas/Fluid' zu Null vernachlässigt werden kann.

Für die Geschwindigkeit der Raumdehnung wird $v(t) = H(t) \cdot R(t)$ angesetzt:

$$\dot{R}(t) = H(t) \cdot R(t) \quad \dot{R}(t = t_0) = \dot{R}_0 = H_0, \text{ denn } R_0 = R(t = 0) = 1 \quad \text{(d)}$$

$H = H(t)$ ist eine Funktion der Zeit. H_0 ist der heute geltende Hubble-Parameter.

Die kennzeichnende Differentialgleichung für die kosmische Skalenfunktion $R = R(t)$ wird nachfolgend auf zwei Wegen hergeleitet. Dazu wird im kosmischen Gas/Fluid ein kugelförmiger Raumbereich mit dem Radius $r = r(t)$ betrachtet (Abb. 4.49). An dessen Rand liege die Probemasse m, z. B. eine Galaxie. Ist $\rho = \rho(t)$ die kosmische Dichte im Zeitpunkt t, beträgt die Masse des kugelförmigen Bereiches:

$$M(t) = \rho(t) \cdot \frac{4}{3}\pi \cdot r^3(t) \quad \text{(e)}$$

Zum heutige Zeitpunkt ($t = t_0$) gilt:

$$M_0 = \rho_0 \cdot \frac{4}{3}\pi \cdot r_0^3 \quad \text{(f)}$$

Bleibt die Masse während der Raumdehnung erhalten, liefert die Gleichsetzung:

$$M(t) = M_0: \quad \rho(t) = \rho_0 \cdot \frac{r_0^3}{r^3(t)} \quad \text{(g)}$$

Abb. 4.50

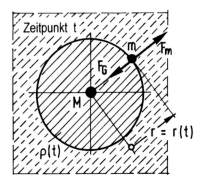

Wird an dieser Stelle die Skalenfunktion $R = R(t)$ eingeführt, folgt für $\rho = \rho(t)$:

$$\rho(t) = \rho_0 \cdot \frac{1}{R^3(t)} \quad (\text{denn } R(t = t_0) = 1) \tag{c}$$

Das bedeutet: Im Zuge der Ausdehnung sinkt die Dichte mit dem Radius hoch drei.

1. Weg: Die im Zentrum vereinigt gedachte Masse $M = M(t)$ übt auf die am Rand liegende Probemasse m die Gravitationskraft

$$F_G = G \cdot \frac{M(t) \cdot m}{r^2(t)} \tag{h}$$

aus. Die Masse m entfernt sich im Zuge der Raumdehnung mit der Geschwindigkeit $v = v(t)$. Die Beschleunigung sei $a = a(t)$. Die Newton'sche Trägheitskraft ist demnach: $F_m = m \cdot a(t)$. Zusammengefasst wirkt auf m die Kraft (Abb. 4.50):

$$F = F_G - F_m \quad \rightarrow \quad F = G \cdot \frac{M(t) \cdot m}{r^2(t)} - m \cdot a(t) \tag{i}$$

Wird die Skalenfunktion eingeführt, folgt nach Umformung mit (e) und (c) und Umstellung wegen

$$r = R(t) \cdot r_0; \quad v = \dot{R}(t) \cdot r_0; \quad a = \ddot{R}(t) \cdot r_0:$$
$$F(t) = \left[-\ddot{R}(t) + \frac{4}{3}\pi \cdot G \cdot \rho_0 \frac{1}{R^2(t)} \right] \cdot r_0 \cdot m \tag{j}$$

Während der infinitesimalen Ausdehnung des Raumbereiches um dR wird von der Kraft die Arbeit

$$F(t) \cdot dR = -\left[\ddot{R}(t) - \frac{4}{3}\pi \cdot G \cdot \rho_0 \frac{1}{R^2(t)} \right] \cdot r_0 \cdot m \cdot dR \qquad \text{(k)}$$

verrichtet. Gleichgewicht innerhalb der infinitesimalen Ausdehnung dR besteht, wenn (im Sinne der Variationsrechnung = Prinzip der virtuellen Verrückung) das Integral über der Arbeit Null ist:

$$\int F(t) \cdot dR = \int F(t) \frac{dR}{dt} dt = \int F(t) \cdot \dot{R}(t) dt = 0 \qquad \text{(4.1)}$$

$$\rightarrow \quad -\int \left[\left(\ddot{R}(t) \cdot \dot{R}(t) - \frac{4}{3}\pi \cdot G \cdot \rho_0 \frac{\dot{R}(t)}{R^2(t)} \right) \cdot r_0 \cdot m \right] dt = 0 \qquad \text{(l)}$$

Das Integral ist gleichwertig mit:

$$\int \frac{d}{dt} \left[\left(\frac{\dot{R}^2(t)}{2} - \frac{4}{3}\pi \cdot G \cdot \rho_0 \frac{1}{R(t)} \right) \cdot r_0 \cdot m \right] dt = 0 \qquad \text{(m)}$$

Nach Integration, Division durch $r_0 \cdot m$ und Multiplikation mit 2 folgt schließlich:

$$\dot{R}^2(t) - \frac{8\pi G}{3} \cdot \rho_0 \frac{1}{R(t)} + C = 0 \qquad \text{(n)}$$

C ist eine Integrationskonstante.

Anmerkung
Zur Bestätigung der Herleitung bilde man die Ausdrücke:

$$\frac{d}{dt} \left[\frac{\dot{R}^2}{2} \right] = \ddot{R} \cdot \dot{R}; \quad \frac{d}{dt} \left[\frac{1}{R} \right] = \frac{\dot{R}}{R^2}$$

2. Weg: Der Masse m am Rande des Raumbereiches ist folgende potentielle und kinetische Energie eigen (zum Gravitationspotential vgl. Bd. II, Abschn. 2.8.7):

$$E_{\text{pot}} = -G \cdot \frac{M(t) \cdot m}{r(t)} = -G \cdot \frac{4}{3}\pi \cdot \rho(t) \cdot r^3(t) \cdot \frac{1}{r(t)} \cdot m$$

$$= -G \cdot \frac{4}{3}\pi \cdot \rho_0 \cdot r_0^2 \cdot \frac{1}{R(t)} \cdot m$$

$$E_{\text{kin}} = m \cdot \frac{v^2(t)}{2} = m \cdot \frac{\dot{r}^2(t)}{2} = m \cdot \frac{\dot{R}^2(t)}{2} \cdot r_0^2 \qquad \text{(o)}$$

Abb. 4.51

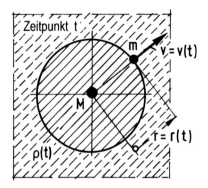

$v = v(t)$ ist die Fluchtgeschwindigkeit von m im Abstand $r = r(t)$, vgl Abb. 4.51.
Die Summe ergibt die der Probemasse m innewohnende Energie:

$$E = E_{\text{pot}} + E_{\text{kin}} = \left[-G \cdot \frac{4}{3}\pi \cdot \rho_0 \cdot \frac{1}{R(t)} + \frac{\dot{R}^2(t)}{2} \right] \cdot m \cdot r_0^2 \qquad (p)$$

Nach Umstellung folgt:

$$\dot{R}^2(t) - \frac{8\pi G}{3} \cdot \rho_0 \frac{1}{R(t)} - \frac{2E}{m \cdot r_0^2} = 0 \qquad (q)$$

Zusammenfassung Der dritte Term in der vorstehenden Gleichung ist eine Konstante, es ist die auf die Probemasse m bezogene Energie, verschmiert auf der Oberfläche der betrachteten Weltkugel mit der Masse M und dem Radius $r(t)$. Insofern stimmen (n) und (q) prinzipiell überein, nicht dagegen mit der 1. Friedmann'schen Gleichung (a), auch dann nicht, wenn die Krümmungskonstante k hierin Null gesetzt wird (ebene Geometrie). – Wie ausgeführt, wurde die Kosmologische Konstante Λ von A. EINSTEIN additiv in seine Gleichungen eingeführt, er war von einem statischen Weltmodell überzeugt, mit Λ gelang die gesuchte Lösung. In (a) ist der Λ-Term mit $R^2(t)$ behaftet. In (n) und (q) fehlt einsichtiger Weise der Λ-Term. – Geht man von der Hubble-Funktion gemäß ihrer Definition

$$H(t) = \frac{\dot{R}(t)}{R(t)} \quad \rightarrow \quad H^2(t) = \frac{\dot{R}^2(t)}{R^2(t)} \qquad (r)$$

aus, lässt sich aus der 1. Friedmann'schen Gleichung für die quadrierte Form von $H(t)$ der Ausdruck

$$H^2(t) = \frac{8\pi G}{3} \cdot \rho(t) - \frac{kc^2}{R^2(t)} + \frac{\Lambda c^2}{3} \qquad (s)$$

anschreiben. Aus (n)/(q) lassen sich entsprechende Ausdrücke folgern.

Ausgangspunkt für die rückwärtige und künftige Entwicklung der Skalenfunktion $R = R(t)$ ist $\dot{R}_0 = H_0$, also der Hubble-Parameter zum heutigen Zeitpunkt (Zeitpunkt 0). Man unternimmt große Anstrengungen, um den Wert in der kommenden Dekade auf wenige Prozent genau angeben zu können. – In (s) ist in die $\rho(t)$-Funktion, also in die Dichte des Kosmos, der Beitrag der Dunklen Energie mit einzubeziehen. Ihr Wert folgt aus dem gemessenen Verlauf der Expansion (seit der Inflation). An dieser Stelle der Theorie greifen offensichtlich verschiedene Einflüsse in einander.

4.3.9 Die Dilemmata der heutigen Kosmologie

1. Vor ca. 100 Jahren veröffentlichte A. EINSTEIN die von ihm entwickelten Feldgleichungen der Allgemeinen Relativitätstheorie (ART). Die Theorie fand in einer Reihe astronomischer Beobachtungen ihre Bestätigung, als erstes die gemessene Lichtablenkung während einer Sonnenfinsternis und als zweites die ebenfalls gemessene Periheldrehung der Merkurbahn. Zu den weiteren Lösungen der Feldgleichungen gehörten die von K. SCHWARZSCHILD gefundenen, sie führten u. a. auf den hochverdichteten Himmelskörper ‚Schwarzes Loch'. – Die Lösungen von A. FRIEDMANN und A.G. LEMAÎTRE (FL-Gleichungen) ließen mannigfache Weltmodelle in Abhängigkeit von der mittleren Raumdichte zu, sowohl ein expandierendes Universum wie ein kontrahierendes. – Die Ausdehnung des Weltalls wurde von E. HUBBLE entdeckt, das Urknallmodell war damit im Prinzip etabliert. – Das Modell fand in der Aufdeckung der Hintergrundstrahlung eine wichtige Bestätigung. – Die Fortschritte in der Teilchen- und Quantentheorie erlaubten eine Erklärung der Materiebildung während und nach der Inflationsphase. Die Befunde in den Hochleistungsbeschleunigern vervollständigten das Bild vom Mikrokosmos bis hin zur Bestätigung des Higgs-Feldes im Jahre 2013. – Getragen von der internationalen Gemeinschaft mit einem enormen materiellen Aufwand für Bau und Betrieb der experimentellen Anlagen und der messenden Geräte auf Erden und im All, sowie der übernationalen Zusammenarbeit der Astronomen und Astrophysiker und ihrem intellektuellen Bemühen, konnte das inzwischen gängige Standardmodell der Kosmologie vervollständigt werden. **Indessen, es ist alles andere als gesichert**. Es wird noch großer Forschungsanstrengungen bedürfen, um es weiter auszubauen. Dabei zeigt sich, dass der experimentelle Aufwand an Grenzen stößt.

2. Nach der von A. EINSTEIN im Jahre 1916 vorgestellten ART sind Raum und Zeit in der **vierdimensionalen Raumzeit** vereinigt. Es handelt sich um ein unsichtbares, der Anschauung sich entziehendes ‚Gewebe'. Wie in einem

Abb. 4.52

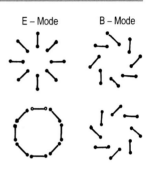

räumlichen Netz sind alle Körper im Kosmos darin eingebettet, wobei sie es in Abhängigkeit von ihrer Masse verformen. Die netzartige Struktur der Raumzeit wird zu einem räumlichen Feld. Die gekrümmte Struktur führt die Körper zueinander. Diese Führung in Raum und Zeit hat die Wirkung einer gerichteten Kraft in der Zeiteinheit. So etwa lässt sich die Gravitation nach der ART deuten: Die gekrümmte Raumzeit wird von den Körpern bewirkt, gleichzeitig sind sie ihrer Wirkung ausgesetzt.

In Verbindung mit der ART postulierte A. EINSTEIN das Auftreten von **Gravitationswellen**. Sie würden sich mit Lichtgeschwindigkeit ausbreiten. Wegen des nichtlinearen Charakters der Feldgleichungen ist ihre Theorie schwierig. Nach Linearisierung sind die Gleichungen einer Lösung zugänglich. – Insbesondere dann, wenn Körper mit schwerer Masse intensiv, quasi ruckartig, beschleunigt werden, kommt es zu einer Vibration der Raumzeit. Die Wellen vermögen dem vergleichsweise steifen raumzeitlichen Gewebe nur sehr schwache Bewegungen aufzuprägen. Abgestrahlte elektromagnetische Wellen und damit auch Lichtwellen, die ein solches vibrierendes Gewebe durchfluten, werden durch die Dichteschwingungen in einer bestimmten Weise polarisiert, wie in Abb. 4.52 als B-Mode dargestellt. Mit einer derartigen Polarisation breiten sich die Wellen von dem auslösenden Ereignis mit Lichtgeschwindigkeit aus. – Versuche, die Schwerewellen auf Erden direkt zu detektieren, hatten im Jahre 2015 gleich zweimal Erfolg, bis dahin waren sie erfolglos geblieben: Zu nennen sind hier die klassischen Versuche von G. WEBER (1919–2000), der mit einem 3,3 Tonnen schweren Aluminium-Zylinder experimentiert hatte. – Als erfolgreich sollte sich dagegen das Versuchs**konzept** mit dem GEO600-Detektor in Deutschland, mit dem LIGO-Detektor in den USA und dem VIRGO-Detektor in Italien erweisen. In diesen Fällen wird mit Laser-Licht in zueinander senkrechten Kanälen (Röhren) gearbeitet. Beim Durchgang einer Gravitationswelle wirkt sich das Ereignis in einer Änderung der Wellenlänge des Laserlichts aus, so der Ansatz. Quelle solcher Gravitationswellen können ‚kosmische Katastrophen' sein, wie Supernovae, der Kollaps von Sternen zu einem Schwarzen Loch oder die Energieabstrahlung sich umkreisender Weißer Zwerge, Neutronensterne oder Schwarzer Löcher. Letztlich kommt als Quelle auch die ‚Explosion' nach dem Urknall im Zuge der Inflationsphase infrage (vgl. Pkt. 4). Über das terrestrische Projekt hinaus ist ein weltraumgestütztes Satellitensystem geplant, genannt eLISA, mit Millionen Kilometer auseinander liegenden Spiegeln, mit denen Gravitationswellen aufgespürt werden sollen (mit einer Realisation des Projekts ist wohl erst in Jahrzehnten zu rechnen).

Die Entdeckung der Gravitationswellen im Jahre 2015 gelang mit den beiden in den USA getrennt gelegenen Detektoren des ‚Advanced-LIGO'-Systems, deren Arme 4 km lang sind. Als Auslöser der Wellen wird in beiden Fällen die Verschmelzung von zwei Schwarzen Löchern nach vorangegangener Annäherung und Rotation von mehreren hundert Umdrehungen pro Sekunde vermutet, wahrlich exotische Ereignisse! – Die Gravitationswellen können als das Pendant zu den Elektromagnetischen Wellen gesehen werden und das **Graviton** als Pendant zum Photon. Das Graviton als Träger der Gravitation konnte bislang nicht entdeckt werden. Wie es der Raumzeit die Krümmung vermittelt, ist unbekannt, insofern muss die Gravitationstheorie noch als unvollendet angesehen werden. Für den Menschen mit gängiger Alltagserfahrung bleiben die unsichtbaren Felder etwas unanschaulich Unvorstellbares, im Verstehen bleibt alles für ihn unbegreiflich, er ist absolut hilflos.

3. Der Anfang der Welt begann mit der **Inflationsphase**, so die Hypothese: Aus der Singularität heraus dehnte sich der Raum und mit ihr die Urenergie innerhalb der extrem kurzen Zeitspanne $0 + 10^{-35}$ bis $0 + 10^{-32}$ Sekunden mit Überlichtgeschwindigkeit um den Faktor 10^{50} aus. Dabei bildeten sich aus der nunmehr frei gesetzten Energie die Urteilchen der Materie und Kräfte, die Fermionen, also die Quarks und Leptonen (Elektronen und Neutrinos). Aus den Quarks fügten sich die Protonen und Neutronen. Darüber hinaus bestand das heiße Urplasma aus weiteren Fermionen der II. und III. Generation (Bd. IV, Abschn. 1.3.6). Das alles vollzog sich in den ersten 10^{-6} Sekunden nach der Inflation. – Von den Materie- und Antimaterieteilchen (sie tragen eine entgegen gesetzte elektrische Ladung) überwogen erstere: Es verblieben jene Teilchen, die sich bei Kontakt mit ihrem Antiteilchen nicht gegenseitig auslöschten. Hieraus besteht die baryonische Materie im gesamten Universum. Auch bildete sich zu diesem Zeitpunkt wohl schon die Dunkle Materie. Wie und wann sich in diesem hypothetischen Scenario die Dunkle Energie bildete, bleibt im Dunkeln.

Gespeist wurde der Impuls der Inflation von den Quantenfluktuationen des sich wie ein Vakuum verhaltenden Higgs-Feldes, welches mit dem Aufbau eines negativen Druckes einherging. Während der nachfolgenden Expansion, die bis heute andauert, formte sich ein ‚flaches Universum'. Um sich stabil entwickeln zu können, muss die Masse im Universum gleich der kritischen sein (vgl. nachfolgenden Pkt. 6; zur kritischen Masse vgl. Abschn. 4.3.5, Pkt. 3). Für einen Hubble-Parameter $H_0 = (72 \pm 8)\,\text{km/s} \cdot \text{Mpc}$ ergibt sich die kritische Masse zu:

$$\rho_{\text{krit}} = (9{,}74 \pm 1{,}08) \cdot 10^{-27}\,\text{kg/m}^3.$$

Legt man der Rechnung den Wert $H_0 = (67{,}15 \pm 1{,}2)\,\text{km/s} \cdot \text{Mpc}$ zugrunde, der jüngst vom Planck-Satelliten gemessen wurde, ergibt sich:

$$\rho_{\text{krit}} = (9{,}08 \pm 0{,}16) \cdot 10^{-27}\,\text{kg/m}^3$$

Die kritische Dichte liegt demnach im Bereich $(9 \text{ bis } 10) \cdot 10^{-27}\,\text{kg/m}^3$.
Die Formel für die kritische Dichte folgt auch aus Gleichung (p) des vorangegangenen Abschnittes, also aus der Bedingung, dass die Summe aus der Bewegungsenergie und dem Gravitationspotential einer Masse m in einem flachen Universum gleich Null ist. Hierbei sind die Beziehungen

$$r(t) = R(t) \cdot r_0, \quad \rho(t) = \rho_0/R^3(t) \quad \text{und} \quad \dot{R}(t) = H_0 \cdot R(t)$$

zu berücksichtigen. Das Ergebnis ist:

$$\rho_{\text{krit}} = \frac{3 H_0^2}{8\pi \cdot G}$$

4. Die Quantenfluktuationen im Vakuum nach dem Zeitpunkt Null innerhalb der Planckzeit werden aus der von W. HEISENBERG (1901–1976) im Jahre 1927 postulierten Unschärferelation

$$\Delta E \cdot \Delta t \geq h/4\pi$$

gefolgert (Bd. IV, Abschn. 1.1.9); h ist das Planck'sche Wirkungsquantum. Auch ein Vakuum kann demnach nicht energiefrei sein, es müssen permanent (quasi aus dem Nichts) Teilchen entstehen und vergehen. Die moderne Kosmologie postuliert eine solche **Vakuumenergie**. Hiermit ist angedeutet, wie versucht wird, aus einer Verbindung der Allgemeinen Relativitätstheorie mit der Quantentheorie eine stringente Quantenfeldtheorie (QFT) zu entwickeln. Ein anderer Weg führt über die Theorie der Quintessenz.

Es ist durchaus problematisch, die exotische Physik der Inflationsphase, die außerhalb jeder Erfahrung auf Erden liegt, mit der vergleichsweise einfachen Physik der Gravitation im Makrokosmos und der keinesfalls voll abgeklärten Physik der Quanten im Mikrokosmos zu beschreiben. Mit der Entdeckung des Higgs-Bosons (2012/2013) hat sich die Beweislage verbessert. –

Mit der Aufzeichnung von polarisierten Spuren in der Hintergrundstrahlung glaubte man im Jahre 2013 Hinweise, gar einen Beweis, für die Inflation nach dem Urknall entdeckt zu haben. Die Strahlung war mit Hilfe des Radioteleskop Bicep2 in 2800 m Höhe am Südpol registriert worden. Bei dem Befund ging man davon aus, dass das nach 380.000 Jahren nach dem Urknall abgestrahlte Licht von den während der Inflationsphase freigesetzten Schwerkraftwellen (die stärksten, die es wohl je gegeben hat) in der theoretisch erwarteten Form polarisiert worden seien. In der vom Planck-Satelliten zum selben Zeitpunkt gemessenen Hintergrundstrahlung konnte die Mikrowellen-Signatur nicht erkannt werden. Es ist wohl der kosmische Staub in der Milchstraße gewesen, der die vom Bicep2-Teleskop registrierte Strahlung polarisiert hat. Trotz des Rückschlags soll die Forschung mit einem verbesserten Bicep2-Teleskop in der Antarktis fortgesetzt werden.

5. Nach der Inflationsphase folgte eine vergleichsweise kurze Zeit von ca. 380.000 Jahren, in welcher sich das Plasma in einem Wärmegleichgewicht befand. Noch war es nicht möglich, dass sich die freien Protonen mit den freien Elektronen, die sich allesamt auf engstem Raum im heißen Plasma drängten, zu Atomen vereinigen konnten. Kam es dennoch vor, wurde das im Atom mit dem Proton vereinigte Elektron von einem gestreuten hochenergetischen anderen Elektron oder Photon sofort spontan abgesprengt. Erst als sich das Plasma genügend abgekühlt hatte, blieben die Protonen mit den eingefangenen Elektronen dauerhaft und stabil vereinigt. Das erste Element der Materie, Wasserstoff, bildete sich massenhaft. Aus ihm ging alles weitere hervor. Diese Phase der sogen. **Rekombination** dauerte wohl 40.000 Jahre. Photonen konnten jetzt abgestrahlt werden. Der junge Kosmos begann bei einer Temperatur von ca. 3000 K zu leuchten.

6. Bis zu diesem Zeitpunkt befand sich das Plasma keinesfalls im Zustand der Ruhe, im Gegenteil, es befand sich in einem großräumigen Schwingungszustand. Es umfasste den sich immer weiter ausdehnenden Raum vollständig. Dabei dominierte die Grundschwingungsform dieser **Plasmaschwingungen**.

Abb. 4.53

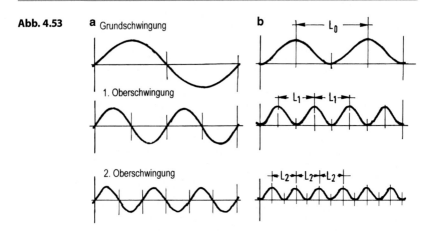

Der Grundschwingung überlagerten sich Oberschwingungen mit kürzeren Wellenlängen und schwächeren Amplituden. Am Ende der Rekombination ging der ‚quasi flüssige' Zustand der Materie in einen ‚quasi festen' über (in Analogie zur gängigen Materie beim Übergang von flüssig in fest). Die Schwingungen kamen zum Erliegen. In den abgestrahlten Photonen schlugen sich die Schwingungen als schwache Temperaturschwankungen um den Mittelwert nieder. Verdichtungen gingen mit einer Erhöhung, Verdünnung mit einer Erniedrigung der Temperatur einher. In der Hintergrundstrahlung sind sie erkennbar (Abschn. 4.3.4).

Die gemessene Hintergrundstrahlung wurde wie folgt ausgewertet: Zunächst wurden die Schwankungen um den Mittelwert (2,742 K) quadriert. Die so gebildeten Werte sind positiv (Abb. 4.53). Die in einem festen gegenseitigen Abstand liegenden Werte wurden anschließend miteinander multipliziert, die Produktsumme gebildet und diese durch die Anzahl der Produkte dividiert. Auf diese Weise konnten jene Entfernungen gefunden werden, in denen die Amplituden stärker oder schwächer ausgeprägt sind. So ließ sich ein abstandsabhängiges Kreuzspektrum gewinnen. Das aus der WMAP-Mission gewonnene Spektrum konnte durch das aus der Planck-Mission gewonnene zugeschärft werden, in Abb. 4.54a/b sind beide wiedergegeben: Die Grundform der Schwingung zeichnet sich dominant ab, die Oberschwingungen sind erwartungsgemäß deutlich schwächer ausgeprägt.

Bis die Rekombinationszeit nach insgesamt 380.000 Jahren endete, dehnte sich der noch junge Kosmos mit ca. 60 % der Lichtgeschwindigkeit aus. Hieraus

Abb. 4.54

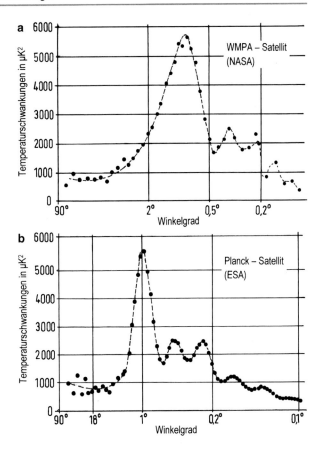

kann die Länge der Grundwelle am Ende der Rekombination abgeschätzt werden (Lichtgeschwindigkeit: $c = 3 \cdot 10^8$ m/s, 1 Jahr zu 365 Tagen, à 24 Stunden):

$$L_0 = 0{,}6 \cdot 3{,}0 \cdot 10^8 \, \text{m/s} \cdot 380.000 \cdot 365 \cdot 24 \cdot 60 \cdot 60 \, \text{s} = \underline{2{,}16 \cdot 10^{21} \, \text{m}}$$

Mit der Länge eines Lichtjahres $1 \, \text{Ly} = 9{,}46 \cdot 10^{15}$ m findet man L_0 zu:

$$L_0 = \frac{2{,}16 \cdot 10^{21}}{9{,}46 \cdot 10^{15}} = 2{,}28 \cdot 10^5 = \underline{228.000 \, \text{Ly}}$$

Seit Abschluss der Rekombination hat sich das Universum um den Faktor $z \approx$ 1094 (3000 K/2,742 K = 1094) weiter ausgedehnt, dadurch hat sich der Ab-

a Sphärische Geometrie   **b** Flache Geometrie   **c** Hyperbolische Geometrie

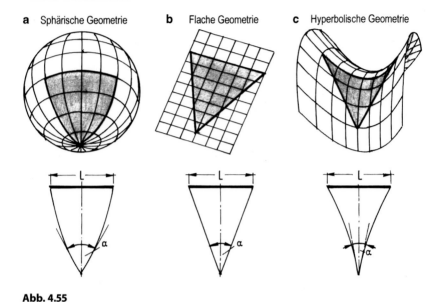

Abb. 4.55

druck der Grundwelle aus heutiger Sicht (man spricht in Analogie zu Schallwellen vom ‚Schallhorizont') auf den Wert

$$L_0 = 228.000 \cdot 1094 = \underline{2{,}49 \cdot 10^8\,\mathrm{Ly}}$$

vergrößert. Setzt man den Raum als ‚flach' und das Alter des Weltalls zu $13{,}8 \cdot 10^9$ Jahren an, müsste sich der Peak des Kreuzspektrums in Bogenmaß zu

$$\widehat{\alpha} = \frac{2{,}49 \cdot 10^8\,\mathrm{Ly}}{13{,}8 \cdot 10^9\,\mathrm{Ly}} = \underline{0{,}01804}$$

ergeben, in Winkelgrad zu $\alpha^\circ = 0{,}01804 \cdot 180/\pi = \underline{1{,}034^\circ} \approx \underline{1^\circ}$.
Dieser Wert ist im WMPA-Kreuzspektrum tatsächlich zu finden, ebenso im
Planck-Spektrum, und das in beiden Spektren sehr scharf ausgeprägt (vgl.
Abb. 4.54). Aus diesem Befund wird geschlossen, dass das Universum exakt
‚flach' ist, also die Struktur des Raumes von euklidischer Beschaffenheit ist.

7. In Abb. 4.55 sind die möglichen Raumgeometrien veranschaulicht, sphärisch,
flach und hyperbolisch. Eine in der Ferne liegende Länge L wird unter dem
Winkel α jeweils unterschiedlich gesehen bzw. gemessen, im Falle eines flachen Kosmos ist die Abhängigkeit geradlinig. Unter dieser Annahme wurde

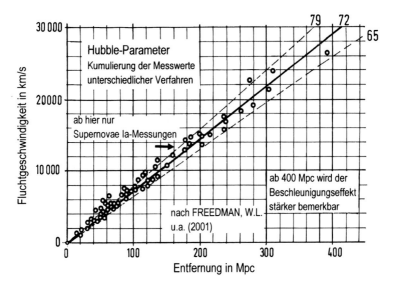

Abb. 4.56

der obige Winkel aus der Länge L_0 ermittelt. Das wiederum lässt über das Kreuzspektrum die Schlussfolgerung zu, der kosmische Raum sei flach strukturiert.

Der Befund ist schwerwiegend: Gemäß der Theorie muss ein flacher Kosmos eine mittlere Materiedichte aufweisen, die gleich der kritischen Dichte ist. Das wäre eine Dichte etwa 9 bis $10 \cdot 10^{-27} \, \text{kg/m}^3$. Die Dichte aller im Kosmos sichtbaren Materie liegt indessen deutlich unter diesem Wert, wie alle bisherigen Vermessungen und Abschätzungen ergeben haben. Damit wird ein Widerspruch zum Ansatz eines flachen Kosmos offenbar. Unterstellt man, dass die Theorie richtig ist, könnte ein Grund für die Diskrepanz im Wert des Hubble-Parameters liegen, der in die Formel für die kritische Dichte quadratisch eingeht (s. o.).

In Abb. 4.56 ist die Auswertung einer großen Anzahl von H_0-Messungen wiedergegeben [49]. Das alles lässt nur einen Schluss zu: Es muss andere Ursachen für die rechnerisch zu geringe kosmische Dichte geben. Der Ausweg liegt in der Existenz zweier weiterer Materie- bzw. Energieformen.

8. Wie in Abschn. 3.9.10.4 ausgeführt, muss es eine **Dunkle Materie** geben, die nicht sichtbar aber dennoch gravitativ wirksam ist. Nur dank ihrer Existenz ist die Stabilität der (rotierenden) Galaxien verstehbar, ebenso der Gravitati-

Abb. 4.57

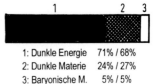

onslinseneffekt. Diese Erkenntnis ist schon alt und geht auf den Astronomen F. ZWICKY (1898–1974) aus dem Jahre 1933 zurück.

Wird das Verhältnis der Dichte der unbekannten Materie ρ_{DunM} mit der kritischen Dichte ρ_{krit} ins Verhältnis gesetzt und mit Ω_{DunM} abgekürzt und wird entsprechend mit der sichtbaren baryonischen Materie verfahren, also konkret

$$\Omega_{\mathrm{DunM}} = \frac{\rho_{\mathrm{DunM}}}{\rho_{\mathrm{krit}}}, \quad \Omega_{\mathrm{bary}} = \frac{\rho_{\mathrm{bary}}}{\rho_{\mathrm{krit}}}$$

gebildet, ergeben die Messungen und Rechnungen für deren Summe:

$$\Omega_{m0} = \Omega_{\mathrm{DunM}} + \Omega_{\mathrm{bary}} = 0{,}25 + 0{,}05 = \underline{0{,}30} \quad (30\,\%)$$

Die zu 1,00 fehlende Materiedichte ist dem Materieäquivalent der **Dunklen Energie** zuzuordnen. Messungen von Supernovae vom Typ Ia haben Ende der 90er Jahre des letzten Jahrhunderts zweifelsfrei aufgezeigt, dass sich **der Kosmos beschleunigt ausdehnt**. Dieser Befund lässt sich theoretisch nur damit erklären, dass eine unsichtbare Energie für die beschleunigte Ausdehnung **gegen** die Gravitation der vorhandenen Materie wirksam sein muss und das in einer Größenordnung von 70 % der Gesamtmaterie:

$$\Omega_{m0} + \Omega_{\Lambda0} = 0{,}30 + 0{,}70 = \underline{1{,}00} \quad (100\,\%)$$

In Abb. 4.57 ist visuell veranschaulich, was das bedeutet!

Während man hofft, für die Dunkle Materie jene Elementarteilchen noch finden zu können, aus denen sie sich zusammensetzt, besteht bei der Dunklen Energie absolute Ratlosigkeit. Inwieweit die oben erwähnte Vakuumenergie als Ursache infrage kommt, muss die weitere Forschung klären.

In Abb. 4.58 sind jene Weltmodelle zusammengefasst, die in der Kosmologie diskutiert werden. Das Modell 1 wird heute propagiert. Der beschleunigte Verlauf der Expansion wird daraus deutlich. Die anderen Modelle haben theoretische Bedeutung. Im Falle des Modells 4 würde Ω_{m0} bei 5 liegen müssen. Es wäre ein sehr massereiches Universum, das sich aufgrund der starken Gravitation wieder in sich zusammenziehen würde. In ferner Zukunft würde es zu einer Singularität kollabieren.

Abb. 4.58

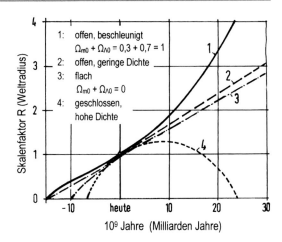

1: offen, beschleunigt
   $\Omega_{m0} + \Omega_{\Lambda 0} = 0,3 + 0,7 = 1$
2: offen, geringe Dichte
3: flach
   $\Omega_{m0} + \Omega_{\Lambda 0} = 0$
4: geschlossen, hohe Dichte

10^9 Jahre (Milliarden Jahre)

9. Viele der in der Kosmologie vorgeschlagenen Hypothesen und Modelle werden durchaus mit Skepsis gesehen, auch die Bemühungen, die Gravitation nach modifizierten theoretischen Konzepten zu erklären, wie in der Stringtheorie (es gibt wohl sechs unterschiedliche) und in der Theorie der Schleifen-Quantenfluktuation (Loop-Quantengravitationstheorie, LOG-Theorie). Das gilt auch für jene Vorschläge, die Allgemeine Relativitätstheorie zu modifizieren (MOND-Theorie, TeVeS-Theorie). Für den Nichtfachmann ist die große Zahl der Ansätze eher verwirrend und schürt seine Vorbehalte, solange die Ansätze nicht durch Beobachtungen im All und durch Experimente bestätigt sind. Gleichwohl empfindet er die allergrößte Bewunderung dafür, mit welchem intellektuellen Einsatz und apparativem Aufwand versucht wird, die kosmischen Kernfragen zu lösen. Ärgerlich wird es allenfalls dann, wenn in die ohnehin schwierigen Konzepte Multiversen mit jeweils eigenen Naturgesetzen und -konstanten einbezogen werden, Multiversen, zwischen denen die Kosmologen hüben und drüben durch Wurmlöcher miteinander kommunizieren, wo sie doch das eigene Universum noch gar nicht vollständig begriffen haben.

Kosmologische Fragen stoßen einsichtiger Weise auf großes Interesse. Entsprechend breit wird in den einschlägiger Zeitschriften und Büchern (auch populärwissenschaftlichen) berichtet, Auf das Schrifttum ab [39], ergänzend auf [50–53], und die kritische Stimme in [54, 55], wird abschließend verwiesen.

Literatur

1. EINSTEIN, A.: Über die spezielle und die allgemeine Relativitätstheorie, 23. Aufl. Berlin: Springer 2001

2. GOENNER, H.: Einsteins Relativitätstheorien. 3. Aufl. München: Beck 2002

3. BÜHRKE, T.: Einsteins Jahrhundertwerk – Die Geschichte einer Formel. München: Deutscher Taschenbuch Verlag 2015

4. GOENNER, H.: Einführung in die Spezielle und Allgemeine Relativitätstheorie. Heidelberg: Spektrum Akad. Verlag 1996

5. SONNE, B. u. WEISZ, R.: Einsteins Theorien: Spezielle und Allgemeine Relativitätstheorie für interessierte Einsteiger und zur Wiederholung. Berlin: Springer Spektrum 2013

6. SONNE, B.: Spezielle Relativitätstheorie für jedermann. Berlin: Springer Spektrum 2016

7. COX, B. u. FORSHOW, J.: Warum ist $E = mc^2$? – Einsteins berühmte Formel verständlich erklärt. Stuttgart: Kosmos 2015

8. FÖLSING, A.: Albert Einstein. Eine Biographie. Frankfurt a. M.: Suhrkamp 1993

9. BODANIS, D.: Bis Einstein kam: Die abenteuerliche Suche nach dem Geheimnis der Welt. München: Deutsche Verlags-Anstalt 2011

10. BARTUSIAK, M.: Einsteins Vermächtnis: Der Wettlauf um das letzte Rätsel der Relativitätstheorie. Hamburg: Europäische Verlagsanstalt 2005

11. MÜLLER, H. u. PETERS, A.: Einsteins Theorie auf dem optischen Prüfstand. Physik Unserer Zeit 35 (2014), S. 70–75

12. FREUND, J.: Spezielle Relativitätstheorie für Studienanfänger. 2. Aufl. Zürich: vdf Hochschulverlg ETH Zürich 2005

13. GOENNER, H.: Spezielle Relativitätstheorie und die klassische Feldtheorie. Heidelberg: Spektrum Akad. Verlag 2004

14. SONNE, B.: Allgemeine Relativitätstheorie für jedermann. Berlin: Springer Spektrum 2016

15. FLIESSBACH, T.: Allgemeine Relativitätstheorie. 6. Aufl. Berlin: Springer Spektrum 2012

16. GÖBEL, H.: Gravitation und Relativität – Eine Einführung in die Allgemeine Relativitätstheorie. Berlin: de Gruyter 2014

17. BARTELMANN, M. u. a.: Theoretische Physik. Berlin: Springer Spektrum 2015

18. RENN, J. (Hrsg.): Albert Einstein – Ingenieur des Universums. 3 Bände. Weinheim: Wiley-VCH 2005

19. FERREIRA, P.G.: Die perfekte Theorie – Das Jahrhundert der Genies und der Kampf um die Relativitätstheorie. München: Beck 2014

20. PADOVA, T.: Allein gegen die Schwerkraft – Einstein 1914–1918. München: Hanser 2015

21. GREENE, B., JANSSEN, M. u. RENN, J.: Der Glanz des Genies – Einsteins Weg zur Allgemeinen Relativitätstheorie. Spektrum der Wissenschaft, Heft 10, 2015, S. 42–55

22. MÜLLER, A.: Schwarze Löcher. Astrophysik aktuell. Heidelberg: Spektrum Akad. Verlag 2010

23. MERALI, Z.: Schwarze Löcher: Feuertaufe für das Äquivalenzprinzip. Sterne und Weltraum, Heft 11, 2013, S. 46–51

24. PSALTIS, D. u. DOELEMAN, S.S.: Wie vermisst man ein Schwarzes Loch? Spektrum der Wissenschaft, Heft 2, 2016, S. 40–47

25. HEINKELMANN, R. u. SCHUH, H.: Very large baseline interferometry: acuuracy limits in relativistic tests, in: KLIONER, S.A., SEIDELMANN, P.K. u. SOFFEL, M.H. Relativity in Fundamental Astronomy. Cambridge: Univ. Press 2010, Intern Astronomical Union (IAUS 261)

26. SCHNEIDER, P., EHLERS, J. u. FALCO, E.E.: Gravitational Lenses. Berlin: Springer 1999

27. SEXL, R. u. SEXL, H.: Weiße Zwerge – Schwarze Löcher. Hamburg: Rowohlt-Taschenbuchverlag 1975

28. DEMTRÖDER, W.: Experimentalphysik 4: Kern-, Teilchen- und Astrophysik. 3. Aufl. Berlin: Springer 2010

29. RAITH, W.: Bergman/Schäfer: Experimentalphysik, Bd. 8: Sterne und Weltraum. 2. Aufl. Berlin: de Gruyter 2002

30. SPATSCHEK, K.-H.: Astrophysik – Eine Einführung in Theorie und Grundlagen. Stuttgart: Teubner 2003

31. LIEBSCHER, D.-E.: Kosmologie – Einführung für Studierende der Astronomie, Physik und Mathematik. Leipzig: J. Ambrosius Barth 1994

32. HANSLMEIER, A.: Einführung in Astronomie und Astrophysik. 2. Aufl. Berlin: Springer 2007

33. LIDDLE, A.: Einführung in die moderne Kosmologie. Weinheim: Wiley-VCH 2009

34. SCHNEIDER, P.: Extragalactic Astronomy and Cosmology – An Indroduction. Berlin: Springer 2006

35. RICH, J.: Fundamentals of Cosmology, 2nd ed. Berlin: Springer 2010

36. HOFFMANN, B.: Einsteins Ideen. Heidelberg: Spektrum Akad. Verlag 1992

37. N.N.: Kosmologie – Struktur und Entwicklung des Universums, Spezial. Heidelberg: Spektrum-der-Wissenschaft-Verlag 1984

38. (a) N.N.: Rätsel Kosmos: Neue Erkenntnisse runden unser Weltbild ab. Spektrum Spezial 2/2013. Heidelberg: Spektrum-der-Wissenschaft-Verlag 2013. (b) N.N.: Kosmologie. Die Geheimnisse des Weltalls auf der Spur. Dossier 1/2013. Heidelberg: Sterne-und-Weltraum-Verlag 2013, (c) BÜHRKE, T. u. WENGENMAYR, R. (Hrsg.): Geheimnisvoller Kosmos – Kosmologie und Astrophysik im 21. Jahrhundert. 2. Aufl. Weinheim: Wiley-VCH 2011

39. FRITZSCH, H.: Die verbogene Raum-Zeit. Newton, Einstein und die Gravitation. München: Piper 1996

40. BÖRNER, G.: Kosmologie. Eine Einführung. Frankfurt a. M.: Fischer 2002

41. HASINGER, G.: Das Schicksal des Universums – Eine Reise vom Anfang zum Ende. München: Beck 2007

42. LESCH, H. u. MÜLLER, J.: Kosmologie für helle Köpfe. 3. Aufl. München: Goldmann 2006

43. LESCH, H. u. GASSNER, J.M.: Urknall, Weltall und das Leben – Vom Nichts bis heute morgen. 2. Aufl. München: Verlag Komplett-Media 2014

44. VAAS, R.: Jenseits von Einsteins Universum – Von der Relativitätstheorie zur Quantengravitation. Stuttgart: Kosmos 2015

45. CHOWN, M.: Das Universum nebenan – Revolutionäre Ideen in der Astrophysik. München: Deutscher Taschenbuchverlag 2003

46. MAY, B., MOORE, P. u. LINTOTT, C.: Bang! Die ganze Geschichte des Universums. Stuttgart: Kosmos 2007

47. LEITNER, Dr.: Als das Licht laufen lernte – Eine kleine Geschichte des Universums. München: Bertelsmann 2013

48. BÖRNER, G.: Die Dunkle Energie. Phys. Unserer Zeit 36 (2005), S. 168–175; vgl. auch 37 (2006), S. 264–265

49. FREEDMAN, W.L. et. al.: Final Results from the Hubble Space Telescope Key Project to Measure the Hubble Constant. The Astrophysical Journal Vol. 553, Issue 1 (2001), P. 47–72

50. WEINBERG, S.: Die ersten drei Minuten. München: Deutscher Taschenbuch Verlag 1980

51. HERRMANN, D.B.: Das Weltall: Aufbau, Geschichte, Rätsel. München: Beck 2006

52. BLOME, H.-J. u. ZAUN, H.: Der Urknall. Anfang und Zukunft des Universums. 2. Aufl. München: Beck 2007

53. ULMSCHNEIDER, P.: Vom Urknall zum modernen Menschen. Die Entwicklung der Welt in zehn Schritten. Berlin: Springer Spektrum 2014

54. UNZICKER, A.: Vom Urknall zum Durchknall – Die absurde Jagd nach der Weltformel. Berlin: Springer Spektrum 2010

55. UNZICKER, A.: Auf dem Holzweg durchs Universum. – Warum sich die Physik verlaufen hat. München: Hanser 2012

Personenverzeichnis

© Springer Fachmedien Wiesbaden GmbH 2017
C. Petersen, *Naturwissenschaften im Fokus III*, DOI 10.1007/978-3-658-15300-7

Sachverzeichnis

Printed in the United States
By Bookmasters